软件工程系列教材

软件架构设计实践教程

张家浩 编著

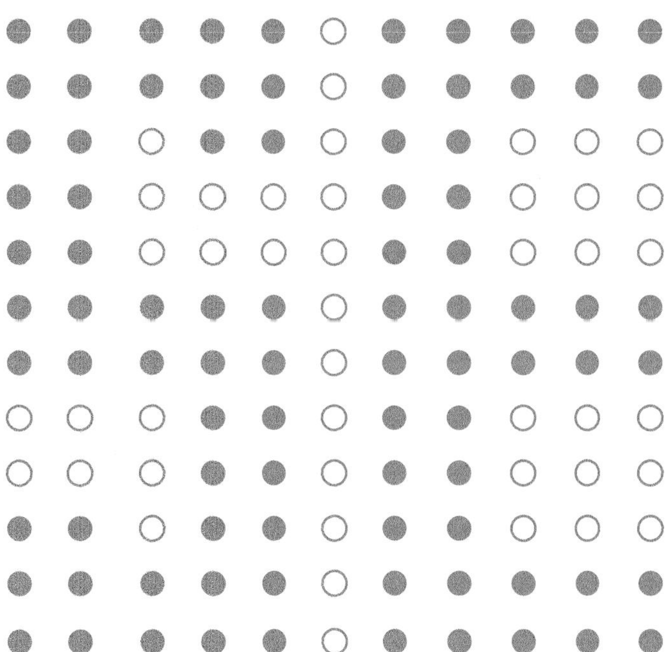

清华大学出版社
北京

内 容 简 介

本教程是为计算机软件工程专业高年级学生或研究生"软件体系结构"课程而编写的教材(含实践内容),包括基本概念和案例分析、实践及思考题等。

全书共 9 章,分别是第 1 章认识软件架构,第 2 章架构与架构师的作用,第 3 章软件架构的描述与可视化,第 4 章从需求到架构,第 5 章软件架构设计的参考模型,第 6 章软件架构的概要设计与实现,第 7 章基于接口、组件和 SOA 的架构设计与实现,第 8 章基于 MVC 设计模式的架构设计与实现,第 9 章基于关键需求的架构设计、验证与评审。

本书与其他同类教科书的不同之处在于,作者根据多年企业工作和学校相关课程教学的经验,结合学生的实际情况和特点,有所选择地强化了相关课程中从关键需求分析到概要设计、接口和组件设计、MVC 模式应用、架构测试和验证等针对性、实用性强,学生看得见、摸得着,能感受、有兴趣学的软件架构知识和动手实践内容,淡化了软件架构的形式化描述等学生难于理解和把握且过于理论化的内容。

本书形式与内容编排与同类教科书有较大变化,在简短的基本概念介绍之后,配备大量的配套案例分析,希望能够帮助学生理解概念,并获得真实的架构体验。同时,在案例介绍中尽可能地采用当前比较流行的平台和工具,使学生在了解和掌握相关知识之后,马上就可以使用,缩短了学校与企业实际运用之间的距离。

教程每章还配有实践题和思考题,方便老师和学生使用。本书主要用作软件工程相关专业的"软件体系结构"课程,也可作为其他相关专业的教学用书,或作为从事软件开发的科技人员的参考书、培训教材等。

图书在版编目(CIP)数据

软件架构设计实践教程/张家浩编著. —北京:清华大学出版社,2014(2021.1重印)
软件工程系列教材
ISBN 978-7-302-36637-9

Ⅰ. ①软… Ⅱ. ①张… Ⅲ. ①软件设计—高等学校—教材 Ⅳ. ①TP311.5

中国版本图书馆 CIP 数据核字(2014)第 113540 号

责任编辑:张 玥 薛 阳
封面设计:傅瑞学
责任校对:梁 毅
责任印制:沈 露

出版发行:清华大学出版社
网　　址:http://www.tup.com.cn, http://www.wqbook.com
地　　址:北京清华大学学研大厦 A 座　　**邮　　编**:100084
社 总 机:010-62770175　　**邮　　购**:010-83470235
投稿与读者服务:010-62776969, c-service@tup.tsinghua.edu.cn
质量反馈:010-62772015, zhiliang@tup.tsinghua.edu.cn
课件下载:http://www.tup.com.cn,010-83470236
印 装 者:北京九州迅驰传媒文化有限公司
经　　销:全国新华书店
开　　本:185mm×260mm　　**印　　张**:33.25　　**字　　数**:826 千字
版　　次:2014 年 8 月第 1 版　　**印　　次**:2021 年 1 月第 6 次印刷
定　　价:99.00 元

产品编号:053200-03

PREFACE

软件工程系列教材

前言

教过"软件体系结构"这门课的老师可能都有这样的体会：这是一门很"吃力"、可能也是"不讨好"的课。请企业的老师来讲，他们不了解学生的情况，"天马行空"，学生不能理解。学校老师教，教的人自己多半是"从校门到校门"，几乎没有软件系统的实际开发经验，煞费苦心，教得很辛苦，效果也不好。软件架构师在软件工程过程中，不但需要具有丰富的系统开发经验，并且与一般编码工程师相比，还需要具有更有高度、全局性的视角和软件过程抽象的能力，一般任课教师很难达到；同时，一个无法回避的现实是：学生进行编程和系统开发时间较少，基础能力较差(少数学生除外)，与课程的要求严重不符。

软件工程专业的学生，又必须开设这门课，但上述教与学两方面的情况都不尽如人意，也是不争的事实。

1. 教材编写的动机

作者曾在某届软件工程研究生班(来自全国几十个高校、均为计算机相关专业)的入学摸底(C++/Java编程)中发现，大多数学生的C++或Java的编程能力，仅限于会编写一个控制台输入输出的简单"排序算法"，很多人居然从来没有用过MFC(当然包括VS2005～VS2010)。据说是老师说的，C++编程不用MFC的理由是，基础知识要保持平台无关性。似乎如果可能，最好连Windows或UNIX也不用，可惜做不到。更有很多老师，让学生照着老师编写的可运行代码"输"进去，运行起来，就可以交编程作业了。考试的时候，背背名词解释、填填标准答案，大家"和谐"相处，皆大欢喜。

这样的学生到了企业，怎么"对付"自己的程序员人生？作者在给企业讲课的时候，看到有些通过了系统分析师(软考)考试的员工，在介绍系统架构时，不论什么类型的应用系统都硬性地归纳为三层结构，感觉很奇怪。把某著名的软考参考书和复习题找来一看才明白，原来系统架构师也可以这样“练成”的。我也曾经参与翻译日本UML等级考试(UMTP)的考题和教材。对于需求分析师、架构师这样的角色，什么是能力？如何考查学生发现问题、分析问题、解决问题的能力？看看人家是怎么做的。首先一点：考试的目的，是考查学生(或企业员工)实际的知识掌握和运用能力，目的是提高企业的相关运用的整体能力和水平。我们是为了什么？仅仅能背一些概念和名词解释有什么用？何况在软件工程中，有多少概念是“定论”，可以“永葆青春”？

为此，作者也翻阅了一些教科书或企业人士编写的技术书籍(见参考书目，罗列的目的并不都是推荐)，作为有二十多年软件企业经历，又有近十年教学体验的作者，感觉“和谐社会”，不应该只是发发牢骚，还是应该自己来写一本既适合学生实际，又符合企业选人、用人、培养人需要的书，这就是本书的成书动机。

2. 教学目的

这是一本与传统《软件体系结构》教科书不同的教材。不同之处首先在于，作者在此明确提出：课程的培养目标，是为软件企业培养未来的架构师，而不是为了迎合少部分学生“考研、读博”，虽然两个“目标”可能可以“和谐”相处。

为此，作者认为：根据企业当前和未来的需要，教学的内容和形式应该改变，不需要林林总总、包罗万象地灌输一大堆概念，美其名曰：基础扎实(其实写教材者，最怕别人说他不全面、不完整，不成体系)。试想，当现在的学生真正成为一个担负架构师责任的开发者时，那也是5～10年之后的事了，如果他还恰巧记得10年前所学知识和技术的话(甚至包括一些基本概念)，不知道10年后，是否还正确、还可用否？仅此一点，这些书本知识最后的结局，仅仅成为应付考试的工具，当属必然(很多学生是在临考试前一周才买书的，因为此时老师开始“圈”考试范围了)。

讲什么和不讲什么的依据，就是：培养未来10年后的架构师，现在需要让他知道什么？作者认为，与软件项目管理、软件工程等(甚至包括组织行为学等)课程一样，开设这些课程的根本目的，不在于教会学生多少具体的相关概念和技术方法，而是从现在开始，培养一种面向软件工程高端(与编程相比)角色(项目经理、架构师、需求分析师等)的意识和觉悟，即进行软件架构的“启蒙”教育、“目录”教育。

什么是“启蒙”？皇帝天天把太子带在身边，虽然年少或年轻的太子什么也不懂，带在身边就是让他看——“耳濡目染”。终有一天，轮到太子自己登基也做皇帝了，他自然知道应该怎么做皇帝。教授治国之道，仅靠一些国师，天天在书房里背“四书五经”是不行的。书本知识固然重要，但单靠书本，是不能治理国家的，架构师也是一样。在某次微软培训班上，有来接受培训的老师问：架构师不是项目经理，架构纪律如何贯彻？同样的问题：帝王的威严就因为他是帝王吗？

与太子生而就是太子不同，架构师是要靠“竞争”上位的，不是所有人最终都能坐上架构师的位置。但有没有给他机会看别人是怎么做的，并培养出一种架构师的意识和觉悟，是一个非常关键的因素。人们常说，机会是留给有准备的人，什么是准备？如何准备？道理就在这里。

实际上，架构师的成长来自两个方面能力的提升：“领导”(指《组织行为学》中动词而不是名词)意识的提升和实际工作经验的积累。两者都不是某一天到了架构师的岗位才开始“觉醒”和积累的。因此，现在学习的目的就是“开窍”，开窍越早越好，因为“机会是为有准备的人准备的”这句话正好可以用在这里。

“启蒙”的结果应该怎样？课程结束后，一个好的学生，再也不会简单地只看功能、看代码来理解软件系统。就像医生一样，他已经到了离开了CT、甚至不做核磁共振，就不能确诊的程度。他要看架构(当然，他知道怎么看，看什么，怎么评价架构的好坏)。另一方面，经过“启蒙”的学生会觉得，什么“图书管理系统”、“学籍管理系统”，从架构角度看，都是“小儿科”系统。他再也不会为写了这么一个系统，而沾沾自喜。这就是启蒙后的“觉醒”，就是对软件的认知上了一个“层次”(实际上，这也是企业在某种程度上看不上学校做的项目的理由，尽管可能并不完全符合事实)。

这就是本书的教学目的，显然，在众多教材中，本书有点“另类”，甚至会有人说，这是“培训班”的教材，而不是大学教科书。软件工程不是经典物理，除了少数原则和思路，没有多少技术和方法可以留到10年后，继续发挥实际作用。且问：授之10年后可以发挥作用的“渔”，难道不强于已经“臭”掉的鱼，谁更有意义？你有自信你现在教的、所谓扎实的“基础知识”，例如设计模式、形式化方法，10年后还没有“臭掉”？谁也没有这个自信。

3. 教学方法

由于目标不同，教学方法与传统教材自然有所不同。

不少教科书讲授架构设计，一般或较少分析架构是如何从“需求”中来，及如何通过架构设计去满足需求。反之，也看不到代码是如何实现架构设计的。好像软件架构过程是“超然”于其他软件过程而独立存在，架构师按照自己的一套理论(教材内容)，“天马行空”、“上不着天、下不着地”地设计架构。

按照这样的教学思路，某些经典的教科书，开篇就是软件体系结构的“构件重用”、“风格和模式”，似乎选这门课的学生(包括研究生)都是软件架构师中的高手，来上这门课，只是为了来进行“理论深造”。而可悲的是，选用这本教材并讲授这门课的老师，看看他自己“可怜”的从业经历就可以知道，多数并没有参加过什么规范的软件系统开发，甚至没有参加过可称得上是“项目”、“产品”的软件开发，有的只是很多年以前、自己做学生时候的一些“作坊”级别的编程经验，当然谈不上具有架构设计的经验和体验。现在搞课题，“干活”的是学生，自己更不会动手了。所以，照搬一些现成的、空洞的理论，以“空对空”的方式(学生也是空)讲课，可能是比较好的应付学生的方法。

本书作者知道学生的程度和水平，不想让学生到了企业，让我的那些老同事说，“看！这就是老张教出来的学生。”学生只会在“控制台”上“排序”，你要讲23种设计模式，不是“对牛弹琴”吗？只好老老实实从最基本的东西开始进行“启蒙”，宁愿被同行们看得层次“比较低”，知识又“不全面”。但对学生来说，还比较实用。

本书的基本教学方法，是立足可以在“机房”上课。每一章都能够通过一两个可亲自动手“实作”的案例，让学生实际体验和感悟相关的知识内容。当然，这些案例可能比较“基础”，也谈不上有什么“技术水平”，但用于理解相关知识则是足够就好。同时，这些案例的一个最大好处，就是让学生熟悉并了解一些当前流行的平台和工具。虽然5～10年后这些平台或工具早已被淘汰或被更新的版本所取代，但是，它们在学生心中埋下的“种子”，10年后仍然能够起作用(“啊，这个我在学校时见过，大概知道是干什么用的，核心思想没有变,只是现在功能更强大了”)。这就是“启蒙”的作用。

4. 章节安排和要点

第1章介绍软件架构的定义,并用生活中的例子以及一个最简单的“欢迎”程序创建过程为例,来理解和体验架构定义。架构定义有很多种,熟背100种定义,不如学会一种。架构定义是一种“眼光”,可以把它当作“透视”、“剖析”软件架构的“X光机”。架构定义是贯穿全书、学生认识、分析、理解、设计架构的基本出发点。

第2章是软件架构与架构师的作用。本书将软件架构和架构师的作用突出出来,单列一章,并为每一个架构用途安排一个详细的案例分析,讨论架构师在其中的作用。作者如此“煞费苦心”,是因为软件架构师是靠经验的积累、而不是靠“概念的堆砌”成长起来的。如果学生不能切实理解和体会架构的作用,就如同大海航行没有航海图和罗盘。进入企业后,混混沌沌,最终将不可能有机会走到架构师的位置,对现在所学的内容也会毫无兴趣。其实在软件企业中,即使已经担任架构师职责的人,有很多也未必了解架构和架构师的作用,由此,他们给软件开发所带来的危害,无异于在沙滩上盖楼。

第3章介绍架构的描述与可视化。本书用了大量的篇幅,介绍如何用架构师的眼光、通过各种不同的工具看架构。如同医生看“X光片”一样,看(分析)架构是架构师区别于软件过程其他角色的基本能力,更是发挥架构师作用的入口和途径。相反全书几乎并没有涉及“形式化描述”等一般教材必不可少的内容。作者认为:形式化描述方法和内容,如同Java语言的中间形式,一定要(实际已经)被“封装”在工具中,如果不是做专门“研究”,如同使用数字电路,已不需要知道二极管、三极管的原理和测试方法一样。

第4章介绍从需求模型转化为架构的过程,并讨论架构师在需求阶段的作用。一般教材在此方面也几乎是“一带而过”,而本书则专列一章。因为作者认为,架构师的需求过程,是架构师必须要经历的关键过程,需求转换是架构师必须掌握的基本技能,因为需求是架构设计的源头,而方法和技巧是为需求服务的,否则很容易导致为架构而架构。

第5章介绍架构设计的参考模型,从传统软件工程的系统设计思路回顾开始,包括分析网络7层协议架构、操作系统架构等经典软件系统的架构,以及给架构师带来的启发和思考。

第6章介绍架构设计最重要、也是最核心的部分——子系统划分。除介绍一般子系统的划分原则和方法之外,通过具体案例,让学生理解和体会,划分或分解是为了什么。

第7章是架构设计的深入,探讨了接口、面向对象设计模式、基于组件和SOA的架构设计等更细致的设计课题,并用一些实际案例,让学生更深入地体会和理解架构中,业务逻辑与业务实体这两个非常重要的架构概念到底是什么。

第8章较为系统地介绍了基于MVC和SSH架构的系统设计,并通过一个医药管理系统权限管理功能二次开发过程的案例剖析,深入到架构内部,看看好的或不好的架构,对二次开发的影响。

第9章探讨基于关键质量属性的架构设计和验证、评审,这是对架构设计从来源到结果的贯通和审视。由于有了清晰的源头和目的,比之那些“无病呻吟”、“为架构而架构”的架构设计,到了审视结果的时候,就会对架构的作用,看得更清、把握得更准。

每章最后都安排有一两个实践小项目并配有相应的基础代码(在出版社网站(www.tup.com.cn)上可以下载)和思考题,大多数都是围绕本章主题的体验性程序,且以“二次开发”项目为主,以加深对本章内容的认识和理解。在此也向各位代码的原作者一并致谢。

本教程或许是一个“非主流”教师“自不量力”的抗争,虽然如水面上偶尔冒出的气泡,很弱很无奈。感谢清华大学出版社,给我这么一个“冒泡”的平台和机会。

张家浩

2013年12月30日于南京百合果园

CONTENTS

软件工程系列教材

目录

CHAPTER

第 1 章

认识软件架构

本章导读

本章首先简单回顾软件工程的发展过程，讨论软件架构与软件工程的关系，阐明软件工程涉及软件开发管理的全局和整体，而软件架构是软件工程中最重要的一个环节，也是现代软件开发“以架构为核心”的重要技术手段。作为软件项目管理者，应具有把握软件项目目标管理的高度、软件工程过程全局控制的广度、软件系统关键节点的深度的综合能力。而作为架构师，应在软件架构的设计和实现的“深度”上，为软件过程的全局控制提供强有力的支撑和支持。

相对于刚刚开始接触软件架构的学生来说，软件架构是一个“看不见、摸不着”的抽象概念，本章的重点是采用软件架构“三要素”方式，定义软件架构。关注并研究软件架构、设计和构建软件架构、测试和验证软件架构，都可以从这三个方面入手。把握这三要素，是学习软件架构知识，易学、易理解、易运用的较好途径。1.3 节和 1.4 节采用简单易懂的例子，让学生慢慢感受架构的存在和作用，进一步深化对架构“三要素”的感性认知和理解。特别是 1.4 节，通过对“欢迎”程序架构设计和实现过程的分析，对于刚开始接触软件架构的学生，能够打破架构的“神秘”感，并对架构有一个初步的感性认知。

本章没有如其他教科书那样，在第 1 章安排诸如架构发展史或最新研究方向的内容，本书强调“重在当下”。对上述内容有兴趣的同学，可以查找相关资料自习。

1.1 软件架构与软件工程

1.1.1 软件产业的工业化与现代化

软件系统的设计与建筑设计在某些方面有非常相似的地方。假想在自己家里搭一个花坛，这完全可以由一个人来完成。它可能采用最小的结构，经历最简单的搭建过程，使用最原始的工具。整个构思和设计，都可以在一个人的脑子里完成，并最后由本人亲自实现。

如果要为村里的亲戚家翻修房子，可能需要几个熟悉的帮手（一个小型的团队）合伙完成，当然，事前要跟亲戚（业主）商定修成什么样（明确的翻修目标）和花费（成本），需要约定翻修所需要的时间安排(比较准确的时间计划)。为此,最好准备一张亲戚们都看得懂的翻修草图(设计图纸),有一个大致合适的施工计划,当然也需要具备一些必要的工具。

如果是建一栋180层的商业大厦或者是长达几十千米的跨海大桥呢?工业界(以建筑业为典型)经过一百多年的发展,在工程设计、规划、实施的技术、手段、设备和组织与管理方面,发展出一系列规范的、标准的,即所谓“工业化”的技术和方法。最典型也是最早的“工业化”案例,便是著名的“福特流水线”。这是工业革命的标志,它不但改变了工业生产的方式和方法,更是开启了工业组织和管理的先河。

现代建筑工程已经很大程度上实现了“模块化”、“标准化”、“工厂化”和“流水线化”生产。有报道说,印度企业家哈帕尔·辛格带领一队工程师和工人刷新了印度建造楼房的纪录。他们在48小时内完成了一幢10层大楼的外部结构施工。在中国,当然也有这样的例子。在这样的“工业化”施工过程中,工人们只需要按照设计,将从“零件工厂”制造完成的建筑构件,在现场装配起来就可以了。

现代制造业同样是朝向“模块化”、“标准化”、“自动化”方向发展,而“后现代”制造则更追求“信息化”。最近十多年来,以计算机技术为核心的新的制造方法和管理理念不断涌现,如敏捷制造(AM)、现代集成制造(CIMS)、全面质量管理(TQC)、智能制造系统(IMS)、精益生产(LP)、分形企业(FC)、业务过程重组(BPR)、并行工程(CE)和计算机集成产品工程(CIPE)等。这些先进制造系统的共同点是:一是采用了先进的信息技术;二是采用了现代生产技术。其中,标准化技术是这些技术中重要的基础技术,是制造业走向信息化和现代化的关键。

可是,作为“后现代工业”必不可少的工具和支撑的计算机软件产业,在软件产品生产技术和方法、工程过程控制等方面,却远不如传统产业那样“成熟”。人们用计算机技术改造传统产业的同时,软件产业之外的人,几乎想象不到,软件产业自身,往往还处在“刀耕火种”的时代。软件系统的开发,处于低效、可靠性差、成本高、难维护、过程难于控制和管理状态,即所谓与硬件“摩尔定律”成鲜明对比的“软件危机”状态。软件危机的一个核心问题就是,软件生产本身,远没有达到其他工业产业那样的“标准化”。

1.1.2 软件系统的复杂性

软件产业的落后局面,首先与软件系统独特的复杂性有关。20世纪80年代以后,虽然软件的生产组织过程还处在很不能令人满意的阶段,但是,现实需求对软件系统的要求却越来越高,计算机软件所承担的作用也越来越大。这最终表现为所开发的软件的复杂度越来越高。

以软件技术和软件开发过程管理的复杂度两个方向,作为复杂度的度量描述,图1-1给出了各自不同要素的简单描述。图1-1的中心位置代表一个中等规模的软件项目的复杂度。中等规模的含义定义为:5～10人,10～15个月的开发周期,3～5个外部界面。那么,其他系统如何呢?

从图中可以看到,国际空中运输控制系统可能具有技术和管理的最高复杂度,而商业制表软件则在技术和管理上均只有较低的复杂度。

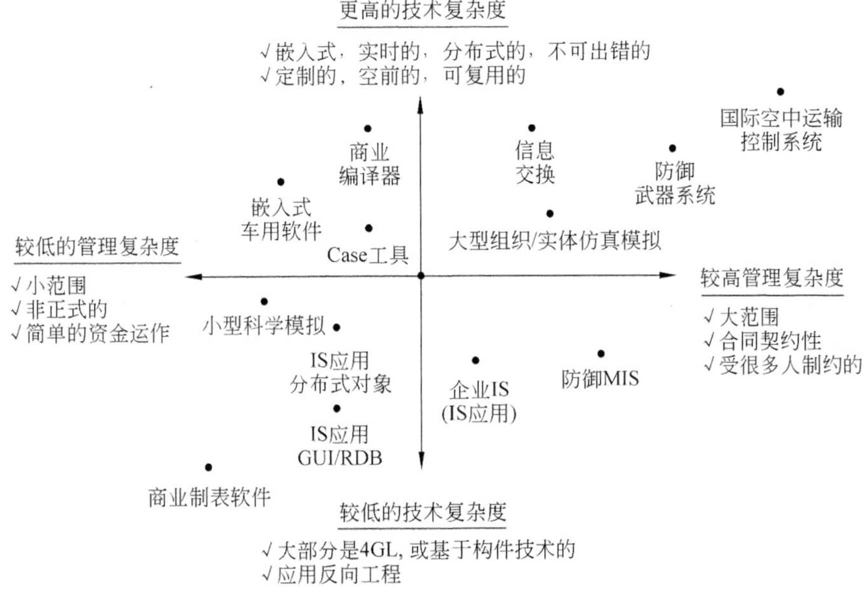

图 1-1　软件系统的复杂性

实际上，一个软件系统的复杂性因素，可包括功能、性能、可用性、安全性与稳固性、容错性、灵活性与可扩展型、兼容性与可移植性、开发和维护成本等。算法的好坏、数据结构的优劣、存储空间的大小，甚至网络的带宽，已经不是问题。上述因素，全部或部分都与系统的架构有关。这是本书第一次提到影响架构的因素，它们将贯穿全书。

1.1.3　克服“软件危机”的进程

为了跟上硬件的发展速度，解决进度和成本可控制、质量可保证、系统可维护、过程可管理的问题，20 世纪 70 年代，产生了把软件开发作为一个工程来管理的思想，即“软件工程”概念的提出。

为摆脱软件危机，北约的科学委员会于 1968 年在联邦德国召开的有关研讨会上，首次提出了软件工程(Software Engineering，SE)的概念，其主要想法是：把人类长期从事的其他领域的各种工程所积累的经验和行之有效的原理、概念、技术和方法，包括对硬件研发积累的经验，导入到软件开发中。

到 20 世纪 70 年代末，SE 已经取得了大量的研究成果，形成了基本的方法，这一代的软件工程，通常被称为“传统软件工程”。20 世纪 80 年代以后，面向对象的方法和技术受到广泛的重视，软件工程的重点转向面向对象。Smalltalk-80 语言的出现，标志着面向对象的程序设计与分析进入实用化阶段，演化成一套完整的软件开发方法和系统设计体系。一般把面向对象的设计称为软件工程的第二代，也称为“面向对象”的软件工程。

20 世纪 80 年代中期，人们在研究和实践中发现，为了提高软件生产率，并使软件质量得到保证，其关键在于软件开发和维护中的管理和支持能力，这其中的关键，是所谓的“软件过程”。从 1984 年开始，掀起了“软件过程运动”，1991 年出现的 CMM，是软件过程的典型代表。以后逐渐形成了"软件过程工程",这是软件工程的第三代。

进入 20 世纪 90 年代以后,软件工程的一个重要进展,就是基于构件的开发。尽可能地利用可复用的构件,组装成新的系统,提高了软件的生产率、减少了故障和成本。基于构件的系统,更适应了 Internet 技术和分布式系统开发的需要。因此,有人把基于构件的软件开发,称为第四代软件工程(上述软件划代的说法来自朱三元等)。从这里开始,也可以认为是"现代软件工程"的发端。

所以说,现在所处的软件发展阶段,是以现代软件工程的思想为指导,以"需求驱动"为出发点,以"构件和架构"为核心,进行软件的"迭代式"开发(UML 三原则)。可以看到:软件系统的架构设计,成为现代软件开发的核心技术关键。

1.1.4 现代软件产业发展的时代特征

有专家对软件产业的时代特征做了非常形象的描述。

1. 一般产业阶段的划分与阶段特征

一个产业通常都可以分为婴儿期、青少年期、壮年期和老年期 4 个阶段。

在产业的婴儿期阶段,整个产业还没有真正形成,仅以某一形式与其母体产业结合在一起,并慢慢从母体产业中分离出来(或胎死腹中)。这个阶段的主要矛盾是新概念的有与无。

在产业的青少年期阶段,产业开始形成规模,技术日新月异,公司如雨后春笋般出现,产业经营处于暴利阶段。这个阶段的主要矛盾是有没有新技术。谁掌握了新技术,谁就将获得"垄断"地位,从而获得"暴利"。

第三个阶段为壮年期。在该阶段,产业所需技术已基本成熟,分工越来越细,产业进入稳定持续发展期。在这个阶段,产业链已经形成,公司经互相兼并,在产业链中都已找到了相对稳定的定位。因为技术不再是某几个公司的专利,因而,这个阶段的主要矛盾是谁将稳定地掌握"新工艺"——只有通过工艺的不断创新,才能降低成本、提高质量,才能在"价格战"中取胜,获得长期稳定的发展。

第四个阶段是老年期,俗称"夕阳工业"。在这个阶段,技术已经非常成熟,工艺也已无太大的改进空间,于是劳动力成本上升成为主要矛盾,新的替代技术和产业在这个阶段的后期已经开始慢慢地萌芽,最终取而代之。

当前全球的软件产业正处于壮年期,它期待通过软件开发工艺的创新,来获得长期稳定的发展。

2. 软件产业的阶段特点

应用软件作为产业出现于 20 世纪 70 年代末 80 年代初(在此之前还不能叫产业),20 世纪 80 年代末至今是新概念、新技术的爆发期,多种技术思想各领风骚三五年,随着技术越来越成熟,分工越来越细,基本上形成了操作系统、数据库、中间件和应用系统这样一个完整的产业链雏形,其主流厂家的竞争地位难于撼动。所以,从全球角度来看,软件新平台与开发新技术风行的局面已经越来越少见了。

但软件产业还是"高级劳动力密集型"的手工作坊式生产,不管是软件产品开发,还是项目开发，都是靠人力的堆积来完成任务(国内某些知名企业运用的就是依赖相对廉价的“码工”发展的战略)。生产效率、质量严重依赖软件开发者的个体素质，没有形成规模化效应。即使有些采用了软件工程思想，或 ISO、CMM 管理思想的企业，仍然以人日效率来计算软件开发的成本，软件生产的规模化、工业化效果还没看到。也就是说，在技术日新月异的同时，软件开发工艺并没有太大的进步。

软件产业已经进入成熟期，影响软件产品与应用的关键因素是成本与质量。在产业的成熟阶段，技术不是主要方向，关注的核心是提高流程与工艺。

3. 软件生产流程与工艺的特征

软件产业的工艺与传统产业的工艺并没有本质的区别，它同样由生产过程、原料、零件配送流程、操作参数优化、公用工程等几个主要方面构成。

(1) 软件业需要工艺革新，首要的任务就是改变现有的软件生产方式。要采用流水线自动化的生产方式，并且要如同传统产业一样工厂化的管理。

(2) 必须优化应用软件的质量，而应用软件的优化，将体现在两方面：一方面是作为应用软件业务组成的唯一原材料——业务对象与业务对象间关系的优化。这就是业务构件的划分大小的优化。如果业务构件大了，灵活性就小了；如果业务构件粒度过小了，其耦合度和组装成本就高了。所以，必须找到一个最佳点。另一方面是优化客户需求中的业务流程。

(3) 要工艺革新，就必须解决原材料的来源问题。应用软件的唯一原材料就是业务构件。所以，必须能够完成业务构件的自动生成、自动配送。

(4) 同理，在应用软件里，有非常多的资源是可以公用的。比如处理操作系统间关系的支撑体系、处理和数据库间高效交互的数据服务体系，都是可公用的资源，这些资源，也就构成今天所提的“中间件”的概念。应用软件是企业管理活动的映射，在一定意义上说，它就是虚拟的企业。企业的管理活动一直在变，但是，随着它成熟度的增加，已经有一部分管理活动变得越来越规范，比如企业组织架构等。这些资源，在任何一个应用软件中基本都是同质的，也就是说，可以形式化成为业务支撑体系，即业务通用平台进行公用。以上种种资源都不应该由应用软件集成商去完成其生产，必须由专业的厂商来完成，这样才能够真正降低应用软件生产的成本。

以上 4 大部分构成了今天所阐释的软件工艺发展的内容。

4. 软件工艺改进的方向

面向服务和面向事件的构架等理念的提出，并不是一种巧合，而是业界发展阶段的必然。这次工艺革命可能在几年内将应用软件开发效率提高数倍，甚至数十倍。软件开发自动化是多少年来无数人的梦想，但最多还只是停留在理论层次，在实用性上几乎都失败了。主要原因之一是技术还不成熟，在技术不成熟的时候谈工艺是奢望。二是，大多数研究都是针对整个开发流程的某一点上的自动化，没有成链的自动化，不能产生太大的实际效益。三是，工艺化改革必须是对先进工艺技术、优秀工程师经验的固化，所以，没有丰富的软件从业经验的积累，工艺化也将仅仅是想法，而不是现实。

北美软件业正在将许多老产品的服务与二次开发转向印度等海外市场，其实质是北美软件业正寻求和酝酿着一场新的革命。这一革命，肯定会在最短的时间内转向以软件开发自动化和业务构件灵活组装为核心的软件开发工艺革命。

1.1.5 国内软件产业发展的问题

克服软件危机，国外取得了很大的进步，但国内进展缓慢。根据作者个人的经验，国内软件企业之所以较为普遍存在"作坊式"开发的原因主要有以下几个。

首先，最近十多年来，虽然软件系统越来越大，软件开发项目越来越大，但是，国内大多数软件企业，特别是那些做行业软件的企业（根据软件行业协会的有关统计，此类企业目前在国内所有软件企业中所占的比例仍在90%以上，且多为中、小型企业），实际上，其单个软件系统的规模还是比较小，产品化程度严重不足，持续开发和维护周期比较短，企业在一个行业领域内耕耘的时间和积累的行业经验也还不够多。再加上技术人员较高的流动性，这些都造成对该软件系统的非功能性开发的投入（例如，需求的规范化和可管理化投入、架构设计和维护的投入、模块化的抽取与提炼开发、测试等的投入）不足等。软件团队基于现实的需求压力和降低项目成本的主观愿望，尽量采用"实用主义"的开发策略，不愿意在非功能性开发上做投入，使得组织在这一领域的积淀明显不足。虽然，组织在软件工程的过程管理方面有一些要求，但是，这些企业的过程管理，或者层次较低，真实的成熟度水平最多达到CMM/CMMI二级水平，即使确实获得了三级甚至以上的资质认证，但实际并没有真正达到三级水平。在用户需求和尽量降低成本的双重压力下，组织的管理者也只能放任项目团队只顾眼前利益，而放松甚至放弃必要的过程控制和监督。导致组织对于软件过程中那些关键点的设置和检查，形同虚设。组织的软件过程成熟度水平，与企业所处的生存环境和经济条件、规模、盈利能力有关，这些基本要素决定了企业在软件过程成熟度方面提高的力度。

其次，在很多软件企业中，虽然各自发展的背景、历程各不相同，但有一个共同的特点是相同的，即不论从事哪个行业的软件开发，都是先有市场，然后才有较成熟的、具有一定规模的软件产品。企业的主要负责人（技术领军人物）多半不是资深的软件开发人员，即使是，也已经脱离软件开发团队很久了（这里的软件开发并不单指编码）。因此，他们在理论上，有提高企业软件过程水平的主观愿望，因为他们知道，这可以给企业带来好处。但是，由于软件过程控制的每个环节（例如，需求、架构、编码、测试、项目管理等），不仅是管理（规范、考核、奖罚）过程，还需要与技术方法（关键点、实现方法、检查点、验证手段）结合，而现代软件工程，更是靠一系列软件过程管理工具，将管理与技术糅合到一起的。而在这个方面，他们则显得力不从心、无能为力了。虽然可以通过购买来获得这样的能力，但是，如第一条所述，一谈到投入，心就痛、手就软了。中国的老板们，乐于、忙于应酬的多，研究和关注技术的少。虽然技术工作可以委托他人，不必自己亲力亲为，但是，同时站在管理和技术两个方面，进行规划、推动、控制和检查的人，只能是老板自己，无人可以取代。缺了这个角色，组织的过程控制，只能玩些虚招，混个招牌而已。

最后，这些年来，学校的工程教育严重脱离社会实际，老师无心钻研教学，学生不愿动手实作。考试的时候，背背"名词解释"之类，就可以过关，师生皆大欢喜。即使如软件学院毕业的学生，在软件企业，也仅仅充当低层次的编码工程师，向上发展的潜力严重不足。

而企业大量稀缺软件工程高端人才，国家在教育领域虽然大量投入，但效率极低。

1.1.6 软件架构与软件工程课程的关系

很遗憾，本书不能解决上述三个问题中的任何一个问题，说这些的目的，一是希望借此提醒刚开始学习本书的学生，你为什么要学这门课程；你毕业以后，将面对怎样的一个企业发展环境，免得“怀才不遇”。同时，更是督促授课老师，也包括作者自己，保持知识的有效性和实用性，并与企业实际应用接轨。在现代信息社会，连自己都不知道有什么用、怎么用的知识(纯理论的前沿研究除外)，是所谓的“垃圾”知识，不能责怪学生没有兴趣学。

本课程从感知软件系统的架构开始，并通过一个个真实系统案例的解剖和分析，引导学生知晓、理解，并能够初步构建应用系统的软件架构。

而“软件工程”课程，则从软件过程的角度，重点研究涉及软件开发生产全过程的那些技术、方法、组织和管理知识。例如，需求分析的技术和需求管理方法、架构设计的方法、编码技术和测试平台等。“软件工程”课程当然会涉及软件架构，但其重点，更多的是从过程组织和管理的角度(例如，迭代、基线管理等)，研究架构设计技术和方法的运用，讨论如何更好地从需求分析到系统设计，再从系统设计到代码实现等过程衔接的问题。

借用软件架构层次的概念(以后课程会介绍)，“软件工程”是高度抽象的方法运用，是高层向下的“过程调用”。“软件架构”是具体深入地对架构技术和方法的研究，是底层的“服务实现”，各自的关注点和侧重不同。

1.1.7 本课程的参考书

有关软件架构方面的参考书(见图 1-2)，网上查询排在较前的是张友生的《软件架构——原理、方法与实践(第二版)》，这可能是因为该书是“软考”的指定参考书的缘故。本书首先推荐的是《软件构架实践(第 2 版)》(*Software Architecture in Practice*，(美)林・巴斯(Len Bass)、保罗・克莱门茨(Paul Clement)、瑞克・凯兹曼(Rick Kazman)著，车立红译，清华大学出版社 2004 年 3 月出版(本书有多个中文译本))。这本书与“学院派”的视角有很大不同，也是应当向其致敬，向其学习的一本书。有关软件工程方面，则“毛遂自荐”本教材作者的另外两本书《现代软件工程》和《软件工程项目实训教程——基

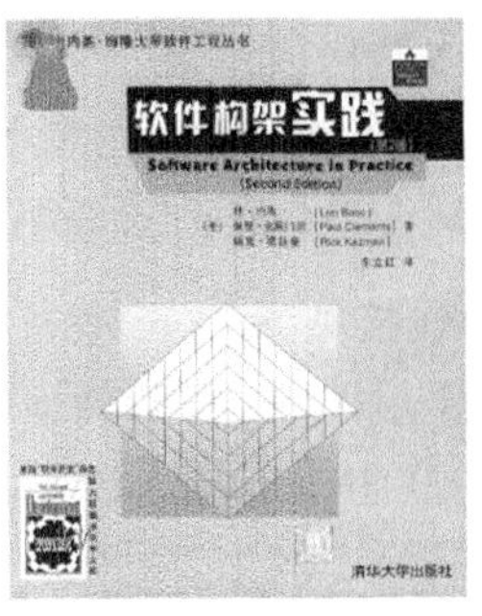

图 1-2 推荐参考书

于微软 VSTS》。从软件工程的角度看软件架构，可以令人具有更全局的视野以及更深刻的理解。

1.2 软件架构概述

软件系统的架构复杂性，直接导致了软件实现和维护技术的复杂和软件项目管理的困难。所以，软件工程不可能不研究软件系统的架构问题。而现代软件工程的核心，正是在软件架构领域，开发出朝着以架构和构件为核心的软件开发方法，使软件生产走向工业化的流水线作业。那么，软件架构到底是什么？它在软件工程的技术和管理方面起到什么样的作用呢？

1.2.1 软件架构的定义

首先解释一下名词称谓的不同。目前所讨论的对象，在传统教科书中，一般称为“软件体系结构”，而业界则称为“软件架构”，它们都是来源自英文 Software Architecture。所以，单就名词而言，二者没有什么区别。“体系结构”、“系统设计师”等称谓，在作者看来，多少带有“传统软件工程”的旧痕迹，本书采用“软件架构”一词，则是因为作者的宗旨，始终是要引导学生成为一名现代软件工程概念下的架构师。

而“构架”与“架构”二词的区别，一般理解为：“构架”是动词，例如，要“构架(构建)”一个什么样的社会(结构)，而“架构”是名词，比如，完成了一个什么样的“架构”的开发。本书为防止混淆，动词的构架，一般采用“构建”一词。

软件构架是什么？如果上网查一下，有不止六十多个定义。

被各种教科书采纳较多的一个定义是：软件架构是由结构和功能各异、相互作用的构件集合，按照一定的结构方式构成的系统。它包含系统的基础构成单元，它们之间的作用关系，在构成系统时它们的集成方法以及对集成约束的描述等。

这个定义，对于毫无软件系统体验的学生，如果不是学完本课程后倒过来看，有必要解读一下。

从软件系统的角度理解架构定义，可以看到：软件的架构是关于软件系统如何被组织起来的定义，即软件系统是由以下三个要素构成的。

1. 组成系统的结构元素或统称为组成系统的构件

软件架构定义了组成系统(局部或总体)的构成要素。常见的局部或总体的构件可以是：客户、服务器、数据库、中间件、程序包、过程、子程序、进程等。至于什么是局部，什么是总体，其具体的构成要素是什么，关键看站在系统的什么位置看系统(分解的颗粒度)。

2. 构件与构件之间的连接以及特定的连接关系

软件架构定义了这些构件之间的相互作用关系，更明确地说，是构件之间的连接(也有定义称为“连接件”)和连接关系。常有的这些连接与连接关系有：过程调用、共享变量访问、信号灯、进程通信、消息传递、网络协议等。例如，两个进程(构件)之间，通过进程调用实现进程间的连接和协同，进程通信(IPC)是连接件，对 IPC 内容的理解和约定是连接关系(约束)。

3. **系统集成的方法和约束**

上述定义的第三条反映了架构研究和设计实现的本质,除了要满足应用系统的各种功能需求外,还需要保证系统的设计质量的要求,同时,它还可能受系统设计限制的制约,所以,架构比需求更进一步地面向或满足系统非功能性的内容,如容量、数据吞吐量、一致性、兼容性、安全性、可靠性等。

第三点反映的是架构必须能满足特定关键需求,是架构最主要的功能之一。本书将在几乎所有案例中,都反映了架构的这个特点,并在第 9 章中再次专门讨论这一点。

为了便于理解架构,不妨将软件构架的定义浓缩为以下三个要素。

(1) 组成架构的元素:构件。

(2) 构件的相互联系:连接。

(3) 构件之间的相互联系关系:连接关系。

而所有这一切,都是为了一个目标——满足关键需求。

进一步地理解软件构架定义,可以知道:架构是一个或多个结构(子架构、可不断细分)的抽象,是由抽象的构件来表示的,构件之间相互具有联系,相互之间的联系具有某些行为特征(连接关系)。系统的这种抽象表示方式,屏蔽了构件内部特有的细节,使得在讨论系统构成的时候,只需关注与系统构成有关的上述三个要素的信息,而不必细看构成元素内部的内容。图 1-3 是汽车系统的架构示意图。

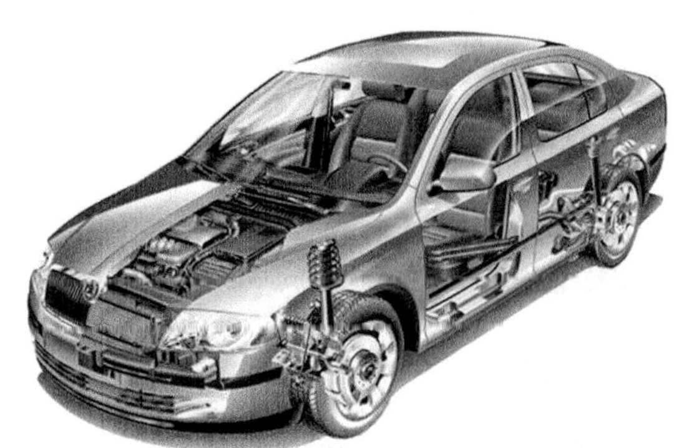

图 1-3 汽车系统的架构示意图

根据架构的定义,汽车的架构有:

① 构件(构成汽车的各主要部件是轮胎、发动机、齿轮箱、传动系统、大梁等);

② 部件的相互联系(轮胎与发动机之间靠什么连接在一起);

③ 部件之间的关系(汽车的动力是怎么由发动机传递到轮胎的,转速又是怎么通过齿轮箱控制的等)。

1.2.2 软件架构的视角

架构描述在不同阶段,依据层次和细节的不同,视角也不同,一般可分为概略型、需求型和设计型。

概略型是上层宏观的描述，反映系统最上层的构件和连接关系，如通常所说的 C/S、B/S 架构等。需求型是对概略结构的深入表达，以满足用户功能和非功能需求的表达为主。如可支持不同业务需求的框架结构等，Struts 架构就是典型的针对基于 Web 应用的架构。设计型从设计实现的角度，对需求型进行更深入的描述表达，需要从不同的侧面/视图，设计系统的各个层面，对各个构件和连接结构进行描述。在这个层面上的描述，将直接为系统实现和性能分析服务。MFC 就是典型的面向设计和实现的架构。

在不同阶段，架构发挥着不同的作用。

(1) 在项目规划阶段：架构是项目可行性、工程复杂度、计划进度、投资规模和风险预测的依据(概略型)。

(2) 在需求分析阶段：架构是开发团队与用户进行需求交互沟通的表达形式和结果(需求型)。

(3) 在系统设计阶段：架构是系统设计分解和实现、验证的基础。

(4) 在项目实施阶段：架构是工作分工、人员安排、组织协调、绩效管理的依据。

(5) 在项目测试阶段：架构是性能测试和评审的依据。

(6) 在维护升级阶段：架构是在保证系统整体合理性、正确性、性能和可控的维护成本的前提下，软件系统修改、扩充、升级的基础模型。

在现代软件工程的观点下，架构不但决定了系统的物理构成，也支配了开发的生产过程和组织行为，包括需求分配、范围和任务定义、进度计划、测试方案、集成方法、配置项与基线管理等活动，这正是现代软件工程更注重的地方。所以，架构已经不单纯是一个技术问题，也是工程问题、管理问题。因此，在不同阶段、不同的人，对架构有不同视角、不同的理解和不同的应用，这些人包括：最终用户、客户、项目经理、系统分析师、编码工程师、架构工程师、维护人员、质量管理人员、计划管理人员等。

架构的主要作用，可归纳为功能需求实现、关键需求设计、迭代和过程控制 4 个作用，第 2 章将专门讨论架构以及架构师的作用。

1.2.3 软件架构的表示方法

图 1-4 是一个用 UML 架构视图描述的架构(部署图)。

UML 提供了 5 组 9 张视图来表示架构。这 9 张视图是根据 1.2.2 节所述不同观察者的角度来进行描述的，它关注观察者的关注点，而忽略与关注点无关的部分。图 1-5 是一个应用系统的架构图(类图)。

第 3 章将专门讨论有关架构的描述方法，以及如何去阅读并理解架构描述所透出来的架构信息。

1.2.4 架构的一般特性

架构作为软件系统的抽象，具有一些基本的特性。

1. 架构的风格和层次

对架构的不同认识，反映在看待架构视角的不同上。不同的视角，形成了不同的架构

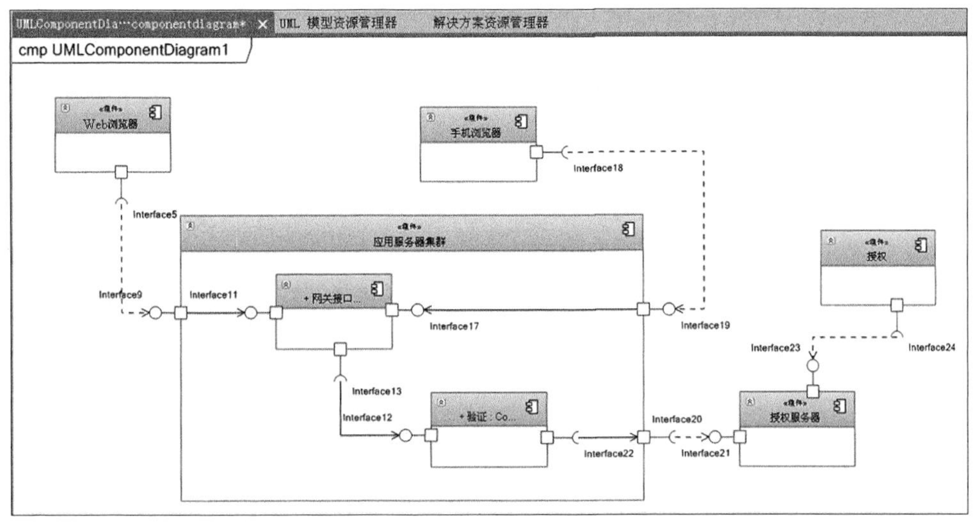

图 1-4　UML 架构视图(部署图)

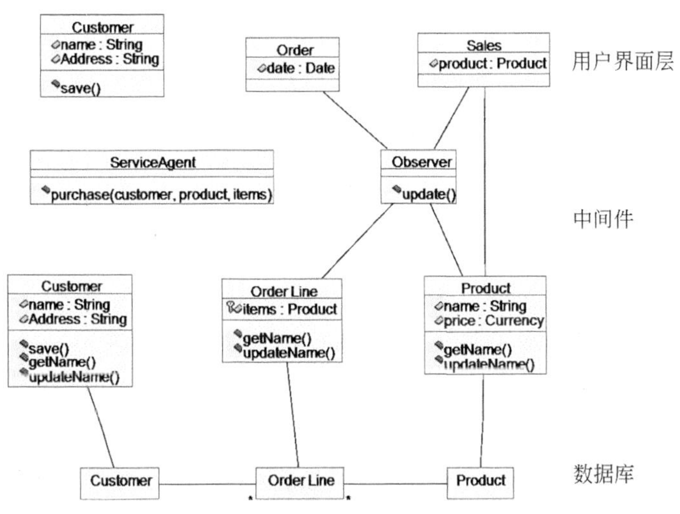

图 1-5　一个应用系统的架构图(类图)

概念和描述形式,主要有架构风格、设计模式、模型和关键组件、ADL 等。

1) 架构风格(风格是一种现实存在的抽象)

(1) 数据流系统：顺序批处理、管道和过滤器。

(2) 调用-返回系统：主/子程序。

(3) 面向对象系统：层次结构。

(4) 独立构件：通信进程、事件隐式调用。

(5) 虚拟机：解释器、规则系统。

(6) 以数据(库)为中心的系统：数据库、超文本、黑板。

(7) 特殊领域风格：过程控制、模拟器。

(8) 特殊结构风格：分布式处理、状态转移系统等。

2) 架构的层次

系统是由许多层次构成的，每个层次处理不同的问题。每个层次都由两个方面组成：构件和规则。

(1) 构成系统的原始的或集成的构件；

(2) 由构件集成为系统的集成规则(静态)；

(3) 为系统提供语义的行为规则(动态)。

对于初学者而言，罗列上述内容并无多大意义，本书将在适当的地方介绍其中一些内容。

2. 架构发展过程

在软件发展过程中，对架构的认识经历了三个层次的过程。

1) 执行级

以针对存储器的映射、数据地址的安排、堆栈和寄存器的分配等为中心。在这个阶段，架构的构件是硬件，集成和行为规则是这些硬件单元的非常具体明确的组合集成方法。

2) 代码级

以针对算法和数据结构的选择等为中心。在这个阶段，架构的构件是程序设计语言的字符、指针、进程控制等，集成的是记录、数组和过程等。集成和行为规则是以程序设计方法、数据结构方法为核心。

3) 架构级

以针对与构件相关联的系统总体性能为中心。在这个阶段，构件是模块、模块的相互关系等，它重点研究从模块到子系统、到系统的集成规则。

3. 架构级架构设计的特点

在软件工程的"第四代"，关注的是架构。软件架构的"架构"元素或称为构件的内容和范围，与执行级、代码级相比，发生了很大的变化。架构级的架构考虑要素包括：系统的总体组织架构、全局控制、通信协议、同步、数据存取、设计元素的功能、设计元素的组织、规模、性能、设计方案的选择等，构件不只是有形的、物理的程序片段，还包括：抽象接口、设计模式等。

在这个阶段的软件架构的集成规则和行为规则，则主要关注：

(1) 通过架构所表现的关于软件的系统级层次上的组成和行为模式；

(2) 架构表达了软件构件和构件之间的联系；

(3) 构件的描述应包括：构件功能、结构特征、非功能特征。

在这里，构件的概念(也常常被称为"组件"，二者的含义有些微妙的不同)根据设计方法的不同，代表不同的对象，如：类/对象、库/包、构件/组件、制品/配置项/基线等。它们的集成度提高了，同时，它们也不再只是软件制品本身，也出现了针对软件开发过程和为开发管理需要而产生的管理制品，如基线、配置项等。

1.2.5 统一过程(RUP)的架构

统一过程(RUP)最核心的特点是：用例驱动、迭代开发以及以架构为中心三大要素。用例驱动和迭代开发可以很好地适应需求变更的需要，而迭代开发是以架构为基础的增量开发。RUP 的迭代生命周期与重要的里程碑如图 1-6 所示：在迭代开发过程中，从详细描述开始，到构造、提交，是系统迭代开发的基础。

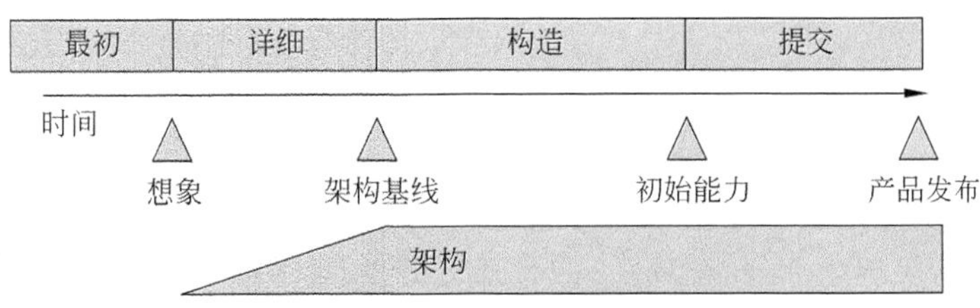

图 1-6 RUP 的迭代周期与架构

RUP 过程指明了一种以产品线为目标、以架构为基础的迭代过程：在最初阶段定义项目的范围和开发商业案例(业务/系统模型)；详细阶段完成项目计划，详细说明功能和结构的基线；在构造阶段创建产品；在提交阶段把产品提交给用户。RUP 的视图和模型(见图 1-7)提供了使架构可视化、可详细描述和定义、可文档化的构造工具和手段。

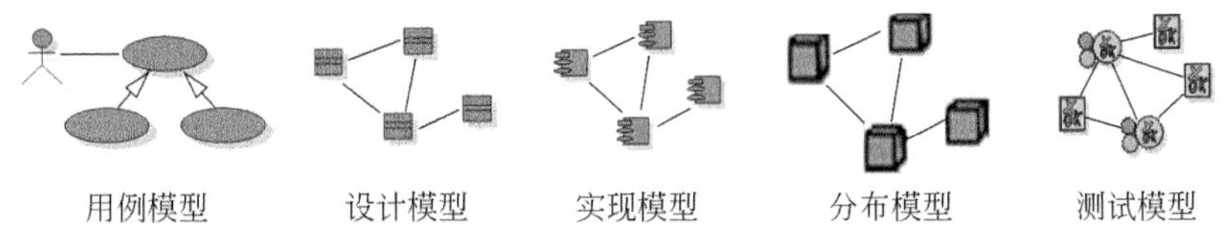

图 1-7 RUP 的各种视图模型

1.3 感受身边的架构存在

了解概念的目的，不是要背概念，更不是仅仅为了考试的时候考概念。概念是对问题域的“聚焦和收敛”(定义和抽象)，是为了更好地把关注点聚焦在问题的核心点上，以便于理解问题和解决问题。在软件架构概念中，充分理解软件架构的三要素，也是为了从这三个要素的角度，去认识架构、理解架构、运用架构。显然，如果换一个角度，完全可以有另外一个架构定义，这就是为什么网上可以有多达六十多个定义的原因。视角不同，结果当然不同。

本节将通过案例分析，从简单到复杂，让读者循序渐进地感受一下架构到底是什么。

1.3.1 电灯开关控制系统的架构

架构的第一个例子来自日常生活。假定由灯泡和电线、开关构成了一个最简单的“系统”，如图 1-8 所示。灯泡、电线、开关是这个系统的“构件”；电线是连接灯泡和开关这两个构件的连接件;什么情况下灯泡亮,什么情况下灭,是开关与灯泡之间的连接关系。

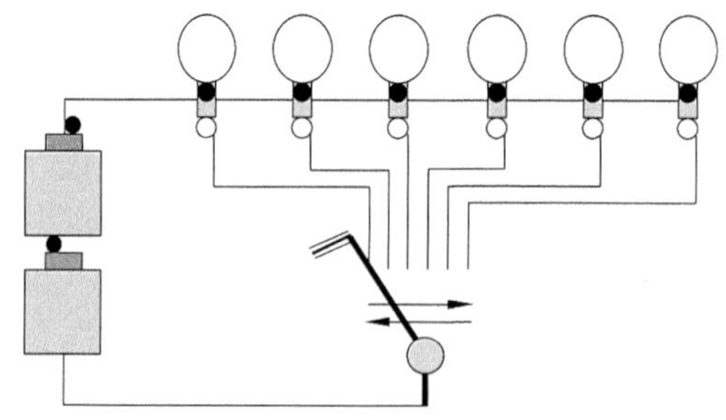

图 1-8 灯泡、电线与开关构成的系统

一个开关通过一条电线控制一个灯泡,是简单的。一个开关控制几个灯泡,可以通过不同的连接方式,实现全部开/全部关,或者部分开的同时另一部分关。几个开关控制一个灯泡,则可能有更多的、用"与"、"非"门构成的组合逻辑。

请读者注意:在这个例子中,并没有涉及有关灯泡、电线和开关三个"构件"的任何内部细节。例如,这里并不关心灯泡功率的大小,是白炽灯还是节能灯;不关心电线的粗细,可通过的最大电流大小;也没有讨论开关的任何细节。因为,在讨论系统架构的时候,这些因素被"屏蔽"掉了。不论灯泡的功率大小、电线粗细、是什么样的开关,都不影响系统架构定义下(否则,当然是有关系的)所讨论的系统"组成"方式、关联关系和"开关"控制行为。

1.3.2 鼠标接口的架构

再考察一下一台计算机的例子。计算机的硬件,当然是一个"系统",而且是一个"复杂"系统。所谓"复杂性",从整机、主机板、主机板上的总线、总线中的数据总线或控制总线,控制总线的每根控制线的接口标准,一步步分析下去,没有一个是"简单"的。下面分析其中的一个零件——鼠标。

用架构定义三要素的模式看,鼠标无疑是计算机的一个构件,用连接线与计算机连接在一起,其连接关系就是鼠标与主机板的接口标准。对于一般人来说,所谓接口标准就是往 USB 口上一插,不会在意什么接口标准(当然,USB 不要插反了)。

很多读者都有去国外学习或旅游的经历,去国外之前,必须注意一个小小的细节,否则,也会带来麻烦。那就是,需要知道所去目的地国家所使用的电源插头是什么标准,是欧标还是美标?还是其他什么标准?(据资料记载:全球电源插头标准共有 13 种,一个国家常常也有两种以上。)因为这些标准与国内的电源插头的标准不一致,结果是,如果不用符合当地电源插头标准的电器(当地现买,无此必要),也不带专门的转换器,从国内带去的电器就无法充电。手机没电、照相机没电、计算机没电,旅行将是多么扫兴。另一个不幸的例子是手机充电器,也是如此,甚至更甚,一个厂家不同品牌的手机,充电器都不一样。虽然中国现在开始要统一标准了,但世界范围内的标准统一还很困难,这涉及各自的利益。

幸运的是,鼠标接口没有欧标、美标之分。由于鼠标接口已经有了业界统一的标准,使用者完全可以不用担心欧标、美标，或者是什么牌子的手机，担心什么牌子的计算机要配什么牌子的鼠标。买计算机的时候，你可能根本没有想过任何与鼠标接口有关的问题。

最早的鼠标与计算机主机板的接口是 RS-232 标准，以后发展为 PS/2 标准，现在常见的是 USB 标准，少数鼠标采用的是红外或蓝牙的无线标准。

首先，上述接口都不是鼠标专用接口，而是通用接口。例如，RS-232 就是一种通用异步通信接口。

其实，RS-232 接口标准是使用范围最广的一种外部设备接口标准，是由 ITU-T(国际电信联合会电信标准部)定义的标准 V. 24。事实上这个标准包括功能、过程、电气和机械 4 个方面内容的规约。机械规约 ISO 2110 涉及的是 DTE 到 DCE 的实际物理连接，例如，9 根针之间的物理位置和尺寸、针/空的直径和长度等。电气规约 V. 28 规定了电压电平及电压变换的时序，DTE 和 DCE 都必须使用相同的编码，相同的电压电平必须表示相同的含义。还必须使用持续时间相同的信号元素等，例如，电平上沿有效还是下沿有效、信号持续电压及持续有效时间等。这些特性决定了能够达到的数据率和传输距离。功能规约 V. 24 定义了各种功能由具有不同含义的各种交换电路来执行。有数据电路、控制电路、时序电路以及电器接地等。例如，作为通信协议，规定了哪个脚是信号发、信号收等。过程规约 V. 24 则定义了传输数据时发生的事件序列，如停止位、数据位、校验位等。

USB 接口也是一套类似、但更复杂的接口标准。除了接口标准之外，主机都还需要安装相应设备的驱动程序。

与“灯泡、电线、开关”系统案例相比，鼠标案例中的架构，显得构件和连接比较简单(其实大家都知道并不简单，只是没有展开讨论而已)，连接关系(接口协议)比较复杂。复杂的原因，是计算机系统架构在设计上，希望将这些计算机“构件”，尽可能地“模块化”、“标准化”、“通用化”。最终，让使用者非常便捷地、灵活地使用这些模块，而不需要自己去搞定那些复杂的接口问题。现在，包括驱动程序的安装和参数配置，都已不再需要使用者自己另装设置。总之，一切都由系统“搞定”了。更换鼠标，可以随时“热插拔”。

1.4 两个小程序的架构分析

1.4.1 两个小程序

现在回到有关软件架构的问题。本节要讨论的两个例子，本身都很简单，如图 1-9 所示。

左面的程序是几乎所有学习 VC++ 的同学都做过的第一个程序，以下简称“欢迎”程序。右边一个稍复杂一点，也就是模拟完成一个计算器功能的程序，简称“计算器”。从最后实现的效果上看，两个程序在功能上略有不同。运行“欢迎”程序，当使用者单击菜单栏上的“欢迎”按钮时，程序会弹出一个对话框，并显示一句欢迎词“你好！欢迎进入 Visual C++ 6.0 的世界！”，单击“确定”按钮可以关闭对话框。而“计算器”程序则根据使用者单击的不同按钮，完成简单的计算器功能，并显示计算结果(当然，单击按钮的顺序，必须符合四则运算的规则)。

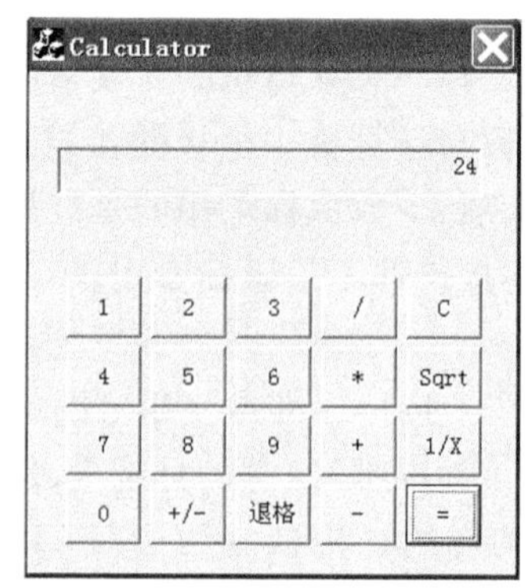

图 1-9 两个简单“程序”的运行效果图

从“编程”实现者的角度看，二者其实差别不是很大。“计算器”多做的工作，不是在接收到按钮消息后，简单地显示一条“欢迎”信息，而是实现“根据用户单击的按钮和四则运算规则计算并显示结果”。看一下代码就可以知道，从程序实现的角度看，后者与前者相比，不但逻辑复杂度和编程量差别并不大，更重要的是其架构基本相同。

1.4.2 “欢迎”程序的实现过程

下面的介绍不是教授如何进行 C++ 编程，而是让读者在程序实现过程中，体会架构的存在。下面就以最简单的“欢迎”程序为例，顺着创建过程的展开，来看看架构是怎么被设计和实现的。

1. 创建项目

启动 VC++ 6.0，选择“文件”|“新建”命令，打开“新建”对话框。选择“工程”选项卡，选中 MFC AppWizard(exe)选项，填写工程名称为 MenuAccess，指定工作区位置，选择“创建新的工作区”，单击“确定”按钮。

分析：MFC 为创建应用程序提供了各种模板，模板首先为程序员减少了花在界面设计和实现上的时间。例如，模板提供了大量控件的外观定义、内部实现等。使得程序员无须把大量的精力花费在组织和编写按钮上面。这种方式是几乎所有开发平台(例如，苹果、安卓等)所必需。显然，选择不同的应用程序模板，其内部预制的架构也是不同的，在这里，MFC 对应用程序进行了第一次分类。而本质上，如果将要创建的应用程序比拟为一个“苹果”，MFC 从苹果树的“根”开始，一步步地选择，这个“苹果”应该挂在“苹果树”的哪个“分枝”上，这就是架构的“结构”，有关内容将在以后介绍。目前，在本例中，选择的是 MFC AppWizard(exe)模板(如果选择的是 DLL，试试结果怎样)。

2. 创建窗口

在 MFC 应用程序向导-步骤 1 中，向导提问：你要创建的应用程序类型是？有三个选项：单文档界面、多文档界面和基于对话框的应用程序。选择“单文档”，并选择“文档/查看架构支持”，最后单击“完成”按钮。

分析：MFC 为不同的应用程序进行了再次分类。这次是从三大类中，选择了“单文档”类。其中,更细的选择还包括是否需要支持文档的“查看”。如果不选,文档的“创建”、“打开”、“保存”、“打印”等按钮就变成灰色。很显然,在架构上,选或者不选,决定了是否继承 CDocument 基类(在以后的课程中会讨论架构分析的一条线索——继承关系,而另一条线索则是调用关系)。

3. 完成程序

至此,利用 MFC 向导就完成了应用程序框架的创建。如果直接编译这个程序,就完全可以运行了。

分析:如图 1-10 所示,在 MFC 工作区中,MFC 为“欢迎”程序创建的类(另外两个选项卡分别是资源文件和 C++ 源文件,这三个选项卡代表了项目的三个“包”,这就是 C++ 项目的开发架构,以后会讨论)。到目前为止,主要的程序创建工作已经全部完成。实际上,下一步的编程工作,就是在这个框架的基础上,添加一个按钮,以及相应响应按钮事件的处理函数——显示“欢迎”文字。

4. 添加按钮

下面开始创建按钮。打开工作区的 Resource View 选项,展开 Menu 和 IDR_MAINFRAME,就可以看到如图 1-11 所示的“欢迎”程序主菜单(此时,还没有添加“欢迎”按钮)。

在菜单“帮助”命令的右边空白处,单击鼠标右键,在弹出的快捷菜单中,选择“属性”命令,在新出现的“菜单项目-属性”对话框中的“标明”处,填写新菜单项的显示标题——“欢迎”,取消选择“弹出”,在 ID 栏里,为菜单取一个名字“ID_MENUACCE”,按 Enter 键,完成新按钮的创建,结果如图 1-12 所示,此时可以看到,已添加了一个“欢迎”按钮。

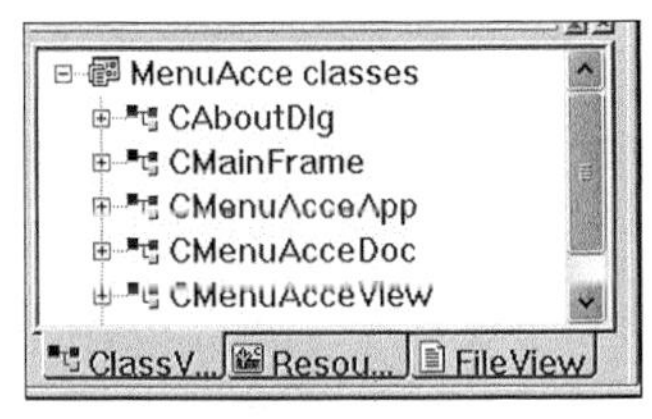

图 1-10 “欢迎”程序的类图

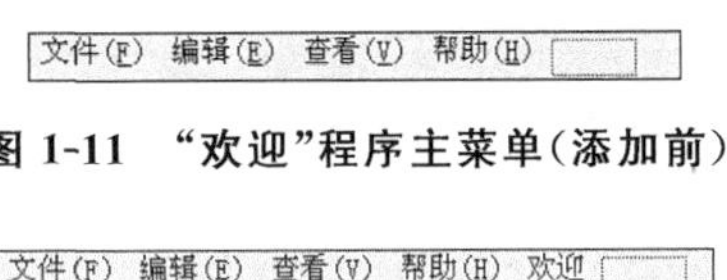

图 1-11 “欢迎”程序主菜单(添加前)

图 1-12 “欢迎”程序主菜单(添加后)

分析:从程序设计角度看,这一步是创建了一个行为触发器——按钮,而从架构设计和实现角度看,这里创建了一个新的构件——“欢迎”按钮。这个构件是“欢迎”程序的核心构件(当然不是唯一构件)。

5. 创建消息映射

在 MFC 工具栏上,选择“查看”|“建立类向导”命令,弹出 MFC Class Wizard 对话框,在 Object IDs 列表框中,选中刚刚命名的按钮名 ID_MENUACCE,然后,在 Messages 列表框中,选择 COMMAND,单击右边的 Add Function 按钮,在新出现的“添加消息函数”对话框中,填写新的函数名 OnMenuacce。单击“确定”按钮,完成映射的设置。结果如图 1-13 所示。

分析:MFC 通过这样的方式,建立了按钮(构件,本质上也是代码)与处理函数构件

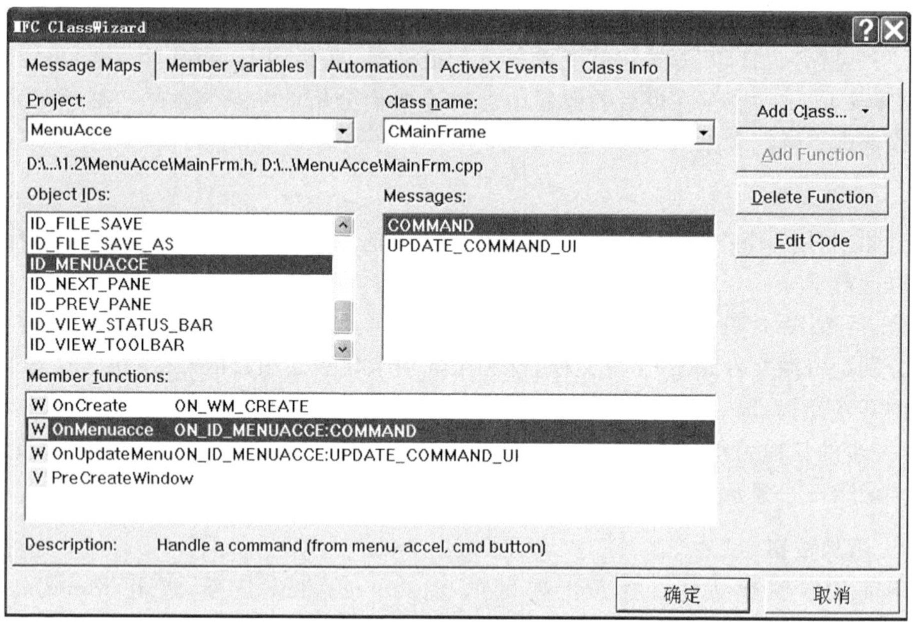

图 1-13 建立按钮与处理函数之间的消息映射

(代码)之间的连接。实际上,MFC 是通过自动在 MenuAcceView.h 文件中,为按钮消息处理函数 OnMenuacce()定义如下代码来实现连接的。

```
// Generated message map functions
protected:
    //{{AFX_MSG(CMenuAcceView)
    //##ModelId=511C4E90039B
    afx_msg void OnMenuacce();
    //}}AFX_MSG
    DECLARE_MESSAGE_MAP()
```

这一步的意义,是让 Windows 知道,当按钮被单击的时候,"消息"发给谁,找谁来处理这个按钮事件。从架构角度看,这就是构成架构的第二个要素——建立构件之间的"连接"。Windows 的消息机制,是 Windows 应用中,按钮构件与按钮处理函数构件之间建立联系的"连接件"。在所有 Windows 系统下的软件,大部分都是靠这个机制进行联系的,而这样建立连接的"操作",如改用 VS2010,则与 VC++ 6.0 相比,已经被越来越深地"封装"起来,一般用户看不见,也无须知道了。例如,在苹果的 iOS 或安卓等平台上,这样的关联,只需要在 IDE 上,用关联线"勾"一下就可以了。这就是工具对细节的高度抽象,就如同早年使用汇编语言,以后用 C,再往后是 VC++ 。注意:编程的可视化,就是高度抽象、屏蔽细节,最终形成如视窗、控件这样的可视化的工具。以后人们只需要关注两头:控件使用(用户界面设计)、处理函数(具体业务处理逻辑)。

6. 编写处理函数

在 MenuAcceView.cpp 文件的相应位置(MFC 已经为用户留空),编写显示"欢迎"的代码。应用程序到了这一步,可能还需要程序员写一些代码,但架构师的任务已经基本完成。

```
//##ModelId=511C4E90039B
void CMenuAcceView::OnMenuacce()
{
    // TODO: Add your command handler code here
    MessageBox("你好！欢迎进入Visual C++6.0的世界！");
}
```

分析：最后一步，从架构的角度讲，是完成另一个构件——“处理函数”。同时，在处理函数模块中，实现架构概念的第三个要素：构件之间的“交互协议”，交互协议的具体内容，应体现在按钮的内容、传递的消息内容和对应的处理函数三者之中。但是，在这个例子中，按钮构件、消息连接、处理构件三者之间的“交互”非常简单，简单到几乎不需要任何“协议”。实际上，“协议”还是有的，就是“你单击，我显示”。

计算器的程序就不再介绍了，读者也可以再写一下，感受一下计算器程序的构件、连接、连接关系是什么？

1.4.3 小程序的架构实现小结

总结一下上述两个简单程序的架构设计过程。

(1) 创建新按钮是创建新的构件(其他构件是什么时候创建的)；建立消息映射是建立构件之间的连接(同样，其他构件之间的连接是什么？是怎么建立的)；处理函数则根据对按钮、消息、处理三者之间的“协议”，编写相应代码。创建架构的过程，即使这么简单的程序，也包括架构构成三要素的“构件”、“连接”、“连接关系”的全部内容。

(2) 通过欢迎程序创建过程和架构要素的案例分析，你是否对软件系统架构概念的三个要素、三要素之间的关系，稍稍有了一点理解？是否能够感受到，仅看外表(功能)和代码，与用架构师的眼光(这里仅仅是开始)看系统，有很大的不同？那么，在真正架构设计时，架构师的眼光和编码工程师的眼光有什么不同？有什么意义？架构分析和设计到底要干什么？有什么价值？这就是第 2 章要介绍的内容。

1.5 实践与思考

1.5.1 实践题

1. 把“欢迎”按钮改成“时间”按钮，并显示当前时间。

2. 在有“欢迎”和“时间”两个按钮的界面上，把“欢迎”按钮和“时间”按钮各自对应的“效果”对调一下，使得单击“欢迎”，显示的是时间；单击“时间”显示的是“欢迎”。

3. 为“欢迎”程序实现两个“欢迎”按钮，一个是以“模式对话框”，另一个是以“非模式对话框”方法实现的。看看在代码实现(协议)上有什么不同。(注：所谓“模式对话框”是指用户在对当前对话框做出响应，例如，单击当前对话框的“确定”按钮之前，程序不允许用户进入系统的其他部分。而“非模式对话框”则没有这个限制，因此，即使没有单击当前对话框的“确定”按钮，对话框没有关闭，也允许用户不断打开新的对话框，导致出现多个相同的对话框，甚至进行其他操作，如退出程序。采用“非模式对话框”将导致面临更多的复杂情况。)

4. 只有一个“欢迎”按钮，但这个按钮需要根据窗口内的不同情景，决定打开对话框的“种类”。例如，当窗口中已经出现多于三个对话框的时候，新打开的对话框，只能是“模式对话框”。否则，则可以打开“非模式对话框”，直到对话框数到达 3 为止。当前窗口的状态，必须有按钮构件进行判断，并作为参数，传递给执行对话框创建的构件（假定该构件是外部 DLL）。

5. 实现“计算器”程序。

1.5.2 思考题

1. 根据上述实践体会，用自己的话给软件架构下一个定义。

2. 在网上搜索一下有关软件架构的定义，比较一下它们之间的差别。

3. 在“欢迎”程序架构中，构件、连接、连接关系分别完成了哪些功能？起到了什么作用？

4. 从架构三要素的角度，说明“欢迎”程序的架构与“计算器”程序的架构有什么相同和不同？

5. 在实践题 2 中，老师希望同学们在“欢迎”程序的基础上，再实现一个“时间”按钮，并把“欢迎”与“时间”按钮的实际效果“对调”一下，有同学就把两个相应的处理函数中的代码对调了一下，更有同学把按钮的名字对调了一下，这是非常错误的。请从架构师的角度仔细想想为什么错？应该如何实现“对调”？

CHAPTER

第2章

架构与架构师的作用

本章导读

第1章介绍了架构的一些基本概念，并通过案例，特别是通过“欢迎”程序的架构实现与分析，让读者稍稍感觉一下软件系统开发过程中架构的存在。本章仍将通过一些例子，让读者进一步感受架构对软件系统以及软件开发过程的作用和影响，甚至架构的反向作用和影响。学习完这些内容，读者才会对架构的作用，开始有了初步的认识。

一般认为，软件架构的作用，在系统设计层面上主要体现在4个方面：

① 表达系统的功能需求是如何被实现的；

② 表达关键需求和设计约束的实现方案；

③ 作为迭代开发的基础；

④ 成为过程管理的依据。

前三点反映的是对软件系统本身的作用，最后一点反映的是对软件开发过程的作用。本章将用一些案例介绍上述作用。

作者有一次参加微软的高校教师软件架构培训班，课后有老师问微软培训讲师，架构师不是“官”，架构设计约束(架构纪律)如何能让项目团队成员遵守？微软讲师的回答是三个字：靠沟通。提问的老师仍然不能理解，沟通什么能让别人放弃自由，老老实实地受你约束？微软老师只是微微一笑，个中意味大概我是读懂了的。这就是：从校门到校门的老师，如果没有在软件开发团队，在那种不靠行政命令、靠相互信任和配合做事的环境中待过，还真的是难于给你说清楚这个问题，所以也不想再多解释。

因此，与一般“软件体系结构”教科书不同，作者觉得有必要专门用一章的篇幅，通过一些实际案例的介绍和分析，来讲解架构和架构师的作用。如果只是会背一些概念，架构技术真的只是一种“屠龙术”而已。

充分认识和理解架构和架构师的作用，十分必要。既是为了回答上面那位老师的疑问，更是为了后来者努力克服1.1.5节所提到的软件企业“作坊式”开发的问题原因2、3。经过这些年的教学和实训实践，作者认为：在讲授本课程书本知识的同时，更为重要的是如何让学生在学生阶段，在不可能具有太多实际经验的情况下，能够初步认识和实际体验架构和架构师的作用，从而“唤醒”学生走向更高层次的“意识”。架构启蒙比之教授某些具体的架构技术和方法，更为重要且有意义。这也是本书尝试区别于其他“学院派”教科书的地方。

学习本课程(包括其他软件工程类后期高端课程)的学生,应该随着课程专业化程度的加深,如同医学院的学生,逐步进入医生角色一样,逐步认清自己未来的职场定位和目标,明确自己未来的岗位和角色,并从进入企业环境开始,就对自己设定较高的追求目标,有较高的未来预期,有职业经理人(包括架构师)的自觉意识,并当机会来临的时候,能够有所准备。只有所谓"志存高远"者,才有可能在机会来临的时候"有所准备"。这就是学习本课程这类"屠龙术"的内在动力。

其次,因为架构师的岗位离你现在还十分遥远,软件架构的知识,是建立在一定的编程、软件工程、软件项目管理以及其他专业课程的基础之上,需要既有专业背景,又有一定的大局观、过程控制和综合管理、协调的体验(对于同学们来说,还不能要求具有一定的"经验")。为那么遥远的工作目标而学习,需要综合的知识能力,不是每一个同学都能够胜任、可以承受得了的。因此,所谓"高素质"、"发展潜力",是需要毅力,去克服一系列困难,才能实现的。这也是心理学上所谓的"滞后消费"。那些能够克制自己"前期消费"欲望的人,才能够得到后期的高回报。

如果只把本课程当作为了完成学分随便选修的一门课,甚至仅作为一种"万一用得着"的知识储备,是不可能真正学好本课程的。

2.1 架构是需求将如何被实现的描述

画出某某软件系统的架构图,这是所谓"规范"软件开发所必须提交的软件设计文档的要求之一。很多学习软件工程的学生,在学校的时候,被老师"灌输"了一大套"规范"的软件文档模板。在企业,很多公司也是这样要求的。所以,在项目组,实习学生被安排来编写这些文档,因为他们还不能真正参加编程和软件开发,写文档是最适合他们做的事情——反正文档也是没有人看的。这样,留给一批批学生"规范"软件工程的印象,就是写"无用"的文档。而如何写文档就是套"模板",更可怕的是,不少老师也是这样认为的。难怪有学生把软件工程课,称为软件专业课中的"政治课"。

下面首先通过一个例子,来看看软件架构对软件系统的作用和影响。

2.1.1 文件传输软件的架构描述与分析

当处于计算机 A、B 两端的人需要进行通信,例如,需要传送一部电影给朋友的时候,计算机是怎么工作的?同学之间,用互联网共享资料,用 QQ、网盘、局域网内的文件传输软件,使用起来都非常简单,几乎没有什么可拿来说的"技术"问题。如果没有这些网络和软件(只用 RS-232 串口进行通信,不使用 TCP/IP),让你自己编一个这样的软件,应该怎么做?如果没有一点串口通信编程知识,可能一时半会儿说不出个所以然来。下面的这个例子,不是在教通信编程,而是借网络点-点传输通信的实现,讨论软件架构的作用,所以,如果有这方面的疑问,请找相关资料补习一下(本书所有案例,已经将必要的"业务知识"压缩到最少,但毕竟会有所涉及、在所难免)。

问题的背景是：计算机 A 希望与计算机 B 通信，并完成一个较大文件的传输(假定是从 A 传送给 B)，除此之外，暂时不提出其他要求(在案例分析的最后，再继续进行讨论)。下面分为 7 个步骤，讨论这个通信系统的实现过程。

(1) 在考虑这样的通信系统实现方法的时候，首先想到的，必定是先在计算机 A 编一个发送程序，然后在计算机 B 端，还有一个接收程序，它们相向进行通信(为什么不是单向的？这个是有关通信系统构成的基本常识)。系统架构的考虑最初如图 2-1 所示。

(2) 根据假定，通信过程只使用计算机的 RS-232 接口，用串行通信的方式实现(TCP/IP 等现成的协议屏蔽了通信过程的关键细节)。那么，A、B 的发送和接收进程，还必须各自同时具有发送和接收功能，且 A 端的发送与 B 端的接收相对应，反之亦然。现在，系统架构变成如图 2-2 所示。

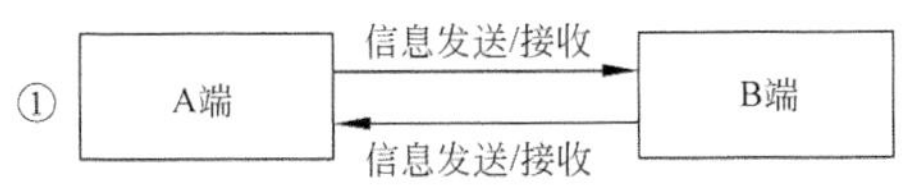

图 2-1　文件传输的两端 A 和 B

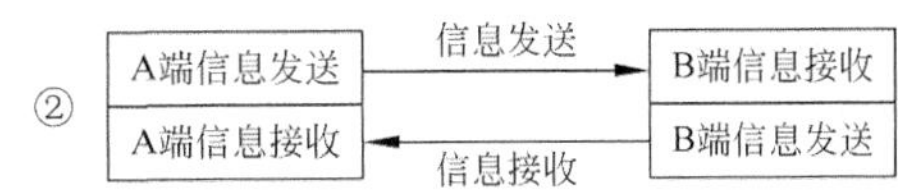

图 2-2　A 端和 B 端各自对应的收、发进程

(3) 动手编写串口发送和接收程序的时候，马上就会碰到，在 RS-232 串口上进行通信，必须有缓冲，否则数据会丢失。如果要传输的文件很大(例如是一部电影)，则数据丢失极有可能导致传送根本不可能完成。于是，在上层应用程序(基于窗口的文件操作)和底层程序(串口发送与接收程序)之间，需要建立文件缓冲。在串口发送与接收程序与串口之间，也需要建立缓冲。前者只用缓冲区的方式，后者使用先进先出的队列方式(具体原因请参考相关编程教材)。这样，系统架构扩展为如图 2-3 所示。

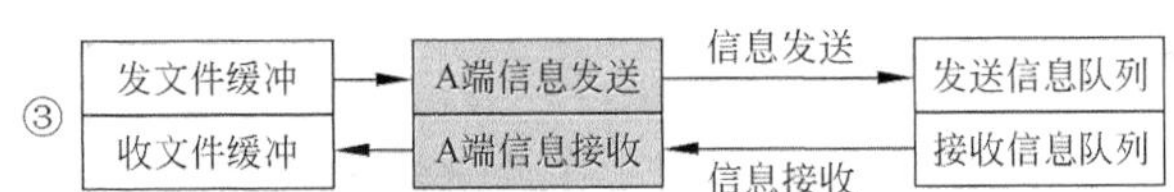

图 2-3　收发进程的文件缓冲和发送、接收队列

(4) 实际做下来，还会发现在 A、B 两端串口之间，完全按“字节流”进行发送和接收，也是不可能的，因此，必须要按数据“包”的方式进行传输。文件在发送前，需要先对文件缓冲中的数据进行分解，按特定字节数长度，打成一个数据包，即所谓的“打包”处理。相反，在接收方收到“包”后，将包解开，送入文件缓冲，称为“解包”。分解后的系统架构如图 2-4 所示。

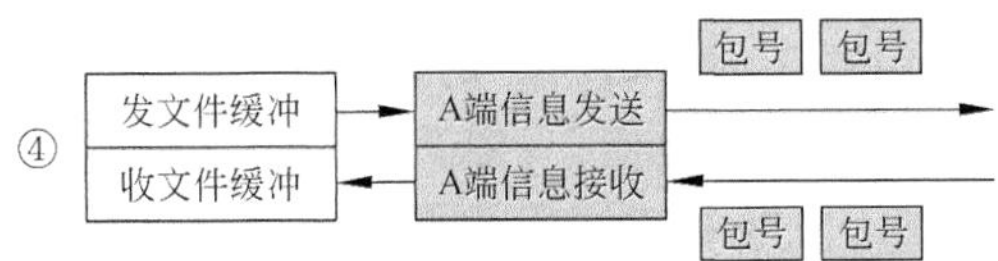

图 2-4　分解为发送、接收包进行传送和接收

(5) 对文件进行“打包”、“解包”的目的，是当发生传输错误的时候，可以按“包”进行纠错处理(一种纠错方法)。按包号，只重发出错的“包”。同时，进行相应的重发与窗口控制(有关“包控制和纠错方式”，请见相关资料)。所以，实际上，在“线路”上是按“数据包”

进行传送和接收的，如图 2-5 所示。

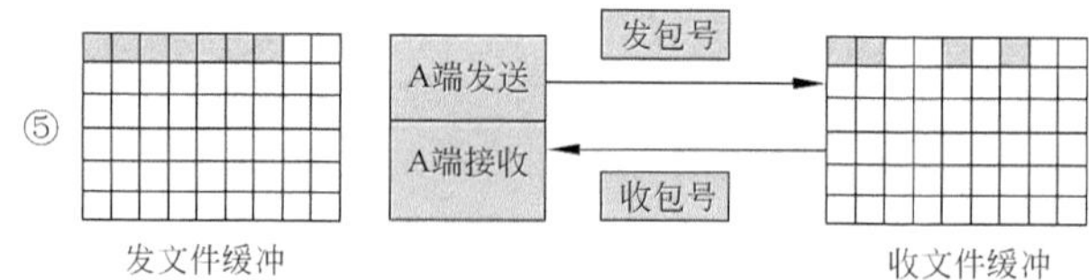

图 2-5　按出错包号进行重发

(6) 为了传递出错包号，并进行重发控制，在各自一端，例如，A 端的发送进程和 A 端的接收进程之间，需要进行进程间的通信。A 端的接收进程收到 B 端发来的报告错误的包号，需要告诉自己同一端(A 端)的发送进程，重新发送该包，而不能自行进行发送(自己只是接收进程)。同样，B 端的接收进程要告诉 B 端的发送进程接收到错误的包号，结果如图 2-6 所示。

(7) 另外，上层应用(窗口程序)与底层(串口通信)程序之间，在数据上，依靠文件缓冲进行连接。在控制上，可以有“同步”和“异步”两种控制方式。所谓“同步”是指，在上层应用程序调用下层传送进程后，等待下层进程返回最后完成传送结束的结果，再执行其他任务指令(等待)。而“异步”则不需要等待，就可以继续执行其他指令。以后再根据需要，人工或自动地检查下层进程是否成功完成传送任务，或处理失败。“同步”需要等待调用另一个进程的返回结果，而“异步”方式，在上层调用下层后，不等待调用返回。“异步”方式下，上下层进程间可通过双方约定的某种方式，如信号灯，来实现进程间的通信，如图 2-7 所示。

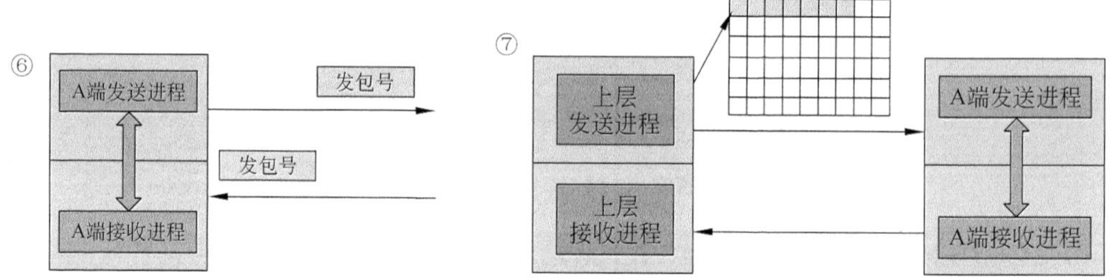

图 2-6　A 端发送与接收进程间通信　　**图 2-7　发送/接收进程与上层进程间通信**

小结：按照上述设计过程，在步骤 1，首先看到的是平等的 A、B 两端(深入的问题：两端无区别？不区分主从？所以，还有个“握手”过程，这里略掉了)；然后，步骤 2 将 A、B 两端分解为各自的收、发 4 个进程；步骤 3 又在各端添加了一个文件缓冲和两个收发队列；步骤 4 是“打包”和“解包”，并规定按“包”的方式进行收发；步骤 5 则是按包号纠错；步骤 6 加进了“端内”收发进程之间的通信；步骤 7 加了上下进程间的通信。

上述 7 步，并没有介绍任何网络软件的编程方法，相反，从上述这 7 步中，实际看到的是根据传送和接收实现的需要，逐步搭建出这个通信系统的架构。其中，哪些是构件？哪些是连接件？哪些是连接关系？

1. 构件

(1) 发送和接收进程；

(2) 各自的文件缓冲和发送接收队列;

(3) 数据包;

(4) 上层进程。

2. 连接件

(1) 物理连接:RS-232 及串口线。

(2) 数据连接:信息队列、文件缓冲区。

(3) 控制连接:进程间通信缓冲、信号灯。

3. 连接关系

(1) 物理连接协议:RS-232 串口协议。

(2) 数据连接协议:信息队列和文件缓存区的使用方法(头地址、指针、长度、访问方式和限制等)、数据格式、信息含义、先进先出。

(3) 控制连接协议:队列、信号灯的命令含义——暂停、继续、成功、失败。

这个例子反映的是架构是如何"实现"功能的,这比在第 1 章中看到的"欢迎"程序的例子要复杂得多,但从认识和理解架构的角度看,更真实。

2.1.2 文件传输软件的新需求及其改进方案

上述架构,是为了满足传输的需求而设计的(当然,实现方法并不是唯一的)。在以上实现中,只考虑了满足在 RS-232 串口线路上传输文件的需要,并没有考虑其他可能的需求。下面要加一个新的"需求",请给出满足此需求的系统解决方案。

新需求是:在现有的线路(硬件)和传输系统(软件)基础上,实现"实时性"更好的"即时"短通信。短通信是相对电影文件传输而言的,类似 QQ 那样的通信需求,而"即时"性则用专业的术语进行规定,应该定一个最大送达延时,例如,在多少 ms 甚至 ns 范围内送达,送达的含义是发送方收到对方的"收到"确认。

现有系统可以满足这样的要求吗?

将需要传送的短信息,作成一个文件,在发送窗口上,发送这个文件给对方。

如果此时这套文件传输系统并没有大文件正在传输中,那么很幸运,现有系统很快就会把文件传给朋友。但是,如果不巧正有一个电影文件在传输中,情况会是怎么样?你的文件被放在文件缓冲的最后面。显然,如果不对原有系统进行改造,要同时兼顾"慢传"(大文件)和"快传"(短消息),是不可能的。

看看图 2-1,在这样的系统上,能看出有什么地方可以改进吗?可以通过增加一个"功能模块"来实现吗?从这里开始,架构师与编码工程师的区别就开始体现出来了。

经过架构分解,用图 2-8 代替图 2-1,可以逐渐发现一些可以改进的地方,并提出切实可行的解决方案。

(1) 是否可以在上层应用程序和下层发送接收进程之间,协商建立所谓的"优先级"制度?构件、连接都没有变化,连接方式上,增加一条"协议"内容,当出现"优先级"高的文件时,发送和接收进程优先处理。具体实现细节考虑包括:上层如何定义文件的"优先

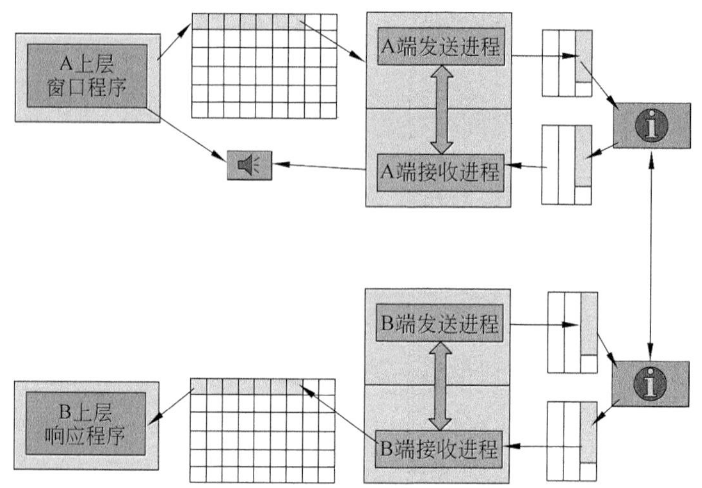

图 2-8　文件发送接收程序的架构描述

级”(消息内容)、下层如何在其他文件传输过程中,及时地知道优先级高的文件到来了,并及时处理?如何在真正传输的过程之中,加进另一个文件的传输?并把“优先级”高的文件“加塞”到文件传输队列的最前面(甚至中间)?

(2) 是否可以在文件缓冲、发送和接收队列等需要排队的地方,增加一个新的缓冲和队列,它们的优先级比其他已有缓冲和队列的优先级要高?发送进程不断地来查看是否有“急件”要发送。

(3) 在短消息发送和接收过程中,是否可以不采用已有的“打包”、“解包”模式。由于这类信息一般都很短,因此,无须打包、解包。

(4) 是否可以不采用已有的纠错方式,不是不会发生错误,而是不用报告出错包号,再重传出错包的方式,进行纠错。而是针对此类信息,采用直接应答方式,即所谓的“命令响应”模式。

……

这些新扩展,从架构的角度看,就是通过增加新构件(缓冲和队列)、建立新连接(缓冲和队列),更主要的是通过建立新的连接关系(理解并处理优先级高的请求),实现了“即时性”的改善。

2.1.3　架构描述表达了系统必须实现的需求

架构描述的第一个目的,就是在架构设计层次上,而不是需求层次上,表达系统的功能需求。良好的架构设计,最直接的目的是:

(1) 使软件系统能够达到为用户提供最佳的功能和服务状态;

(2) 使软件与系统的结合达到最佳运行性能;

(3) 合理和最佳地利用系统的各项资源。

同时:

(1) 在软件的开发、部署、运行、维护、升级换代上,为系统提供最大的灵活性;

(2) 为系统提供最大的安全性、稳定性、可靠性,以及其他各项质量要素。

架构描述的第一个作用和意义,就是要从系统设计(构建)的角度(注意:不是业务需求的角度,二者的区别在以下几节中专门分析),表达这些“需求”。

因此,架构设计首先是为解决实际问题(需求),提供所需的设计思路、方案和实施计划。架构师的责任,首先是提出一个能够满足上述目标需要的“架构描述”。针对不同的听众,还可能需要采用不同的工具和方法,建立不同版本的“架构描述”,使之将设计思路和方案,准确无误地告诉大家,并与之沟通、建立共识,让整个开发团队能够团结一心,为达到共同的目标而努力。

在上述文件传输的案例中,图 2-8 作为架构设计描述,给系统改善提供了思路和基础,这就是架构的第一个作用。

尽管图 2-8 只是描述了文件传输系统软件的逻辑结构,但仅此而言,已足够设计者达成如下的目标。

(1) 将系统功能分解到构件。图 2-8 较详细地把文件传输分解为高层、低层,进程和数据通道(缓冲和队列)等构件上。

(2) 除功能之外,与系统性能、实现方式、满足关键质量需求等要求有关的构件设计和安排,例如,新增加的高优先级的缓冲和队列。

(3) 初步规划了构件之间的分工和协调任务。特别是底层通信任务在 A、B 两端对应的发送和接收进程之间进行的分工,包括数据通道、交互协调方式、纠错处理等细节。

(4) 界定了主要的需求边界。通过阅读架构图,可以初步界定系统能够做什么,不能做什么的需求范围边界,从 2.1.2 节的例子中可以看到,系统可以作为一般文件传输使用(完成指定的、正确的文件传输任务,但如果不进行扩展,就不能实现“即时”的信息传输)。在 2.1.2 节的例子中,也没有涉及文件传输双方是如何建立连接的(“握手”),要发送文件的一方,如何找到接收方?接收方始终处于接收等待状态(在服务器/客户端模式下,谁是服务器?谁是客户端)?如果希望这个系统扩展为能支持 P2P 模式,可以吗?因此,如果没有需求边界,开发任务可能是“没完没了”的,但我们显然不希望是这样的。

2.1.4 架构描述表达了软件系统的实现结构

从上述传输软件架构分析中,特别在为了满足“即时性”的新需求所进行的改进方案讨论中可以看出,如果没有一个清晰和明确的架构蓝图(清晰和明确到什么程度,图 2-1 和图 2-8 就是明显的例子),仅考虑功能划分,没有更详细的架构描述(参见图 2-1),满足“即时性”功能需求的讨论将不得要领。

在这个案例中,架构(确切地说,应该是有关架构的描述)的作用,是为系统设计者提供了一个记录、分析、比较、提出改进系统设计方案的“蓝图”,一个可讨论的“方案”,也是以后实现、测试、验证,以及进行过程管理的“承诺”和依据。

在 2.1.2 节描述的系统架构中,可以看到的“蓝图”和“方案”如下。

1. 有关构件

(1) 系统由哪些构件组成。有哪些构件,首先来自功能需求,当然还会包括系统的其他需求等(有关此方面的内容,将在以后课程中专门讨论)。在这个系统的组成构件中,架构列出目前阶段所考虑到的设计和实现系统功能所需要的、最基础的那些构件,随着设计的展开和深入,甚至投入使用以后,系统的问题被发现,或者使用者提出新的需求(如2.1.2节中有关"即时性"需求),有可能会为已有的构件增加新的功能,也可能需要增加新的构件。但是,现在就只有这些。

(2) 系统构成构件的任务责任。在现阶段,设计者可以认为:系统构成构件的任务责任,考虑到如此程度暂时就足够了。在架构图中,设计者并没有详细描述,甚至没有仔细考虑构件内部的细节,例如,发送和接收进程本身要怎么实现、进程相互之间通信的内容和协议是什么等,这些可能需要在详细设计的时候,再做规划和考虑。这是设计上属于抽象层次较"低"级别的工作。

(3) 系统设计的层次思维。设计师与编码工程师的工作性质有一些不同,编码必须一行行写、模块必须要一个一个实现和测试,缺一个,就不能联调,系统就不能算完成。但是,设计分为不同阶段,可以由顶向下,也可以反之。在一个阶段完成了一个层次设计(例如,顶层设计),完成了该层次的设计目标后,该阶段的设计工作就完成了,可以交给别人根据他的顶层设计,继续下一层次的设计。说到底,编码是"最底层"的,再没有"退路"可走了。要从编码工程师上升到架构师的岗位,要逐渐学会这样的分层抽象的思维方式。当然,这需要不断地学习、训练和积累经验。

2. 有关构件之间的连接

(1) 构件之间的连接。图2-8较完整地描述了系统构件之间的连接。例如,是数据连接(提供缓冲或对队列),还是信号/消息连接,还是其他什么连接?构件之间一定有一种方式,将需要配合、互动的两个构件联系起来。

(2) 为什么采用这种联系方式。这是由构件、构件之间的关系、构件与构件的协调配合需要决定的。例如,Windows提供了窗口控件(按钮等)与处理函数之间的消息连接方式。本例中,发送和接收进程之间,采用进程间通信的连接方式等。连接方式并不是唯一的,但某类构件之间的连接方式,有相对固定的、常用的连接方式(模式)。"操作系统"课程可以看成是一个大型软件系统的范例,而"数据架构"更从数据连接的方式上,提供了大量有意的参考。可惜学这两门课的时候,很多学生还不知道它们有什么用处。

3. 有关连接关系

(1) 连接关系的协议性质。连接关系就是构件之间的协同是如何实现的。单击了按钮,消息送到了(包括消息的内容),处理函数应该做什么?返回什么结果?然后再怎样(如继续等待下一个按钮事件)?

(2) 系统逻辑架构。在图2-8的架构图中,协同工作的内容其实并没有完全反映出来。因为图2-8(包括图2-1~图2-8)其实只是系统的逻辑结构图,反映的是功能需求实现。这里的逻辑架构设计的主要任务,是为了规划组成系统的所有构件,为它们分配不同的职责,使得这些构件能通过协作,完成功能需求;具体涉及对象是系统的逻辑层次、功能构件和类的划分等。UML架构的9张图中,交互图才会更详细地描述构件之间的协同关系。因此,这里只能通过构件的职责和连接,"联想"到它们之间的连接关系(协同)。

所以，架构描述的最主要的任务是，记录了系统的设计想法，具体表现为，将这些想法按实现模块（而不是按功能），分解为具体的构件，并将这些构件的连接方式、连接关系描述出来，让使用者知道未来系统的架构。

2.2 架构提供满足关键属性需求的方案

上述传输系统的例子说明了如何根据系统功能需求，逐步确定并描绘出系统架构的过程。这个案例还稍微透露出，如何将文件传输的需求模型转换为系统的逻辑架构模型的过程。

但软件系统仅仅有了反映功能的架构模型还是不够的。从上个例子的“即时性”扩展的设计改进过程可以看到，系统往往可能还同时需要满足可重用性、实时性、易维护性等，属于软件开发期、运行期和维护期所要求的各种“关键质量属性”。而这些属性，很多都是非功能性的，本书还将在第 9 章中，专门讨论有关“基于关键需求的架构设计”。

为了便于理解什么是系统的“关键质量属性”，下面还是从一个案例的分析开始。

2.2.1 汽车控制系统架构演变的案例分析

下面的例子是汽车控制系统中一个简单的“小程序”。但其中也涉及一些自动控制的“术语”，例如，开关量和连续量、采样、轮询、中断、时钟等，基于同样理由，本案例尽量力求抽象分析涉及软件架构的部分，不展开太多其他相关专业的技术细节。如果有不明白的地方，请上网查一下。

汽车速度测控是汽车电子中采用计算机控制最早的地方，现在常常看到的应用还有：电子倒车雷达、自动泊车、全自动驾驶甚至“车联网”技术等。汽车电子已成为目前非常热门的新兴领域。

1. 汽车驾驶的“自动巡航”

本节的案例是汽车驾驶“自动巡航”控制的一部分。“自动巡航控制”（Cruise Control）是让驾驶员无须操作油门踏板就能保证汽车以某一固定的预选车速行驶的控制系统。当汽车在高速公路上长时间行驶时，一打开巡航控制开关，系统就能够根据道路行驶阻力的变化，自动地增减发动机油门的开度，使汽车行驶速度保持一定，从而给驾驶带来了很大的方便，同时也可以得到较好的燃油经济性。巡航定速有时也被厂家称为速度控制（Speed Control）或自动巡航（Autocruise）。

在平缓的道路上，使用巡航定速可以保持车辆匀速形式，减少耗油量；在长途驾驶时，巡航定速装置可以把驾驶员的脚从油门踏板上解放出来，从而减少疲劳程度；在有限速标志的路段，驾驶员可以运用巡航定速控制车速，不再看速度表，把注意力放在路面上，从而可以进一步保证安全。

早期的“巡航”判断，还不是根据路况的视频采集、自动识别判断的，而是根据车和驾驶者的行为，例如，开关设置或控制器感觉驾驶者持续保持油门深度一定时间，持续在一定的车速下等。

2. 车速控制系统的“原型”和问题

图 2-9 是某汽车控制系统的逻辑结构图。从图中可以看到，其模块结构非常简单，仅有一单片机系统，根据输入的信号控制油门(节流阀)。

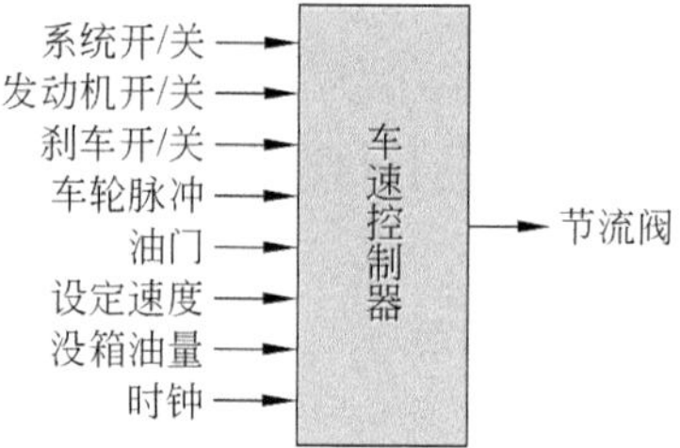

图 2-9　控制系统的“原型”描述

该系统应用于控制油门的特点是：采用定时时钟与中断处理。

(1) 在实时控制系统中，定时时钟与中断是控制系统的核心，是实时控制的最主要方法。

(2) 定时时钟是处理机制和触发点；所谓“触发点”就是处理事件的发起者，类似单击按钮的人。

(3) 中断是系统处理的对象；当时间点到，根据事件的性质，实现一次中断处理，然后再进入时间等待，如此循环往复。可以看出，这里所谈的中断是由定时时间触发，而不是时间触发的。所以，核心是定时器时钟。

在这样的控制系统中，时钟和定时控制是处理系统的核心机制，循环周期和时间间隔是其最主要的控制参数，而外部信息则通过循环采集方式获取，采集后，根据预先设定的阈值，决定如何进行下一步的处理。

很显然，此机制存在以下问题。

(1) 利用计算机实现控制的特点不明显，计算机可以做很多复杂的事情，而在这里，仅作为“闹钟”使用；

(2) 不利于采用已经成熟的采集和处理技术，由于受单片机处理能力的限制，处理器所发挥的作用有限；

(3) 实时性不强，外部信号性质的差异、实时性的差异、采集方式和处理方式的差异，极大地限制和制约了整个系统的实时性能；

(4) 控制完全依靠控制器的内部逻辑，由于信号种类复杂，差异大，控制逻辑也很复杂，兼顾困难，导致主 CPU 负担太重，不利于控制系统功能的进一步扩展。

3. 改进的需求与整改过程

针对存在的问题，特别是现在 CPU 要照顾的面太大，负担过重，控制逻辑过于“繁杂”，已经没有精力和空间，实现新的扩展需求，因此，必须对系统进行“整改”。整改的过程如下。

1) 步骤 1：再次细分模块

所以，首先考虑将原型系统划分为：信号采集与输入、信号处理、信号输出三个部分，如图 2-10 所示。这样的划分是很容易理解的，因为一般计算机信息处理系统都可以按 IPO(输入 Input、处理 Process、输出 Output)三个基本部分来进行划分。

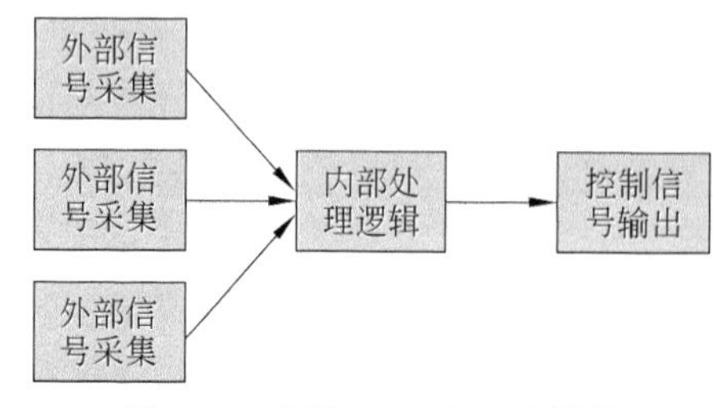

图 2-10　步骤 1：再次细分模块

从系统的逻辑结构看，系统被分为三块(采集、处理、输出)；在逻辑上(物理上可能还只是在同一个单片机模块内)，目前采集模块有多个，处理和输出模块只有一个。系统设计可以分别按这三类不同的模块，分别进行考虑(本例只考虑输入部分)。

2) 步骤 2：分析并区分不同的输入信号

分析输入信号，可以发现，其实存在两类输入信号，一类是非 0 即 1 的数据，即所谓"开关量"，如汽车的点火开关、发动机开关、刹车(严格地说，刹车有深浅也不是开关量，但这里视其动作性质处理)等；另一类是"连续量"，如车轮的转速、油门的深度、油箱中油的多少等，如图 2-11 所示。

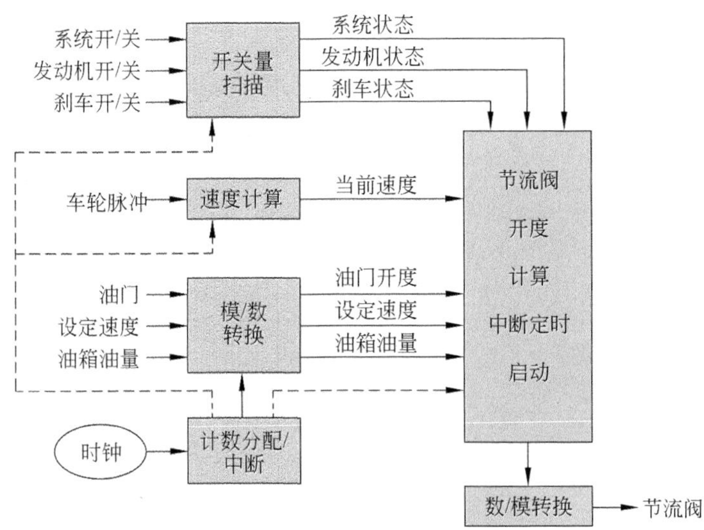

图 2-11　步骤 2：区分不同的输入量

开关量的特点是简单(非 0 即 1)、变化有规律(开关的打开和关闭，不是随时随地发生的)；而连续量则复杂(数值不固定)、变化方向和规律难于确定。

3) 步骤 3：采集端的改进思路

根据上述分析，可以确定采集端整改的思路是：不同类型的采集量应分别对待。具体改变如下。

(1) 开关量：采用主动的、事件触发的中断方式提示系统处理。中断方式还可再分为：

① 由采集端主动发起、控制器立即响应的中断，如点火开关；

② 虽然由采集端主动发起，但控制器视情况决定响应与否的中断，如刹车、后面分析的油箱报警。

(2) 连续量：依然保持原采集方式，但也有不同。

① 转速和油门深度：变化不定，应保持连续采集。

② 油箱的油量：加油的时候是上升，平时都是下降的趋势，因此，可以根据用油量，做适度预测。甚至在不到油料用完之前，可减少访问次数；也可以把油箱改为中断方式，仅当油量达到"危险"程度时，再响应此中断。

4）步骤 4：控制器端的改进思路

控制器的机制也有可改进的地方。

（1）定时扫描机制

① 采用统一的定时时钟、统一地分配处理时间是一种浪费，可以改进。时钟是整个系统协调一致的核心，通过周期地扫描采样，得到系统的各状态信息。而循环扫描方式、固定的定时时间间隔，没有考虑采集部件不同的需要。

② 改善思路：可根据具体硬件的情况、位置、性能、自我处理能力等，区别对待，采用不同的时间间隔(侧重不同)。

（2）中断响应机制

① 不使用统一的中断事件响应机制，而采用分别、独立中断的中断响应和处理机制；

② 当发生特定事件时，才向系统发出中断，减轻系统负担；

③ 可按不同系统问题层次、阶梯式地分别设计和处理中断，提高系统的抽象级别；

④ 连续量采集时的中断方式不变。

步骤 3、4 的改进思路见图 2-12。

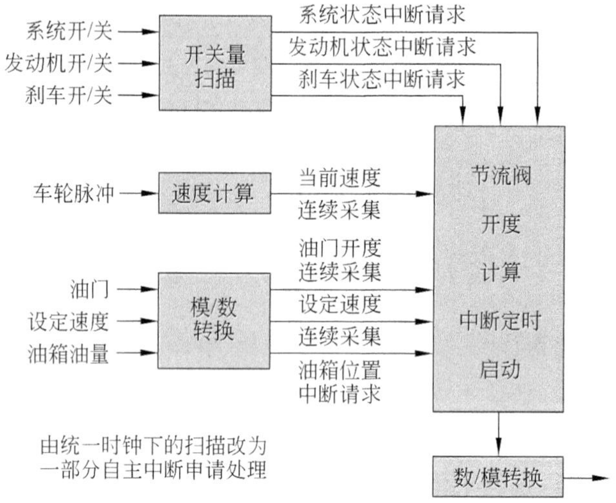

图 2-12　步骤 3、4：采集和控制端的改进

5）步骤 5：模块的进一步智能化

更进一步的改进可以考虑：在前端采集模块中，采用更智能化的部件。

（1）前端采集模块也是具有智能 CPU 功能的独立单元，甚至有初步处理能力(如油箱的自主报警)。当发生预设的特定事件时，才向系统发出中断请求，平时根据预定方案自行处理(例如，一般显示)，减轻控制器系统负担。

（2）可按不同系统层次和重要、紧急级别，分别设计和处理前端的申请与处理界别，提高了系统的抽象级别。

（3）低级问题由分系统处理，系统可以增加更多的处理能力，去更多的关注舒适性、智能化、人性化控制。

4. 汽车控制系统设计改进案例分析小结

从这个案例的改进过程中,可以看到:为了提高系统的灵活性,从架构设计角度看,采用了以下步骤。

(1) 首先考虑系统模块划分是否合理:哪些是系统的关键模块,各模块之间有什么不同,以前的划分是否合理,是否可以再细分,从中找出改进的地方。如上例中的输入模块的再细分。

(2) 模块之间的连接是否需要改变;在上例中,没有增加或减少连接(假定轮询和中断的电路连接是相同的)。

(3) 模块之间的连接关系是否需要改变;如上例中从轮询改为中断、处理方式的变化等。

汽车控制系统的改进案例表明,架构设计为系统灵活性的改进提供了可能。

2.2.2 软件系统的关键质量属性需求

在 2.2.1 节的例子中,所有的改进并没有为系统增加任何一项新的"功能"。相反,所有的努力,包括细分模块、改变连接关系——改善架构,都是为了实现一个目的:提高系统的"灵活性"。提高灵活性的意义和价值,是非常容易理解的,现在是减轻控制器的负担,将来则可以让控制器承担更多、更复杂的任务。

"灵活性"就是汽车控制系统的关键质量属性之一。

1. 什么是关键质量属性

世界著名软件工程大师 Karl E. Wiegers(以需求、项目管理、过程改进等领域的研究和实践著称。曾任 *IEEE Software* 杂志编委和权威期刊 *Software Development* 的特邀编辑和专栏作家。他曾经在柯达公司工作 18 年,领导过大型开发团队的过程改进。作为一位多产作家,他凭借《软件需求》和《创建软件工程文化》两次荣获被称为"软件开发奥斯卡"的 Jolt 生产效率大奖)说,质量属性很难定义,但它经常可以区分产品是只完成了其应该完成的任务,还是使客户感到满意。

确实,早期的软件系统结构设计,一般都是从功能实现(功能划分、职责配合)的需要、系统软硬件部署的需要、运行的需要,甚至某些开发方式(人员分工、开发还是采购)的需要,来考虑如何切分应用系统构件,定义系统架构。设计人员通常将这种基于"刚性"架构特性的系统设计,称为基于功能的架构设计。操作系统(OS)的结构、ISO 网络 7 层的结构、手机处理构件的流水线结构等,首先是从其自身的这些"刚性"的功能性因素出发,形成各自特定的系统结构。这也是文件传输系统案例的逻辑架构的由来。

但是,还应看到,诸如系统的性能、安全性、可用性、易用性、可修改性、可移植性、可测试性、可集成性、可重用性等,这些"柔性"的质量属性可能更能够让客户满意,并且它们与系统结构有着更紧密的联系。同时,架构的这些关键需求,与系统功能有时是矛盾和冲突的,需要小心地平衡。

2. 关键质量属性需求一定存在吗

所谓功能性需求,是系统必须实现的、对系统所期望的工作能力。实现功能性需求,可以有也可以没有内部构件与构件的职责划分(在一个构件内实现),可以有也可以没有构件与构件之间的配合与协作。可以不考虑系统的可扩展、可维护、可修改等特性。系统的功能实现,可能与架构如何设计毫无关系(无特定的架构设计)。

因此,当只考虑功能及其实现的时候,确实可以把所谓的"关键质量属性"放一边,同样可以实现用户所需要的功能。

实际上,学生们在课堂上所编写的大多数应用程序,可能基本没有考虑过任何有关关键质量需求的因素,因而,也不会专门为这样的需求进行特定的架构设计。没有大型软件开发经历的老师也是一样。

这就是大家常常会遇到的问题:在架构设计中,MVC 模式到底有什么用?优势在哪里?为什么要三层结构,甚至更多层结构?接口、组件、面向对象的设计模式这些"时髦"的东西,到底用在什么地方?除了增加麻烦、降低效率,为什么看不到它的好处。所有这些,如果不从"关键质量属性"需求去认识和理解,架构设计必定陷入"为赋新诗强说愁"的境地。

2.2.3 关键质量属性需求与系统功能的正交性

当关键质量属性是系统的客观需要时,实现它可以提高系统的质量和用户满意度。反之,将成为系统和开发团队的累赘。实际上,这些关键质量属性需求,往往与系统功能是正相交、并严重依赖于系统的架构设计。举几个这方面的例子,可以看得比较清楚。

1. 应用系统的"易用性"

所谓应用系统"易用性"这一质量指标,是指当使用者在没有经过培训或只需要简单阅读使用手册或操作提示的情况下,就可以很容易地使用系统,并达到预期操作目标(如完成通过银行 ATM 机取款)和舒适的操作体验(不需要很多时间、很麻烦的操作手续等)。

1) 与架构设计无关的设计

系统设计者可以通过把操作界面表达得更直观、操作提示更明确、操作界面更美观悦目,来部分达到"易用性",但这些只能提供低层次的"易用性"。因为,易用性最根本的目的,是希望尽快达到使用者的操作目的(例如,取款)。

2) 与架构设计有关的设计

使用者的操作结构是否合理、简便,例如,有不少语音自动服务系统,在给使用者"导航"的过程中,由于设置了很多层次、每层又有很多难于理解和判断的选择提示,导致使用者对系统的"导航"很不耐烦,直接跳过自动服务,而选择人工服务,导致自动服务系统不但没有减少服务者的负担,反而成为"累赘",用户反映也不好。问题是:并不是自动语音服务这种模式不好,而是系统设计的"导航"层次太宽、太深,使用者的"跋涉"路程太长。这显然是系统的架构问题。

同样的问题还反映在:是否允许直接的取消、撤销操作;当出现错误的时候,是否可重用以前输入的正确数据;是否有多层次的输入支持和帮助等。这都反映了系统的设计者在架构设计时,没有考虑"易用性",而只是实现了功能。

为此,架构设计的改进是:再次优化系统的架构,减少业务逻辑,使之尽量"直奔主题"。

2. 应用系统的"性能"

当讨论到"性能"的时候，这里假定关注的是应用系统的响应速度。

1) 与架构设计无关的设计

一谈到性能，常常首先考虑的是算法的好坏。在某些特定应用中，如影片播放时数据压缩与解压缩算法的好坏、数据检索时搜索算法的好坏等，固然重要。但是，往往优化了这些算法以后，系统的性能并没有大幅度提高，或者稍稍提高了一点没有多久，速度便又降了下来。这样的结果，往往使得做"数据库优化"的工程师非常被动，如果不增加投资，扩大内存，甚至硬件来个彻底的"更新换代"，问题就无法解决。但是，谁能保证"升级"以后，流畅的速度可以保持多久？显然，这不是简单的"算法"的问题。

2) 与架构设计有关的设计

除了算法以外，一个大型应用系统中，往往以下部分是直接导致性能变坏的关键。

(1) 分配给构件的功能是否合理性，模块的划分是否考虑了强内聚、松耦合；

(2) 构件之间通信是否存在瓶颈制约，能否减少交互的次数和不必要的应答等待；

(3) 构件完成功能所需要的共享资源是否足够，甚至是否存在竞争和死锁的情况，等等。

为此，架构设计的改进是：再次优化系统的架构，重新考虑模块划分和连接方式、连接关系，消除瓶颈，减少资源竞争的机会。

3. 应用程序的可维护性

这里假定可维护性是指代码的易于维护。

1) 与架构设计无关的设计

为增强代码的可维护性，应要求给代码增加尽可能详细的注释，并严格检查编码规范，使之可读性好。但是，可读性再好的代码，也是要人去读的。做过系统维护的人都知道，读别人的代码是一件多么痛苦的事情。

2) 与架构设计有关的设计

如果能在以下方面做出改善，是否可以不读别人的代码，则系统维护是否更方便?

(1) 使构件尽可能地保持逻辑独立，当出现问题的时候，能够迅速地定位出问题的模块，而不需要看很多无关模块的代码；

(2) 构件的接口简单，当发现问题模块的时候，重写代码比读代码更容易；

(3) 同样道理，变更涉及面小且范围清晰、回归测试的范围容易控制等，都更使系统易于维护。

为此，架构设计的改进是：再次优化系统的架构，提高模块的内聚、降低模块的耦合，并使模块的边界和接口更加清晰。

上述关键需求的实现，从架构实现方法角度来看，仅在界面层的美化设计、局部构件的代码优化，以及规范的编程和注释，是很难做到的，需要更多地依靠良好的架构设计来实现。最近这些年，从业界开始，已经越来越注意强调"基于关键质量属性需求的架构设计"这一架构设计的根本出发点和考虑因素，而不是仅关注功能需求的架构实现。可惜，"软件体系结构"课程的教材和教学实践却较少关注这个方面，可能教授们认为，这仅仅是工程中的问题吧。

关键需求的需求获取与分析，比常规需求的获取与分析要更困难，因为它不单要了解用户的业务过程，也需要了解架构设计的限制与约束，并在两者之间找到衔接和平衡点。第 4 章将专门分析这一过程。

2.3 架构是软件迭代开发的框架

架构的第三个作用，是架构将成为软件持续开发的基础和框架，成为新的迭代的起点和平台。

2.3.1 架构是软件迭代开发的框架

有专家总结软件工程发展趋势的所谓"软件四化"，就是软件开发的构件专业化、架构平台化、编码自动化和管理工厂化。经过很多年的努力，上述"四化"的端倪已经逐渐显现。

构件的专业化，是采用面向对象的方法，通过对行业事务逻辑的业务分解、层次化抽象、封装等技术手段，由特定的、专业化的软件企业(如建筑行业中专门生产预制混凝土楼板、钢制门窗的企业)，生产出业务处理的"标准构件"；其发布、部署和销售，更是通过现在所谓"开源"、开放式的服务构件的方式(云计算)，提供应用。而他们自身的赢利模式，已经不是卖产品，而是通过卖"服务"获得了。

另一方面，基于组件接口标准、SOA 技术，将符合统一接口标准的构件甚至框架，可以被有效地整合和重用进现有的系统架构中，从而可以实现各种业务的快速组装，并能满足应用系统的灵活性要求。这就是架构平台化。

图 2-13 是读者都非常熟悉的一张图。它的核心意义是：现代软件工程最典型的生命周期，已经不是传统软件工程的"瀑布"模型，而是模块化的组装与迭代模型。

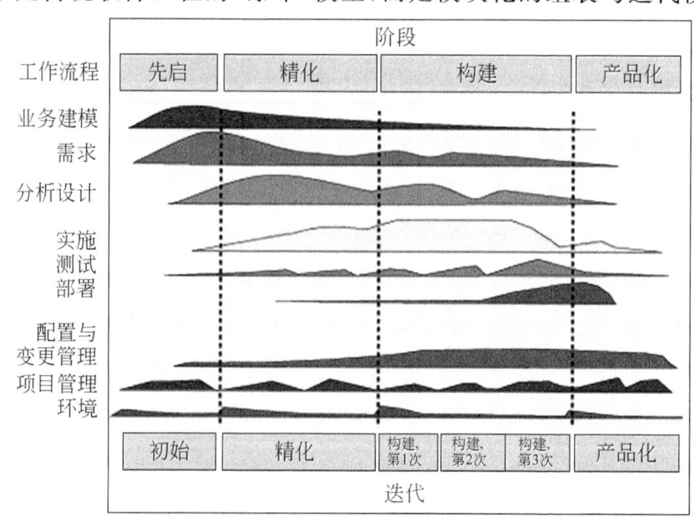

图 2-13 现代软件工程的软件生命周期模型——迭代模型

为了更好地理解架构在软件迭代中的作用，首先需要理解软件开发的产品特性。

1. 软件产品和产品线的基本概念

当今市场，任何一款符合市场周期长、专业技术知识要求高、用户群庞大、产品功能复杂、安全和可靠性高、需要长期维护等特征的产品，一般都采取产品线管理的方式进行管理。软件产品也符合上述特征，大型软件企业(如微软公司)一般也设立"软件产品线"，进行管理。

所谓产品线的一般定义是：满足特定市场或用户需求的，有一组公共的、可管理的产品特性的，符合上述两个条件的产品的组合。

在现代软件工程中，软件产品线的公共和可管理特性是指：在一个"公共资源(资产)集"基础上开发的，而不是独立开发、从零开始开发的系统。理想的软件产品的产生是从公共资源库的构件开始，按定义的变化机制，对构件进行必要的裁减或添加，按产品线的公共架构组装，即在面向对象的构件与软件系统架构下的软件组装生产。

所以，软件产品开发，是利用已有的核心资源，在技术和管理控制之下进行的开发活动。因此，也可以称为"产品化"开发。其三者之间的关系如图 2-14 所示。

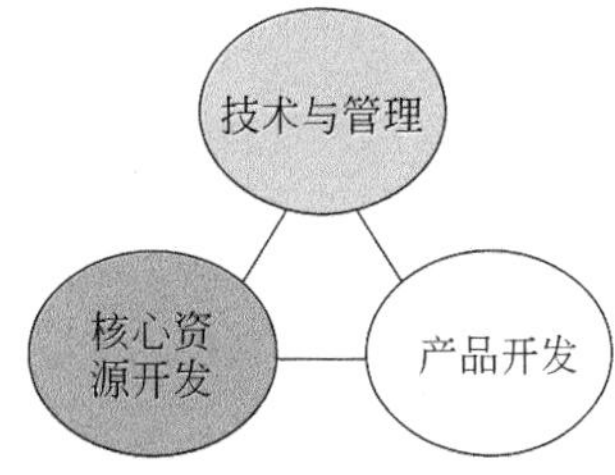

图 2-14 产品化开发的三者关系

与产品化开发相对的是"定制"开发。在现代经济模式下，还很难举出"定制"开发的例子(无一不是产品开发了)，是否"神舟"是"定制"开发？应该不是，因为相关技术也可以移植"民用"。但学校里的很多科研项目(就我所知的软件项目而言)，绝对是"定制"开发，因为种种原因，这些项目一旦出了论文(论文是唯一定制目标)，就什么也不存在了。既没有办法投入后续的开发(前期的开发，除某些思路可借鉴外，完全没有核心资源的积累，更谈不上可重用)，也没有办法投入生产和运用。就项目实现而言，一届届学生大多都是从一张白纸开始参与项目，国家大量的科研投入，其价值回报就可想而知。

2. 软件产品管理的基本概念

如图 2-14 所示，软件产品线管理的三大基本活动是：核心资源开发、利用核心资源的产品开发、核心资源和产品开发的技术和管理。核心资源的版本更新来自产品开发，从现有产品中，挖掘出框架、构件等，放入产品线的资源库，成为新的核心资源，使核心资源更通用。在软件产品管理中，有几个关键概念必须先搞清楚。

1) 核心资源

软件产品管理的核心资源是指：构成软件产品线基础的资源。通常包括：架构、可重用软件构件、领域模型、需求模型、文档和规格说明、性能模型、进度表、测试计划、测试用例、工作计划和过程描述等。其中，架构是核心资源集合中的关键，它起到整合的作用。

2) 开发

软件产品的开发在现代软件工程中，是一个描述核心资源(或产品)如何实现的通用术语。软件可以采用以下三种方式中的任何一种进入组织：自己构建(从头或从已有系统开始构建)；购买(成熟的产品买来后，基本无须修改)；定制(与他人签订合同，委托他人专门组织开发)。

3) 领域

领域一词是指：一个专业技能和相关功能的集合。例如，电信领域是一组电信功能，它由交换机、协议、电信技术和网络组成，电信应用软件产品线是一组专门提供这些功能的软件系统。

3. 软件产品线核心资源的转化

图 2-15 是产品开发过程中，核心资源的转化过程。

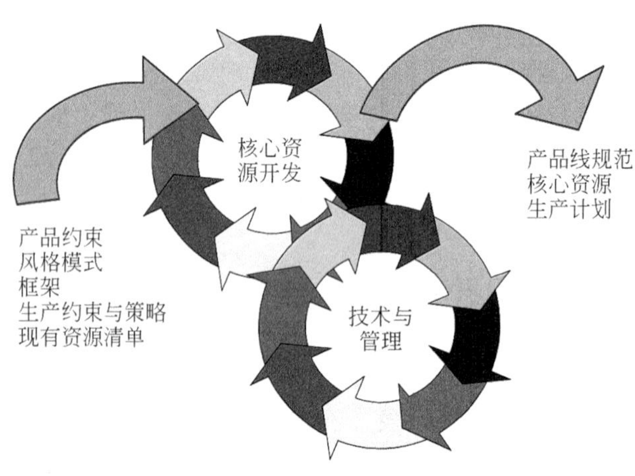

图 2-15 核心资源的输入和输出

1) 核心资源的输入

(1) 产品约束：构成产品线的各个产品的相同和不同点、行为特征、市场和技术预测、采用的标准、遵守的限制、与外部的接口、质量要求等。

(2) 风格、模式和框架：质量特性的适宜策略(对安全性、高性能与代价的妥协策略)、设计模式。架构描述了子系统之间的相互作用、模式是更小模块之间的相互作用。

(3) 生产约束：产品使用的行业、企业标准，基础平台描述，商用构件说明等。

(4) 生产策略：自顶向下还是自底向上？成本分解方法、自制外购策略等。

(5) 现有资源清单：在产品线工作开始的时候，可以利用的软件资源、库、算法、工具和构件的一览表等。

2) 核心资源的输出

(1) 产品线规范：构成产品线产品的描述，即它们的特征、操作、性能、属性、运行的平台等。

(2) 核心资源；核心资源是产品线中产品生产的基础，包括产品共享的框架、贯穿产品线进行系统化重用所开发的软件构件。

(3) 产品线架构：可以满足产品线通用性和各个产品特殊性的软件架构，指定了产品线中产品的结构、构件的接口规范。

(4) 与核心产品相对应的规则和附属过程：规则与附属过程指明核心资源是如何被

应用到实际产品中。包括基线需求、允许的变化点、添加的需求、架构可支持的变化和扩展、支持实现的工具、技术和管理过程定义、计划等。

(5) 生产计划：指明如何将单个过程装配成产品。即生产者的产品开发指导手册。

4. 基于核心资源的软件产品开发

图 2-16 展示了产品开发的变化过程：产品开发以需求、产品线规范、核心资源与生产计划为输入，然后得到开发的产品。

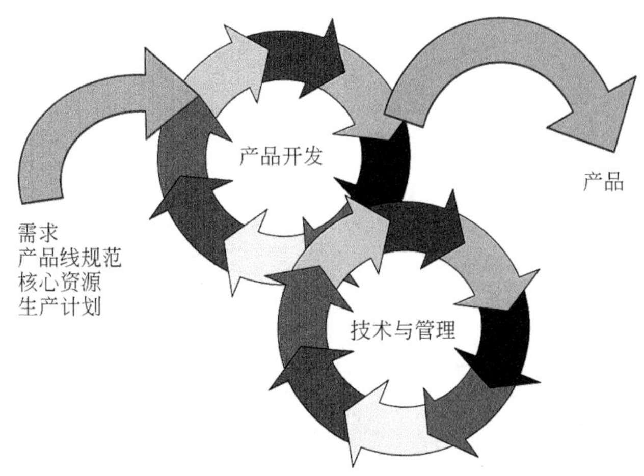

图 2-16 产品开发的输入和输出

2.3.2 软件产品开发对架构的依赖

1. 软件产品开发对架构的依赖

在上述软件产品开发过程中，为了得到所需要的软件产品，并不一定全部是自己开发的。在软件集成策略中，可以采取开发、购买、挖掘和委托开发等多种形式或各种形式的组合。这样的开发方式，极大地提高了组织的开发能力，并且能将组织的优势发挥到极致，也可以避免组织的短处，这是不言而喻的。

如图 2-17 所示，上述开发模式完全依赖于架构的存在。就好像汽车的生产，发动机、轮胎、齿轮箱等，都可以采购，但汽车这些部件的最终整合与集成，依赖于车架。当然，车架也可以采购，但汽车这样的大型产品，好像没有贴牌或 OEM 方式生成的，大型应用软件也是一样。

2. 产品维护对架构的依赖

同样，软件产品的维护，也严重依赖于软件架构，如图 2-18 所示。

在一个大型软件系统中，如果不了解架构，盲目地改动模块划分、职责分工、配合和协作关系，可能会出现无法严格测试的“副作用”存在，也可能使整个系统速度变慢，导致瓶颈突出等问题。后期将更难于维护。特别是不要轻易地在没有进行架构分析的基础上，进行所谓的“架构重组”。

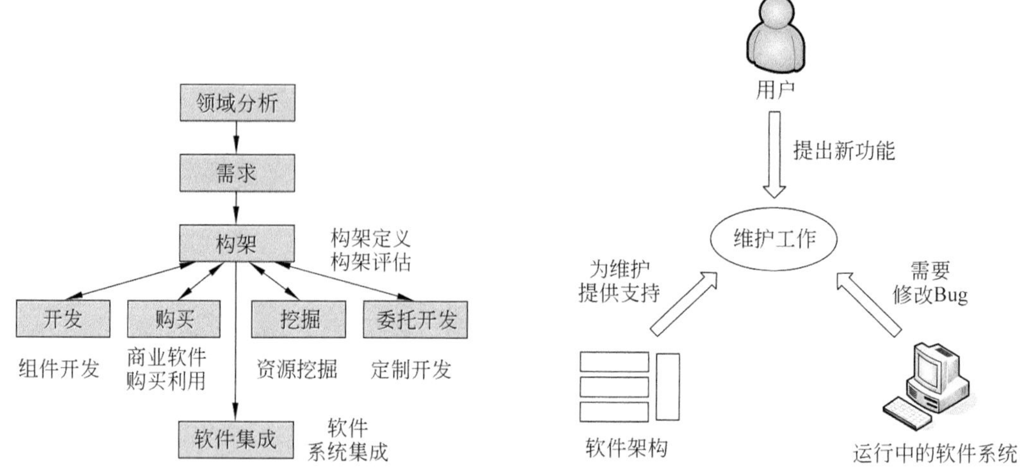

图 2-17　产品开发对架构的依赖

图 2-18　产品维护对架构的依赖

2.4　架构是软件过程管理的基础

要按时、按质交付软件，面临着复杂的系统、分散的团队、不统一的过程和不兼容的工具等诸多的挑战，所有这些不确定性因素，导致了软件交付质量不可保证，交付日期不可预期、交付过程不可控制和管理等。为此，软件人从 20 世纪 60 年代后期发现“软件危机”开始，就与软件开发过程的“不确定性”作斗争，希望有一天，软件开发能像在福特发明的汽车“流水线”上一样，谁去上个厕所，都需要协调一致，否则，大家都要停下来等他。

软件开发的工厂化生产与规范化管理的理想——即把“个体”的软件开发，变成集人、技术和流程“一体化”的“流水线”式作业和管理，从 20 世纪 90 年代“软件过程成熟度”概念的推广开始，逐步得以实现。

2.4.1　软件过程可视性与软件架构

1. 软件生产的工厂化管理

提到工厂化生产和规范化管理，首先想到的是工厂生产的组织形式，有车间、流水线、工位、工序、规范的操作流程、熟练地按程序操作的工人等，软件过程也是这样。

软件过程是将用户的需求转化为有效的软件解决方案的一系列活动，是软件生产的“流水线”。而软件工程则包括过程，以及过程中所涉及的技术、方法和自动化工具、控制点……是为软件“流水线”提供服务、支持、支撑和管理的所有东西。采用什么样的方式将这些东西组织在一起，在软件工程理论中，就是“软件交付过程模型”或者按传统的说法是：软件生命周期模型(交付过程更关注组织内的生产环节和效率)。

2. 软件过程成熟度与可视性

首先请看一下"软件工程"课程中一张最重要的图——CMM 的 5 个层次(见图 2-19)。CMM 把软件交付过程的成熟度水平划分为由低到高的 5 个层次。对于每个层次的含义,"软件工程"课程中都有介绍,这里不再一一赘述。

从软件过程控制和管理者来说,不论采用什么模型,真正要解决的问题,是过程的可视性。有了可视性,才有可能实现可控制与可管理。

在 CMM 一级(图 2-20)时,软件过程从外部是完全不可见的,如同是个黑盒,因而被称为是无序的。

当处于 CMM 二级(图 2-21)时,软件过程只在若干个黑盒的连接点上可见,即所谓"里程碑"可见。里程碑是指软件过程的某些重要时间节点、任务节点。为此,项目管理人员需要花费大量时间和精力,确定项目的里程碑在哪里,目标要求是什么,以及如何检查当前的状况并与里程碑要求进行比较,看是否达到了预定的目标,以实现控制(调整)。

当组织的软件过程成熟度达到三级(图 2-22)时,需要开发团队为利益相关者提供更详细、更具体、更准确的过程细节。例如,在需求阶段,已不满足仅采用文字描述的需求文档,而需要用 UML 或其他需求工具,给出确定的、无二义、有序的和结构化的需求描述,如需求树、需求追踪矩阵等,这是所谓的达到"定性"管理的程度。

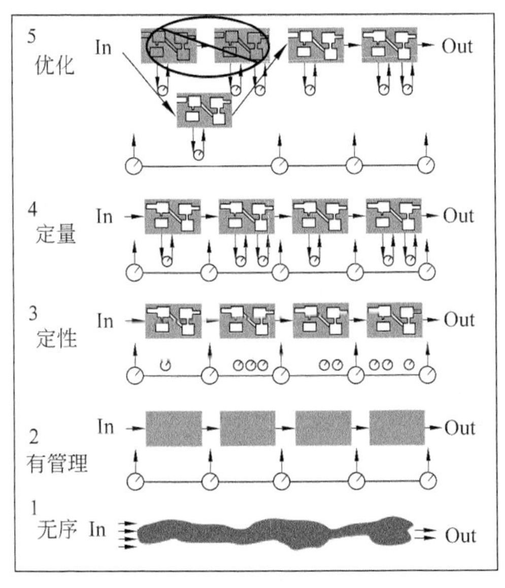

图 2-19　CMM 的 5 个层次

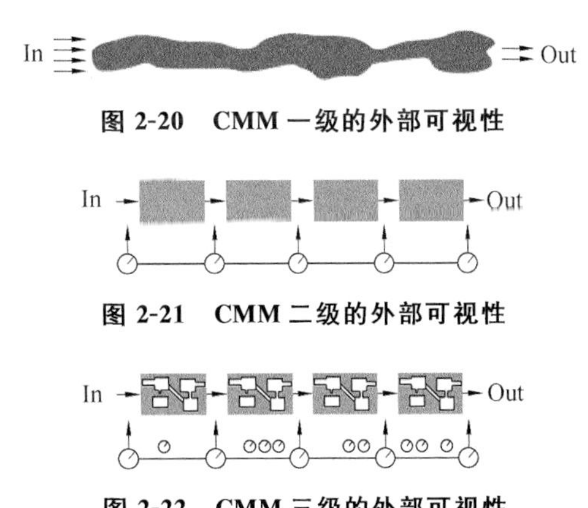

图 2-20　CMM 一级的外部可视性

图 2-21　CMM 二级的外部可视性

图 2-22　CMM 三级的外部可视性

在第四级(图 2-23),需要达到量化的统计、分析、比较和控制。例如,在需求阶段,需求的完成度是项目进度的度量,而需求的稳定性,则是过程可靠性的度量。只有过程可靠,达到过程的结果(目标)才有保障。在第四级,需要有更多的、量化的质量要求。其追求的目标,是精准的过程控制,以导致项目结果的可预测性、可控制性和效能的提升。

到了最高的第五级(图 2-24),则可以将组织目前所达到的程度,与行业的更高水平进行比较,而达到持续改进的目的。

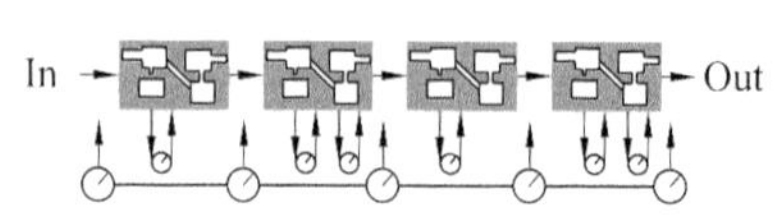

图 2-23 CMM 四级的外部可视性

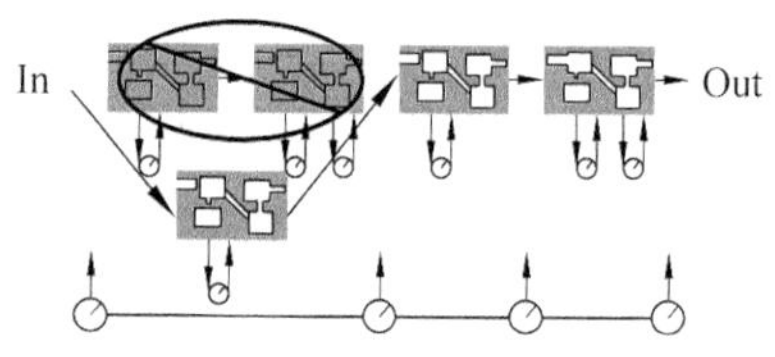

图 2-24 CMM 五级的外部可视性

在成熟软件工程的改进过程中，CMM 所持的基本思路，就是沿着一百多年前“福特”所开创的、已经被实践证明是成功的工业革命之路——“工作”标准化、“操作”规范化、“过程”流程化、“管理”非人性化。然后，再追求自动化、信息化。遗憾的是，软件工业目前在“工业化”进程中所处的位置，还仅仅是从软件过程的“可视化”开始，而远没有达到其他行业的水平。

2.4.2 软件过程管理的基本内容

1. 架构在瀑布模型中的位置

由于现代软件开发中大部分采用迭代式开发，因此，架构在整个开发周期中，发挥着极为重要的作用。与软件工程早期的瀑布模型(图 2-25)相比，其作用已完全不同。

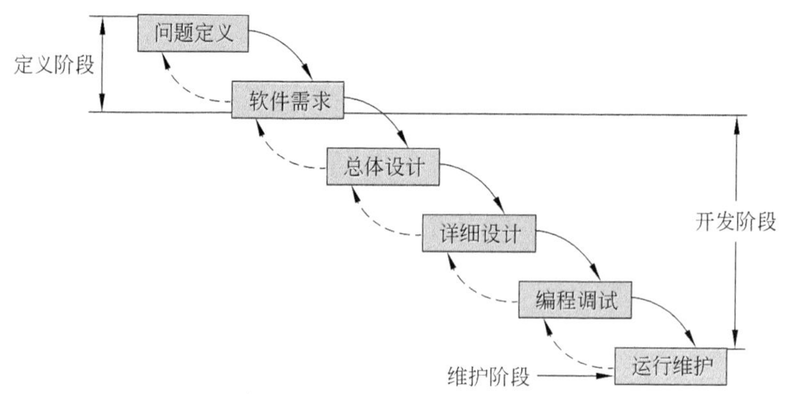

图 2-25 传统软件工程中系统设计所占的位置

为了说明这个问题，稍稍展开一下软件企业管理的细节，看看架构在其中扮演的角色。

2. 一般软件企业的管理过程

图 2-26 是抽象化的一般软件企业管理过程。

其中，整个组织在软件开发过程中，需要执行从产品管理过程、项目管理过程、软件开发过程，以及业务支撑和人力资源管理、销售、财务等各种不同的管理过程。所有这些过程，都穿插在软件开发活动中，并不是独立存在的。

从这些管理过程中，再深入地看软件研发过程，这里以微软的 MSF(Microsoft Solutions Framework)模型为例。

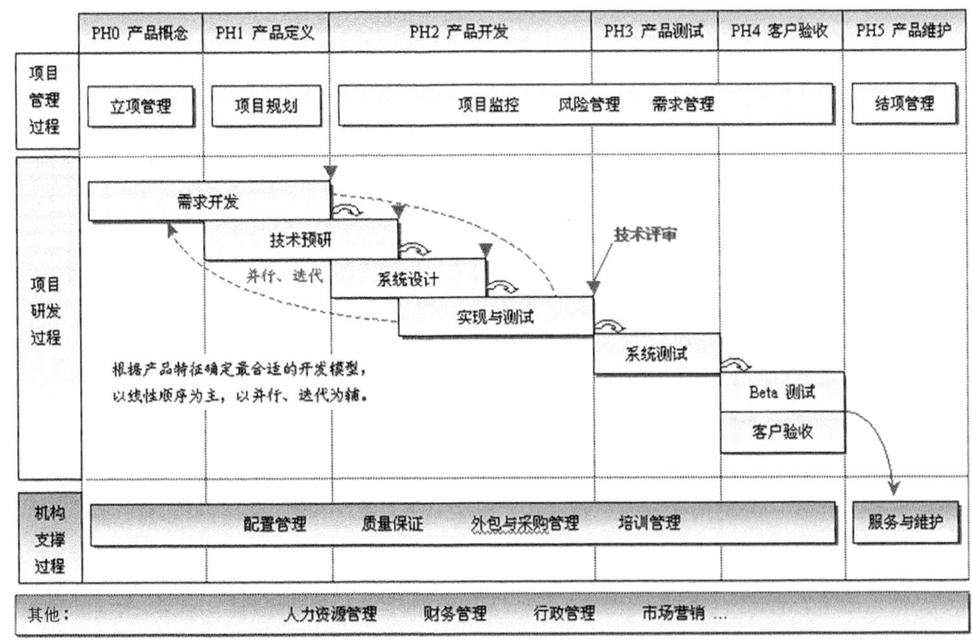

图 2-26　一般软件企业的管理过程(来自林锐博士)

3. 微软的软件过程模型 MSF

为了在整个软件开发生命周期中，将软件项目及其开发过程的成效最大化，微软开发了解决方案框架 MSF。通过它们，项目团队可以实现有效的规划、构建、部署和操作解决方案。这些框架模型，来源于微软内部进行大规模软件开发和服务项目过程中积累的经验、微软顾问专家的经验，以及在世界范围的软件行业中通行的最佳实践。

在预算范围内按期创建一个业务解决方案(例如，完成了一个软件产品/系统的开发并进行发布/部署)，需要一种经过检验的方法。MSF 为成功地规划、设计、开发和部署 IT 解决方案提供了经过检验的做法。同时 MSF 提供了一个可以伸缩的灵活框架，以满足任何规模的组织或者项目团队的需要。MSF 的核心是 8 个基础原理、两个模型和若干条用来管理人员、项目和技术元素的准则。

1) MSF 的基础原理

MSF 的核心是一些基础原理，包括推动开放式沟通；为共同的前景而工作；赋予团队成员权力；建立清晰的责任和共同的职责；关注交付业务价值；保持灵巧，预测变化；质量投资，学习所有的经验等，这是微软公司的价值观和指导思想。习惯了某种“政治课”教育环境的同学们，很容易把这些看成是“说教”，其实这是现代企业文化的一个重要组成部分，即“团队合作”的文化，也是对“为什么架构师不是个官，架构纪律仍然能够得到贯彻执行”的最直接的回答。很遗憾，这种文化在大学里是学不到，也是教不出来的。

这些原理共同传达了 MSF 的观点，构成了一种统一方法的基础，这一方法用来组织项目所需的人员和过程，以便交付技术解决方案。它们是 MSF 结构和应用的基础。尽管每个原理都已经显示出了自身的优势，但是它们很多都是相互依存的，因为其中任何一个的应用都对另一个的成功起到了支持作用。在依次应用的时候，它们建立了一个稳固的基础，使得 MSF 能够很好地适用于规模、复杂程度和类型都不相同的多种项目。

2）团队模型

为了使一个项目取得成功，必须实现 6 个关键的质量目标，这种理念是 MSF 的基础。这些质量目标驱动团队并定义了团队模型，如图 2-27 所示。

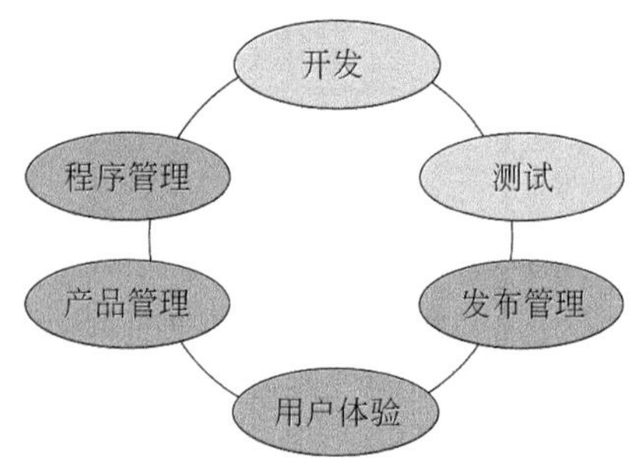

图 2-27　MSF 的团队模型

虽然整个团队都对项目成功与否负责，团队模型还是将 6 个质量目标和分离的角色群联系起来，以确保责任分明和中心明确。团队模型的 6 个角色群包括：产品管理、程序管理、开发、测试、用户体验以及发布管理。他们定义了确定职能领域以及和他们相关联的职责的通用方式。角色群常常仅被看作多个角色，无论哪一种解释，这个概念是相同的：解决方案框架和团队模型是可伸缩的，以满足构建一个特别的解决方案的需要。一个角色或是一个角色群，可能包含一个或许多人员，这取决于一个项目的大小和复杂程度，取决于为完成功能区内的职责而需要具备的各项技能。

MSF 团队模型强调将各个角色群与各项业务需求相校准的重要性。角色分组和职能领域与各项职责相联系，职能领域和各项职责分别要求有不同的规则和重心。角色分组为一个协调良好的团队带来了动力。拥有一个清晰定义的目标将促进对各项职责的理解并且鼓励项目团队控制项目，这将最终带来一个更优质的产品。既然每个角色对项目的成功都有决定性作用，那么代表了这些目标的角色在决策时是平等的，具有均等的发言权。

请注意，MSF 的这些角色群并不表示任何形式的组织机构示意图或是工作职位分布，因为这些角色群将随着组织和团队的变化而产生改变。更常见的是，角色将分布在 IT 组织内部的不同组群之间，有时还可能分布于业务用户社区或者外部的咨询师和合作伙伴中。关键在于清晰地确定履行某一特定角色群的团队个体以及与之相关的有助于目标实现的各种功能、职责和分布。

3）MSF 的过程模型

每个项目都要经过一个生命周期，这是一个包含项目中所有活动的过程，而这些活动的发生，要到项目结束并过渡到操作状态才会结束。生命周期模型的主要功能是建立活动进行的顺序。正确的生命周期模型能够简化项目，并帮助确保每一个步骤都会让项目更加接近成功。图 2-28 是 MSF 的过程模型生命周期的一个简图。

MSF 过程模型把来自传统的瀑布模型和螺旋模型的概念结合起来，并利用了两者各自的长处。过程模型把瀑布模型基于里程碑规划的优势与螺旋模型不断增加、迭代的项目交付内容的长处结合了起来。

MSF 过程模型以阶段和里程碑为基础。在一个层次上，阶段能够被简单地看作是一段时间，只不过强调了为该阶段生产相关交付内容的特定活动。但是，MSF 阶段要比这

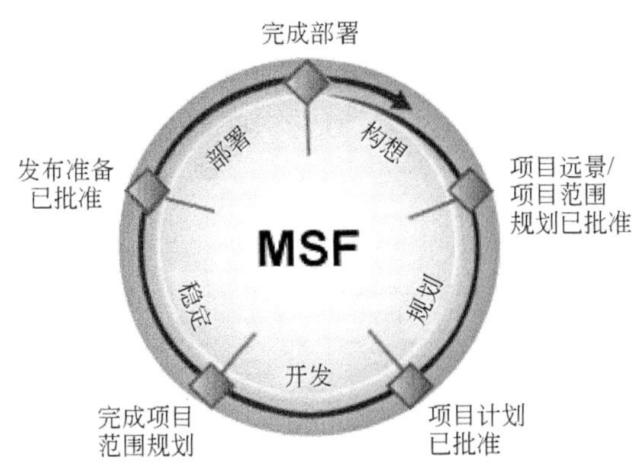

图 2-28　MSF 的过程模型

复杂；每个阶段都有其自身的特色，每个阶段的结束都代表了项目进展和中心点的变化。里程碑是检查和同步点，用来确定阶段的目标是否已经实现。里程碑为团队提供了明确的机会，以调整项目的范围，反映客户或者业务要求的变化，并解决项目过程中可能出现的实际风险和问题。此外，里程碑是每个阶段的结束，它按活动的职责进行转化，并鼓励团队以新的视角来看待下一阶段的目标。结束标志则用团队在每个阶段生产的实际交付内容，以及团队和客户对这些交付内容的评价意见来说明。这个阶段的结束，以及相关的结果，将成为下一阶段的起始点，这是借用了典型的瀑布模型的观点。

MSF 过程模型允许团队响应客户的变更请求，并将需求变化反映到解决方案中。它还允许团队先交付部分关键的解决方案，这要比以往的做法更快，因为它首先集中交付优先权最高的特性，然后转到不太重要的特性上，直到最终发布。过程模型是 MSF 的一个灵活构件，MSF 已经被用来成功地改善项目控制、将风险最小化、提高产品质量，以及加快开发速度。MSF 过程模型的 5 个阶段让其足以灵活地应付任何技术项目，无论是应用程序开发、基础结构部署，还是这两者的结合。

4. 交付过程模型的结构与关键行为

所有这些流程的管理活动，都是借助于软件工具实现的，目前比较知名的软件过程管理工具有微软的 VSTS 和 IBM 的 Jazz(即原 Rational Rose)。

VSTS(Visual Studio Team System)是微软开发的一套高生产力、集成的、可扩展的生命周期开发工具，它扩展了微软自己的 Visual Studio 产品线，增强了软件开发团队中的沟通与协作。利用 VSTS，开发团队能够在开发过程的早期以及在整个开发过程中确保更高的可预见性和更好的质量。

Jazz 是 IBM Rational 面向软件交付技术的下一代协作平台。Jazz 平台专门面向全球化和跨地域团队开发，通过这一全新的平台，地理上分隔的开发人员将能互相协作，共同构建软件。从而使得软件交付实现更加协作化、高效率和无缝衔接。可以把 Jazz 技术看成是一个可扩展的框架，可以动态集成和同步与软件开发项目相关联的人力资源、开发过程以及其他资产。

两种工具的开发商不同，但对于软件过程的认识和管理思路，却出奇得一致。不但因为他们的市场是相同的，更因为他们自身，也是软件开发组织，其工作性质是一样的。

真正把上述模型变成实际行为的是模型所规定的任务、工作产品、角色与活动，而把这些组织在一起的是流程。图 2-29 简要总结了 MSF 模型的主要行为结构。

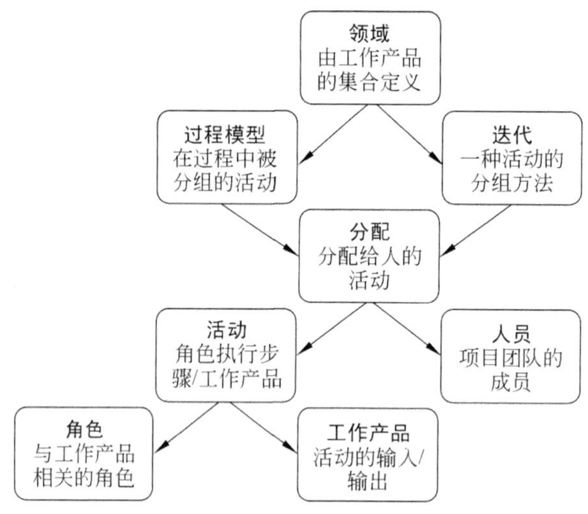

图 2-29　MSF 模型的概念、结构和行为

1）工作项与工作产品

要实现一个软件过程的配置管理，首要的问题是管理什么？即如何定义配置管理系统中的“配置项”？尽管在各自的系统中，对“配置项”——这个最小的过程管理单位——的名称定义有所不同，但作为过程管理工具，其本质并没有太大的区别。

知道了配置项，就能够理解 VSTS 或 Jazz 是如何通过对“配置项”的定义、跟踪，进行过程管理的。

在 VSTS 中，配置项被称为“工作项”，与配置管理中定义配置项的 4 大类型不同，VSTS 工作项的范围更广，可以是：任务、缺陷、场景、风险、服务质量、需求等，包括所有认为是一个工作的度量“单位”。对于初学者来说，这一点未免有点难于把握。

工作项在某个时间点上可能会产生一个结果，这在配置管理中称为“中间制品”，在 VSTS 中是“可交付的产品”，关键可交付产品构成了里程碑的基线。而 RUP 定义了三种不同类型的“工作产品”：可交付的产品、工件和结果。在 RUP 中，工作产品总是任务的结果，其中包含任务将如何执行的细节，而对于 VSTS，工件是阶段的结果。这只是分别定义了不同阶段的工作成果，并给它们取个不同的名字而已。例如，二毛一定比大毛晚生（可能也就晚几分钟）。

2）角色

微软 MSF 的 8 个基础原则之一是：清晰的责任，共同的职责。MSF 将工作进行中需要共同承担的职责和确保工作如期完成需明确的工作责任结合起来。MSF 团队模型基于这样一个前提，即团队中的每个角色都代表了对项目的一种独一无二的观点，但是没有哪个个人能够完全代表所有的不同质量目标。为了解决这一问题，MSF 团队模型把对各种利益相关人的清晰角色职责与实现这个项目成功的整个团队的责任结合起来了。

MSF 的团队模型中有 6 个角色,通称“团队角色”,是基于多组活动的,而 RUP 中所描述的角色是基于职责的,RUP 针对每个流程的活动和任务,都定义了合适的角色来执行。因此,RUP 的角色种类繁多,远远超过 6 种。尽管有这些差别,但执行两个框架之间的角色映射也是可能的。可以将 MSF 的一个角色映射为 RUP 中的多个角色。所以,这不存在本质的区别。

3) 流程

流程是对软件过程进一步细化的划分。对于 MSF 而言,流程按“粒度”由粗到细地定义,包括:生命周期阶段、里程碑、状态和基线。并根据任务方面的不同,进一步划分为项目管理流程、风险管理流程和就绪管理流程等。由于这些流程并不单纯地只是一些时间和阶段的定义,还包括:角色责任、里程碑目标、交付成果规定等内容,因此,有些教科书上,把流程也称为规程,意为有规定内容和要求的流程。RUP 将流程与开发过程的“步骤”相关联,并被分为不同的主题,包括开发流程(处理业务流)和管理流程(支撑业务流)两大部分。开发流程有商业建模需求、分析和设计、实现、测试、部署等核心开发流程。管理流程有配置和变更管理、项目管理、环境等三大核心管理流程。

4) 活动和步骤

工作项再往下细分,是活动和步骤。两个框架的活动和步骤之间没有直接的映射。RUP 中的一个“活动”与工作流相关联,该工作流由任务或其他活动组成。RUP 活动中每项任务的步骤都很详细。这意味着,在 RUP 中,拥有关于过程将“如何”执行的大量细节。对于每个活动,可以深入到任务、角色和步骤的更多细节上。RUP 使用活动图来表示阶段、规程以及活动的工作流,这些工作流表达了各种元素的逻辑步骤。这是 RUP 所标榜的“特色”和优势。

2.4.3 微软 VSTS 的软件过程跟踪

1. 过程跟踪的思路

初步了解了现代软件过程跟踪管理的思路,就不难发现,其实,不论成为什么模型、划分什么阶段、采用什么工具,其实,说白了,就是如福特公司一样,把零件放到流水线上去。软件的流水线,就是软件过程的状态跟踪,如图 2-30 所示。

流水线可能略有不同,阶段划分可能有所不同,但作为软件生产,本质的东西是相同的。那就是软件开发的工作项。不论是 VSTS 还是 Jazz,跟踪的工作项就是开发过程中的那些文档、模型、代码等。

2. 软件开发架构与过程跟踪链

现代软件过程与传统软件工程相比,特别强调软件过程的有序、可追踪和可管理,从用例开始,跟踪软件过程的“追踪链”,并为每个关键节点设置状态和基线,进行追踪,是现代软件过程管理的主要手段。

追踪链的主要关注节点如下:用例 → 功能点 → 需求树(需求边界、状态、基线)→ 行为模型(需求建模) → 类图 → 类关系(逻辑架构)→ 调用关系 → 开发架构(代码段签入/签出)→ 测试用例。

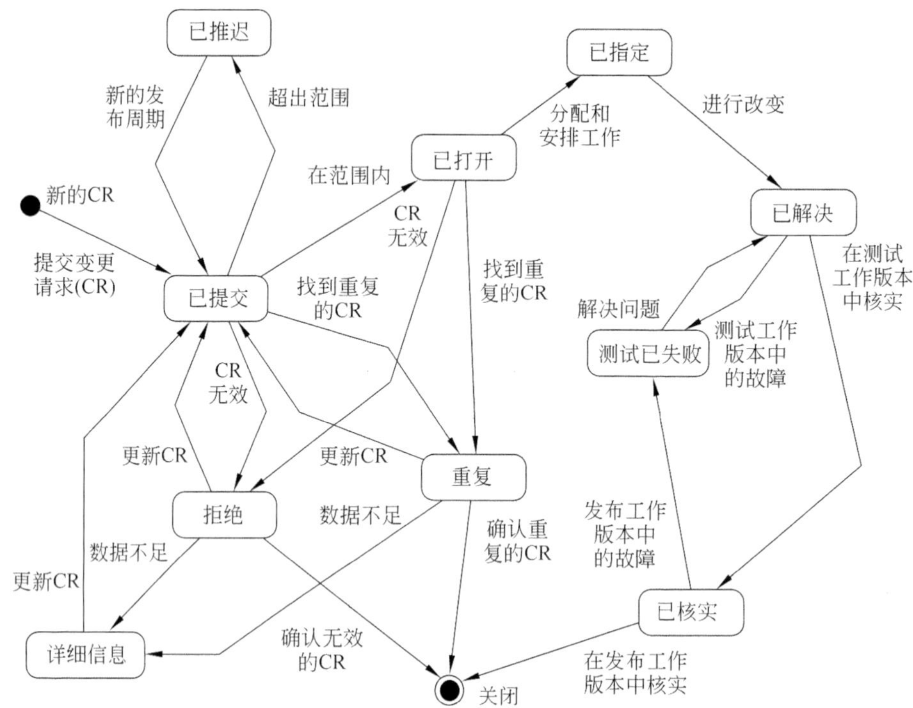

图 2-30 软件过程的状态转移和跟踪

其中，以需求的功能点(不包括关键质量属性需求点)为核心和起点，跟踪至逻辑架构的类和方法，映射到具体的代码(开发架构)，然后，对应测试用例，形成从需求到测试的全过程跟踪。

在上述跟踪过程中可以看到，从行为模型分析开始，架构发挥了“承前启后”的重要支撑作用。

在以功能点为核心的追踪中，并不包括关键质量属性需求，因为该需求不是通过添加功能模块和代码实现的，也就是说，在上述的追踪中，不可能追踪到关键质量属性需求的实现过程，因为它们是靠架构的机制设计实现的。当然，架构的机制设计，也会落实到具体的模块、接口、交互协议上，这些也可以通过测试，进行控制。前提是，需要特别指明，这些“新添加”的东西是为了满足关键需求而存在的。因此，这类需求的管理，通过验证和评审进行。

3. 团队存储库与个人工作区之间的签入签出机制

在 VSTS 中，设立开发团队的存储库和工程师个人的工作区，以工作区为基础、以源代码管理器为工具进行开发活动管理。这有很多好处。首先，它是团队开发、并行开发管理的必要手段，如果没有这样的管理，冲突将无法避免。其次，很多相似的工具还可以实现版本分支和合并管理等功能，帮助并行开发的团队实现自动的分支管理。

同时，在存储库和工作区的移动，采用所谓“签入/签出”机制。

在源代码管理器管理下，每个工作区都是团队系统的子视图，源代码管理器为该视图定义的配置规则，决定了某一工程师所具有的“开发权限”，以及该权限下可以看见、可以修改哪些文件、哪个版本。通过这些规格定义，大部分人只能浏览、修改、构建局部的文件和目录。

4. 签出/签入策略

有了上述存储库和工作区相关联的机制，文件在存储库和工作区之间的移动，就是签入/签出。就像每天上班要签到一样，签入/签出既是工程师日常工作的开始和结束，更是软件开发过程变更管理的基础。签出是打算修改签出的文件，签入则是文件修改完毕后的归档，所有发生的变化都受权限管理并记录在案。

但是，签入和签出并不仅仅是做一个上班下班的时间记录，签入/签出策略反映了 VSTS 可以在签入或签出的时候，帮助你做些什么，特别是签入（提交成果）的时候。

例如，在 VSTS 菜单上选择“团队”|“团队项目设置”|“源代码管理”命令，出现如图 2-31 所示的配置签出/签入策略界面。第一个选项确定是否允许多人同时编辑同一个文件，如果允许，在签入之前，将需要协调各自修改时发生的冲突。

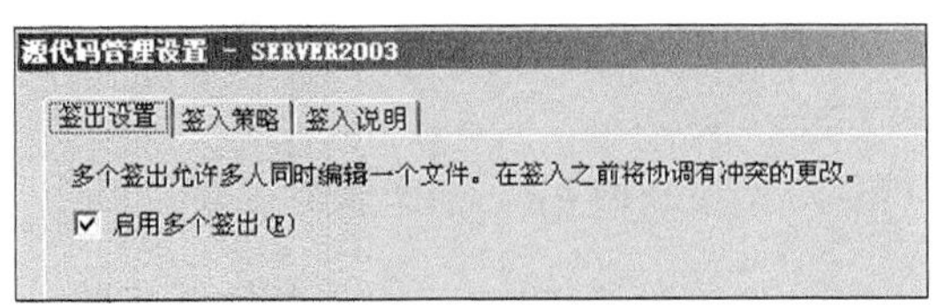

图 2-31　VSTS 的签出策略

而签入策略要更复杂一点。在选择第二项签入策略时，会出现如图 2-32 所示对话框，单击“添加”按钮，则会弹出“添加签入策略”对话框，让用户在“测试策略”、“代码分析”和“工作项”三者中做一个选择，全选，执行三次添加操作。

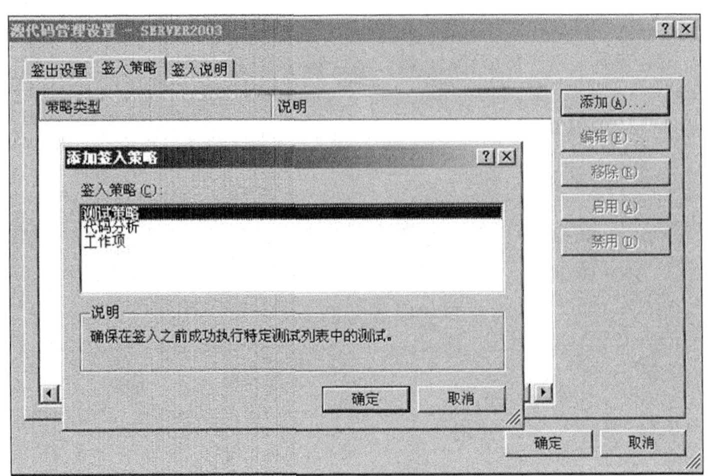

图 2-32　VSTS 的签入策略

测试策略是指在签入之前，可以先让 VSTS 帮助检查是否完成了代码测试，只有通过测试，可以成功运行的产品，才能够被签入（提交）。代码分析与测试有些类似，只不过这里需要通过的是静态代码分析，代码分析产生的是错误而不是警告，所以，这里是强制的编程纪律。而工作项则是与 VSTS 的工作项相关联，每次签入都可以记录更改、标注版本变化原因等，这样可以让项目管理员跟踪变更活动。

5. 签入/签出与过程跟踪的关联

在源代码资源管理器中，选择已经在工作区准备要签出的文件，单击“签出”按钮，会出现如图 2-33 所示的对话框。

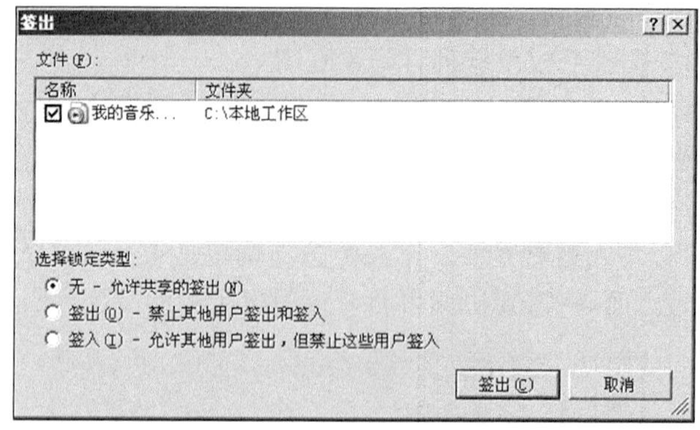

图 2-33 签出操作

选择锁定类型，单击“签出”按钮，就完成了文件的签出操作。此时，文件图标左边会出现一个“钩”，表示文件被签出，实际上此文件目前处于挂起(锁定)状态(参见图 2-34)。

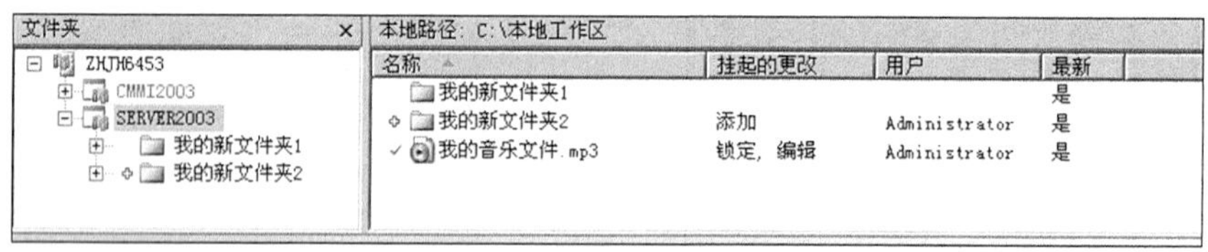

图 2-34 文件被签出后

对被签出的文件进行修改后，单击源代码资源管理器菜单栏的“签入”，将出现如图 2-35 所示的“签入”对话框。

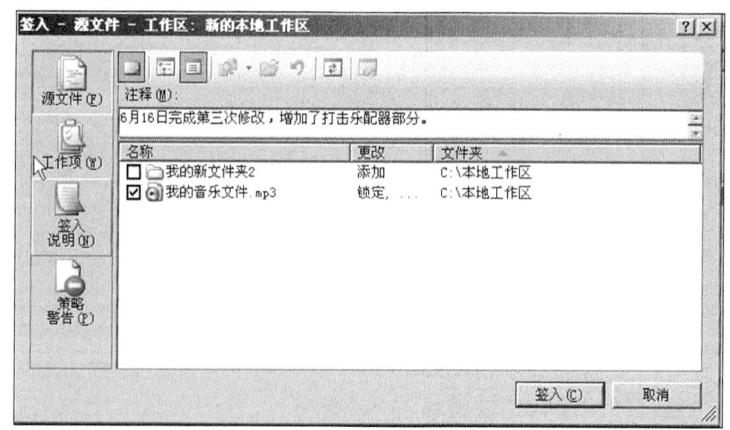

图 2-35 签入操作

选择要签入的文件，单击“签入”按钮。如果没有对文件做任何修改，则系统什么也不做就完成了签入。否则，系统将按照已经配置的签入策略，进行检查和操作。所有与签入有关的工作项链接、修改记录、策略、所有者、日期、时间等都被记入与该签入有关的变更集。

实际上，作为软件过程跟踪管理工具，系统自动设置的配置项包括 4 大类：工作项、变更集、源代码文件和生成，它们之间是互相关联的。通过签入/签出机制进行过程控制和管理的关键，体现在开发工程师必须遵守并实现签入策略所相关联的测试、工作项管理等约束条件。

6. 软件过程管理的基线

在软件工程环境中，基线是指在软件开发过程中的某些特定的里程碑的特定状态，例如，是一项或多项经过正式的技术评审并一致认同的工作产品的提交完成——项目开发过程的工作产品，经过正式评审并被相关人员一致同意，可以作为以后项目开发的基础。对已经基线化工作产品的修改，必须要通过正式的变更控制流程。

开发过程可以根据领域（如需求、架构、编码、测试或产品管理、项目管理、技术管理等），定义并控制不同的基线，例如：

(1) 功能基线，主要关注用户需求的满足和实现情况；

(2) 进度基线，主要关注任务的工作产品提交时间和进度情况；

(3) 质量基线，主要用于控制测试和质量过程情况；

(4) 产品基线，用于系统迭代开发与版本集成情况。

在软件企业里，配置管理委员会(CCB)按照不同的基线，对整个项目的进程进行控制和把握，配置管理员负责把符合基线要求完成的构件，放进配置管理库中，并构建系统，标注版本。这样确保了整个软件过程的基线化控制和管理。

2.4.4 将架构的关键构件设定为基线

根据 CMM 的要求，如果要跟踪更细的环节，并且是可量化地进行跟踪、度量、计划和控制，被跟踪的工作项（基线）仅是以文件，例如，某系统的需求分析报告、一个 C++ 代码文件为单位，显然是不够的，因为颗粒度太粗、内部的可视性不够。那么，以什么为单位，作为被跟踪的工作项更好呢？

这要由跟踪的目的和过程管理的“颗粒度”决定。一般地，以软件架构作为阶段成果和迭代基础，过程管理不但需要架构描述作为软件过程文档，来记录和跟踪软件演化过程，而且，作为生命周期的重要环节，并贯穿始终，需要关注：

(1) 架构与需求的对应（架构对需求的满足程度）；

(2) 架构实现的验证（遵守架构约束）；

(3) 架构与迭代开发维护（增量开发）；

(4) 架构与项目管理的对应（如检查点、里程碑、关键交付成果等）；

(5) 架构本身的变更历程等。

以上述目标为出发点，将系统合适的构件作为工作项（工作项还包括其他内容），将架构的关键构件的状态变化定义为基线，是比较合适的。因为这些工作项的状态变化（设计、实现、测试、交付)将成为项目阶段目标设定、交付成果检验、计划进度考察和控制的“直接对象”和“标的物”。

从这个角度讲,为什么有些不懂软件开发的项目经理,工作没有抓手,难于深入下去,团队难于管理,有很大一部分原因,就在于他/她不知道过程的真正关键点,这个阶段的里程碑、关键交付物、关键事件到底应该是什么?然后才能进行有效的控制。

从以上介绍可以看出,对软件过程进行跟踪和管理的最有效方法,是抓住过程的关键里程碑、交付物成果和关键事件。软件架构的关键构件的划分、设计、实现、测试和交付,是成为反映上述关键控制点的最佳选择,并能够保证贯穿开发全过程。

理解软件架构、清晰界定关键构件任务、责任、边界的人,当然是架构师。在这些关键点上,进行目标设置、计划、控制和管理活动的是项目经理。这样看来,如果可能,让架构师充当项目经理,是团队的最佳选择。当然,项目经理和架构师的工作和职责是非常不同的。

实际上,很多公司也是这样做的。比如微软公司的比尔·盖茨,就当仁不让地充当微软的架构师(广义的,包括产品架构)。实际上,微软的架构,就是微软的目标。因为微软没有敌人,敌人就是微软自己。

反之的例子也很多。有些公司的项目经理,并不是十分懂软件开发,更不参与实际的开发活动,这样的项目经理,最多只起到项目团队与公司、与用户协调人的作用。而项目经理的职责,远非一个协调者而已(虽然协调也是他的责任之一)。这样的项目经理自己也很累,可能他是个好人,也乐于为大家服务,但他在团队中难于建立技术威信。在软件开发这样的团队中,没有技术上的威信(个人魅力的一个部分)是很难服众的,这是白领管理与蓝领管理最大的不同。

2.5 软件过程对架构的反作用

不可否认,应用系统的软件架构受构建系统时的环境以及系统未来所处的环境影响,反之,它又会影响技术、商业、社会环境,最终再次影响未来的软件架构,这样的相互影响,构成了一个所谓循环——架构商业周期(Architecture Business Cycle,ABC),如图 2-36 所示。

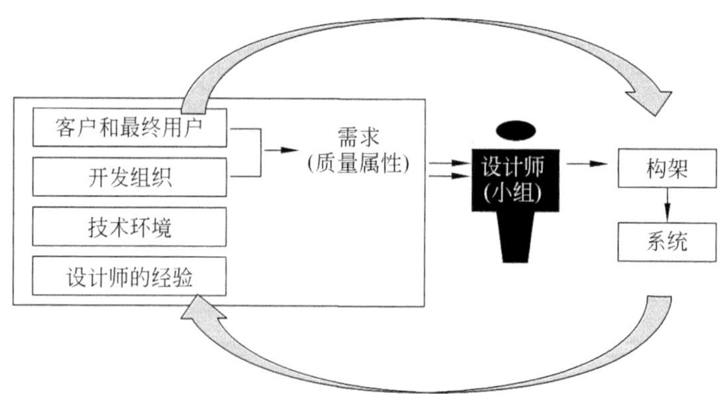

图 2-36 架构与需求、系统的相互影响

2.5.1 需求影响架构

不言而喻,架构受需求的影响,影响架构的这些需求是:

(1) 项目的总体范围;

(2) 不同功能开发的重要性和顺序优先权;

(3) 与外部构件和系统的接口规范和标准;

(4) 开发资源的分配;

(5) 开发时间表的制定;

(6) 软件各质量属性的选择和通过标准的制定;

(7) 对软件各种质量的测试范围;

(8) 软件发行通过关口的检测标准等。

系统需要满足的需求很多,如图 2-37 所示。

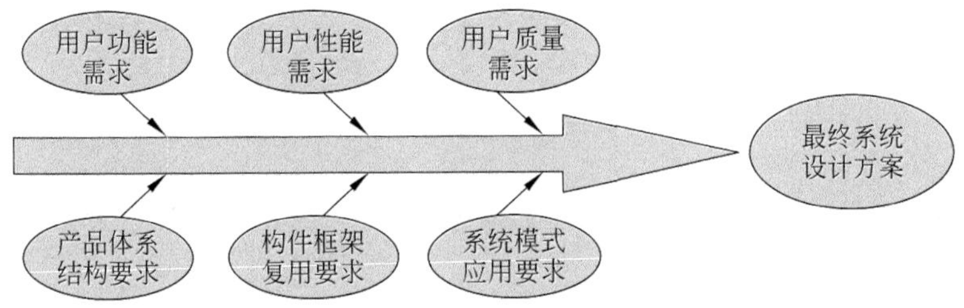

图 2-37 系统需要满足的各种需求

但是,并不是所有需求都一定反映到架构上,或者说,并不是所有需求对架构的影响都是一样的。只有那些需要重点关注的需求,也就是所谓关键质量属性需求,才可能导致架构设计变化。

如图 2-38 所示,设计者应该能够区分哪些需求根本与架构无关(参见 2.2.3 节),哪些需求貌似有关,而本质上是无关的;哪些虽然有关,但并不需要在架构上做出特殊安排,因为负面的代价或影响太大;而那些真正需要关注的需求在哪里。

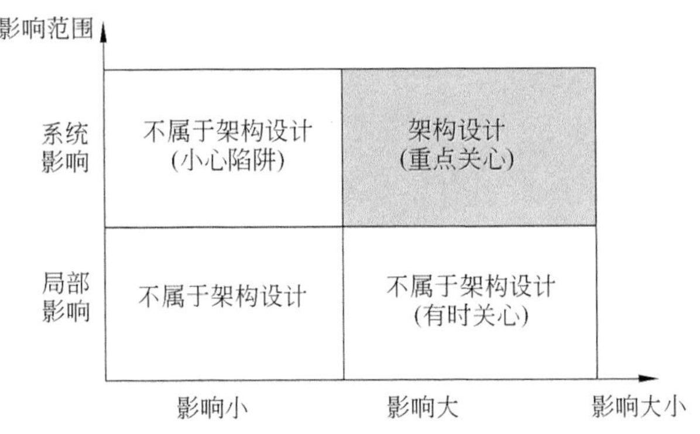

图 2-38 关键需求影响架构设计

关键质量需求因素很多,视不同的应用系统而不同。如果按开发期和运行维护期划分，可以归纳如下。

1. 开发期质量要素

(1) 易理解性；

(2) 可扩展性；

(3) 可重用性；

(4) 可修改性；

(5) 可移植性；

(6) 可集成性；

(7) 可测试性。

2. 运行期质量要素

(1) 功能；

(2) 性能；

(3) 安全性；

(4) 易用性；

(5) 持续可用性；

(6) 可伸缩性；

(7) 互操作性；

(8) 可靠性；

(9) 健壮性。

2.5.2 系统设计影响架构

除需求之外，系统的设计方案对架构的影响也是显见的。

好的软件架构，具有如下的特征。

(1) 灵活、具有可伸缩性；

(2) 考虑全面并可扩展；

(3) 思路简单明了，直接可以理解；

(4) 结构划分和关系定义清楚；

(5) 模块职责明确和分布合理；

(6) 效益和技术综合平衡。

而差的软件架构的特征是：往往不是系统不能用(不是功能性问题)，而是系统性能问题，例如：

(1) 系统业务处理逻辑缺乏灵活性；

(2) 维护困难；

(3) 功能无法扩展；

(4) 运行速度太慢；

(5) 稳定性差，甚至经常宕机等。

以上都表现为非功能性需求。为什么许多大型软件应用系统推出不久，就面临需要重新设计(美其名曰“架构重组”)?

差的架构设计,往往是按照功能的分解来安排系统架构的,如图 2-39 所示。

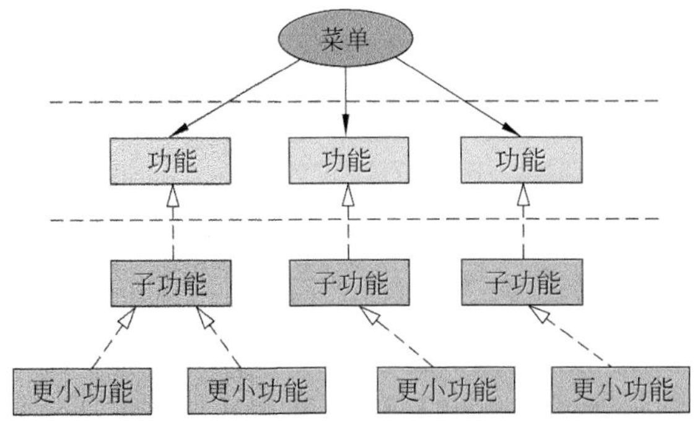

图 2-39 差的架构设计仅是功能的分解

相反,良好的架构设计,依据的是首先满足那些关键机制的需要,如图 2-40 所示。

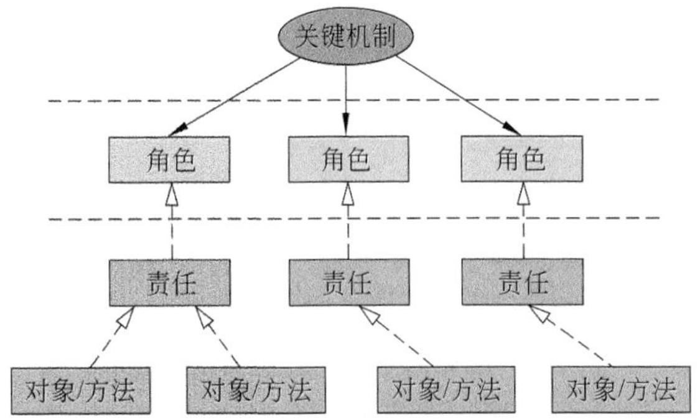

图 2-40 好的架构设计基于关键机制

这里所谓的“关键机制”,例如:

(1) 用户界面交互方式;

(2) 数据存取机制;

(3) 接口定义与实现方式;

(4) 支持事务处理的方式;

(5) 实现分布式处理的机制;

(6) 安全机制;

(7) 工作流支持;

(8) 服务质量监控等。

因此,架构设计的意义,不仅仅是简单地将功能分配给不同的实现模块。

2.5.3 软件过程影响架构

软件过程是对软件开发活动的组织、规范和管理,因此,不同的开发组织、开发活动规范和管理要求,对架构形成影响,如图 2-41 所示。

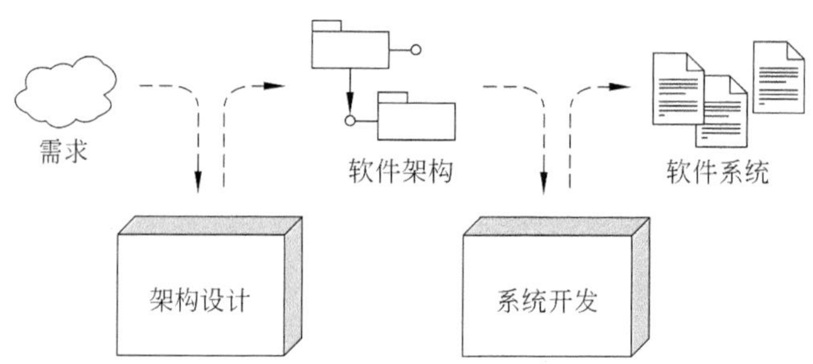

图 2-41 可传递的系统抽象(架构级重用)

架构在组织中的作用,是上承业务需求,下接技术决策。架构设计成果在组织的开发活动中进行传递。组织也通过架构,组织开发、进行迭代和增量交付、管理复杂度、通过测试和质量控制等。

这种基于架构的开发步骤如下。

(1) 为软件系统构建一个商业案例(用例模型);

(2) 弄清系统需求(影响架构的关键需求);

(3) 构建或选用架构(重用);

(4) 正确表述此架构,并与有关各方进行交流;

(5) 对此架构进行分析和评审(不是事后再评价);

(6) 实现基于架构的系统并保证与架构约束相一致(验证);

(7) 系统维护时,架构文档应同步维护。

因此,架构成为组织过程活动控制和管理的依托。

2.5.4 组织影响架构

软件开发组织——软件企业所关心的问题,往往与客户关心的问题不同。例如,企业关心自己的市场方向、赢利水平、竞争力和股东的利益,因此,就软件开发而言,相比软件产品做得好不好,更注意是否应该去做这个产品。

在对软件架构的影响方面,组织更关心以下几个方面。

(1) 直接影响:如希望如何纳入到产品线中。

(2) 长远影响:如关注市场和行业的布局,并按产品线方向发展。

(3) 组织结构的影响:是自己开发,还是软件外包,自己的优势在哪里。

2.5.5 架构的反作用

反之,架构也会产生反作用,包括:

(1) 架构影响开发组织的内部组织结构;

(2) 架构影响开发组织的经营目标;

(3) 架构可能会影响客户对下一个系统的需求;

(4) 构建某个系统的实践过程丰富了整个开发团队的经验,从而将影响设计师对后继系统的设计；

(5) 几个典型的系统会影响并实际改变软件工程的发展，以及开发人员学习和实践的技术环境等。

总而言之，架构的作用如图 2-42 所示。

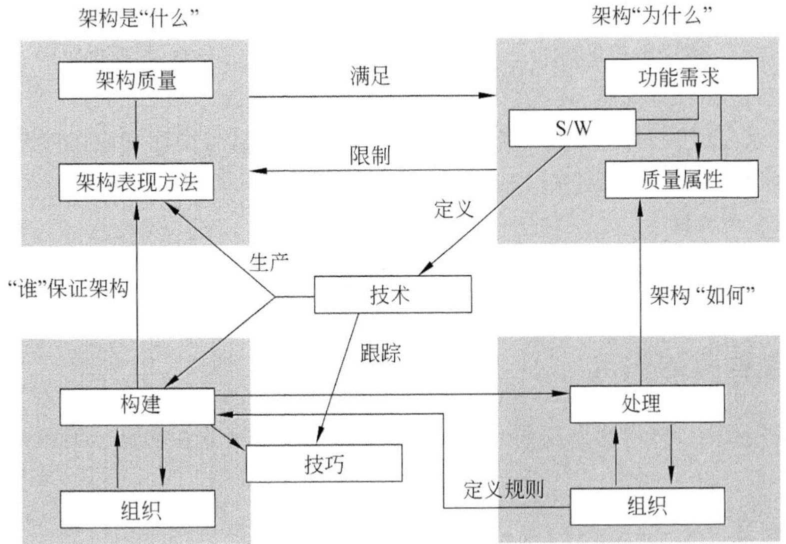

图 2-42 架构描述对需求实现的作用和意义

1. 架构为什么

首先，架构(架构描述)表明系统的功能需求和质量属性，以及与软硬件的结合点，回答架构是为什么而存在的？架构除要满足应用系统的各种功能需求外，还需要保证系统的设计质量的要求，同时，它还可能受系统设计限制的制约，所以，架构比需求更进一步地面向或满足系统非功能性的内容，如容量、数据吞吐量、一致性、兼容性、安全性、可靠性等。架构不但决定了系统的物理构成，也支配了开发的组织行为，包括需求分配、范围和任务定义、进度计划、测试方案、集成方法、配置项与基线管理等。不存在的硬件和软件支持、不需要的功能和性能、暂时不安排的特性，在架构描述上不应该看到。

2. 架构是什么

用特定的架构表示方式(架构图)表达架构描述，依此，可以记录、讨论、实现、测试、验证，架构是否满足了"架构为什么"的要求。

3. 架构如何发挥作用

一张"蓝图"画出，并随设计过程的深入，逐渐演变为"设计图"，就成为一种约束。它是设计和实现的依据，是测试和验收的"承诺"，是软件开发过程文件，是开发"纪律"。一旦设计"蓝图"确定，将成为开发团队的前一阶段的工作成果，后一阶段的工作依据，成为组织过程管理和控制的依据，绝不是可有可无的。

4. 谁保证架构

组织、开发团队、架构师。一群人来到一个草地进行踢球比赛，如果既没有球门、球场边界，也没有比赛规则，他们毫无规则地到处跑动，直至筋疲力尽，这样的玩法有乐趣吗？小孩子可能无所谓，成年人一定非常不能接受，这是比赛吗？

如果开发一个软件系统而没有设计文档(包括没有架构图)，可能会出现混乱和无序，但至少还省去了一些人工。如果有设计文档而不遵守，则不但依然混乱，更是对软件工程师心理的极大打击。这样的打击，相信有过开发经历的人多多少少都经受过。那种为了应付检查而胡乱编写文档的情况，自己做过以后，心里的感受都是不愉快的。学生应付老师作业，不知道是否有同感，还是已经麻木了。

如同需求文档是对需求的约束一样，架构文档是对架构设计和未来实现的约束。这是现代软件工程更关注的地方。

2.6 软件架构师的作用、任务与责任

2.6.1 架构师的作用

在软件组织中，架构的作用如此之大，架构师的作用则非常明显。架构师应该起到的作用如下。

1. 探索者

(1) 为企业的商业利益不断探索新技术的运用；

(2) 为提高竞争能力寻找和尝试优化的解决方案。

2. 设计师

将优秀的功能和性能、关键质量特性带到软件中去。

3. 倡导人

(1) 为开发出真正能为用户提供最佳服务的软件而做用户利益的倡导人，倾听和观察用户的回馈；

(2) 推动开发团队建立前瞻性的战略眼光。

2.6.2 架构师的任务与责任

架构师的任务与责任如下。

(1) 领导并负责架构设计；

(2) 实际参与架构原型的开发实现；

(3) 讲解架构、指导开发、协调冲突；

(4) 支持项目经理，如技术可行性研究、任务划分、人员招聘等；

(5) 了解所在组织的业务目标，令架构更好地支持组织的业务目标；

(6) 评估新技术，并提出采用建议等。

上述任务和责任是在软件生命周期的不同时期体现的，如图 2-43 所示。

如果架构师不兼任项目经理，那么他与项目经理的分工与合作应该如图 2-44 所示。

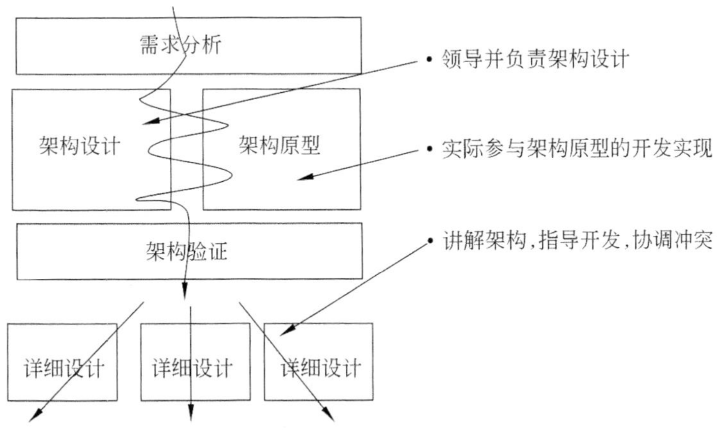

图 2-43 不同时期架构师的任务和责任

	项目经理	架构师
开发	项目组织、资源管理 项目预算、项目进度	领导设计、指导开发
需求	与市场部或客户协商	需求评审
人员	聘用、考评、激励	面试、培训、激励
技术		技术决策
质量	确保项目质量	跟踪设计质量
度量	项目组的生产能力	保证满足设计目标

图 2-44 架构师与项目经理的分工与合作

2.6.3 从编码工程师到架构师

架构师不是在大学里培养出来的,如果没有一定年限的实际开发经验积累,博士毕业也不可能立即成为架构师,这就如 MBA 毕业,并不能马上就当厂长一样。

1. 架构师需要什么知识和经验

一名合格的架构师主要需要两方面的知识和经验。

(1) 软件开发方面:不言而喻,如果没有参与过实际开发,不知道构件、连接、连接关系实际是什么,代表什么,意味着什么,则简直无法想象他能够理解架构的含义,能够理解关键质量属性需求,并为之进行设计。

(2) 专业领域方面:架构的第一个作用是实现用户的需求,架构的另一个作用是预见用户未来的需求,并在架构上,进行迭代。如果没有专业领域的知识和经验,则好像李逵在黑夜中舞板斧。

2. 编码工程师可以自然成长为架构师吗

答案是否定的。理由是：如果在业务和编码两个方面，都有了很多年的实际锻炼，积累了不少经验，应该说具备了成为一名合格架构师的基础。但是，只有基础是不够的，还需要慢慢培养自己作为架构师的领导意识和领导能力。

3. 什么是架构师的领导意识

在“组织行为学(管理心理学)”课程(作者也曾教过这门课，因为这是软件工程学生的必修课)中，“领导”有名词和动词之分。名词的含义是：“领导”是一个职务，是一个“位子”，是一种权力。而动词的含义是：“领导”是决定目标和方向，并激励众人实现目标的活动。

领导意识首先是目标意识。在架构师的眼里，组织的目标、用户的目标、系统要实现的目标，都要成为团队自觉的追求和行动的方向。相反，那些过分追求完美、追求个人兴趣、强调困难的行为，都必须从被迫地被“抑制”，到自觉地“打消”。领导的另一个意识就是“大局”意识，作为架构师，没有大局观是无法想象的。因为架构师的工作，就是“布局”。

4. 什么是架构师的领导能力

架构师的基本能力是软件架构设计的能力，除此之外，作为领导者，还需要具备组织、计划、沟通、平衡、协调等能力。因为架构师不是编码工程师，只要按要求把自己的事情做好就可以了。他的工作是承前启后，他的工作成果要成为别人继续“迭代”的基础和平台，他要约束大家遵守设计约束。

5. 什么时候开始提升自己的架构师领导能力

有时，架构师是自发形成的，就看谁觉醒得早。架构师是一个软件开发团队的客观需要，是“刚性需求”，即使没有人任命，也会客观存在。

2.7 实践与思考

2.7.1 实践题

安装微软 VSTS 2005，并体验它的作用。有关 VSTS 的安装和使用，请参阅《软件工程项目实训教程——基于 VSTS》。

2.7.2 思考题

1. 通过使用 VSTS，体会架构描述与需求描述(例如，需求树)有什么相同和不同的地方？
2. 为满足关键质量属性而添加的内容，在 VSTS 中是如何表现的？
3. 基于架构的迭代，在 VSTS 中是如何表现的？
4. 基于架构的关键构件，在 VSTS 中如何被定义为基线？
5. 在 VSTS 上，架构的 4 个作用达到了较好的统一，体现在什么地方？

CHAPTER

第 3 章 软件架构的描述与可视化

本章导读

第 2 章介绍软件过程成熟度的一个重要标志是过程可视，而过程可视的具体体现，则是过程的每个环节可视。当然，各环节不同，可视的方法也不同。本章首先从架构描述的 5 个基本出发点开始，介绍如何“看”(可视)软件系统的架构，并以电梯控制系统为例，介绍架构师的电梯控制系统“视点”。在这个案例分析的最后可以发现：作为架构分析，如果仅画出电梯控制系统的类图，会出现一些不能理解的疑问——甚至怀疑，到底哪些是系统的“对象”?

带着这个疑问，本章介绍了如何“读”架构图，当然，读完本章之后，读者就会发现，与其他教科书不同，本章的关键不是不厌其烦地讲述如何画类图，而是将重点放在如何看架构，看别人的架构设计。通过看别人的架构会发现，仅能画出类图，与理解一个系统的软件架构，有着多大的差别。

这个差别的体验，体现在第 3.3～3.5 节逐步强化的“架构分析”中。3.3 节希望让读者知道，即使再简单的程序，其架构也不是从一张“白纸”开始，不是只画一个类图那么简单。3.4 节从扩展的需求出发，看已有系统的架构，发现架构如果能有很好的结构，对于扩展将是多么方便。这是我们第一次有了看架构的“有色眼镜”，这个眼镜的“色”就是扩展需求。如果没有这个“有色”的眼镜，看什么都是一样的。3.5 节介绍“构件”划分、配合的合理性，这就开始具有架构师的基本眼光了。

有了上述的简单“训练”，再来看软件过程架构设计阶段的“文档”要求，就会很容易地理解，为什么说，仅有“规范文档”是远远不够的。不是文档的规范性本身有什么问题，而是文档的使用者(架构师)的架构设计需求是什么？用什么形式，把这些需求和设计思路记录下来、描述出来、建立约束。这些要素怎么体现到文档中？如何让用户、编码工程师等相关人员，能够看懂架构设计，能按设计实现，并进行验证？这才是编写设计文档的目的，也是本章的目的。

3.1 架构描述与 UML 架构视图

软件架构描述的第一个功能，就是描述系统将如何实现指派给它的软件功能，这个描述就是架构视图。

要在手机上很舒服地浏览网页，或者玩游戏，或者将银行业务扩展到手机上，没有人会马上就开始写代码。不论是个体软件开发者(他们的大多数被称为“软件 DIY”，开源软件是他们的主要舞台，他们既是其主要开发者，也是最多的用户)，还是开发团队，一定需要先画一张草图(见图 3-1)，看看在某一款手机(如苹果)不太大的显示屏上，能放进去哪些东西(先以能看得清楚内容为前提，美观还在其次)。然后，还要规划一下，在这样的应用系统中，手机(客户端，不论是 C/S 结构还是 B/S 结构)与服务器端(假设系统架构就这么简单)各自要做些什么，才能实现预期的功能。

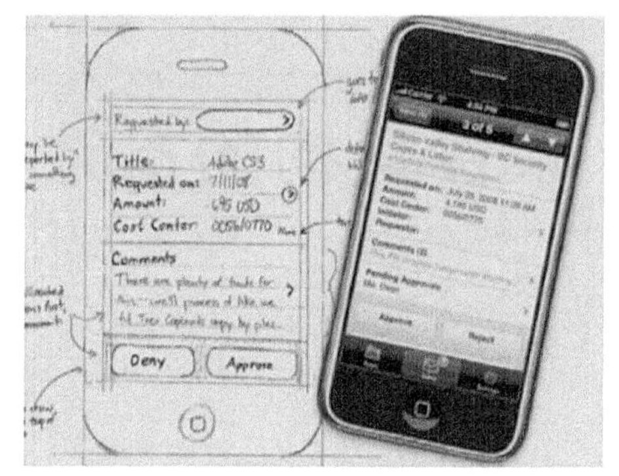

图 3-1　手机应用的界面设计草图

架构视图是对于从某一视角或某一点上看到的系统所做的简化描述，它涵盖了系统的某一特定方面，而省略了与此方面无关的实体。例如，最初的架构描述，是为软件系统描述一张未来的“蓝图”。

不论选择 CMM/CMMI，还是敏捷过程，一般而言，架构建模过程都是必要的，可能前者要求非常严谨、细致，后者相对比较松一些(指文档化程度)。

在整个软件生命周期中，RUP 建立了若干个系统模型，分别为：分析模型、架构模型、实现模型、部署模型等，以对应几个不同的生命周期阶段，并强调以架构为中心。既能满足和适应需求不断变更的需要(用例驱动)，同时，应用系统的开发过程以架构为基础，进行增量的、迭代式的开发，也为适应需求的变化，提供了基础和条件。因此，系统架构成为延续最初的需求，到未来第 N 代产品之间的纽带和基础。在现代软件工程过程中，架构的核心作用已经非常清楚。

架构本身也被不断地进行迭代，这种迭代，首先出现在需求开发的分析阶段，通过不断地在用户需求与架构设计方案，包括设计约束两者之间，即在用户的需要(也可能是非功能性的)与架构设计决策之间折中、平衡，并反复迭代。最终，用户需求被转换成用于构造软件的“蓝图”，并且既满足用户的需要，也符合架构设计的要求。这一过程将在第 4 章中详细讨论。

在这里，读者可能会发现有一点概念混淆：到底说的是架构，还是架构描述？前者，一般理解为代码(或类似的程序结构)，后者可见的是一些文档。其实在本书中，有意混淆了这两者的区别，因为作者认为：架构本质上是一种设计思想，是一种布局安排，是一种行为要求和规范，是抽象的。即使架构一词单指构成结构(如类结构等)，既可以指实现前的设计，也可以指实现后的代码。二者就如同类和对象的关系，对象只是实例化了的类。所以，本书所谓的架构，重点讨论的是思想。当这些思想被具体实现为代码后，那个被实现了的东西有人称为“构架”。

3.1.1 架构描述的基本考虑

1. 软件生命周期不同阶段的架构描述考虑

从生命周期时间维度上看，架构描述早期是一张“蓝图”，后期是一张“设计图”，系统使用和维护期则可能是维护者的“使用手册”。

在软件设计的初期阶段，“蓝图”描述了软件系统的整体视图，设计在高的抽象层次上，表现为可以直接与用户最根本的需求直接对接(跟踪)的功能和行为，这就是最初的架构模型。所谓最根本的需求如：应用是在手机、还是在笔记本、还是在服务器上运行的；系统的用户数是几十、几千、…、数以千万计；系统是用于实时控制，还是数据库应用？等等。而在设计阶段，则必须回答实现这些功能的构件将是哪些、如何连接、如何协同工作。作为维护使用手册，则必须告诉后来的维护者：接口约定是什么？

2. 不同架构需求的架构描述考虑

架构描述反映了已有或未来系统物理上、逻辑上的结构特征，也反映了设计思想上和实际代码实现后的结构特点，这些架构需求，应在架构描述中反映出来。例如，网游系统中，相同的逻辑架构设计，在开服阶段上网用户数不多与满负荷运行情况下服务器的分布和部署情况是不一样的。架构设计描述，应该能够反映出这样系统的“组网”灵活性。

3. 5 个基本架构描述方向

那么，到底架构描述要反映哪些东西？图 3-2 给出了一个思考方向。

为了满足整个软件生命周期中，了解、理解架构设计思想和实现目标的需要，可以首先从以下 5 个方面描述和认识架构。

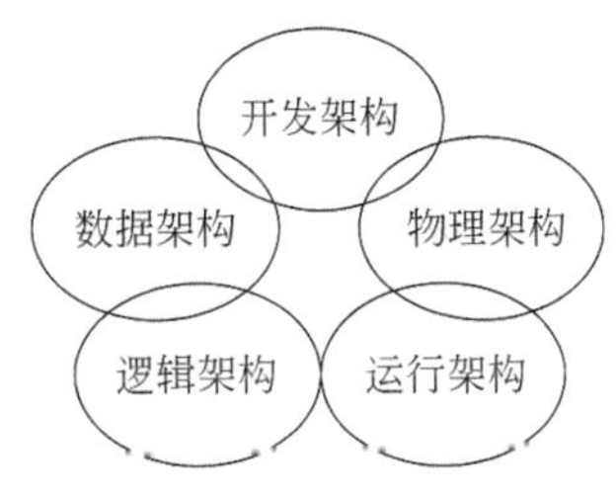

图 3-2 架构模型的基本蓝图

(1) 开发架构：反映的是开发期的质量需求。表明开发过程应遵循开发团队所在组织所规定/要求的软件过程规范，特别是有关产品线技术管理的要求，并制定/满足相应的设计决策；它的具体涉及对象是程序包、第三方构件、类库、框架。

(2) 物理架构：反映安装和部署需求。它考虑软件系统与硬件环境的对应关系，设备部署和安装方案等；这里主要考虑主机、存储、网络的具体物理部署。

(3) 运行架构：反映的是运行期的质量需求。它针对系统运行要求，例如，与分布、并发、实时等性能、安全有关的要求，制定/遵循相应的设计决策；它与进程、线程、对象，以及架构的关键运行机制有关。

(4) 逻辑架构：反映的是功能需求是如何被分解和协同实现的。逻辑架构设计是规划组成系统的所有构件，为它们分配不同的职责，使得这些构件能通过协作，完成功能需求；它的具体涉及对象是系统的逻辑层次、功能构件和类的划分、交互等。

(5) 数据架构：反映的是数据需求。在这里应考虑数据的分布、生成与应用的关系，设计合适的数据持久化存储和传递策略等。数据存储格式、数据字典、安全备份、复制、同步、数据传递是这里主要考虑的内容。

以上 5 种架构,是从系统本身的客观需要出发,在比较高的抽象层次上考虑的系统结构蓝图。

4. 架构描述的顺序

而在这 5 个架构中,如果系统开发不是从一张白纸开始,首先应该考虑的是开发架构。

1) 第一步: 开发架构

为什么开发架构是第一位需要考虑的? 因为已经假定: 系统开发不是从一张白纸开始,开发是基于软件产品线的基础上进行的,开发架构需求反映的是组织的过程规范,是基本的技术要求、平台基础、框架和构件的重用条件等约束性要求,用户的需求是在这个基础上"迭代"的。因此,应首先考虑"迭代"的基础是什么。

开发架构的设计主要是确定采用哪种技术平台、核心资源和开发框架,并在确定的平台和框架内,选择购买、移用或开发相应的程序包、第三方构件、类库等技术实现方式等。

软件 DIY 们这个时候也会从开源软件中,找找有没有可用的代码,一般设计文档估计是找不到的。

2) 第二步: 物理架构

物理架构是目标系统的硬件架构,是最基本的用户需求。

3) 第三步: 运行架构

架构师基于物理架构条件,开始考虑分布式业务处理逻辑和控制流、并发性,以及在不同物理节点环境下运行的计算、服务的分布式协同需求,设计运行架构。这是来自用户目标系统的强约束性条件。

4) 第四步: 逻辑架构

逻辑架构考虑在开发架构的技术约束和目标系统的物理、运行架构环境下的软件系统逻辑功能构件划分限制下,根据功能、协作、运行、部署条件,如何构成逻辑子系统、包、类,以及它们如何交互。

5) 第五步: 数据架构

数据架构包括具体的数据(库)存储分布、交互数据格式等。

从 3.1.2 节开始,将通过案例分析,来看上述 5 种架构模型在一个具体案例中是什么情况,发挥了什么作用。

3.1.2 基于 UML 4+1 的软件架构视图

与上述 5 种架构视角类似,UML 采用多视图的方法表现软件系统的架构,从根本上来说,这是适应多种需求以及系统的复杂性所致。Philippe Kruchten 在《Rational 统一过程引论》中说: 一个架构视图是对于从某一视角或某一点上看到的系统所做的简化描述,描述中涵盖了系统的某一特定方面,而省略了与此方面无关的实体。

1995 年,Philippe Kruchten 在 *IEEE Software* 上发表了题为《架构的 4+1 视图模型》(*The 4+1 View Model of Architecture*)的论文,引起了业界的极大关注,并最终被

RUP 采纳。该方法(见图 3-3)用不同架构视图承载不同的架构设计决策,支持不同的目标和用途。与上述 5 个视角略有不同的是:Philippe Kruchten 的 4+1 视图并没有数据视图,而多了一个场景视图,这也反映了作为观察者的不同视角,但二者并没有什么本质的区别。

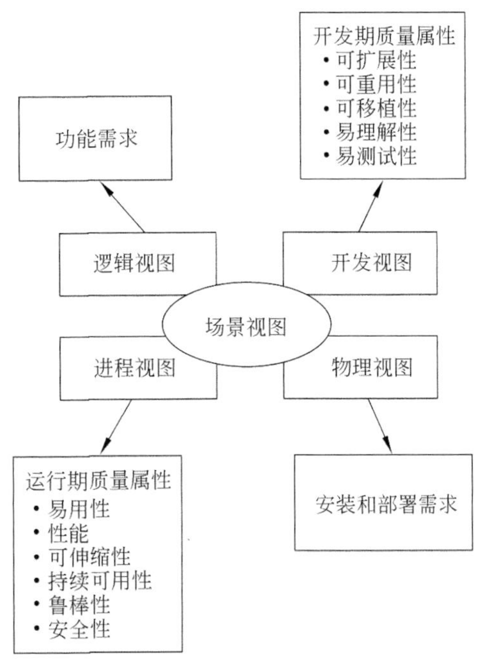

图 3-3 UML 的架构视图及其作用

1. **逻辑视图**

逻辑视图(Logical View)关注的是系统必须为用户提供的功能,不仅包括用户可见的功能,还包括为实现用户功能而必须提供的系统功能,即那些"辅助性的功能"和"性能";它们可能是逻辑层、功能模块等。

在 UML 中,逻辑视图的表示方法是:Booch 标记法,UML(类图、交互图、顺序图、状态图),E-R 图等。图 3-4 是一个应用系统的 UML 类图示例。

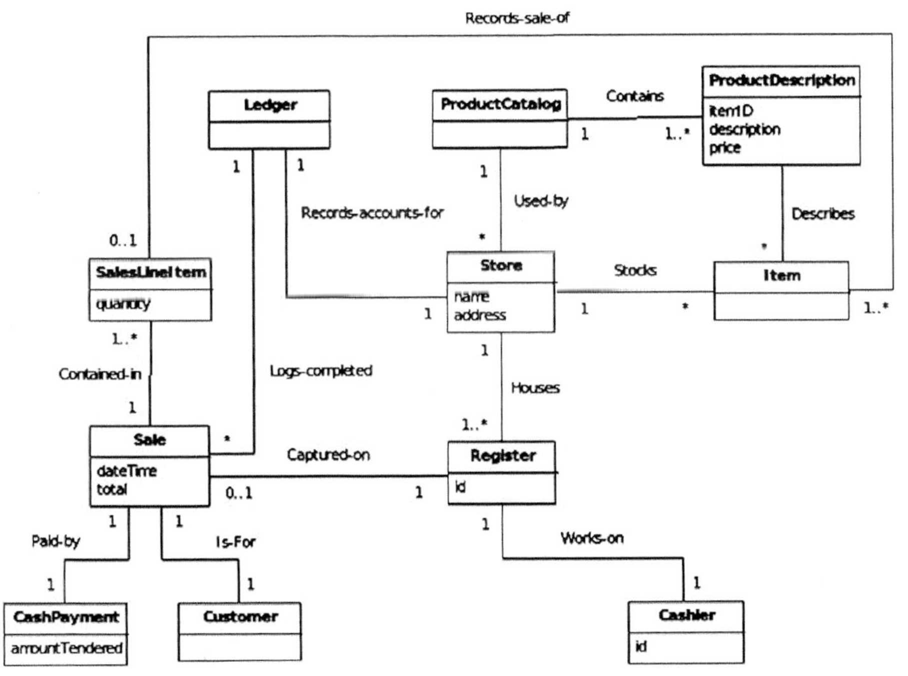

图 3-4 逻辑架构视图示例(UML 类图)

2. **开发视图**

开发视图(Development View)关注的是程序包,不仅包括要编写的源程序,还包括可以直接使用的第三方 SDK 和现成框架、类库，以及开发的系统将运行于其上的系统软件或中间件等。开发视图关注软件开发环境下实际模块的组织，反映了开发难度、软件管理、重用性和通用性及由工具集、编程语言所带来的限制和约束等。开发视图和逻辑视图之间可能存在一定的映射关系，比如逻辑层一般会映射到多个程序包等。在 UML 中，开发视图的表示方法是：Booch 标记法，UML(包图)。图 3-5 是一个应用系统的 UML 包图示例。

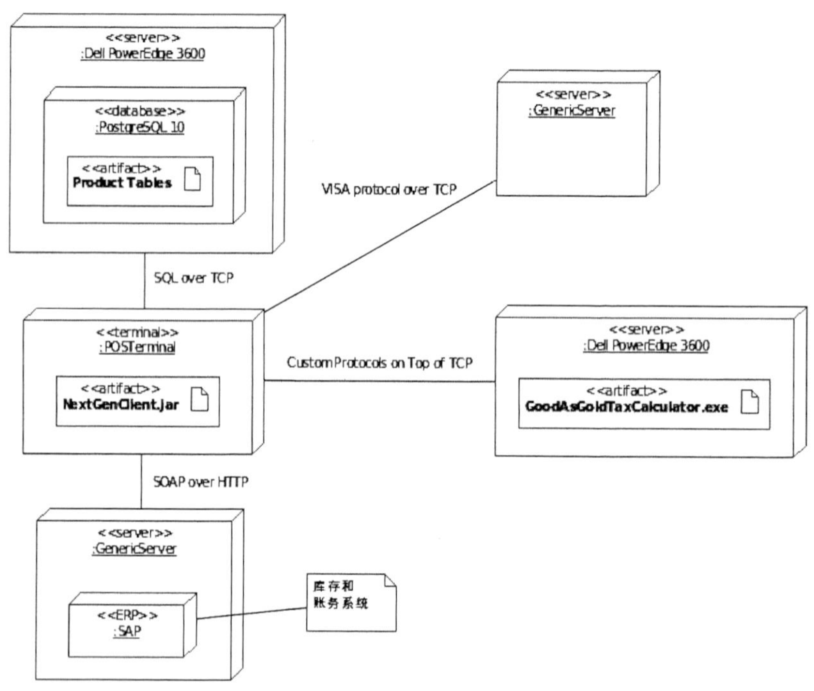

图 3-5　开发架构视图示例(包图)

3. 进程视图

进程视图(Process View)也就是 3.1.1 节中的运行视图。进程视图的关注点是运行中的进程、线程、对象等概念，以及相关的并发、同步、通信等问题。进程视图和开发视图的关系是：开发视图一般偏重程序包在编译时期的静态依赖关系，而这些程序运行起来之后会表现为对象、线程、进程以及它们之间的调用关系，进程视图比较关注的正是这些运行时单元的交互问题。进程架构可以在多层次的抽象上进行描述，每个层次针对不同的问题。在最高的层次上，进程架构可以视为一组独立执行的通信程序的逻辑网络，它们分布在整个一组硬件资源上，这些资源通过 LAN 或者 WAN 连接起来。多个逻辑网络可能同时并存，共享相同的物理资源。在最低层次上，软件被划分为一系列单独的任务。任务是独立的控制线程，可以在处理节点上单独地被调度。UML 的进程视图表示法是：Booch 标记法，UML(活动图、交互图、状态图)。图 3-6 是一个应用系统的 UML 活动图示例。

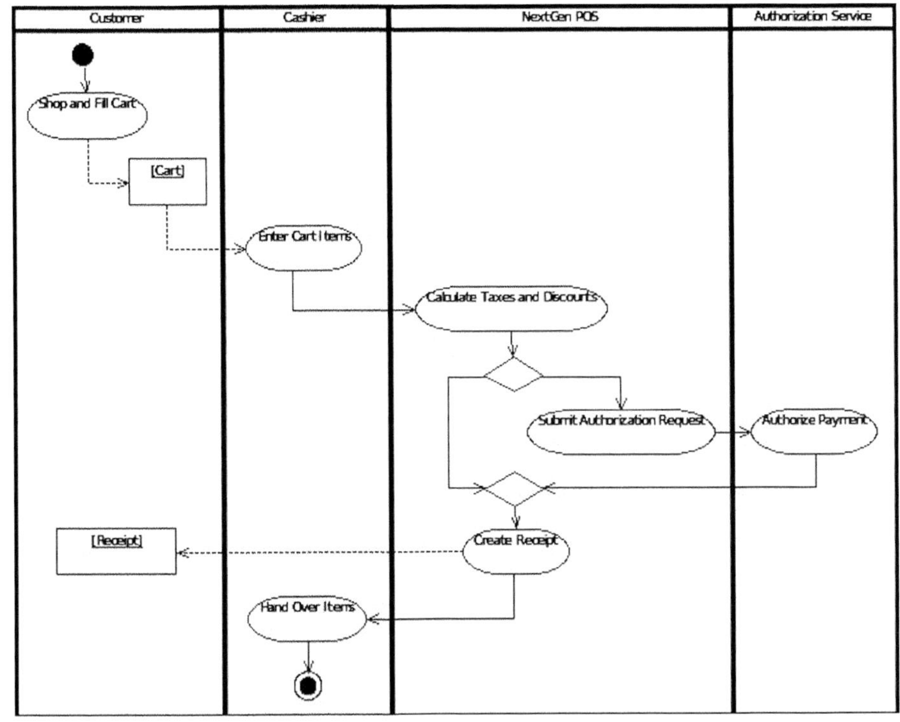

图 3-6　进程架构视图示例(UML 活动图)

4. 物理视图

物理视图(Physical View)关注的是：目标程序及其依赖的运行库和系统软件最终如何安装或部署到物理机器，以及如何部署机器和网络来配合软件系统的可靠性、可伸缩性等要求。物理视图和进程视图的关系：进程视图特别关注目标程序的动态执行情况，而物理视图重视目标程序的静态位置问题；物理视图是综合考虑软件系统和整个 IT 系统相互影响的架构视图。UML 物理视图表示方法是：UML(部署图)。分别用于开发和测试、部署的物理配置。图 3-7 是一个应用系统的 UML 部署图示例。

实际上，图 3-7 就是图 3-5。包图(图 3-5)反映的是代码组织结构，而部署图(图 3-7)反映的是代码(包)在物理设备上的分布。因此，二者有重叠的部分(图 3-5 与图 3-7 则完全一致)也是可以理解的。

5. 场景视图

场景视图(Scenarios View)作为需求的描述，在某种意义上，是最重要的需求抽象。该视图是其他视图的冗余(因此称为"+1")。场景视图有两个作用：作为一项驱动因素来发现架构设计过程中的架构元素；作为架构设计结束后的一项验证和说明。UML 的场景视图表示方法是：用例文本，UML(用例图)。用例图是大家最熟悉的 UML 视图，这里就不需要再展示了。

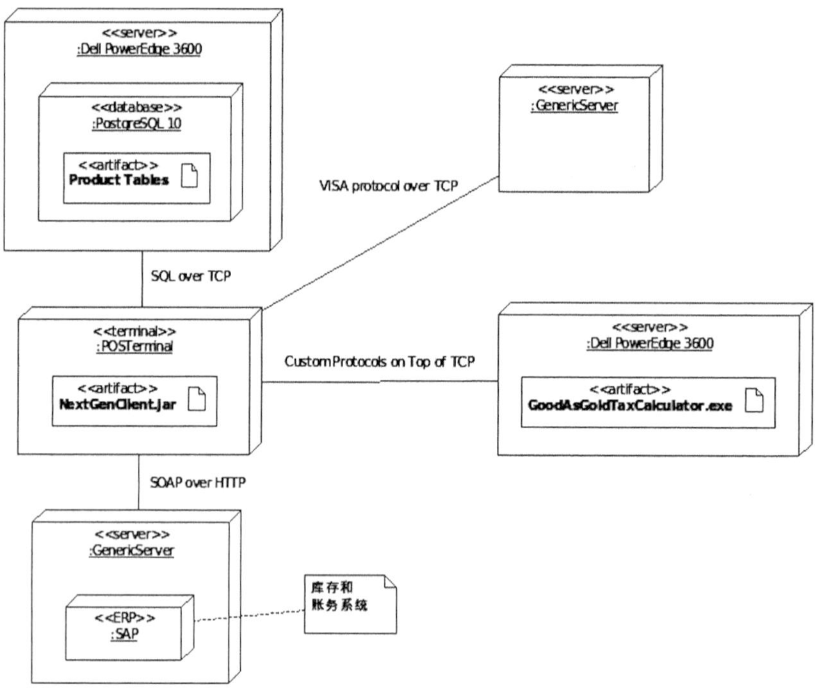

图 3-7　物理架构视图示例(UML 部署图)

3.2　绘制软件架构视图

3.2.1　用 Visio 2007 绘制架构视图

微软的 Visio 是用于绘制 UML 图的一个简单工具，也是比较常用的架构视图绘制工具。这里先以绘制类图为例。

1. 准备创建类图

双击桌面的 Visio 2007 图标打开软件。单击左边的“软件和数据库”，会出现一些选项，双击“UML 模型图”，出现如图 3-8 所示的界面。

单击“UML 静态结构”，出现如图 3-9 所示的界面。

先为要建立的静态模型取一个名字，接下来就可以开始画 C++ 类图了。

2. 为 C++ 类图添加类

展开左边的 UML 静态结构，出现如图 3-10 所示的 UML 静态结构绘图元素。

把光标放在“类”上，并按住鼠标左键，把“类”拖到右边绘图的方格区域时，释放鼠标左键，就在绘图纸上创建了一个“类”元素。按住 Ctrl 键，向前或向后滚动鼠标中间的滚轮，整个画图区域就被放大或缩小了。

3. 定义类名

首先双击“类”，出现如图 3-11 所示的界面。

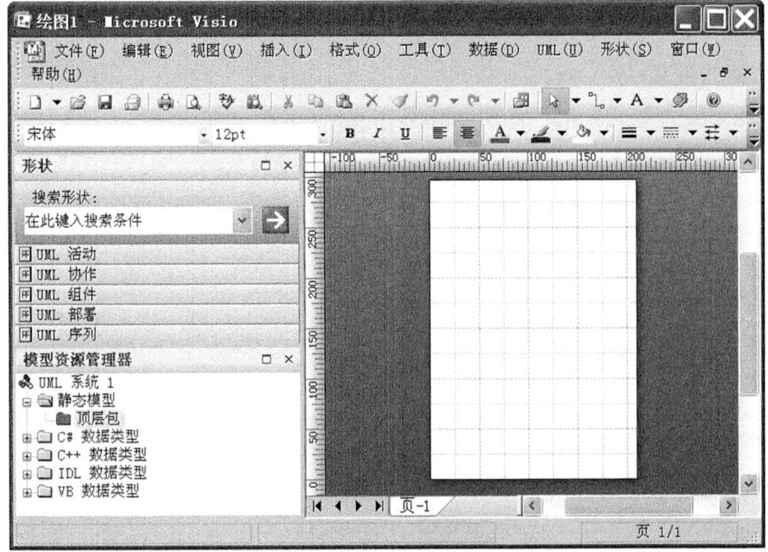

图 3-8　用 Visio 绘制类图

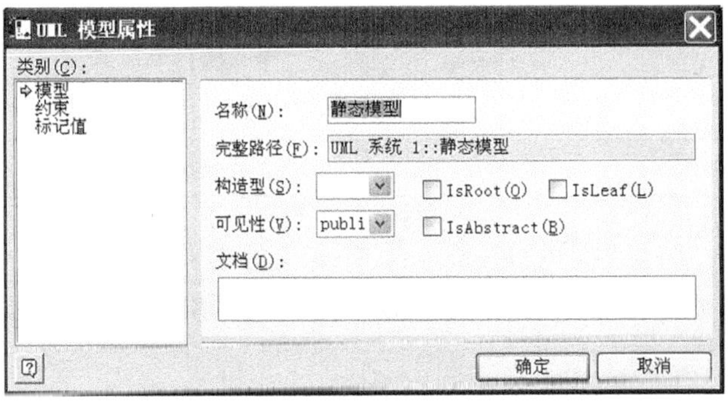

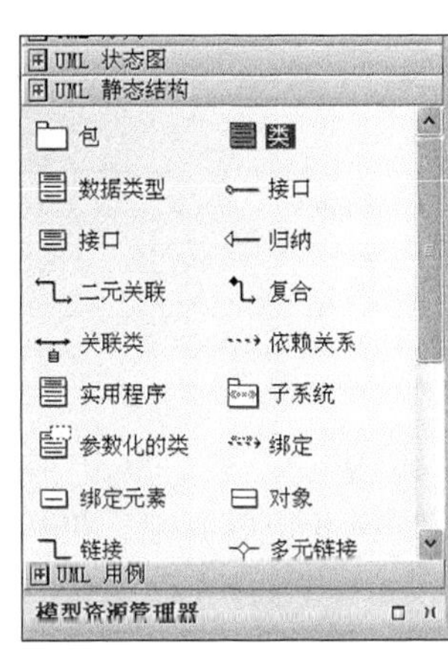

图 3-9　定义模型属性

图 3-10　静态结构绘图元素

图 3-11　填写类属性

输入创建的类名为“SportsMan”,单击“确定”按钮。

4. 定义类的变量

下面以表 3-1 为例,开始定义 SportsMan 类的变量属性。

表 3-1 SportsMan 类变量说明

变量名	访问权限	类型	说明
name	Public	char	运动员姓名形参
collage	Public	char	运动员学校形参
stuNum	Public	char	运动员学号形参
sex	Public	char	运动员性别形参
project	Public	char	参赛项目形参
placing	Public	int	获得名次形参
m_name	Protected	char	运动员姓名成员变量
m_collage	Protected	char	运动员学校成员变量
m_stuNum	Protected	char	运动员学员成员变量
m_sex	Protected	char	运动员性别成员变量
m_project	Protected	char	参赛项目成员变量
m_placing	Protected	int	获得名次成员变量
m_achievement	Protected	int	成员变量

双击“类”,然后单击“特性”,在“特性”栏里填写 SportsMan 类的第一个变量名 name(特性)及相应的属性。包括类型(类型)、访问权限(可见性)等。单击“确定”按钮出现如图 3-12 所示的界面。

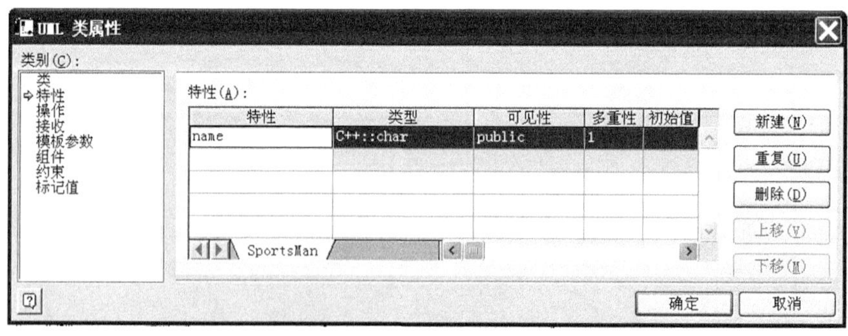

图 3-12 填写类变量

同样,在类图上依次填写完表 3-1 中的所有变量。

5. 定义类的函数

以表 3-2 为例,开始填写“函数”。

表 3-2　SportMan 类函数说明

函数名	访问权限	类型	说明
SportsMan()	Public		构造函数
Play()	Public	void	成员函数
* GetstuNum()	Public	char	成员函数
* Getsex()	Public	char	成员函数
* Getcollage()	Public	char	成员函数
* Getname()	Public	char	成员函数
* GetProject()	Public	char	成员函数
Getachievement()	Public	int	成员函数
Putachievement(int m)	Public	void	成员函数
Getplacing()	Public	int	成员函数

首先双击“类”，然后单击“操作”。在如图 3-13 所示的对话框中，输入函数名(操作)、类型(返回类型)、访问权限(可见性)等。

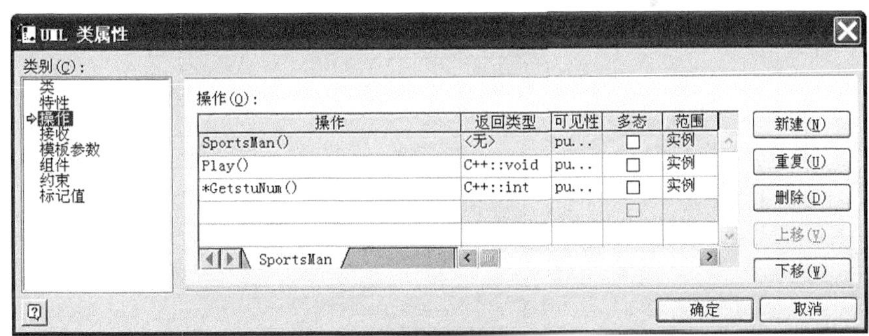

图 3-13　填写类函数

单击“确定”按钮。最后，得到如图 3-14 所示的结果。

在类图上，根据 UML 规则，+代表公有(Public)属性，−代表私有(Private)属性，#代表受保护的(Protected)属性。

6. 定义多个类之间的关系

如果有多个类，可以根据上面的步骤画出相应的类。然后根据类之间的关系，画出相应的关联关系。假定 SportPro 是抽象运动项目的基类，其他类都继承了 SportPro 类，如表 3-3 所示。

SportPro 基类定义了比赛时间函数(见表 3-4)，则所有派生的类都继承了该函数。

定义完成的类关系如图 3-15 所示，其他派生类都继承了基类 SportPro。

在这里，花费相当的篇幅，不厌其烦地介绍 Visio 绘制类图的过程，感觉与系统架构并没有什么太大的关系。其实，从接下来的介绍就可以看到，Visio 只是一个画图工具。随着工具的专业化，类图反映架构的特色越来越明显，关键是能够看得出来。

```
SportsMan
+name : char
+collage : char
+stuNum : char
+sex : char
+project : char
+placing : int
#m name : char
#m_collage : char
#m_stuNum : char
#m sex : char
#m_project : char
#m_placing : int
#m achievement : int
+SportsMan()()
+Play()() : void
+*GetstuNum()() : char
+*Getsex()() : char
+*Getcollage()() : char
+*Getname()() : char
+*Getproject()() : char
+Getachievement()() : int
+Putachievement(int m)() : void
+Getplacing()() : int
```

图 3-14　填写类变量与类函数

表 3-3　定义基类和派生类

类名	类型	说明
SportPro	基类	抽象运动项目类
Run	派生类	跑步类
Hjump	派生类	跳高类
Ljump	派生类	跳远类
Shot	派生类	铅球类
Discus	派生类	铁饼类
Javelin	派生类	标枪类

表 3-4　基类 SportPro 的类函数

函数名	访问权限	类型	说明
MarchTime()	Public	Virtual void	比赛时间

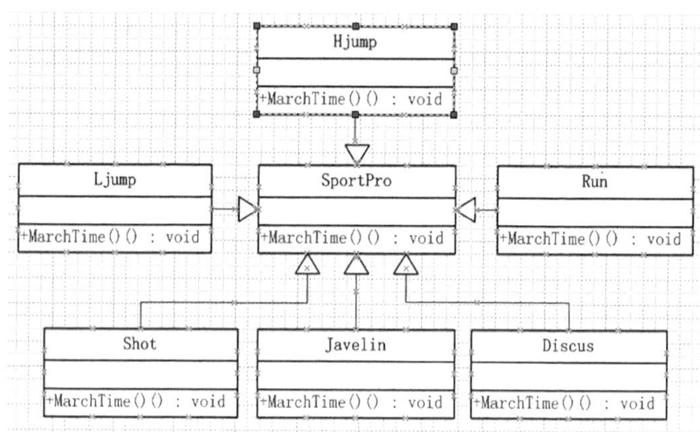

图 3-15　基类 SportPro 及其派生类

3.2.2　用 Rational Rose 2003 绘制架构视图

用 Rose 画类图与用 Visio 相比，在画法上非常类似，操作起来也非常简单。但是，如果考虑架构的整体性，问题就复杂了，下面将会讨论这个问题。

1. 用 Rose 2003 创建新的类图

在 Rose 2003 中创建新的类图的方法和步骤如下。

(1) 在 Rose 2003 打来的左窗口中，右击 Logical View。

(2) 选择快捷菜单中的 New|Class diagram 命令。

(3) 输入新类图的名字：NewDiagram。

至此，Rose 2003 创建了一张空白的类图，结果如图 3-16 所示。

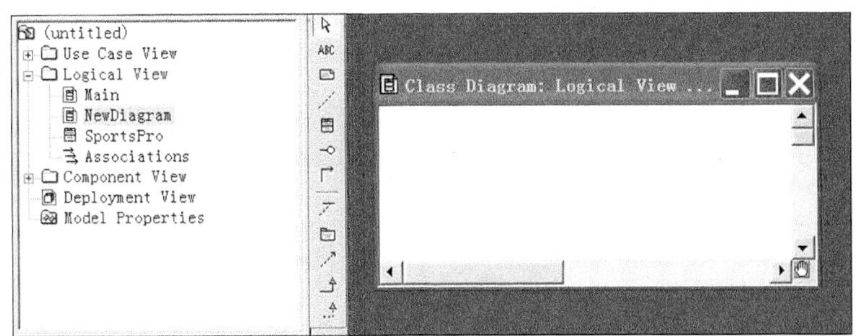

图 3-16　Rose 2003 创建了一张空白的类图

2. 在空白类图上创建新的类

使用工具箱(由于窗口是浮动的,因此,工具箱的位置不是确定的。如果工具箱不在 Rose 2003 打开的窗口里,可以在菜单 View 中选择 Toolbars 后,选中 Toolbox,则此时工具箱就会出现在窗口里了),单击选择类图标,然后,在空白的类图上,就会出现一个"十字"星号。定位要放置类的位置,并单击左键,就创建了一个新类,默认的类名是 NewClass。

3. 为新类设置属性

双击这个新类(或右击模型图中的类,并选择 Open Specification 命令),出现 Class Specification for NewClass 对话框,如图 3-17 所示。

在 General|Name 处,输入类名。例如"SportsMan"(这里继续用前面的例子),单击 OK 按钮,关闭对话框。General 的其他有关属性不再一一介绍,请参阅有关资料。

4. 为新类输入类的变量和函数及其属性

右击类图中已命名为"SportsMan"的类,在弹出的菜单中,选择 New Attribute 命令,将 SportsMan 的所有变量(见表 3-1)输入进去。双击 SportsMan 的类,在如图 3-17 所示的对话框中,选择 Attributes 选项卡,为每个变量输入类型和访问权限。

同样,右击类图中已命名为"SportsMan"的类,在弹出的菜单中,选择 New Operation 命令,将 SportsMan 的所有函数(见表 3-2)输入进去。双击 SportsMan 的类,在如图 3-17 所示的对话框中,选择 Operations 选项卡,为每个函数设置类型和访问权限。

得到如图 3-18 所示的类图。

建立类与类之间的关系更加简单,只要在类图上,用画图工具,把表示类关系的带箭头的线条,在两个类之间连接起来即可。上述操作与 Visio 几乎差别不大。

3.2.3　用 VS 2010 绘制架构视图

1. 为 VS 2010 安装建模扩展工具包

首先,需要安装 VS 2010 Ultimate,然后,下载 Visual Studio 2010 的可视化和建模工具包。

Visual Studio 2010 的可视化和建模工具包下载完成后是两个. vsix 拓展文件, 一个

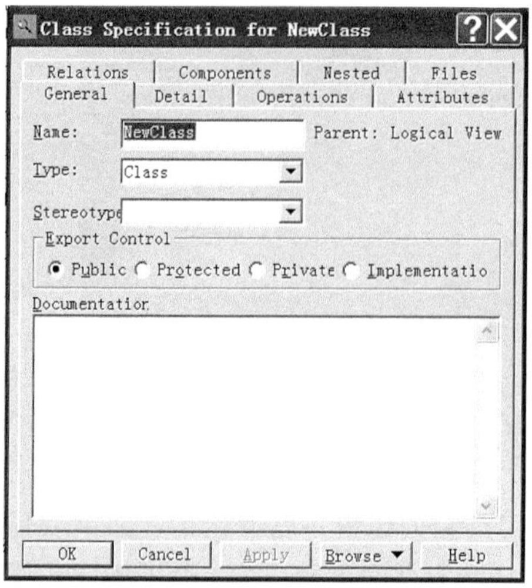

图 3-17　输入新类的属性

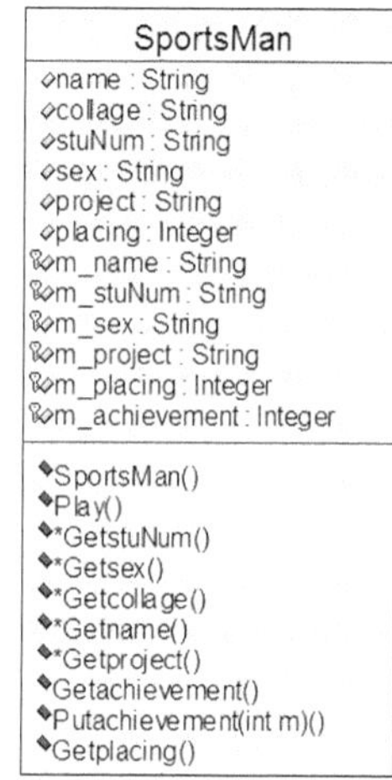

图 3-18　得到新的类图

是建模工具包 en_visual_studio_2010_visualization_modeling_feature_pack_x86_x64_535571.vsix，另一个是运行包 Visualization_and_Modeling_Feature_Pack_Runtime.vsix。只需要双击建模工具包，直接单击“安装”按钮即可(运行包也自动被安装)。安装完成后开启 VS 2010，单击“工具”|“扩展管理器”可以看到如图 3-19 所示的对话框，看到已安装完成建模包和运行包，且是已“启用”的。

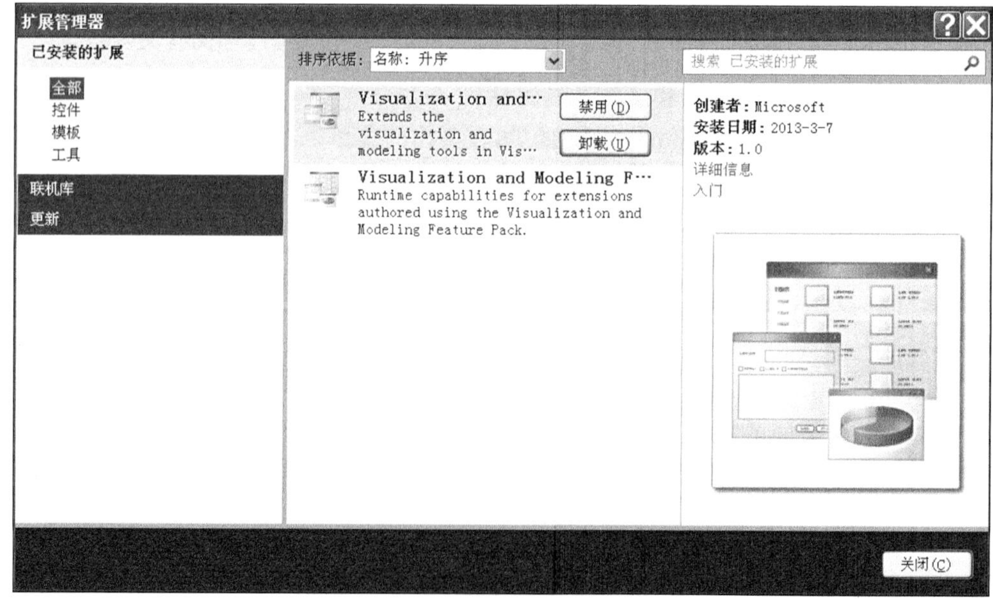

图 3-19　安装 VS 2010 建模扩展包

或者单击“新建”|“项目”命令，在弹出的对话框中，“建模项目”下会出现如图 3-20 所示的项目。

图 3-20 新建建模项目

可以看到，在 VS 2010 建模扩展库中已经包括：

(1) Layer Designer Command Extension——向层关系图添加命令和特定动作；

(2) Layer Designer Gesture Extension——在图层图表中加入命令和轨迹；

(3) Layer Designer Validation Extension——向层关系图添加自定义体系结构验证。

从库中可以看到，添加的建模工具，只支持 C# 程序建模。要支持 C++ 程序，还需要添加另外的插件或其他第三方插件。

2. 创建建模项目

选中“建模项目”模板，设置名称为“ModelingProject1”并设置存储路径，单击“确定”按钮。这样就创建了一个建模项目，在 VS 2010 中的解决方案资源管理器中，会看到如图 3-21 所示的结果。

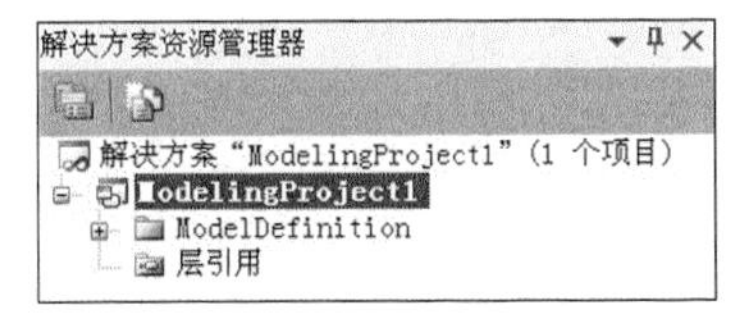

图 3-21 新建建模项目 ModelingProject1

3. 创建空白类图

选中 ModelingProject1 建模项目，然后单击 IDE 菜单栏中的“体系结构”菜单项，选择“新建关系图”命令。弹出“添加新关系图”对话框，目前共有如图 3-22 所示几种关系图类别。

以 UML 类图为例，来建立 ModelingProject1 程序的 UML 图。设置名称及添加到建模项目后单击“确定”按钮，会自动在 IDE 中生成类关系图。这是一张空白的类图，如图 3-23 所示。

4. 创建一个新的类 SportsMan

单击 IDE 左侧的“工具箱”，在工具箱中会出现在 Visio 或 Rose 2007 中常用的图形，

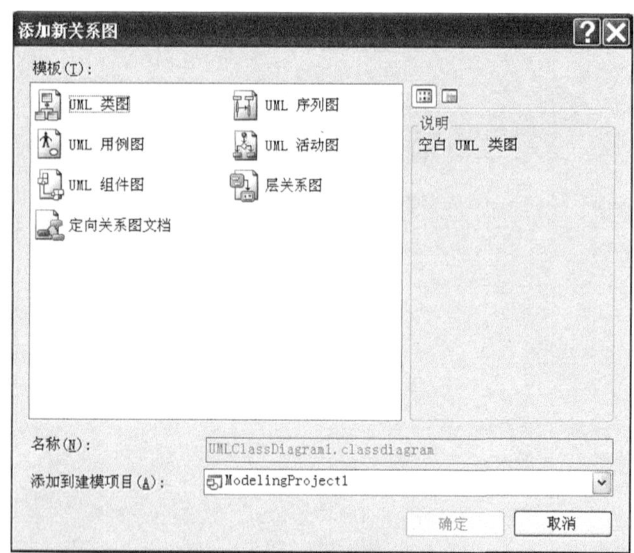

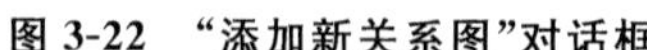
图 3-22 “添加新关系图”对话框

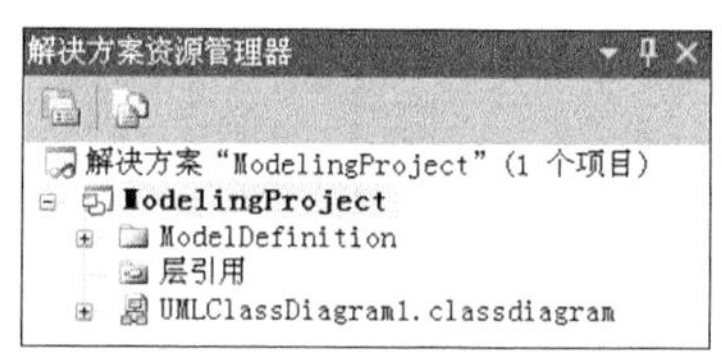

图 3-23 创建一张空白的类图

如类、指针、继承等。还是用 SportsMan 的例子。向画布中拖曳一个类，命名为 SportsMan。在 SportsMan 类上，单击右键，在弹出的类属性窗口中，为类设置属性。这里只要看一下“通用”属性中的访问权限(Visibility)是否为 Public 即可。

5. **添加类的变量和函数并设置属性**

在 SportsMan 类的“特性”栏上单击右键，选择“添加”命令，为 SportsMan 类添加变量。按表 3-1 给定的参数，逐个添加变量名，并在右侧属性窗口的“通用”栏中，修改相应的类型(Type)和访问权限(Visibility)。在类的“操作”栏单击右键，选择“添加”命令，为类添加函数。按表 3-2 的参数，逐个输入函数名，并在右侧的属性窗口中，修改返回类型(Return Type)和访问权限(Visibility)，并为 Putachievement 函数设定初始参数(Parameters)。结果(部分)如图 3-24 所示。

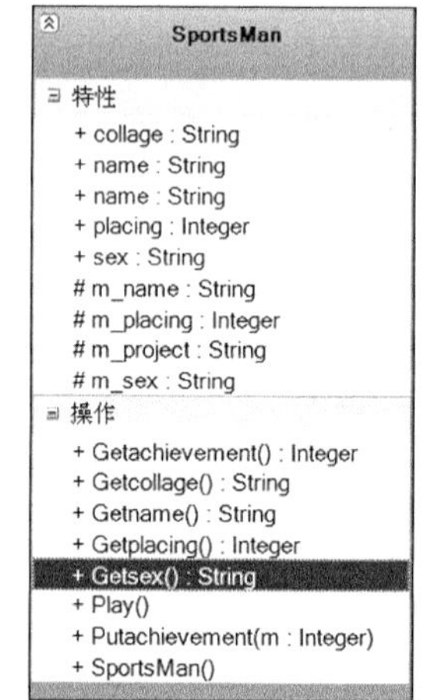

图 3-24 添加了变量和函数

至此，只有一个类的类图就创建成功了。有关绘制多个类及其类关系的方法也非常简单，不再赘述。

3.2.4 架构师的思考

在了解了架构描述和架构图绘制方法之后，可能自然会提出这样的质疑：架构设计就是这样从一张白纸(以上三个工具，都是从一张空白架构图)开始的吗？仅仅从需求的 OMT 模型，分别画出类图、行为图和功能图等，就完成了架构设计了吗？很多老师(更多的教科书)确实就是这样教的。

本书作者在这些年参加“教改”的过程中，了解到不少学校“软件工程”大类课程的教学内容和学生的作业，包括考试内容等，发现软件架构教学，存在如下所述这样的教法。

一种是：将架构描述（当然包括架构分析和设计）极端地简单化，学生不论用哪种工具，只要画出类图（如 3.2.3 节），就完成了架构的分析和设计。其所绘类图，是否反映需求并与需求一致、是否可指导并规范编码实现，甚至是否可用，完全不管。其结果是：教出来的学生，到了企业以后，当然还是把架构图成为事后“补写”的文档，架构设计成为“为设计而设计的”的累赘。这或许正是本书 1.1.5 节所分析的、软件企业对架构设计存在三个问题中的第三个问题的部分来源。

另一种是：自己对“体系结构”并不完全理解，更没有实际经验，只能照本宣科，教师仅仅是教材的“传声筒”（俗称“喇叭”）。有些老师居然荒唐地把几乎所有类型的应用，都硬性地“套”到“三层结构”上来。有关架构风格、形式化语言等，不是这些东西不重要，或者没有作用。但是，对于那些完全没有大型软件系统设计体验（甚至几千行编码经历都没有）的学生，也包括老师自己，如何理解架构风格以及它们之间的差异？如何在实用中，进行选择和扬弃？这无异于与乞丐讨论如何品尝和区分川、苏、鲁、粤 4 大菜系不同的美食风格。按这样的方法教，考试的时候，只能是要学生背背定义，考些名词解释。考完以后马上就忘记了（所以才有非计算机类的考研学生考得比计算机专业学生都好的怪现象）。

如果不是这样，应该怎样？回顾一下第 2 章有关软件架构作用的内容：架构如何发挥承载需求、指导并约束开发的作用，架构如何为迭代、过程管理提供支撑？只有上述几张类图，哪怕类变量、类函数描述得再细，也是不够的吧？

所以，与其他教科书不同，作者在架构描述这一章，将重点放在介绍架构的逆向分析上。在真正开始讨论架构的设计之前，还是先看看别人的架构。对学生来说，模仿是最好的学习方法。

3.3 使用 Rational Rose 逆向分析工具分析架构

学习架构的简便方法，就是先看人家的架构。从应用系统的代码中，分析出软件架构的工作，称为逆向工程（Reverse Engineer）。借助逆向工程分析工具，可以得到与应用系统代码对应的类图、构件图和数据模型图。有了这些视图，就可以大致了解目标系统的架构。

逆向工程的工具很多，针对不同的目标系统，也各有特色。本节先介绍使用较多、较早的 Rational Rose 逆向分析工具的使用方法，3.4 节再介绍其他工具。

3.3.1 Rational Rose 逆向分析工具概述

Rational Rose 所支持的逆向工程功能很强大，可分析的目标系统编程语言有：C++，VB，VC，Java，CORBA，以及数据库 DDL 脚本等，并且可以直接连接 DB2、SQL Server、Oracle 和 Sybase 等数据库，导入 Schema 并生成数据模型。如果目标系统是 C++ 或 VC++ 6.0 开发的，Rational Rose 是最合适的逆向分析工具。

很多大型的 C++ 开发的产品都涉及数据库的使用，对这种大型系统的开发，尤其是做二次开发的情况下，主要的难点就是对源码和数据库结构的分析。而利用 Rose 的逆向工程这一功能，就可以完成代码、类图以及数据库 Schema 向数据模型图的转换，解决这两大难点，可以使开发和设计人员在对这种大型系统的升级、分析和开发中，更为方便、快捷、有条理地掌握系统结构，不用再为分析庞大的系统结构而头疼。

Rational Rose 可以支持标准 C++ 和 Visual C++ 的模型到代码的转换以及逆向工程。下面将详细地说明这两种 C++ 项目的逆向工程的步骤和具体操作。

3.3.2 对 C++ 项目进行架构逆向分析

1. 对标准 C++ 项目进行逆向分析

使用标准 C++ 逆向工程，需要在构件图(Component View)中创建一个构件(Component)，设置好需要进行转换的构件的信息，也就是该构件的语言、所包含的文件、文件所在的路径、文件后缀等信息，然后就可以根据给定的信息，将代码转换成类图了。

(1) 右击构件视图(Component View)，选择 New|Component 命令，创建一个新的构件，如图 3-25 所示。

(2) 将 Component 的 Language 属性设定为 ANSI C++ 。

① 选中创建的 Component，单击右键，选中 Open Specification 命令，如图 3-26 所示。

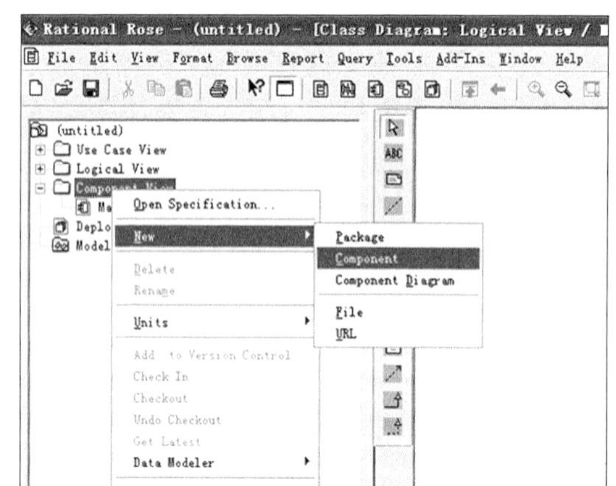

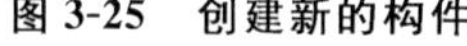
图 3-25 创建新的构件

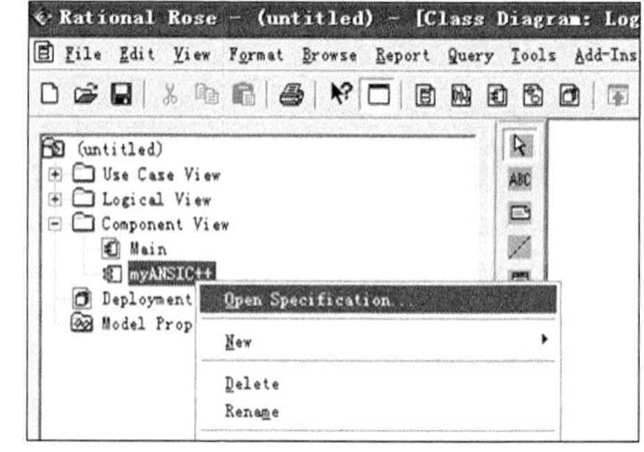

图 3-26 选择 Open Specification 命令

② 在这个对话框中将该 Component 的 Language 设定为 ANSI C++，如图 3-27 所示。

(3) 配置该 ANSI C++ Component，设置好该 Component 中包含的 C++ 代码文件，并进行 C++ 语言的详细设置。

① 选中该 Component，单击右键，选择 ANSI C++ | Open ANSI C++ Specification 命令，如图 3-28 所示。

② 把 Source file root directory 设定为 C++ 源码文件所在的路径，并且将需要转换的文件添加到 Project Files 中，视需要来做其他设定，比如：头文件扩展名等，如图 3-29 所示。

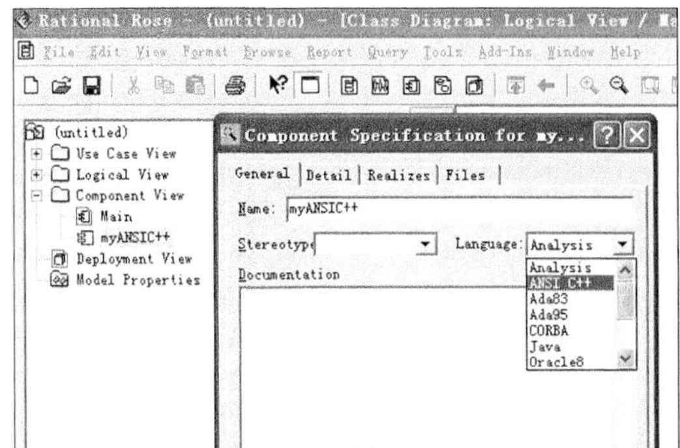

图 3-27 选择 ANSI C++

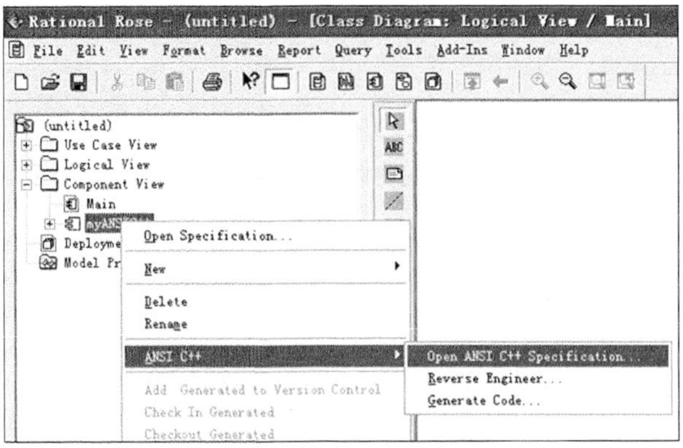

图 3-28 选择 Open ANSI C++ Specification 命令

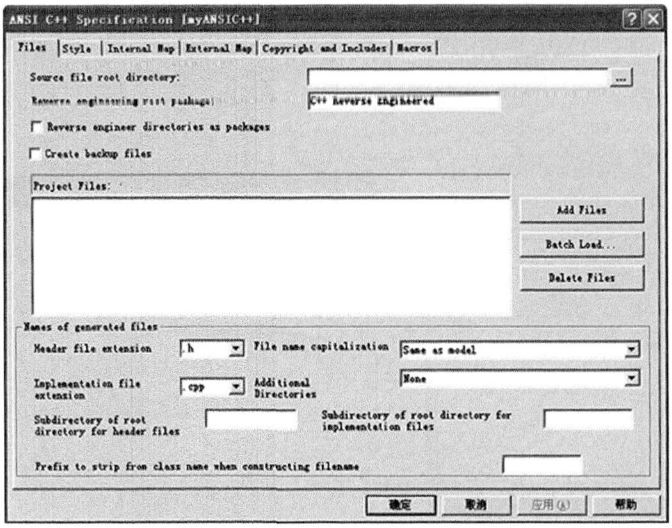

图 3-29 设定 C++ 源码文件所在的路径

(4) 将设置好的 Component 转换成模型图。

① 选中设置好的 Component,单击右键,选中 ANSI C++ | Reverse Engineer 命令,如图 3-30 所示。

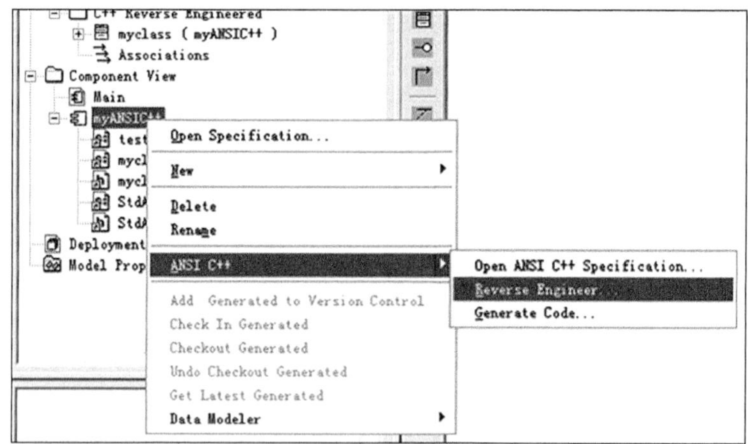

图 3-30 选择 Reverse Engineer 命令

② 选中需要转换的 class,单击 OK 按钮,一个 component 的逆向转换就完成了。

2. 对 VC++ 项目进行逆向分析

Visual C++ 在使用这个功能的时候,要求用户的机器上同时安装 Visual Studio。Visual C++ 的逆向工程也需要首先创建一个 component,并将该 component 的 Language 属性设置为 VC++ 。Rational Rose 对 VC++ 模型的转换是通过读取 VC++ Project File 的信息来实现的,用户只需要将对应的 Project Files 信息指定给 component 就可以了。

(1) 将 VC++ Project 的信息赋给刚刚创建好的 component。

① 选择该 component,单击右键,选择 Assign To Project 命令,如图 3-31 所示。

② 在对话框中找到刚刚创建的 component,右击并选择 Properties 命令,如图 3-32 所示。

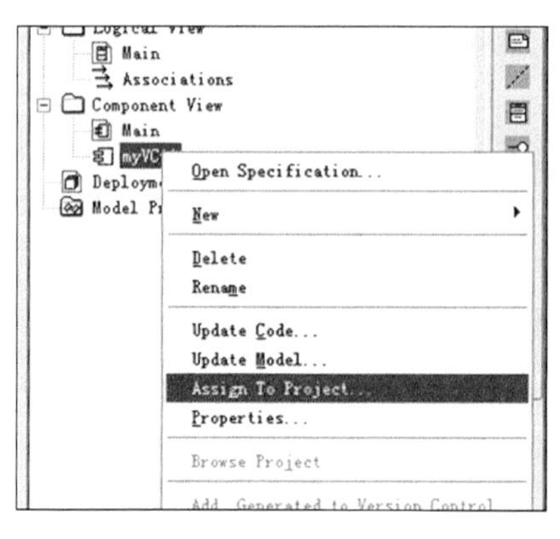

图 3-31 选择 Assign To Project 命令

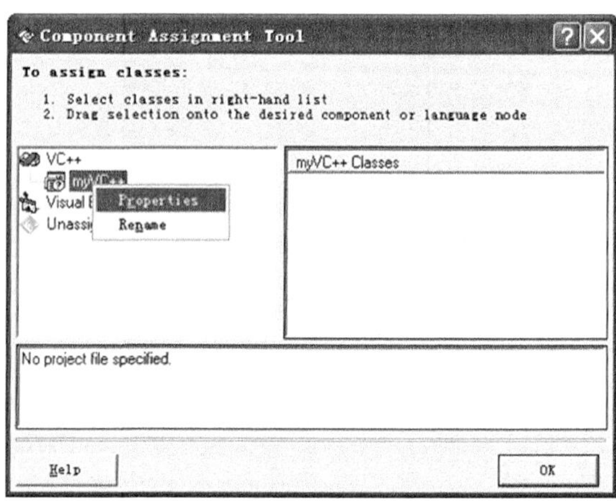

图 3-32 选择 Properties 命令

③ 在如图 3-33 所示的对话框中选中需要进行转换的 Project，单击 OK 按钮，该 Component 就与需要转换的 Project 关联上了。

(2) 将设置好的 Component 转换成模型图。

选中设置好的 Component，单击右键，选择 Update Model…命令，如图 3-34 所示。

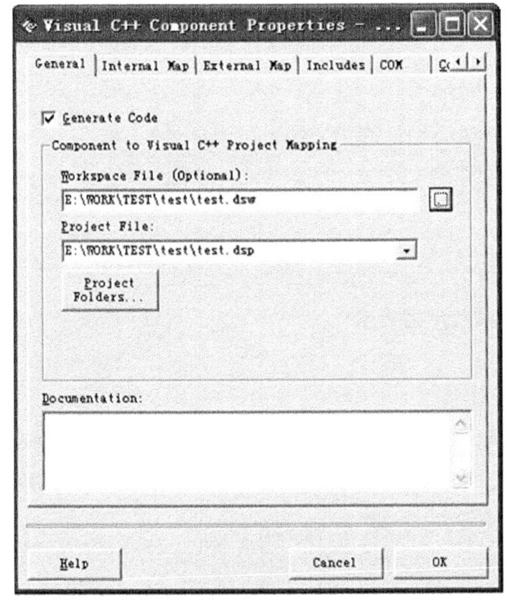

图 3-33　选中需要进行转换的 Project

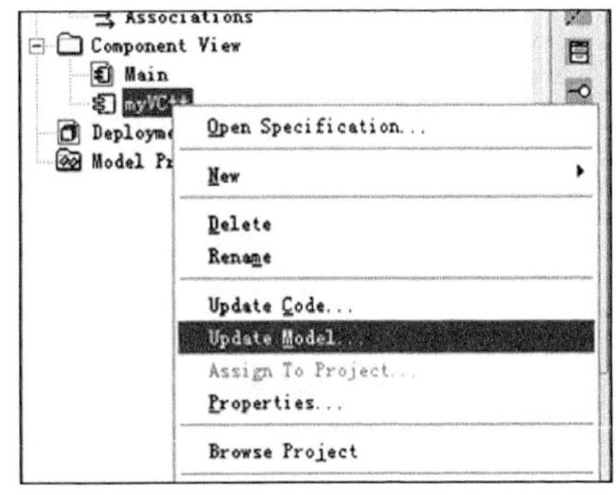

图 3-34　选择 Update Model 命令

将会弹出确认对话框，选中需要转换的 class，单击 Finish 按钮就可以了，如图 3-35 所示。

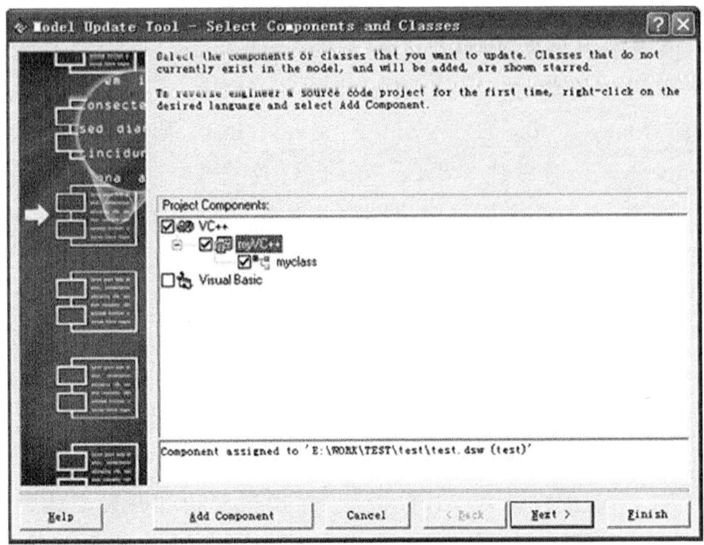

图 3-35　转换代码到 UML 类图

3.3.3 "欢迎"程序架构的逆向分析

继续使用 1.4 节的例子。

1. 逆向得到"欢迎"程序的类图

用 Rational Rose 2003 逆向分析工具，按照 3.3.2 节介绍的方法，逆向得到"欢迎"程序的类图，如图 3-36 所示。

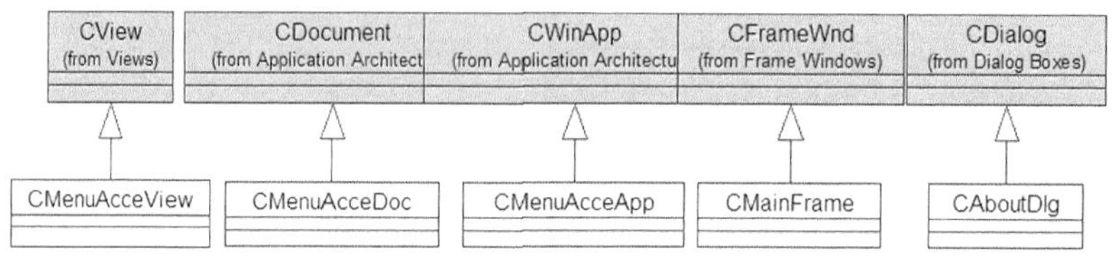

图 3-36 "欢迎"程序的类图

2. 查看逻辑视图与开发视图的对应关系

再看另一张图(见图 3-37)。这是 VC++ 6.0 IDE 打开"欢迎"程序工作区后，最左面的窗口，分别是类视图、资源视图和文件视图。图 3-37 展开的是"欢迎"程序的文件视图，实际上，它就是 3.1 节介绍的 5 个架构视角的第一个视角——开发架构。对比一下图 3-36 的类图与图 3-37 的文件视图，可以发现："欢迎"程序的每一个类(严格地说是"欢迎"程序继承自 MFC 的派生类)，都有一个独立的 CPP 文件。

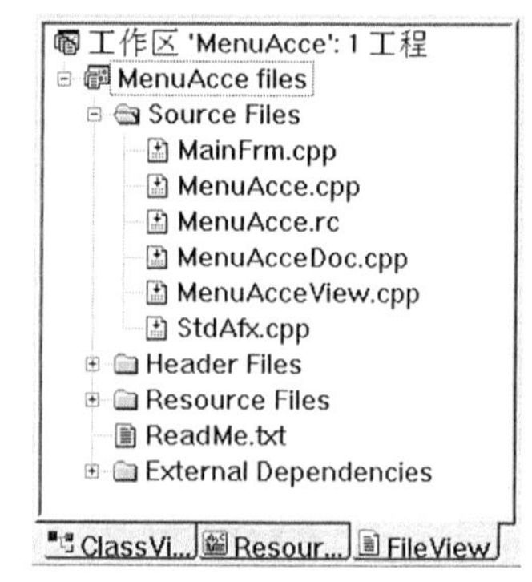

图 3-37 VC++ 6.0"欢迎"程序的文件结构

而 StdAft. cpp 文件是用于 IDE 在编译的时候，简化编译过程而用的，是每个 VC++ 程序都有的一个程序。由于 MFC 体系结构非常大，包含许多头文件，如果每次都编译这些文件比较费时。因此，要把常用的 MFC 头文件都放在 stdafx. h 中，如 afxwin. h、afxext. h、afxdisp. h、afxcmn. h 等，然后让 stdafx. cpp 包含这个 stdafx. h 文件。这样，由于编译器可以识别哪些文件已经编译过，所以 stdafx. cpp 就只编译一次，并生成所谓的预编译头文件。所以，StdAft. cpp 文件可以不用管它。

搞清程序的逻辑架构(类架构)和开发架构(文件结构)的对应关系非常重要，因为这是查看一个系统架构的最初的"入口"。逻辑架构有可能是抽象的，是从设计角度考虑的。但如果逻辑架构不与实际系统对应(在这里，首先是逻辑对应到程序实体)，则这样的系统逻辑首先是可视性不好，不易于维护。逆向工程是从代码反向产生类图，因此，不存在逻辑"落空"的问题(有相反的问题——逻辑架构设计得不好)。

在这个例子中，系统的设计者(MFC 框架)在逻辑架构和开发架构之间，建立了很好的对应关系，实际上，在编码实现的时候，做此严格的文件划分，有利于将逻辑上的任务和责任划分，与代码模块(文件)对应起来。当进行调试和系统维护的时候，这样的区分可以给调试和维护者带来好处：可以很容易地划分问题区间，可以很快地进行问题定位和分割，可以做最少的修改和测试，可以很方便地进行扩展和迭代。这就是逻辑架构清晰给软件开发过程带来的好处。

当然，在下面的分析中就会看到，作为架构师，在架构分析和设计阶段，仅了解“程序”、“类”这一“粗颗粒”层次的架构“构件”元素，是远远不够的。

3. 查看类之间的继承或协同关系

将得到的类图再展开，看一下各个类的细节部分，如图 3-38 所示。与图 3-36 不同的是，图 3-38 将程序继承自 CMainFrame 的两个子类 CToolBar 和 CStatusBar 也展示出来了，并详细列出了两个派生类的所有处理函数。

如果一个个地展开图 3-38 中的类，可以看到所有与“欢迎”程序界面的“工具”、“状态”等操作按钮所对应的处理函数。有些(在本例中的绝大部分)是 MFC 框架早已经安排好的“标准”处理函数，这里不一一详述。展开 CMainFrame，观察一下它的更详细的内部结构，如图 3-39 所示。这就是前面介绍的包含属性和方法的“类图”，只不过这里是从代码逆向得到的。

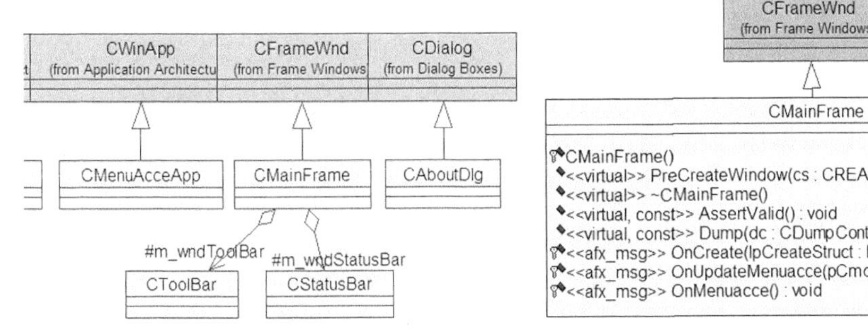

图 3-38 展开的类结构

图 3-39 更详细的类结构

3.3.4 架构师的思考

1. 简单的程序不简单的基础

“欢迎”程序是一个简单程序，编码工程师所做的工作，只是在 MFC 的框架下，通过添加“欢迎”按钮，并为新添加的按钮编写了一个处理函数 OnMenuAcce()，实现弹出消息框，显示“欢迎来到 VC++ 6.0 的世界!”。观察一下新加的处理函数 OnMenuAcce()，它也不是自创的一个新类，而是继承自 MFC 的某个基类，编码工程师的工作量很少。但是，这么少的工作蕴涵一个关键要素：大量的基础性的工作是 MFC 做的，我们只是在它的基础上，添加了一点点东西而已。所以说，程序很简单，基础不简单。编码工程师写出这一段新函数很简单，但要知道如何在 MFC 的基础上写这段函数(应该如何继承 MFC 已有的类)，需要熟悉和了解 MFC，这就不简单。

2. MFC 框架简单介绍

实际上，编码工程师是在如图 3-40 所示的层次框架树上，嫁接上自己的“枝”。图 3-40 是 MFC 的类层次图。

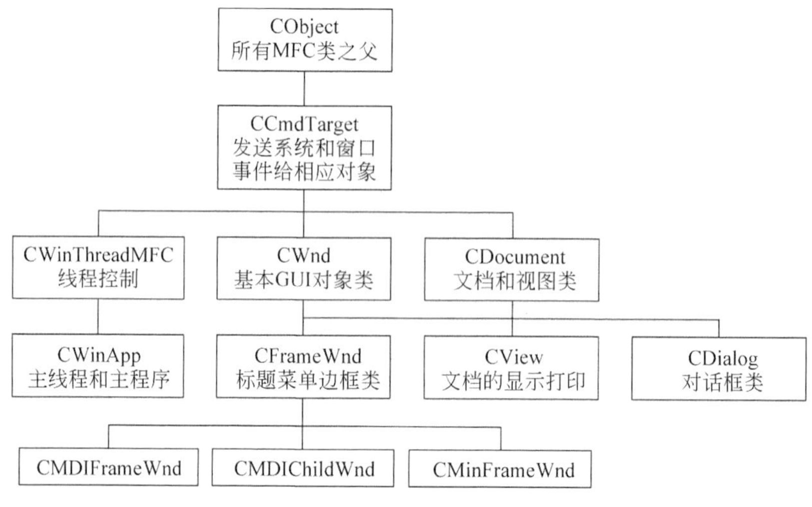

图 3-40 MFC 类的层次框架

在现在的应用系统中，用户图形界面(GUI)使用的非常普遍，而其中如下拉菜单、帮助屏幕、对象拖放以及文件打开、存储、打印，甚至查找、排序和简单的文本编辑等，是几乎所有系统都需要用到的，而且其基本用法已经延续了十几年，已经形成习惯(风格)。

微软把涉及文件、数据库操作、网络 I/O、图形、通用数据结构、用户界面对象等应用的功能构件组合在一起，构架了一个应用框架，这就是 MFC。在应用层，这些功能是最常用的，其应用特性是相似的。而在操作系统的服务层，对这些功能的实现是相同的。

所以，为了简化系统设计和重用，微软把它们封装在一起，提供了 MFC 的应用框架结构。

程序员只要理解这个结构，熟悉其中的类及方法的含义，就可以重用大量的类库程序，只需要添加或修改少量的代码，就可以快速地构建自己的应用系统，而不需要自己去编写复杂的、与底层(操作系统、外部设备、网络等)打交道的代码，这就是 MFC 所提供的开发框架。学习 C++ 编程的同学，如果没有用过 MFC，那是不可想象的。但是，把 MFC 作为一个框架结构来理解和认识，可能才刚刚开始。

那么，从系统架构的角度看到：MFC 是一个通用的对象框架，它包括以下内容。

(1) 用户界面类：针对图形窗口的通用对象类。

(2) 通用数据结构类：对链表等的查找、排序、插入、删除操作。

(3) 数据库接口类：对数据库表的操作等。

其中，CObject 类是所有对象的父类，它本身只封装了少量的功能，包括程序在运行时获得类的信息、追踪错误的诊断输出等。

CCmdTarget 是从 CObject 类派生出来的子类，它增加了一些允许对象对外部消息进行响应的功能(如键盘输入、单击移动鼠标等)。

CWnd 封装了用户显示设备的 Windows 行为，它的方法实现了通常所有针对 Windows 的功能，包括：窗口框架、窗口大小重定义、移动、最大/小化，应用程序还并不直接使用这个子类，而是使用它下面更具体定义的低层次的类，因为更方便。

更低层次的 CWnd 子类有对话框 CDialog，对话框再深入有按钮，按钮再深入有文件按钮、帮助按钮等。

3. 嫁接的实现

在这棵庞大的“树”上，编码工程师是如果实现嫁接的呢？实际上，在 VC++ 6.0 IDE 上创建“欢迎”按钮后，为了给“欢迎”按钮建立消息机制，并实现处理函数编码的时候，注意，曾使用了“类向导”。此时，选择继承 MFC 框架下的 CMainFrameWnd 类。这就是“嫁接”——自 MFC 的 CMainFrameWnd 类派生出自己的新类并为之实现相应的方法。

程序员要做的工作就是在这些已有的类之下，派生新类，创建具体的实例化对象，响应消息或事件，建立自己的应用系统。对于 MFC 已经定义的类，程序员的工作就是框架的实例化，既对现有类的组合、子类化和对象实例化。所以，很多事情不需要自己做了，继承就可以得到。这是 MFC 给编码工程师提供的方便。

获得上述好处的同时，程序员付出的代价是：首先需要充分了解和理解 MFC 的框架结构和各个类的作用。其次，因为框架是系统的模板，系统开发就是一个改写的过程，因此，基于既有框架的开发使得应用系统体系结构完全受既有框架的限制和约束，要超出这个框架的约束，几乎是不可能的。

4. Rose 2003 逆向分析中的 MFC

在 Rose 2003 逆向分析的时候，也可以看到 MFC 的影子。在打开 Rose 2003 的时候，会要求模型建立的目标语言平台，如选择 MFC 6.0 为目标框架。此时，Rose 2003 已经自动创建了一个基于 MFC 6.0 的包，而且自动将此窗口打开，如图 3-41 所示。

在 Logical View 中，可以看到已经自动生成的 MFC 6.0 基类，如图 3-42 所示。

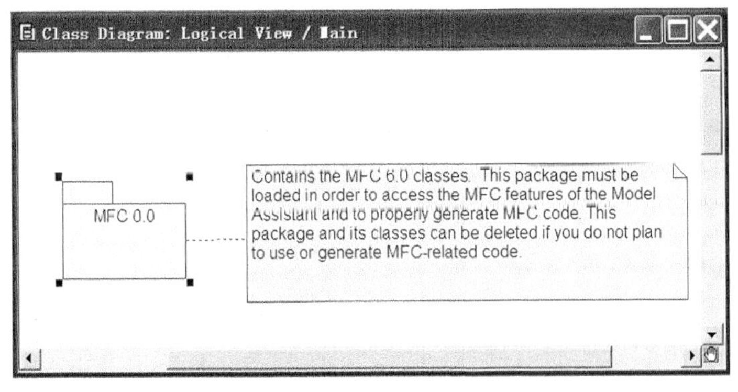

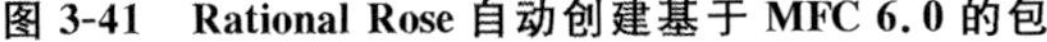
图 3-41 Rational Rose 自动创建基于 MFC 6.0 的包

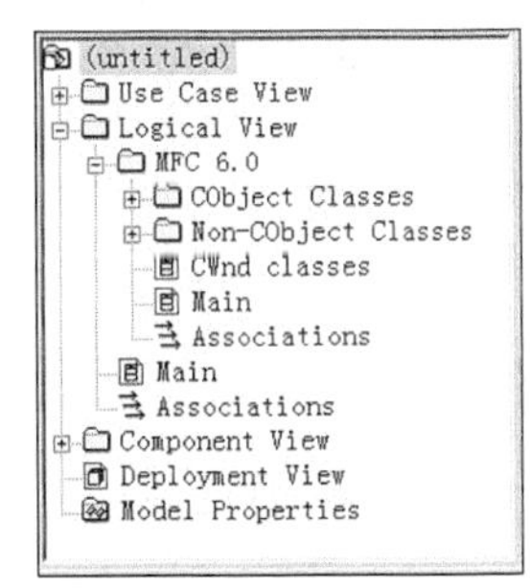

图 3-42 MFC6.0 基类

MFC 类已经包含 Windows 应用的几乎所有方面，除非是特殊的应用，看不出有什么必要，需要自己从基类开始，创建新的类。所以，阅读别人的架构图，除了画几个类图，为类图定义详细的类的变量和函数，定义类的关系之外，作为架构师，首先要能够看出这些类的来龙去脉。综上所述，绘制和理解类图，首先是理解 MFC 的基类，然后了解自己的处理函数是继承 MFC 的哪个类，然后才能理解类的属性(动作和行为)。虽然是画类图，这与采用 Visio，从一张白纸开始，随心所欲地理解类结构、不考虑实现和验证地画出类图，是否有很大不同？

理解 MFC 架构不是一个简单的事情,需要花一定的时间去用、去理解和体会。MFC 本身也在不断地发展,作为架构师,需要花精力去了解它,这也是基本功和经验的积累。

这里还有一个重要的概念要理清楚,就是:类的继承关系与调用关系不是一回事。继承是来源,调用是协同。架构关注更多的是后者。

3.4 用微软 VS 2010 逆向分析工具分析架构

微软在最初的时候,项目中的技术人员使用一些单独的开发工具进行软件开发,例如,架构师使用 Rose 进行架构设计,开发人员则使用 Visual Studio 进行编码。同时,项目中的非技术人员则使用一些通用的项目管理工具进行项目管理,例如,项目经理使用 Project、Excel 等制定项目计划,进行任务划分和分配等。微软的软件开发平台发展到 VS 2010 一代后,各个功能之间,彼此之间的相互关联和互通得到大大增强,架构建模方面也是一样。

3.4.1 微软 VS 2010 逆向分析工具概述

VS 2010 在软件应用生命周期管理中,在架构方面,是通过新的(相比 VS 2005)架构浏览器(Architecture Explorer)和架构层图(Architecture Layer Diagram),以图形化的方式描述系统架构,从而使得项目中的技术人员或非技术人员,都能以模型、透过图形化的方式进行协作,以及定义企业与系统功能。另外,VS 2010 也同时支持统一建模语言 UML 及特定领域语言(Domain Specific Language,DSL),架构设计人员在 VS 2010 中可以更有效率地进行.NET 架构设计工作。

1. VS 2010 的开发架构

VS 2010 架构工具可以让架构师了解应用程序的功能设计,并帮助验证设计与执行过程中是否偏离开发目的。它除了支持一般系统分析设计流程(即需求向实体转化)外,也支持另一类的流程——逆向工程。

通过逆向工程可以理解应用程序之间的哪些部分存在重要依赖,以确定调试、运行和维护时,可能会出现的牵连问题。此外,直观图可以帮助找到最佳地方来执行新的功能。DGML 文件可以使解决方案产生依赖矩阵和布局,每个视图可以在项目结构中提供一个不同的视图。

如图 3-43 所示的是一个 MVC2 项目,VS 2010 首先展示的是项目的文件目录,即项目的开发结构视图。在 VS 2010 版本的开发视图上,已经按照 MVC 架构,划分(自动对应)开发结构了。

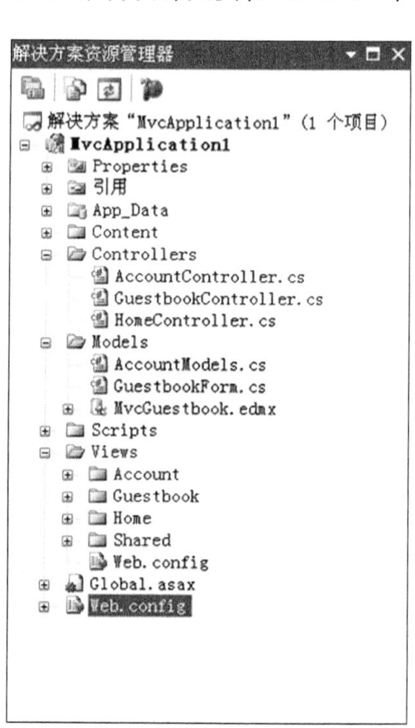

图 3-43 VS 2010 的开发架构

因此，在开发结构上可以看到构成 MVC 模式的主要部分的 Controllers、Models、Views 三个模块代码。这样，开发架构与逻辑架构，就很简单直接地关联起来了。

这个开发架构，是 VS 2010 在创建项目的时候自动生成的，不需要事前进行任何规划设计。通过这样的高级(高抽象)视图功能，可以很方便地分析模型的整体结构。

2. 静态逆向工程

VS 2010 逆向工程类型可分为静态与动态，静态指的是整个程序代码的静态结构，最基本的就是刚刚所介绍的开发架构与逻辑架构之间的对应关系，再深入下去，如构件或类之间的关系。

VS 2010 可以绘制项目的程序与程序之间以及更细节的：命名空间、类、方法之间的关系，如图 3-44 所示。

图 3-45 是命名空间的依赖关系图，MvcApplication1. dll 具有 4 个命名空间。

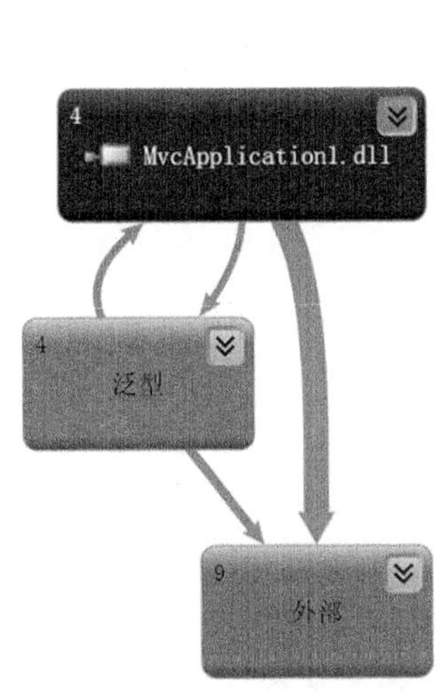

图 3-44　VS 2010 的程序依赖图

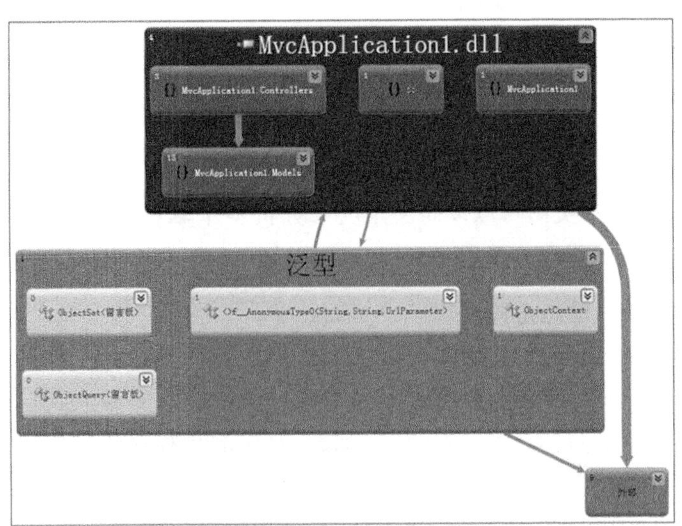

图 3-45　VS 2010 的命名空间依赖关系图

再展开命名空间 MvcApplication1. Controllers，可以看到在此命名空间下的三个类(图 3-46)。

图 3-46　VS 2010 命名空间下的类

再把某个类展开，就是该类所属的方法了，如图 3-47 所示。

如果需要，可以分别或同时展开项目从程序、命名空间、类的所有方法，及其关系，但是，对于大型、复杂、架构不是很好的项目而言，展开这样一张图，是极其“可怕”的。几乎

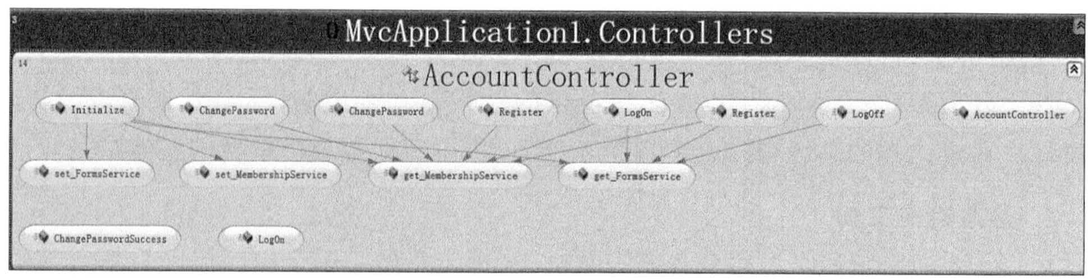

图 3-47 VS 2010 命名空间下的类

无法阅读。好在 VS 2010 可以有选择地展示(其他被屏蔽)。方法还可以映射到代码,这就是下面介绍的动态逆向分析。

VS 2010 针对不同功能层面的分析需要,提供了不同的工具来辅助程序代码进行逆向工程。静态的逆向工程,主要有三个工具:架构浏览器(Architecture Explorer)、层图(Layer Diagram)和类图(Class Diagram)。

(1) 架构浏览器能从特定点切入,只探索所关心的部分;类图则可分析详细部分的类结构。

(2) 层图可从高阶面来看架构。

(3) 类图可以以高层角度来分析整个软件结构,细腻程度可以自由选择,从程序、命名空间、类到方法都可以。

3. 动态逆向工程

运行架构反映的是系统的部署结构,开发结构反映的是代码或模块在文件目录系统下的安排,逻辑结构反映的是静态的类(变量、方法)及其之间的关系,而动态结构则反映的是消息或行为。因为所谓动态,对应的是程序代码执行的顺序,如某个程序代码区段相关方法调用与响应顺序等。

在以前,程序开发等人员,当分析程序代码完全没头绪时,需要从程序代码中直接理解程序流程,这是一件困难且很痛苦的事。VS 2010 架构工具支持的动态逆向工程,主要有两个工具:依赖图(Dependency Graph)和 Sequence Diagram(时序图),使用这两个工具会大大增强代码分析的效率。

依赖图可以协助理解程序代码的结构与关系,可以透过架构浏览器(Architecture Explore)来生成依赖图。

例如,在类图上,双击需要进行动态分析的 initialize 方法,展示出来的是 cs 文件中相应的 initialize 方法代码段(自动为蓝色背景),如图 3-48 所示。

在 initialize 方法代码上右击,可以看到方法调用/被调用其他方法的依赖,如图 3-49 所示。

在 initialize 代码段上,右击右键,选择“生成顺序图”命令,则可得到如图 3-50 所示的顺序图。

顺序图是用来表达程序流程的图像工具,VS 2010 可以通过逆向工程,依选择代码段自动生成顺序图。

```
AccountController.cs ✕  AssemblyDependencies1.dgml*
MvcApplication1.Controllers.AccountController          Initialize(RequestContext reques
{

    [HandleError]
    public class AccountController : Controller
    {

        public IFormsAuthenticationService FormsService { get; set; }
        public IMembershipService MembershipService { get; set; }

        protected override void Initialize(RequestContext requestContext)
        {
            if (FormsService == null) { FormsService = new FormsAuthenticationService(); }
            if (MembershipService == null) { MembershipService = new AccountMembershipService(); }

            base.Initialize(requestContext);
        }
```

图 3-48　展开 initialize 方法相应的代码段并标蓝

```
我的解决方案
Initialize(System.Web.Routing.RequestContext) (MvcApplication1.Controllers.AccountController)
⊟ 调用 “Initialize”
      搜索未找到结果
⊟ 从 “Initialize” 调用
   ⊞ AccountMembershipService() (MvcApplication1.Models.AccountMembershipService)
   ⊞ FormsAuthenticationService() (MvcApplication1.Models.FormsAuthenticationService)
   ⊞ FormsService (MvcApplication1.Controllers.AccountController)
   ⊞ Initialize(System.Web.Routing.RequestContext) (System.Web.Mvc.Controller)
   ⊞ MembershipService (MvcApplication1.Controllers.AccountController)
⊞ 重写 “Initialize”
```

图 3-49　initialize 方法的依赖关系图

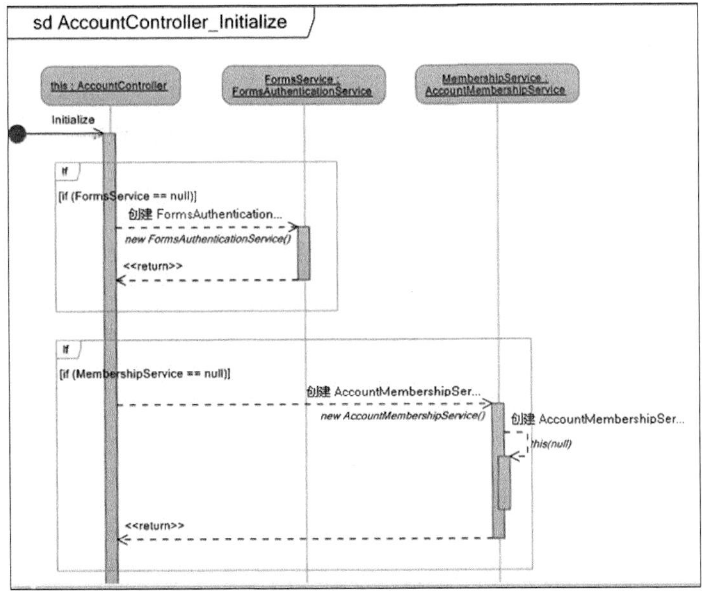

图 3-50　initialize 方法的顺序图

4. 逆向工程的意义

在上述静态和动态工具的帮助下，可以：

1）理解现有代码

VSTS 2010 架构工具的目标之一，就是帮助理解现有的代码。因为只有理解了，才能够正确地使用它。在实际的调试和维护工作中，经常会遇到这样的问题，只有了解现有代码能够做什么，才能开展后续的工作。

2）明确结构设计

软件人员经常需要设计和描述软件的构架，并为某一个特定问题定义名称来描述它，然后使开发团队内的其他成员也能接受并理解它。VSTS 2010 架构工具支持 UML 的模型，为此微软增强了 DSL 工具，它支持 VS 2010 中很多功能的关键技术，VS 2010 架构工具所有的 UML 图表都是通过 DSL 工具来建立，并运行在 DSL 运行库之上。VSTS 2010 中，支持架构表达的各种 UML 图表。

3）团队合作

在开发项目中，经常需要使建模的结果能够成为整个软件开发周期中重要的一部分。VSTS 2010 提供了多种方法可以让模型和 Team Foundation Server 以及 Visual Studio 自身进行交互，例如新引入的工程种类 Modeling Project 等。

VS 2010 的架构工具支持以下 5 种 UML 图。

(1) 活动图(Activity Diagram)：在参与者之间阐明业务用例实现的工作流程。

(2) 构件图(Component Diagram)：构件图的主要目的是显示系统构件间结构或接口的关系。

(3) 类图(Class Diagram)：展示了系统的逻辑结构、类和接口的关系。可以用于存储和系统之间的关系交换数据类型。

(4) 顺序图(Sequence Diagram)：主要是显示对象之间发送的消息的时间顺序。

(5) 用例图(Use Case Diagram)：描述角色和用例之间的关系，着重展示系统必须实现的功能，用于在需求分析阶段分析客户需求。

3.4.2 使用 VS 2010 对五子棋程序进行架构逆向分析

1. 创建五子棋项目

“五子棋”是一种历史悠久，十分有趣，规则简单实用的游戏。传统五子棋棋子分为黑白两色，棋盘为 15×15，棋子放置于棋盘线交叉点上。两人对局，各执一色，轮流下一子，先将横、竖或斜线上的 5 个或 5 个以上同色棋子连成不间断的一排者为胜。

本节将用一个网上现成的五子棋项目(这里的代码是从网上下载的一个 C# 的五子棋代码，因此，其架构也可能不是最优的，在以后的课程中，会对这个案例的架构优劣，再继续进行分析)作为架构逆向分析的案例。选择这个项目作为案例，是因为在架构上，它比前面展示的“欢迎”程序稍为复杂一些，但也不是非常复杂(所谓稍复杂与非常复杂，主要看架构中类的“处理函数(方法)”的数量多少以及方法之间调用“关系”的复杂度(关联数与关联的层次)，此问题以后会再讨论)。

首先，先创建(打开)五子棋项目工程的项目文件。

打开 VS 2010，在 IDE 菜单上，选择“文件”|“打开”|“项目/解决方案”命令，在存放五子棋代码的目录下，选择打开 C# 项目文件 WuZhiQi.csproj，由此，建立(打开)了五子棋工程项目，如图 3-51 所示。

这就是 VS 2010 的开发架构图。下面是 5 个主要程序文件的主要功能。

(1) Game.cs——游戏程序的总控程序模块。

(2) JiQiRen.cs——顾名思义，这是人机对战的机器算法模块。

(3) JuyuWang.cs——这是与局域网有关的模块。

(4) Program.cs——显然，这是对弈模块。

(5) QiZi.cs——这是着子/取子模块。

这样项目的主要开发架构就清晰了，至于这样安排的逻辑架构是否合理，以后再做分析。

2. 创建项目的类视图

下面来看如何使用 VS 2010 拓展进行逆向工程。

为创建五子棋的逆向项目，首先应创建所需用的类图文件：右击 WuZhiQi 解决方案，选择“添加”|“新建项目”命令，然后在“新建项目”对话框中，选择“建模项目”，设置项目名称及存储位置后单击“确定”按钮。这样，就在解决方案下自动生成建模项目，如图 3-52 所示。

图 3-51 打开五子棋项目

图 3-52 创建建模项目

然后选中该项目，选择 Visual Studio 2010 中的菜单栏的“体系结构”|“新建关系图”命令，在弹出的“新建关系图”对话框中，选择“UML 类图”，设置名称及添加到的建模项目后，单击“确定”按钮。此时 VS 2010 将在建模项目下，生成一个.classdiagram 文件，该文件即“类图项目文件”。

双击打开生成的类图文件，然后在 Visual Studio 2010 的菜单栏中选择“体系结构”|“窗口”|“体系结构管理器”命令，这样会出现“体系结构资源管理器”窗口，这里，主要有两种视图方式，分别为“解决方案视图”及“类视图”。解决方案视图——按解决方案中的层次项目目录进行体系结构展示，如图 3-53 所示。

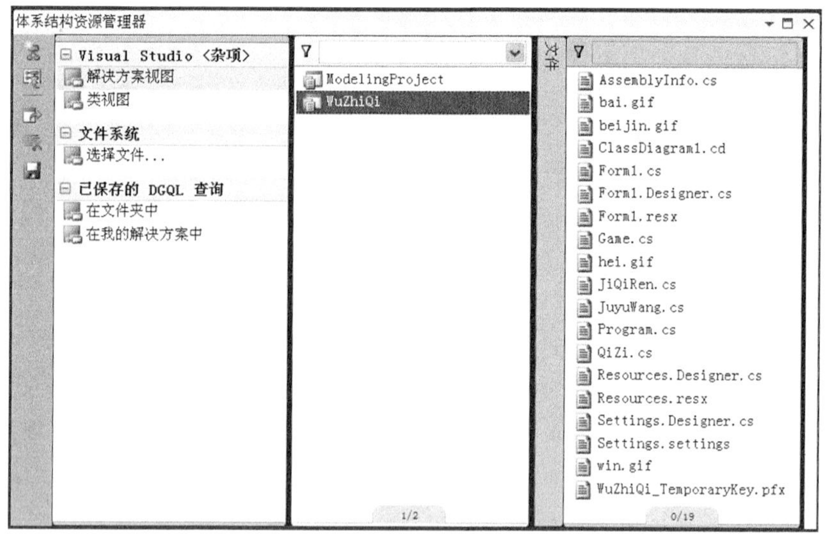

图 3-53　体系结构视图

类视图——按类的层次项目目录进行体系结构展示，选择“类视图”方式进行展示的结构，在命名空间窗口中，选中 WuZhiQi，在右边将出现“类”的浮动窗口，选中 Game 类，接着右边又展示出该类的所有变量和方法，如图 3-54 所示。

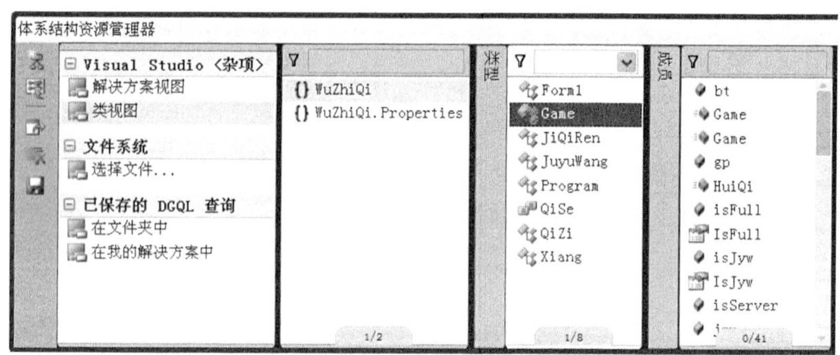

图 3-54　类视图

选中类窗口中的所有类，按住鼠标左键，将选中的类拖动到类图文件中，松开鼠标左键，这时 VS 2010 会开始自动生成逆向工程类图，包括类和类的关系，如图 3-55 所示。

在图 3-55 中，为了观看简便，隐藏了每个变量和方法的显示，如果需要，单击按钮就可以呈现出来。

3. 项目的动态分析

在生成的类图(图 3-54)中，可以选中某个类，右击选择“查看内容”命令。或在图 3-55 中，选中某个类，右击选择 View Code 命令，这样就可以直接转到该类的具体实现文件了(图 3-56)。如果在变量(特性)或方法(操作)上右击选择“查看内容”命令，还可以直接定位到实现代码，并把该段代码用蓝色全部标注出来。例如，右击 HuiQi 方法，选择“查看内容”命令，则 Game.cs 实现文件中 HuiQi 函数将被蓝色标注出来。

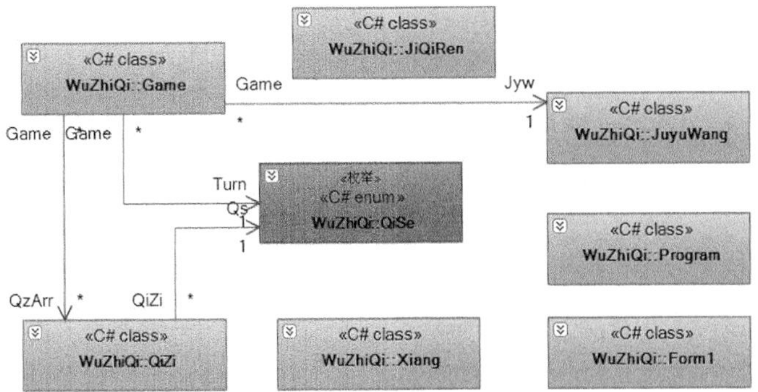

图 3-55　类与类关系视图

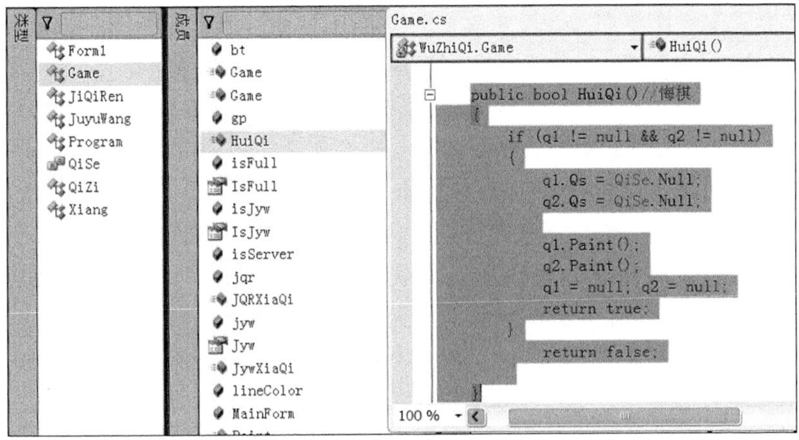

图 3-56　从方法导向代码文件

更进一步，在该方法的代码段上，同时还可以生成该方法的依赖图和顺序图。在方法名 HuiQi 上单击右键，在弹出的菜单上，选择“查看调用层次结构”命令，就得到如图 3-57 所示的调用关系分析。

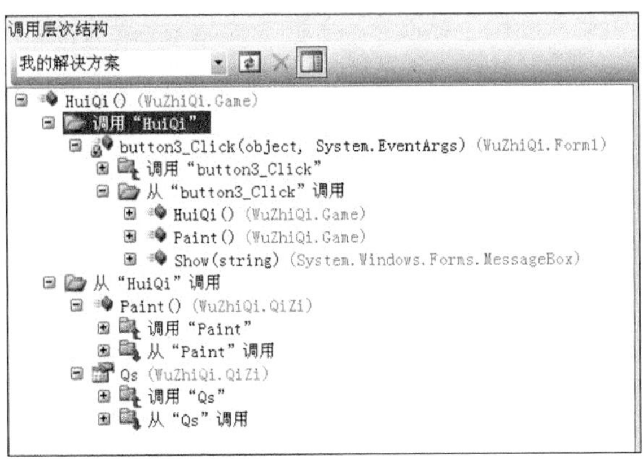

图 3-57　方法 HuiQi 的调用与被调用关系分析

在方法名 HuiQi 上单击右键，在弹出的菜单上，选择“查看调用层次结构”命令，就可以看到该方法的顺序图。由于这张图太大了，这里就不再展示。

至此，五子棋的逆向工程的主要功能就介绍完了。

3.4.3 “五子棋”系统架构的逆向分析

逆向工程的所有工作，都不只是为了得到一张类图或顺序图，架构师希望了解系统架构，是有目的的。目的不同，看什么、怎么看也会不同。这里还是用一个案例，来介绍如何利用逆向工程，来理解和分析已有的系统。

1. 五子棋系统的二次开发需求与架构师的任务

(1) 二次开发的基础。现有三套五子棋系统代码(取自东方人华等编写的《VC++ 6.0 范例入门与提高》一书第 14 章，与 3.5.2 节案例不是同一套代码)，第一套只画出五子棋的棋盘；第二套则可以实现人与人对弈；第三套可以实现人机对弈。

(2) 二次开发的任务需求。希望通过原有系统的二次开发，不但可以实现人人/人机对弈，而且可以在局域网上实现人机对弈。

(3) 架构师的任务。架构师不需要参加实际的代码开发。他的任务是，通过对原有系统的架构分析，立即回答，二次开发的工作是什么？在系统的什么地方进行二次开发？工作量有多大？开发时间要多长(假定了解开发人员的能力)？以方便项目经理(或者他自己就是项目经理)进行任务分配和计划跟踪。

如果没有对原有系统的分析，并明确划分任务安排，这样的二次开发工作可能只有依赖个别“高手”单打独斗来实现了，但用户要求完成的时间无法保证。很多人一起上，从什么地方“下手”呢？不能一人抱一个模块回去看吧？

2. 五子棋系统的开发架构分析

按照 3.1.1 节介绍的思路，首先分析三套系统的开发架构。用 VS 2010 打开三个项目文件，给三个解决方案分别改名为 Five1、Five2 和 Five3，其他不变。展开各解决方案的头文件和代码文件(资源文件暂时不看)，结果如图 3-58 所示。

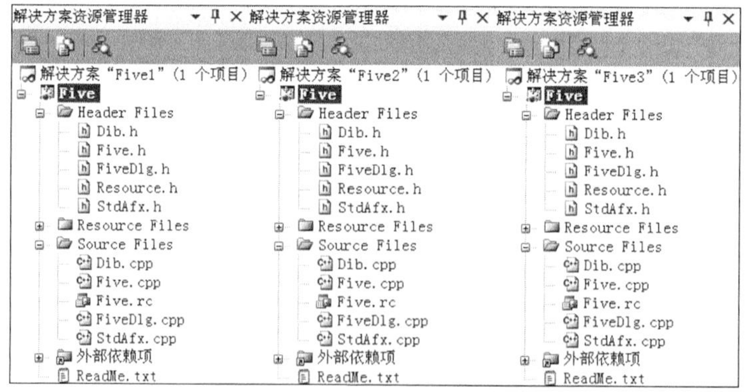

图 3-58 三套五子棋系统的开发架构比较

比较一下三套软件的开发架构，有没有发现什么奇妙的地方——三套软件的开发架构，居然一模一样。从功能上看，Five1 只能画棋盘，Five2 只能人与人对弈，Five3 可以人机对弈。这三套系统在功能上，每一个都比前一个增加了很大一块“新功能”。但是，新增加的部分，居然在开发架构上没有变化。因为“新功能”在逻辑上，与以前的系统有很大的不同，具有一定的独立性。如果具有理想的开发架构设计，“新功能”最好放在一个单独的代码文件中，这样便于开发、调试和维护。例如，现在就会想：新功能“埋”在什么地方了呢？

3．五子棋系统的逻辑架构分析

很显然，原系统开发架构不能很好地帮助架构师分析三套系统之间的差异，那只好再往细看下去——分析三套系统的逻辑架构。

首先看类图（图 3-59），如果需要，再看类关系和方法。

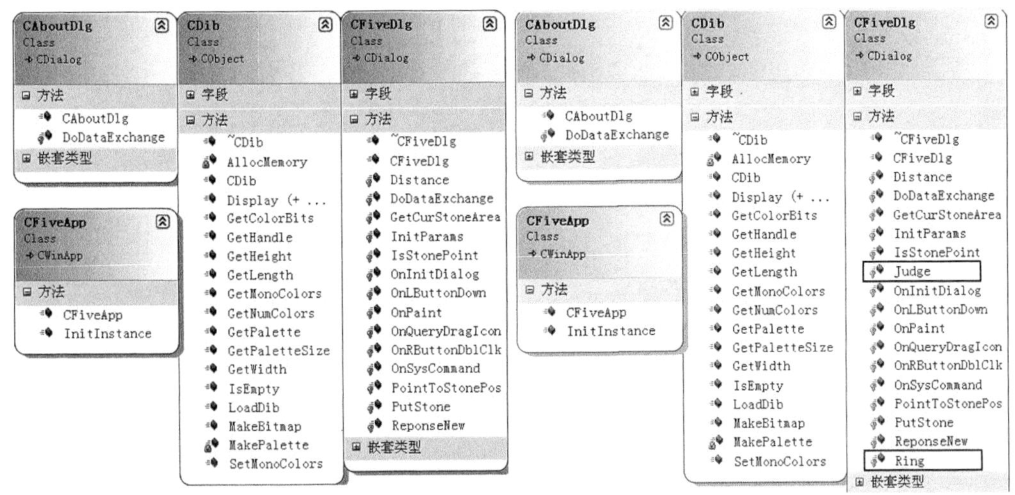

图 3-59 Five1 与 Five2 的类图比较

比较以后发现，Five2 比 Five1 在 CFiveDlg 类下，多了 Judge 和 Ring 两个方法，其他类及其方法完全相同。实际上，如果要争取时间，暂时可以不去解读那些相同的地方是做什么的，只看方式变化的地方。记住：Judge 和 Ring 两个方法是与 Five2 的人人对弈有关的“新增功能”。在类图的 Judge 和 Ring 两个方法上分别单击右键，选择“查看内容”命令，就看到了该方法的相应代码（图 3-60）。

图 3-60 是 Judge 方法的部分代码，用于判断人人对弈（也可以用于以后的人机对弈）的胜负。

图 3-61 是 Ring 方法的部分代码，用于输出判断出胜负后的结果。

架构师的疑问：仅仅为了输出胜负结果，有必要单独添加一个方法吗？从架构的角度看，为了减轻系统的复杂性，使维护者更易于理解，输出直接放在 Judge 方法里不是更好？因为输出胜负结果，必须经过胜负判定，也就是说，Ring 是 Judge 的必然结果，从模块内聚的角度看，它们应该聚合在一起，而不是分离开来，似乎无此必要。

再看 Five2 与 Five3 的区别，如图 3-62 所示。

```
// 判断是否有胜负和当前棋局评分
//##ModelId=513D4B5E0046
int CFiveDlg::Judge(int nX, int nY, char cValue)
{
    int nGrade;
    int i, j, k, l;
    int nXStart, nXEnd;   // X轴
    int nYStart, nYEnd;   // Y轴
    int nXYStart, nXYEnd; // XY轴(斜上)
    int nYXStart, nYXEnd; // YX轴(斜下)
    int nXStartAdd, nYStartAdd, nXYStartAdd, nYXStartAdd;
```

图 3-60　Judge 方法的代码

```
// 输出游戏结果
//##ModelId=513D4B5E006E
void CFiveDlg::Ring()
{
    // 赢了!
    if (m_nType == 0)
    {
        m_bGameOver = TRUE;
        CString str2, str3, str5;
        str2 = "本局黑棋赢";
        str3 = "本局白棋赢";
        str5 = "五子棋";
        CString strPrompt = m_byColor ? str2 : str3;
        MessageBox(strPrompt, str5);
    }
```

图 3-61　Ring 方法的代码

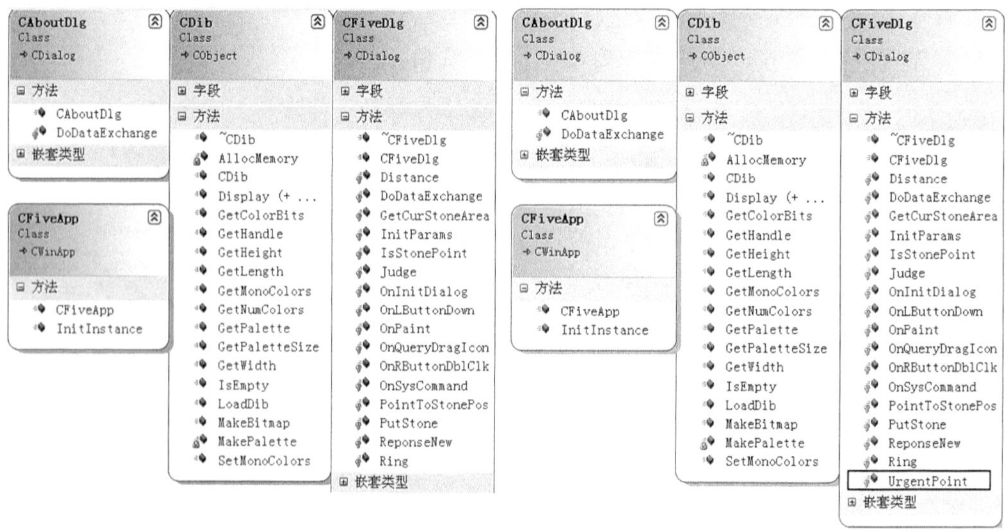

图 3-62　Five2 与 Five3 类图比较

可以猜到，CAboutDlg、CFiveApp、CDibble 类应该是没有变化的，仔细对比一下，确实如此。在 CFiveDlg 类中，Five3 比 Five2 仅增加了一个 UrgentPoint 方法，这个方法大概就是人机对弈的方法了。看一下代码(图 3-63)，果然如此。

```
// 计算机下棋，返回值为下棋点
//##ModelId=513D4B5E0082
CPoint CFiveDlg::UrgentPoint(BYTE byColor)
{
    int i, i0, j, j0;
    // 将鼠标设置为等待状态
    BeginWaitCursor();
    CPoint  ptUrgent[2025], ptInit(-1,-1);
    for (i=0; i<2025; ++i)
        ptUrgent[i] = ptInit;

    // 初始化随机数种子
    srand((unsigned)time(NULL));
```

图 3-63　UrgentPoint 方法的代码

以上通过类图比较，很快找出了三套系统的变化和差别，使架构师基本了解了三个版本的演化过程。

不过，这其中还是有风险的。如果某位编码工程师，不知道出于什么原因，在这三个系统版本上，除了已经分析的：Five2 加了 Judge 和 Ring 两个方法，Five3 新加了 UrgentPoint 方法之外，还在其他认为没有变动的地方，改写了其他内容，那这样的情况，仅靠类架构分析是发现不了的。反之，如果通过类分析，就认为三个版本的差别就是这三个方法的不同，但实际在不知道的某个地方，还“潜伏”着与这些方法有关的改动，而并没有做相应修改，则二次开发完成后，系统会出现无法预料的问题。这就是以后要讨论的架构验证，以及在软件过程控制中的版本控制的问题了。(回想一下，在

第 1 章实践练习的时候，有的同学通过调换“欢迎”和“时间”处理程序的代码，甚至给按钮改个名，来实现按钮与处理函数的交换，是多么不应该啊。）

4. 五子棋系统的运行架构分析

现在终于接近目标了：如果要在已有系统的基础上，通过二次开发，实现基于局域网的五子棋游戏(假定新系统名为 Five4)，需要保留哪些模块，新开发哪些模块？这些新开发的模块与原系统的模块是什么关系？

这个问题刚一开始考虑，有点“千头万绪”，感觉无从下手。这时，不妨画一个草图，理一理思路。基于局域网的五子棋游戏，可以是 P2P 模式的，也可以是 C/S 模式的(B/S 模式改动太大了)。假定：这里决定采用 C/S 模式的方式来实现。图 3-64 是这种模式的最初的“蓝图”。

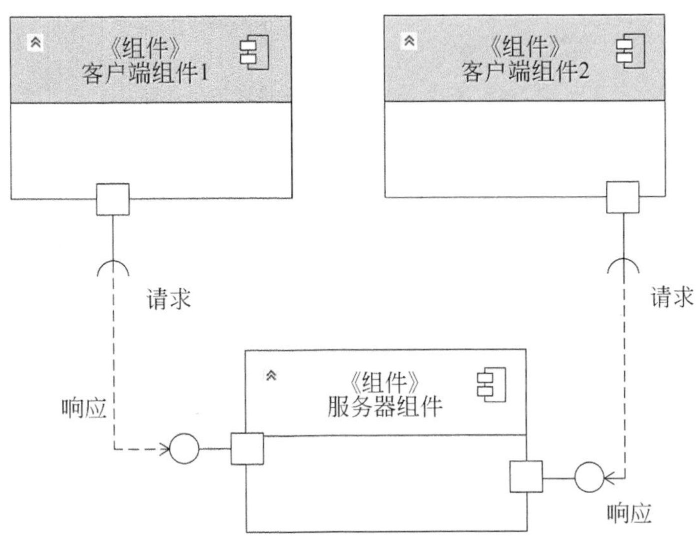

图 3-64　C/S 模式的局域网五子棋游戏

服务器端是完全新加的，而客户端软件的基础，就是本节分析的五子棋系统，当然应该是基于 Five3 的。

考虑如何将 Five3 改造成适合 C/S 模式下的客户端呢？本节以下的分析就可以发挥作用了。这里，首先要考虑的问题是：在 Five3 的基础上，还需要增加哪些功能？其次才是如何实现这些功能。设想一下，似乎只需要增加与局域网有关的功能就可以了，如图 3-65 所示。

当然，这是设想。实际情况如何，就需要通过对 Five3 的具体功能分析，来决定需要增加哪些模块，以及新增加的部分如何与既有的部分相衔接(如何沿用旧有内容)。

有关后一个问题，考虑的思路可以是这样——通过类的调用关系的分析，可以知道：人人对弈是如何调用画棋子(落子)功能的(这是 Five2 对 Five1 的沿用)；人机对弈是如何部分利用人人对弈功能的(人机对弈的一半，还是人)。那么，基于局域网的游戏(假定还是人人，只不过另一个人在网络上)，只是将 Five2 的另一个人，改成“网络人”(如同 Five2 改成机器)。

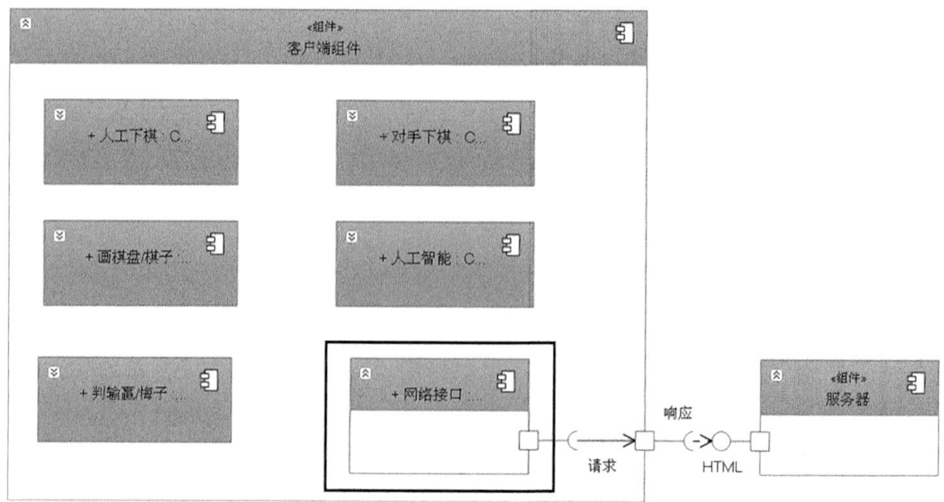

图 3-65　C/S 模式下客户端要增加的功能

按照这样简单的设计思路，下面就知道接下来要看什么了。

打开 Five3 的类关系图，了解人机对弈→人人对弈→画棋子的过程，目的是考虑如何实现人机（联网人）对弈→（嫁接）到人人对弈→画棋子。即首先从计算机下棋模块（UrgentPoint）的分析开始，如图 3-66 所示。

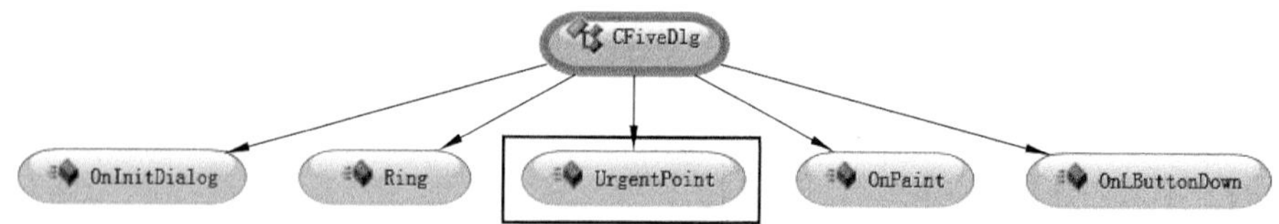

图 3-66　首先分析计算机下棋模块(UrgentPoint)

在类图的 UrgentPoint 方法上右击并选择“查看内容”命令，进入 FiveDlg. cpp 程序文件，在标蓝的 UrgentPoint 代码段上，单击右键，选择“查看调用层次结构”命令，便得到如图 3-67 所示的分析结果。

在图 3-67 中，分从 UrgentPoint 调用（UrgentPoint 调用别人）和调用 UrgentPoint（被别人调用）两个部分显示。

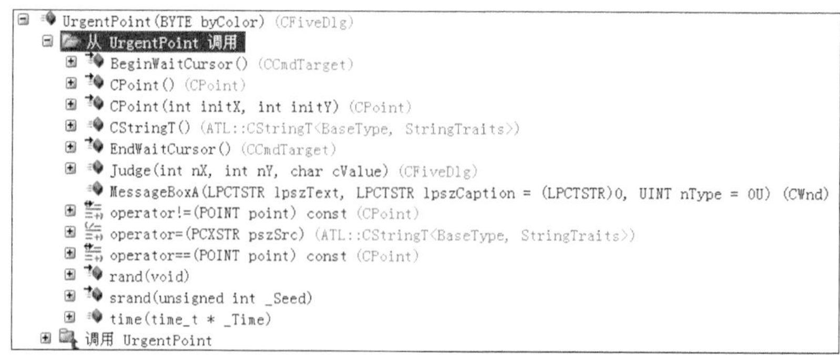

图 3-67　UrgentPoint 调用了谁

从方法的实现上看，调用别人的方法是利用其他方法实现计算机下棋。如果划分逻辑层次，别人的方法在 UrgentPoint 方法层次之下。而被别人调用是更上层的逻辑，调用 UrgentPoint，实现计算机下棋，是更抽象层次的逻辑，别人的方法在 UrgentPoint 逻辑抽象层次之上。因此，在进行逻辑分析的时候，站在 UrgentPoint 层，如果采用自底向上的方法进行层次分析，应该看被别人调用(图 3-68)。如果是自顶向下分析，则要看调用别人。这里注意：始终是站在 UrgentPoint 这一层上看。

```
UrgentPoint(BYTE byColor) (CFiveDlg)
  从 UrgentPoint 调用
  调用 UrgentPoint
    OnLButtonDown(UINT nFlags, CPoint point) (CFiveDlg)
```

图 3-68 谁调用了 UrgentPoint

分析后知道，只有 OnLButtonDown 调用了 UrgentPoint。

如果不考虑具体代码实现(那是编码工程师的任务)，架构师知道，在 OnLButtonDown 选择“机器”开始走“下一步”棋的时候，应添加一种新的情况：要确定是本地对手(人、机器)，还是局域网对手(人)。

实际上，在开始游戏之前，都会选择是人人还是人机模式，则现在又增加一种“局域网”选择。如果玩家选择“局域网”模式，则有一全局变量，记录下此选择。在游戏中，人走完一步后，系统根据该变量(模式)，确定选择调用“人人”模式的“人”模块，还是“人机”模式的“机器”模块，还是“人局域网”模式的“局域网”模块。

回顾一下本节分析五子棋逻辑架构的时候，总结到：Five1 的功能是画棋子、Five2 的功能是人人下棋、Five3 的功能是人机下棋。并且找到 Five2 为人人下棋新增的方法是 Judge 和 Ring 两个方法，Five3 为人机下棋新增的方法是 UrgentPoint。那么，局域网五子棋的二次开发在“理论上”只要写一个新的“局域网”模块，加在“走下一步”的 Case 选择中，就可以了。而这个 Case 选择，一定就在 OnLButtonDown 代码中。

新加的“局域网模块”就这样被加进系统中。如同原来有一棵树，现在知道在逻辑上，“新苹果”应该挂在树的什么地方。分析至此，没有看一行代码，已经知道新模块与原系统的接口位置、功能边界关系。

下面要做的事就是“局域网模块”的具体实现，涉及模仿“机器”模块实现下一步棋，增加网络有关的部分。3.4.2 节分析的 WuZhiQi 程序带有局域网的模块(JuyuWang. cs)，但是 C# 的代码，如何把它“挖”过来，嫁接到 Five3 上?

这件事工作量有多大？难度有多大？需要多少时间？

考虑一下：如果局域网的对手也可以是机器，情况怎样？如果对手是另一客户端的“机器”，由于其机器算法与本地客户端的算法是完全相同的(一套软件)，则系统只是将系统的代码放在异地运行而已，如果不是考虑减轻本地客户端负载(此需求基本不存在)，则异地运行几乎毫无意义，所以可以不考虑。

3.4.4 架构师的思考

在分析完五子棋系统的逻辑架构和运行架构后，同学们似乎应该有所发现和思考。

1. 架构的层次结构和划分

3.4.3 节从五子棋二次开发需求和任务划分(新增“局域网”模块以及如何添加到系统中去)的角度,分析了已有的系统架构。在讨论扩展功能和如何“嫁接”的时候,从扩展的便利性考虑,希望原系统架构能够按“层次”结构进行设计:上层是下棋的总控(选择下棋的模式等高级问题),中间层是人人、人机、人网等不同模式的具体实现,下层是画棋盘、落子、判胜负等更细小的下棋行为。如果这样,在做系统扩展的时候,就会更容易一点。

当扩展需求处于不同层次的时候,可以且仅需要在不同层次的模块上进行修改,不涉及其他层次,至少不涉及上一层次,修改的工作量是否更小?这也是一般系统设计所谓“抽象层次越高越稳定”的基本原则和方法。

例如,换一个棋盘风格,换一个背景音乐,只涉及最“底层”的修改,与下棋模式是“人人”、“人机”还是“人网”毫无关系(一般的分层原则是:上层决定下层、下层不能改变上层)。如果将中国象棋和五子棋两套系统合并(更大一点,做一个棋类大全),有多少模块可以重用呢(至少应该有 80%)?如果架构合理,模块划分清晰,越是只涉及底层的修改,涉及的面越少,是否只需要几分钟时间(当然首先要找得到修改的位置)?

用这个原则去看已有五子棋系统的模块层次划分,似乎并不是严格按上述设想进行划分的,当然,写程序的人可能并没有那么多的架构考虑。

2. 架构的模块组织和划分

出于同样的考虑,把哪些功能组织在一个模块中,哪些则应该分开,即模块的组织和划分,涉及以后系统做扩展的时候,是否更便于修改和测试。

前面已经讨论到,在五子棋的例子中,为什么判胜负和显示胜负结果的方法不能作为一个方法“封装”起来,提供给别人使用,而是分为两个方法?如果需要分开,唯一的理由是,它们以后需要分别各自单独地提供给别人使用。但现在似乎看不出有这个必要和可能。当然,这还是小问题。

如果五子棋系统扩展为网络模式,以前讨论过,可以有 C/S 和 P2P 两种模式(甚至更多模式)。在实现“局域网”模块的时候,如果需要同时实现这两种模式,应该如何划分“局域网”模块,并且已有系统中的哪些部分与这种变化有关,需要进行修改?例如,C/S 模式下服务器端一般处于“侦听”等待状态,客户端提出请求,建立与服务器的连接。连接完成后,进行一连串的登录、进入服务大厅、选桌子等事务性操作。而 P2P 模式没有“主从”,需要一个相互“找寻”和“握手”过程。这是两种“局域网”模式的不同。但它们都与具体下棋无关,即与现有模块的方法无关。

可能与下棋有关的扩展包括:如果增强网络模式中的服务器管理功能,例如,将服务器扩展为游戏大厅功能,游戏大厅不但提供棋牌室等“空间管理”,还负责监控玩家,包括由服务器(而不是在客户端)判断落子是否有效和胜负(防止作弊)、记录棋谱、控制悔棋等。那么,已有的模块划分是否要改变?改变在哪里?如果对方玩家不是“对手”,而是“教练”,即双方在网上下“指导棋”,则双方的游戏规则(双方玩家的交互规则),是否会有所不同?这会影响到系统的哪些模块?

3. 架构师的责任

如果没有想法(需求),就没有欲望。饿的时候,吃什么都是香的。饱的时候,再好的美食也没有胃口。只有带着这些扩展需求去看已有的系统架构,才会发现很多可以“深究”的问题。可以发现:有很多地方的设计和实现,并不是按“可扩展(当然还有灵活性、可维护性、可重用,等等)”的需要去设计,至少没有为可能的扩展留下足够的空间。这里并不是讨论案例的系统做得好坏,但从一名合格的架构师的角度看系统(未来是设计系统),你是否能看到这些问题?在未来的设计时,能否自觉地在系统设计中,为这些扩展预留“接口”?这是考验一名架构师是否合格的重要标志。

3.5 架构设计阶段的软件工程文档

3.5.1 系统设计规范的内容

规范系统设计成果和设计活动过程,可保证最终开发完成的制品,能成为符合系统需求所定义的产品。规范的活动包括:设计成果和设计活动过程。

回顾一下,在软件工程课程中介绍的软件工程的需求分析阶段,需求的规范包括以下内容。

(1) 需求过程规范。在需求过程中,开发团队了解了客户的需求,并对它们进行了组织和形式化描述。

(2) 需求结果规范。描述的方法是:用例模型、架构模型、静态和动态分析模型。描述的结果是:需求说明书、需求规格说明书。

(3) 需求管理过程控制还包括:需求数据库、需求追踪链与追踪矩阵。

而设计规范则应包括以下内容。

(1) 设计过程规范:使用需求规格说明书的信息,设计并定义一个符合客户需求和系统构建要求的系统总体结构(概要设计)和对系统结构细节的精确描述(详细设计)。在面向对象方法中,分析与设计过程是交织在一起的。

(2) 设计结果:概要设计和详细设计。

因此,规范包括定义系统设计的活动过程和定义系统设计的制品两个部分。

3.5.2 规范系统设计活动过程

规范过程是软件工程的另一个重要领域——软件过程的核心内容。面向对象的开发过程,从需求分析、系统设计到系统构造实现,是一个反复迭代的过程。在系统的整个开发周期中,架构和基于构件的增量式开发是 RUP 的核心。迭代活动反映在以下几方面。

(1) 分析和设计在整个开发生命周期中反复迭代,但是,一旦设计阶段完成,系统将基本固定下来。

(2) 需求:确定系统需求。

(3) 设计:完成系统架构的设计。

(4) 实现：开始基于增量的开发。

各迭代阶段是相互映射的。

(1) 在需求阶段，业务模型/架构模型反映了用户业务系统的特性，这是业务需求。

① 业务模型，可以映射出软件产品核心的需求，包括与业务功能对应的组织的特性，与业务流程对应的内外部关系特性等。

② 系统用例模型，是在已经建立的业务模型的基础上，建立系统的模型。

③ 用例——业务模型和架构模型的最典型表示形式。

(2) 软件产品本身可能还存在与业务无直接关系的另类需求，这是非功能需求。

与硬件、软件环境相关的需求，比如支持多种操作系统、对软件运行的远端监控要求、异常处理(如通信连接中断等非业务异常)等。

(3) 另一方面，设计约束和限制，也是系统需求必须要考虑的内容。

通常这三部分需求构成软件需求的总集。在迭代过程中，基于需求、设计考虑和实现限制等多方面因素，导致必须在设计决策之间寻求平衡。

(1) 对业务需求的更详细的了解。

(2) 对系统硬件/软件环境的更仔细的选择和平衡。

(3) 对工具的更综合的考虑。

(4) 对总体结构更全面的安排。

(5) 对实现方法的更细致的设计。

……

因此，设计活动是在分析和设计决策之间反复平衡的过程。所有的设计活动过程规范，必须考虑以上这些因素。

用例驱动的设计过程如图 3-69 所示。

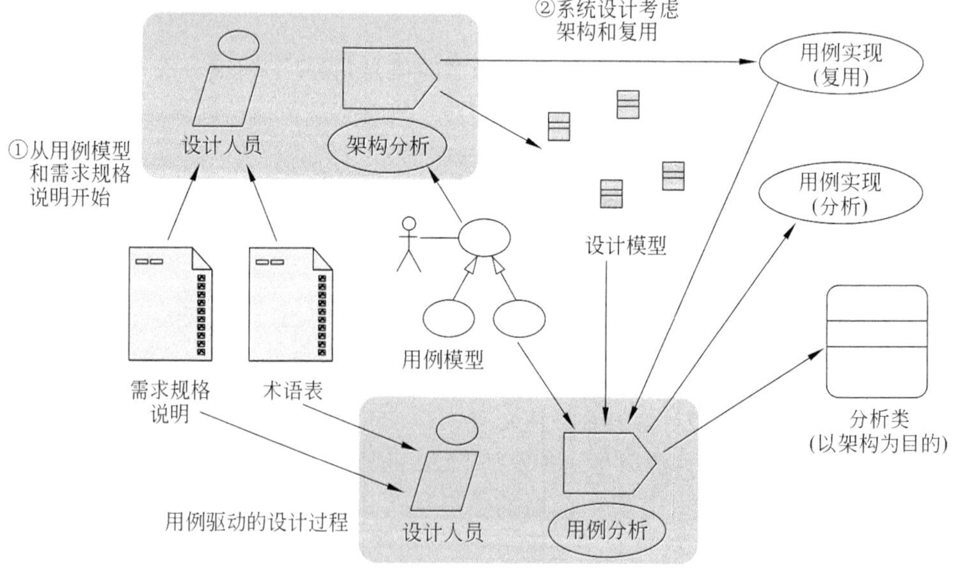

图 3-69 用例驱动的设计过程

设计过程通常由以下步骤组成。

首先通常是在需求阶段，建立用例和需求规格说明。然后在系统设计阶段，开始考虑系统结构和可复用性。最后在实现阶段，实现基于架构和构件复用的系统。

系统设计活动的前端制品与活动内容如图 3-70 所示。

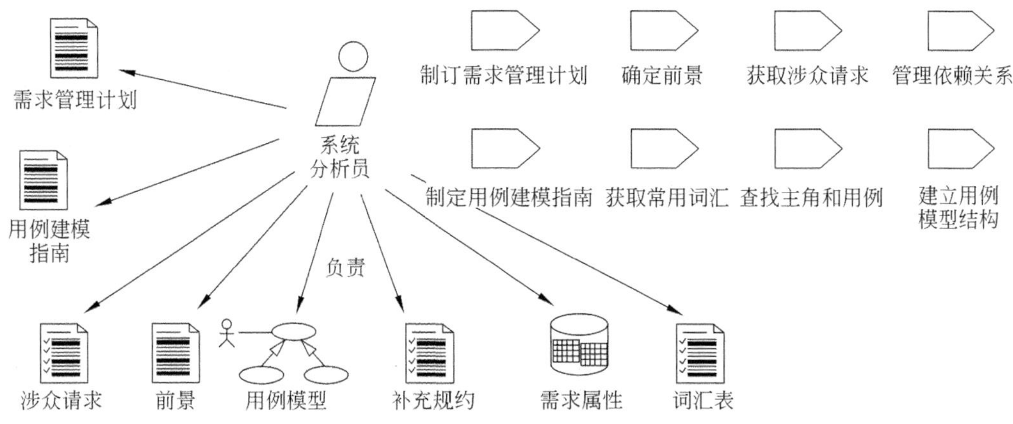

图 3-70　设计活动的前端制品与活动内容

系统设计活动的结果如图 3-71 所示。

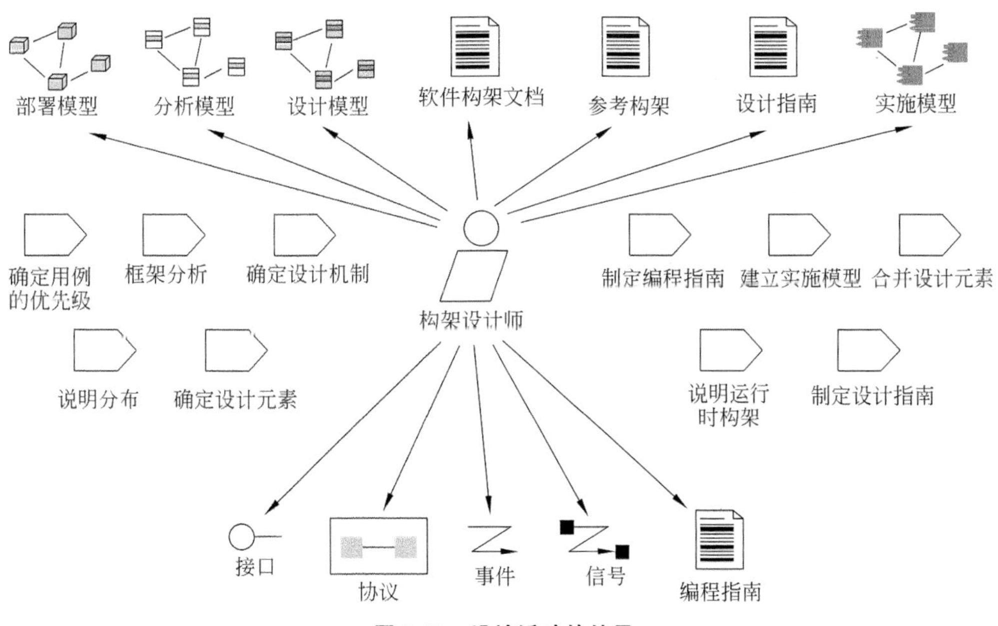

图 3-71　设计活动的结果

在不同的生命周期点上，开发团队具有不同的关注目标，如图 3-72 所示。

在规范设计活动过程中，主要的困难是：

(1) 多层次持续的规划与评估；

(2) 判断架构中关键风险的经验；

(3) 高效率的验证和评价手段；

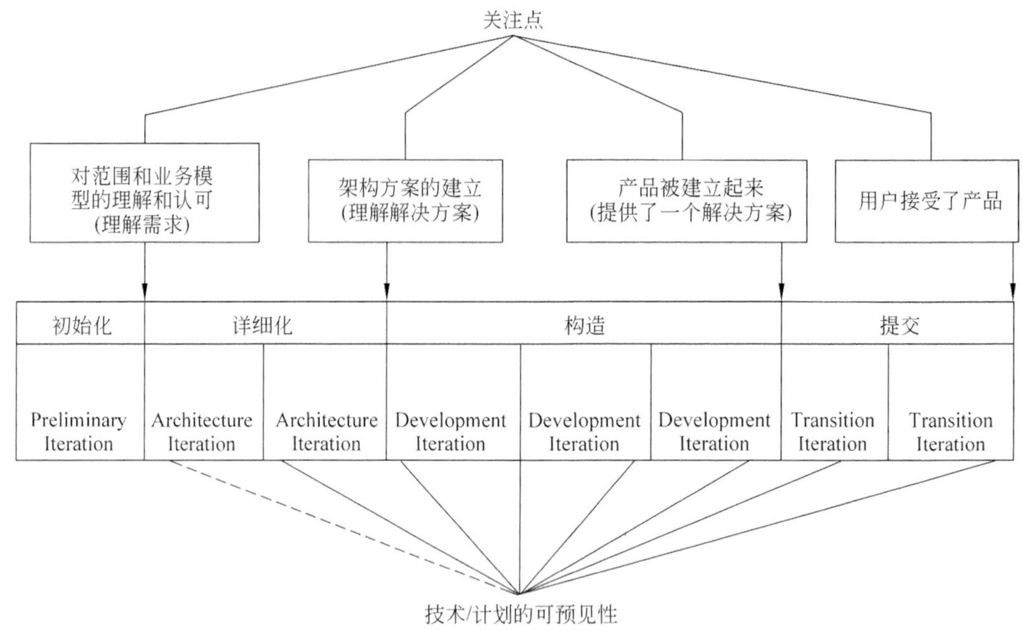

图 3-72 生命周期不同阶段的关注点

(4) 多工种之间的频繁沟通;

(5) 多版本工作产品的管理。

因此,规范的系统设计活动过程要求:

(1) 核心人员必要的管理与技术经验;

(2) 自动化的验证和评价工具;

(3) 团队成员之间有高效的沟通工具;

(4) 软件配置与变更管理工具。

3.5.3 规范设计的制品

一般来讲,在系统概要设计阶段的制品是系统概要设计说明书,在详细设计阶段的制品是详细设计说明书。

概要设计说明书的基本内容如下:

1. 引言
   - 1.1 编写目的
   - 1.2 项目背景
   - 1.3 定义
   - 1.4 参考资料
2. 任务概述
   - 2.1 目标
   - 2.2 运行环境
   - 2.3 需求概述
   - 2.4 条件与限制
3. 总体设计
   - 3.1 处理流程
   - 3.2 总体结构和模块外部设计
   - 3.3 功能分配
4. 接口设计
   - 4.1 外部接口
   - 4.2 内部接口

5. 数据结构设计
  5.1 逻辑结构设计
  5.2 物理结构设计
  5.3 数据结构与程序的关系
6. 运行设计
  6.1 运行模块的组合
  6.2 运行控制
  6.3 运行时间
7. 出错处理设计
  7.1 出错输出信息
  7.2 出错处理对策
8. 安全保密设计
9. 维护设计

下面是详细设计说明书的基本内容：

1. 引言
  1.1 编写目的
  1.2 项目背景
  1.3 定义
  1.4 参考资料
2. 总体设计
  2.1 需求概述
  2.2 软件结构
3. 程序描述
  3.1 功能
  3.2 性能
  3.3 输入项目
  3.4 输出项目
  3.5 算法
  3.6 程序逻辑
  3.7 接口
  3.8 存储分配
  3.9 限制条件
  3.10 测试要点

但实际上，作为软件系统开发的设计文档，远不止这些。

在软件开发过程中，需要规范架构设计成果和设计活动过程，以保证最终开发完成的制品能成为符合系统需求所定义的产品，并可用、可追踪和可管理。规范的架构设计包括：规范的设计成果与规范的设计活动过程。

在软件系统的整个开发周期中，构架和基于构件的迭代式、增量式开发是 RUP 的核心。在 RUP 模型中，分析和设计在整个开发生命周期中反复迭代，但是，一旦设计阶段完成，系统将基本固定下来，并成为未来系统的基础。因此，RUP 的架构设计过程可以概括为：构架分析和定义、增量和迭代、架构和设计评审。而架构设计过程的制品就是各种模型，以及表示这些模型的视图。图 3-73 是一次迭代的基本活动。

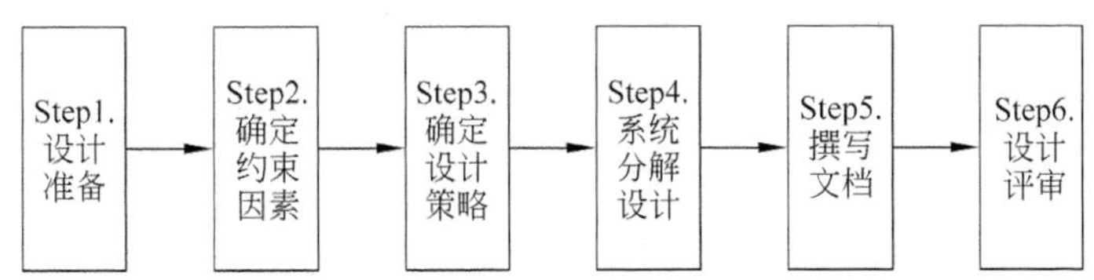

图 3-73 架构设计迭代的一次活动过程

RUP 的基于增量和迭代开发的架构设计是基于风险前驱的原则，渐进地展开分析、设计及其相关活动，每个迭代都会对这些模型（视图）提供一次再验证和调整的机会，以推动软件质量的提升。

3.5.4 需要编写哪些架构视图和文档

作为架构设计的阶段交付成果，编写构架设计文档的目的是让不同的风险承担者都能快速找到和理解他们所需要的信息,知道系统的目标和约束、关键质量需求是否可以满足,以及为了满足这些需求所做出的架构设计决策,包括系统是否被有效地分离,分离的各个部分是如何连接、协调配合的等。这是下一步进行详细设计和实现的基础。因此,只有这些工作很好地完成,架构设计才能够成为下一阶段工作的基础和出发点。而架构文档则是这些工作成果的具体表现形式,而不是目的。

编写架构文档的根本原则是:一定要从使用者的角度出发,而不是为架构而架构、为文档而文档。在这个方面,学校学生的毛病特别明显,而造成这个问题的原因,可能是教这门课的老师,自己也没有什么架构设计的实际体验,只能教给学生一大堆架构概念和模型,不知道这些架构模型到底能解决什么问题,更不知道针对特定需求,可以采用哪些架构设计策略和方法更好。

由于软件构架的复杂性,例如,建筑结构需要用平面布局、立体结构、采光系统、上下水系统、电气系统、冷暖通风系统等描述一样,软件构架也需要从多个方面,用视图的方式进行描述。正如 Philippe Kruchten 在《Rational 统一软件过程引论》中所说:一个架构视图是对从某一视角或某一观点上看到的系统所做出的简化描述,描述涵盖了系统的某一特定方面,而省略了与此无关的实体。

架构视图所关注的方面包括 3.1.2 节及图 3-2 所描述的 5 个方面。现在已经知道,构架是这样的一个或多个系统的抽象,是由抽象的构件来表示的。构件具有外部的可见特性,且相互之间是有联系的。所以,架构视图需要表达的内容,正是从这 5 个不同的视角,表现构件、构件的外部特征、构件之间的联系。这就是架构文档的核心内容。

如图 3-74 所示,UML 提供了 9 张描述架构模型的视图。

其中,类图、对象图、组件图和分布图常用来描述系统架构。它们的作用如图 3-75 所示。

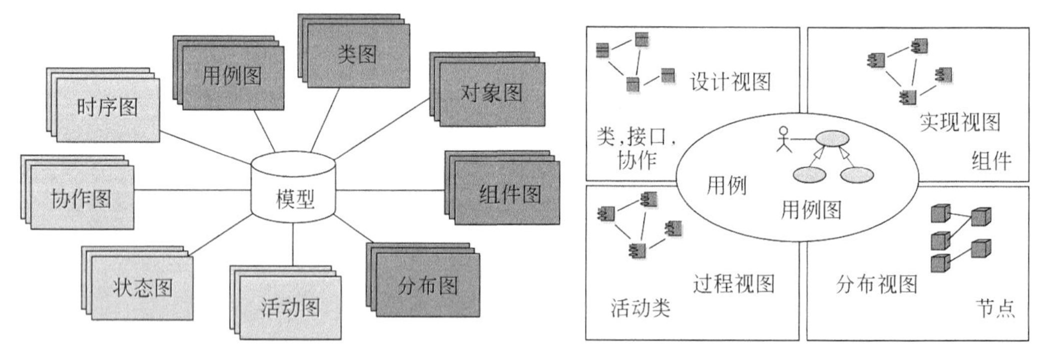

图 3-74 UML 的 9 张视图

图 3-75 UML 的架构视图

3.5.5 透过架构视图表现架构设计的核心内容

视图不是目的,满足需求的设计决策和设计是关键。那么,在架构视图中,可以看到哪些设计关键?到目前为止,还没有一份对视图进行编档的工业标准模板。在实践中,架构视图文档通常应包括以下 7 个关键内容。

1. 架构描述视图

架构包含哪些使系统目标得以成功的重要决策？这些决策应包括：构架设计的背景、基本设计原理、决策的原因和理由、设计效果分析，或当需求发生改变时的方法、设计中所反映的假定等。

架构描述是抽象和骨架性的，因此，应删除那些枝节的、太过于表现实现方法而与决策无关的内容。那些与架构决策有关的重要用例、关键质量属性，及相关的设计元素，则是架构描述不可或缺的内容。因此，架构描述可以用用例图来表示，它与需求开发阶段的用例图的区别是它只包括且必须包括反映架构设计需求的上述要素。

可以这么说，从需求开发阶段的用例图到架构描述的用例图，其中发生的唯一变化，就是通过架构设计阶段的活动，产生了满足设计需求的决策和设计，并记录在架构描述(架构蓝图)中。

2. 系统构成与构件关系视图

如果说，架构描述是抽象的，那么，系统构成与构件关系描述则是具体的设计部署。例如，构件-连接器视图，描述构件如何通过连接器与外部的构件建立连接。在架构描述的设计决策背景下，系统构成与构件关系视图用视图的方式，描述了主要构件及其构件之间的关系。这些构件，是 3.1 节介绍的 5 个方面考虑因素的具体化。在这些具体考虑因素下，系统被按照平台特性(开发架构)、物理部署、运行环境、进程结构和数据结构，进行分离。表现这些内容的形式可以是类结构、包结构、部署结构等视图。在这些结构视图中，任何一个设计视图，都希望表现其之所以是这样，而非那样的理由的唯一原因，就是基于 5 个方面因素的设计考虑。

3. 接口与行为视图

在描述系统中构件关系的同时，如果需求，还应描述关键构件的接口和行为；因为这些接口与行为是架构设计决策和方法是否能够实现的关键。例如，采用哪种面向对象的设计模式，可以使系统获得更大限度的灵活性和可扩展性。

4. 关键质量需求视图

针对系统的可修改、可扩展、灵活性等关键质量需求，包括需求的场景、可选择对策、应对的机制和实现方法等；有时，关键质量需求就是系统设计的主要目标(如 ATM 扩展)，有时，则可能是不要考虑的要素之一。

5. 视图中所选择的术语表、其他信息等

如果要回答，到底要提交哪些架构设计文档，现在可以知道，架构设计需求是什么？做出了哪些架构设计决策？这些决策的具体设计实现是如何体现的？把这些内容用架构描述视图、系统构成与构件关系视图、接口与行为视图、关键质量需求视图记录下来，这就是需要提交的架构文档。除此之外，都不需要。

3.6 实践与思考

3.6.1 实践题

1. 根据给出的三个五子棋系统代码，实现基于网络的人人对弈。
2. 从网上找到可以联网的五子棋代码，将联网部分“挖出来”，添加到 Five3 架构中。
3. 在网上找到中国象棋的代码，把两种棋合在一起，看可重用的部分有多少。
4. 尝试做一个棋类大全。
5. 从上述例子中总结一下，架构师的架构设计体会。

3.6.2 思考题

1. 通过架构分析，再进行二次开发（实现联网对弈），是否使二次开发的目标更明确？
2. 原有的 Five1～Five3 的五子棋系统架构有什么问题？
3. 如果重新设计五子棋的架构，需要如何重新规划？为什么？
4. VS 2010 所提供的架构分析工具为架构分析带来什么好处？
5. 你现在对“架构设计文档规范”是否有了新的理解？

CHAPTER

第 4 章

从需求到架构

本章导读

第 3 章中“五子棋”的案例，从代码的逆向分析开始，“自底向上”看一个已有系统的架构，这个案例所带需求是要“二次开发”一个可以实现“网络版”的五子棋，甚至是集成五子棋和中国象棋到一个统一的平台。这个案例从类和方法(还不是代码)层面，看到架构在二次开发和软件集成中的作用。介绍这些案例的目的，是希望帮助同学们初步“认识”软件系统的架构，领略“带着需求”看架构，才能看到架构本身的特色和相关问题。

从这一章开始，将从架构师的角度，关注如何将需求转化为架构设计。只有充分地理解需求、特别是与架构有关的那些关键需求，才能设计出好的架构。

与大多数软件体系结构教科书不同，本书特别强调和突出了一个所谓从需求到架构的转换和过渡阶段——架构的“蓝图”规划阶段，并单列一章，进行讨论。这不但是因为从需求到架构的过渡是架构师实际工作中不可逾越的阶段，更是学生学习软件架构设计，理解关键需求，并将其转变为架构模型时，普遍感到难于理解和体会的阶段。

4.1 节简单介绍了软件工程的需求过程的各阶段，从架构师角度讲述应该如何参与需求过程，把握用户需求并控制关键点。这一节的重点是讨论架构师与需求“过程”的关系，要求学生具有初步的软件工程需求过程的知识，学过 UML 等课程。

4.2 节简单介绍面向过程的需求转换方法，4.3 节介绍面向对象的转换方法，重点是面向对象的方法，但前者也有一定的参考价值，至少可以知道，传统方法为什么存在那么多的问题，后者的优势在哪里。这一节的重点是讨论架构师与需求过程的“成果”的关系，并利用此成果，顺利进入下一阶段的概要设计。

4.4 节以 ATM 扩展项目为例，介绍架构师如何从 ATM 的交互行为中，分析得到满足关键需求的架构实现机制，以及架构设计中，可能要考虑的一些实际问题，帮助学生体会，作为一个架构师，在需求向架构转换的过程中，需要考虑的方方面面。

最后一节讨论作为架构师参与需求过程的若干问题，这些问题的讨论，应该使得同学们感到，架构师的责任和担子是很重的。

这一章还不是“真正”的架构设计，还只是架构设计的“准备”、“规划”阶段。但这个阶段无疑对以后的架构设计具有重要的影响，甚至已经初步确定了架构“大纲”的主要方面，架构设计只是具体落实这个“大纲”而已。

4.1 架构师的需求过程

不论组织的软件过程采用哪种生命周期模型，在每次迭代的"小周期"内，采用的还是基本的"瀑布模型"，这是毋庸置疑的。软件架构设计的基本出发点和内容来自需求，包括：用户业务需求、系统需求和关键质量属性需求等。理解软件工程的需求过程，对架构师而言，不但是可能的，而且是必需的。因为需求是"源头"，源头的过程和结果，直接与下一阶段的架构设计"对接"，就好像架构以后还必须向编码"交代"一样。所以，这一节首先讨论需求过程与架构，下一节讨论需求成果与架构。

4.1.1 现代软件工程的需求过程

有关"需求"在软件生命周期中的位置，目前业界普遍认可的看法是：现代软件工程的需求，已不仅仅是软件生命周期中的一个阶段，而是一个涵盖全生命周期的系统工程。需求工程包括需求定义和需求管理两大核心过程域，如图 4-1 所示。

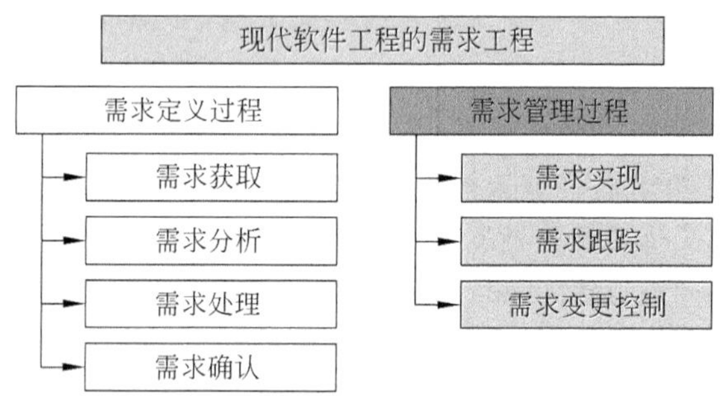

图 4-1 需求工程的两大过程域

在需求工程中，软件项目团队需要关注需求的获取、分析、处理、确认、实现、跟踪、变更控制等一系列环节。需求作为软件过程的核心活动之一，用例作为软件开发的驱动来源，现代软件工程的理论和实践特别强调并突出它的建立过程、驱动作用、跟踪、控制等管理能力，而已不仅仅是传统软件工程的需求分析方法，甚至仅仅是需求的描述方法那么窄的范围，这是现代软件工程与传统软件工程的本质区别之一。

在本节中，将分别从需求定义过程的获取、分析、处理、验证 4 个过程域（见图 4-2）出发，首先从基本概念开始，简单讨论：在此阶段项目团队应该做什么，获得什么交付物成果，以及为了软件开发的下一个过程——架构设计的需要，需求阶段的交付物成果应该达到什么要求，如何实现并检验需求过程是否达到了预期的目标等。

这里特别需要突出讨论的是：站在架构师的角度，以架构师的眼光和视角看需求，与需求分析师的视角，有什么区别。

站在架构师的角度，"反观"需求过程，了解需求分析师是如何完成需求的获取、描述、处理、记录和评审过程的，他们（包括用户）关心什么，不太关心什么。架构师应该如何解读需求阶段结束后，项目团队所提交的阶段交付物成果——"需求文档"等。通过对这些

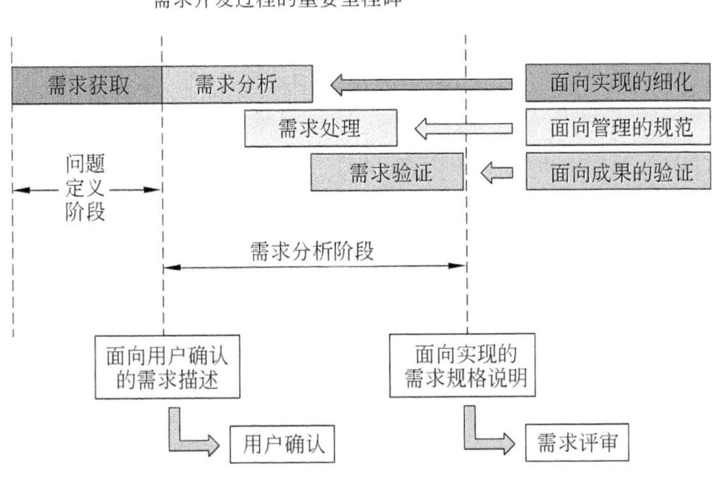

图 4-2　需求开发过程的 4 个过程域

过程的回顾,可以帮助架构师更进一步地从需求文档、需求分析师的行为和心理等层面,更深入地了解和理解"需求",这样,才能够更好地理解架构设计的"起点",以实现架构设计的目标。

在需求的开发过程中,需求的获取、分析、处理和验证是需求开发过程的 4 个核心过程域和 4 个关键阶段。前一个阶段是后一个阶段的前提和基础,每个阶段的目标、活动、交付物成果、利益相关者各不相同,因此,架构师的关注也会有所不同。有关软件需求工程方面的更多内容,可参阅《软件工程项目实训教程——基于微软 VSTS》(清华大学出版社,2010)。

4.1.2　需求获取阶段与架构师的关注点

1. 需求获取阶段的工作目标与关键交付物成果

需求获取是面向用户、在较高的抽象级别(例如,用例反映的是与系统交互的时候,用户所能够获得的使用体验)上对系统特性(如功能)的定义。因此需求获取更多关注的是系统的用户特性以及如何满足用户的功能需求。项目团队在进入下阶段开发,继续投入大量开发资源之前,可以利用这些信息决定功能实现的可行性和管理需求的范围,降低风险。需求获取的目标是用户的认可,阶段的验收标志是用户签字确认的需求描述。

需求获取处于软件生命周期的需求开发("建模")阶段,项目团队此时要与用户一起工作,来建立双方都能认同的业务模型和系统模型。

从方法论上看,需求获取又被称为"需求诱导","诱导"的含义是:项目团队应通过各种方法,甚至包括"引诱"的方法(如原型演示),来获取或发现用户的请求,确定需求描述背后所隐藏的真正需要,以及为满足这些需要对系统提出的一组适当要求。实际上,在此阶段,采用 UML 建立用户业务模型和系统模型,本质上就是通过采用 UML 这种用户易于理解的图形化方法,进行需求诱导。UML 更适合在这样的抽象层次上,建立用户和开发团队都易于理解和沟通的业务模型,因此,被称为开发团队与用户之间的"共同语言"、

“沟通工具”就不足为奇。

项目团队在建立用户的业务模型和系统模型阶段，需求获取的工作目标如下。

(1) 确定能够准确地了解用户组织、目标及描述需求的人；

(2) 定义需求的诱导方法(会议、交谈、文件、记录等)；

(3) 挑选参与需求讨论的人、时间、地点；

(4) 定义用户构建系统的关键目标和核心需要；

(5) 定义用户系统将放置的技术环境(位置、主机和网络、其他环境等)；

(6) 确定用户特定应用环境的业务特征，这些特征是系统功能和性能可以或不可以实现的假设和前提条件；

(7) 对不明确的、不清晰的、有歧义的需求，最好采用原型方法，或创建一个应用场景进行介绍和说明；

(8) 针对用户提出的系统要求，评估业务及技术可行性。如果需要，重复迭代上述过程。

需求获取产生的主要交付物成果如下。

(1) 参与需求诱导活动的客户、用户和其他干系人的名单；

(2) 系统目标与核心关注；

(3) 系统技术环境的描述；

(4) 系统和产品范围的限定性假设；

(5) 功能点列表及相应的假设和限制；

(6) 需求和可行性的描述。

由此归纳出一份正式的项目《需求说明书》，其内容应该包括：

(1) 项目或系统的远景描述；

(2) 项目描述；

(3) 业务用例模型以及业务用例；

(4) 限制与约束条件；

(5) 项目干系人分析；

(6) 市场分析；

(7) 风险分析；

(8) 竞争分析；

(9) 分销计划(定价、包装、推广、定位)；

(10) 财务计划(收入计划、预算、现金流量分析、ROI分析)；

(11) 高级项目计划；

(12) 建议等。

罗列一份“规范”的《需求说明书》文本很容易，但这份《需求说明书》首先是给用户看，并要用户“签字”的(应该成为合同的关键附件之一)，因此，如果用户看不懂、不愿意签字，则再“规范”的文本也是没有用的。

在实际项目开发过程中，项目团队与用户进行需求谈判的时候，如何根据实际情况，达成一致？例如，用户往往是“强势”的，但这种情况下，不单需要用户能够明确确认他们提出的需求(用户有时希望"模糊",这对他们更有利),另一方面,对于在现有资源(时间、成本、技术条件等)情况下,只能安排实现有限的功能,而不能满足所有的功能要求。因此,需求谈判的另一个难点,是对需求实现的优先次序进行排序,甚至要进行"割舍",讨价还价。如何对用户进行"价值引导",并最终"搞定"用户,非常重要。能够引导用户的前提,是需求分析师比用户更熟悉业务,同时,还熟悉用户并不太懂的"系统",因此,才有资格"引导"用户的需求,这是一名资深"需求分析师"的价值所在。这些都不是任何一本教科书能够教会学生的。写在这里,只是为了让读者知道:水的"深浅"在哪里?别以为能写几行代码,就可以自夸"牛人"。

2. 项目团队在需求获取阶段的关注点

在需求获取阶段,项目团队的最后目标是获得用户的需求确认。在这个阶段,最核心的疑问都是面向用户的,例如:

(1) 需求是否被清楚地陈述?

(2) 存在错误的理解吗?

(3) 需求的来源(人员、规章制度、文件)是否正确?

(4) 需求的最终陈述是否得到用户最终责任人确认?

在此阶段,项目团队需要做的一个重要事情,就是帮助用户和开发人员解决所谓的"需求分析综合症"。这个综合症的表现是:用户不知道他们真正的需求是什么,或即使知道也不能完整地表达出来,直到开发人员把用户所描述的东西做出来以后演示给他们看,用户才认为知道自己要什么——可能这并不是我所要的。而在此之前,可能分析人员认为自己比用户更了解用户的需求。因此,大家都把问题积累到了最后——开发完成的时候,这是非常可怕的结果。在最后交付的时候,开发的结果不符合用户的需要,是谁的责任?扯不清。

因此,在这个阶段,项目团队最需求关注和最容易犯错误的是:发现和分析问题、理解用户的需求、定义系统(用例模型)、管理需求范围(项目管理)。采用的方法是:采用业务建模和系统建模的方法进行问题分析。

请牢记,需求获取阶段的关注点如下。

(1) 在问题定义上与用户达成共识;

(2) 理解问题背后的根本原因;

(3) 确定用户和项目干系人;

(4) 定义问题解空间的边界(需求范围);

(5) 确定问题解决方案的约束和假设;

(6) 最终阶段完成标志:用户对系统目标的认可——签字。

如果用一句话来概括这个阶段的核心关键,那就是:确定需求的范围边界。这也是学生在此阶段学习、实践中,难于把握的关键点。

3. 需求获取阶段架构师的关注点

在行业应用软件系统开发过程中,几乎没有一个系统是只为一个用户"定制"的,也就是说,几乎所有软件都是以市场化、产品化为目标的。因此,当前的用户需求不会是开发团队的唯一目标。在软件企业内部，当项目还处于需求获取阶段的时候，就会开始分析，看这个用户的需求目标，是否符合或兼容公司内部相关产品管理（产品线）的目标要求、未来的产品发展方向和空间在哪里。有关产品管理要求的内容如图 4-3 所示。

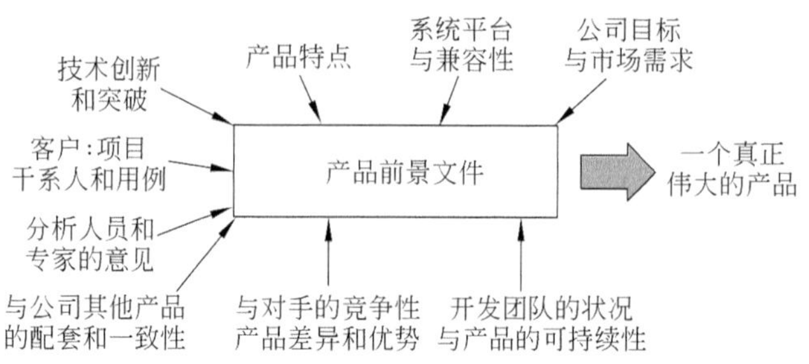

图 4-3　需求获取阶段的产品管理考虑

产品分析的重点在"需求分析"阶段，但在获取阶段，就会关注"关键"的需求点，这其实也是迭代的、很少有完全瀑布模式的。在进行产品需求分析的时候，一定需要架构师的参与。因为有关产品管理的相当多的内容，是由架构师承担的。例如，当前的用户需求与产品线的关系（用户的具体需求与产品的总体发展路线的关系），用户需求与开发平台的关系（在哪个平台上继续进行迭代和二次开发），等等。

需求获取与需求分析阶段有时并不是完全是"瀑布"式、相互分离的，因此，架构师何时需要亲自或委托需求分析师介入到与用户的需求谈判中，选择一个合适的时机十分重要。太早，架构师陷入过多的业务细节中，没有必要。相反，太迟，当有些关键需求被双方认可并确定下来后，再"翻过来"修改，则对双方而言，都是难于接受的。

时机的关键是把握架构设计的"关键需求"点在哪里、该点是否成为需求的范围边界，以及什么时候"合适"谈。好的需求分析师可以帮助架构师选择合适的时机，甚至无须架构师亲自出马。而如果不行，则只有架构师自己监督需求获取过程，把控参与的关键时间点。从参与时间多少看，在需求获取阶段，需要架构师所需要参与的程度，应当远少于需求分析师。

在学生实践项目中，由于没有真正的用户环境，因此，选择合适的项目，使其产品考虑和资源限制指向学生自身（让自己或另一组学生相互成为用户），包括：关键需求的边界确定、关键技术能力把握、可获得资源（时间、支持等）、可持续改进等，也具有一定意义。而指导老师应帮助学生把控架构需求的介入点和时机，例如，在适当的时候，进行需求报告会，只有基本业务需求讨论得比较充分的时候，再逐步引入关键架构需求的讨论。

4.1.3　需求分析阶段与架构师的关注点

需求开发的第二个阶段是需求分析。现代软件工程的需求分析，比传统软件工程的需求分析的含义要窄。

1. 需求分析阶段的工作目标与关键交付物成果

需求分析阶段的任务是面向系统实现（最主要的是面向架构设计，还不是代码），严格对系统的需求进行再分析。包括：通过仔细地分析系统的输入、输出、功能、属性以及系统的构成环境,决定系统构成的完整集合。需求分析主要是面向系统架构及其实现的,所讨论的是在技术上,系统应该如何构建并做什么。需求分析将引导架构设计(正向作用),也受架构设计方法的制约(反向作用)。所以,需求分析阶段是架构师介入项目需求开发的最主要阶段。需求分析的验收标志是组织的需求评审,其内容和性质与需求获取阶段的用户确认,有本质的不同。

因此,在需求开发过程中,需求分析工作的本质是细化系统需求。

在需求获取阶段,已经通过建立业务模型、系统模型,与用户共同确定了系统的基本特性。这些基本特征包括以下几方面。

(1) 业务模型:可以映射出软件产品核心的需求,包括与业务功能对应的组织的特性(如组织的业务流程是否相应改变),与业务流程对应的内外部关系特性(如相应的岗位职责是否调整)等。

(2) 系统用例模型:是在已经建立的业务模型的基础上建立的系统模型,是高度抽象的系统描述。

(3) 用例:业务模型和系统模型的最典型表示形式,是用户通过系统将获得的应用体验。

需求分析是以架构设计为目标,或者是从已有架构平台出发,迭代、补充分析已经得到的用例——细化用例。

不论是前向(正向设计生成架构),还是逆向(已有架构,需要进行扩展),细化用例的主要步骤是:审查主角、细化描述、定义和细化事件流程、确定前置条件和后置条件、确定特殊需求、扩展用例。

具体的操作方法是:

(1) 在定义系统的用例规约之前,确定一份基本的术语词汇表,以统一项目开发中的用词;

(2) 确定系统的用例,通常从寻找系统的主角开始。如果已经建立了业务建模,则可以先从业务对象模型着手;

(3) 系统主角确定后,可以根据为系统主角提供有价值的结果这一准则(用例是为主角的活动最终提供一个有价值的结果的活动过程)来确定系统的用例;

(4) 理清系统用例之间存在的密切关系、具有的内在结构,如泛化关系、包含关系、扩展关系等;

(5) 使用交互图细化用例,按时间顺序排列的是 Sequence 图,按对象关系排列的是 Collaboration 图。两种图从不同的角度,反映了用例的特定情形与流程。

从内容上看,需求分析阶段与需求获取相比,具有更细化、更明确的特点,特别是分析用例关系、活动等。这是因为两者的出发点和目标是不一样的。在 4.2 节讨论如何从需求模型转化为架构模型的时候就可以更清楚地看到,这些细化的分析,都是为了一个目的——架构设计。而在需求获取阶段,面对用户,是不需要关心这些细节的。

2. 需求分析阶段架构师的关注点

在需求获取阶段,已经通过建立业务用例模型,与用户共同确定了系统的功能和特性。需求获取是面向用户的,这体现在进行用例分析的时候,可能并不考虑太深的技术实现细节。但到了需求分析阶段就不同了，需求分析是面对实现的。这个时候还必须具体考虑与实现有关的一些问题，例如，为实现用户需求的架构方式、模块划分、交互方式等。(但这也还是在比较高的抽象层次上，绝不会是代码。)

软件产品本身除了用户功能需求以外，可能还存在与用户业务过程没有直接关系的非功能性需求，如与硬件、软件环境相关的操作系统和软件平台要求、对软件运行的远端监控要求、异常处理(如通信连接中断等非业务异常)、响应时间和负载能力要求等。另一方面，组织的或产品的设计约束和限制，也是系统需求必须要考虑的内容。通常这三部分需求，构成了软件需求的总集。后两个部分是架构师“新增加”的需求。架构师的责任是保证这三部分的需求，能够合适地“糅合”在一起。

因此，需求分析是在需求获取、需求分析和设计决策三者之间来回反复迭代循环的过程，在以后的分析中，将会更具体地看到，需求与架构设计之间是如何相互影响、相互制约，并谋求相互平衡的。

需求分析阶段的交付成果是用系统实现的(而不再是用户)眼光，进一步对《需求说明书》所描述的需求，进行分解、定义、取舍、平衡、折中，得到符合“系统设计需要”的需求描述，如面向对象的OMT(静态、动态、功能)模型中的类图、交互图等。

4.3节将围绕针对OMT模型的架构设计、4.4节以ATM扩展项目的需求分析和架构设计为例，继续深入介绍这方面的内容。

4.1.4 需求处理阶段与架构师的关注点

需求开发阶段的第三个环节是需求处理。

现代软件工程较之传统软件工程在需求过程方面的一个重大差异，是除了对需求获取、分析、描述和记录，更贴近用户、对需求的变更，具有很好的适应性之外，另一个最主要的方面，就是对需求的可追踪与可管理特性。有效的需求追踪管理，使得需求对于后续的开发和维护，是有序、可控、可预测和可管理。有效管理来源于有效的追踪，有效的追踪来源于恰当的需求处理。借助软件过程管理工具，可实现配置管理策略下的工作项追踪，配置管理的“颗粒度”可以细化到类甚至方法。

1. 需求处理阶段的工作目标与关键交付物成果

1) 需求的文档化

为了后续开发和维护阶段的需要，在传统模式下，有了用户实例，还必须编写从用户实例派生出来的功能需求规格说明书和非功能需求文档。包括：质量检验标准、接口说明等。这些文件成为需求分析的成果。CMM2也规定，必须以文档形式给出给定需求。这就是软件工程所要求的需求文档化。所谓需求文档化就是：需求一旦确定，就需要把它用文档的形式固定下来。

文档化的目的是：首先通过记录(文字或数据库记录形式等)，使需求被记录下来。任何口头的传误，在文字记录上会被减少。其次，形式化最主要的追求，是解决需求描述的完整性和无歧义性。需求文档的描述和记录能否真正达到形式化，是需求管理的分解、分配、追踪、评估的条件。为了便于需求实现和变更控制管理，需求形式化在形式上，进一步发展为需求数据库化。

实际上，消除需求描述的歧义性，是传统软件工程一个始终没有很好解决的问题。因为对需求的描述和定义，不可能像计算机语言的定义那样，做到无二义性。在很多项目团队中，需求就是一篇长文章，有的甚至是事后补写的，更谈不上条目化、数据库化。在这样的情况下，需求的分解和实现，充满了二义性，完全根据实现者的理解。同样，项目任务的分解是模糊不清的，需求变更是界线不清的，变更的影响不但无法评估，甚至涉及的范围都无从知晓。

UML 用非自然语言的图形方法表述需求，以减少理解的差异。但它的最大好处在于方便与用户的沟通，而非需求的处理。因为 UML 难于表达需求的所有细节，大量的用例也导致需求“碎片化”和“冗余”，而不利于管理。

2) 需求的形式化与需求分解

在追求需求形式化的道路上，软件人做了长期的努力，但结果并不尽人意。实用的方法有：伪代码、有限状态机、决策表和决策树、活动图(流程图)、实体联系模型(ER 模型)、形式语言描述等。

目前业界已经不再追求需求描述的细化和精准，转而对需求采取分解处理的方法，其基本思路是：复杂问题可以通过分解为复杂度较小的问题的方式，降低其复杂度。通过需求分解，可以从一定程度上帮助项目团队实现以上目标。为了规范化需求，使软件开发的以后各阶段能够在可分解、可追溯、允许增/删/改的基础上对需求进行使用和管理，需求形式化的最基本要求，是应该把需求进行分解，形成类似项目管理中工作分解结构(WBS)的“树结构”，需求被标上层号和序号。

在这里有一个重要的问题，就是：需求树与架构是否是“一一对应”的？没有架构设计的时候，二者有可能是一样的，但在架构设计之下，二者一定不同。且不说架构实现了很多“非功能”性的东西，在需求树上是没有的。需求树是“自然”形成的功能需求分解，功能可以有“重复”，但都需要在“树”上表示出来。架构是“人为”安排的构件结构，构件可以有重用，但架构图(对应最终代码实现)上没有完全“重复”的构件。这就是它的基本不同。

3) 需求分解与需求数据库

目前比较好的需求记录方法，是对需求按类似 WBS 进行层次化、条目化的分解后，在需求数据库的支持下，对需求进行完整和细致的记录。有支持需求数据库化处理的工具，如 Rational 的 RequisitePro、Borland 的 Caliber 2008 等，来协助进行这样的需求数据库管理。

如果把需求的层、项看成是一个搜索网络，借助这个数据库的网络，就可以全面地捕捉容易疏忽的需求，特别是系统的边界情况。同时需求数据库也可以标记需求的变化状态，记录需求活动，动态地跟踪需求的变化。

采用数据库记录和管理需求，首先要对需求进行分解，为每个需求项建立属性。接下来的一步是根据具有可管理属性的需求项，抽象出需求数据字典。然后就可以建立需求数据库了。

通过需求数据库，可以方便地对需求的变化，增加、修改、变化记录、状态变化等，做出完善的记录。更重要的是，借助需求数据库，可以分配资源、评估状态、计算软件指标、管理项目风险、估算成本、确保用户的安全和管理项目规模。

4) 需求分解与需求分配

根据对整个系统需求的分解，项目团队可以获得一棵需求树(WBS树)。这棵树的"根"需求项，就是对整个系统的需求描述。而各不同的"节点"需求项，是一个子系统或系统部件，可以分配给一个部门、小组或个人。它们将根据人员、时间等，再被分解为更细的需求项，直至不需要再进行分解。

处于需求树"叶"位置的那些需求项，是需求实现的最底层单位，这就是项目团队过程跟踪管理的"工作项"，它们可根据人员和任务周期计划，进行工作分配。在项目管理中，有了分层次的需求分解树，就可以建立根据需求树和"需求项"的任务分解和任务分配跟踪系统，这就是需求分配、绩效考核和进度检查。

需求项还是配置管理的基本配置项。有关配置管理的内容，请参看软件工程的相关资料。

5) 需求分解与需求基线的建立

基线是软件工程管理中，不断出现的一个名词。在软件工程环境中，基线是指在软件开发过程中的里程碑，这些里程碑的标志是一项或多项经过正式的技术评审并一致认同的软件制品的提交。

项目开发过程的制品经过正式评审并被相关人员一致同意，可以作为以后项目开发的基础。对已经基线化制品的修改必须要通过正式的变更控制流程。在用户和项目团队之间达成共识，并已经按需求属性建立需求数据库的需求，是建立需求基线的基本条件。

根据生命周期阶段、目标物制品的不同，可以有不同的基线，如功能基线(Functional Baseline)、已分配基线(Allocated Baseline)、开发基线(Development Baseline)、产品基线(Product Baseline)等。

6) 需求规格说明书

系统的《需求规格说明书》是需求处理阶段的输出成果。

软件需求规格说明书阐述了一个软件系统必须提供的功能和性能，以及必须考虑的限制条件。这不但是测试和用户使用、维护文档的基础，而且，也是系统下一步系统规划设计和编码的基础。所以，既要它应尽可能详细地描述系统外部化的(向用户展示的)行为，也要为项目团队内部，尽可能详细地讲明系统功能上的考虑。

需求规格说明书是软件开发的"宪法"，因此，项目经理和架构师都必须从各自的角度出发，认真检查、确认这份重要文件。《需求规格说明书》的主要内容如下。

(1) 概要部分

① 系统名称；

② 项目远景与描述；

③ 项目干系人分析；

④ 风险管理。

(2) 系统级用例图

① 架构图；

② 子系统描述。

(3) 每个用例

① 用例名;

② 简要说明;

③ 参与者;

④ 前提条件。

(4) 主要场景(事件流)

(5) 次要场景图

① 活动图;

② 顺序图;

③ 用户界面图;

④ 后置条件;

⑤ 扩展点。

(6) 其他被使用的用例(包括从属用例)

① 可交付物成果(制品);

② 其他需求。

2. 需求处理阶段架构师的关注点

需求处理阶段产生的交付物成果,是需求阶段向架构设计阶段转移的中间产品,架构师是该交付物的直接接受和使用者和受限者,他至少应关注以下几点。

(1) 从上述需求处理阶段的工作内容可以看到:需求处理阶段首先产生的需求文档,是直接提供给架构师使用的,因此,该文档的形式、内容、质量的好坏,能否可用,直接影响架构师对需求的理解(假定架构师几乎没有参加需求过程)。其中,架构师更关注该阶段所产生的最后需求文档中所记录和确定的需求边界、范围等内容,因为需求的范围边界决定了系统做什么和不做什么,这是对架构师的最直接的需求约定。

(2) 综上所述,软件构架与用户需求往往不是一一对应的关系,就产品化的软件系统而言,通常软件架构的设计应当基于并有可能超出当前软件需求定义的边界之外,是一个更为广泛的需求超集,这个需求超集通常而言就是业务领域模型。业务领域模型反映了现在以致未来一段时间(产品生命周期内)软件系统的需求。因此,架构师在关注需求的时候,针对做什么和不做什么,应该有基于更广泛的业务模型的考虑。

(3) 以构架为中心的软件开发模式,是近几年来软件界大力推崇的一项最佳实践,它较好地解决了软件开发中以往难于克服的多个难题,如需求的变更问题、系统功能扩展的困难、系统的设计基础脆弱的问题等。但由此也给架构师带来了一定的设计局限和约束,例如,开发平台的限制、重用限制、接口限制等。

(4) 同时,架构师也应关注需求基线。需求的基线决定了开发阶段的里程碑,项目团队在某个时间点上应达到的状态和应完成的交付成果,以及变更管理等,它是软件需求和过程跟踪管理的"计划"与目标。

4.1.5 需求评审阶段与架构师的关注点

需求开发的最后一个阶段是需求评审,架构师作为需求阶段交付成果的接收者,当然是需求评审的主要参与者。相反,用户参与需求评审并成为主导者的做法,是错误的。这是现代软件工程的基本观点,不是架构师“争宠”。说到底,需求评审是面向需求实现和跟踪管理的“内部”评审,这与第 9 章讨论的架构评审是一样的。

1. 需求评审阶段的工作目标与关键交付物成果

项目团队在完成以《需求规格说明书》为标志的需求处理阶段以后,就可以进入需求评审阶段。这个评审是指组织或项目团队的内部验证,而不是用户确认。用户的需求确认是在需求的获取阶段结束后,就已经完成。

一般地,需求的评审阶段工作包括以下几个内容。

1) 编写测试计划与测试用例

由项目团队或项目测试组根据用户需求,编写系统测试计划和测试用例。

测试计划是与项目实现过程相一致的提交测试、完成测试的时间、测试内容(使用哪些用例)、通过测试的标准(软件测试与硬件测试不同,软件基本上必须是 100%测试通过)。测试包括:单元测试、集成测试、系统测试、确认测试和用户验收测试等。

测试用例的第一个用途当然是给项目团队或测试组对实现编码后的模块、子系统、接口、界面等进行测试。测试有黑盒测试和白盒测试。软件测试和验证是一门比较复杂的学科,在计算机行业,软件测试也是讨论了几十年,而进展并不大的一个领域。

测试用例也是用户确认系统是否达到规定要求的通行办法。通过运行测试用例,用户知道需求得到了实现,并与希望结果相符合。系统的初验、终验一般都是通过运行项目团队提交给用户的测试大纲(测试用例集)来进行检查(当然不是唯一的检查内容)。

2) 编写用户使用手册

在完成需求规格说明书以后,就应该开始编写使用手册。

使用手册应包括系统的辅助属性,如质量、性能、用户不可见功能(如联机处理过程中,允许同时建立的并发会话数是用户看不见的,但它将影响联机处理的效率)。通过编写使用手册,可以从用户的角度,再次检验系统需求的收集是否完整。特别是非功能性的需求。比如:界面是否友好、操作是否简便、理解是否明了、工作流程是否符合使用者正常的思维习惯等。

3) 编写系统验收标准

软件系统验收标准一般是建立在合格的测试的基础上的,测试大纲是验收的基本要素之一,也是项目合同主要的、独立的一个附件。除此之外,各具体系统会有不同的标准。

以上三项工作既是项目开发的需要,也是对需求的验证过程。它们必须由一个测试小组独立于架构和编码团队进行,那种写完代码接着写测试用例的做法是十分错误的。

4) 通过需求评审

对于项目团队来说,需求开发阶段的最后一个工作,就是通过组织的需求评审。需求评审是保证软件开发质量重要的一环,不论采用什么需求分析工具,目前都还不能说可以省略需求评审。

需求评审委员会由项目团队外的客户、公司的分析人员、设计人员、测试人员、项目管理人员、聘请的专家以及相关领导组成,其中重要的、直接利益相关的角色是架构师。

评审的对象是软件需求规格说明书,也可以进一步审查需求获取、分析阶段产生的其他文档，包括已经建立的业务模型、系统模型、活动图、关系图等。

根据 CMM2 的要求，良好的需求规格说明文档，应具有如下的属性。

(1) 不含糊性。如果每一个需求只有唯一的一种解释，那它是不含糊的。

(2) 完整性。如果需求包括功能、性能、时间响应要求、限制、接口等属性，不存在没有界定的、以为是隐含或默认而实际存在认知差异的需求，是完整的。

(3) 可检验性。存在有限的、经济与技术都是可行的检验方法和程序，对需求的实现与否进行检验，使得用户和组织通过该检验，确认需求被按照需求规格说明实现。

(4) 一致性。需求作为一种要求是一致的，不存在系统内相互冲突的需求要求。

(5) 可跟踪性。需求可追踪。

(6) 可使用性。可为产品的各阶段，特别是维护阶段，提供充分有用的信息。

2. 需求评审阶段架构师的关注点

在需求评审阶段，作为参与评审的一个重要角色是项目经理(假定不是架构师兼任)，面对需求评审，负责这个项目团队的项目经理的定位是什么？

项目经理负责带领项目团队，作为项目的组织和管理者，他要接受评审委员会的审查。因此，他首先是被评审者。但同时，他代表组织(公司)管理项目团队，所以，他也还必须站在公司的立场，他应该站在评审委员会一边。他既不应该一味地为项目团队的缺点进行辩护(辩护与适当的解释和说明不是一回事)，也不应简单地指责项目团队的不足。因此，项目经理是处在一个需要充分协调、沟通、中和各方意见和要求的位置。这也是项目经理职业素质、工作经验和知识能力要求比较高的体现。关注评审内容和结果，根据评审委员会的意见，改进需求开发阶段的工作，是项目经理的职责。

从需求评审以上的活动看，架构师的角色要“简单”一些，他就是项目经理的“技术助手”和具体执行者，他关注构成项目关键点的那些“要素”是什么、在哪里、是否合适等。

在需求评审阶段，架构师与被评审者——需求分析师的角度显然是不同的。前者是审查者(站在接收者的角度)，后者是被审查者(交付者)。但由于架构师也部分参与了需求过程，因此，架构师不可能与需求分析师完全站在对立的“战壕”里。从这个意义上说，需求评审不仅是需求分析师与架构师之间的“交接”，还有很多“第三者”参与和监督。

4.2 需求转换的面向过程方法

4.1 节讨论架构师如何参与需求过程，本节讨论需求阶段的成果(需求模型)向架构设计转换的方法。在传统软件工程中，这个转换是架构设计的一个部分。在现代软件工程的生命周期模型中，这个转换应在需求获取完成、需求分析阶段即开始进行，并在架构设计的初期进行迭代，直到架构设计完成。因而，需求分析起到需求获取和架构设计(蓝图规划)之间的连接、综合和平衡的作用。这正是现代软件工程的进步所在，从以下的方法介绍中，可以逐步看到这一点。

在需求阶段，项目团队明确了要“做什么”，并建立了“需求模型”。进入系统设计阶段后，项目团队将解决“怎么做”，即将“需求模型”转化为“架构模型”的问题。从现在开始，才是架构师“唱主角”的时候，其他阶段，他是配合工作，不负主要责任。

4.2.1 理解需求模型的概念与意义

在需求的获取和分析阶段，获取并记录整理的需求描述，可以称为需求模型。同样，在架构设计阶段产生的设计思想和架构方案，被记录下来，称为架构模型。所谓“模型”其实并无非常严格的规范，最简单的模型是“无形”。

传统面向过程的软件工程需求模型及其建模方法，与面向对象的需求模型与建模方法，有很大的不同。作为架构师，了解这两个模型的建模方式及表达的含义是必要的。

1. 需求模型的概念及其意义

在需求获取阶段，项目团队采用UML方式，与用户就未来的软件系统要做什么——系统要实现的功能、性能、特征等，达成了共识，这些工作是非常必要的。但是，这些团队需求获取的结果，可能采用非正式和不规范的描述形式。例如，仅仅是用需求文字或流程图等形式表述的。即使是UML用例图(注意：UML与面向对象与否无关)，也不是架构设计的直接输入。因此，在需求分析阶段，为了更进一步地刻画用户功能和行为，以及系统需求，需要通过一系列的建模技术和方法，来帮助描述和定义需求，建立系统的需求分析模型。

另一方面，系统功能只是软件系统最基本的外部表征，大部分的系统功能描述，主要是面向用户的，而一个大型、复杂的系统，仅靠这些面向用户的、简单的功能定义，是无法实现的。在手工作坊式的开发方式下，系统由小功能(小系统)堆砌成大系统，混乱的控制流、信息流和大量类似的事件并存，没有统一、可重用的处理(对象)，结果是：在系统内部建立无数个信息“孤岛”。同时系统内部的交互纵横交错、关联关系错综复杂，一个小问题，可能牵涉系统全身，系统非常不稳定，维护困难。

对于一个大型行业应用系统来说，其业务处理流程通常非常复杂，仅采用UML用例图等分析办法，远不能够完整和准确地描述用户的业务需求。很难直接对它们进行架构分析和设计，因此，人们经常借助不同的模型来分析设计系统。

模型是现实世界中的某些事物的一种抽象表示，抽象的目的，是抽取事物的本质特性，忽略事物的其他次要因素，使得外界能比较容易地进入系统，认识事物的本质。模型抽取是理解、分析、开发或改造事物原型的常用手段。开发复杂的软件系统，需求分析师建立的分析模型，可以从复杂背景下的不同侧面，抽象出系统清晰的目标特征，便于项目团队理解和开发实现。

所以，简单来说，模型可以起到这样的作用：整个系统太复杂，难于一下子抓住本质，通过模型简洁地描述系统某个方面，使得认识和理解系统相对可以简单。同时，便于项目团队成员之间、项目团队与客户之间的交流。

模型需要用一种形式来表现，这种形式，通常为一种语言，例如统一建模语言UML。这种语言的构成要素是模型(Model)和表示法(Notation)。模型(Model)表示系统的结构，设计系统时可以在高层进行讨论，而不用太早进入代码的细节。表示法(Notation)则以图表将模型文档化，便于将模型记录和归档。

通过建模语言，描述了一个更为复杂系统的架构，例如，整个系统的功能被分解为多个子系统之后，子系统之间的复杂调用关系等系统架构细节，被模型表示为系统架构不同特定方面的抽象视图。模型的建立依据以下两种思路：自顶向下、逐步求精和自底向上、综合集成。

描述系统模型最常见的方法是形式化描述和图示化描述。

(1) 形式化描述方法非常精确、严谨，易于系统以后的实现，但难以掌握和理解，模型可读性差，往往只有专业人员才会使用，因而难于推广。

(2) 图示化方法直观、自然，易于描述系统的层次结构、功能组成，且简单易学，通常还有工具软件支持，因而成为信息系统的主要描述工具，但这种方法的精确性和严谨性不够。如果不是为了自动生成架构或代码，这种不精确和不严谨的"代价"是可以接受的。

2. 模型的分类

根据从何种角度来理解和描述系统的架构，模型有不同的分类方法。

(1) 按使用阶段划分

① 分析模型(Analysis Models)：描述应用领域(问题域)。

② 设计模型(Design Models)：描述软件系统(问题域的解域结构)。

③ 面向对象技术的分析模型 OOA 和设计模型 OOD 之间，使用相同的模型和建模概念，解决从分析阶段到设计阶段的过渡问题，防止不一致。因此，OOA 与 OOD 经常联系在一起，阶段划分不是十分明确。

(2) 按软件工程的技术方法划分

① 传统的面向过程的建模方法(Structured Methods)：包括结构化分析，结构化设计等，是把过程看作系统模型的基本主线，数据随着过程而产生。最有影响的面向过程的设计方法是 Yourdon 的结构化分析与设计方法(SA-SD-SP 方法)。常用的方法是：DFD 数据流建模、IDEF 功能建模、STD 行为建模等。

② 面向数据的建模方法，把模型的输入输出看成是系统的主线，因此，首先定义的是数据结构，而过程模块是从数据结构中导出的，即功能跟随数据。最有影响的面向数据的设计方法是 Jackson 设计法。典型的需求分析建模方法是实体-关系(E-R)建模。适用于关系数据库设计(大量数据，数据的处理可由数据之外的函数处理)。

③ 面向对象的需求分析方法(Object-Oriented Methods)：是采用面向对象技术的建模概念，以对象、消息和事件及其处理为主线，如实体、关系、属性等，同时运用封装、继承、多态等机制来构造模型，模拟现实系统。OOA 和 OOD 结合，将数据和函数统一，采用迭代、增量开发的方法，使用的技术和工具如 UML 等。

4.2.2 面向过程的需求建模方法

在面向过程软件工程的需求分析阶段，为了更进一步地刻画用户和系统需求，往往需要通过不同的方法，来帮助描述和定义需求。在传统软件工程教材中，需求分析的主要时间和大量篇幅，放在具体介绍需求分析的"需求建模"技术和方法上，如面向过程化的分析方法(Structured Analisys，SA)、数据流图(Data Flow Diagram，DFD)、业务流程图

(Transaction Flow Diagram,TFD)、控制流程图(Control Flow Diagram,CFD)、数据字典(Data Dictionary,DD)、E-R 模型与 E-R 图等。目前,除 E-R 模型外,这些方法已较少使用,大多数已转向面向对象的建模技术,特别是 UML 方法。

4.2.3 面向过程的需求转换

在传统软件工程面向过程的系统概要设计阶段,概要设计的任务就是将需求模型转换为具体的软件架构模型。

1. 需求分析模型与架构设计模型的对应关系

面向过程的需求分析产生的结果,由核心向外是:数据字典、数据流图、实体关系图、状态变迁图、数据对象描述、控制规约、加工规约等。

概要设计阶段产生的结果是:过程设计、接口设计、架构设计和数据设计。其需求来源与架构设计结果的对应关系如图 4-4 所示。

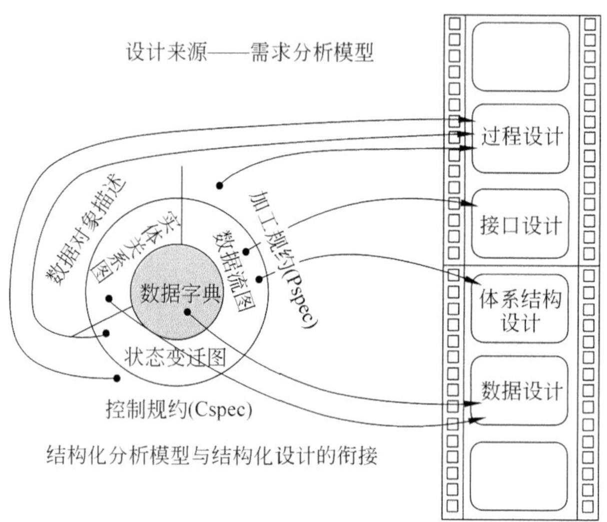

图 4-4 从结构化分析到结构化设计

2. 系统概要设计的一般过程

作为参考,面向过程的系统设计的概要设计过程如下。

(1) 设想供选择的方案。在数据流程图的基础上,一个边界一个边界地设想并列出供选择的方案。在列出方案的时候,暂不评价这些供选择的方案。

(2) 选取合理的方案。从上一步得到的一系列供选择的方案中选取若干个合理的方案,例如,选取低成本、中等成本和高成本的三种方案。根据系统分析确定的目标,来判断哪些方案是合理的。

(3) 推荐最佳方案。综合分析对比各种合理方案的利弊,推荐一个最佳的方案,并为最佳方案制定详细的实现计划。

(4) 功能分解。对流程图进一步细化,进行功能分解。

(5) 设计软件结构。软件结构反映系统中模块的相互调用关系:顶层模块调用它的下层模块以实现程序的完整功能，每个下层模块再调用更下层的模块，最下层的模块完成最具体的功能。软件结构通过层次图或结构图来描绘，可以直接从数据流程图映射出软件结构(如 4.2.5 节介绍的基于数据流的“安保控制系统”架构设计案例)。

(6) 进行数据库设计。

(7) 制定测试计划。

(8) 书写文档。文档包括：系统说明、用户手册、测试计划、详细的实现计划、数据库设计结果。

(9) 审查和复审。先技术审查，后管理审查。

面向过程的架构设计的核心关键就是上述的步骤(4)和(5)，其核心方法是从数据流中导出系统结构，但这一方法的缺点是明显的，目前已被面向对象的设计方法所取代。

4.2.4 面向过程的变换流与事物流转换

面向过程的系统设计方法，其核心思想是从需求模型的数据流/事务流中，导出系统架构。这是所谓的“面向变换流”的系统设计方法。

1. 变换流与事务流的概念

面向数据流的设计方法采用自顶向下、模块化和结构化的设计概念，是一种典型的基于结构化程序设计的需求向系统设计转换的例子。

面向数据流的设计步骤如下。

(1) 分析数据流的类型——两种数据流类型：变换流和事务流。

(2) 检查和寻找流的边界。

(3) 将数据流图(DFD)映射到程序结构。

(4) 定义控制的层次结构。

(5) 用设计测量和启发信息对结构进行求精。

(6) 精化架构描述。

为了与面向对象的设计思路相对照，以下简单介绍面向数据流的两种映射分析方法。

1) 变换流概念

在系统模型一层，需求描述了以下内容。

(1) 输入流：信息沿输入通路进入系统，由外部形式变换成内部形式，这是输入流。

(2) 变换中心(加工中心)：进入系统的信息通过变换中心，进行加工处理。

(3) 输出流：再沿输出通路变换成外部形式(输出流)离开系统。

当数据流具有这些特征时，这种信息流称为变换流，如图 4-5 所示。

2) 事务流概念

实际上几乎所有的系统都可以是变换流，但是如果把输入流的某个数据项看成是一个事务，它具有如下特点。

(1) 事务流：数据沿输入路径流动，在流动中外部信息被转换成事务，事务被分析，根据分析后的类型，启动沿途的某个或某些路径的动作。这种“以事务为中心”的数据流，称为“事务流”(图 4-6)。

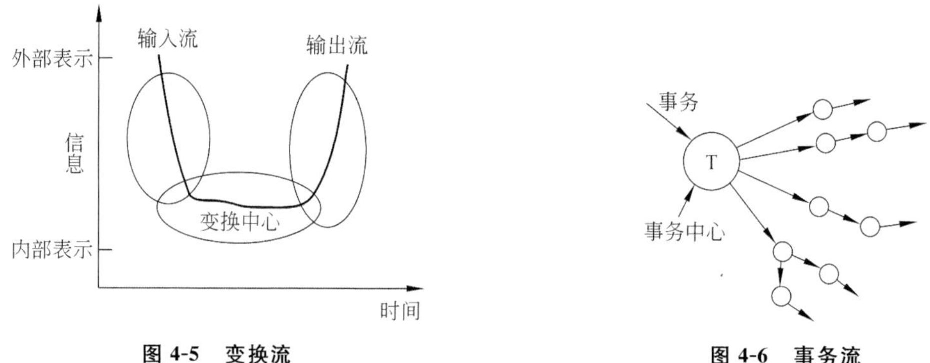

图 4-5 变换流

图 4-6 事务流

(2) 事务中心：其中发射出多条动作路径的信息流中心为事务中心。事务中心完成以下任务：接收输入数据；分析每个事务以确定它的类型；根据事务类型选取一条活动路径。所以，事务流可以看成是带“分支”的变换流。

2. 变换分析的一般过程

不论是变换流还是事务流，都按照以下的步骤进行分析和变换。

(1) 复查基本系统模型：复查的目的是确保系统的输入数据和输出数据符合实际。

(2) 复查并精化数据流程图：精化的目的是确保处理是独立的、可由一个子系统实现。

(3) 确定数据流程图具有变换特性还是事务特性：在一个大系统中，变换流和事务流可能同时存在，只有当遇到有明显事务特性的数据流时，才采用事务分析方法，否则，一般都认为是变换流，采用变换分析的方法。区分变换流和事务流的过程如图 4-7 所示。

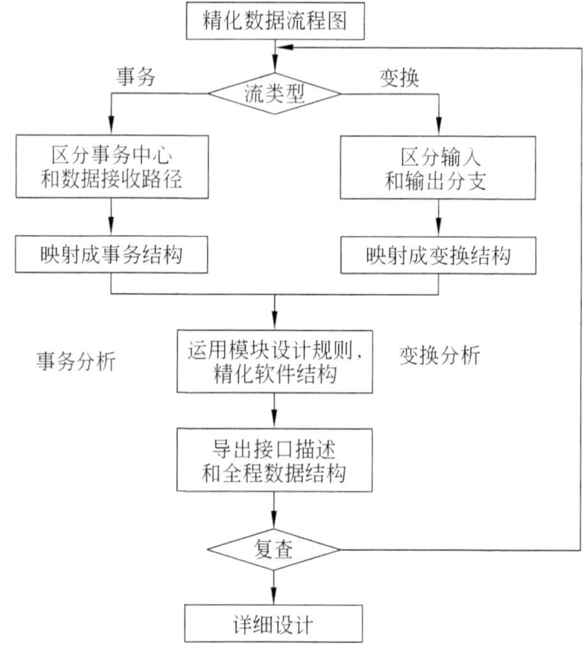

图 4-7 变换分析过程

3. 变换流分析

首先确定输入流和输出流的边界，从而孤立出变换中心。具体步骤如下。

(1) 寻找"输入流"的边界：从输入的数据源开始，沿着每一个由数据源传入的数据流的移动方向进行跟踪分析，逐个分析它所经过的处理逻辑功能。如果仅是输入的数据流作形式上的转换，逻辑上没有进行实际的数据处理功能，则这些处理逻辑属于系统的"输入处理部分"。顺着输入的数据流的移动方向，一直跟踪到它被真正地处理为止。

(2) 寻找"输出流"的边界：从输出结果的地方开始，逆着每一个传递出去的数据流，由外向里反方向跟踪，逐个分析它的处理逻辑功能，一直反方向跟踪到它被真正地产生出来为止。

(3) 得到变换中心：根据前两步的分析结果，画出一个闭环界线，在界线以内的就是变换中心。

数据流分析的最大难点，就是输入/输出的边界，确定在哪里最合适。

4. 事务流分析

事务流分析的设计步骤与变换分析的设计步骤大体相同或类似，主要差别仅在由数据流程图到软件结构的映射方法不同。

由事务流映射成的软件结构包括一个接收分支和一个发送分支。映射出接收分支结构的方法和变换分析映射出输入结构的方法相似，即从事务中心的边界开始，把沿着接收流路径的处理逻辑映射成模块。

发送分支的结构包含一个调度模块，它控制下层的所有活动模块；然后把数据流程中的每一个活动流路径映射成与它的特征相对应的结构(图 4-8)。

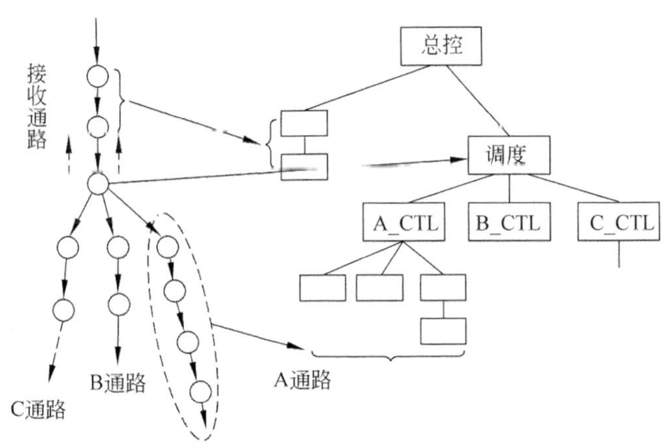

图 4-8 事务流影射结构

对于一个大系统，常常把变换分析和事务分析应用到同一个数据流程图的不同部分，由此得到的子结构形成"构件"，可以利用它们构造完整的软件结构。

一般来说，如果数据流不具有显著的事务特点，应使用变换分析；反之，如果具有明显的事务中心，则应该采用事务分析技术。

4.2.5 采用变换流方法的案例分析

以下结合一个家用安保系统的例子，介绍变换流转换的分析过程。

家用安保系统从控制面板获得指令和设置数据，从传感器获得监控数据，然后根据预设的控制阈值，检查输入值是否已经超出预定值，如果超出，则根据某些处理规则，进行报警或处理。

1. 划分输入/输出流边界

根据前面介绍的变换流分析步骤，首先确定输入/输出流的边界，具体步骤如下。

(1) 从家用安保系统的第 0 层 DFD 图(图 4-9)开始，分析数据流向。

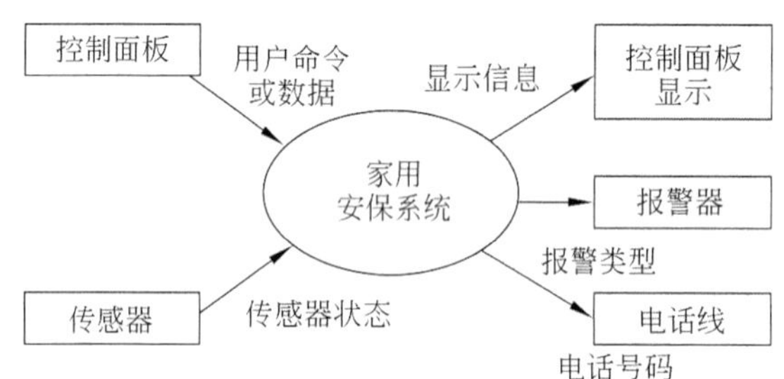

图 4-9 家用安保系统第 0 层 DFD 图

(2) 为了简单起见，暂时只考虑传感器监控部分，获得家用安保系统的第一层 DFD 图(图 4-10)。

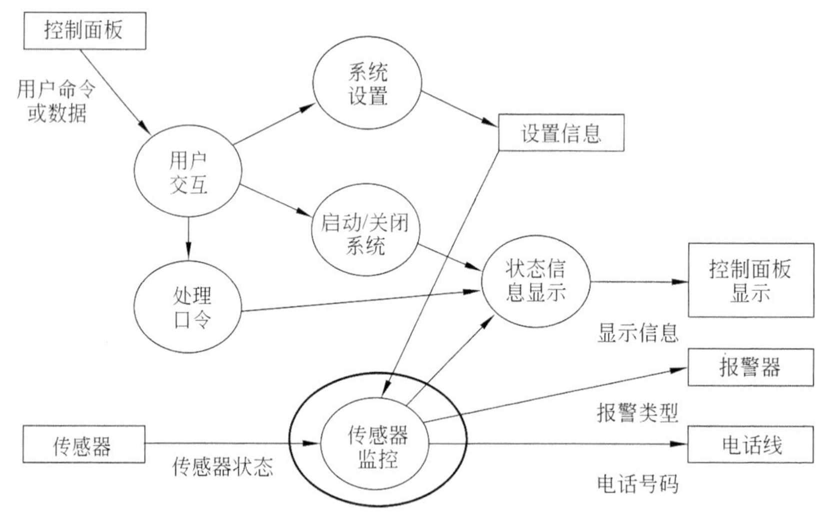

图 4-10 家用安保系统第一层 DFD 图

(3) 对第一层传感器监控的 DFD 进行精化描述，获得家用安保系统的第二层 DFD 图(图 4-11)。

(4) 在精化信息描述的基础上，分析出输入流、输出流的边界，孤立出了处理中心。获得具有输入流/输出流边界(边界线用线条标出)的传感器监控的第三层 DFD 图(图 4-12)。

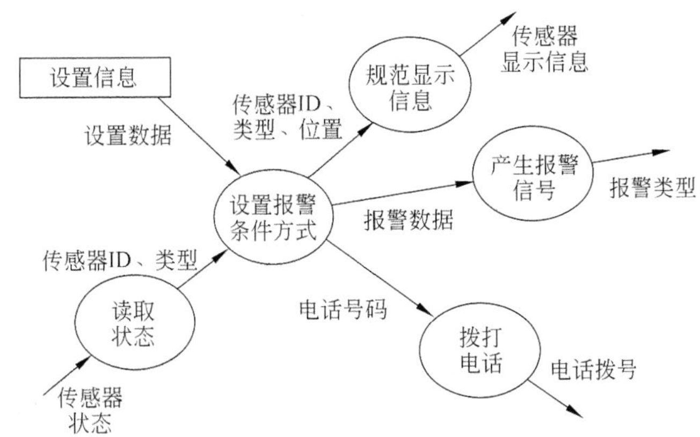

图 4-11　家用安保系统第二层 DFD 图

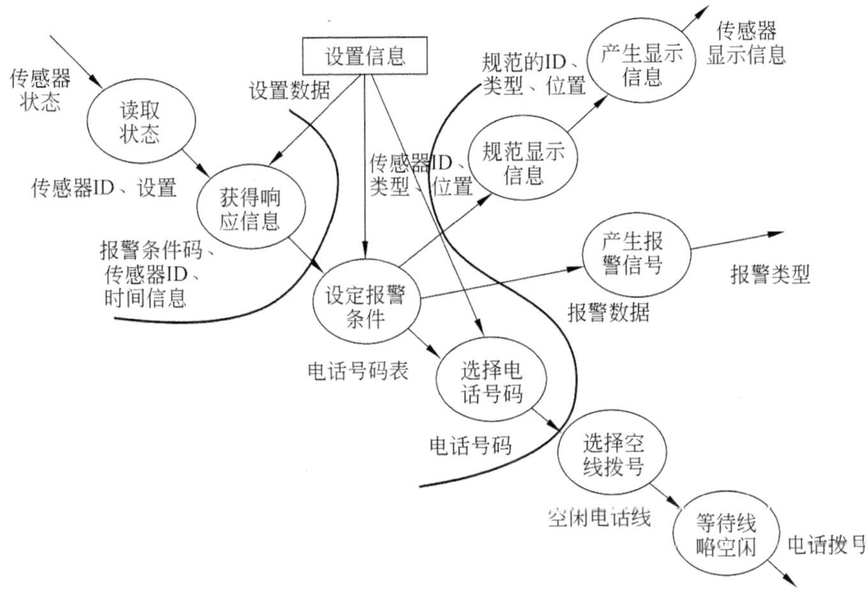

图 4-12　家用安保系统第三层 DFD 图

在划分输入流/输出流边界的时候，以处理中心为视角，把什么放在边界外，把什么留在处理中心，是一个难于把握的问题。记得 2.2 节汽车控制系统的例子吗？作为控制中心，是否把尽可能多的东西放在“外面”比较好？

2. 完成第一级分解

第一级分解完成后，得到了这样一个初步的系统架构，如图 4-13 所示。

在第一级分解过程中：

(1) 控制模块 C_m 被抽象出来的，它位于软件结构最顶层，协调控制下属模块；

(2) 输入信息处理控制模块 C_a，协调对所有输入数据的接收；

(3) 变换中心控制模块 C_t，管理对内部形式的数据的所有操作；

(4) 输出信号处理控制模块 C_e，协调输出信息的产生过程。

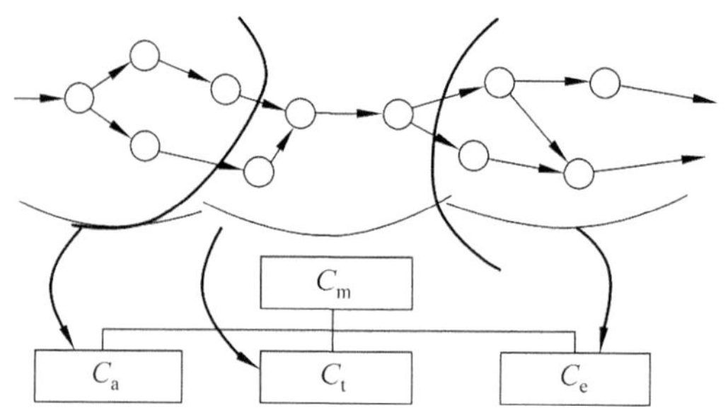

图 4-13　第一级分解的系统架构

第一级分解的关键思路(菜单控制)是：

(1) 分解是对系统过程和结构的抽象，顶层用于决策，底层用于具体执行，中间层完成控制和计算。但具体边界建立在哪里，可能还需要继续仔细地推敲。

(2) 在面向过程的设计中，系统按调用、返回模式(菜单控制)设计。因此，上层是主控模块，下层是执行并返回结构，系统总体设计按这样的结构安排，并在第二级多次分解中，逐步求精。

(3) 主控模块就是在所有系统模块中，起协调控制作用的，它并不完成任何用户功能。

(4) 分解可能不会一次完成，调整的过程就是反复权衡，使模块之间具有良好的内聚和耦合性。

图 4-14 是案例中传感器监控转换分析的第一级分解结果。

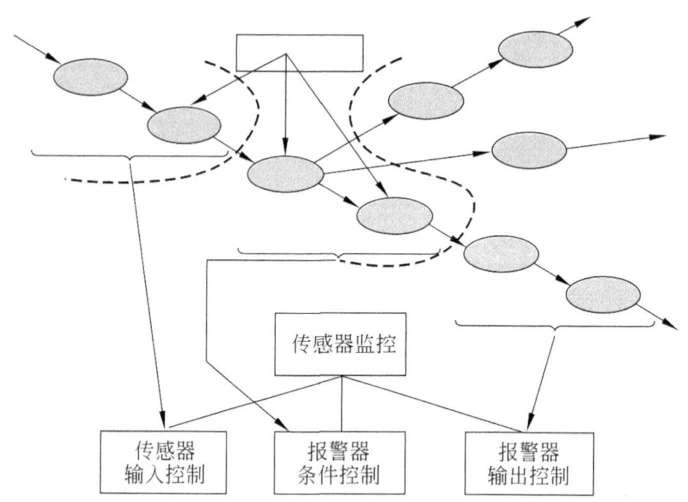

图 4-14　第一级分解的结果

3. 完成"第二级分解"

继续进行第二级分解。

所谓第二级分解，就是继续把数据流程图中的每个处理，映射成软件结构中一个适当的模块。完成第二级分解的方法如下(图 4-15)。

(1) 从变换中心的边界开始，沿着输入路径向外移动，把输入通路中每个处理逻辑，

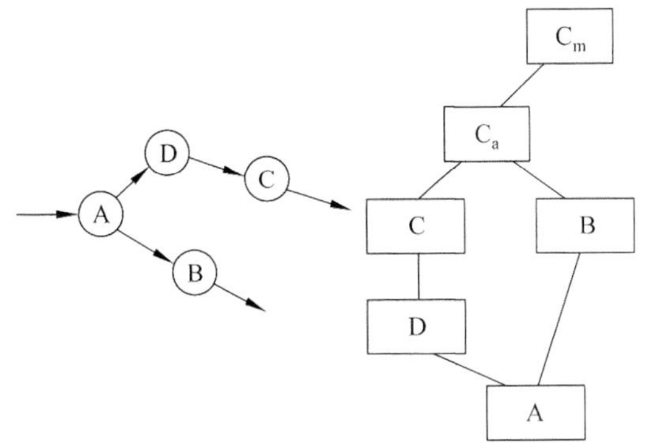

图 4-15　第二级分解方法

映射成软件结构中 C_a 控制下的一个低层模块；

(2) 从变换中心的边界开始，沿输出路径向外移动，把输出路径中每个处理逻辑，映射成直接或间接受模块 C_e 控制的一个低层模块；

(3) 最后把变换中心内的每个处理映射成受 C_t 控制的一个模块。

图 4-16 为传感器监控的第二级分解结果：二级分解产生了更多的、更详细的模块。

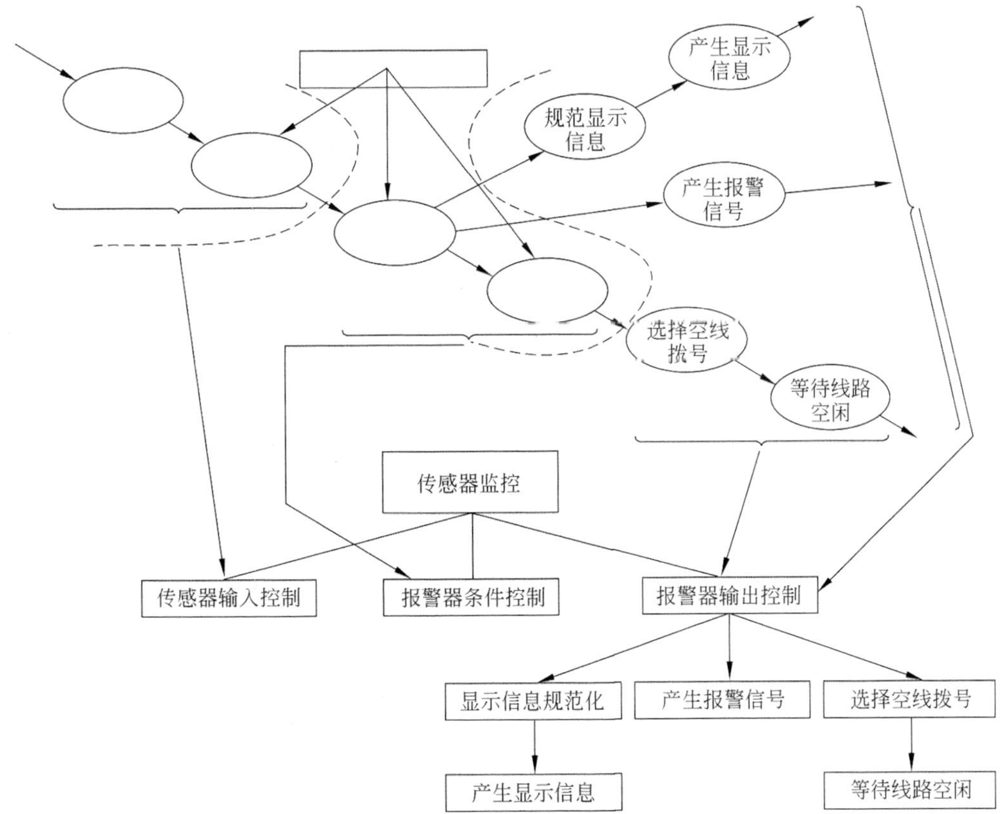

图 4-16　传感器监控的第二级分解结果

4. 使用模块的设计原则,对第一次分割得到的软件结构进一步精化

为了得到一个易于实现、易于测试和易于维护的软件结构,根据软件设计的基本原则和其他启发性原则,对初步分割得到的模块进行再分解或合并——求精。

例如,在传感器监控系统中,由于只有一个输入处理模块,添加的输入控制模块就没有必要了,可以去掉。变换控制也可以内聚为一个模块,减少了层次。如果显示数据的格式非常简单,显示信息的格式化也可以和显示模块合并。

4.2.6 采用UC矩阵方法的案例分析

系统架构设计的一个最主要任务,就是划分系统的模块,在面向过程的系统分析与设计中,采用功能/数据分析的方法,建立系统架构模型,是另一种比较典型的方法。

1. U/C 矩阵的概念

功能/数据分析是在业务流程、数据流程及数据分析的基础上,为了整体地考虑新系统的功能子系统和数据资源的合理分布,而进行的系统化的分析方法。功能/数据分析是通过 U/C 矩阵的建立和分析来实现的。

U/C 矩阵通过一个普通的二维表来分析汇总数据。表的纵坐标定义为数据类变量(Xi),表的横坐标定义为业务过程类变量(Yi)。数据与业务过程(即 Xi 与 Yi)之间有两种关系:U——使用(use)关系,C——建立(create)关系。

采用 U/C 矩阵方法进行的数据正确性分析是基于以下的所谓数据守恒原理,即:

(1) 数据必定有一个产生的源,而且必定有一个或多个用途。

(2) 具体在 U/C 矩阵中,就是:

① U/C 矩阵的每一个列只能有一个 C(来源唯一);

② U/C 矩阵的每一个列至少有一个 U(至少有一个用途);

③ 不能出现空行或空列(没有来源或没有用途)。

表 4-1 是一个 U/C 矩阵的例子。

2. U/C 矩阵的使用

U/C 矩阵的主要功能表现为:通过 U/C 矩阵的正确性检验,可以及时发现前段需求分析和调查工作的疏漏和错误,分析数据的正确性和完整性;通过对 U/C 矩阵的求解过程,最终可得到子系统的划分,通过对子系统之间的联系(U),可以确定子系统之间的共享数据。

U/C 矩阵的建立方法是:首先进行系统化,自顶向下地划分功能部门;然后逐个确定其具体的功能(或功能类)和数据(或数据类);最后,填上功能/ 数据之间的关系,即完成了 U/C 矩阵的建立过程。

U/C 矩阵的正确性检验方法如下。

(1) 完备性(completeness)检验:指对具体的数据项,必须有一个产生者(C)和至少一个使用者(U),功能则必须有产生或使用(U 或 C)发生。

(2) 一致性(uniformity)检验:指对具体的数据项,必须有、且仅有一个产生者(C)。

(3) 无冗余性(non-verbosity)检验:指 U/C 矩阵中不允许有空行和空列。

表 4-1 U/C 矩阵

功能 \ 数据类	客户	订货	产品	工艺流程	材料表	成本	零件规格	材料库存	成本库存	职工	销售区域	财务计划	计划	设备负荷	物资供应	任务单	列号 Y
经营计划		U				U						U	C				1
财务规划						U				U		C	C				2
资产规模												U					3
产品预测	C		U								U						4
产品设计开发	U		C	U	C		C						U				5
产品工艺			U		C		C	U									6
库存控制							C	C							U	U	7
调度			U	U				U						U		C	8
生产能力计划				U										C	U		9
材料需求			U		U			U								C	10
操作顺序				C										U	U	U	11
销售管理	C	U	U						U		U						12
市场分析	U	U	U								C						13
订货服务	U	C	U						U		U						14
发运		U	U						U		U						15
财务会计	U	U	U						U	U		U					16
成本会计		U	U			U						U					17
用人计划										C							18
业绩考评										U							19
行号 X	1	2	3	4	5	6	7	8	9	10	11	12	13	14	15	16	

U/C 矩阵的求解就是对系统结构划分的优化过程。求解本质上是基于子系统划分应相互相对独立,且内部凝聚性高这一原则之上的一种聚类操作。U/C 矩阵的求解过程,常通过表上作业法来完成。其具体操作方法是:调整表中的行变量或列变量,使得"C"元素尽量地朝对角线靠近,然后再以"C"元素为标准,划分子系统。

表 4-2 是经调整后的 U/C 矩阵。

3. 基于 U/C 分析的系统功能划分

系统逻辑功能的划分,是在求解后的 U/C 矩阵中,划出一个个的方块,每一个小方块即为一个子系统。划分时应注意:沿对角线一个接一个地画,既不能重叠,又不能漏掉任何一个数据和功能;小方块的划分是任意的,但必须将所有的"C"元素都包含在小方块内。

表 4-2　调整后的 U/C 矩阵

表上移动作业过程

行顺序没变、列顺序变了

功能＼数据类	计划	财务计划	产品	零件规格	材料表	材料库存	成品库存	任务单	设备负荷	物资供应	工艺流程	客户	销售区域	订货	成本	职工
经营计划	C	U												U	U	
财务规划	U	C													U	U
资产规模		U														
产品预测			U									U	U			
产品设计开发	U		C	C	C							U				
产品工艺			U	U	U	U										
库存控制						C	C	U		U						
调度			U				U	C	U		U					
生产能力计划									C	U	U					
材料需求			U		U	U				C						
操作顺序								U	U	U	C					
销售管理		U	U				U					C	U	U		
市场分析		U	U									U	C	U		
订货服务			U				U					U	U	C		
发运		U	U				U						U	U		
财务会计	U	U	U				U					U		U		U
成本会计	U	U	U											U	C	
用人计划																C
业绩考评																U

C尽量朝对角线靠

表 4-3 是在完成 U/C 矩阵的求解的基础上，完成的功能划分。

4. 数据资源分布与应用部署

完成功能划分以后，所有数据的使用关系都被小方块分隔成了两类：一类在小方块以内；一类在小方块以外。在小方块以内所产生和使用的数据，则今后主要放在本系统的计算机设备上处理；而在小方块以外的“U”，如果假设每个小方块是基于分布计算的（不同的功能计算分布在不同的网络节点设备上），则表示了各子系统之间的数据联系，这些数据资源今后应考虑放在网络上，供各子系统共享或通过网络来相互传递数据，这就是应用部署。

表 4-3 U/C 矩阵求解后的功能划分

功能 \ 数据类		计划	财务计划	产品	零件规格	材料表	材料库存	成品库存	工作令	机器负荷	材料供应	工艺流程	客户	销售区域	订货	成本	职工
经营计划	经营计划	C	U												U	U	
	财务规划	U	C													U	U
	资产规模		U														
技术准备	产品预测			U									U	U			
	产品设计开发	U		C	C	C							U				
	产品工艺			U	U	U	U										
生产制造	库存控制						C	C	U		U						
	调度			U				U	C	U		U					
	生产能力计划									C	U	U					
	材料需求			U		U	U				C						
	操作顺序								U	U	U	C					
销售	销售管理		U	U				U					C	U	U		
	市场分析		U	U									U	C	U		
	订货服务			U				U					U	U	C		
	发运		U	U				U						U	U		
财会	财务会计	U	U	U				U					U		U		U
	成本会计	U	U	U											U	C	
人事	人员计划																C
	人员招聘/考评																U

最后设计完成的系统模块，如表 4-4 所示。

5. 新系统总体方案的建立

到目前为止，新系统总体方案的内容可以包括：对系统业务流程分析整理的结果；对数据及数据流程分析整理的结果；子系统划分的结果；各个具体的业务处理过程，以及根据实际情况应建立的管理模型和管理方法。

面向过程的传统软件工程，到这里为止，基本完成了基于需求分析的初步系统概要设计——子系统划分，在这个方案的基础上，再进行系统架构的详细设计。

4.2.7 面向过程需求转换方式的弊端

通过上述两个案例的分析可以看到，在基于数据流的架构设计案例（4.2.5 节）中，变换流分析和系统架构设计是基于数据流图（DFD）进行转换的，因此，转换的结果将必然

表 4-4　U/C 矩阵求解后产生的功能模块划分

功能		计划	财务计划	产品	零件规格	材料表	材料库存	成品库存	工作令	机器负荷	材料供应	工艺流程	客户	销售区域	订货	成本	职工
经营计划	经营计划	经营计划子系统													U	U	
	财务规划															U	U
	资产规模																
技术准备	产品预测			产品工艺子系统									U	U			
	产品设计开发	U											U				
	产品工艺						U										
生产制造	库存控制						生产制造计划子系统										
	调度			U													
	生产能力计划																
	材料需求			U		U											
	操作顺序																
销售	销售管理		U	U				U					销售子系统				
	市场分析		U	U													
	订货服务			U				U									
	发运		U	U				U									
财会	财务会计	U	U	U				U					U		U	1	U
	成本会计	U	U	U											U		
人事	人员计划																2
	人员招聘/考评																

注：1——财会子系统　2——人事档案系统

导致系统的架构与 DFD 数据流的走向，保持完全对应和一致。在基于 U/C 矩阵的案例(4.2.6 节)中，系统子系统的划分是根据系统的功能模块和模块的输入/输出数据关系，实际上，本质上依据的还是数据流，只不过不是 4.2.5 节案例的一条数据流主线，而可能是(功能模块)点对点(输出对应输入)的数据流。上述两种架构设计方法，导致设计出来的系统架构，完全受制于原系统的数据流。不论是 DFD 的数据流，还是 U/C 的功能模块之间的数据流。当数据流的流向发生变化的时候，系统架构也要发生相应变化。

通过学习《组织行为学》可以知道，在一个用户组织中，由于组织的目标随时间、外部环境、内部需要等因素，时常发生变化。为了适应组织目标的变化，必然会导致组织结构发生变化，组织结构的变化，导致组织的业务流程发生变化。例如，中国电信因改革开放和市场竞争的需要，将其过去一个主要基于计划经济方式运作的企业，向市场化转化，甚至邀请国外著名咨询公司，来做“流程重组”。这就导致其内部组织结构、工作岗位设置和业务流程，发生很大变化，大量“后台”业务和管理向支持“一线”工作这个大目标转变。这一变化，体现到内部业务和管理系统上，就是大量的需求变更。

如果系统是按数据流设计的，则因为流程变量，带来数据流的变化，这一变化可能是“巨大”和“颠覆”性的，那么，系统架构就要大变，甚至完全不能适应新的需求。不但如中国电信这样的“巨变”，就是平时经常发生的“小的”需求变更，对于一个用户系统而言，也是不可避免的，有时甚至新系统还没有上线，需求就变了，这就是面向过程方法的致命弱点。

基于数据流的系统架构，当数据流变化的时候，已有的架构不能适应变化，经常需要修改，甚至“架构重组”，这对项目团队带来了巨大的开发成本和时间压力。相比而言，面向对象的方法，不是从需求模型的数据流“导出”来的，而是根据“对象”和对象关系分析得到的，因此，与业务系统的数据流保持了相对的独立性。

从认识角度看，面向对象方法与传统的面向过程的方法相比，更符合人们对客观世界的认知规律。如前面的分析，结构化方法存在明显的缺点与不足，主要表现在以下几点。

(1) 结构化方法的分析建模的基础，首先是瀑布模型的生命周期阶段划分，例如，先有功能分析，后有数据流分析，再在二者的基础上，进行子系统的划分，设计所得的系统架构自身的稳定性、适应性、可重用性都比较差，当功能改变时，架构也需要跟着做重大改变。

(2) 结构化的重点是功能划分，基本方法是功能的层层细化分解，这种方法也不适应功能的改变和系统需求的变化。因为最高层的功能分解，就已经决定了下一层的功能结构。

(3) 结构化方法对世界的认识是基于横向分层的，当这种分层结构变化的时候，系统难于立即发生改变。

(4) 结构化方法对问题的认识、理解，再进行分解，过程复杂。

而上述的缺点，正是面向对象方法的优点。

(1) 面向过程以输入—加工—输出为主要视角，核心是功能分解。面向对象关注被求解问题的对象——类，关注它们之间的关联操作和属性，关注它们之间的关系和行为。面向过程是横向考虑问题，面向对象是纵向考虑问题，思想方法更接近人的思维习惯。

(2) 面向对象分析与传统面向过程的分析最大的区别是，不再是围绕“功能”。面向对象的分析把“功能”看成是“对象”行为的一个部分，进行分析和组织。

(3) 面向对象的分析(OOA)与设计(OOD)，是采用面向对象的方法分析问题域，建立基于对象、消息的业务模型，形成对客观世界和业务本身规律的正确认识的过程。因此，采用面向对象方法开发的系统，更易于维护，系统架构易于理解、扩充和修改；面向对象方法的继承机制，更有利于支持软件的复用。

4.3 认识和理解需求分析的 OMT 模型

4.3.1 面向过程与面向对象的区别

在开始介绍面向对象的需求转换方法之前，先用一个例子形象地看一下进行需求分析的时候，面向过程与面向对象的区别。

如 4.2.4 节所述，面向过程的需求模型转换，就是根据原系统解决问题所需要的步骤，然后用模块一步一步实现这些步骤，系统通过控制模块，一个一个地依次调用真正的功能模块，实现问题的解。

而面向对象是把构成问题的事务分拆成不同对象，建立对象的目的不是为了完成一个功能（对象不是对应功能），而是为了找出"参与"整个问题域，并与"解"密切相关的那些"个体"（对象），这些个体的行为和联系，构成问题的"解域"。

例如五子棋，面向过程的设计思路是依据下棋的步骤：①开始游戏（画空白棋盘，接收键盘或鼠标）；②黑子先走；③绘制黑棋落点；④判断输赢；⑤轮到白子（接收键盘或鼠标）；⑥绘制白子；⑦判断输赢；⑧返回步骤②；⑨输出最后结果。把上面每个步骤分别用不同的功能模块来实现，并用一个总控模块来进行巡回控制，系统架构设计的问题就解决了。现在，在很多应用程序中，还可以很明显地看到这样设计出来的系统，只不过总控模块变成了系统"菜单"。

而面向对象的设计则是从另外的思路来解决问题。

整个五子棋可以分为：①玩家对象（黑白双方），假定两方的行为是一模一样的（根据规则，实际上黑棋先手，占有优势，因此，在规则上受到一些限制，黑白是有区别的。为简单计，这里假定一样）。②棋盘对象，负责绘制画面、落子。③规则对象，负责判定诸如犯规、输赢等。玩家对象负责接受用户输入，并告知棋盘对象棋子布局的变化，棋盘对象接收到了棋子的变化，就要负责在屏幕上面显示出这种变化，同时利用规则对象来对棋局进行判定。如果没有输赢，则又回到玩家对象。可以明显地看出，面向对象是以行为者的特性来划分的，而不是按功能。

同样是绘制棋局，这样的功能在面向过程的设计中被分散在了不同的功能步骤中，很可能被不同的人、按不同的方式编程，由此出现不同的绘制方法的代码版本。而在面向对象的设计中，绘图只可能在棋盘对象中出现，从而既保证了绘图行为的代码统一，也不需要多次开发，保证了代码的质量和重用。

行为上的统一保证了面向对象设计的可扩展性。比如要加入悔棋的功能，如果要改动面向过程的设计，那么从输入，到判断，到显示这一连串的步骤都要改动，甚至步骤之间的循序都要进行大规模调整。如果是面向对象，只用改动棋盘对象就行了，棋盘对象保存了黑白双方的棋谱，简单回溯（回退一轮或 N 轮）就可以了，而玩家和规则判断部分则完全不用顾及，同时对象之间的调用关系也没有发生变化，改动只发生在棋盘对象的某个方法中。这就是面向对象方法的优点，因为它划分对象的方法，不是功能，而是行为分析后的抽象归类。这种抽象，保证了行为被合理归类，归类（也就是面向对象的类）很少发生变化，变化多发生在同一个归类中，这就保证了整体的相对稳定性。这就是为什么“悔棋”只需要很少修改的原因。

4.3.2 基于 UML 用例的业务建模

对于一个复杂的业务系统，可能涉及：公司组织、业务单位、部门和人员岗位、职责和功能、内部和外边网络、客户、业务信息流、行政和财务流等。为这个组织建立计算机系统，需要回答：为什么要建立这个系统？这个系统的定位是什么？如何确定哪些功能适合放在系统的哪些特定节点上？何时采用计算机处理而何时采用人工处理？为适应计算机处理，需要改变现有工作流程吗？等等。回答这些问题的时间阶段是需求获取阶段，回答并记录这些问题的技术和方法，就是业务建模。

1. UML 业务建模的目的和意义

业务建模的目的是为了在开发者和用户之间，为建立需求规约而进行交互，最终达成一致。因此，业务建模人员必须理解用户现有的业务组织的静态结构和动态运作方式，必须确保客户、最终用户以及开发人员对业务组织有共同的理解，必须定义系统的边界在哪里？功能是什么？必须理解如何部署新的系统以提高生产力，以及现有的哪些人、责任、流程、系统会受到新系统（计算机系统）的影响？等等。

如何实现这个目标？UML 提供了用例和用例图的方法。要向用户解释和说明的系统功能，由用例来表示。

因此，用例的作用主要表现为：

(1) 它确定和描述了未来系统的功能要求；

(2) 它给出清晰和一致的未来系统做什么的描述；

(3) 它为验证系统的测试提供基准；

(4) 它还提供了从功能需求到系统实现类和操作的跟踪能力。

一个业务模型是领域模型的超集，包括：业务对象模型（领域模型和业务用例实现）和业务用例模型（说明系统所支持的业务过程）。领域模型将系统语境中的重要概念描述为领域对象，并建立这些领域对象之间的关系。

UML 中的建模结构就是业务用例模型和业务对象模型。

(1) 业务用例模型是业务系统预期功能的描述模型，是系统开发任务和作为产品提交时的最根本的系统工作描述；

(2) 业务对象模型描述了实体和相互交互完成业务用例所需要的功能，是业务用例的实现。

2. 用户/需求分析师眼中的用例图

在需求获取阶段，用户和需求分析师采用用例图，记录用户使用系统的从头到尾的一系列事件。用户一般称为“活动者”，它可以是人或另一个系统，它与当前的系统交互，向系统提供输入或从系统中获得输出。每一个 use case 包括“活动者”和一个表示 use case 的椭圆。

活动者是谁？是对系统感兴趣的人，是使用系统功能的人，是从系统的使用中受益的人，也可能是向系统提供信息的人/系统，可能是维护系统的人，是系统使用的外部资源/系统与已经存在的外部系统的交互。这是该阶段用户/需求分析师关注的重点。

用例分析是目前消除用户与开发人员需求理解不明确、不一致、不完整性的最有效手段和关键技术，在需求获取阶段使用用例技术的好处如下。

(1) 与传统的需求分析方法相比，用例的图形表示简单、易于理解；

(2) 用例迫使开发人员从系统设计时，就从用户的角度考虑问题；

(3) 用例使用户参与到需求过程中来，帮助他们理解所建设的系统，并提供了一种交流和记录的手段；

(4) 用例给出了需求的情景，从而使人们理解需求的原因以及系统是如何实现它的目标；

(5) 大多数情况下，用例是开发人员写的，因此，他是理解这个需求，也知道最终要对实现这个需求负责的。

3. 架构师眼中的用例图

对于架构师而言，用例在系统的架构设计阶段，甚至在整个软件生命周期当中，也有好处。

(1) 用例在需求分析阶段，是一个关键的工具，架构师应特别关注在用例中描述和确定的需求范围边界，它帮助项目团队理解系统需求做什么和不做什么。

(2) 用例在系统设计和实现过程中，也是一个关键的工具，它降低了因需求表达不确切和不一致，导致系统开发错误的风险；架构师应特别关注那些可能因需求不明确、遗漏、错误理解而导致后续架构开发中出现的需求误导。

(3) 用例可以直接延伸到测试过程，这有利于确保系统真正做了它应该做的事情，即只做系统需求所需要做的，绝不多做。

(4) 用例也是用户文档的输入，可以从用例开始，很方便地组织用户文档的编写。从系统维护的角度看，原始的需求模型是决定系统做什么和不做什么，为什么这样做而不是那样做的依据，因此，最初的需求模型是告诉后来者，系统为什么如此的最原始的资料。

以上的理由，实际上就是 UML 所倡导的用例驱动。

4.3.3 基于 UML 的类与对象建模

到目前为止，面向对象分析方法有很多。比较著名并被应用较多的，有 Code 和 Yourdon 提出的 OOA 建模方法和 Rumbaugh 等人提出的 OMT(Object Modeling Technique)方法。OMT 方法也是 UML 的核心和另一个重要来源。

OMT 方法采用以下三种模型来描述系统。

(1) 对象模型：描述系统数据结构。

(2) 动态模型：描述系统控制结构。

(3) 功能模型：描述系统功能。

OMT 建模过程的核心思想是在需求分析阶段，构造独立于实现的应用域模型。在系统架构设计阶段，把问题域的解决方案结构逐步加到架构模型中。而在系统实现阶段，则是把包含应用域的求解方案的系统架构，转换成程序代码，并进行测试。

1. OMT 建模的步骤

为了进一步描述和定义系统需求，UML 采用的是基于 OMT 的一系列分析和建模方法。首先建立的是类和对象模型。类和对象模型，描述了系统的静态结构。有了系统的静态结构，才可以在静态结构的基础上，建立系统的行为(动态)模型。为了建立类和对象的模型，UML 采用了一套统一的描述方法和符号。

这一套建模的步骤，借用的是 UML 三位主创之一的 Booch method 的 5 个步骤(UML 的三个来源和三个组成部分：OMT 的三种模型，分析的 5 个步骤，一组图形符号)。

(1) 使用"寻找什么"标准来标识类和对象——分析类；

(2) 定义一般/特殊结构、定义整体/部分结构——分析包；

(3) 标识主题(子系统构件的表示)——建立子系统；

(4) 定义属性和实例联系；

(5) 定义操作和消息联系；

在面向对象的认知体系中，类是信息和行为的包装，对象是类的特定实例。在 UML 类图中，类图由系统中的类和它们之间的关系组成。例如，在 C/S 结构的系统中，常常把系统的信息放在数据库一方，行为放在应用程序一方来划分不同的类。面向对象的特点之一就是将信息和影响信息的行为连接在一起，包装成类。

2. 从问题域中查找类

类与对象分析是需求分析的第一步，也称为静态分析。

需求分析从问题域中寻找类开始，然后定义类的属性和操作。实际上，掌握分析的技术和工具相对是简单的，真正困难的是分析者对问题域和解域两个方面的认识和理解。这就是系统需求分析师和架构师与编码工程师的区别，也是学生学习 OOA 的难点。在后面电梯控制系统的案例中，可以清楚地看到这一点。

类首先来自问题域，例如，在业务模型中确定的角色，如客户、操作员等，可以看成是一个类。

从问题域查找类的方法和步骤如下。

(1) 使用名词/动词分析和寻找类。名词/动词分析方法的第一步是尽可能多地收集相关信息。合适的信息来源是：需求描述和说明、用例、项目词汇表、任何其他信息资源(架构、远景文档等)。在收集文档之后，使用非常简单的方法，挑选出以下内容：名词，例如"航班"；名词短语，例如"航班号"；动词，例如"分配"；动词短语，例如"验证信用卡"；名词和名词短语可以表示类或类属性，动词和动词短语可以表示类的职责。

(2) 使用 CRC(Class Responsibility Collaborator)分析类、寻找类。CRC 代表了类、责任和协作者。

类也可以来自系统实现，所以，另一方面，寻找类也可以从以下几方面考虑：系统是否有需要储存、转换、分析和处理的信息，这些信息与系统特定时刻所发生的事件和处理有关，需要经常寄存。系统是否有包含或需要与之交互的外部系统，系统是否有需要利用已经开发的构件，系统是否连接有外部设备等。因此可以看到，从解域查找类，本质上是面向系统架构和设计方法的问题。

3. 分析类的类型

回顾一下面向过程的程序设计的系统抽象方法。面向过程设计的系统或称为结构化的系统构成是：由一组语句构成(抽象的)函数过程；函数构成了具有特定功能的子程序，系统由总控程序与完成特定功能的子程序组成。程序实现过程是如上所述的由下自上，分析过程则相反，是根据如上结构的自上而下。

实际上，面向对象也一样。如果没有类库，一切从一张白纸开始，系统开发将是很困难的，即使有再好的工具，也需要很大量的开发工作。有了类库，分析的过程就是按已经有的类去“套”。所谓“套”就是功能配对。所以，基于开发平台的类分析，为需求分析提供了查找类的基本框架。而很多分析方法，本质上就是在已经存在的框架下进行的。

MFC 的类结构是基于模型/视图/控制器(MVC)模式的，它所提供的基类，可以满足几乎大部分基于 MVC 模式的应用，而基本不需要自己创建新的基类。也就是，所谓的类分析——查找类，在这里，就是选择自己合适的基类——继承(套用)而已。

如果有了一个框架作为基础，就可以发展出很多类的分析模型。类-责任-协作者(CRC)模型就是一种简单的寻找和组织类的方法(确定类、明确责任、清晰协作关系)。

在 CRC 模型下，首先按类的特征进行类分析。这里所谓的类特征，是模型已经确定、但也不失一般性的，所以并不需要分析者自己去发现、归纳和整理什么特征，这当然省了很多脑筋。

类特征考虑的原则如下。

(1) 确切性：类是具体的事务还是抽象的信息。

(2) 包含性：类是原子的，还是聚合的。

(3) 顺序性：类是并发的，还是顺序的。

(4) 永久性：类是临时的，还是永久存在的。

(5) 完整性：类是否是不受外界的影响的。

在此原则下，类特征考虑的要素如下。

(1) 通信/消息/路由、分布性事务、进程控制和同步、安全性；

(2) 信息交换、格式转换、可用性、冗余性；

(3) 应用集成；

(4) 差错检测/处理

(5) 日志/报告；

……

根据这些原则和考虑要素确定类时，主要看以下两个方面。

1) 责任：类的属性和操作

属性：属性是类的最基本的稳定特征，类的属性表明类所必须完成的任务和职责，属性是从问题域分析中抽取出来的，属性是对问题的理解的深化。

操作：操作是从系统处理功能中提取出来的，反映了类的具体行为。

类的属性和操作构成此类区别与他类的差异——责任。属性和操作是可以划分的，因此,责任也是可以分配的。把责任划分到一个类的 5 个原则是: 尽可能地均匀分布,每个责任应尽可能地进行概括陈述,信息和与之相关的行为应保留在相同的类中,与一个事务有关的信息应局限在一个类中,仔细地设计类之间的协作关系。这些原则是面向对象的基本原则,是容易理解的。

2) 协作: 类的另一个角色

协作: 如果一个类使用自己的操作,独立完成自己的任务,那它不需要协作。当类自己不能独立完成任务,需要向其他类发送消息,请其他类协助完成某任务时,由此产生协作。例如,客户端向服务器端发出请求,完成信息查询任务。协作是类之间的关系,当一组类协作完成一个任务时,它们构成一个子系统。

协作是指类和对象在语境中通过互操作完成一个行为(如用例或对象的某个操作)。需求的静态分析部分(结构分析)描述协作,是指明实例中类和对象可能承担的角色。而需求的动态分析部分(行为分析)则包括一个或多个交互,表示在执行计算过程中不同时间(时序)或条件(状态)里协作中的消息流。因此,在分析类的时候(静态),刻画的是类的协作角色: 类的一组实例在执行一个特定任务时所扮演的角色。

下面是 CRC 模型应用的例子。

对于很多应用系统,根据职责和协作的原则,可以考虑把类分成以下三种。

(1) 边界类(Boundary): 系统的外部界面,如传感器、显示、输入、外部的其他系统。

(2) 控制类(Control): 系统的控制逻辑,如业务流程、算法、处理要求等。

(3) 实体类(Entity): 系统的永久存储信息,如数据库信息。

例如,考察课程登记的 Use Case,可以按照上述三种类进行划分如下。

(1) 边界类(窗体和报表): 登记表格、计划表、计费界面、课程表。

(2) 实体类(数据库存储): 安排的课程、可提供的课程、学生计划、学生信息。

(3) 控制类(处理过程): 注册管理、登记管理。

现在回头再看一下这样的划分,感觉它还是比较符合类划分的原则,有明确类的责任,有清晰协作关系。

UML 与 CRC 模型一样,对类进行了分类,创建了三种基本的构造型,即边界、实体和控制。这就是所谓的 B-C-E 模型。

1) 边界类

边界类(Boundary Classes)位于系统与外界的交接处,包括所有窗体、报表、打印机和扫描仪等硬件的接口以及与其他系统的接口。边界类使角色能与系统交互。要寻找和定义边界类,可以检查 Use Case 框图。每个角色/使用案例交互至少要有一个边界类。

例如,假设要迅速寻找模型中的所有窗体,可以创建 Form 类型,将所有窗口指定为这个类型。要寻找模型中的所有窗体时,只要寻找 Form 类型的类即可。

2) 控制类

控制类(Control Classes)负责协调其他类的工作。每个使用案例通常都有一个控制类,控制使用案例中的事件顺序。在 Interaction 框图中,控制类具有协调边界与实体有关消息的责任。还有处理共用功能的管理者,如资源竞争、分布式处理和错误处理等。

3）实体类

实体类(Entity Classes)保存要放进永久存储体的信息，在 B-C-E 模型中，通过实体类将数据库封装起来。例如，在 Java 中，实体类可以想象成负责处理 JDBC 的构件，而在 EJB 中，Entity Bean 就是一个相当好的实体类的范例。

4）增加类的类型

除了上述类之外，开发人员还可以向模型中增加自己的构造型，但这种需要毕竟是不多的。图 4-17 是 ATM 取款用例中，按照 BCE 模型进行的类提取。

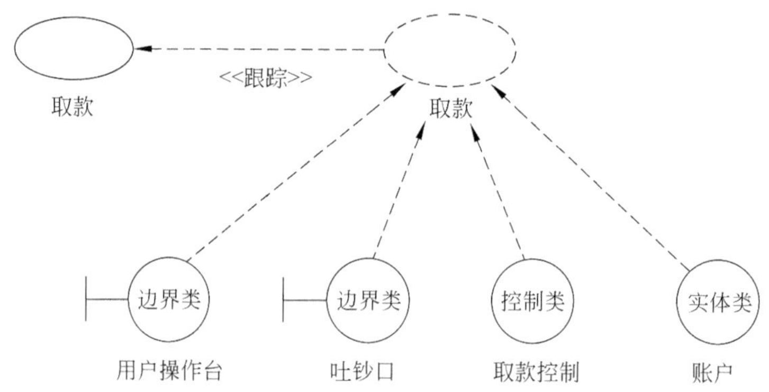

图 4-17 ATM 用例的 BCE 类

用户操作台和吐钞口是边界类，账户是实体类，取款控制是控制类。这里没有必要增加新的类。

5）采用 B-C-E 模型的分析和设计

采用 B-C-E 模型，可以很容易地找到用例模型的类。寻找的方法是按照边界/控制/实体(B-C-E)模型，然后“套”已经在类库中定义好的类。在实现中，真正需要自行创建的“类”并不多，甚至不需要自己创建。如 MFC 等这样的开发平台，是非常符合 B-C-E 模型的。

采用 B-C-E 模式进行类设计的好处是，设计出来的类能与系统的三层结构直接对应，三层结构模式可以把过去散布在客户端、数据库端等各处的程序逻辑，按 B-C-E 模式，自然地划分好，界面非常清楚。同时，将商务逻辑封装在控制中，可以隐蔽系统的复杂性。将实体独立出来以后，可以直接将实体类转换为数据库的表单。这也很好地体现了面向对象的优点，即：存储的数据与处理数据的功能封装，同时隐蔽了数据库系统的复杂性。但对于一些简单的系统，硬把系统结构定义为三层模式，增加了系统的复杂性。

4. 明确类之间的关系并产生类结构

类和对象被标识以后，根据分析的需要，还要进一步进行分解。分析类模型，产生更多的细节，细节使类进一步被分解。细分产生了类的结构和层次。

平台不但创建了大多数的基类(如 B-C-E)，也搭建了非常完整、详细的类结构。

在已经定义的类之间，进一步标明每个责任者和协作者之间的“连接”关系，即描述类与对象(类和它所属的对象)之间的关系，是现在的任务。类与对象间的关系有三种形式或称为三种结构：归纳关系、组合关系和关联关系。这些关系在面向对象方法中，都已经介绍过，这里就不再细说了。

在分析了类与对象之间的关系之后，就为类 & 对象模型建立了联系（关联）。

完成了以上的分析，可以得到一张类图。类图是表现多个类的图，是表现类结构的图，是表现类与类之间关系的图。

图 4-18 就是 ATM 取款用例的类图。类图显示了系统的静态结构，是讨论动态模型的基础，也是讨论数据模型的基础。

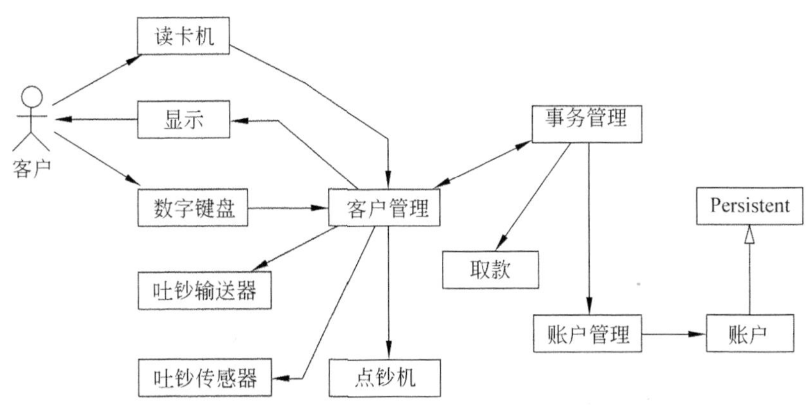

图 4-18　ATM 用例的类图

5. 定义主题和子系统

为了对类作进一步分解和归并，系统常常被划分为完成不同责任的部分，例如，显示、控制、存储等。每一部分完成一组特定的功能，由一组协作的类组成，这些协作的类称为一个子系统（在 UML 中，称为一个包）。子系统是一个黑盒，它完成自己的责任，并与协作者合作。

在这里需要注意的是：首先，面向对象的分析与面向过程的分析不同，OOA 和 OOD 的界限不是十分明确。如上介绍的建模过程也可以看出，类和对象分析的结果是系统架构（子系统）已经慢慢“浮现”出来。但是，在这个阶段所讨论的子系统，是站在功能分解的角度来看的，并不代表系统的具体设计实现（模块）结构。这些结构，只有在完成了系统分析阶段之后，才会被最后定义和确定下来。

6. 架构师眼中的静态模型

通过上述分析步骤获得的类和对象模型，为系统提供了静态的结构。从架构师的眼光看，静态结构是系统架构最初的设计基础，是系统未来逻辑架构甚至是物理架构和运行架构的基础，是未来系统预定的“子系统”、“包”、“组件”（粗颗粒），是下一步动态结构分析的基础。静态结构分析的正确与否，将直接导致未来系统架构设计的正确与否。

回想 2.1 节的文件传输案例，要讨论“实时传输”，仅有计算机 AB 两端，是没有办法讨论下去的，更不要谈实现了。非要把 AB 两端分解开，有了收发进程、缓冲、队列、按“包”号进行的重发控制、进程间的协同等这些架构因素，才可以谈“实时性”的实现方案。

所以，根本的问题是，你的目标和需求是什么，你眼中的“对象”才是什么，否则，它们什么都不是。

4.3.4 基于UML的动态建模

类和对象模型提供了系统的静态结构，在此基础上，UML采用动态建模的方法，来描述系统的动态行为，显示系统运行在不同时刻的动态交互情况，也就是所谓的“情境(Scenario)”。

UML的动态建模主要采用：状态图、时序图、协作图和活动图。这些图已经很熟悉了，现在来看如何应用它们，来为系统架构分析服务。

1. 用例驱动的事件流分析

一个好的用例，表达了一个功能从开始到结束的主要片断，通过从开始到结束的过程，角色获得了它所希望获得的“结果”。这是一个对象的行为过程。描述和定义对象的行为过程，就是现在讨论的建立对象-行为模型。而分析对象行为的方法，采用的是用例模型求精——用例驱动的事件流分析。

系统应该做什么来执行相应的功能？从简单情况开始：

任何一个动作，从开始到结束，都应该同时具有以下两种情况。

(1) 基本路径：显示从开始到结束的完整的正常过程——没有错误，没有异常。

(2) 可选路径：显示异常条件或错误。

但二者当然不会像两条平行线，永不交汇。所以，对象行为的分析从基本路径开始，然后添加异常或可选择路径。分析和模拟的目标是：考虑用户可能会做的每一件事，这些事也是将来系统必须处理的事情。

2. 事件流描述的主要内容

事件流描述主要包括以下内容。

1) 简要说明

每个用例应有一个相关说明，描述该用例的作用。例如，Purchase Ticket(买票)用例可以说明为：Purchase Ticket用例让客户浏览客户航班信息，查询和用信用卡买票。

2) 前提条件

列出开始用例之前必须满足的条件。例如，前提条件可能是另一个用例已经执行或用户具有运行当前用例的权限。Use Case框图并不显示用例执行的顺序。但前提条件是可以记录这一方面的信息。

3) 主事件流和其他信息流

用例的具体细节在主事件流和其他事件流中描述。事件流描述执行用例功能的具体步骤。事件流关注系统做什么，而不是怎么做，是从用户角度写成的。

主事件流和其他事件流包括：用例如何开始、用例的各种路径、使用案例的正常(主)流程、使用案例主事件流的变形——其他事件流、错误流和使用案例如何结束。

事件流分为三大类：主事件流、其他事件流、错误流。主事件流是正常情形，是用例中的最常用路径。

建立事件流的主要问题是事件流需求的详细程度。要确定需求的详细程度，要考虑文档的阅读者。

3. 事件流描述的读者

事件流的用户有三大类。

(1) 客户。客户通过审查这个文档相信其准确反映客户的期望。从面向客户角度考虑,事件流应足够详细,使架构师和客户对系统具有相同的理解程度。细节中留下的空白越多,产生分歧的可能性越大。与此同时,又不能涉及客户不了解或不关心的实现细节。

(2) 架构师。架构师用其创建系统设计和最终建立系统。因此,事件流要提供足够的信息,以便理解用例中要发生的事件序列。尽管事件流不是针对实现方法的,但提供了系统行为的丰富信息。一定要明确指定用户要什么,使设计人员了解用户需求。

(3) 测试小组。测试小组用事件流创建测试脚本。由于事件流一步步列出了系统的工作,因此测试小组可以用事件流比较系统说的和做的是不是一回事。

4. 架构师眼中的动态模型

如果静态模型预示了未来系统的"子系统"和"构件",那么,动态图描述的是"子系统"/"构件"之间的连接和连接关系。如果在静态模型中不能发现"问题",那么,在进行动态分析的时候,就一定会发现问题。

在 4.3.6 节电梯控制系统案例分析中,将会很清楚地看到行为分析的作用和重要性。

4.3.5 基于 UML 的功能建模

1. 功能模型的作用

在需求分析阶段,项目团队依据需求(业务模型、系统模型)和实现平台与框架的需要,建立了对象模型,并划分出不同的类。随后,通过分析类和对象的相应行为,建立了动态模型。而功能模型,就是具体实现这些行为(体现为功能)。OOD 的详细设计,就是通过设计合理的构件接口,以及构件本身,来有效地实现这些行为。

2. 功能模型与其他模型的关系

OMT 方法采用三种模型来描述系统。

(1) 对象模型。对象模型表示静态的、结构化的系统的"数据"性质。

(2) 动态模型。动态模型表示瞬时的、行为化的系统的"控制"性质,规定了对象模型中对象的合法变化序列。即对象的动态行为。

(3) 功能模型。功能模型表示变化的系统的"功能"性质,它指明了系统应该"做什么",故更直接地反映了用户对目标系统的需求。

三种模型分别从三个不同侧面描述了所要开发的系统,它们相互补充,相互配合。

(1) 对象模型定义了对象实体,是最基本的,是其他两个模型的基础。——它是一个按钮,是本质的东西。

(2) 动态模型规定了什么时候,以及谁来做,即在何种状态下,谁接受了事情的触发。——它是被按下的按钮,起触发某个特定动作的作用。

(3) 功能模型指明了系统应该"做什么"。——它是与自己有关的那个按钮被触发之后的动作,完成具体的功能。

3. 架构师眼中的功能模型

在架构师的架构设计活动中，功能的实现，由封装在“构件”中的具体方法来实现，这已经属于架构设计的详细设计(方法设计)部分了。所以，在目前阶段，架构师只需要知道“构件”应该具有哪些功能(具体体现为方法)，但具体如何设计和实现，可以放在以后再说。

目前，系统架构设计的主要任务，是设计适合对象行为要求的系统架构，使得系统能更好地适应对象的行为和功能需要，这是架构师目前阶段工作的核心。所以说，对于同学们来说，这个阶段的功能模型，可以暂时不要管它。

4.3.6 电梯控制系统的 OMT 模型描述与分析

1. 电梯控制的需求描述

以下是电梯控制系统的基本需求，按用户的自然语言描述。

一个电梯有 M 个按钮，每个按钮对应一个楼层，按下按钮，电梯会显示相应楼层号码，并运行到该楼层。除了顶层和底层外，其他各层都还有两个请求上或下的按钮，当按下此按钮后，会发亮，直到电梯离开该层后才熄灭。当没有请求时，电梯停在当前层，门是关闭的。

因为篇幅所限，除非特别需要，本书有关案例的需求描述，往往都很“简约”，也不过多展示需求获取和分析过程。但是，这并不等于说需求获取和分析可以简单得到。

自然描述是需求的最初和最原始的材料，它反映了用户的基本需求和愿望，但有可能是不准确和不完整的。因此，需求的自然描述，不是架构设计的直接输入，架构设计的来源，应该是项目团队经过需求获取、分析、处理和评审后的结果，如以下获得的电梯控制系统的需求模型(OMT)。

以下采用 UML 需求描述的 OMT 方法，来描述电梯控制系统的需求。

2. 电梯控制系统需求的静态模型

根据原始需求描述，挑选其中的名词和动词，作为可选择的对象：电梯、按钮、楼层、显示、号码、运行、顶层、底层、请求、发亮、熄灭等。以此建立电梯系统对象、对象之间关系的基本模型(静态模型)，如图 4-19 所示。

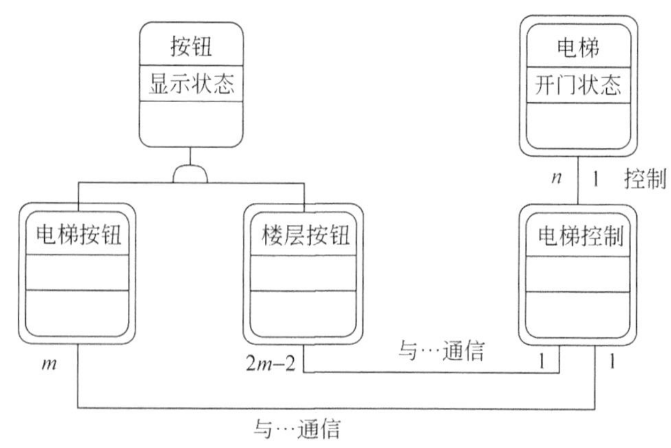

图 4-19 电梯系统的对象模型

电梯系统对象之间的关系包括：电梯对象，有两个状态——开门、关门；有两类按钮对象，上/下请求按钮、楼层按钮，上下请求按钮的显示与楼层按钮的显示不同。

从架构师的角度看：静态模型反映的是从功能需求出发，对系统构成(对象)的基本划分，它是架构的基础。但是，需求分析师与架构师是不同的角色，从功能需求出发的系统划分，更多的是反映功能上的划分，而不是最终系统架构上的划分。在软件工程早期，即所谓面向过程的软件工程阶段，二者是不区分的。系统的模块结构主要按功能划分考虑，OOA/OOD 已经不是这样了。所以说，静态模型只是给架构师提供了对象行为分析的基础和系统架构的最初参考。

3. 电梯控制系统需求的行为模型

经过需求的进一步获取和分析，得到电梯的行为模型，如图 4-20 所示。

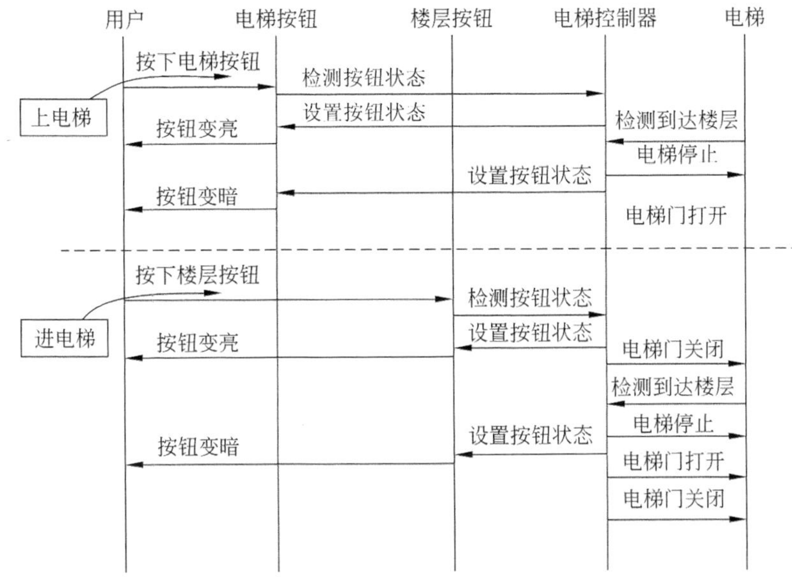

图 4-20 电梯系统的行为模型

从行为模型中，架构师将分析出对象之间的行为关系和联系，特别是对象之间是如何交互的。这是划分构件、安排构件之间连接和连接关系的主要依据来源，也是抽取系统关键质量属性需求时，最主要的分析对象。

由此也可以看出，从架构师的角度看，在需求获取和分析阶段完成后，如果仅画出用例图是不够的，因为用例图主要是画给用户看的，是从使用者的角度去理解系统——使用者向系统输入什么信息(输入)，得到什么结果(功能)。但如何得到这个结果，在用例图上并没有反映，也不需要反映，因为用户并不关心如何得到。架构师要看更详细的对象的内部行为关系，特别是对象之间的“行为机制”，因为它们是触发对象动作的“因”。

4. 电梯控制系统需求的功能模型

电梯的行为模型图如图 4-21 所示。

功能模型是在对象关系的“行为机制”之下，行为被触发后，发生的“果”，是架构设计

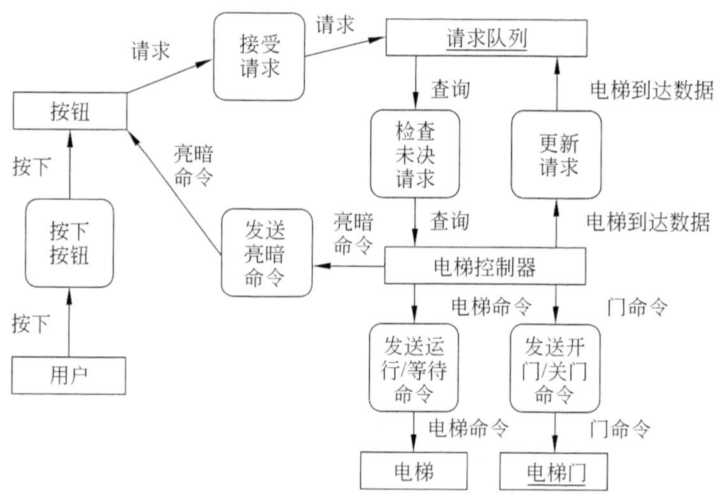

图 4-21 电梯的功能模型图

时考虑的"行为"目标，是在具体构件中要实现的东西。因此，架构师将把功能看成是"封装"在构件里、由编码工程师去实现的处理函数。架构师只要知道这一个构件里应该有什么、没有什么，或应该安排什么功能，就可以了，不会去关心其具体实现细节。

通过 OMT 模型分析，初步知道在需求阶段，架构师应关注什么。

4.4 面向对象的需求转换方法

4.4.1 面向对象转换的一般概念

1. 从需求模型到架构模型转换的阶段性

回顾一下，OOA 完成的工作是：收集和确认用户的真正需求，得到一组需求分析模型，然后，用户和开发团队都明确了系统应该"做什么"和"不做什么"。

而 OOD 将要执行的任务是：分析所获得的模型，把需求模型转化为设计模型，使开发团队知道应该"怎么做"。

OOA 向 OOD 的转化并没有像面向过程的方法转化那样，在形式、过程和方法上，有那么明显的阶段性，而是迭代、交织的。

在 4.3 节的分析中已经看到，静态模型与架构的构件划分、动态模型与构件间的连接和连接关系，已经开始建立起联系，并初步形成了架构的"雏形"，甚至严重影响着未来架构的形成。

反之，在 OOD 阶段实际上是对 OOA 建立的模型，进行细化、修正、扩充，从而得到系统架构。因此，从这一点来看，由于 OO 方法更灵活，因而更适应需求的变化，但也更抽象、更难于理解和把握。

从面向对象的分析 OOA 到面向对象设计 OOD 的转换，是系统设计的任务。这个时候，假定系统开发是从头开始的，架构师才第一次真正成为软件工程某一阶段(架构设计)、某一方面(系统架构)的主角。在需求阶段,架构师的角色是“介入”和“关注”,在架构设计阶段是“主导”,在以后的编程阶段,则是“监督”和“控制”编码工程师,严格按照架构设计规范,来完成和测试编码。现代软件工程中的每个角色,几乎都以这样既有“专攻”,又有“兼职”的形式存在,看一下软件过程的 RUP 模型,多少可以理解为什么是这样。

2. 需求模型与架构模型的对接

面向对象的需求分析产生的结果,从核心的用例图(UC)向外是:对象模型、行为模型、功能模型、对象关系描述、控制规约说明、处理规约说明等。后面三个文件是用于补充前三个模型难于说明的那些细节。

采用面向对象方法在概要设计阶段的设计结果是:子系统设计、消息设计、方法设计和数据设计。其需求来源与架构设计结果之间的对接和参照关系如图 4-22 所示。

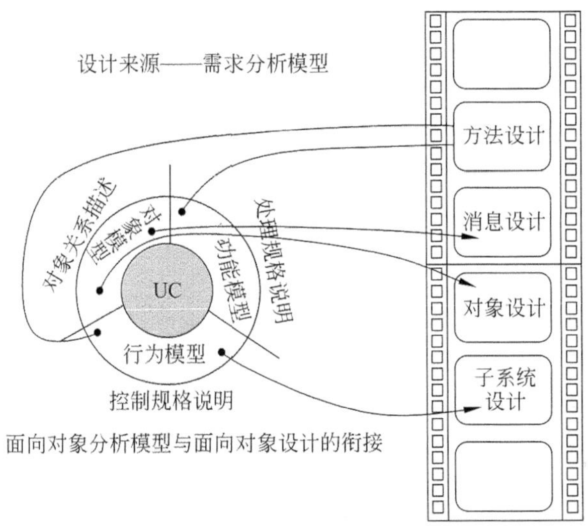

图 4-22　从 OOA 到 OOD

3. 需求模型与 5 个基本架构视角

架构设计来源于需求,但并不是简单地对需求模型进行“修改”,就是架构。软件架构要反映并实现需求,但又有很多属于架构本身的需求和设计考虑。因此,架构师既要满足用户需求,又要满足“架构”的需求,来考虑如何构建系统。

在 3.1.1 节中已经介绍,作为架构师,最初考虑系统架构的时候,可以从 5 个最“宏观”的基本架构出发,即:开发架构、物理架构、逻辑架构、运行架构和数据架构。

(1) 开发架构:反映的是开发期的质量需求,表明开发过程应遵循开发团队所在的组织所规定/要求的软件过程规范,特别是有关产品线技术管理的要求,并制定/满足相应的设计决策;它的具体涉及对象是程序包、第三方构件、类库、框架。

(2) 物理架构:反映安装和部署需求,它考虑软件系统与硬件环境的对应关系,设计部署和安装方案等;这里要考虑主机、存储、网络的具体物理部署。

(3) 运行架构:反映的是运行期的质量需求,它针对系统运行要求,例如,与分布、性能、安全有关的要求,制定/遵循相应的设计决策;它与进程、线程、对象有关。

(4) 逻辑架构：反映的是功能需求，逻辑架构设计是规划组成系统的所有构件，为它们分配不同的职责，使得这些构件能通过协作，完成功能需求；它的具体涉及对象是系统的逻辑层次、功能构件和类的划分等。

(5) 数据架构：反映的是数据需求，在这里应考虑数据的分布、生成与应用的关系，设计合适的数据持久化存储和传递策略等。数据存储格式、数据字典、安全备份、复制、同步、数据传递是这里主要考虑的内容。

那么，在架构师开始规划系统架构的时候，是如何理解需求模型中与架构有关的要素？如何从需求模型中，获取这些要素？并在架构设计中，体现并满足这些要素的呢？接下来将讨论相关问题。

4.4.2 从需求模型到物理架构

应用系统的架构，用来描述系统各部分的组成、接口以及它们之间交互的机制，系统的物理架构，是系统最直接、最客观的用户需求，也是对系统架构设计最明确的约束，其次才是运行架构和开发架构，而逻辑架构则相对功能实现来说比较灵活。因此，从用户需求角度，提取架构设计必须满足的需求要求，首先需要看物理架构因素。而从实现平台和设计约束角度，则应看开发架构，这些是真正的“刚需”。

1. 物理架构的含义

系统的物理架构最易于理解，简单地说，就是组成系统的不同逻辑部件，被安装和部署在那些不同的“物理”设备上。在不同的系统中，所谓“物理设备”的“颗粒度”是非常不同的。在所讨论的计算机应用系统中，通常涉及的物理架构可以有：C/S 或 B/S 架构(不同的服务器与客户端软件架构)、P2P 架构、多服务器的集群(负载平衡)架构、多中心的联邦或邦联架构(企业门户应用等)。在第 6 章讨论划分子系统的时候，将会更详细地讨论这些物理架构的含义、作用和对系统划分的影响。

物理架构涉及系统硬件和软件系统的详细内容，如系统的硬件结构，包括不同的节点和节点间的连接方法，它还决定了系统代码模块(这些代码模块实现了逻辑架构中定义的概念)的物理结构和依赖关系。它具体定义进程、程序、构件等在运行时的物理分配，物理架构回答如下问题。

(1) 类和对象在物理上属于哪个程序或进程？

(2) 程序或进程在哪台计算机上执行？

(3) 系统中有哪些计算机硬件设备？它们是如何连接的？

2. 需求模型中的物理架构信息

从描述用户需求的模型中(例如，用例图)中，有时(但不是必须，因为往往用户认为，系统的物理架构是开发团队需要考虑的系统实现方法问题，至少开发团队应自己主动提出物理架构的建议和意见，供用户考虑)会包含明确或隐含的物理架构信息。

从需求模型中收集物理架构信息是比较容易的，因为好的用例必须在用户用例图中，明确界定“系统边界”(可能不是所有系统，例如，可能不包含内部系统)，以识别外部角色和内部“系统实现”，以及它们之间的交互(这就是用例的含义)。因此，在架构师的眼中，每一个独立的软件构件，都应该能够“映射”到承载该构件的某一类、某一个具体的物理设备上。将来，它们被加载到这个物理设备上，或同时被加载(“拷贝”)到同类几个不同的物理设备上。有可能在系统使用初期，由于负载和成本的因素，使用同一个物理设备，运行后期再进行“扩容”。

最熟悉的例子莫如 ATM 系统。

在如图 4-23 所示的用例图中，ATM 用例完全只考虑了用户的角色，并没有描述有关 ATM 内部实现的任何细节。

在与用户讨论需求的时候，这张用例图可能并没有什么问题，但是，作为架构师，显然是不满足的，因为如果没有更详细的 ATM 内部物理架构的信息，系统将无法建立。这可能包含两种意思：①用户对于未来 ATM 系统实现的物理架构“无限授权”给开发团队，用什么架构、花多大代价，都同意。实际上没有这样的用户。②开发团队如果不给出可行的架构建议，开发完成后，用户不满意，则开发团队承担“从头再来”的责任。用户是没有责任的。因为用户说：用例图已经画得很清楚，内部如何实现是开发团队的责任(用例图的本意也是这个意思)。

所以，开发团队必须帮助(建议)用户，在图 4-23 的基础上，继续扩展出一张更详细的、明确系统边界、包含物理架构信息的用例图，如图 4-24 所示。

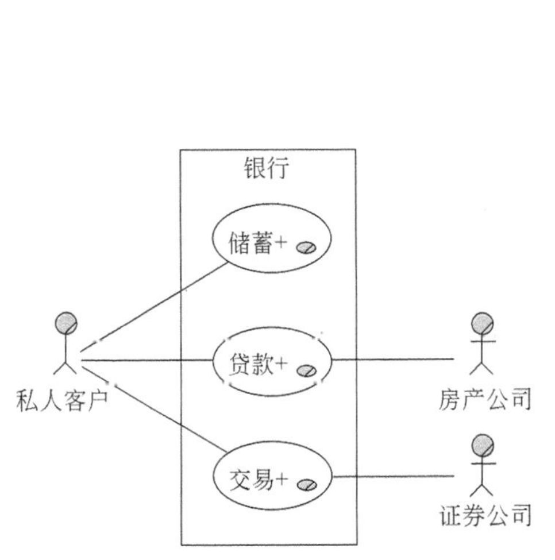

图 4-23　ATM 系统的用例图

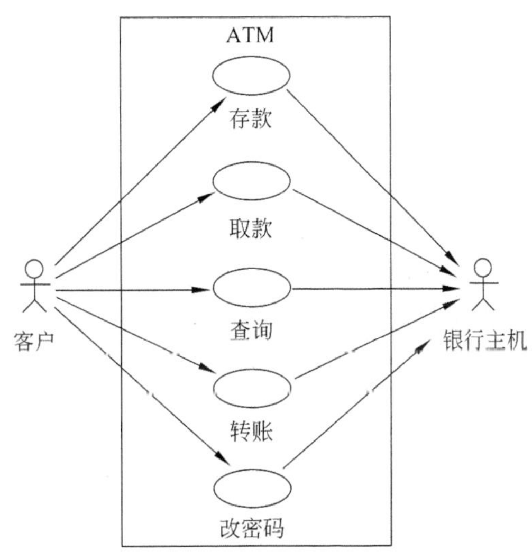

图 4-24　ATM 系统的用例图

在图 4-24 上，架构师获得的物理架构信息是：在用例图的方框内，才是 ATM 本身应该实现的功能，其他功能是需要依靠银行主机才能实现的。

实际上，通过进一步的分析，得到 ATM 系统的类(组件)如图 4-25 所示。

在这张图上，可以更详细地看到，作为 ATM 本身，也可以分解出多个不同类型的物理架构构件，包括：主计算机(PC)、读卡机、显示器、数字键盘、吐钞输送器、吐钞传感器、点钞机等。实际上，除 PC 外，每一个都是一种专用设备，包括显示器和键盘，都是 ATM 专用的。从用户或银行主机角度看，它们是 ATM 系统(整体)，而从 ATM 系统实现者角度看，它们还应继续进行细分，使得在设计架构和实现 ATM 系统的时候，应将所有如读

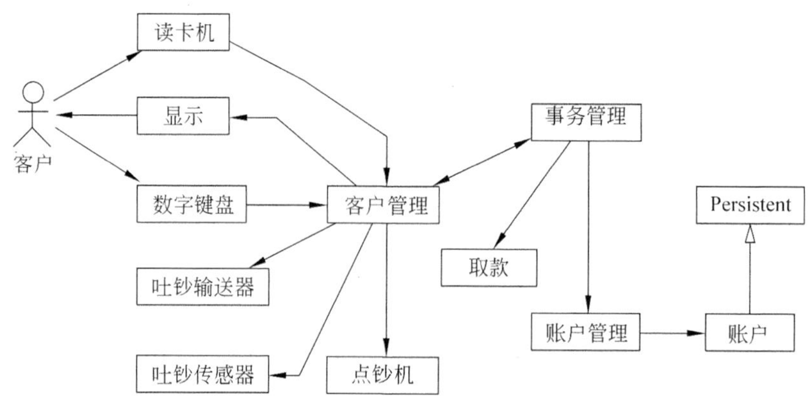

图 4-25　ATM 的构件图

卡机等的外部设备，与 ATM 主机（PC）区分出来。具体实现的时候，只需要实现与这些外部设备的接口就可以了。因为打印、吐钞等的功能，是由这些具体的物理设备实现的，而不是由作为 ATM 主机的 PC 实现的。

同样，图 4-25 中的 ATM 的客户管理、账户管理等业务，主要不是由 ATM 系统实现的，而是由与 ATM 相连的银行主机实现的一样。因此，作为 ATM 系统的物理架构构件，在这些构件中，有一部分在 ATM 上，更多的部分在另外一个物理构件——银行主机系统上，未来这次构件的实现，主要是根据用户的信息和操作要求（如取款），实现与银行主机的接口。

由此，从图 4-25 的用例图中，大致明白了未来系统的物理架构是怎么样的。

3. **理解系统的物理架构蓝图**

至此，架构师得到了如图 4-26 所示的 ATM 系统物理架构的蓝图。在 UML 中，以构件图和部署图来描述系统的物理结构。

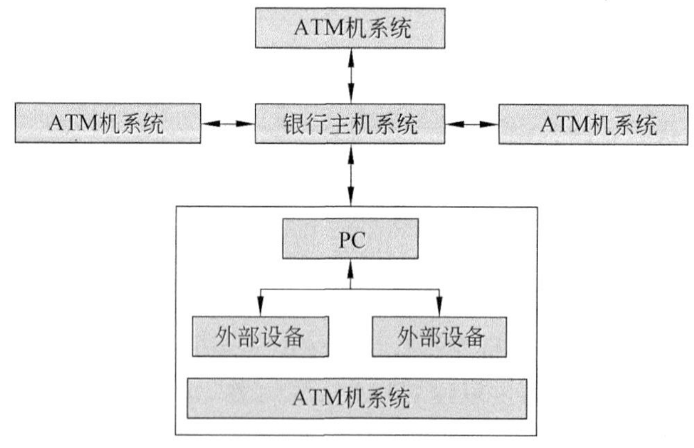

图 4-26　ATM 的物理架构图

其中，银行主机连有多台 ATM，每台 ATM 内，又由 PC 和外部专用设备构成。

物理架构对于开发团队来说的意义是：它是系统架构设计的基础和不可逾越的约束。在 ATM 系统案例中，从需求模型中确定物理架构蓝图的过程是相对简单的，也是相对明确的。因为构成 ATM 系统物理架构的那些要素，例如，银行主机、ATM 专用外部设备在物理上与 PC 之间的区别，是非常容易确定且非常容易界定的。它们也基本不存在功能角色和物理形态上的其他“可替换”性。

而有些系统则不是这样，例如，一个简单的 C/S 或 B/S 架构的系统，C 或 B 就一定要与 S 分别部署在两台不同的机器上，并通过网络连接起来？如果系统不是很大，只是为了开发和测试一些 Web 页面的效果，如果不是测试网络或服务器负载，则并无必要再架设一台专门的 Web 服务器(硬件)，完全可以在同一台机器上，同时运行服务器端和客户端软件。例如，在 XP 系统下安装一个虚拟机，虚拟机上运行基于 IIS 或 Apache 的 Web 服务器端，而 XP 系统运行客户端软件(基于 C/S)或 IE(基于 B/S)。

在逻辑上，存在客户端和服务器两个物理设备，但在物理上，二者是同一台 PC。所以，现在只能测试 Web 页面布局效果，不能测服务器访问负载性能。这一点架构师应该非常清楚。

4.4.3 从需求模型到开发和运行架构

对于同学们来说，与系统的物理架构和逻辑架构不同，系统的开发架构和运行架构，最简单也最难。简单的是：如果从一张“白纸”开始，没有既有系统可以继承(二次开发)，开发架构需求在此时(从需求模型向架构模型转换时)是不存在的。而物理架构需求，如上分析，则是有可能并且确实是已经存在的。

同样，如果不考虑系统的“并发”、“实时”、“负载平衡”等需求(并不是所有系统都有这些需求)，运行架构也可以说没有什么需要特别设计和安排。但这并不是说开发架构和运行架构不重要，只是这需要大一点、复杂一点的系统上，才能看得出来、体会得到。因此，有关这方面的内容，将放在第 6 章中讨论。

4.4.4 从需求模型到逻辑架构和数据架构

1. 逻辑架构的含义

什么是逻辑架构？一个系统的逻辑架构必须包含什么信息？

逻辑架构设计的主要目标，是在开发架构、物理架构、运行架构已经确定的前提下，划分系统的功能构件，并构成相应的子系统。有关子系统设计的具体内容，将在第 6 章讨论，这里重点讨论从需求模型中如何获得有关逻辑架构设计的“灵感”。

1) 划分功能构件

逻辑架构涉及系统的功能分解和分别实现，它确定把功能分配到系统的不同部分，并详细地指明解决方案是如何在这些功能间协同工作的。

逻辑架构的功能分解通常回答如下问题。

(1) 系统提交哪些功能？

(2) 有哪些类，以及这些类的相互关系？

(3) 类和类的对象是如何协作完成提交功能的？

(4) 系统的功能有哪些约束？

(5) 项目开发团队是准备如何开发的(分工和集成)?

2) 构成子系统

将要构建的所谓“子系统”,其各内部元素(类与对象、关系、行为和功能)应具有一些共同的特征,例如:

(1) 部署/运行在同一个硬件中;

(2) 协同完成同一个计算功能或用于管理相同的资源;

(3) 具有良好的接口,通过这些接口可以与其他子系统或外部系统通信。

所以,逻辑架构的设计,首先是功能分解和子系统集成。

2. 需求模型中的逻辑架构信息

与物理架构不同,在需求模型中,可能并没有明确的、用于逻辑架构设计的功能分解和构建子系统的“提示”信号。对于物理架构而言,需求模型中有可能(但不一定)包含明确的物理架构必须满足的设计约束,例如,ATM 本身不保存用户账户信息,因此,取款的账户信息,必须依靠银行主机才能实现。而在需求模型中,有关逻辑架构的信息则正好相反,除非有特别要求,需求模型一般不会对系统实现的逻辑架构提出要求。

从需求模型看,实际上在 OOA 阶段,已经对数据(对应于对象模型)、行为(对应于行为模型)和功能(对应于功能模型),进行了问题分解。由此,定义出若干个一致的类与对象、关系、行为、功能的集合。每一个这样的集合,其实就是一个子系统。当然,这些考虑都是出于“需求模型(对象、行为、功能)”归类的角度,而不是按架构设计的要求进行划分的。

因为,在做需求分析的时候,并没有考虑系统的物理、运行、逻辑等架构,并没有特别为满足这些架构的需要而考虑功能划分。所以现在,正是考虑这些问题的时候了。

3. 对需求模型进行分解

作为功能分解和子系统划分的原则和思路,通常(但不是必须)按以下 4 个内部构件来进行分解:问题域构件、人机交互构件、数据管理构件和系统交互构件。这 4 个方面,也是架构师将需求模型转换为逻辑架构模型的考虑方向。

1) 问题域构件

将需求模型中的问题域,初步划分为不同的问题域构件。

问题域构件是直接反映用户需求的部件,是系统的核心业务处理与业务逻辑,也是需求分析阶段已经做了深入分析的部分。需求模型所表达的内容,主要就是用户的问题域,因此,在架构设计阶段,为了系统实现的需要,例如,为应对业务处理构件的不同分布、处理逻辑变化的灵活性等,需要对需求分析的结果,特别是已有的类的归类、类和类之间交互的逻辑等,进行必要的再分解和求精,甚至修改。为便于以后实现时可以把多继承结构改为单继承,尽可能复用库中已有类的重用,增加需要保存临时结果的类,以提高处理速度等设想,留有可行的空间。

2) 人机交互构件

人机交互的主要对象有两类:窗口和报表。

典型的窗口信息包括:系统登录、系统设置、信息的获取交互等。窗口行为主要有:引发系统数据对象的建立、维护和删除(数据库记录)、系统管理设置、设备的打开、激活、关闭、系统业务活动等。

而报表信息包括：日报表、周报、月报、查询打印等；报表行为；固定结果、查询结果、数据挖掘分析处理结果等。

在 OOA 阶段，已经对窗口和报表需求，进行了很好的分析和确认。在 OOD 阶段，如果考虑未来，可以支持更多的窗口形式，需要展示各种不同的信息内容，就需要考虑更灵活的数据计算与数据显示的分离、显示形式与显示内容的多样性等。这可能导致需要对需求进行更深入的细化和求精。

3）数据管理构件

数据管理构件通常有以下两个目的：用于存储问题域中持久性对象以及用于封装问题域中持久性对象的存储和检索机制。

4）系统交互构件

系统交互构件主要负责系统与系统的物理设备之间、各子系统之间、系统与其他系统之间的通信和信息交互，这是子系统设计中最主要的内容。基本方法如下。

(1) 与数据管理构件的设计类似，为每个这样的设备或对象，建立相应的类；

(2) 使用事件跟踪图来表示部件之间的关系；

(3) 设计阶段对这些跟踪图进行扩展和精细化。

在上述 4 个方面，架构师需要根据架构设计的思路和理念，重新审视需求模型，并根据架构设计要求，细分或建立新的、更具体明确的类、类关系和对象行为。这些工作，多多少少可能涉及对需求的变更或重新整理和修改。

4. 最“宏观”的逻辑架构设计——考虑子系统(包)结构

完成把需求模型的问题域分解为更小的构件之后，架构师的任务就是把这些分解出来的构件，分别安排到不同的逻辑架构中。

在考虑系统逻辑架构的时候，有经验的架构师头脑中，绝不会是一片空白。实际上，他已经有了一个未来系统的“预案”。他是在这个预案的基础上，面对需求模型，考虑系统逻辑安排的。

在 UML 中，以用例图、对象图、类图、状态图、活动图、协作图、时序图等，描述了系统的逻辑结构，对于一个复杂的系统，首先是把一个系统分解为若干较小的系统(或称子系统)，如果需要，这种分解还可以继续进行下去，如此得到最初，也是最宏观的系统逻辑架构。如前面所介绍，在 OOA 阶段，实际上已经开始了系统逻辑分解的工作。

在 UML 中，使用了包的机制，一个包相当于一个子系统。包是一种分组机制，它把一些模型元素组织成语义上相关的组，如将具有一些共性的类组合在一起。包与包之间也可以有关系，包允许的关系是依赖、细化和泛化等。

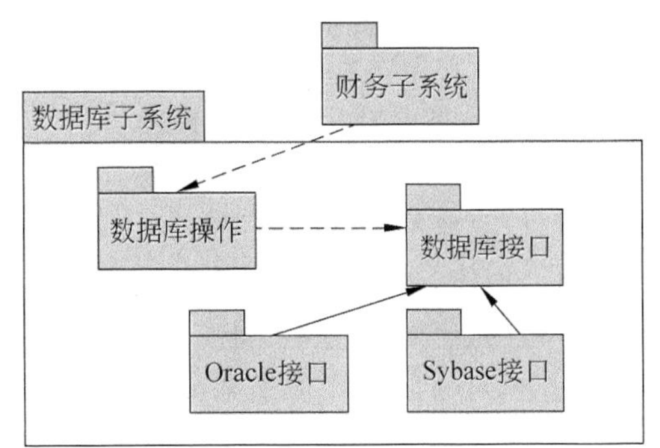

图 4-27　包结构的例子

图 4-27 是一个包的例子，在这个例子中，包不但含有逻辑的含义，通常也会与一

定的物理部署相关联。

包——在逻辑上是一组类的协作(逻辑子系统),在物理上可以部署在一个具体的物理实体上。

5. 进一步的逻辑架构设计——分层的逻辑架构

如果继续分下去,通常会按照业务处理的抽象层次划分,图 4-28 是目前比较流行的应用系统多层逻辑架构。

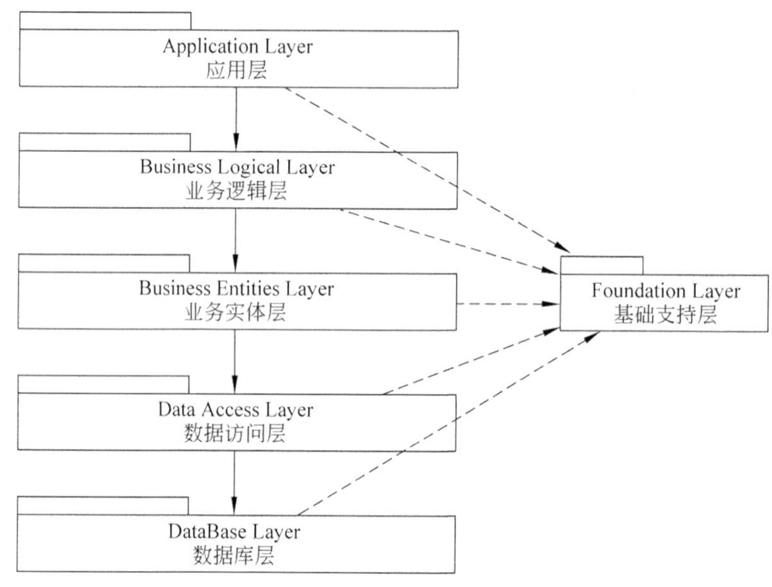

图 4-28 多层逻辑结构

这样的多层架构的应用层以及其中的用户界面层直接与用例有关,将与用例的定义工作交互推进。业务逻辑层主要决定于业务规则,与用例关系密切。业务实体层的输入主要为业务领域模型,可独立设计。数据访问层与用例定义的关系实际上也并不密切,可以并行设计。

当然,系统的逻辑架构还有很多模式,可供架构师们施展的舞台是很大的。同时,数据是为逻辑服务的,这一点在案例中都可以看到。这些都将在第 6 章中介绍。

4.4.5 电梯控制系统的 5 个架构分析

1. 电梯控制系统的开发架构分析

按照前面所介绍的思考顺序,首先分析开发架构。

在软件企业里面,很少有项目是真正从一张“白纸”开始的,即使公司以前没有做过这样的项目,但作为主要技术骨干的项目团队成员,例如架构师,也不会完全没有接触过此类项目,否则,公司的风险是很大的。这里特别强调的是,开发基础并不是指“开源”,这倒不是作者本人对“开源”有成见,实际上,企业的商业开发,很少有在开源基础上进行的。作为学生项目,特别是以架构设计为目标,选择开源有其好处,但问题也不少,这里不展开讨论。

为便于理解架构，特别是在刚开始接触架构的时候，不要把问题复杂化，作为案例，这里先假定电梯控制系统是从一张白纸开始开发的，所以，没有已经存在的开发架构可供分析。实际上，在第 9 章中，将会用一个开发完成的电梯控制系统，并分析其软件架构，提出在此架构基础上进行二次开发的需求，以及评审其实现结果。

2. 电梯控制系统的物理架构分析

首先要区分电梯电器与机械的“物理结构”和软件系统架构分析和设计的“物理架构”在基本概念上的区别。

1) 电梯的机械结构

首先考察电梯的内部结构，不用多加说明就可以知道，电梯最主要的结构和大部分组成部件是机械，电梯的机械结构的例子如图 4-29 所示。

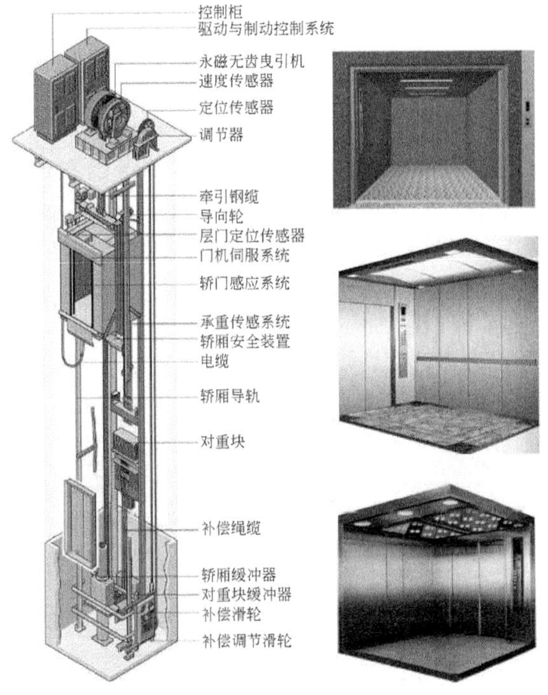

图 4-29　电梯的机械结构示意图

根据资料，电梯由 8 大系统组成，包括：曳引系统、导向系统、轿厢、门系统、重量平衡系统、电力拖动系统、电气控制系统、安全保护系统等。如图所示，电气控制部分在电梯所有部件中所占的比例是很小的。这里所说的控制，是指根据人的指令进行动作的系统。显然，在电梯系统中，涉及控制有关的部件包括：电力与拖动系统、曳引系统、按钮与显示系统（楼层按钮与显示、轿箱内按钮与显示）以及电气控制系统本身等几个部分。其他的机械部分，如导轨、滑轮、配重、钢缆等，与控制没有直接的关系。

考虑电梯控制系统的物理架构，显然，应主要考虑与电梯控制有关的那些部件，特别是应根据架构的定义，考虑那些与控制有关的构件的物理构成、位置、连接和连接关系。

这就是电梯的机械结构与软件系统物理架构的区别。

2）电梯的电气结构

电梯的电气结构示意图如图 4-30 所示。

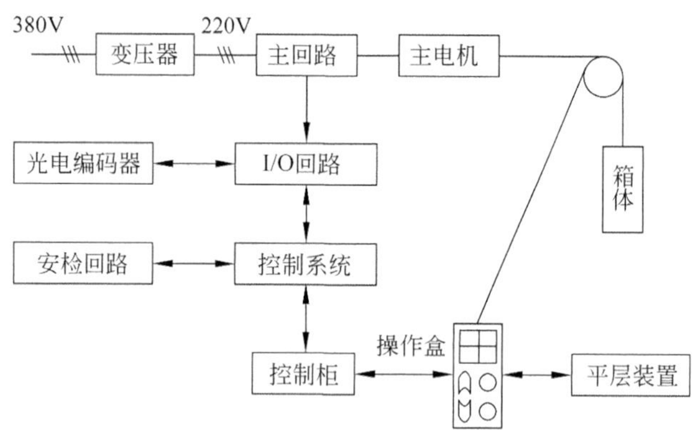

图 4-30　电梯的电气结构示意图

同样可以看到，在电梯控制系统中，真正的控制部件，只在电梯的控制器内。除了控制器，其他如电机、控制盒(按钮)和显示灯、门控等，都可以看成是控制器的简单电路延伸，它们都不具有任何“智能”，仅仅是控制器的简单执行部件，如图 4-31 所示。

就电梯的物理结构而言，这些延伸出来的部件，是否是软件系统的物理架构中的一个构件呢？显然不是。所以，电梯的电气结构，也不是软件系统架构所说的物理架构。

3）电梯控制系统的物理架构

机械结构、电气结构都不能代替电梯控制的物理架构。其实，大多数电梯控制系统的物理架构如图 4-32 所示。

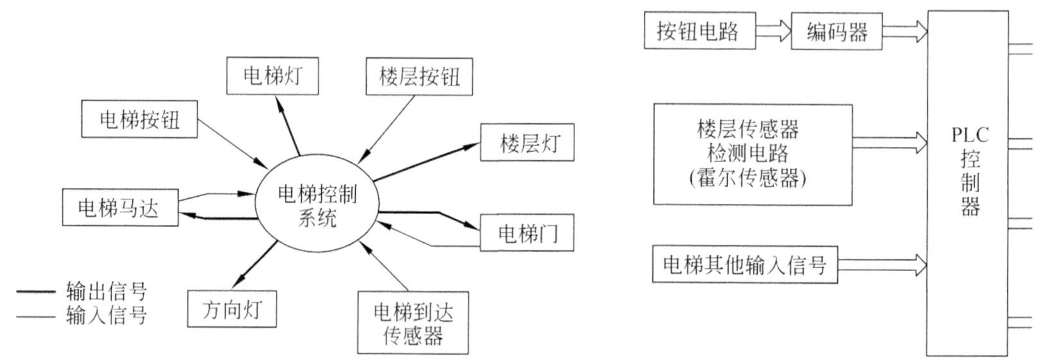

图 4-31　电梯控制器的延伸　　**图 4-32　电梯控制的物理与运行架构**

在电梯控制系统中，系统的物理架构有点类似第 2 章汽车控制系统的结构(图 2-9)。

这样的物理架构是否过于简单？这样的物理架构，对系统架构分析和设计，有什么影响？后面还会继续讨论。

3. 电梯控制系统的运行架构分析

电梯控制系统的运行架构设计中，按钮、显示是界面部件，控制器是控制部件，而电梯、电梯门是控制的执行和延伸，也可以看成是控制的输出部件。因此，整个电梯控制系统是由电梯按钮、显示、控制器、电梯、电梯门几个部件之间协同的一个运行系统。图 3-13 也可以看成是电梯控制系统的运行架构。从后面的分析可以看到，这样的架构分析是有问题的。

4. 电梯控制系统的逻辑架构分析

1) 电梯控制系统的类图

逻辑架构分析就是根据需求的静态模型，考虑划分电梯控制系统的类及相应的逻辑关系，得到如图 4-33 所示的电梯控制系统类图(分析过程略，具体可见其他教科书)。

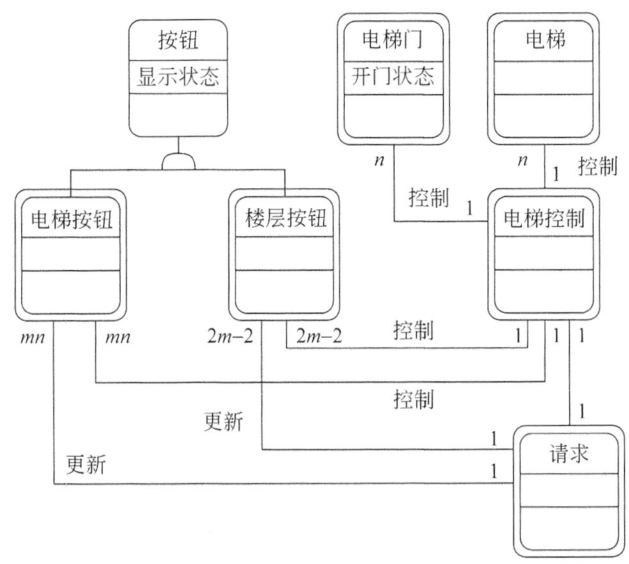

图 4-33 电梯控制系统的类图

2) 电梯控制系统的子系统划分

根据需求，并分析其逻辑关系的基础上，将电梯控制系统划分为 3 个子系统(图 4-34)。

(1) 电梯子系统包括：

问题域：升降、门开关；交互：楼层的位置显示；数据：无。

(2) 按钮子系统包括：

问题域：电梯/楼层按钮；交互：按下/显示；数据：无。

(3) 控制子系统包括：

问题域：接收/处理请求；交互：电梯/按钮；数据：状态、请求队列等。

5. 电梯控制系统的数据架构分析

根据上述分析，在电梯控制系统中，只有控制子系统存有数据，其他子系统是没有数据保存的。具体的数据内容和格式不再讨论。

6. 架构师的思考

综合上述电梯控制的 5 个架构分析，突然发现，上述的架构分析，特别是逻辑架构分析，好像有点问题。在很多 OO 程序设计课程教科书中，电梯控制系统的 OOA 和 OOD

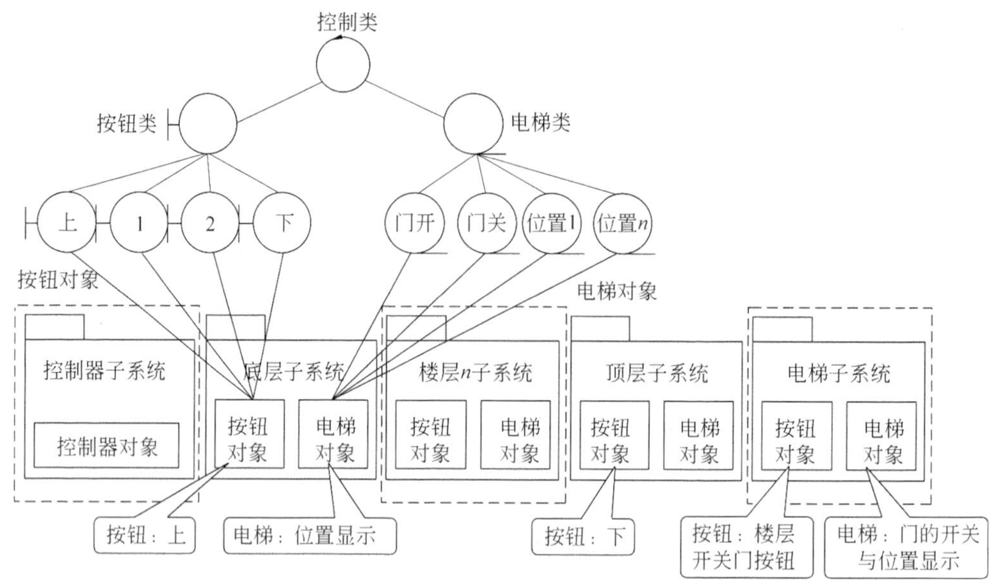

图 4-34　电梯控制系统的逻辑架构与子系统图

都是如上所述，看上去并没有什么疑问。

现在感到的问题是：

1）基本问题

如果仅作为一个 OOA/OOD 的例子，除了实现“模拟”的电梯上下控制，也没有什么其他的关键需求，好像这个例子也没有什么问题。如果增加一点新需求，特别是增加一点“关键需求”，问题就出来了。

如果为电梯控制增加一点“分布、实时、并发”需求，那么，目前的控制架构，就像第 2 章的文件传输系统最初的架构（只有 A、B 两端）的情况，将无从下手。因为要考虑增加这些新需求，只和控制器有关，与按钮、灯、门等无关。

2）什么是电梯控制系统中真正的对象

对象的定义：对象是数据及可对这些数据施加的操作结合在一起所构成的独立单位的总称，是具有一定知识和处理能力的独立个体。它可以是具体的物理实体，如一个文件；也可以是人为抽象概念的，如多任务操作系统中的调度策略。

对象关系：根据上述对象的定义，并考察电梯控制系统中按钮、电梯、灯、门各部件之间的关系，可以发现，这些部件只能通过控制器发生联系，相互之间自己不能直接发生关系，且不具有数据存储、重发、纠错、协调等功能。

因此，按钮、显示灯、电梯门不能算作对象。在电梯控制系统中，实际只有一个对象，那就是控制器。

上述错误导致系统分析和设计忽略了一个根本的问题，那就是：谁是电梯控制系统中的真正对象？

3）重新考虑电梯控制系统的对象

在控制器内部，是否应考虑请求队列管理、电梯状态管理和运行控制管理 3 个进程，为真正电梯控制的对象，并由此划分子系统，确定子系统之间的任务责任、连接方式和协同关系。而按钮、显示灯、门、马达部件等，都是这些对象的内部数据(逻辑)或外部执行部件(物理)。

这样的分析，才能够有效地将逻辑架构其他 4 个架构合理地对应起来，并能有效地应对电梯控制的“分布、实时、并发”关键质量属性需求。

从电梯控制系统案例的架构描述中可以看到，作为软件系统架构的一种表达方式，5 种架构描述从不同的侧面，展示了架构的内容和特征。这 5 个方面是针对不同架构视角，满足不同表达需要的。同时，也是相互对应和关照的。每一个都可以在另一个身上找到对应关系，而不可能相互矛盾和冲突。例如，逻辑构件的实体模块，如进程的运行代码、数据对象的具体实例等，一定有它在物理、运行、数据架构上的位置。即使如抽象的逻辑概念，如客户端、服务等，也一样有具体的承载实体和它们的物理、运行位置。即使如“云计算”中的“云”，也不是自然界的云那样，来无影、去无踪。只是使用者无须知道它们具体的物理位置在哪里而已。

5 种架构可以方便地帮助架构师去理解软件系统的需求和未来的实现，特别是良好的架构描述，将明显有利于关键质量属性需求的分析和应对策略设计，这一点，将在第 9 章中得到充分的体现。

4.5 ATM 扩展项目的需求转换过程

本节以 ATM 扩展项目为例，介绍在实际项目中，架构师参与需求过程，并开始考虑如何将需求模型转换为架构模型时，遇到的一些架构规划和设计上的问题，以及必须思考的对策。

4.5.1 ATM 基本系统

通过一个具体实例的分析，往往更容易理解和体会抽象的概念。本节将采用一个“ATM 扩展项目”的案例，介绍架构设计的需求开发过程。

1. ATM 扩展项目的需求获取过程

首先从需求获取开始。

规范的需求获取过程要完成的任务是：通过项目业务案例的开发，编写最初的需求说明书，实现需求获取。然后，创建一个项目的业务模型和系统模型，进行需求描述。项目的业务案例开发，是项目生命周期中，项目实施阶段的真正起始点。

在这个起始点上，项目团队拥有什么信息呢？为了最“逼真”地符合学生项目开发的情况(学生并不能真实地到银行去与用户交流，进行需求调研)，所以，“需求开发”只能根据同学自己的生活体验，根据网上搜索到的一些信息，来“模拟”用户可能希望实现哪些需求。

所以，确定项目名称：“ATM 扩展”，即在已有(网上下载、作者不明，也可能是其他学校的学生作业)ATM 系统(可能就是部分代码)的基础上，进行功能扩展。为什么不自己从头开发？一是为了节省开发时间，二是本项目只关注扩展部分，ATM 基本功能的实现并不是重点。

需求开发“设想”：

(1) 项目的第一个利益群体应该是银行本身，银行本身的需求是：通过 ATM 扩展，能够首先巩固现有客户群，增加他们的安全感和满意度，降低银行风险。其次是希望能够扩展新业务，抓住新的客户群，开辟新的服务种类，提升服务档次，增加银行收入和利润、提升品牌竞争力，以摆脱同行的同质竞争、获利能力下降，以及安全形势恶化等局面，最好还能让银行的股票上涨……至于如何增加用户的安全感和满意度，扩展些什么新业务，还需要继续分析研究，甚至是发挥创新思维，进行“设想”。

(2) 第二个利益群体是银行的用户(储户)，他们的需求是：在 ATM 上，能够获得更安全、更新颖、更方便的金融，甚至非金融服务。至于可以获得什么样的安全的、新颖的服务，银行用户不具有主导权，他们只能被动地接受银行所提供的服务。所以，主要还是从银行方面考虑。

根据上述的需求获取过程，项目团队初步确定，以银行现有业务及 ATM 环境为基础，从安全可靠和新业务两个方向，分别继续扩展，以满足银行和用户的需要。

点评：这也叫“需求获取”过程吗？由于没有真正的用户可以面对面地讨论需求，学生对于 ATM 的业务也不熟悉，暂时也提不出什么可行的扩展需求，老师也不打算现在就把题目抛出来，只好先留一个非常关键的“空白”吧。

(3) 以课程实践环境和条件为依据，项目团队对开发过程的假定和约束见表 4-5。

表 4-5　项目的假定与约束

描　　述	理　　由
在×月×日之前，一定要有一个好的创新设想	参加某个创新大赛第一轮的基本条件
在×月×日之前，解决关键技术问题	进入创新大赛第二轮的基本条件
在×月×日之前，完成原型系统的开发，并能初步展示实际效果	这是某些大赛第二轮的要求：提交系统实现效果的视频
需要在需求、架构设计、测试、项目管理 4 个方面，按统一软件过程方法，并在软件过程工具上，进行控制管理，并提交相应文档	课程的要求，及软件创新大赛第三轮要求
原型系统开发完成后的××天内，完成系统的最终开发，包括用户文档	准备参加软件大赛的决赛
确定哪些环节只能模拟实现	没有环境支持或最终演示现场无法实现
确定需要做哪些硬件	时间及能力限制
确定需要购买哪些设备或软件	控制采购成本在××以内

这里设定的项目里程碑中，假定要参加一个软件大赛，通过一个外部事件，来督促(制约)项目团队的时间进度，否则，就难有压力和动力，这也是学生项目的“特色”吧。

2. ATM 基本系统的业务用例模型

业务用例与业务模型是需求描述的一种典型的 UML 方法，这种规范化的方法可以使项目团队遵循一个从概念设计，到部署配置的、具有内在联系的、一致的开发流程。首先，业务用例能够被用户所理解和确认。然后，它们将被转化为业务模型，随后成为类、界面、构件、包以及子系统，成为架构规划和设计的来源和要素。沿着这条开发路径，可以根据用例中获取的业务和技术需求，回溯并确认构件的功能性。

为了建立银行 ATM 扩展的业务模型，先看看 ATM 系统基本的 UML 用例模型，然后从这个模型出发，再来考虑扩展。这些 ATM 系统的用例图也是网上下载的，甚至很多是 UML 课程中老师的课件(ATM 是常见的案例，但涉及本节“扩展”功能的，几乎没有)。

图 4-35 是 ATM 系统最基本的用例模型，它从银行操作员、储户、银行系统 3 个基本角色出发，通过对 ATM 工作“场景”的描述，来表现用户(不是储户，而是需要开发 ATM 系统的银行用户，如果仅仅是储户，他不应该关心 ATM 启动和关闭，也不会知道 ATM 后面还有银行系统)眼中的 ATM 系统。由此定义系统的功能和性能，达到用户与开发团队沟通，并形成共同认可的目的。

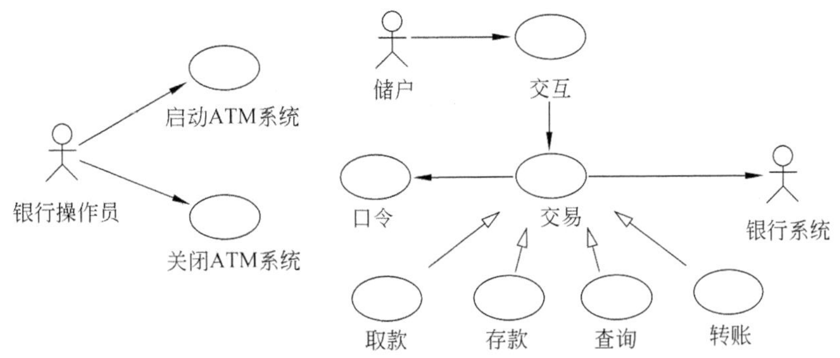

图 4-35　ATM 系统的基本用例模型

在这个模型(系统模型)中，为各个角色(实际上主要为储户这一个角色)定义了一些用例，包括：检查口令、存款、取款、查询、转账等具体银行业务操作。注意：在这里并没有提出“类”的概念，也不会出现什么抽象类、实体类等名词。需求获取的目的，是让用户提出、开发团队理解：未来开发完成的系统到底要干什么？达到什么目标？类的概念，用户并不理解，也不需要知道和理解。

在这个阶段，根据前面的提示，“架构师们”应该看几眼这些用例图，看到什么了？物理架构？其他还有什么？暂时还没有，需要继续观察。

由于本项目主要考虑对 ATM 现有功能进行扩展，加上篇幅所限，在此，对 ATM 基本业务的用例分析，就不再展开了，同学们应该至少收集一种 ATM 业务操作的用例，以获得并了解必要的 ATM 的业务过程。

为了进一步描述和定义系统需求，UML 需要建立一系列需求分析模型(OMT)，而这些模型，在需求获取阶段是不需要的，因为这些模型不是给用户看的。

3. ATM 基本系统的 OMT 模型

首先建立的是类和对象模型。类和对象模型描述了系统的静态结构。有了系统的静态结构，才可以在此基础上，建立系统的动态(行为)模型和功能模型。

用 B-C-E(边界类 Boundary Classes、控制类 Control Classes、实体类 Entity Classes)的分析方法,得到 ATM 基本系统的类图(图 4-36),具体分析过程不再赘述。

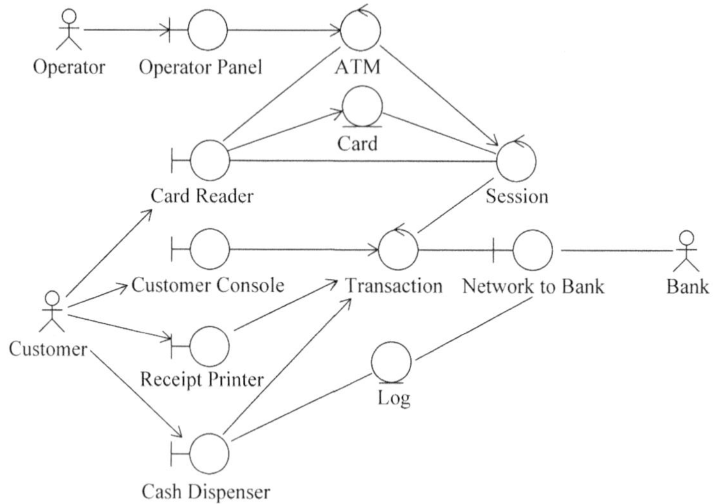

图 4-36 ATM 基本系统的类图

在这张类图上,获得的类有以下几个。

(1) 边界类: Operator Panel, Card Reader, Customer Console, Receipt Printer, Cash Dispenser,Net Work to Bank。

(2) 控制类: ATM,Session,Transaction,Withdrawal,Deposit,Inquiry,Transfer。

(3) 实体类: Card(代表账户信息),Balance(代表银行账户的结余),Message(交易传递给银行的信息),Log(用户取钱时的交易日志),Receipt(收据,取钱/存钱打印的票据)等。

基于以上类分析,ATM 基本系统的类结构如图 4-37 所示。类结构反映了类与类之间的关系。

到目前为止,完成了 ATM 基本系统的静态建模,有关动态建模(基于事件流分析,产生时序图、交互图、状态图等)的部分,就不再一一列出了。在这里,还没有涉及任何 ATM 的"扩展"。

4.5.2 ATM 扩展的需求获取

在分析了已有的 ATM 基本系统之后,将开始探讨 ATM 的扩展需求。分为以下 3 个方面,进行扩展需求的分析: ①扩展需求的场景; ②扩展需求分析; ③关键需求的对策和效果分析。在上述 3 个方面的分析中,问题①是需求获取,是基于用户视角的,而问题②属于需求分析,问题③是架构设计规划和对策分析,是基于实现的。

1. ATM 扩展的需求场景描述

同样理由,以下分析也是出于开发者主观、合理"设想"的。

假设某一天,有位老太太到银行的 ATM 上来取款,着急地要为她的老伴交住院费

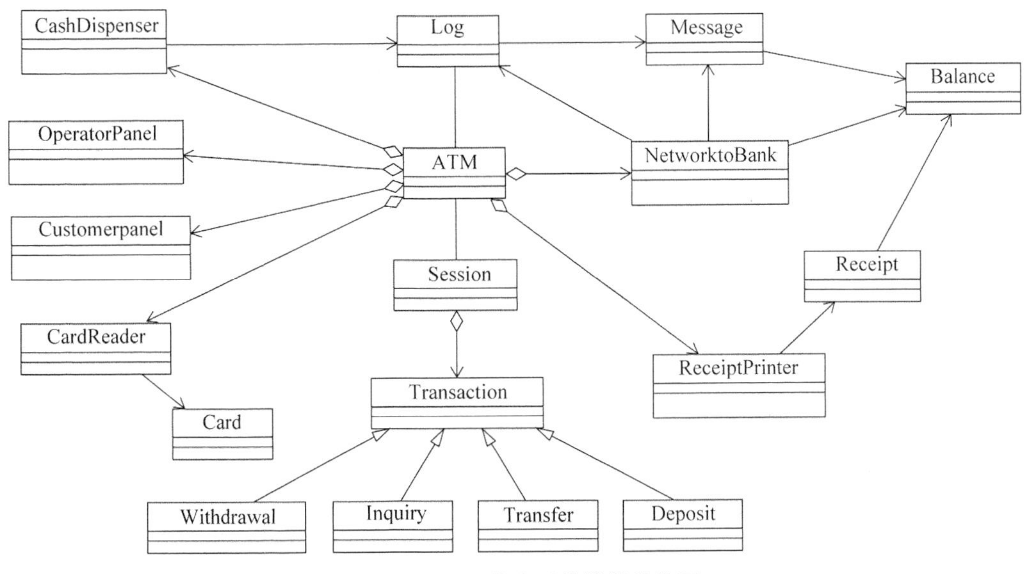

图 4-37　ATM 基本系统的类结构图

(迟了就安排不到床位)。可是,这时马路上正在进行道路施工,挖土机一下子就把 ATM 与银行之间的通信光缆挖断了。这时,这位老太太还正在 ATM 上焦急地等待取款。现在,在 ATM 上会出现什么情况?

大家可能自己也遇到过这种情况。这时,ATM 会提示"对不起,系统故障"或者是"通信故障,请下次再试"并把银行卡退了出来。老太太等了几分钟再试(她可不知道光缆已经被挖断了,她只知道今天一定要拿到钱),还是这样的"温馨"提示,老太太非常着急了。当她试到第三次的时候,ATM 居然把她的卡"吃掉了",提示她到"开户行"去办理相关手续。这个卡是她儿子给她办的,什么叫"开户行"啊? 开户行在哪里啊? 办什么手续啊? 今天还能不能取到钱啊? 老太太急得要哭出来了。

在做需求分析的时候,这属于"意外流"。碰到这种情况,同学们提出的意外流处理方案十有八九都是:错误提示!吃卡!作为系统处理结果,似乎就是怎么简单。可是,如果你是储户(就像这位老太太一样),你不会希望得到的只是"冷冰冰"(虽然语言上可能很温馨,但实质结果还是冷冰冰)的"抱歉!系统故障,欢迎下次再来"吧? 银行要想给储户更温馨的、更体贴的服务,不是简单地说"抱歉",更不是无端地(从储户角度看,我有什么责任啊)增加储户的麻烦。那么,系统设计应该怎么做才能更"人性"化、更有效(拿到钱)一点?

银行应该考虑如何提高 ATM 系统的安全可靠性。所谓安全可靠性,不是说不允许马路施工挖断光缆(这个不是银行能管得了的),而是当光缆被挖断的时候,可以提醒老太太:马路对面还有一台 ATM(可能是其他银行的),可以到那里去取钱——只要那里的光缆没有被挖断,保证可以取到钱。

要做到这一点,仅需要老太太跨过马路,就可以了吗?

如果不了解银行 ATM 处理业务过程,你可能说,是啊,不就是换了一台 ATM 吗? 就像换了一台电视机一样,重新开始取钱,没有什么影响啊!

实际上,作为储户来说,他并不知道 ATM 是如何实现"取钱"操作的,甚至有人认为,钱就在 ATM 里，只要自己输的密码和 ATM 里的密码相符，就可以取到钱。而实际取钱操作中，在 ATM-前置机-银行三者之间，有十几步信息交互，挖土机挖断光缆的那么一下子，有可能发生在上述十几步中间的某一步。ATM 在这十几步中间的任何一步，没有收到来自银行主机的、应该收到的返回信息，都导致此次交易失败，而提示“系统故障”或“通信失败”，退出交易(就是老太太所看见的结果)。问题是，此时，系统内部账户(老太太的这个账户、这笔交易账户)现在是什么状态？——例如，可能通信断在银行已经把老太太账上的钱扣掉了(取款)，但由于通信中断，ATM 没有收到“吐钞”的指令，等了一段时间，ATM 发现没有收到银行的回答(此时应该是“吐钞”指令)，所以提示：通信故障。好，现在老太太到马路对面，哪怕还是这家银行(不存在跨行的问题)，线路也是好的，老太太还能够取到她原先没有取到的那笔钱吗？答案显然是不能。因为根据银行业务交易处理原则，这是一笔没有正常完成的“不完整交易”。因此，必须先“锁住”该账户，等待“事后”处理。所以，此时老太太的账户状态是处于“冻结”状态，其次，即使没有被冻结，她账上的钱，已经被“扣掉”了(假设她的账上只有这么多的钱了)。当然这时会有一个错误记录，最终银行不会白白拿储户的钱。但这个记录要等事后(可能是光缆恢复以后或者当天营业结束以后)，银行搞清楚了这笔钱并没有被老太太取走，储户账户上被扣去的钱，才可以返还给这个老太太。所以，银行会通知老太太：第二天带着相关证件，到银行(还是开户行)来办手续，就可以取走这笔钱了。可是，老伴的住院费今天就要交，不然，医院可能就不给你床位了啊！

能不能不管谁挖断了光缆、不管是断在什么地方(指 ATM 取款的业务过程，不是施工地点)，针对这笔业务、这个储户，立即进行故障恢复，即视交易中断情况，做交易补充处理至正常完成，或做“冲正”处理，恢复至交易未发生前的状态。使得老太太不需要到第二天来开户行办完本与她无关的所谓“手续”，才能再次取钱。而是跨过马路，就能像什么事也没有发生一样，重新取到钱？

这就是 ATM 系统的扩展需求的用户场景。

在国内，还有多少家银行存在上述问题，作者没有条件进行完整、细致、准确的调查和测试。可能这个问题是早已解决了的、根本不存在的，完全是一个“伪课题”。如果果真如此，那就当作给学生练习用的“作业”吧。但是，2010 年 9 月 6 日，作者在南京的某银行还真的碰到上述情况，当时因为不是“清算”时间，据银行服务人员说，清算是每天一次，所以，钱只好第二天给我了。我不需要去交住院费，但也得再跑一趟。

要想实现这个需求，就需要建立一套“实时性”更强的故障恢复系统，提高 ATM 系统在发生突发事故(这里是光缆中断)时的应急处理能力，而不是要求储户拿着 ATM 打出来的故障通知，到柜台上请求处理。而柜台可能还不能处理，必须与前置机所在的部门、相关管理者联系，确定故障的性质后，在前置机上根据相关规定进行冲正等处理。

2. ATM 扩展的关键需求目标

本质上，上述场景描述的问题和需求，暂时不论在银行系统内部是技术问题，还是管理制度或方法问题，甚至是从某些不为外人所知的因素考虑导致的问题。但从用户角度看，是系统的“可用性”问题。所谓“可用性”，就是如果不是老太太的问题(她是无辜的，既没有被列入黑名单，也不是废卡或多次尝试猜测密码错误等)，而是银行的问题(线路被挖断，从储户的角度看，也属于银行的问题），就应该在老太太跨过马路后，立即就可以在另外一台 ATM 上取到钱（如果老太太是银联卡，跨行 ATM 也可以）。如果不能做到这一点，就是不具有这种特定场合下的“可用性”。

而在计算机系统内部来看（站在应用系统开发者的角度），则是 ATM 系统“安全可靠性”的问题，是系统发生故障以后（银行可能暂时还没有办法不让挖土机挖断光缆），故障恢复的“实时性（立即恢复）”和恢复的“有效性”（只要不是老太太的责任，就要将该账户恢复到完全正常状态，使得老太太到达马路对面的 ATM 上，就可以重新开始取钱）。

而这个故障恢复的“实时性”和“有效性”，至少目前并没有实现。因此，系统在这个方面需要进行扩展，以达到更“实时”和更“有效”的目标。至于“实时性”和“有效性”如何定义？“实时”的具体指标是多少？“有效”的界定是什么？到底是技术问题，还是管理问题，随着进一步需求分析的不断深化，以及需求与实现方法、系统代价与开销等问题的深入讨论，一定会定出一个合适的标准来。

4.5.3 ATM 扩展需求的现状与对策分析

以下分几个步骤，来讨论 ATM 扩展的关键质量属性需求“可用性”的现状，讨论的目的是为对策找到依据。①影响“可用性”的故障原因与故障恢复方法现状分析；②实现故障恢复“有效性”的现状分析；③实现故障恢复“实时性”的现状分析。

1. 影响“可用性”的故障原因与故障恢复方法现状分析

本案例假定由于通信线路因素，导致的暂时性的通信中断。因此，所谓“故障恢复”仅指在正常业务处理过程中，因通信中断引起的业务数据丢失、业务过程意外中止、相关业务交易记录/状态/结果不完整等“不完整交易”，导致的该笔业务（暂不考虑正在进行批处理的、涉及多个用户/账户的业务）所涉及的储户/账户处于非正常状态的恢复。不包含通信线路故障意外的因素，例如，ATM、前置机、银行系统本身的故障。

要理解故障恢复的方法，首先需求知道银行 ATM 交易的一般过程、银行的相关业务规则。然后，再根据这些过程和规则，分析 ATM 交易可能发生的故障点，发生故障的那一时刻，对交易的影响。最后，才能确定当该时点发生故障时，应该如何做故障记录，恢复的时候如何进行交易异常情况判断。然后，才能确定该故障应如何做恢复。这个分析过程，就是传统软件工程中所介绍的需求分析的业务流分析和数据流分析，在面向对象的分析方法中，则属于用例细化和事件流（正常/异常）分析，不论采用哪种需求分析方法，业务过程都是相同的，因为它是客观现实。

图 4-38 是 ATM 系统的网络结构。

从图中可以看到，在一台 ATM 的后面，直接连接的是银行系统。其实，实际情况已经不是这样了。从 2002 年开始，国内各银行为了保证 ATM 网络系统的安全可靠运行，增强故障处理的能力，普遍在 ATM 与银行之间，增加了“前置机”（图中画圈的部分）这么一个“中间”设备，担负起原由银行账务主机系统担负的 ATM 管理和清算功能。

“前置机”是干什么的？它在故障处理方面发挥了什么作用？这里不妨做一点需求调研，然后，再来研究扩展点在哪里。

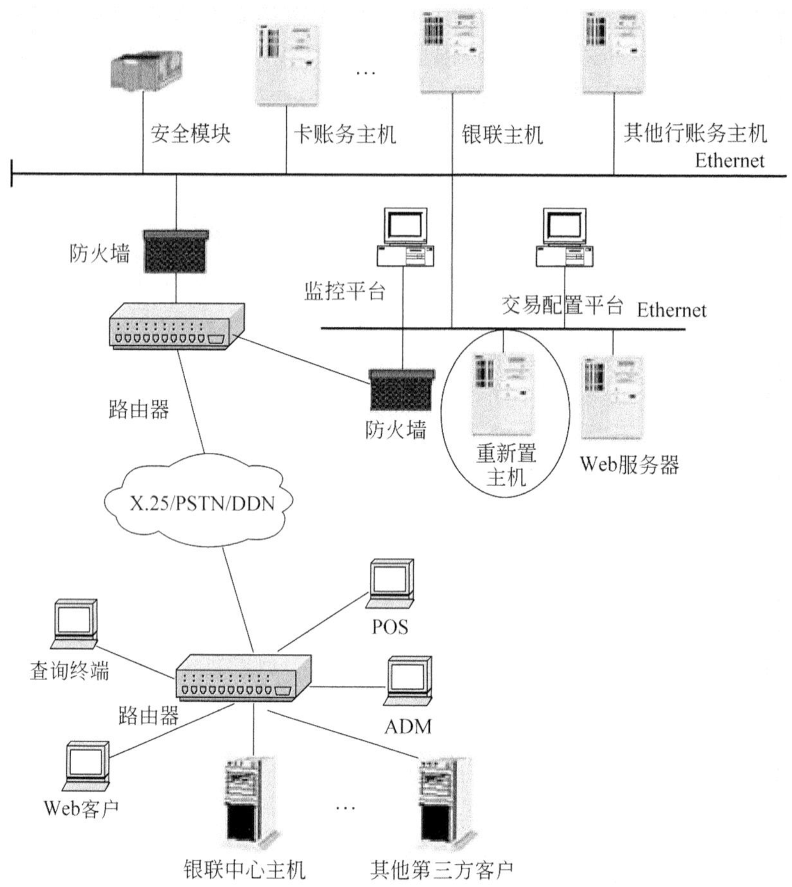

图 4-38　ATM 系统的网络结构

1）ATM 前置机系统的拓扑结构

ATM 前置机管理及清算系统核心结构主要由 ATM、ATM 前置机、账务主机三部分组成，为了便于实时监控和管理，有些行还可配备 ATM 管理监控机。

因此，加入了前置机之后，ATM 系统模型如图 4-39 所示。

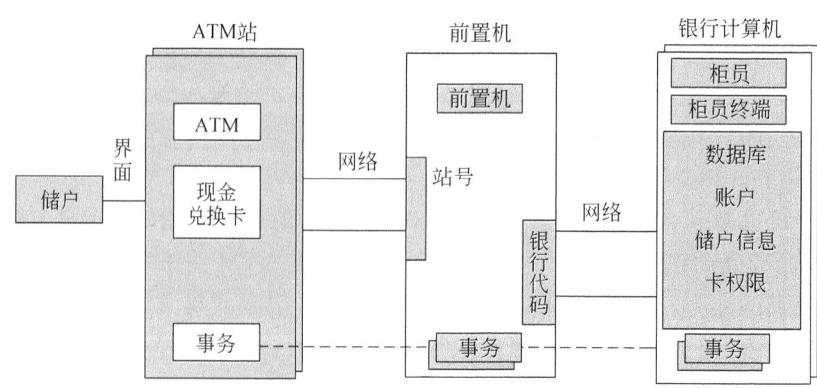

图 4-39　ATM-前置机-银行的系统模型

2) ATM 前置机系统各自的主要功能

在这样的拓扑结构中,ATM、前置机、主机三者承担着不同的任务和责任。

(1) ATM——客户界面核心

ATM 作为客户界面,具有如下功能。

① 定额取款、不定额取款、存款、查询余额、更改密码及转账等客户交易,并实时与中心主机联机及 ATM 实时打印交易流水账。

② ATM 可以随时由操作员控制进入操作员状态。在此状态下可以执行多种操作员功能,如更换钞箱、当日交易操作、没收卡文件输出打印以及交易流水账打印。

③ ATM 本身可实时处理营业点终端服务器下达的命令,如开机、关机、结账、交易量统计及状况报告等。

④ 内部钞箱面额可根据客户需要进行更改,面额可以多种。

⑤ 具有自我诊断功能。机内附有备用电池,以备在停电时对相关部件进行关机操作(如退卡、关闭所有栏口)。

⑥ 出现异常时具备交易自动恢复功能。

⑦ 高亲和性的人机界面(14 英寸 VGA 彩色显示屏),可以提供客户要求提供的最易使用的操作画面,包括插入广告。

⑧ 本身提供多种安全保密措施。

⑨ 根据 ATMP 的需要,提供约定格式的报文信息。

(2) ATM 前置机—— ATM 管理和交换核心

ATM 前置机是整个系统中新增加的一个至关重要的环节。所有 ATM 都通过网络及路由器等通信设备连接在 ATM 前置机上,除了完成对 ATM 交易的转换外,前置机还对 ATM 进行全面的管理,使中心机房的人员能快速方便地对所辖地区内的各台 ATM 状况进行了解,并可对 ATM 进行必要远程控制或根据具体情况做出相应的处理。

ATM 前置机的主要功能如下。

① ATM 传输密钥动态发放。

② 密钥管理。

③ 记录与转发。

④ ATM 的交易信息:能够处理 ATM 取款、查询、存款、冲正、修改卡密码及密钥申请等交易请求信息,并将根据账户及系统状态给出的响应信息传送至 ATM。

⑤ 出现异常时对未处理完毕的交易进行自动恢复,保证交易一致性。

⑥ 提供实时的 ATM 状态查询功能:能够对所连的每一台 ATM 进行状态的实时查询。包括 ATM 编号,所处地点等管理信息;开关机状态;各钞箱状态;各钞箱面额;各钞箱出钞数;流水打印机状态;凭单打印机状态;读卡头状态;出超模组状态;存款模组状态等。

⑦ ATM 远程控制:能够在中心机房控制 ATM 开关机状态,包括接通单台 ATM 或一组 ATM;切断单台 ATM 或一组 ATM。

⑧ ATM 故障实时报警:能够实时对 ATM 出现的软硬件故障进行报警,使中心人员及时做出响应。监控范围包括:关机;钞箱状态不正常;钞箱缺钞或钞箱下限告警;流

水打印机状态不正常；凭单打印机状态不正常；读卡头状态不正常；出超模组状态不正常；存款模组状态不正常。

⑨ ATM 轧账：能够与所连的每一台 ATM 进行实时对账。

⑩ 黑名单传送及检查：能够接收黑名单，根据黑名单对进行交易的账户进行检查，并拒绝对已列入黑名单中的账户进行交易。

⑪ 24 小时营业处理：当主机应用系统处于清分或批量作业状态时，对 ATM 的交易请求进行许可性检查后将交易信息存储在数据库中，待主机应用系统恢复正常营业状态后，伺机转发。

(3) 中心主机——账务处理核心

① 处理本地窗口交易，对窗口交易请求做出响应，记录相关信息，并在必要时对分户账进行修改或查询；

② 处理异地窗口交易，对窗口交易局交易及窗口开户局交易进行响应，记录相关信息，并在必要时对分户账进行修改或查询；

③ 处理本地 ATM 交易，包括 ATM 取款、ATM 存款确认、查询、修改密码等。中心主机需对上述 ATM 交易请求做出响应，记录相关信息，并在必要时对分户账进行修改或查询；

④ 处理异地 ATM 交易，包括 ATM 取款、ATM 存款确认、查询、修改密码等。中心主机需对上述 ATM 交易局交易及 ATM 开户局交易进行响应，记录相关信息，并在必要时对分户账进行修改或查询；

⑤ 日终批量作业；

⑥ 日常维护。

(4) ATM 前置机管理机——图形监控

监视功能：

① ATM 状态查询；

② ATM 交易查询、交易查询条件、交易查询结果；

③ ATM 原始数据查询交易流水档查询、交易信息管理档查询、配置信息管理档查询、后送交易档查询、黑名单档查询、末笔流水号查询；

④ 用户管理系统登录、更改密码、用户管理；

⑤ 系统设置。

3) ATM 网络系统中增加了前置机后的作用

在 ATM 与银行主机之间，增设前置机之后，可以起到以下作用。

(1) 可增强整个系统的灵活性。前置机的 ATM 管理及清算系统提供了前置机与 ATM、与主机账务系统的接口标准，因而具有较强的独立性，使系统内可连入多种 ATM (有些小行，一个城市配置一台前置机)，增强了整个系统的灵活性。

(2) 可尽量减轻主机负担。由 ATM 前置机完成对下端 ATM 的网络及业务管理，并过滤掉非法交易，只将合法交易转发至主机进行记账处理。

(3) 可便于业务上的管理。ATM 管理及清算功能的主要模块放在 ATM 前置机上，并配置了数据库对 ATM 的交易信息和状态信息进行存储，由 ATM 前置机完成对 ATM

设备及 ATM 交易的管理和清算。

(4) 可 24 小时营业处理。当主机应用系统处于清分或批量作业状态时，对 ATM 的交易请求进行许可性检查后将交易信息存储在数据库中，待主机应用系统恢复正常营业状态后，伺机转发。

4) 在 ATM 网络系统，前置机的故障处理

在安装了“前置机”的 ATM 网络中，前置机的设置，增强了系统在异常处理方面的能力。有前置机参与的主要异常处理如下。

(1) 丢弃：丢弃某些无关紧要的报文。如在查询交易中，丢弃超时后收到的延迟响应报文；在出现重复报文时，丢弃重复无用的报文。

(2) 拒绝：对于收到的请求报文发出拒绝响应。如当主机出现超时的情况下，向 ATM 发出拒绝响应报文，可以及时地释放超时交易占用的系统资源，提高系统的处理效率，同时提高交易的响应速度，减少客户等待时间。

(3) 自动冲正：向主机方发出交易撤销的报文，要求主机撤销前面的账务性操作。做自动冲正处理，主要用于主机端的延迟响应时，还原主机的账务系统。

(4) 密钥同步：当发现网络报文安全的工作密钥出现异步时，调用网络报文安全体系的工作密钥动态更新功能，重新同步工作密钥。

(5) 原包返回：一般用于处理收到的不明报文；流量控制：监视负载，及时报警，视情况限制或关闭某些通信线路或交易的种类，确保系统不致因超载而崩溃。

(6) 管理上的配合：除了技术方法外，异常处理还有赖于管理上的配合。

根据上述介绍知道，前置机本质上并不参与任何 ATM 交易，只是“分担”了过去由银行主机承担的 ATM 管理和异常处理工作，使得银行主机可以“脱身”成为真正的“账务”主机。图 4-40(a)是没有前置机时候的交互模型，图 4-40(b)是添加了前置机的交互模型。

有了前置机，是不是就“万事大吉”了？确实，有了前置机以后，ATM 系统的管理被大大地增强了。但是，所谓“增强”也是相对的。在后面将会分析，问题的改进是有限的。因此此处有关 ATM 扩展的课题，还是有价值的。

其次，针对 ATM 上已经开放的业务种类，进行业务流程分析，理解交易业务逻辑过程，关注与故障恢复有关的技术细节。

正常业务逻辑与业务特点(简略)：

(1) 存款(先收钱，再记账)；

(2) 取款(先记账，再吐钞)；

(3) 转账(有账务变化，但没有现金流)；

(4) 查询、修改密码(不发生账务变化)；

(5) 挂失：ATM 上还没有开通此业务。

请注意：存款和取款在银行储蓄系统记账顺序上的不同，这样做的原因，是为了首先保护银行(也是为了保护大多数人的利益的需要)的利益。

再次，进一步了解上述业务发生时，进行了哪些数据流变化和数据处理(数据流分析)：

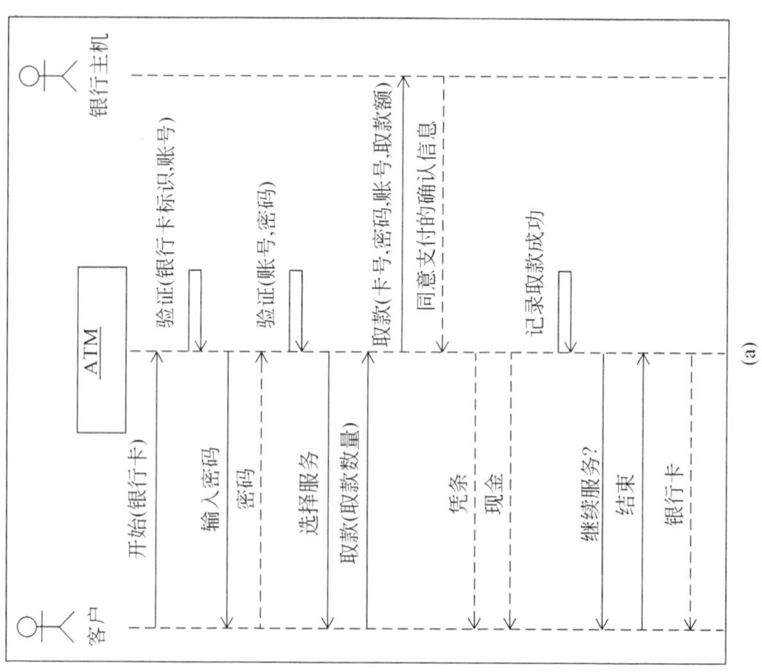

(a)

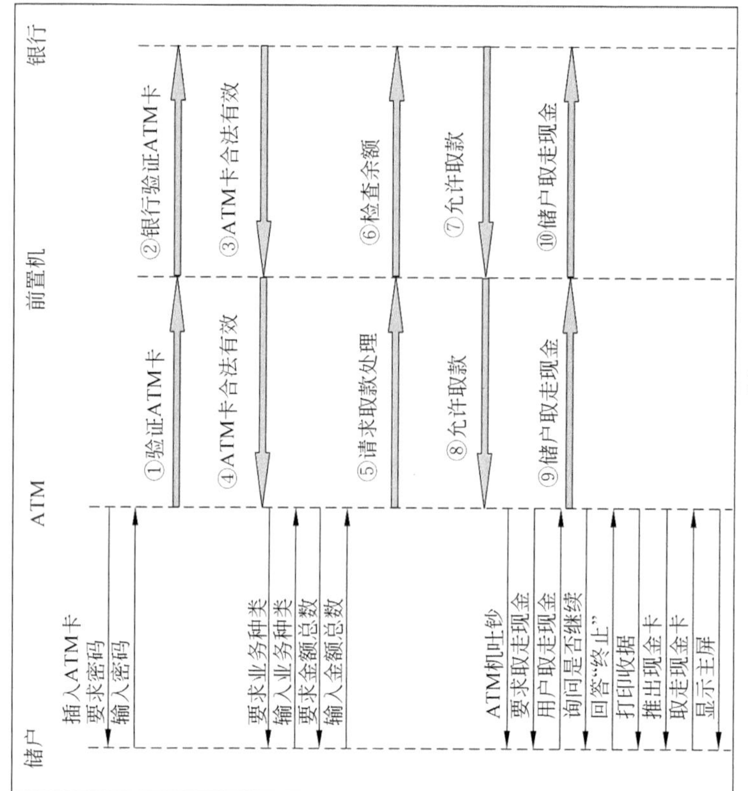

(b)

图 4-40　没有前置机和添加了前置机的 ATM 系统的交互模型

(1) 账务信息(储户活期/定期分户账、银行现金账、科目账等);

(2) 交易日志信息(流水、故障记录、状态信息)。

这些数据记录(各类数据账、交易记录、故障记录)都保存在 ATM-前置机-银行三个系统的某个地方,一笔正常业务过程中,不同的业务交易,发生了哪些数据变化,发生故障的时候,会在什么地方,产生什么样的故障记录。当进行故障恢复处理的时候,应该如何去分析分别保存在三个不同地方的不同故障记录,并根据故障记录和预定的故障恢复原则/逻辑,去补充完成未完成的交易。当交易不能正常恢复时,则需求启动某些特定的"处理逻辑",例如,反向冲正交易,来更新、修改、补充那些没有完成的账务/记录数据,使之达到"有效性"的恢复要求。

在做 ATM 基本系统的需求分析的时候,已经做过比较完整的业务流和数据流分析,知道一笔存款/取款等 ATM 业务,在 ATM 与银行之间是怎么进行业务交互的,在 ATM 和银行系统中,这笔交易发生、检查、记录了哪些数据。如果只是 ATM 与银行之间进行连接,情况比较简单。如果之间再加进前置机,一笔 ATM 取款交易,在 ATM-前置机-银行三者之间,要进行多少趟(两个节点之间进行一次单向的数据传递俗称为:一趟)数据交换,才能完成?

图 4-41 是对一笔 ATM 取款交易进行的交互过程分析。完成取款,至少需要 10 趟才是可靠的(最后两趟是否可省?显然也不行)。因此,故障处理分析必须分析这 10 趟过程中的每一趟,如果发生故障,故障对交易的影响、故障记录情况、恢复的对策和方法。

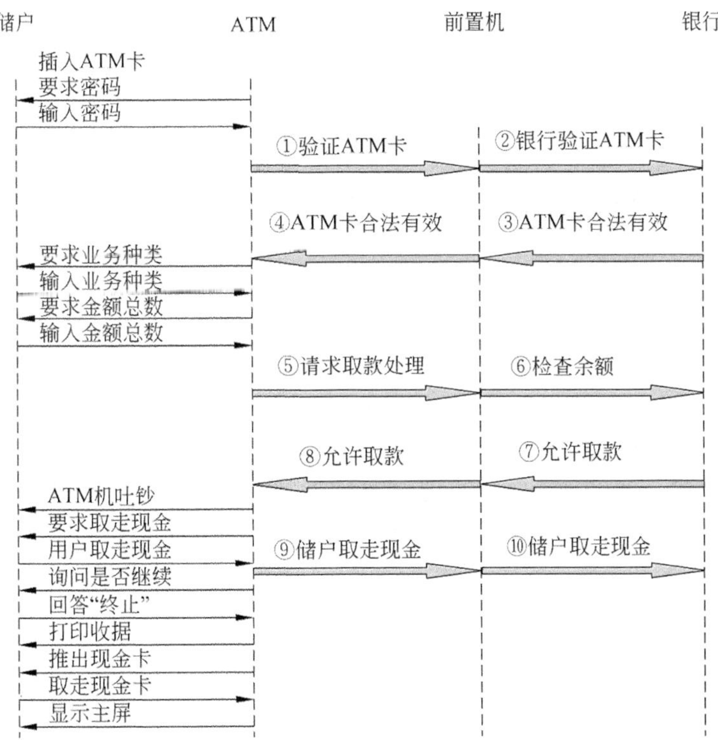

图 4-41 ATM 的 10 趟交易过程

分析这 10 趟数据通信过程，当某趟发生通信中断的时候，该业务发生了什么情况，应该记录些什么（以后做故障分析的时候，才能看到），故障恢复的处理原则是什么？通过仔细的分析后，发现这 10 趟（10 个故障点）的情况，以及处理原则，可以分为以下三类。

（1）故障类 1：故障点①、②、③、④、⑤、⑥，没有实质交易业务发生，记录故障，恢复至进行正常业务过程。通知 ATM 提示用户重新插入 ATM 卡，重新开始。

（2）故障类 2：故障点⑦、⑧，根据银行储蓄业务处理规则，此时已经先行将该储户取款金额，从该储户的个人账户上扣减。但此时该储户是否从 ATM 上取到钱，系统并不知道（没有收到第 10 趟的正常完成报告）。在本项目对 ATM 故障处理进行扩展之前，银行对此的处理方式是：将此账户设置为“冻结”状态，不再允许在此账户上进行除查询以外的任何交易，直到当天“清算”处理，完成“冲正”，恢复该账户至正常状态为止。所以，即使老太太跨过马路，她也拿不到钱。

（3）故障类 3：故障点⑨、⑩，储户已经把钱拿走，但银行系统没有收到最终的报告。虽然故障情况与故障点⑦、⑧不同（储户拿到了钱），但故障处理方式与故障点⑦、⑧类似，还是要“封掉”该账户。只是事后“清算”的时候，不需要做“冲正”处理。

2. 影响故障恢复“有效性”的现状分析

分析了 10 个故障点的可能情况后，可以发现：银行针对上述故障进行的处理，在“有效性”方面，是不存在问题的，问题仅存在于“实时性”上。不能满足“实时性”的根本原因，是这类故障必须等到当日系统“清算”的时候，才进行处理。而故障当时，只做“封账”处理，这导致了“无辜”的老太太拿不到急需的钱。

3. 影响故障恢复的“实时性”的现状分析

银行为什么不能实现所希望那样的“实时性”呢？

先从 ATM、前置机、银行系统三个方面的故障恢复（仅限线路故障）功能分析开始：在前面已经介绍了 ATM、前置机、银行系统中，各自的主要功能，其中涉及故障恢复处理的地方如下。

（1）ATM 部分：出现异常时具备交易自动恢复功能；ATM 可以针对哪些故障，如何进行自动恢复？

（2）前置机部分：出现异常时对未处理完毕的交易进行自动恢复，保证交易一致性。具体包括：自动冲正。向主机方发出交易撤销的报文，要求主机撤销前面的账务性操作。做自动冲正处理，主要用于主机端的延迟响应时，还原主机的账务系统。

（3）银行主机部分：没有明确说明，但应有之意无须多说。

（4）除此之外，功能介绍还有一句：管理上的配合。除了技术方法外，异常处理还有赖于管理上的配合。这是什么意思？

实际上可以看到，从 ATM 开始，到前置机、银行系统，都有主动发现故障，实时进行恢复的“本能”。但是，为什么仍然没有所希望那样的“实时性”呢？

在网上查到如下内容（邮政在线，2009 年 8 月 10 日），似乎可作解释：

http://www.post5.org/youzhengyewu/2009-08-10/2694.html）

邮政储蓄银行支行网点办理 ATM 存取款冲正的规定及注意事项

一、基本规定

1. ATM 冲正的操作权限和冲正地点根据管理方式而定。有网点管理的 ATM，由普通柜员经支局长授权进行冲正。

2. ATM 长款时，应查明原因，属行内交易，应通过“ATM 存取款冲正”交易将款项冲入客户账户，属跨行交易，应逐级上报省中心进行调整处理，原则上不得将长款以现金方式支付给客户。

二、注意事项

1. 办理本交易前，应根据客户投诉或 ATM 轧账时发现账实不符情况，查明长款或短款，通过“300402：长短款事项”，办理“ATM 长款”或“ATM 短款”挂账。

2. 逐笔勾挑核对 ATM 上流水，查明异常交易的流水号及账号，对异常的交易流水单独复印，经办柜员和综合柜员双人确认该笔异常交易的交易状态及吐钞情况(对于无法查明原因或无法确认的，应上报技术部门协助处理)，并在复印件上加盖名章，报支局长审核确认后，通过本交易将款项冲入客户账户。交易成功后，将异常交易的 ATM 上流水复印件附在“修改分户账通知单”背面，日终上缴事后监督。

3. 跨行 ATM 取款无法通过本交易办理冲正的，应逐级上报至省中心进行调整处理。

上述内容虽然不是“官方”的正式“红头文件”，但从语气看，也不是网络上某个个人所写，因而具有可参考性。注意其中几个关键点。

(1) 冲正操作的发起者：不论是储户，还是柜员，还是更高级别的操作者，都是人。而不是 ATM、前置机、银行计算机。也就是说，不论何种情况，包括管理的需要、级别批准的需要，还是跨行的需要，都必须有人的介入和干预。

(2) 冲正操作的操作方式：在柜员终端、前置机上做 “冲正操作”(某邮政储蓄系统的操作码 300402)。

(3) 跨行：手续更麻烦，几乎不可能当时立即解决。

综合上述分析，大致可以得出这样的结论。目前，当出现故障时，故障“冲正”恢复的技术处理(查对故障原因、分清责任、恢复管理与审批等除外)，只能在前置机或柜员终端上，通过“冲正”交易操作完成。这就是前置机功能描述中自动定义的“含义”。

那么 ATM 本身的“自动恢复”又是什么意思?

从 ATM 本身看，所谓故障，大致有以下 5 类：①打印机、读卡器、吐钞构件、存款构件等硬件设备状态信息(运行/维护/停机等状态)；②振动、温度、烟雾、金库门等设备环境及安全状态；③通信连接状态；④钞箱内现金部位状态(足够/报警/缺钞)；⑤卷筒纸、墨盒、色带等耗材状态。所以，原则上 ATM 本身对上述 5 种故障，都能够自动识别，发出报警，并在预先授权的情况下，进行必要的故障恢复(硬件设备更换除外)。

但上述恢复工作，早期主要靠银行网点的维护人员，在储户发现问题，提出“投诉”，并经银行管理人员确认后，在 ATM 上，通过 ATM 维护操作界面，进行干预(参见 http://www.hiaward.com/atm.html)。后期部分恢复工作(硬件更换除外)，则改由前置机承担。这大大减少了各网点维护人员的数量，降低了网点对 ATM 维护的负担。

但不论是网点维护，还是前置机维护，由于跨过若干人员、不同部门，需要多道程序传递，因此，即使相关人员认真负责，本着为储户着想，“急事急办”的原则，立即着手处理，要想“实时”恢复，也是十分困难的。由此还可以在网上，看到很多用户“抱怨”银行的帖子，就不奇怪了。

目前有关 ATMC 应用层实现部分的资料很少，具体细节更不得而知。所以，尽管 ATM 本身已经从技术上具备了自动发现故障，并根据故障原因，发起故障恢复请求(冲正操作请求)的条件，但是出于种种原因，银行还是没有采用由 ATM 实时发起自动冲正的处理模式。当然，这其中可能有技术因素，也可能有更多非技术因素的考虑，已不属讨论的范围了。

好在这里并不是在设计一个真正将要实际运行的 ATM 故障处理系统，只是一个项目练习。应尽量模拟真实的背景需求，但也只能尽其所能而已。

4.5.4 ATM 扩展需求的架构规划

抛开这些技术与非技术因素，作为方案建议或仅仅出于模拟，应该如何实现“实时”故障恢复？

1. ATM 扩展的用例图

按照以上分析，已经很清楚答案在哪里——当发生故障时(案例只讨论通信故障)，如果由 ATM 本身主动发起故障恢复处理请求(而不是等储户“投诉”，再由网点/前置机维护人员人工处理)，并在前置机、银行系统三者之间，按照必要的程序和规定，配合协调，完成故障恢复处理，将完全可以实现理想中的“实时性”要求。同样道理，某些故障也可以由前置机/银行系统发起，则它们与 ATM 一样，也可以发起故障恢复请求。

由此，ATM 的系统模型中，产生了一个新的角色与新的用例。图 4-42 是新的 ATM 系统角色与用例图。

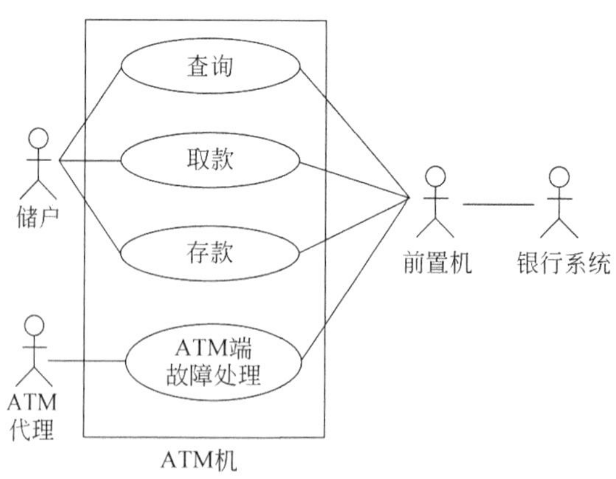

图 4-42 新的 ATM 系统角色用例模型

当然，这只是一个局部的示意图，并没有画出前置机、银行系统中应同样也有一个“代理”角色，甚至前置机、银行系统。更重要的是，作为 ATM 系统的一个角色(故障代理)，与熟知的 ATM 的角色，不论是真正的“人”（如设备维护人员），还是外部系统（如银行系统）都有点不同。不同的是，这个角色其实并不在 ATM 系统的“外部”，而在 ATM 系统内部，甚至在 ATM 系统软件的内部，这就与 UML 有关角色的概念有些不一致。那么，系统边界应将这个角色划在内部，还是外部？这个问题可以深入讨论一下。

ATM 代理角色的用例——ATM 端故障处理，可以看成是 ATM、前置机、银行系统三个部分综合故障处理在 ATM 上的子部分，称为故障处理系统在 ATM 上的“代理”构件。它要实现的功能是，出现“通信故障”（即来自前置机/主机响应超时）时，在 ATM 上发现故障，记录故障信息，发起故障处理请求，在前置机、银行系统的配合下，完成故障恢复处理。显然，在 ATM 上，“代理”起到了“发起”恢复处理的作用，提高了处理的“实时性”。

2. 实现“实时性”需求扩展的策略思路方案

这个“代理”与真正的故障恢复处理系统的交互方式可以有多种，例如：

(1) 方案一。作为一个 ATM 上的故障监控进程，始终在 ATM 系统的后台运行。当出现通信超时故障时，记录业务交易过程的当前位置（供真正的故障处理系统分析故障对业务的影响程度，决定故障恢复方法），并把这些信息打包成特定的报文，直接发送给前置机或银行系统（真正的故障处理系统），请求后者进行处理（后者也是在后台运行的监控进程，时刻准备接受并处理这样的故障处理请求）。这种模式，与现有业务系统的业务交易过程，几乎不发生任何关系，甚至不中断、不影响现有系统的任何交易，并且，从故障处理响应的角度考虑，其“实时性”似乎更好，属于“直接”故障处理。但这种在系统外“打补丁”的做法，将给未来的系统维护和升级，带来很大的麻烦，不是理想的方法。

(2) 方案二。“代理”本身的运行方式与上述方法相同，但当 ATM 故障发生的时候，“代理”检测到超时故障，并不直接把故障信息和恢复请求，发送给前置机或银行系统，而是在 ATM 上，启动一个“故障恢复交易”，并通过已有的交易提交方式和渠道，提交到前置机、银行系统，进行正常的故障处理（前已分析，银行系统是具备处理这样的交易功能的，只是以前是靠人工在前置机上发起）。这种在交易系统内“打补丁”方法的好处是：需要增加的程序量最少，新增加的“代理”构件，与原系统的功能构件之间，责任界面清晰，内聚好，松耦合，协同关系明确。当日后系统维护升级时，可以最大化地减少对系统业务处理逻辑和处理过程的分析与修改。而前者，故障处理过程“另搞一套”，造成处理过程、数据接口不统一。现在加上去的时候，看起来工作简单，但日后维护难度很大，实不足取。但这个方案的“实时性”要打一些折扣，如果 ATM 上的交易过程需要“排队”，故障“交易”是否能够得到较高的优先级，也是必须要考虑的因素。

当然，可能方法并不只有上述两种。再考虑学生项目的情况，由于并没有一套真正的、完整的 ATM、前置机、银行系统，也没有任何故障处理系统，因此，用什么方法实现“代理”与“处理系统”的协调机制，完全可以根据自己的喜好决定。但是，从良好架构设计的角度考虑，后一方案无疑值得考虑。

到目前为止，已经知道，要实现故障恢复的功能，是不可能单靠在 ATM 上添加一个“故障恢复”构件就可以实现的。需要 ATM-前置机-银行系统三者密切配合，并由“故障发生地”首先发现故障，提起恢复请求，启动恢复进程，以达到“实时”故障恢复的目的。从现在开始，可以将要开始分析、设计开发的系统，称为“实时”故障处理系统。

3. 为用例图添加新的角色

在4.4.2节，用B-C-E(边界类Boundary Classes，控制类Control Classes，实体类Entity Classes)分析法，得到ATM基本系统的类图。

为了实现“实时”的故障处理，需要增加了一个新的角色“故障代理”及其相应的用例“ATM上的故障恢复处理”。为此，在类图(图4-43)上，为这个角色增加一个新的类“代理(Agent)”，但它应该属于B-C-E中的哪一类呢？它似乎不是单纯的边界、控制、实体这三个类中的某一个类，而是含有这三个类。

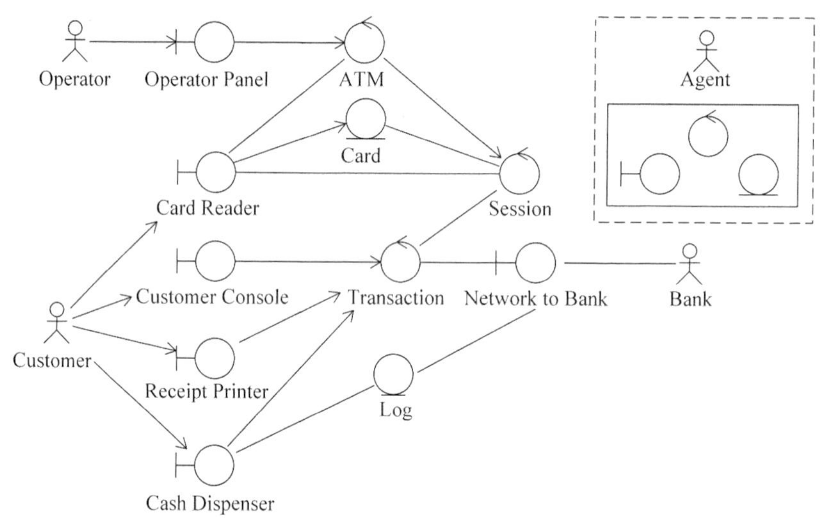

图 4-43 在ATM基本系统类上添加“代理”类

例如：

边界类：Agent应考虑从哪里获得、如何获得ATM通信故障信息。获得渠道与方式，不但要考虑“实时性”，还要考虑与现有系统处理方式衔接的“可行性”。

控制类：Agent获得了故障信息以后，无疑自身应对故障性质、处理方式(仅就ATM本身而言)会有所判断和决策。

实体类：Agent本身，似乎没有需要长期保存的数据，但是，发往前置机、银行系统的故障信息的收集、组织、缓存，无疑是需要的。另一方面，如果采用报文方式，不论是同步还是异步处理方式，至少在一个故障处理周期内，需要保存一次故障处理会话过程的完整信息。交易方式可能要简单一点。所以，实体类可能也是需要的。

至于新添加的“代理”类，与原ATM的类是什么关系，本质上是故障处理系统与原有系统如何“衔接”的问题，这完全要看架构实现方案是怎么定的，以后再讨论。

4. 实时故障恢复系统的架构设计规划考虑

在架构对策分析的基础上，考虑在已有的ATM-前置机-银行系统环境下，加入“实时”故障处理机制的设计模型。为了充分照顾系统的各种特性，按照架构设计5个方面考虑的一般思考方法，架构设计应考虑以下设计要素。

(1) 开发架构：在考虑实时故障处理机制的时候，已有系统的开发架构，对目前的架构设计具有最大的影响与制约，因为已经不可能“另起炉灶”，完全不顾现有系统的业务逻辑、处理模式、架构设计、功能构件与责任划分等要素，甚至在某些方面，只能在已有的框架下，“重用”系统的大部分的程序包、类库和框架。这就需要对原有系统进行仔细的分析。在深入分析的基础上，提出“实时”故障处理在原有系统上的“嫁接”方法。

(2) 物理架构：ATM 实时故障处理系统的物理结构是非常明确的，即由多台 ATM 与一台前置机组成一个 ATM 组并连接到银行系统计算机上(暂不考虑银行系统再连接到银联系统的情况)。

(3) 运行架构：故障如何发现、报警、记录、提起恢复处理请求、响应与协调、处理过程在 ATM-前置机、银行系统三者之间如何分配、协调、裁定、分配执行、记录报告，这些任务进程在运行的时候，相互之间将如何通信、如何协调配合，是实时故障处理系统架构设计的关键环节，它将直接影响处理系统的实时性和有效性。同时，新的系统是否会带来新的安全隐患、新系统本身的安全可靠性应如何考虑等，都是设计中应认真考虑的因素。

(4) 逻辑架构：上述要素在逻辑上如何划分，并与程序构件、进程等相对应，以反映上述功能需求，使得这些构件能通过协作完成功能需求，是架构设计的具体结果。

(5) 数据架构：故障信息、故障发生时的业务信息、业务过程信息、故障处理信息，以及这些信息在 ATM-前置机-隐患系统上的位置分布等，都是实时处理得以实现的关键。应仔细考虑这些数据的分布、生成与处理的关系，设计合适的数据持久化存储和传递策略等。在本系统中，数据的实时性和数据的过程性(在业务处理过程中，故障数据的发生时刻与地点)对故障恢复处理方式和处理方法，具有决定性意义，更需要仔细定义、记录和保存。

分别从以上 5 种架构，考虑实时故障恢复系统架构设计的具体要求，是从目标系统本身的客观需要出发，进行架构设计的第一步。这一步，将在比较高的抽象层次上，确定了未来系统结构的蓝图。

5. ATM 故障处理系统的逻辑结构

在考虑上述因素的基础上，根据上述得到的分析模型，得到如图 4-44 所示的 ATM 故障处理系统的逻辑结构，这里包括上述讨论中最初的考虑元素，例如，物理结构、运行结构和部分逻辑结构。

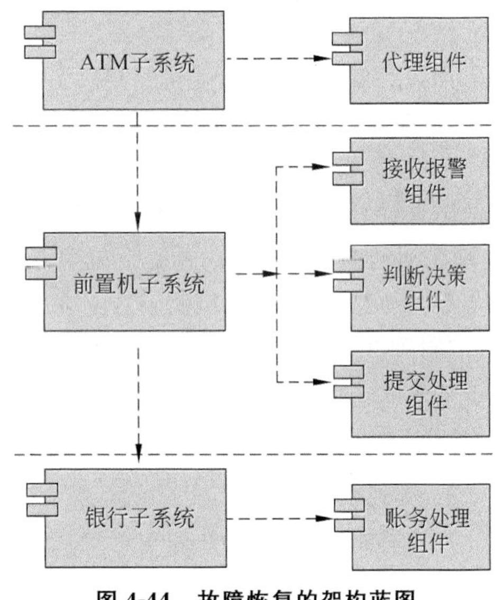

图 4-44 故障恢复的架构蓝图

可以看出，这个逻辑架构是采用在原 ATM 基本业务基础上，另增加一套“故障恢复”系统的方案，但具体方案细节还不明确，这里就是所谓的架构“蓝图”。

4.5.5 ATM 扩展需求的架构设计与平衡

在实现上述架构规划设计过程中，有一些重要的技术问题，还应仔细讨论。这些问题既与架构有关,也与具体设计实现方案有关。这是设计方案中,架构师需要与用户、需求分析师协商解决的问题。

应考虑的问题包括故障处理机制与实现机制两个方面。

1. 故障处理机制的问题

1) 发起报警的机制

当光缆被挖断的那一瞬间,ATM 没有收到应有的回答(根据以上的分析,可能中断发生在 10 趟中的某一趟),此时,需要发起故障恢复。在 ATM、前置机、银行主机三者之间,应该有谁最先发起故障处理过程?假设发起行为是一个“闹钟”,那么,这个闹钟放在哪里最合适?

(1) 放在 ATM

这是最容易理解的方案,因为从使用者角度,ATM 是最直接感受到交易中断的一方。但是从上述 10 趟交易过程的故障分析可以知道,如果要从 ATM 上,根据 ATM 所保留的记录来直接判断故障点,是不可能的。它有可能,最多需要从 4 种故障可能情况中,判断出是哪一种故障情况。为此,它需要同时询问前置机和银行主机的当前交易记录,综合后进行判断。从效率上讲,不是最好。

(2) 放在前置机

同样情况,最多可能有两种故障情况,且只要询问 ATM 或银行主机一次就可以判断。

(3) 放在银行主机

情况与 ATM 一样。

所以,“闹钟”放在前置机是最佳方案。

2) 需要几只“闹钟”

一只“闹钟”就够了吗?显然不行,当出现第 10 趟发生中断故障时,前置机也不能发现故障并让“闹钟”响起来。所以,在银行主机上,也需要安装一个“闹钟”,专门针对第 10 趟出问题的情况,当然理论上,这种情况的概率是 1/10,不会增加主机太多的负担。

3) 不同的报警送达机制

“闹钟”响起来以后,别人怎么能够听到?

如果是 ATM 发起,前置机和银行主机,需要像服务器一样,有一个“守护”进程,等待 ATM 的“闹钟”。如果是前置机发起,ATM 则需要有这个进程,等待“闹钟”信号。

2. 实现机制的问题

1) “闹钟”响起后的处理

故障处理的逻辑结构,涉及在 4.5.4 节讨论的两种(可能还有更多)方案中,到底采用哪种方案。图 4-44 中,为前置机子系统设计了接收报警构件,则是考虑了 4.5.4 节讨论的第一个方案的实现,即前置机的接收报警进程与 ATM 的代理进程直接对接(此方案是由 ATM 发起,如果是由前置机发起,则相反),是代理(请求)的“服务”进程。如果采用 4.5.4 节的第二个方案,则在前置机上,不需要单为故障处理而设立的“显性”的报警接收构件,而是通过接收到特定的故障处理“交易”(不是请求信息包),进行相应的交易判断和处理。两种方案与银行系统的交互与处理过程,没有什么本质区别。有关两种方案的进程结构，如图 4-45 所示。

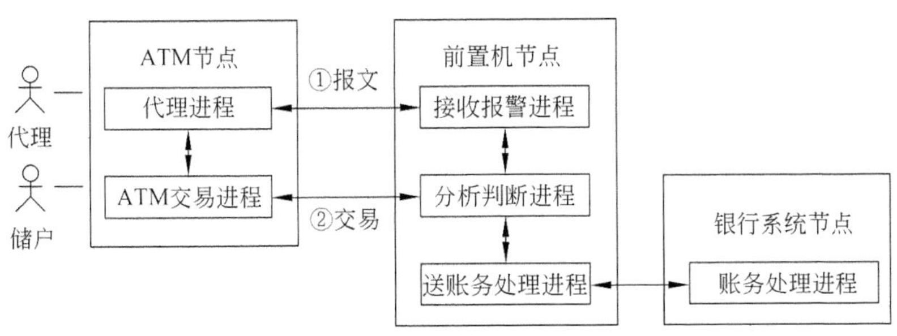

图 4-45　考虑两种方案的进程结构图

2）故障恢复与处理系统与原系统的“切入”点问题

上一问题实际上就开始涉及与原 ATM 系统的“切入”问题。

在上述架构元素考虑中，基于开发架构限制的实现，主要是指故障处理系统与原有银行 ATM 系统业务处理构件部分的“衔接”与“切入”问题。在真实的系统中，这是比较复杂的问题，因为原系统既庞大又复杂，如何切入（如采用 4.5.4 节讨论的方案二），有时甚至不是技术问题。例如，从整个系统角度考虑，允许 ATM、前置机本身包含多少业务逻辑，还是应全部集中到主机上？ATM、前置机是否支持可二次开发？版本如何统一？如何与已有的业务处理“糅合”起来等。

但是，在网上下载的“现有系统”，可能几乎没有任何前置机、故障处理等。所以，这个部分，可以“从头”设计，而不必考虑与原有系统的“嫁接”，使得问题相对简单化。但 ATM 基本业务、银行系统基本账务处理部分，则有可能需要考虑在“下载”的系统基础上，进行“二次开发”的问题。

3）与前置机的功能“糅合”问题

在前置机部分，应考虑多个 ATM、多种故障请求，人工与自动请求并存等情况，故需要将前置机故障处理，除具有接收请求、分析判断、提交银行系统处理三个子系统（构件）外，还应将前置机所负责管理的所有 ATM 的故障报警处理协调功能，纳入其中。并与前置机现有的故障分析、处理功能，结合在一起。这些功能包括：相关信息查询、反向/冲正交易、补记录等。

4）数据结构问题

同样，有关数据结构的设计，由于篇幅所限，也不再细细展开。但是，在本案例的故障处理系统中，不同交易业务、不同处理过程中的记录信息，例如，交易中断在图 4-41 中 10 趟通信过程中的那一趟，正在进行的是什么交易？这些都是故障分析判断，以及故障恢复处理的依据。因此，应仔细地根据交易业务处理逻辑和处理方法，设计相应的过程性的、实时的故障信息数据结构，也是非常重要的。

5）如何让中断发生

如何模拟在 10 趟中的任何一趟出现中断？是否需要设一台中间机器，如开关一样控制中断？不必要那么复杂。在每笔交易中，增加一个 1～10 的随机数，交易每前进一步，随机数减 1，当随机数为 0 的时候，就发生中断。

6）老师没有想到的问题

按照上述随机数方法模拟中断，有学生做了一个“最简单的实现方案”，当发生中断的时候，发生中断的点（由于他自己知道随机数是多少），立即向前一个点“断点重发”，相当于随机数没有发生作用。这是非常错误的做法，因为实际上是根本不知道随机数的。

7）新的问题

项目后期，老师新加了一个需求：如果ATM和网上银行同时对一个账户进行操作，此时发生了ATM线路中断，会是什么情况？实际上在进行一笔交易的时候，是否考虑可以在同一个账户上，进行并发交易。最简单的方法是不允许并发，如果允许，或允许并发部分交易，如查询，需要如何处理？

8）更多细节问题

有关ATM扩展架构的各种具体方案、ATM-前置机-银行系统各构件之间的详细分工、故障处理系统与原系统的“衔接”、报警信息包或交易代码与恢复处理的定义、故障信息的记录与分析，以至多个、多种报警源的协调、仲裁机制的设计等，都应在详细设计阶段进行，也是故障系统实现不可回避的问题。所有这些细节，本书不再介绍，留给同学们自己完成。

4.6 软件架构师的需求参与

4.6.1 需求与架构衔接阶段的角色扮演

到这里为止，同学们应该了解，本章所介绍的从需求模型到架构模型之间的转换，本质上，既不是传统意义上的需求分析，严格意义上说，也不是架构设计，是介于二者之间的中间过程。虽然在任何软件工程的教科书上，并没有专门定义这个过程，但在实际工作中，这个过程却是不可缺少、甚至是至关重要的。这个过程可以看成是需求分析过程的“深化”，同时也是“初步”的架构设计，是需求分析与架构设计的“衔接”过程。所以，也可以称为系统架构的“蓝图”阶段。这也是面向对象OOA与OOD之间，所谓说不清、道不明的“交集”所在。

在这个特殊的阶段，作为架构师应注意以下几点。

(1) 架构师不能代替需求分析师完成需求开发过程，因为在需求获取与分析过程中，需要更多的专业背景，并与用户进行深入沟通，这不是架构师的任务。可能有很多用户业务细节，也不是架构师所熟悉和专长；更主要的是，在项目团队中，各有分工的意义，是各有专职和侧重，才是一个好的团队，才能共同做好工作。全凭一个“牛人”单打独斗的团队，一定是失败的项目。

(2) 架构师应了解自己项目团队需求分析师的能力、水平和工作情况，为了对团队，也是为了对项目和用户负责，适时、适当地介入到需求建模工作中，并把握好与架构有关的关键需求，也很重要。

(3) 在当前的“蓝图”阶段，架构师首先应从需求和用户的角度，考虑架构设计的对策和方案，而不是只从实现的角度。因为现在这个时点，是架构方案的“蓝图”阶段，理论上，还可以就方案与用户继续协商和平衡("讨价还价")。而一旦做出决定,再进行变改,就可能花很大的代价。

上述三点,可能对于学生项目而言,并不适用。或者可能情况正相反,因为是学习,所以每个同学都是需求分析师,也是架构师,还是用户。但是要知道,一个人从头"包干"到底的开发方式,不论从哪个方面评价,都是典型的"作坊式"开发模式。在学校学习和体会软件过程的难点,也正体现在这里。希望指导老师,能够创造条件,让学生能够真正体会真实的软件开发过程中角色的作用。例如,尽可能地由不同的学生(组),交替扮演和体验不同的角色。

4.6.2 架构师参与需求深度的"底线"

架构师参与软件系统需求过程的参与点在什么地方、参与的深度需要多深、涉及的需求关键与非关键是什么、有没有一条指明行动路线的"底线"呢?

设计良好的软件构架的关键是把握好关键的需求。对于像电信、银行等企业级应用软件而言,架构在更大的程度上决定了系统的开发质量、运行性能、可扩展和可维护性。

例如,从宏观一点的架构构成方式看:高性能与高可靠性的需求,决定了电信等行业应用逐渐向集中型的业务平台模式转变,系统也最终采用了动态均衡的服务集群架构;而支持浏览器用户环境则决定了产品采用 B/S 多层架构。这些与架构有关的需求,是架构设计的关键,因为它是如此重要,也应该是用户需求的一个部分。

稍微微观一点,从软件构架的层次结构角度来看,不同层受各类需求影响的程度是完全不一样的。在系统 5 层逻辑架构中:

(1) 应用层受功能性需求的影响最大,在这一层,一般应安排窗口界面、打印输出等,并通过灵活的实现方式,适应用户需求的变化;

(2) 业务逻辑层具体的内容受功能需求影响,但其基本结构对功能不敏感;

(3) 业务实体层本质上由业务领域模型所决定;

(4) 数据访问层等下层架构基本上由非功能需求因素决定,与功能性需求关系不大。

真正健壮的软件构架应当面向整个业务领域,因为系统的软件需求不管如何变化,其内容仍然处于原有业务领域的范围之内,这样软件架构将毫不费力地适应这些新的需求变更。所以,作为一个基本原则,架构师在参与需求过程的时候,他的参与"底线"应该在把握好业务实体层的需求。通过一定的架构方法,提供灵活的应用层和业务逻辑层服务,则无论需求如何变化,都可以很好地应对。

有关软件系统架构的设计策略和技巧,将在以后各章中再做详细介绍。

4.6.3 需求与架构平衡的"底线"

虽然架构师原则上可不参与系统的需求过程,因为用户并不需要关心系统内部实现,也对实现方法没有具体要求。但是,如在 ATM 故障恢复系统设计方案的讨论中所看到,在某些与架构设计方案有关的"关键点"上,如果架构师"缺席",还真的不行,如出现故障处理机制与实现机制中提到的那些问题。

这里简单举一个例子，来说明上述问题。

在与用户讨论需求的时候，希望用户把需求描述到多细合适呢？例如，用户的应用系统希望打印报表，在做需求的时候，是否要求用户在需求阶段，就把所有报表的内容、格式都罗列清楚，就算好的需求获取呢？从需求获取的角度看，这个想法可能是好的，但现实情况是，要达到这个要求几乎是不可能的。首先，用户是否能够配合，提供所有的报表内容和格式；其次，用户也不能保证在系统若干个月（甚至若干年）之后，交付使用的时候，这些要求不发生变化。用户为了避免自己系统交付时发生需求变更的责任，此时，主观上不愿意提供完整报表需求是最符合用户利益的。

作为项目团队，在这个问题上，与用户的利益是不一致的。因为允许用户在项目的最后阶段，随意地改变报表格式和内容，将给项目带来很大的不确定性。那么，是否有一个双方都可以接受的"平衡"点，否则，问题将处于"无解"状态。在当前用户处于"强势"的环境下，开发团队应该给出问题的解决方案。

在需求获取阶段，就用户需求而言，需求边界决定了项目团队在规定的时候内，必须完成的开发任务。但是作为需求分析师，面对着"需求树"，决定需求边界的时候，可能提不出什么好的解决方案（需求边界定在哪里）。因为，用户立场和团队立场是如此的对立。

从架构师的角度看这个问题，实际上可以确定这样的需求原则：按图 4-27 的层次结构，如果是最上层（展现层）的需求，暂时不确定也没有关系。如果是第二层（业务逻辑层）的需求，如果不是重大改变，也可以接受。再往下，就必须现在确定下来，否则就没有。

具体到报表打印需求：

(1) 如果此时报表的格式、标题、行列不确定，到项目开发的最后阶段再定是可以的，这是系统的展现层发生了变化；

(2) 如果此时报表的数据统计和计算的逻辑顺序（计算公式发生变化）不确定，也是可以的，这是系统的业务逻辑层发生了变化；

(3) 如果此时报表涉及的数据来源发生变化，例如，需要打印原本数据库中不存在的数据，这涉及系统需要增加新的数据输入/采集模块，这是需要增加系统的业务实体。原则上，这是不可以的。

(4) 如果用户在最后的阶段，提出数据库不但要支持 Oracle 数据库，还要增加对 Sybase 数据库的支持，那是不可能的（虽然可能有第三方的数据库中间件，能帮助项目团队不费太多时间和精力，实现这一功能）。

架构师可以用这样的原则，来帮助项目团队把握"需求"。当然，上述例子只是需求过程中比较简单的一个例子。

4.7 实践与思考

4.7.1 实践题

1. 从网上下载一套 ATM 基本系统，应包括相应的需求文档，阅读并理解 ATM 基本系统的主要需求。

2. 用第 3 章介绍的工具,分析 ATM 基本系统的架构。

3. 实现本章介绍的 ATM 扩展。

4. 尝试使用不同的架构方案,实现 ATM 的实时故障恢复。

5. 比较不同方案的优劣。

4.7.2 思考题

1. 架构师为什么要参与需求过程? 架构师在参与需求过程中? 主要关注什么?

2. 在需求过程中,架构师与需求分析师的角色有什么不同? 请举例说明。

3. 以数据流为核心的面向过程的需求转换为什么不能适应需求的变化?

4. 针对需求变化,面向对象的需求转换为什么具有很强的适应性?

5. ATM 扩展项目中,另加的故障处理方案和“反冲”方案的最主要不同是什么? 各有什么利弊?

CHAPTER

第5章 软件架构设计的参考模型

本章导读

在开始真正的软件架构设计之前,还需要再做一些准备。本章从架构设计面向过程方法开始,介绍架构设计的一些最基本的、最原始的思想方法。这些方法现在看来可能存在很大的局限性,有些已经被面向对象方法所取代。但无论如何,从历史轨迹中,找到今天流行设计的发展思路,理解今天的进步和发展来自何处,对于深入学习和理解架构思想,还是有好处的。

本章用了一定的篇幅,介绍各种传统的、经典的、流行的系统架构,并重点分析比较了开发式系统互连参考模型与操作系统这两种典型系统的架构特色。由于篇幅所限,虽然介绍和分析是"蜻蜓点水"式的,但这些系统的架构形式,都是架构师设计系统时可参考的"原型"和有益的提示。

在了解了应用系统的需求、考虑了一系列系统特性因素之后,架构师将着手搭建合适的系统架构,以便具体实现需求模型的对象、行为和功能。企业的架构师不会、也不可能在一张白纸上,开始架构设计(而学生项目恰巧正是如此)。特别是软件工程技术发展至今,有关架构设计的研究和行业最佳实践的积累,已经可以为架构师们提供一个相对充分和成熟的架构设计基础。

软件架构的设计,从思想方法上,不论是面向过程,还是面向对象,一般都应该是先从系统的高层抽象、总体和全局的视角,进行设计考虑。这一层面包括:子系统设计和对象设计,包括物理架构和逻辑架构设计等。然后才是具体的、精细的设计,包括方法和接口设计。因此,传统软件工程把系统设计划分为概要(总体)设计和详细设计两个阶段,详细设计是概要设计的具体化。

面向对象的软件工程没有这样明晰的两阶段划分,例如,著名的面向对象设计模式(特指"四人帮"的23种设计模式)的运用,是属于概要设计,还是属于详细设计?从战略(效果)看,它们应该在概要设计阶段被考虑和运用,从战术(实现方法)看,它们又确实应归于详细设计阶段为好。本教程将其放在第6章,但并不因此认为,它们的作用仅属于接口或模块设计。

无论如何,概要设计和详细设计在思想方法和具体实现内容上的区别,还是客观存在的。为了便于学习和理解,本教程还是沿用概要设计和详细设计两个阶段的划分方法。

本章介绍概要设计的一般思路和思想方法，第 6 章介绍概要设计过程，第 7 章介绍接口、面向对象的设计模式和组件开发等更深入的内容。

5.1 传统系统设计的基本思路和思想方法

软件架构设计思想和实践的基本思路，可以从传统软件工程的系统设计发展过程中，找到源头。随着面向对象技术的出现，系统设计实现的技术和方法发生了很大的改变，系统架构的构成模块以及设计的思想和方法，从面向程序代码和过程，转向面向对象。但设计思路中最基本的东西，可以说依然没变。例如，模块划分所追求的强内聚和松耦合等。为了要知其然，还要知其所以然，这里有必要简单回顾一下传统软件工程系统设计的一些设计思路和思想方法。

5.1.1 传统系统设计的思路

软件设计方法经历了几十年的发展演化过程，早期的结构化程序设计和自顶向下逐步求精的结构化方法，称为面向结构(过程)的系统设计方法。之后，随着数据库技术的发展，带来了将数据流和数据结构，转化为设计定义的方法(E-R 模型)，称为面向数据的系统设计方法。在面向对象技术出现以后，从对象及其关系导出系统的方法，称为面向对象的方法，包括面向对象的分析 OA、设计 OO 和编码 OP。而现在软件设计的重点，已经移到软件架构和基于组件重用的架构设计上。

软件系统的架构是系统设计的核心，因此始终是软件工程研究的重要课题，而研究的层次和侧重点，从最基本和最底层的方面，逐渐向越来越抽象的层次发展，但传统结构化方法的基本思想，对现在的设计，仍然有一定的借鉴和指导意义。

曾作为软件结构研究发展的基本思想包括：①结构化控制流；②模块连接方式；③结构化控制模式；④基本数据结构；⑤抽象数据结构；⑥进程；⑦分时与并发；⑧资源共享与并行同步等。这些内容，在“操作系统”、“数据结构”等课程中，都有一定的涉及。但是，学习上述课程的时候，由于种种原因，学生较难站在更高抽象的使用者(如架构师)的角度看某种数据结构或调度策略，或者是简单地把它们看成是一些“算法”，不关心谁用这个算法、为什么用这个算法、如何用这个算法。因此，难免落入“就算法而算法”的认识局限中。现在再回过头来，从架构设计者的角度，来运用这些曾经学过的“算法”，就会发现，它们为架构设计和实现，提供了很多非常有用的思路和手段。例如，数组、队列、栈、树、环等，都是某种数据结构，但运用在模块和模块之间的连接上，有什么不同？信号灯用于协同同步或异步进程时，可以发挥哪些作用，有哪些局限等。

不论上述这些方法目前的实际意义有多大，但它们所反映的一些共同的特征或称为指导思想，还是具有参考价值的。

概括而言，这些传统系统设计方法是：

(1) 一种用于将分析模型转换为设计表示的机制；

(2) 一种用于表示功能性结构及其接口的符号体系；

(3) 一种用于求精和划分的启发式方法;

(4) 一种评价设计质量的指导原则。

为了能够更好地理解现代软件工程的架构设计方法,这里简单回顾一下过去曾经成为主要工具的那些技术和方法。

1. 结构化控制流(非结构化语句)

结构化控制流希望通过编码工程师的自律,在程序设计语言一级,实现程序的结构化,增加可读性,降低复杂度。这是最早的架构实践。在现代程序设计语言中,已经没有了如"go to" 这样"自由度"极大的转向语句,从根本上杜绝了程序静态结构与程序执行动态结构(控制流)不一致的所谓"非结构化"问题。但程序的静态结构与动态结构的一致性问题,不是随着"go to"语句的消失而消失的,例如,逻辑架构与运行架构的一致性问题。

2. 模块连接方式(控制模式)

在控制流之上,存在着比语句更集中的模块,这些模块可以是数据、外部设备、程序段等。这些模块之间的连接方式,是程序设计的更高层抽象,也称为控制模式。

1) 直接过程调用方式模式

模块与模块之间(此处的模块为程序的代码段),通过直接调用对方的过程、函数或方法实现模块之间的连接,是最普通、最常用的方法。而过程调用和返回,是通过系统提供的 CALL 语句(编译系统)和堆栈机制(指令系统)的配合来实现的(具体见"编译方法")。

2) 过程调用表(间接)方式

如果过程调用是通过间接地访问一张地址表,而不是直接指向实现代码的地址,通过管理过程调用的地址表,建立调用与实际实现代码间接的对应关系,则提供了调用的灵活性。调用表的可动态维护,是这种方法的优点,所以也称为间接调用。

间接调用的思想始终被沿用至今,面向对象的抽象工厂,就是间接调用的例子。7.3.3 节迷宫案例中,地图就是一张间接调用表。架构设计中的所谓"表驱动"战术,也是间接调用方法的最典型运用。

3) 中断/事件触发方式

中断/事件触发是通过硬件所提供的中断及其控制机制,实现的运行模块连接方式。模块的调用,依靠中断设置和中断触发处理程序实现。中断设置就是将特定的中断号码,对应中断处理程序的指针,指向中断处理入口。中断处理根据代码号,转向不同的处理代码段,并执行相应的处理操作。中断代码表的功能与间接调用相当。

4) 过程链接方式

过程链接在原理上与中断方式有些类似,它通过一些标识,在多个事件或过程的处理链中进行转移。这种应用多采用数据结构中的"链表"来记录链接"路径",如出错处理链等。过程链接方式是动态扩展系统功能的常用设计方法,只要增加一个标识,就可以把新的出错处理代码段插入到处理链中,达到功能扩充的目的。这种方式在中断服务、设备管理、消息传递等服务中,也有广泛的应用。现在也很常用,23 种设计模式中的"责任链"就是。

5) 服务连接方式

服务连接方式的服务模块由接口、分析器、执行器等构成，其他模块与服务模块通过接口进行交互。分析器分析获得的服务请求信息，然后交给相应的执行器执行。服务模块是被动接收服务请求的，解释器和各类服务器就是采用这种连接方式的。

6) 本地或远程过程调用方式

远程过程调用(Remote Procedural Call，RPC)是在网络环境下的过程调用。本地模块无法获得分布在远程的模块的标识，不能直接调用远程的模块，因此，需要在本地建立一个远程模块的代理。本地模块把服务请求发送给代理，由代理通过网络实现与远程模块的连接。类似地，同一计算机内的进程间调用，也有一个专门的机制(Local Procedural Call，LPC)来实现。

以上介绍的是模块之间的几种连接机制。

3. 结构化连接模式

结构化连接模式指模块与模块间连接关系的构成形式，有以下几种。

(1) 条件连接：根据条件或发生的事件判断，选择被连接对象，如图 5-1 所示。

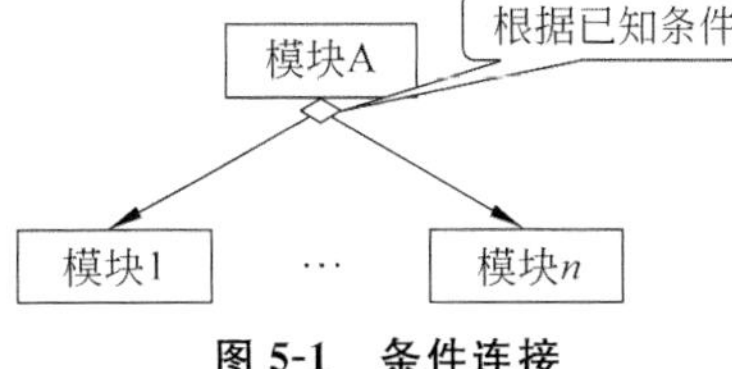

图 5-1　条件连接

(2) 循环连接：根据已知条件进行判断则为条件连接，根据当时事件选择判断则为循环连接，如图 5-2 所示。

(3) 查询(轮询)模式：查询模式也是一种条件连接，不同的是判断行为发生的机制是由控制程序主动去探询(轮询)后，根据获得的信息，决定连接或处理的对象。采样点不多，但发生的事件频繁的情况下，多采用查询模式，如图 5-3 所示。

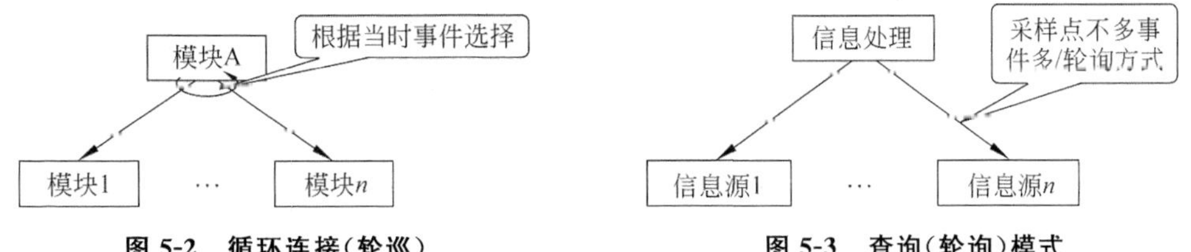

图 5-2　循环连接(轮巡)　　**图 5-3　查询(轮询)模式**

(4) 中断/事件模式：中断/事件模式是由信息的信息源主动方式下的查询模式。采样点多，但发生的事件不太频繁的情况下，多采用中断模式，如图 5-4 所示。

(5) 共享信息模式：与查询和中断不同，共享模式没有主动与被动，是一种对等的查询方式，如信号灯的点亮(事件发生)与熄灭(事件处理)是对等的行为，如图 5-5 所示。

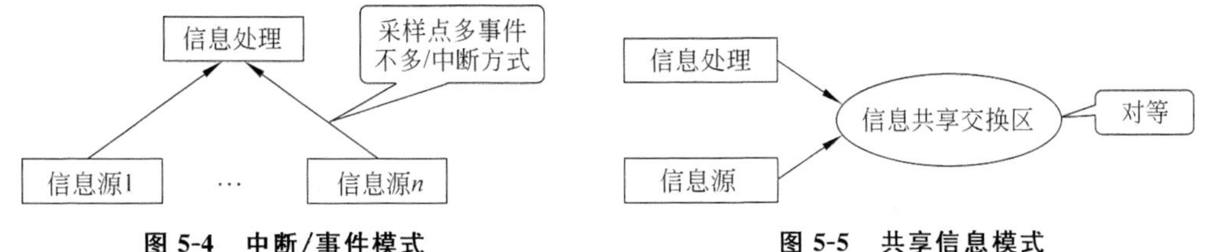

图 5-4　中断/事件模式　　**图 5-5　共享信息模式**

4. 基本数据类型

数据类型和数据结构，是在控制流和结构化设计之后，在软件研究和设计中，发挥过巨大作用的软件结构概念。面向数据的程序设计曾经提出“软件=数据结构+算法”的说法，目前数据结构的重要性已经让位给架构，但数据结构仍然是系统设计的重要基础。

数据结构是一门分量很重的课程，涉及的常用数据结构概念包括以下几个。

(1) 线性结构：顺序表、向量、堆栈、队列、链表、动态存储、串、排序、检索。

(2) 树形结构：二分树、树。

(3) 复杂结构：图、多维数组、集合、疏散矩阵、广义表。

(4) 文件结构：顺序文件、散列文件、索引文件。

实际上，如果没有这些数据结构的实际应用背景作参考，那么，这些数据结构给人的印象一定是枯燥和乏味，甚至有点做作的。所以，“数据结构”课程可以讲得枯燥，也可以讲得极其生动，关键是理解应用背景。

在讨论系统架构的时候，提到5个视角，其中最后一个视角是数据架构。实际上可以看到，绝大多数应用系统的逻辑架构、运行架构，都需要依靠或临时或永久的数据存储的支持。小到临时存储变量(如信号灯)、数据链表，大到数据库，无一不是某种数据结构。以系统架构设计的眼光，重新审视在“数据结构”课程中学到的那些数据结构，就会有豁然开朗的新认识和新体会。

5. 抽象数据类型

抽象数据类型(Abstract Data Types，ADT)是一个关于软件模块的数学模型，ADT定义了所描述模块的构成和构成成员之间的关系，定义了作用在模块构成之上的合法的操作与操作性质，表达的是一组逻辑特性，与其在计算机内的具体表示和实现无关，这是抽象的意义所在。

现代软件工程认为，软件系统架构是建立在系统的数据模型上，而不是建立在单纯的操作(传统软件工程方法)之上的。因此，抽象抓住了软件模块设计的本质，通过集中分类表达的形式，建立模块的完整描述，这正是软件系统架构分析和设计所要求的。

一个软件模块类型的抽象定义，可用(D、R、P、S)四元组表示如下。

D：数据对象。

R：数据对象D成员之间的约束关系。

P：对数据对象D的操作集。

S：操作语义。

有关ADT的应用，将在以后章节中讨论。

6. 进程

早期计算机系统的运行，是一个程序独占计算机所有资源，CPU顺序执行指令、程序、数据、内存地址直接指定，程序的执行过程由程序“本身”进行控制。为了提高计算机资源的利用率，后来开始引入多道(并行/并发)程序设计的技术，在多程序运行环境下，程序执行不再由程序本身控制，因此引进了“进程”的概念。

进程是一个程序的一段(独立调度、独立分配/释放资源)动态执行过程，是具有独立功能的程序对某个数据集在处理器上的执行过程和资源分配单元的基本单位。

程序和进程的区别是：程序是进程运行的“脚本”，而进程是程序的动态执行过程。一个进程可以执行一个或多个程序，一个程序可以有多个进程。进程具有并行性，并行可以是独立的、异步的。现代操作系统中，进程概念进一步发展为：子进程、线程等。进程实现包括：进程控制块、进程调度、进程数据环境等。

7. 多道批处理系统

多道程序的执行情况是：在计算机内存中同时存放若干道已开始运行尚未结束的程序，它们交替运行，共享系统中的各种硬、软件资源，从而使处理机得到充分利用。

在该系统中，用户所提交的作业都先存放在外存上并排成一个队列，称为“后备队列”；然后，由作业调度程序按一定的算法从后备队列中选择若干个作业调入内存，使它们共享 CPU 和系统中的各种资源。

8. 分时与并发

1) 分时的概念

(1) 分时是指采用时间片轮的方法，同时为许多终端用户服务，对每个用户能保证足够快的响应时间，并提供交互会话的功能。

(2) 时间片：将 CPU 的时间划分成若干个片段，称为时间片，操作系统以时间片为单位，轮流为每个终端用户服务。

(3) 设计目标：对用户的请求及时响应，并在可能条件下尽量提高系统资源的利用率。

2) 实现分时的方法

(1) 固定时间片，滚入/滚出。

(2) 划分前台和后台，对前台给予较大的时间片，或只在前台“空闲”时，才执行后台任务(多数为批处理任务)。

(3) 进一步把前台作业分成几个作业流(划小时间片单位)，提高响应效率。

9. 资源共享与并行同步

资源共享的目的是防止为竞争公共资源产生的死锁，这是操作系统的经典课题。资源共享通常采用并行同步的方法，协同进程间的逻辑和时序关系。在操作系统中，一般将建立一种制约机制，实现资源的安全共享。有关的概念如下。

(1) 传统操作系统：竞争条件、临界区、忙等待互斥、睡眠与唤醒、信号量、事件计数器、管程、消息传递、原语等价等。

(2) 分布式操作系统：分层协议、客户-服务器模式、远程过程调用等。

从允许多任务、多进程、分时、并发等运行模式开始，对只能执行单任务的系统架构而言，是一个“翻天覆地”的变化，其变化从 CPU 和指令系统开始，到操作系统、直到用户系统。“操作系统”课程一个最主要的学习重点，就是看在此变化之下，作为上接用户系统、下连 CPU 指令系统的关键中间环节，操作系统本身是如何适应和处理这些变化的。与其设备控制、文件结构等操作系统特有的内容相比，如果不打算自己写操作系统，更有价值的东西是看某个经典的操作系统，是如何设计自身良好的架构，来应对这些需求的。无疑,操作系统也是一个软件系统,而且是一个关键的、特殊的软件系统。这也是"操作系统"课程有趣还是无聊的一个看点。

上面介绍的架构技术和方法,都是软件系统设计曾经走过的路程。这些设计思想,是架构师可以深入挖掘和利用的思想和方法库,灵活地运用前人的这些宝贵财富,是一名成熟的架构师的明智选择。

5.1.2 抽象与求精的设计方法

传统结构化系统设计的基本思路,就是从上向下、逐步求精。这也是结构化方法也被称为面向"过程"的原因之一。其基本方法,是在对问题域分析的基础上,抽象出解域的结构,然后逐步精细化,构造出问题的解结构。

1. 抽象

抽象是常见的思考问题的方法,抽象的目的是为了专注主要方面,避开细节。在软件开发的不同阶段,可以有不同的抽象。

例如:

需求分析的抽象——用问题域的语言描述需求,而不是用计算机的语言表达,避开了因涉及过多计算机实现细节带来的干扰,抽象级别最高;

系统设计的抽象——分别采用面向问题域和面向实现域的术语,来描述解决方案,面向实现的语言抽象级别降低;

编码阶段的抽象——采用高级语言,实现系统设计。高级语言是对机器执行代码的抽象,抽象级别最低。

在软件开发过程中,有过程抽象和数据抽象两个概念。

所谓过程抽象,是指具有特定功能的一个被"命名的"指令序列。在高抽象级别中,它可能就是一个过程名,不需要具体实现细节。在低抽象层次中,它可以是一段抽象的"宏"描述。

而所谓数据抽象,是描述数据对象的一个命名的数据集合,与过程抽象一样,也有从高级到低级的层次。例如,在讨论业务流、数据流时,只描述对特定文件、数据库表的操作等,如读用户文件、判断用户权限。这里并不涉及具体操作数据域,抽象关注的是业务流程,而不是具体操作的数据内容。

下面是抽象细化的一个例子。

案例分析:一个可以实现二维绘图的计算机辅助设计 CAD 软件。

1) 抽象级别 1:需求描述

该软件应具有以下功能。

(1) 提供一个所见即所得的绘图用户界面;

(2) 提供一个数字化仪界面,用以代替绘图板和丁字尺;

(3) 能实现各种类型的直线、矩形、圆及曲线的绘制;

(4) 可进行几何计算、视图或剖面图处理;

(5) 设计结果以图形文件形式存储。

显然，这个抽象是问题域术语描述的。

2）抽象级别 2：系统任务描述

CAD 软件的任务包括：

(1) 系统用户交互；

(2) 二维图形创建与输入；

(3) 图形显示与处理；

(4) 图形文件管理。

这个抽象，已经比较接近计算机术语，而不是用户术语，但仍然还不是实现术语。

3）抽象级别 3：过程描述(部分)

```
PROCEDURE 二维图形创建
REPEAT 下列操作 UNTIL 图形创建完毕：
DO WHILE 需要与数字化仪交互时
            数字化仪接口处理
            CASE 绘图请求 OF
              直线：直线绘图处理；
              矩形：矩形绘图处理；
              圆：圆绘图处理；
                ⋮
            END CASE
    END DO
END REPEAT
END PROCEDURE
DO WHILE 需要与键盘交互时
      键盘交互处理
        CASE 分析/计算   OF
            视图：视图处理；
            剖面图：剖面图处理；
            计算：计算处理；
              ⋮
          END CASE
END DO
```

这个实现描述是“宏”描述，通常，在系统详细设计时，需要达到这种详细程度。

2. 模块分解的假设

从宏观层次，进行功能分解，然后逐步求精，建立过程细节，直到用程序设计语言进行实现为止，这是传统系统设计的基本过程。抽象的目的是使设计人员避开细节，抓住问题的本质，而求精的目的，则是帮助设计人员随设计的深入，获得更深层次的信息。

抽象和求精都是设计人员建立完整系统模型的必要过程，而求精的方法就是研究模块本身和模块之间的构成关系。

分解和求精都是在系统模块级别上的，因此，先讨论模块。

传统的系统模块设计，依据以下一个基本假设而存在。

假设：两个函数，$C(x)$表示问题 x 的复杂程度；$E(x)$表示解决问题 x 所需要的工作量(如：人/月)。

对于两个问题 P1 和 P2，有定理：若 $C(\mathrm{P1})>C(\mathrm{P2})$，则 $E(\mathrm{P1})>E(\mathrm{P2})$成立，即如果问题复杂，则解决问题的工作量也大。

另一个有趣的特性是：$C(\mathrm{P1}+\mathrm{P2})>C(\mathrm{P1})+C(\mathrm{P2})$，这表明问题的分解有利于降低问题的总的复杂度。

根据前面的结论，可以得出下面的不等式：$E(\mathrm{P1}+\mathrm{P2})>E(\mathrm{P1})+E(\mathrm{P2})$。即问题分解既可以降低问题的复杂程度，也可以减少总的工作量。

这种“分而治之”的思想，提供了模块化方法的依据：把复杂的问题分解成相对小的问题，原来的问题也就容易解决了。

但是如图 5-6 所示，并不是把问题细分的越小越好，过分地分细模块，也会带来集成的复杂度，导致总成本的上升。因此，需要在模块数量和成本之间寻求一种平衡，即存在一个所谓“最小成本区”。

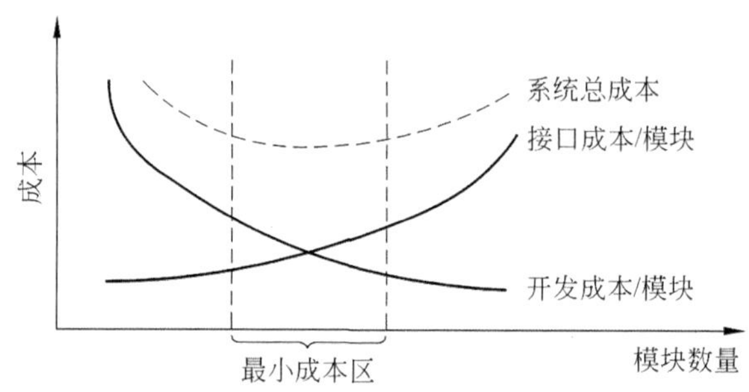

图 5-6　模块数量与系统成本的关系

3. 模块的基本概念

为此，从对模块本身的研究开始。

1) 模块的定义

同时具有以下 4 个要素的一组程序语句称为一个模块。4 个要素是：输入/输出、逻辑功能、运行程序、内部数据。前两个称为模块的外部要素，后两个称为内部要素。

2) 模块的属性

模块具有以下 4 种属性。

(1) 一个模块的输入/输出都是指向同一个调用者；

(2) 模块的逻辑功能是指模块能够做什么事，表达了模块把输入转换成输出的能力，可以是单纯的(无处理)输入/输出功能；

(3) 模块的运行程序指模块如何用程序实现其逻辑功能的过程；

(4) 模块的数据指属于模块自己的数据。

在结构化系统设计中，人们主要关心的是模块的外部要素(输入/输出、逻辑功能)，至于内部要素(运行程序、内部数据)，将在系统实现/编码时完成。

划小模块，有利于降低系统的复杂程度和开发的工作量，但太小，又会带来集成的成本。那么，如何确保模块数量落在“最小成本区”内？传统的模块设计，主要从以下两个方面进行考虑，就是信息隐蔽性和模块的独立性，这也是模块设计所追求的重要属性。

信息隐蔽性的含义是：

(1) 模块中所包含的信息（数据、过程）对不需要这些信息的其他模块，是透明的（不可见、不可访问的）；

(2) 涉及这些信息的改变，都只局限在模块内部，不会影响到其他模块。

抽象帮助定义组成软件系统的过程实体，而隐蔽机制则通过对模块内部访问的约束，有助于模块的分离和实现。隐蔽是系统设计的重要原则，也是系统实现（并行开发）、测试（问题分离）、后期维护（局部维护变更）的重要方法。

模块独立性（理想的模块）的含义是：

(1) 每个理想模块只解决一个问题；

(2) 每个理想模块的功能都应该明确，使人（开发者、使用者、维护者）容易理解；

(3) 理想模块之间的连接关系简单，具有独立性。

由理想模块构成的系统，使人容易理解、编程、测试、修改和维护。对模块的使用者来说，其感兴趣是模块的功能，而不必去理解模块内部的结构和原理。对理想模块独立性设计最经典的描述是：即插即用。

3) 模块表示的图形及符号

一般用矩形表示模块，模块的名称写在方框内，由一个动词和一个作为宾语的名词组成。模块间的连接有以下一些形式（图 5-7）。

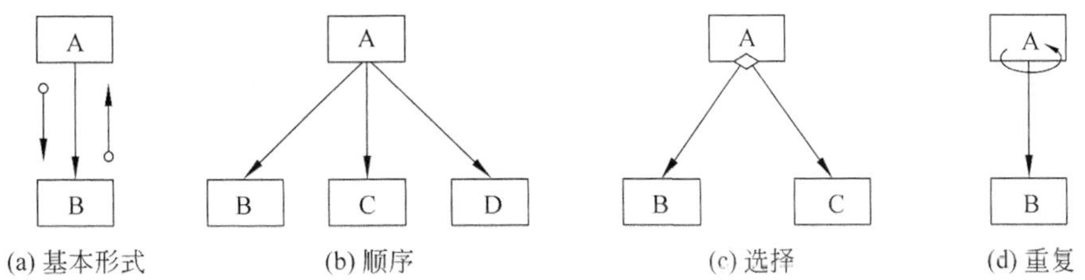

图 5-7 模块的表示形式

4) 模块间的通信

模块间通信的方式有两种：数据通信与控制通信。

数据通信是一个数据流，它表示了一个经过处理的数据从一个模块传向另一个模块。

控制通信只传送一个标志，该标志只表达了处理工作的某种状态，而不是由模块真正进行过处理的数据。如图 5-8 所示的例子，同样是配件编号调用的返回结果，数据通信返回的是具体的库存量数据（经查询处理后的数据），而控制通信则只返回一个“无此配件”的标志。

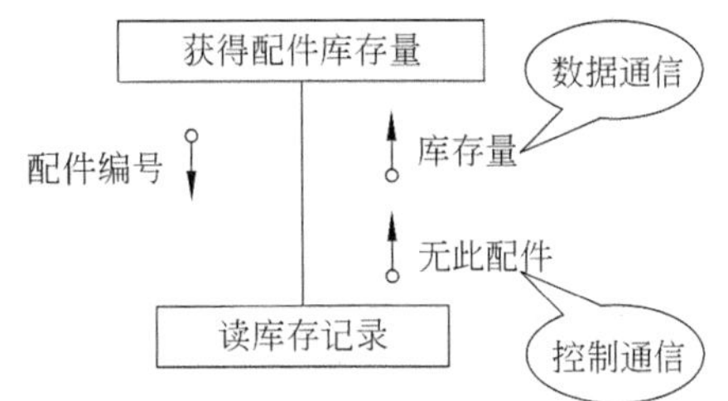

图 5-8 模块间的通信

5) 模块独立性

因此，追求所谓模块的独立性是指：尽可能地降低系统中模块之间的连接程度，提高每个模块的独立性、聚合度。因此，产生了度量模块独立性的尺度：耦合度和内聚度。

5.1.3 模块松耦合与强内聚的追求

模块按不同的需要而耦合在一起，耦合有 7 种形式，耦合度是度量模块间紧密程度的尺度之一。在模块内部，实现不同功能的组合，也有 7 种组合形式，其组合的紧密程度，称为模块的内聚度，内聚度是度量模块独立性的第二个指标。

1. 模块的七种耦合形式

两个模块之间的耦合有 7 种形式，按照耦合紧密程度由高到低排列为：内容耦合、公共耦合、外部耦合、控制耦合、标记耦合、数据耦合、非直接耦合。

下面按照耦合紧密的程度，从高到低排列，简单介绍一下这 7 种耦合。

1）内容耦合

如果两个模块中有一个模块直接引用另一个模块的内容(数据、语句、标号等)，则称两个模块之间是内容耦合。显然，内容耦合的情况下，如果修改一个模块，另一个也要做相应修改，因此，内容耦合不易复用。

例如，模块 A 中有：

定义部分：TRC <语句>(在模块 B 中)

引用部分：CALL TRC

则说，模块 A 与模块 B 存在内容耦合，这是一种最不希望出现的耦合，一般出现在低级语言的程序中。作为程序编码规范，一般是绝对不允许出现内容耦合的。

2）公共耦合

公共耦合如图 5-9 所示。

如果两个模块都和同一个公共数据域有关(访问同一个数据环境)，则称为公共耦合。共同的数据环境可能是共享的通信区、内存、存储介质等。如果两个模块一个只是写，另一个只是读，则这种公共耦合称为松散公共耦合，否则是紧密公共耦合。

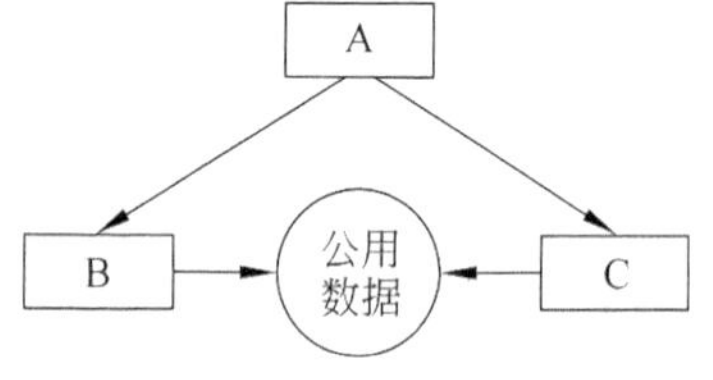

图 5-9 公共耦合

两个模块对同一个数据库进行读写是最常见的公共耦合。作为编码规范，在现在的软件开发中，一般都规定，业务处理程序不允许直接对库进行操作，必须通过接口模块间接访问。否则，系统维护将非常困难，特别是当库结构发生变化时。

3）外部耦合

一组模块访问同一个单一类型全局变量或全局数组，则称为外部耦合。例如，C 语言程序中各模块访问声明为 extern 类型的外部变量。外部耦合类似于公共耦合，区别在于定义为外部变量的数据是简单的，不涉及(看不见)数据结构的物理安排。例如，通过宏定义(常量或变量)，作为全局控制变量，实现所谓全局性的控制，定义和修改非常容易。

4）控制耦合

如果模块 A 向模块 B 所传递的信息控制了模块 B 的内部逻辑，那么 A 和 B 之间的耦合称为控制耦合。控制信息可以看作是一个开关量，它传递了一个控制信息或状态的标志。控制信息不同于数据信息，数据信息一般通过处理过程，处理被处理的数据，而控制信息则是控制处理过程中的某些参数。判断是控制信息还是数据信息，就看是否会改变被调用模块的执行逻辑。

例如，模块 P 调用模块 Q：

Q 返回：返回处理(查询)完成的数据——数据传递。

Q 返回：不能完成要求的调用任务，请 P 打印出错信息——控制信息(Q 影响并导致了 P 的行为)。

控制耦合的缺点是：被调用模块 P 必须知道调用模块 Q 的内部结构和逻辑(可以打印)，降低了模块的独立性。

如图 5-10 所示，当要查找的库存编号找不到时，向上层模块反馈一个控制信息，要求上层模块打印“无此库存记录”错误信息。

5) 标记耦合

标记耦合如图 5-11 所示。

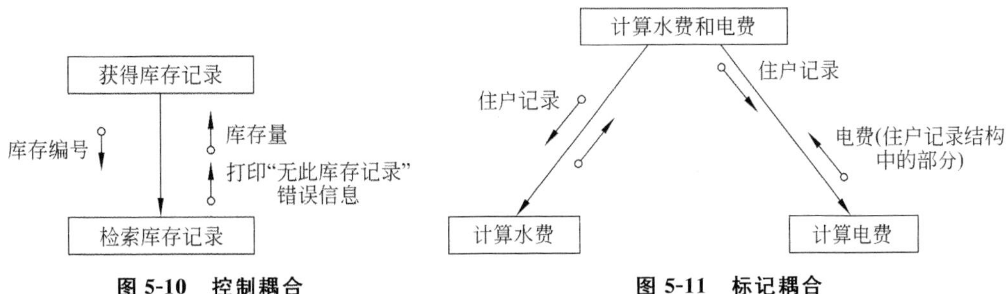

图 5-10 控制耦合　　**图 5-11 标记耦合**

如果两个模块间传递的是结构变量(记录名、数组名、文件名)，被调用模块可以对其中的全部或部分数据进行操作，则称为标记耦合。有的程序设计语言不支持结构的按名传递(不支持对结构类型的操作)，因此，不能实现标记耦合。

6) 数据耦合

数据耦合如图 5-12 所示。

如果两个模块间的调用参数都是简单变量，或虽然是结构变量，但被调用模块需要该结构的所有数据，称这种耦合为数据耦合。这是模块之间影响最小、最理想的耦合关系。

开发货单

单价

数量

金额

计算金额

图 5-12 数据耦合

7) 非直接耦合

如果两个模块并不需要对方任何存在而独立工作，称这种耦合为非直接耦合。这是模块之间影响最小的耦合关系。非直接耦合通常靠主模块的调用来发生关系(模块之间因被调用的时间先后关系而存在于同一个系统内，相互之间无关)，这种耦合关系在系统中大量存在。但对模块耦合关系的研究，意义不大。

表 5-1 是 7 种耦合的一个比较表。

从表中可以看出，内容耦合是最不好的模式。设计模块时，应以数据耦合为主，辅以标记耦合、外部耦合和控制耦合，消除公共耦合和内容耦合。如果对模块间的耦合关系没有把握，就尽量把模块打小，以增加系统一定的控制复杂度的方式，降低模块的耦合度，可能是值得的。

表 5-1 耦合的性能比较(从低到高)

连接方式	对连锁反应的影响	可修改性	可读性	通用性
非直接耦合	最弱	好	好	好
数据耦合	弱	好	好	好
标记耦合	弱	中	中	中
控制耦合	中	不好	不好	不好
外部耦合	较强	不好	坏	坏
公共耦合	强	不好	最坏	最坏
内容耦合	最强	最坏	最坏	最坏

2. 模块的内聚度

模块的内聚度是模块的另一个指标。它是指一个模块内部的各个组成部分的紧密程度,其处理动作的组合强度等,是衡量模块独立性的另一个标准。

G. myers 定义了内聚的 7 种形式,按照内聚度从高到低排列分别是:功能内聚、信息内聚、通信内聚、过程内聚、时间内聚、逻辑内聚和偶然内聚。以下简单介绍这 7 种内聚。

1) 功能内聚

如果一个模块内部的各组成部分的处理动作全都为执行同一个功能或实现单一的目标而存在,并且只执行一个功能,则称为功能聚合。判断一个模块是不是功能聚合,只要看这个模块是"做什么"的?是完成一个具体的任务,还是完成多任务。功能内聚的模块易于复用、易于维护。实现功能内聚就是把模块划分得足够小——只实现一个功能。

2) 信息内聚

如果一个模块要完成多个功能,而每个功能都有各自的入/出口和独立的代码,但功能实现依赖相同的数据结构,则称为信息内聚,如图 5-13 所示。

通常,信息内聚的各个功能处理,还具有顺序处理的特点,即前一个处理动作所产生的输出数据是后一个处理动作的输入数据,因此,也称为顺序内聚。

信息(顺序)内聚比功能内聚复杂,修改数据结构涉及多个功能实现,修改模块中的一个功能,可能会影响到同一个模块中的下一个功能,但它们都在同一个功能模块中。

3) 通信内聚

一个模块要完成多个功能,每个功能的完成,使用的是相同的模块的(而不是模块内上一个功能的)输入数据或相同的输出数据,称为通信内聚,如图 5-14 所示。

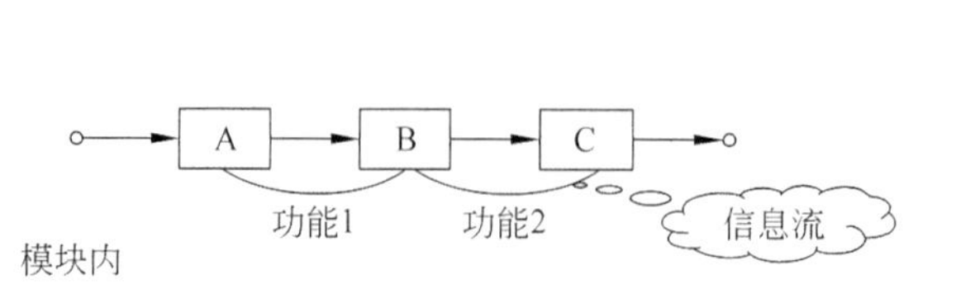

图 5-13 信息内聚

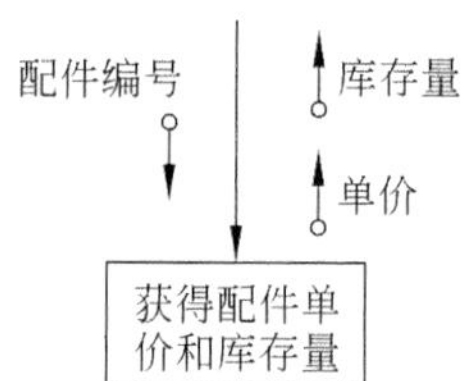

图 5-14 通信内聚

如图 5-14 所示模块包括两个工作：

(1) 按配件编号查询“数据存储”，获得单价。

(2) 按配件编号查询“数据存储”，获得库存量。

4) 过程内聚

如果一个模块内部的各个组成部分的处理动作各不相同，彼此也没有联系，但它们都受同一个控制流支配，决定它们的执行次序，称为过程内聚，如图 5-15 所示。

通过循环体，计算两种累积数。

5) 时间内聚

如果一个模块内的各组成部分的处理动作和时间有关，则称为时间内聚。时间内聚模块的处理动作必须在特定的时间内完成。例如，程序设计中的初始化模块。

6) 逻辑内聚

如果一个模块内部的各组成部分的处理动作在逻辑上相似，但功能都彼此不同或无关，则称为逻辑内聚。

一个逻辑内聚模块往往包括若干个逻辑相似的动作，使用时可以选用一个或几个功能。例如，处理硬盘等外部设备的模块，在使用者看来，在逻辑上是相似的，但在实现上，却彼此无关，因此，把对这类设备的数据操作功能放在一个模块中。

7) 偶然内聚

如果一个模块的内部各组成部分的处理动作彼此没有任何联系，则称为偶然内聚。例如，程序员发现，有些语句在很多地方出现，于是把这些语句单独编成一个子程序，组成一个模块，这个模块就是偶然内聚。

图 5-16 是判断模块属于哪种内聚的一个简单方法。

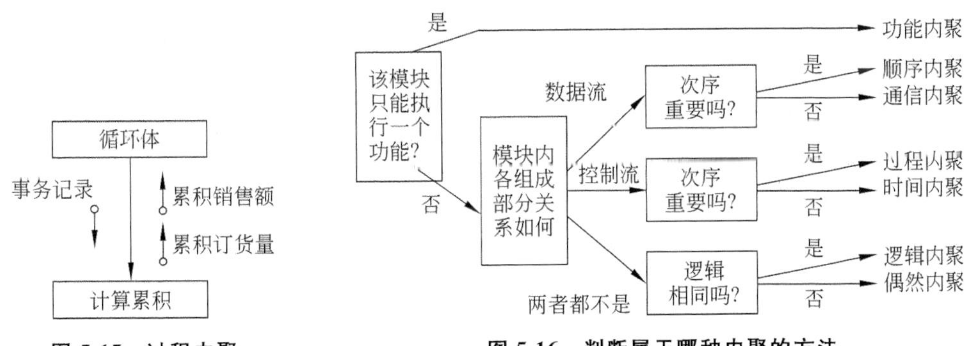

图 5-15　过程内聚

图 5-16　判断属于哪种内聚的方法

表 5-2 是 7 种内聚模块的性能比较。

表 5-2　内聚的性能比较(由高到低)

聚合形式	聚合形式	可修改性	可读性	通用性	黑箱程度	聚合性
功能内聚	好	好	好	好	黑箱	10
顺序内聚	好	好	好	中	不完全黑	9
通信内聚	中	中	中	不好	不完全黑	7

续表

聚合形式	聚合形式	可修改性	可读性	通用性	黑箱程度	聚合性
过程内聚	中	中	中	不好	半透明	5
时间内聚	不好	不好	中	最坏	半透明	3
逻辑内聚	最坏	最坏	不好	最坏	透明	1
偶然内聚	最坏	最坏	最坏	最坏	透明	0

至此，本节简单回顾了称为“面向结构（过程）”的软件工程系统设计部分的主要设计思想和方法。

5.2 两种典型软件系统的架构模式分析

本节探讨两个经典的软件系统的架构，并从中学习有关架构设计的有益提示。

一般而言，系统的分割有两种方法：横向和纵向。典型的纵向划分是基于继承类的划分。而典型的横向划分是层次划分，在很多大型应用系统中，层次结构是最常见的系统架构模式。

在软件架构研究中，层次性一直是软件问题分析和设计的基本的、具有普遍适用性的思想方法。作为层次性结构的研究案例，分析两个典型的层次结构的例子：计算机网络参考模型的架构和计算机操作系统的架构，并对两种层次结构方法进行对比。

5.2.1 开放式系统互连参考模型架构的层次模式

国际标准化组织 ISO（International Standards Organization）于 1978 年提出了计算机网络结构模型 OSI（Open System Interconnection）。OSI 模型是设计和描述计算机网络通信的基本框架。它描述了网络硬件和软件是如何以“层”的方式进行划分并协同工作，进行网络通信的。图 5-17 为开放式系统互连参考模型（7 层协议）。

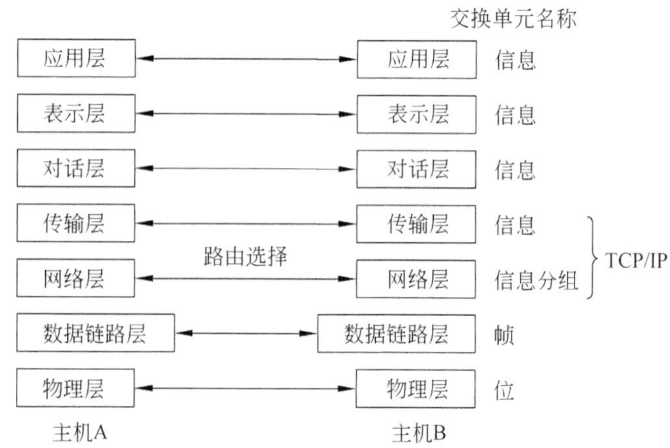

图 5-17 互连参考模型 7 层协议结构

根据规范定义，各层的作用如表 5-3 所示。

表 5-3 互连参考模型各层的功能

应用层	与用户应用进程接口	做什么
表示层	数据格式转换	对方看起来像什么？
会话层	会话管理与数据传输同步	该谁讲话？从哪讲起？
传输层	端到端可靠的数据传输	对方在哪？
网络层	分组传送，路由选择、流量控制	走哪条路可以到达对方？
数据链路层	相邻节点无差错的传送帧	每一步该怎么走？
物理层	物理介质上透明地传送位流	怎样用物理媒体？

如果已经学过了“计算机网络”有关课程，对网络 7 层的功能会非常熟悉。

但是，从架构的观点看，开放式系统互连参考模型的最大贡献，是对以下三个概念做出了明确的区分和定义(图 5-18)。

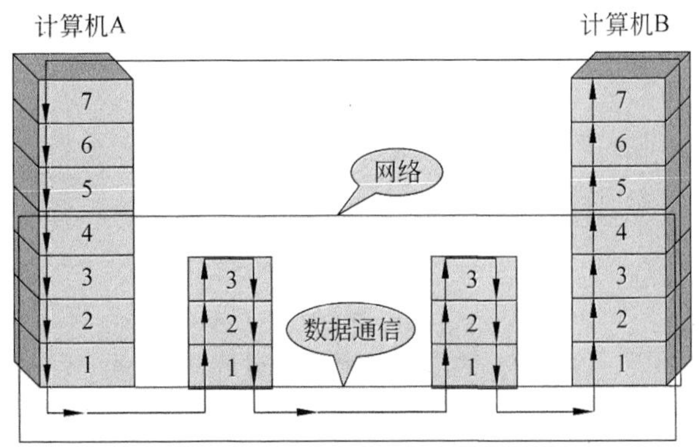

图 5-18 互连参考模型各层之间的关系

(1) 服务：每一层都为它的上一层提供服务(原语操作)，服务定义了这一层应该做什么，而不管上面的层如何访问它，以及本层如何具体实现预定的服务工作。

(2) 接口：接口(原语)告诉自己的上层，应该如何访问自己，定义了访问的参数和预期的结果，这也和该层如何实现无关。

(3) 协议：协议是端到端的对等协议(帧格式、信息定义)，是该层的内部事物。因此，采用什么协议或协议的改变，是端与端之间的事，甚至与上层(服务)无关。

从架构师的观点，看网络 7 层的上述三个概念，对架构设计的参考意义如下。

(1) 服务。服务不单是某一层为另一层做了什么(服务)，而是提醒设计者，为什么要分层，什么是上层？什么是下层？为什么下层要为上层提供服务，而不是反之？层次之间的顺序可以改变吗？这是模块划分后，形成的一个重要架构格局。网络 7 层中，物理层是最下层，依次向上，每一层提供了一个对上层而言，更“基础”的服务功能。把它们中间任何一层的次序调换一下？架构师对于服务层次的设计，应该看到的是“逐级抽象”。

(2) 接口。接口不单是模块之间访问的通道，而且成为基于架构的系统开发标准。

(3) 协议。在架构师看来,协议是模块内部的功能,所以不关心。

开放式系统互连参考模型的分层思想,具有很好的面向对象性(尽管当时还没有面向对象的概念),包括:属性(服务)、接口(层间接口)、封装(协议)。

与同样是网络协议的 TCP/IP 模型进行比较,后者在层次概念上就显得比较“业余”。TCP/IP 各协议与网络分层关系如图 5-19 所示。

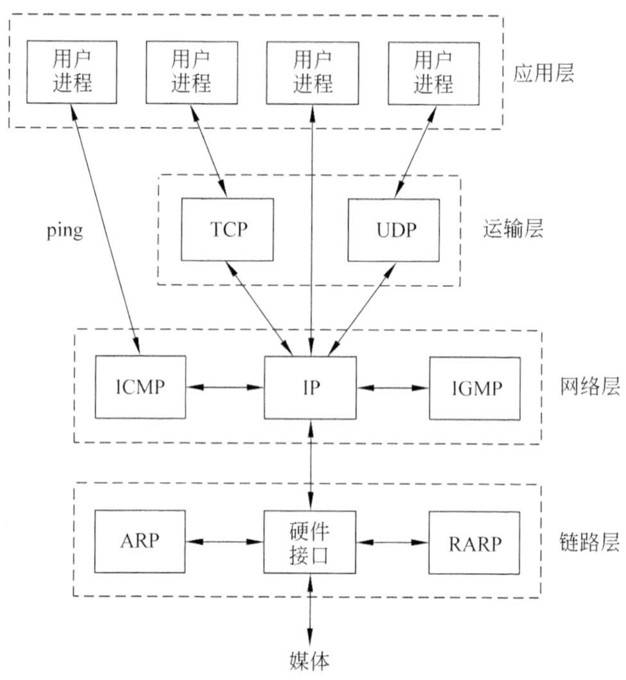

图 5-19 互连参考模型各层之间的关系

以互连参考模型的层次特性对比 TCP/IP,可以看到:TCP/IP 模型中,没有明确区分服务、接口和协议,因此,互连参考模型具有更好的层次隐蔽性、对协议的无依赖性和可替换性。例如,ping 命令是跨层使用协议。ping 命令是网络层 ICMP 的应用,用户在计算机上 ping 的时候,数据是直接从应用层发送到了网络层。

所以,从架构师的眼光看,开放式系统互连参考模型的优点是,它完全符合结构化模式的设计要求。但是缺点则是:由于模型产生在应用(协议发明)之前,有些功能不知道应该归在哪层更合适。

相比 TCP/IP 的优点是:拥有大量应用。其缺点是:由于没有很好地区分和定义服务、接口和协议的概念,因此导致 TCP/IP 模型不是通用的网络模型,只适合自己,不适合描述其他网络,如 IBM SNA。在网络层之下(如互连参考模型的链路和物理层),没有一个清晰定义的层,只在网络层和数据链路层之间,有 IP 一个接口。由于没有数据链路层和物理层,所以,这两层在网络设计和实现中,做不到标准统一和规范一致。这是互连参考模型做得最好的两层。TCP/IP 中,只有 TCP 和 IP 定义得比较好,其他都非常简单粗糙。可是有趣的是:完美的设计(网络 7 层)却没有粗糙的(TCP/IP)更广泛地被市场所接受,而后者已成为实际上的统一标准。

比较互连参考模型与 TCP/IP 模型的架构，可以感到：良好的架构，可以提供：

(1) 广泛的灵活性。互连参考模型具有的灵活性与 TCP/IP 的局限性。

(2) 清晰的结构定义。互连参考模型功能层定义清楚、服务功能明确(是否合理是问题)，TCP/IP 功能与协议混在一起，层次概念模糊。

(3) 较低的系统复杂性。单独一层的复杂度降低。

(4) 较好的扩展性。互连参考模型扩展容易，TCP/IP 扩展困难。

因此，架构是系统开发、发展的前提和基础。

5.2.2 操作系统架构的层次模式

操作系统是另一个层次结构特点非常明显的案例。

1. 无结构操作系统

在早期开发操作系统时，设计者只是把他的注意力放在功能的实现和获得高的效率上，缺乏首尾一致的设计思想，这时的 OS 是无结构的。

早期的操作系统，由于硬件条件的限制，主要目标是编制紧凑程序，高效地利用内存，对“go to”无限制，缺乏清晰的程序结构，难以维护和理解，因此也增加了维护人员的负担。这时还不能称其为操作系统，只能叫做系统的“监控程序”。

2. 模块化 OS 结构

模块化程序设计技术，是基于已经介绍的“分解”和“模块化”原则，来控制大型软件复杂度的。这时，开始将 OS 按其功能划分为若干个具有一定功能独立性和适度大小的模块，并规定好各模块间的接口，各模块之间能通过接口实现交互，降低了系统的复杂性。

图 5-20 为操作系统的模块结构：根据模块的功能，开始出现 OS 的不同管理功能组合，逻辑结构也开始清晰起来，如进程管理、存储设备管理、文件系统管理等。

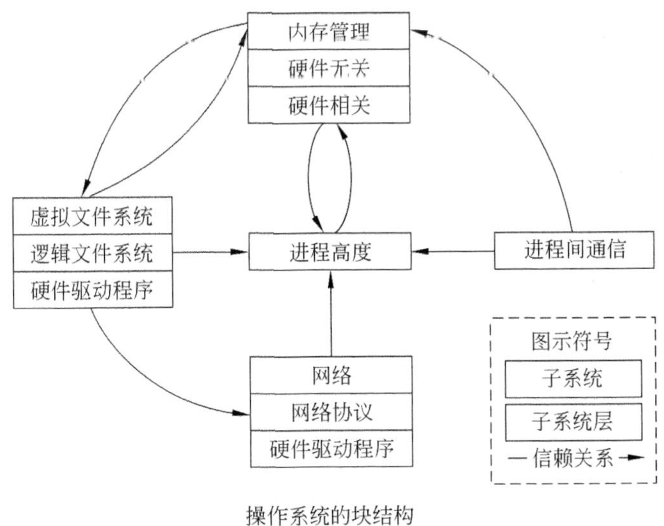

图 5-20 DOS 操作系统的模块结构

模块化 OS 结构的优点是：提高了设计的正确性，增强了可适应性，加速了开发过程。缺点是：难保证模块完全正确；未区分独占与共享资源等。

在模块结构下，如何处理并发、竞争、冲突并兼顾效率和便利使用等，存在很多问题，因此，产生了顺序执行、并发执行的调度(可并行性、共享与竞争、制约)、队列、状态、同步/异步、控制与调度策略、线程等操作系统的新概念。

3. 分层式 OS 结构

1968 年诞生于荷兰埃德莫尔技术学院的 THE 操作系统，开始采用了分层结构，如图 5-21 所示。

层号	功能
5	操作员
4	用户程序
3	输入/输出管理
2	操作员-进程通信
1	存储器和磁鼓管理
0	处理器分配和多道程序设计

图 5-21　分层的 OS 结构

该系统共分为 6 层。

(1) 第 0 层进行处理器的分配、中断的处理等，该层提供了基本的 CPU 多道程序功能。

(2) 第 1 层中进行内存管理，在这一层及以上已经不需要再考虑处理器上多进程的运行细节，而这一层只保证内存的分配。

(3) 第 2 层处理与用户之间的通信，而不需要去考虑具体的硬件细节。

(4) 第 3 层管理 I/O 设备和相关的信息流缓冲区，I/O 已经进行了良好特性的抽象，不需要考虑设备的具体细节。

(5) 第 4 层是用户程序，用户程序的编写将完全脱离底层的硬件实现细节。

(6) 第 5 层是系统操作员。

分层的 OS 具有这样的特点：有序地分层，高层可调用低层功能；考虑了嵌套、运行频率、公用模块、用户接口等因素。

4. 基于微内核技术的操作系统结构

微内核技术，是指精心设计的、能实现现代 OS 核心功能的小型内核，它运行在核心态，且开机后常驻内存。微内核的基本功能有：进程管理、存储器管理、进程通信管理和 I/O 设备管理等。

图 5-22 为目前使用最普遍的 Windows NT 的架构。

此后进一步出现了客户/服务器模式。为了提高 OS 的灵活性和可扩充性，而将 OS 划分为两部分，一部分是用于提供各种服务的一组服务器(进程)，另一部分是内核，用来处理客户和服务器之间的通信。在内核中，还有其他一些机构，用于实现与硬件紧密相关的一些基本的功能。

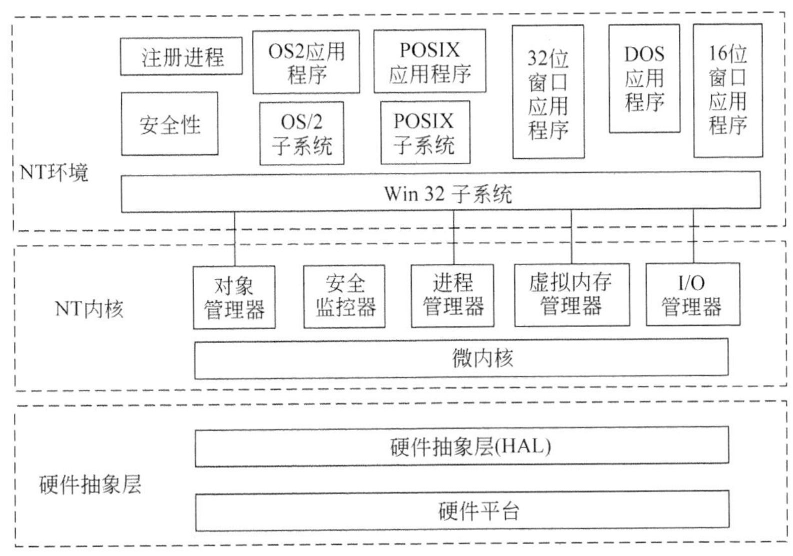

图 5-22　Windows NT 的架构

基于微内核结构 OS 的特点如下。

1）足够小的内核

在微内核操作系统中，内核是指精心设计的、能实现现代 OS 最基本的核心功能的部分。微内核并非是一个完整的 OS，而只是操作系统中最基本的部分，它通常用于：①实现与硬件紧密相关的处理；②实现一些较基本的功能；③负责客户和服务器之间的通信。它们只是为构建通用 OS 提供一个重要基础，这样就可以确保把操作系统的内核做得很小。

2）基于客户/服务器模式

由于客户/服务器模式具有非常多的优点，故在单机微内核操作系统中，几乎无一例外地都采用客户/服务器模式，将操作系统中最基本的部分放入内核中，而把操作系统的绝大部分功能都放在微内核外面的一组服务器(进程)中实现。例如，用于提供对进程(线程)进行管理的进程(线程)服务器，提供虚拟服务器管理功能的虚拟存储器服务器，提供 I/O 设备管理的 I/O 设备管理服务器等，它们都是被作为进程来实现的，运行在用户态。客户与服务器之间是借助微内核提供的消息传递机制来实现信息交互的。

3）应用“机制与策略分离”原理

在现代操作系统的结构设计中，经常利用“机制与策略分离”的原理来构造 OS 结构。所谓机制，是指实现某一功能的具体执行机构。而策略，则是在机制的基础上，借助于某些参数和算法来实现该功能的优化，或达到不同的功能目标。通常，机制处于一个系统的基层，而策略则处于系统的高层。在传统的 OS 中，将机制放在 OS 内核的较低层，把策略放在内核的较高层次中。而在微内核操作系统中，通常将机制放在 OS 的微内核中。正因为如此，才有可能将内核做得很小。

4）采用面向对象技术

操作系统是一个极其复杂的大型软件系统，通过结构设计来分解操作系统的复杂度，还可以基于面向对象技术中的“抽象”和“隐蔽”原则控制系统的复杂性，再进一步利用“对象”、“封装”和“继承”等概念来确保操作系统的“正确性”、“可靠性”、“易修改性”、“易扩展性”等，并提高操作系统的设计速度。正因为面向对象技术能带来如此多的好处，故面向对象技术被广泛应用于现代操作系统的设计中。

基于微内核模式的实现也在不断变化，图 5-23 是两种基于微内核的实现。

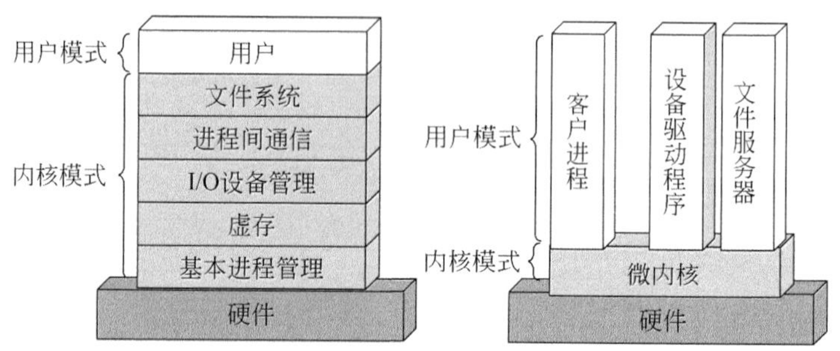

图 5-23　两种基于微内核实现的比较

上述两方案中，同样是基于微内核，用户模式和内核模式之间的组织方式不同，是因为不同的 OS 可能需要面对不同的应用需求，例如，实时性、用户接口、可裁剪性等。

总之，微内核模式提供了以下优点：一致接口、可扩展性、灵活性、可移植性、可靠性、分布式系统支持等。但它的缺点是：在完成一次客户对 OS 提出的服务请求时，需要利用消息实现多次交互和用户/内核模式及上下文的切换，效率降低。

5.2.3　两种系统架构模式的比较与借鉴

1. 两种架构的比较

互连参考模型与操作系统在功能上虽然是两个完全不同的软件系统，但比较两种系统的层次架构，其相同点是：

(1) 都是从硬件连接的底层开始，向上抽象，直到应用服务层；

(2) 系统设计中都考虑了升级、扩展、兼容性，这是基于系统低层为上层建立了良好服务功能的基础上才能实现的；

(3) 低层的机制简化了上层的实现难度；

(4) 层次结构对于系统整体的性能追踪和分析提供了可能。

不同点是：上层对低层是否隔层、是否可以直接调用，早期的 OS 结构限制的不是非常严格，为了提高效率，可以直接与底层建立连接。互连参考模型原则上是不可以的，TCP/IP 则限制的也不是很严格。这种上下层的隔离与“穿越”性规则的设计，对系统整体结构及系统层次之间的独立性、屏蔽性具有非常大的影响。

2. 两种架构的层次模型的一般规律

互连参考模型与操作系统在构建系统架构的时候，采取了一个重要的思想方法——分层。分层的基本原则如下。

(1) 按功能：从低到高、从物理到逻辑。

(2) 按抽象：从具体到一般、从稳定到多变。

(3) 从范围：从小到大，约束从紧变松。

5.3 其他典型软件架构模型及其参考意义

很多教材都会用大量篇幅介绍各种所谓经典的架构参考模型。实际上，作者认为，这样的罗列，对学生理解架构实际意义不大，有为应付考试之嫌。其实际作用，就好像为乞丐讲解各大菜系的精妙差别。但不讲，好像教材就不完整全面，甚至相关考试的时候，怕学生说没有学到，这里只好也罗列一下。

要简单介绍的系统架构是：

(1) 流程处理系统，其中包含处理器和数据输送管道；

(2) 在网络上运行的客户/服务器系统，包括轻便客户机和 Web 服务器；

(3) 带有几个功能层的层状系统；

(4) 多级系统，它由一连串的客户/服务器对组成，包括可能有的团聚和串行式服务器，专门为大量用户服务；

(5) 含有分散式软件代理的系统；

(6) 聚合和联邦体系。

了解这些架构的目的，理论上说，可以认识这些典型架构的总体性质、特点和应用背景；理解架构的不同样式，与不同系统应用的关系；以及比较不同的架构，根据其长短，做出总体性的决策。但对于学生而言，仅靠这一节的内容是很难的。

5.3.1 流程处理系统

图 5-24 为流程处理系统(Procedural Processing System)示例。

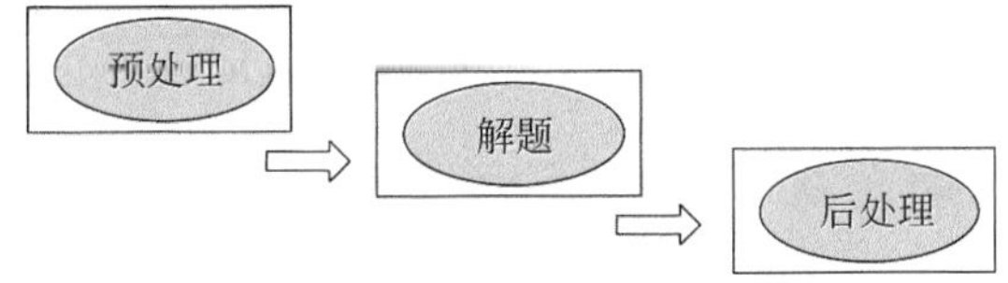

图 5-24 流程处理系统中的处理过程

流程处理系统以程序算法和数据结构为中心，如输送或过滤器般地处理数据。手机、调制解调器等流式信息处理系统是典型的流程处理系统。其每一个处理过程中，先接受输入数据，对它们进行处理(过滤)，最后产生输出数据，交给下一个处理流程。

流程处理系统的优点是：

(1) 系统的总体行为，是各个处理模块的简单、线性的组合；

(2) 只要输入和输出数据合适，处理模块可以在不同系统中重复使用；

(3) 只要增加新的处理模块，系统可以很容易地进行功能扩展；

(4) 如果存在合适的并行算法，系统可以采用并行计算的方式进行，因而可以在处理速度和处理能力上获得提升，从而可以解决更复杂的工程技术和科研难题。

流程处理系统的缺点是：

(1) 它主要以一个批量处理的方式进行，不太适合作交互式应用；

(2) 当有大量和不同形式的输入和输出数据时，数据处理和管理控制将变得非常复杂；而总体的处理能力受某一个具体处理“瓶颈”的影响。

以流程处理系统为基础的软件架构，常见于流式的数据和图像处理、计算机模拟、数值解题等。图 5-25 是一个典型流程控制的应用。

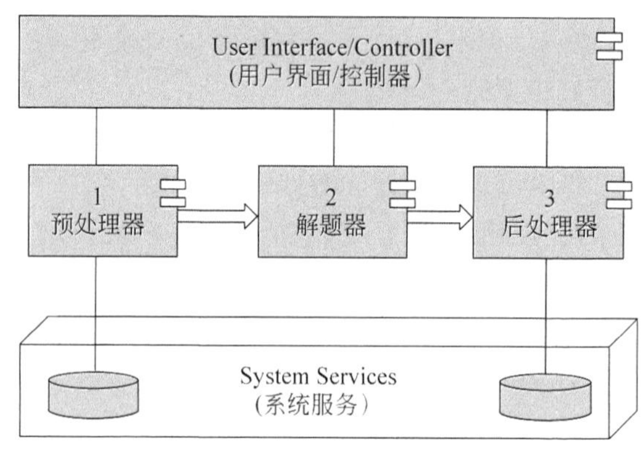

图 5-25　流程处理系统的应用

针对流程处理型的系统，架构要考虑的问题是：

(1) 合适的流程设置；

(2) 输入与输出的匹配(流量控制)；

(3) 过程的分解(灵活性与管理复杂性的平衡)；

(4) 流程变化的影响；

(5) 算法变化的影响；

(6) 数据变化的影响，等等。

5.3.2　客户/服务器系统

简单的客户/服务器系统结构分成以下两部分。

(1) 客户机负责用户输入和展示，服务器则处理低层的功能，例如数据库的运作等。服务器通常含有一组服务器对象，能同时为多个客户机服务；

(2) 在客户/服务器系统中，商业逻辑可由客户机，也可由服务器处理。客户机和服务器之间，通过约定的协议来交互，常见的协议有：HTTP(超文本传输协议)、CORBA 等。

客户/服务器系统结构的优点是：客户机与服务器分离，允许作长距离的连线运作。两者的开发也可以分开同时进行；一个服务器可以服务于多个客户机。

客户/服务器系统结构的缺点是：客户机与服务器的通信依赖于网络，可能成为整体系统运作的瓶颈；倘若服务器及其界面定义有改变，则客户机也要做相应改变。当客户机数量很大时,要维护所有的客户端都采用最新软件版本,可能要花很高的成本。

第一个缺点的解决方案是:最好尽量减少由客户机发起的远程调用运算。

第二个缺点的解决方案是:可以用“轻便客户机”来解决。另一个办法是应用动态的对象分配或对象传输。

在大型系统中,由于大量客户机共用服务器,服务器的运行速度对整体系统性能有决定性的影响。提高服务器效率的方法有很多,比如,把部分工作转移到客户机中进行或把数据库处理事务组合起来一起进行等。

为了克服客户/服务器的问题,轻便客户机成为新的发展趋势。轻便客户机就是网页浏览器(Web browser)。轻便的思想,可能是来自 X-windows。X-windows 是一种专用图形终端,它可以根据服务器发来的图形数据和简单指令,实现图形数据的复杂展示。而图形数据也可以根据 X-windows 的功能,进一步抽象,节省了大量的数据传输开销。

轻便客户机也是这样:客户机与服务器之间有标准的通信和信息表现方式的约定。例如,要构造一个图像用户界面,服务器只需把一些有内在结构的数据传送给客户机,而不需要在客户机上安装或临时传送表现这个图像的程序。

这些数据结构由两种标准协议定义:超文本传输协议和超文本标记语言。由此提供的网上应用(Web application)即在传统静态网页面的基础上建立的动态或交互式应用服务。网上应用的特征是:用户通过轻便客户机使用网络服务器中对象的服务。少数的视图给用户提供服务界面,而其中的数据组合可以是任意的。

图 5-26 是一个轻便客户机和服务器之间通信的例子。

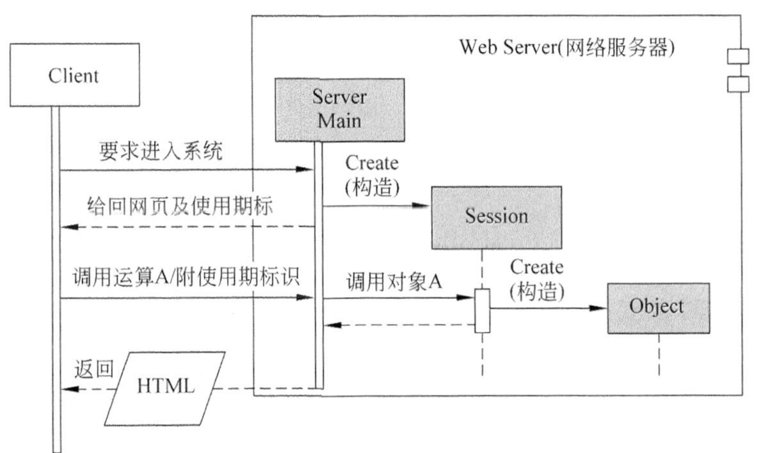

图 5-26 轻便客户机与服务器通信

首先,客户机连接到网址,后者送出网页,其中可能带有注册进入系统的表格。用户填好表格以后,客户机即把填入的资料,如用户名、口令等送到网服务器,请求进入系统。

接着,网络服务器调用网上应用的主函数,即服务器主对象。该对象处理所有来自客户机的请求。查证过用户的口令以后,服务器主对象即构造一个使用期对象 A。

客户机第一次与网络服务器接触时,网络服务器为该客户机专门构造了一个使用期对象 A,并把其标识传送给客户机。客户机把该标识暂时存起来,以后每一次与网络服务器对话，都把标识送上，以标识自己。使用期结束后，该标识作废。

5.3.3 层状系统

系统的层次结构已经讨论过。具体来讲，所谓层，就是一个模块或节点中的一组对象或函数，它们同心协力，提供一定范畴的服务。层状系统则是带有这些分组或分层结构的软件系统，它常见于服务器中，下层给上层提供服务。已经介绍过的互连参考模型和TCP/IP 网络协议层次结构和 OS 层次结构，就是这样的例子。

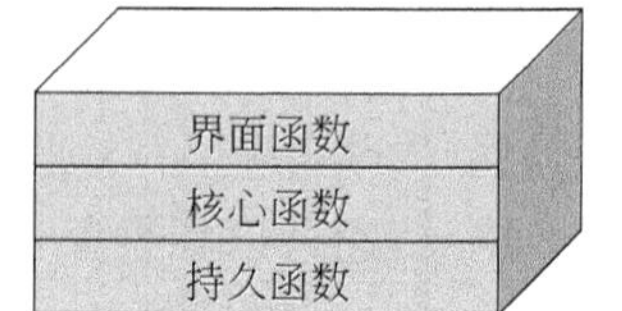

图 5-27 层状系统

如图 5-27 所示，界面函数调用下一层即核心函数来执行任务。后者利用持久服务来与持久对象打交道。

层状的架构常见于应用服务器(Application Server)、数据库系统、层状的通信协议(如 CORBA)，有时也和其他架构混合使用。

层状系统的优点有：

(1) 在模块或节点中分设层，有助于把复杂的问题按功能分解，使整体设计更为清晰；

(2) 由于内层与外界隔绝，内层函数和服务受到有效的控制，只有界面层的对象作为界面类向外界公开；

(3) 新的运算可以在界面层引入，它们把内层(核心或持久)的一些运算组合起来；

(4) 如果界面合适，某一个层反复用在不同地方，一个自成一体的层，也可以作为模块或节点使用。

层状系统架构的缺点有：

(1) 层数多时，系统性能就会下降。因为界面函数可能需要通过好几层，才能到达某一内层；

(2) 标准化的层界面可能变得臃肿，降低函数调用的性能。

5.3.4 三级和多级系统

层是模块或节点以内的对象分组，而“级”则是系统中相互联系而各自分离的模块或节点实体。

三级系统的概念可以推广到多级系统，它是由一连串的客户/服务器对组成。所以在 N 级系统中，可能有 $N-1$ 对客户/服务器。

如图 5-28 所示，在上述三级系统中增加一个网络服务器(Web Server)和轻便客户机，就得到了一个四级系统。

多级系统的好处是：

(1) 因为系统的功能分布在几级或服务器上，系统维修和扩展都比较容易；

(2) 从底层到高层，可以分级控制，对不同级的客户机提供不同水平的服务；

(3) 方便企业水平的整合：通常的作法是把中间级与企业的其他系统连接起来；

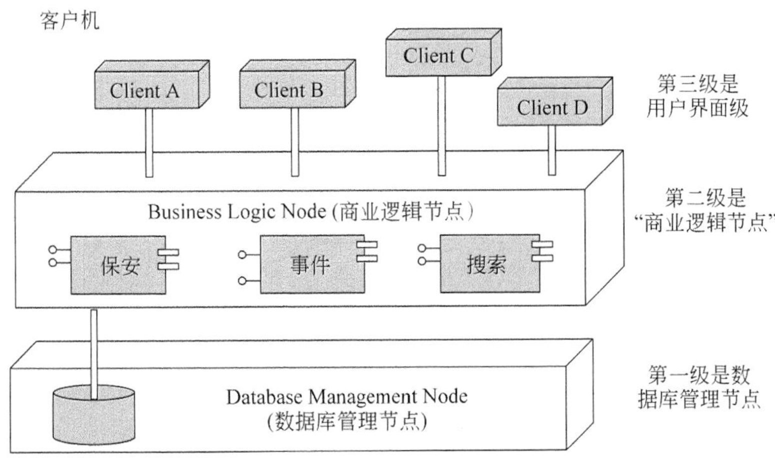

图 5-28　三级系统的例子

(4) 多极系统可以扩充,以服务大量同时使用系统的客户机。

多极系统的缺点是:

(1) 不同的客户/服务器对之间可能存在多种不同的通信协议;

(2) 由于数据要通过多级节点,而各个节点可能在不同的计算机和操作系统中,协调、提升系统的整体性能就很不容易。

5.3.5　团聚和串行法

要对多级系统再进行扩展,服务大量的客户机,可以用一组服务器节点来联合提供服务。具体的做法有以下两个。

(1) 团聚法(clustering),多个服务节点聚集在一起,它们有同样的功能,任意一个都可以为客户机提供服务(图 5-29)。

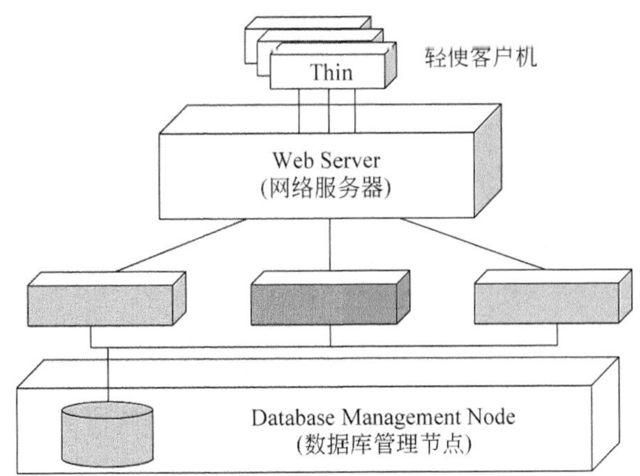

图 5-29　使用团聚法的四级系统

(2) 串行法(serializing),每一个服务节点提供特定的功能,它们形成一连串的服务岗位,为客户机服务(图 5-30)。

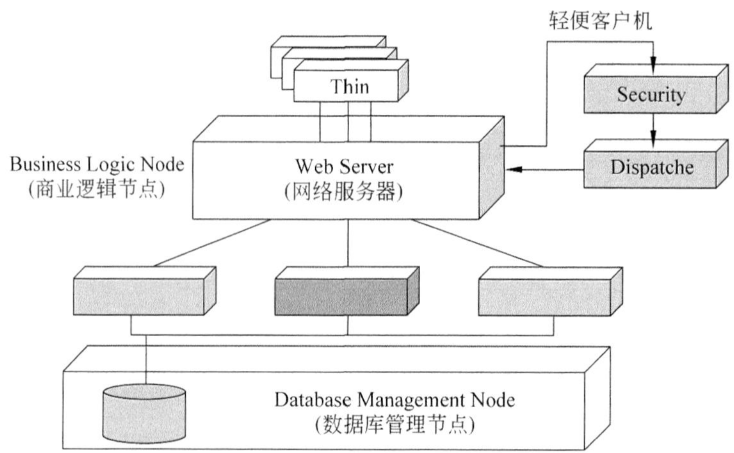

图 5-30　混合使用串行法和团聚法的四级系统

排队机等具有负载均衡作用的网络服务器决定如何把工作分配到各个商业逻辑节点,以使它们有差不多的工作量,并尽量缩短用户的等待时间。

分配负载时,可采取以下方式:①随机式;②轮流式;③负载平分式;④多队列式。

5.3.6　代理

从模块的角度看,代理就是服务器(图 5-31)。代理启动以后,就静候客户机的请求。收到请求以后,就执行处理,然后返回结果,接着再等候下一个请求。从架构的角度,代理可以模拟企业工作流程中的执行者,其原理将在以后的设计模式部分中介绍。

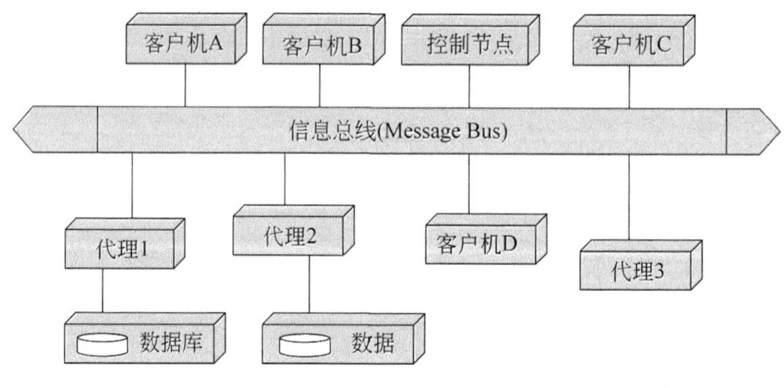

图 5-31　代理架构

代理架构的优点是:

(1) 在处理复杂任务时,代理架构有高度的灵活性,能统筹多个全自动或半自动的代理的活动;

(2) 系统可用渐进方式建立,并容许从原有系统逐步过渡;

(3) 由于各组功能分布在不同代理之下,系统比较容易维修和扩展;

(4) 系统很容易与多级系统合并使用,伸缩性强,便于企业水平的软件整合。

代理架构的缺点：

(1) 由于所有活动都经共用的消息总线传送，安全的问题必须尽早设计解决。但是，如外加密码则使网络负载增加，加密和解密也会影响系统性能；

(2) 消息总线要有统一的通信协议，企业的整体计划就必须十分周详。若企业中有旧的遗留系统，就必须另下工夫，让它们与新的通信协议适配起来；

(3) 因为事务分布在多个代理处理，系统的性能协调可能比较困难。

5.3.7 聚合和联邦系统

要建立大的企业软件系统，一个方法是把多个相同或相容的节点连接起来，成为聚合(Aggregate)(图 5-32)。从结构上看，由任何一个节点出发，只要有耐心，就可以到达聚合中任何节点。作为企业的软件系统，聚合的节点通过共同的通信协议(Communication Protocol)，分享共有的视图或其他消息。

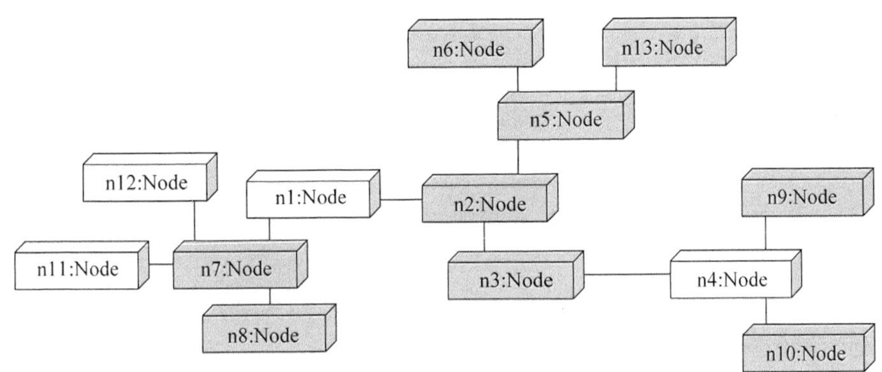

图 5-32　把多个相同或相容的节点连接而成的聚合

在聚合的基础上，可以进一步扩展到联邦架构(Federation Architecture)。这里原来的节点升级为“组”，而每个区组可以有自己的次节点。次节点只能与区组连接，而区组之间则结集成先前讨论的聚合。这样，区组和次节点就形成一个庞大的联邦架构(图 5-33)。

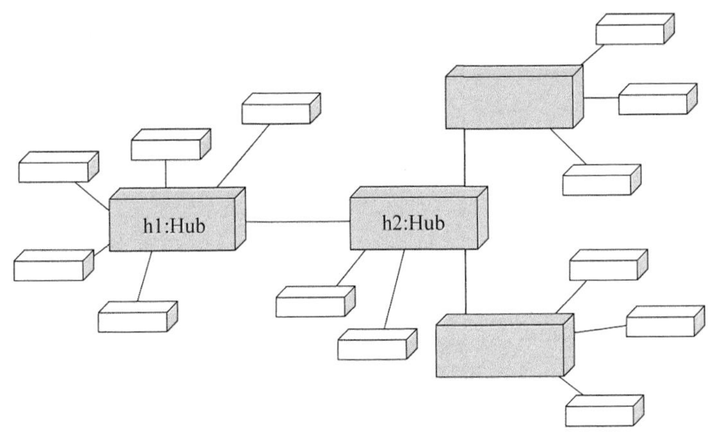

图 5-33　联邦架构的例子

聚合和联邦体系的长处是：

(1) 反复运用一些小的节点，就可以组合成庞大的软件系统。各个节点共享整个系统的一个共同视图，而系统节点则分布各地；

(2) 每一个节点都比较简单，并且通过少数界面与其他节点通信；

(3) 架构非常灵活，没有中央集权，各节点或区组在本地有很强的控制力。

聚合和联邦体系的缺点是：

(1) 聚合不一定是最好的网络结构，消息传播要经过多个节点，速度受到限制；

(2) 聚合容易由于某一点联络中断，而引起大面积网络通信失灵；

(3) 假如各节点不完全相同，而数目又很多，保养维修的工作量就很大。

5.4 实践与思考

5.4.1 实践题

继续完成 ATM 系统的控制。

5.4.2 思考题

1. 请用 ATM 系统为例，说明：ATM 系统的总体架构属于 5.3 节中的哪个类型？为什么？

2. 请用 ATM 系统为例，说明：ATM 系统的总体架构利用了上述经典架构的哪些优点？还有哪些缺点？

3. 如果重新设计 ATM 系统的架构，有什么改进建议？

CHAPTER

第 6 章 软件架构的概要设计与实现

本章导读

本章是全书的重点，从某种意义上说，也是难点。“重”在所有系统架构设计中，子系统划分是架构设计的最关键和最核心的部分。“难”则体现在对于学生项目而言，由于这门课程的教学长期以来始终存在重理论、轻实践的问题，所以，架构设计是为了什么？设计思路如何体现？设计结果的好坏如何检验？一直是一个没有很好解决的难题。如果只是“空对空”的讲架构，在架构目标的设计和最终实现上，只是“虚晃一枪”，设计效果无从检验和验证，则整个架构设计对于设计者来说，都变得毫无意义。学生也会觉得架构设计思想和设计方法可有可无，都是“虚”的。

本章的重点是软件系统概要设计的第一个任务——子系统划分。其中，除较详细地梳理了子系统划分的一般原则和方法外，重点分析了电梯控制系统的概要设计过程，特别是子系统划分的思路，针对 4.4.5 节对电梯控制系统设计中提出的疑问，重新给出新的分析和解答，并结合最终实现要求，测试和检验概要设计方案是否达到了预期的目的。有关电梯控制系统详细设计和实现的部分，在第 9 章还将作为架构验证的案例，继续深入讨论。作者希望通过这个案例的介绍和分析，能够让学生对软件架构设计，有一个落到实处的感受和体验，多少能够克服上述之“难”。

6.1 软件架构概要设计的任务与过程

6.1.1 系统概要设计的任务

如第 4 章所描述，软件系统概要设计的任务是：将需求分析模型映射为具体的软件架构。在第 4 章所讨论的软件架构“规划”阶段，这种映射要完成的是宏观和策略层面的“蓝图”，是设想和规划，而在本章讨论的，是实际完成的、可以交付编码工程师执行的设计“图纸”。

面向结构的系统设计产生的结果是：过程设计、接口设计、架构设计和数据设计。而采用面向对象方法产生的设计结果是子系统设计、数据设计、消息设计和方法设计。

1. 软件架构(子系统)设计的任务

软件架构(子系统)设计的任务是定义系统的主要结构元素及相互的关系。结构化方法是从数据流图出发对数据进行分析,得出软件的层次化的模块结构图。面向对象方法是:通过分析模型(例如 OMT 模型),划分子系统,在考虑通信、并发、部署、复用等问题综合平衡的基础上,建立系统架构。所以,不论用什么方法,首先确定的是系统的总体架构(主要是逻辑架构)。

2. 数据设计(对象设计)的任务

结构化方法从在分析阶段得到的数据模型和数据字典出发,设计出相应的数据结构。面向对象方法把数据作为类(通常为实体类)的一个属性,设计合适的数据结构,来表示这个属性。

3. 过程设计(方法设计)的任务

过程设计(方法设计)的任务是将软件架构的结构元素变化为对软件组件的过程性描述。结构化方法采用从分析阶段获得的过程规格说明、控制规格说明和状态图出发,得到系统各个功能的过程化描述。而面向对象方法从系统功能模型和行为模型出发,得到各个类的方法以及实现细节的描述。

4. 接口设计的任务

接口设计的任务是描述系统内部、系统与系统之间以及系统与用户之间如何通信,接口包括信息交互和特定的行为,因此,数据流和控制是接口设计的基础。而面向对象方法的接口设计主要是消息设计,面向对象的系统是以消息和事件为驱动的。

一般将软件架构(子系统)设计归为概要设计,而将后三个部分的设计纳入详细设计的范围。

6.1.2 系统概要设计的意义

概括来讲,系统概要设计的意义在于:

(1) 系统设计是软件开发中形成质量的地方,因而系统设计为最终对软件进行质量评估提供一个度量依据;

(2) 系统设计是将用户需求准确地转化为完整的软件产品的唯一方法,因而是软件工程和维护的基础。

没有良好的设计,将冒以下风险:

(1) 系统不稳定;

(2) 难于完整测试;

(3) 直到系统完成后才能评估质量;

(4) 不知道完工日期和总费用。

系统设计是一个迭代的过程,通过它,用户需求被变换成用于构造软件的“蓝图”。

(1) 在软件设计初期,“蓝图”描述了软件系统的整体视图,设计在高的抽象层次上进行,“蓝图”表示了系统可以直接与需求对接(跟踪)的数据、功能和行为;

(2) 在整个设计过程中，系统设计的质量通过一系列的评审技术来进行评估和检查。

良好的系统设计必须满足以下三个要求。

(1) 设计要包含分析中获得的用户的明显的和隐含的需求；

(2) 对编码、测试和维护人员来说，设计是可读、可理解的；

(3) 设计提供了系统完整的面貌，涉及从实现角度看的数据、功能、行为。

以上三个方面，也就是系统设计最重要的意义所在。

因此，好的设计，从结果看，应具有以下特征。

(1) 设计应该展示一种层次性结构，该层次结构可以使用可识别的设计模式来建造；

(2) 设计表明系统可以由具有良好实际效果的设计特征的组件构成；

(3) 设计使系统可以以演化的方式实现，从而便于实现和测试；

(4) 设计应该是模块化的，系统应逻辑地划分成完成特定功能和子功能的组件；

(5) 设计应该包含数据、架构、接口和组件(模块)等设计要素之间关系的清楚表示；

(6) 设计应该导致适合于将被实现的对象和从可识别的数据模式导出的数据结构；

(7) 设计应该导致具有独立功能特性的组件；

(8) 设计应该导致降低模块和外部环境的连接复杂性的接口；

(9) 设计支持需求信息(用例)所驱动的可重复的过程。

6.1.3 面向结构的系统概要设计过程

作为参考，面向结构系统概要设计的一般设计过程如下。

(1) 设想供选择的方案：在数据流程图的基础上，沿功能模块的边界，一个边界、一个边界地设想并列出供选择的方案。在列出方案的时候，暂不评价这些供选择的方案。

(2) 选取合理的方案：从上一步得到的一系列供选择的方案中选取若干个合理的方案，例如，选取低成本、中等成本和高成本的三种方案。根据系统分析确定的目标，来判断哪些方案是合理的。

(3) 推荐最佳方案：综合分析对比各种合理方案的利弊，推荐一个最佳的方案，并为最佳方案制定详细的实现计划。

(4) 功能分解：对流程图进一步细化，进行功能分解。

(5) 设计软件架构：软件架构反映系统中模块的相互调用关系：顶层模块调用它的下层模块以实现程序的完整功能，每个下层模块再调用更下层的模块，最下层的模块完成最具体的功能。软件架构通过层次图或结构图来描绘，可以直接从数据流程图映射出软件架构。

(6) 数据库设计。

(7) 制定测试计划。

(8) 书写文档：文档包括系统说明、用户手册、测试计划、详细的实现计划、数据库设计结果。

(9) 审查和复审：先技术审查，后管理审查。

在第 5 章已经讨论，以上过程除采用的技术方法(如从数据流导出系统结构)具有较大的局限性，特别不适合需求的变化，并已经被面向对象的设计方法所取代。

6.1.4 面向对象的系统概要设计过程

从面向对象的分析 OOA 到面向对象设计 OOD 的转换，是系统概要设计的主要过程。

回顾一下，OOA 完成的工作是：收集和确认用户的真正需求，得到一组需求分析模型，然后，用户和开发团队都明确了系统应该“做什么”和“不做什么”。

而 OOD 将要执行的任务是：分析所获得的模型，把需求模型转化为设计模型，使开发团队知道应该“怎么做”。

如图 6-1 所示为软件架构概要设计的实现过程。

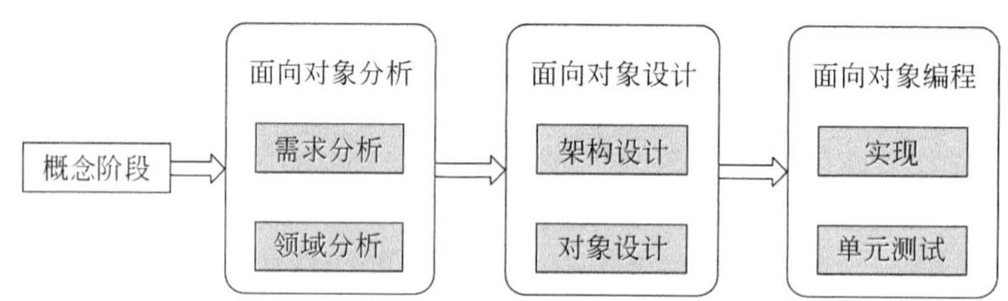

图 6-1 软件架构概要设计的实现过程

但是，OOA 向 OOD 的转化，没有面向结构方法的转化，在形式、过程和方法上有那么明显的阶段性，而是迭代、交织的。OOD 可以很容易地对 OOA 进行修正、扩充，因此，OO 方法更适应需求的变化，但更抽象、更难于理解和把握。

1. 概要设计阶段的视角

软件架构师在概要设计阶段，与在第 4 章讨论的需求分析和架构规划阶段的视角有很大不同。通俗地讲，在系统架构规划阶段，架构师的眼光是从“前(需求模型)”向“后(架构设计)”看，立足于“打算”搭建一个什么样的架构。这时，很多设想是“抽象的”、“理想化的”。而在概要设计阶段，架构师是从“后(架构实现)”往“前(需求模型)”看，立足的是如何运用已有的架构基础(模式、框架和平台)实现架构。这时，任何的设计决策，都必须有切实的技术可行性作为依据。

面向对象的 OOA、OOD 与 OOP 的相互联系，比面向过程的需求分析、系统设计和编码过程，要紧密得多。架构设计将最终映射为代码，不同的设计结果，将极大地并且是直接地影响代码，因为现在可以利用合适的工具，直接从架构生成代码。因此，在概要设计阶段，架构师不得不考虑很多与实现有关的“细节”，而不能一味地追求“高度抽象”。这就是当决定某种战略的时候，必须考虑具体的战术手段，例如，设计模式是否支持，这是架构师在概要设计阶段视角的一个转变。

2. 面向对象的系统设计思路

回顾一下，在第 5 章讨论从需求模型向架构模型转换时，重点介绍的是分析需求的 OMT 模型。OMT 模型是最具典型的需求模型，该方法采用三种模型来描述系统。

(1) 静态模型：表示系统对象结构化的“数据”性质。

(2) 动态模型：表示系统对象瞬时的、行为化的“控制”性质，规定了对象模型中对象的合法变化序列。即对象的动态行为。

(3) 功能模型：表示系统对象变化的“功能”性质，它指明了系统应该“做什么”，故更直接地反映了用户对目标系统的需求。

三种模型分别从三个不同侧面描述了所要开发的系统，它们相互补充，相互配合。

(1) 静态模型定义了对象实体，是最基本的，是其他两个模型的基础。——它是一个按钮，是本质的东西。

(2) 动态模型规定了什么时候做，即在何种状态下接受了什么事情的触发。——它是被单击的按钮，起触发作用。

(3) 功能模型指明了系统应该“做什么”。——它是触发一个按钮之后的动作，完成具体的功能。

在需求分析阶段，项目团队建立了对象模型。在建立对象模型的时候，项目团队主要依据需求(业务模型、系统模型)和实现平台与框架的需要，划分出不同的类，并以此为基础，分析其相应的行为和功能。而 OOD 就是设计一个完善的架构，来合理、有效地实现这些行为和功能。所以，系统设计的主要工作，是设计适合对象行为要求的系统结构，使得系统能更好地适应对象的行为需要，这是 OOD 的核心。

3. 概要设计的主要关键点

软件系统的概要设计过程在前面已经做了一般性的介绍。作为架构师，在概要设计过程中，通常应重点关注以下几个关键步骤或关键点。

(1) 确定技术平台；

(2) 划分子系统；

(3) 识别并发性、设计信息控制流；

(4) 将子系统分配到硬件；

(5) 规划数据存储。

4. 关键步骤与 5 个架构之间的关系

上述步骤与 5 个架构之间的关系如图 6-2 所示。

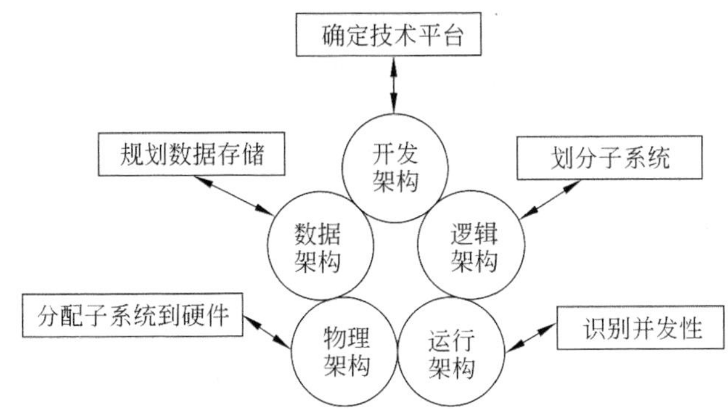

图 6-2 概要设计关键步骤与 5 个架构的关系

显然，概要设计不论是从需求模型向后看，还是从实现方法向前看，都没有离开 5 个架构的基本设计框架。因为，5 个架构方面，是架构师设计架构最“高度抽象”的架构基础。在以下各节的案例分析中可以看到，每个系统的架构，多多少少都会涉及这 5 个方面，只是各自的复杂程度不同而已。

6.2 软件系统概要设计的子系统设计

从面向对象的需求分析 OOA 到面向对象的系统设计 OOD，包括 4 个过程：子系统设计、对象设计、消息设计和方法设计。其中，在概要设计阶段，主要完成子系统设计和对象设计，而重点是子系统设计。

6.2.1 子系统的含义与特性

1. 子系统的含义

OOD 方法与传统系统设计方法一样，也采取把大问题化解为若干小问题的处理方法，这样，系统设计就变成了一些子系统的设计和将子系统最终集成为一个完整系统的问题。

从分析模型开始，实际上已经对数据（对应于对象模型）、行为（对应于行为模型）和功能（对应于功能模型），进行了问题分解。由此，定义出若干个"特性"一致的类与对象、关系、行为、功能的集合。每一个这样的"类"的集合，就是一个子系统。

2. 子系统的特性

子系统的各个设计元素（类与对象、关系、行为和功能）具有一些共同的特征。

(1) 具有某些对象的一致特性；

(2) 用来协同完成同一个或一组功能；

(3) 位于同一个硬件中；

(4) 用于管理相同的资源等。

因此，子系统的设计原则是：

(1) 具有良好的接口，通过这些接口，通常可以与系统的其他部分通信；

(2) 除通信类外，子系统的所有其他类，只能与子系统内部的类通信。

子系统的内部可以根据需要，再进一步分解为更小的子系统。

3. 子系统划分的"颗粒度"

子系统是更小的系统，但更小是多小呢？这涉及系统划分的"颗粒度"问题。一般理解，系统可按以下"颗粒度"等级划分（由细到粗）。

(1) 方法：实现一个具体的处理操作。

(2) 类：实现一类对象的处理。

(3) 模块（组件）：由一个或多个类协同完成一组对象操作和功能。

(4) 子系统（包）：完成相对独立特性和功能的多个模块构成。

(5) 系统：多个子系统相互配合才能满足一个完整应用的需求，从而构成了软件"系统"。

(6) 集成系统：一个大型企业往往使用多套系统，多套系统通过互操作形成"集成系统”。

在分析和设计系统的时候，视不同的应用情景和需要，对颗粒度的看法也不同。例如，在一个 VC++ 编程者看来，IDE 工具箱里的 ActiveX 控件是一个再小不过的应用单元，可以把 ActiveX 控件直接拖到窗口里使用，完全把它当成原子级的软件单元。但对控件的开发者来说，这个控件就可能是个子系统。而报表控件、音频编辑控件就是一个很复杂的“子系统”。因此，“颗粒度”的大小，也是相对的，视使用者当时、当事的需要。

所以：

(1) 当进行高一抽象层次（需求、系统级）分析和架构设计时，子系统是具有特定属性、完成特定功能的一个原子单元、一个黑盒；

(2) 当进行子系统本身的设计时（本章讨论的内容），子系统是一个结构复杂的白盒；

(3) 当子系统作为第三方组件被运用时，只需要关心其对外的接口，此时，将子系统看成提供服务的外部不可见组件；

(4) 当使用第三方的成熟框架作为某一系统或子系统的架构基础时，则应当仔细研究其框架架构，并选择其合适的位置，进行继承和扩展。这是因为此时是使用它的结构而不仅是服务。

4. 子系统面向过程与面向对象的不同划分思路

要特别强调的是：采用面向对象方法设计的子系统，与传统系统设计中的功能子系统，有很大区别。面向对象的子系统，不是简单的“功能”分解和集合，而是把构成问题的事务分解成各个对象，建立对象的目的不是为了完成一个功能（对象不是对应功能），而是为了将整个问题域中，具有相同或类似行为的“群体”划分开来。这样划分的好处，在需求阶段是便于认识世界（认识论），在架构阶段的好处，则是保持对象的行为统一，即知行一致。

例如五子棋，面向过程的认识过程和处理思路是：①开始游戏；②黑子先走；③绘制画面；④判断输赢；⑤轮到白子；⑥绘制画面；⑦判断输赢；⑧返回步骤②；⑨输出最后结果。把上面每个步骤用各自的功能模块来实现，并用一个总控模块来进行调度，系统设计的问题就解决了。

而面向对象的认识方法和系统设计思路如下。

(1) 对象：整个五子棋系统可以分为：①玩家（黑白双方）对象类，负责接收玩家的落子，并假定两方落子的行为规则是一模一样的；②棋盘系统对象类，负责绘制画面；③规则系统对象类，负责判定诸如犯规、输赢判断等三类对象。这样的分类方法，最主要的着眼点是上述三类对象具有完全不同的行为和属性。

(2) 行为：①玩家对象负责接受用户输入，并告知棋盘对象棋子布局的变化；②棋盘对象接收到了棋子的变化，就要负责在屏幕上面显示出这种变化；③规则对象来对棋局进行判定。所以，根据不同的对象，完成不同的行为。

6.2.2 子系统所包含的内部组件

子系统是组件的集合，一般子系统可能（但不是必须）具有以下 4 个内部组件。

(1) 问题域组件；

(2) 人机交互组件；

(3) 数据管理组件；

(4) 系统交互组件。

例如，在刚刚所列举五子棋的三个对象类中，玩家类具有上述全部 4 个内部组件；棋盘类和规则类除没有人机交互组件外(暂不考虑更复杂的情况)，也具有其他三个组件。因为，在五子棋游戏中，只有玩家对象才会发生与人交互(落子)行为。

1. 问题域组件(核心业务逻辑)

每一个子系统都是为了实现某类需求而存在的，问题域组件反映的是子系统的核心业务逻辑。如上例五子棋中，玩家对象类负责接收玩家的落子；棋盘系统对象类负责绘制画面；规则系统对象类负责判定诸如犯规、输赢判断等三类对象。

问题域组件是最反映用户需求的模块，也是需求分析阶段已经做了深入分析的部分。面向对象的分析模型 OMT 基本表达的就是用户的问题域，因此，在设计阶段，就是对 OMT 的表达，进行分解和求精，并围绕核心业务逻辑，设计对象的方法、消息等。

为了系统实现的需要，在系统设计阶段，从系统实现策略和方法的角度出发，可能会增加一些特定实现方法的改变，如把多继承结构改为单继承；为复用库中已有类的重用；增加需要保存临时结果的类以提高速度等。

2. 人机交互组件(界面)

人机交互的主要对象有两类：窗口和报表。

1) 窗口

(1) 窗口信息：系统登录、系统设置、信息的获取交互等。

(2) 窗口行为：引发系统数据对象的建立、维护和删除(数据库记录)、系统管理设置、设备的打开、激活、关闭、系统业务活动等。

2) 报表

(1) 报表信息：日报表、周报、月报、查询打印等。

(2) 报表行为：固定结果、查询结果、数据挖掘分析处理结果等。

在五子棋的例子中，只有玩家对象具有人机交互组件，它们分别实现接受玩家的落子选择(如果复杂一点，还可以包括：悔棋、网上的短信交互等)。为简化系统，棋盘类和规则类则不安排人机界面，如果要考虑，可能会有哪些？

在需求分析阶段，已经对窗口和报表需求进行了很好的分析和确认，在设计阶段，就是进行细化和求精。

3. 数据管理组件设计(永久存储)

数据管理组件通常有以下两个目的。

1) 用于存储问题域中持久性对象

(1) 持久性对象：把暂时性的对象永久保留下来，把对象转化成一定格式的数据，存放到磁盘或其他介质中。

(2) 持久对象由数据库管理系统负责管理。

(3) 数据库接口：数据管理模块与数据库系统接口，来实现对数据的存储、检索、更新等。

(4) 独立性：数据管理模块与数据库系统接口、与软件系统的功能层相对分离，这样，系统的可移植性、可复用性和可维护性就好。

2) 用于封装问题域中持久性对象的存储和检索机制

通过这个方法，可以实现当持久性对象的存储和检索机制的具体实现方法改变的时候，只影响数据管理模块中的对象，而不影响问题域中的对象。

3) 事务及数据库管理系统

一个事务是数据库管理系统中的一个逻辑性的工作单位(也称一个事项、交易)。所谓逻辑性工作单位，简单说就是"有始有终"，不可半途而废。数据库管理系统的主要任务，就是管理事务。

事务有如下 4 个特点：①原子性，即不可分割性。②一致性，事项一旦完成，相关数据就处于一个完整(不是部分)可靠而确定的状态。③隔离性，各个事项互不干扰。④持久性，一次事务执行后，所作的改变成了永久性。

面向对象数据库中装载持久对象，并提供全面的数据库管理系统功能。数据库中有一个或多个数据库根，是引向所有持久对象的起点。暂时性的对象通过执行事务而持久化。

在五子棋例子中，玩家的选择、棋谱等都是数据，但是否要保存在数据库中，则不一定。

4. 系统交互组件设计(消息)

系统交互组件主要负责系统与系统的物理设备之间、各子系统之间、系统与其他系统之间的通信和信息交互。

(1) 每个子系统都需要与外部系统进行交互，因此，每个子系统的交互组件(对象)是不可缺少的，需要为每个子系统中的设备或对象，建立相应的交互机制；

(2) 使用诸如事件跟踪图、交互图、状态图等方式，表示子系统的组件之间的交互关系；

(3) 在概要设计阶段，应根据架构设计中的并行、分布、实时、灵活性、可扩展等关键质量属性要素，对这些跟踪图、交互图、状态图进行扩展和精细化，这是架构设计的关键。

在五子棋的例子中，玩家与棋盘、玩家与规则都有交互，棋盘与规则之间，是否存在交互？目前没有。

6.2.3 基于网络拓扑结构的子系统划分

软件系统概要设计最困难的部分就是划分子系统，系统应该如何布局更好呢？以下讨论有关子系统划分的一般思路。

在第 3 章中已经介绍，假定系统不是"二次开发"，因而如果没有既定开发平台限制，软件系统的物理架构是用户的第一"刚性"需求，是首先需要满足的需求。

按照物理架构划分，可以暂时把系统分为"单机"和"网络"两类系统结构，所谓"单机"

架构是暂时不考虑网络环境与联网需要的系统。这样的软件应用系统的物理、逻辑和运行架构，都只部署在一台计算机上的系统架构，称为"单机"架构。例如，采用基于 MFC 框架的窗口应用系统，是最简单的系统架构，如 1.4 节介绍的两个"简单程序"。但这并不表明"单机"就比网络版软件简单。

1. "点对点"的网络拓扑架构

物理和逻辑上，系统组件被划分并部署在一条直线的两端，在两个端点上的组件分别是客户端组件和服务器组件，两端组件之间通过某种方式，如局域网或互联网进行交互。这样的系统架构是相对比较简单的，如图 6-3 所示。

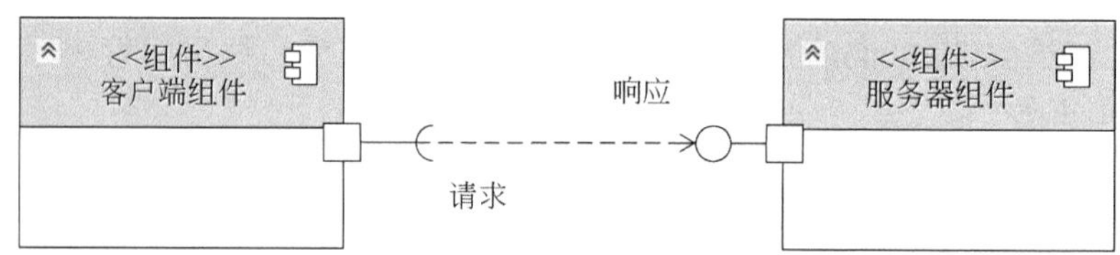

图 6-3　点对点的网络架构

C/S 或 B/S 架构就是这样的点对点结构。至少在系统开发阶段，将服务器与客户端作为两个相对独立的"组件"考虑，而在运行阶段，多个客户端访问服务器仅仅是一套客户端代码在不同的客户端设备上重复运行而已。但如果是 P2P，就不再是简单的点-点，而是同时一点对多点。

在考虑子系统划分的时候，如果采取由粗到细、先宏观后微观的设计考虑，不妨可以先考虑系统是否属于 C/S 或 B/S 结构。如果是这样，就相当于把系统来了个中间"一刀切"，可以分别从客户端和服务器两端，来考虑和设计系统，简化了系统的复杂性。

在 C/S 或 B/S 结构方案中，接下来要考虑的，就是客户端和服务器端的责任划分，哪些放在客户端，哪些放在服务器上。C/S 与 B/S 架构相比，客户端承载了更多的责任。在以后有关五子棋系统设计的案例分析中，将会详细讨论 C/S 或 B/S 结构中，客户端与服务器端的责任划分问题。

2. 集中式星状网络拓扑架构

在前面讨论 C/S 或 B/S 结构的时候，假定它们是点对点结构的。这在仅考虑客户端软件与服务器软件对接交互的情况下是可以的。但是，在实际运行中，既然作为服务器，就不可能不考虑多用户同时请求接入的情况。此时，以服务器为中心，形成集中式的星状结构，如图 6-4 所示。

在这样的结构中，以客户端为一子系统，以服务器为另一子系统，进行设计考虑。两者所考虑的问题是很不一样的。作为集中式结构设计的重点，自然是系统的汇集点——服务器。例如，如果采用 B/S 结构，则客户端设计的主要工作，就是用户的界面设计，这样的"廋"客户端的工作责任，全部在服务器上。采用星状结构最大的问题也在服务器端，应该给服务器安排哪些职责、如何分担负载、如何提高响应速度等。

作为案例，在以后讨论到五子棋项目时可以看到，如果要在简单五子棋的基础上，扩展开发服务大厅功能，服务器应该如何设计，应考虑很多问题。有关 C/S 或 B/S 架构中

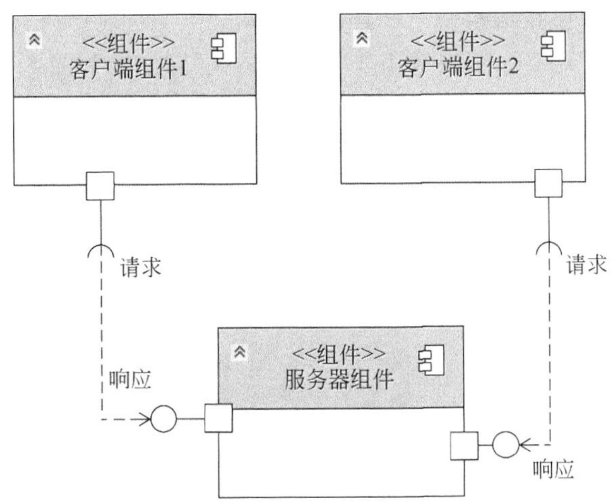

图 6-4　集中式的星状结构

的服务器设计，有很多专门的文章进行讨论，在此不多涉及。

3. **分布式网络拓扑架构**

如果一个游戏的一台服务器负载不够，为了负载平衡，就可能将系统扩展为多服务器架构。网游同时在线的用户可能有几百上千万，负载平衡是这样的系统非常"头痛"的问题。

分布式网络架构是解决上述问题的常见方案，如图 6-5 所示。

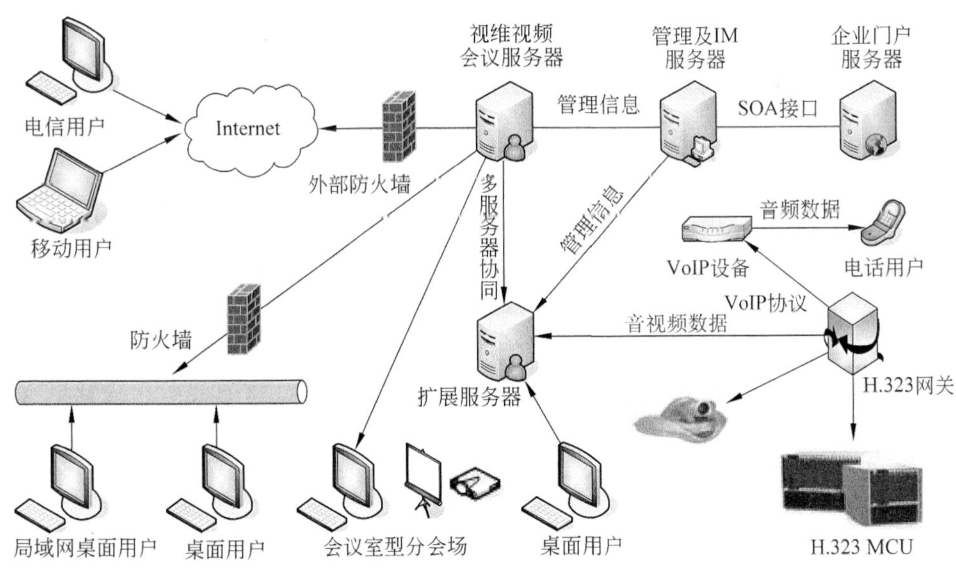

图 6-5　分布式网络拓扑架构

分布式网络应用是网络应用系统开发的一大课题，有兴趣的同学可以选修相关的课程。

4. 更复杂的网络拓扑结构——P2P 网络结构

Peer-to-Peer(简称 P2P)结构采用非集中式的拓扑结构，如图 6-6 所示。

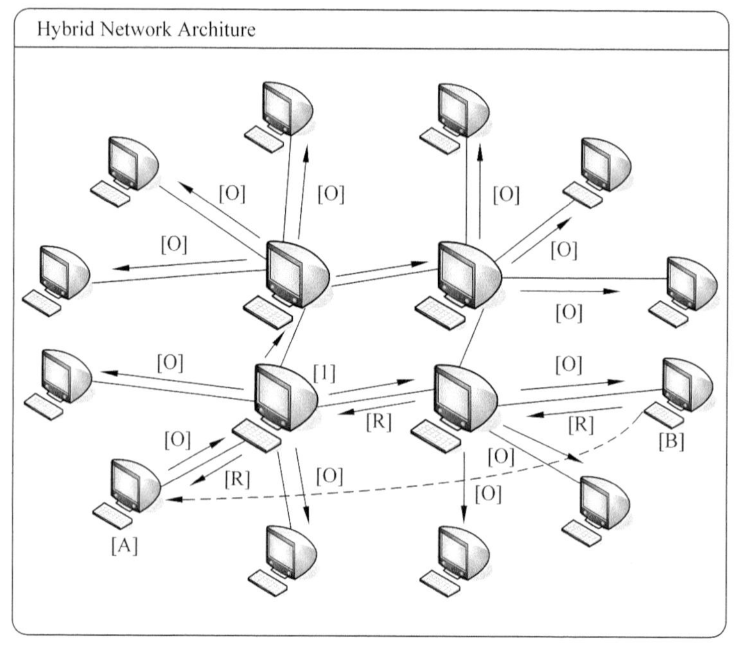

图 6-6 第三代 P2P 混合网络拓扑架构

根据结构关系可以将 P2P 系统细分为 4 种拓扑形式。

(1) 中心化拓扑(Centralized Topology)。由于资源的发现依赖中心化的目录系统，发现算法灵活高效并能够实现复杂查询。最大的问题与传统的客户/服务器结构类似，容易造成单点故障，访问的“热点”现象和版权纠纷等相关问题，这是第一代 P2P 网络采用的结构模式，经典案例就是著名的 MP3 共享软件 Napster。

(2) 全分布式非结构化拓扑(Decentralized Unstructured Topology)。该网络是在重叠网络(Overlay Network)采用了随机图的组织方式，节点度数服从 Power-law 规律(幂次法则)，从而能够较快发现目的节点，面对网络的动态变化体现了较好的容错能力，因此具有较好的可用性。同时可以支持复杂查询，如带有规则表达式的多关键词查询，模糊查询等，采用这种拓扑结构最典型的案例便是 Gnutella。目前基于 Gnutella 网络的客户端软件非常多，著名的有 Shareaza、LimeWire 和 BearShare 等。

(3) 全分布式结构化拓扑(Decentralized Structured Topology,DHT)。主要是采用分布式散列表(Distributed Hash Table,DHT)技术来组织网络中的节点。DHT 是一个由广域范围大量节点共同维护的巨大散列表。散列表被分割成不连续的块，每个节点被分配给一个属于自己的散列块，并成为这个散列块的管理者。通过加密散列函数，一个对象的名字或关键词被映射为 128 位或 160 位的散列值。分布式散列表起源于 SDDS (Scalable Distribute Data Structures)的研究，Gribble 等实现了一个高度可扩展、容错的 SDDS 集群。DHT 类结构能够自适应节点的动态加入/退出，有着良好的可扩展性、鲁棒性、节点 ID 分配的均匀性和自组织能力。由于重叠网络采用了确定性拓扑结构,DHT 可以提供精确的发现。只要目的节点存在于网络中,DHT 总能发现它,发现的准确性得到了保证,最经典的案例是 Tapestry、Pastry、Chord 和 CAN。

(4) 半分布式拓扑(Partially Decentralized Topology)。(有的文献也称作混合模式,英文表达为 Hybrid Structure)吸取了中心化结构和全分布式非结构化拓扑的优点,选择性能较高(处理、存储、带宽等方面性能)的节点作为超级节点(英文表达为 SuperNodes 或者 Hubs),在各个超级节点上存储了系统中其他部分节点的信息,发现算法仅在超级节点之间转发,超级节点再将查询请求转发给适当的叶子节点。半分布式结构也是一个层次式结构,超级节点之间构成一个高速转发层,超级节点和所负责的普通节点构成若干层次。采用这种结构的最典型的案例就是 KaZaa。

6.2.4 基于责任层次的子系统划分

6.2.3 节讨论的是基于网络物理架构的系统划分,本节将视角更进一步细化到物理网络的节点上,网络的节点是构成网络拓扑架构的基本单元。

最简单的网络节点是“单机”系统。“单机”系统是指所有软件只在同一个物理设备上部署并运行的软件系统,如微软 Windows 平台下基于 MFC 开发的窗口应用软件,如计算器软件、绘图软件等,而不需要与网络上的任何其他系统发生联系,即所谓“不用上网”的应用(实际上网络部分成为这样的系统的一个联网组件,如联网的五子棋系统)。

可以作为“单机”考虑的系统,也包括某些自动控制类应用系统的主机系统,除信息处理主机被部署在这样的“单机”上之外,其物理架构还应包括具有或不具有“智能”的外部设备。这些外部设备视特定应用需要和限制,如信号的采集和显示、控制节点等,虽然这些外部设备种类很多、接口复杂,但从系统架构角度看,由于其受各自的物理特性(例如,外部设备接口性质、接入和信号传输方式、信息格式和交互协议)的规定,理解和设计这样的系统的物理架构反而简单——遵循这些外部设备的相应接口约束,进行系统的物理架构设计。

通常所说的网络“节点”上的系统包括 C/S 或 B/S 架构下的客户端或服务器软件,如 IE 等。

因此,在本节讨论的“节点”上的应用系统中,可以包括上述两类系统。但不论是哪类系统,在这里主要关注的,是该“节点”系统本身的逻辑架构设计,该节点与外部的交互,仅看成是“节点”系统的一个与外部连接处理有关的组件而已。这可以看成是对网络应用系统的更进一步的、深入到具体网络系统节点(客户端或服务器)级系统设计的讨论。

1. 使用既有应用开发框架搭建系统

如 1.4 节介绍的两个简单程序,采用基于 MFC 的窗口应用,如果没有其他特殊需要,其架构设计可能非常简单,甚至编码工程师根本没有架构设计的意识,也不需要做特别的设计考虑,就由 MFC 帮助完成了相应的架构设计。像这样完全在既有框架下实现应用开发,不需要更多的系统设计考虑的情况,是开发框架给软件开发带来的便利,如苹果 iOS IDE 开发平台 Xcode 等。

如果是很简单的应用,借助既有开发框架,架构师只需要了解 MFC 的类结构,考虑自己选用的 ActiveX 窗口控件时,应该继承哪个 MFC 的相应类,并在框架安排好的代码位置,实现其相应的处理函数,就完成了系统的开发工作。由此,导致开发团队渐渐淡化了系统的架构意识,这既是坏事(无架构责任),也是好事(开发简单化)。

2. 流水线架构

软件无线电(Soft Ware Radio,SWR)是以开放体系结构为基础、在硬件的平台上,应用软件工程技术,由软件来实现无线通信方式和系统功能,最大灵活性和适应性的经典案例。SWR 的基本思想是在尽可能靠近天线的地方,使用软件来实现无线功能,则所有的无线通信系统均可基于一种通用可编程硬件平台,工作频段、编解码方式、调制解调方式、加密解密算法、多址方式等均可编程。通过注入不同的软件,形成不同标准的软件无线电终端或基站,这样的无线终端和基站既可以与现有的其他无线电终端和基站进行通信,还能在不同的无线电系统之间起到"无线电网关"的作用,保证各种无线通信业务的无缝集成。

如图 6-7 所示是软件无线电的移动台(用户端)示意图。

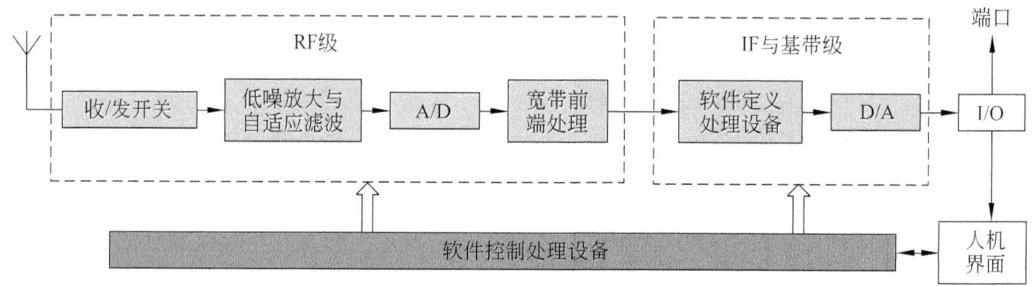

图 6-7　软件无线电移动台的流水线架构

SWR 系统是一个典型的流水线结构。系统架构选择流水线结构是因为系统处理过程,明显符合"流水作业"的特点,即:这种流水作业过程中的"节点",前一个节点的输出,是后一个节点的输入,节点之间相互独立、顺序处理(可以存在并行流)、较少前后节点之间的交互行为。

可以把"点对点"、"流水线"结构,归为一维结构中的"水平"结构,与下面要讨论的层次结构不同,点对点、流水线结构的节点之间,在逻辑地位上是平等的,没有层次结构中下层为上层提供服务,上层抽象程度更高的特点。服务器不是客户端的更高层次、更宏观的抽象(反之亦然);SWR(更靠近天线)的前端或(靠近人机界面的)后端,谁都不能被看成是系统的"高层"或者是"低层",它们是平行的层次。

3. 基于责任的层次架构

层次结构是系统架构使用最多的结构。5.2 节分析和讨论的开放式系统互连参考模型(7 层协议)和操作系统,就是最典型的层次结构。基于层次担负的责任,不论是从功能分层,还是从抽象度分层,作为关键应用的网络系统和操作系统,同时很好地兼具功能和抽象分层的需要,把两种分层特点较好地(也有不好的)发挥了出来。

通过互连参考模型(7 层协议)和操作系统的分层方法讨论中可以看到,系统层次结构设计的关键,并不是简单地把系统模块划分并部署在不同的层次上,而是通过这样的层次划分和部署,对系统功能进行合理的逻辑抽象和归纳。例如,两个系统的抽象方法都是按照从底层的硬件连接开始,向上抽象,直到应用服务层;按照这样的抽象,使系统设计在不同的抽象层次中,得以简化,从而方便升级、扩展、兼容性。

如图 6-8 所示的分层架构,设计者的分层思路是有意将组件按不同的功能和抽象程度进行分层。抽象分层的标准是从具体到一般、从专用到通用。

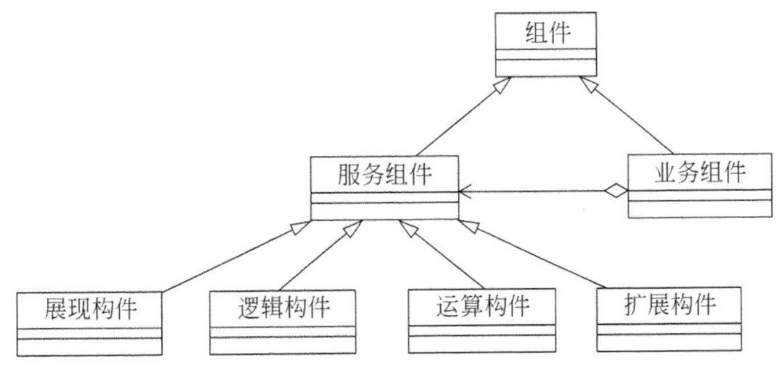

图 6-8　按组件性质的分层结构

图 6-9 是体现该分层思想的某 B2B 系统的分层图。

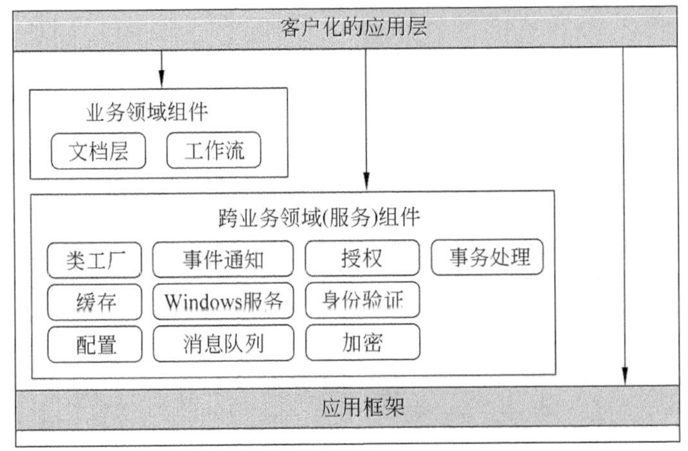

图 6-9　业务操作与服务分层的结构

在图 6-9 的 B2B 应用系统结构设计中,以文件为对象的文档处理和工作流处理,被设计者视为抽象级别较高的"业务"操作组件,而授权、事务处理、缓存等,则是实现该业务操作的服务组件,层次在业务组件之下。最下层是如.NET、Struts、MFC 这样的应用框架。

另一个分层的例子是某基于串口通信的应用系统,分层按照设备控制层、通信层、应用层划分,如图 6-10 所示。对应的具体实现分别依靠:串口控制卡、串口通信 SDK、MFC。

更一般化的分层设计如图 6-11 所示。

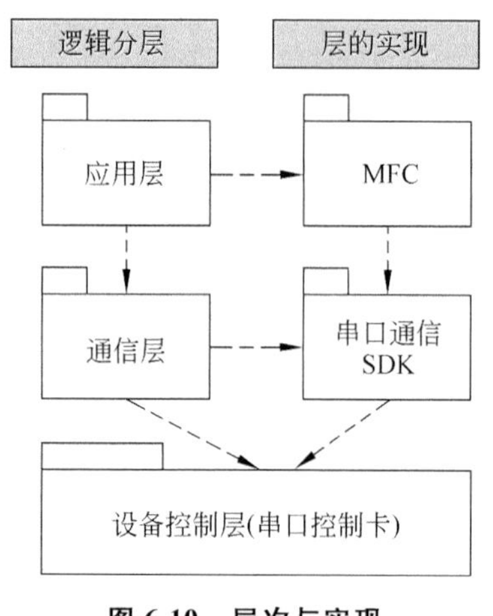

图 6-10　层次与实现

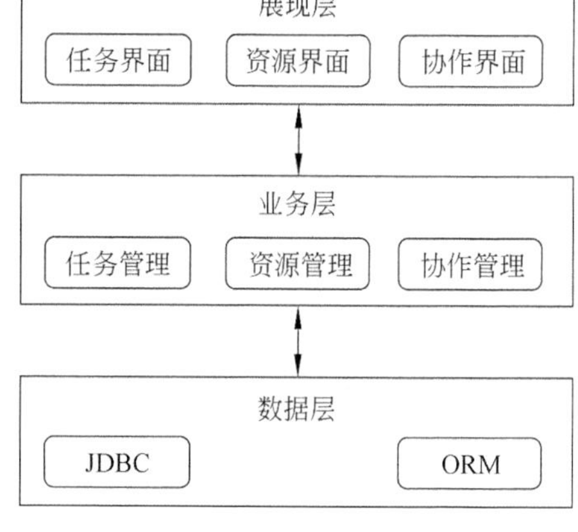

图 6-11　MVC 的分层结构

这无疑就是 MVC 的架构了。在第 8 章讨论 MVC 架构下的"医药管理系统"设计案例中，将会讨论这种层次架构的优劣。

MVC 架构划分的好处是：

(1) 应用逻辑和底层的实现是相对分离的；

(2) 应用逻辑与直接的数据操作是相对分离的。

这里为分层思路做一个简单的归纳，如图 6-12 所示。

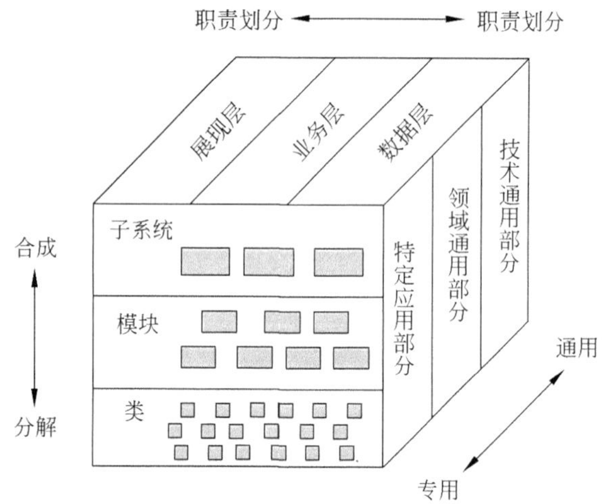

图 6-12　分层思路的两个方向

可以从两个方向考虑分层：①专用/通用(具体/一般)；②职责划分(数据层/业务层/表现层)。互连参考模型(7 层协议)和操作系统的层次架构，同时兼具了上述两个分层方向。但并不是所有系统的分层，都完全满足这两个方向，切不可生搬硬套。

6.2.5　基于状态转换的子系统划分

基于网络拓扑结构的子系统划分，依据的是节点的角色责任、抽象和其在网络拓扑结构的物理分布。基于流水线和层次结构的子系统划分，也可以看成是责任抽象的“一维”结构排列和划分，流水线结构可以看成是水平的“一维”，层次结构是竖直的“一维”。

基于状态转换的子系统划分，则可以看成是“二维”的结构划分方法。构成“二维”结构的拓扑图可能是“环”、“树”或“区域”。在这些结构点上，分布了若干不同的“状态”，状态行为和功能的模块成为系统的特定子系统。这些状态点之间是相互独立又相互联系的，它们之间的联系，依赖的是导致/触发状态转换事件，由此构成系统各子系统之间的互动。

1. 状态转换需求模型的 STD

在需求阶段，基于状态转换的需求就已经被提出并被描述。在面向过程的需求分析中，有一种数据流分析方法就是状态转换图(State Transition Diagram，STD)。STD 更多地用于描述某些控制系统中控制状态的变迁。

STD 描述的系统状态变化主要是由三个要素构成：状态，变化方向，触发行为。其符号表示方法如下。

(1) 矩形：表示系统状态。

(2) 箭头：表示状态转变方向。

(3) 规则表达式：表示事件/触发行为。

图 6-13 是一个简单的 STD 的例子。

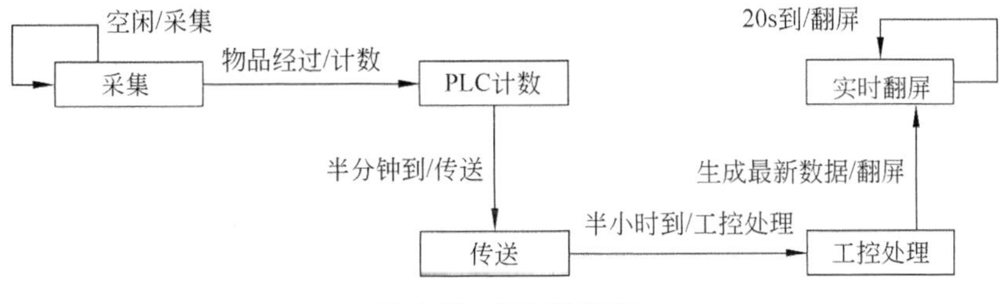

图 6 13　状态变化图

在面向对象的 OMT 需求分析模型的静态(对象)模型、动态(行为)模型与功能模型中，与对象和功能数据模型不同的是，动态(行为)模型重点描述了系统状态和行为。即：系统在某些要素(如时间、边界条件、中断等)发生改变后，所发生的相关事件。这样看来，OMT 方法将大多数系统都可以看成是某种状态转换系统。这与 Windows 机制下大多数系统都是基于事件/消息机制有关。但在面向过程的系统中，当前状态是系统的“焦点”(占有全部系统资源)所在相比，Windows 系统则可以不是。

无论运行机制如何，这里首先关注的是动态模型描述的对象彼此间相互作用的顺序控制逻辑。在这样的模型下，系统的行为主要不是因为数据的流动，而主要是由事件和控制逻辑造成。在反映对象的状态变化控制逻辑这一点上，面向过程与面向对象没有什么区别，区别仅在面向对象更强调在哪些“对象”之间的状态变化。上述这些微妙的差异，正是子系统划分中应该注意的地方。

动态模型以“事件”(Events)和“状态”(States)为其模型的基本概念，其中：

1）事件描述

（1）瞬时发生的行为；

（2）引起对象状态转换的控制信息等。

如图 6-14 所示是打电话过程的状态转换图。

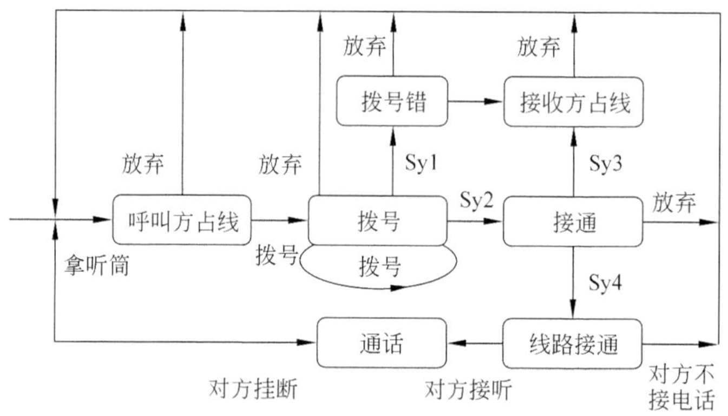

图 6-14　打电话的状态转换图

其中，Sy1～Sy4 是交换机系统自动状态转换，其他则为人为（呼叫方或接听方）的行为。在这个例子中，事件描述是非常简单的。在方框之外的都是事件，方框之内是状态。描述事件还可以用脚本和事件踪迹的方法进行，脚本是系统某一次特定运行时期内发生的事件序列（脚本也叫场景 Scenarios）。事件追踪则着重说明发生于系统执行过程中的一个特定"场景"。

2）状态描述

状态描述是对象属性和对象关联的抽象描述形式。

闹钟状态的特征表示方法如下。

（1）状态：闹铃响。

（2）描述：闹铃响，表示预定时间到。

（3）产生本状态的事件序列：

① 设置闹钟（预定时间）；

② 不包括清除闹铃的任何后续操作；

③ 当前时间＝预定时间；

（4）表征本状态的条件：

① 闹铃＝开，从预定时间起没有按键的情况下；

② 目标时间≤当前时间≤目标时间＝20s。

（5）本状态接受的各种时间：

事件	动作	下一个状态
当前时间＝目标时间＋20	重新设置闹钟	正常
按下按钮（任意按钮）	重新设置闹钟	正常

2. 状态转换模型的其他二维结构描述

可以将各种状态转换用某种“图”或数据结构形式化地表示出来，这是“离散数学(图论)”和“数据结构”课程所学的内容。例如：

1) 状态链/环

很多应用系统可以表述为一种状态链(开环)或环(闭环)，例如，图 6-15 是 TCP 在客户端的运行过程。

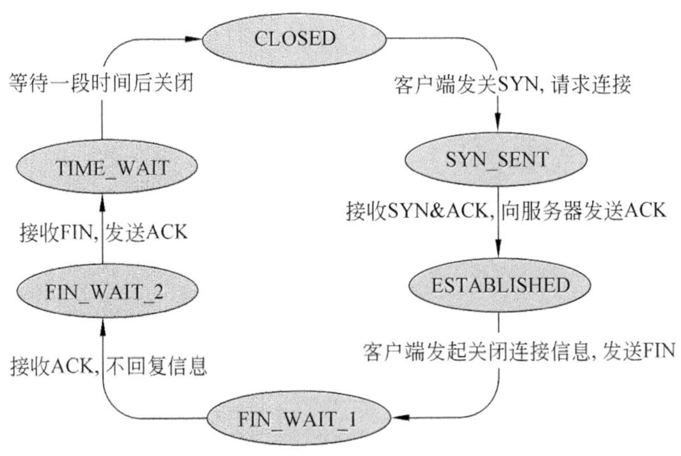

图 6-15　客户端的 TCP 状态转换图

2) 树状结构

在数据结构课程中对树状结构有很多讨论，在实际应用中，有很多应用系统确实可以抽象为对树状数据结构的操作，如图 6-16 所示的二分遍历检索树。

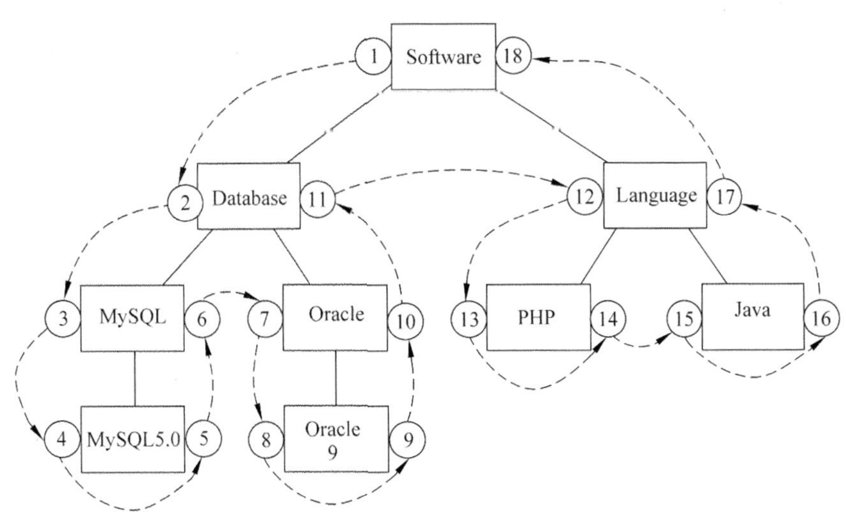

图 6-16　二分遍历检索树

3) 分块(区)结构

与环、树等结构型相比，块结构在分析和描述块与块之间的关系时，相对比较复杂一点，例如，早期的操作系统是按照内存管理、文件管理、设备管理、任务管理等区域划分的分块(模块)结构(图 6-17)，但在这些块之间，如何处理并发、竞争、冲突并兼顾效率和便利使用等，存在很多问题。

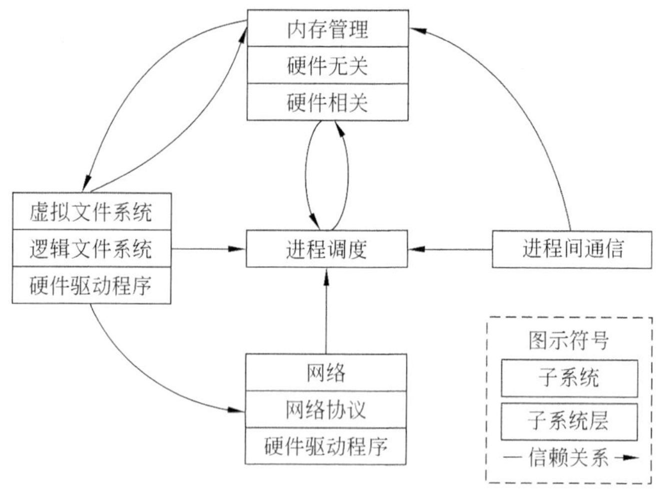

图 6-17 操作系统的块结构

3. 根据状态转换模型的子系统划分

基于网络拓扑结构的划分从网络物理结构中、基于层次的划分从功能层次或抽象层次中获得提示，进行子系统划分。与其他子系统划分方法一样，基于状态转换的子系统划分也应基于责任和抽象，不同状态只是不同责任或抽象的外部表现形态而已，这是划分子系统时，原则上保持一致的地方。

与其他划分方法不同的是，基于状态转换的划分，可以从动态模型中，获得更多的状态"边界"上的信息，这是子系统划分的有用提示。根据这些信息，可以考虑按不同的二维结构，进行子系统组织。

基于状态转换的需求模型为子系统划分提供了一定的基础，但是，并不能简单地理解为"状态＝子系统"。例如，在图 6-14 的电话系统中，有 7 个状态(方框)，难道系统就分为 7 个子系统(假定暂不考虑子系统的颗粒度)？显然，划分子系统的时候，既要考虑状态转换，也要考虑子系统划分的基本责任和抽象原则。而本质的状态所体现的，正是系统的责任抽象，所以，在这个意义上，它们又达到了统一。

在状态图的基础上，可以得到划分子系统的如下提示。

(1) 状态是责任划分的最初依据，系统是根据不同的状态划分责任的；

(2) 虽然状态区分了责任，但并不是每一个状态都应该列为一个系统的责任点。应该由粗到细、按照不同的抽象级别，在不同的状态中进行分析，找出关键的状态变化；

(3) 状态转换中的事件是子系统之间的联系。

6.2.6 子系统的其他划分方法

可以理解，系统的划分应该还有其他一些技术或非技术性因素的考虑，例如：

(1) 基于二次开发和平台限制；

(2) 基于与其他系统、组件等的接口限制；

(3) 基于合理的规模大小、颗粒度的限制；

(4) 基于复用要求的限制；

(5) 基于开发工具的限制；

(6) 基于人员技能和水平的限制；

(7) 基于开发项目时间进度、人员分工、团队资源的限制；

……

6.2.7 子系统划分中的关注点分离

1. 关注点与关注点的分离

如 6.2.6 节所述，划分子系统的一个出发点，就是要把系统不同的任务和责任分离开来，这些任务和责任，是系统设计者的“关注点”。分离关注点不但便于这些“关注点”的实现，也便于维护和扩展。好的架构设计必须把“关注点”错落有致地封装到软件系统的不同部分，为此，必须进行关注点分离。

Ivar Jacobson 在 *AOSD*（中文版）中，对关注点的作用有一个很恰当的描述：“好的架构必须使每个关注点相互分离，也就是说系统中的一部分发生了改变，不会影响其他部分。即使需要改变，也能够清晰地识别出哪些部分需要改变。如果需要扩展架构，影响将会最小化。已经可以工作的每个部分都将继续工作。”

2. 基于一般分层方法的分离点

哪些是关注点，在哪些地方可以将其分离，如何通过关注点分离来达到“系统中的一部分发生了改变，不会影响其他部分”的目标呢？

1) 职责划分分离关注点

首先，可以通过职责划分来分离关注点。

面向对象设计的关键所在，就是职责的识别和分配。每个功能的完成，都是通过一系列职责组成的“协作链条”完成的；当不同职责被合理分离之后，为了实现新的功能只需在“协作链条”上构造和添加（延长）新的“责任链”就可以了，而需求变更也往往只会影响到少数职责的定义和实现。无论是对象、模块，还是子系统，它们所承担的职责都应该具有高内聚性，否则对象之间的松耦合性就失去了基础，成为空谈。架构模式和设计模式为特定上下文中重复出现的问题提供了通用的职责划分方案。

2) 通用与专用分离关注点

其次，可以利用软件系统各部分的通用性的不同，进行关注点分离。

不同的通用程度意味着变化的可能性不同，将通用性不同的部分分离有利于通用部分的重用，也便于对专用部分进行修改。例如，一座高楼大厦要想稳固，必须考虑不同部分的热胀冷缩系数的差异，将不同“膨胀比”的部分硬连在一起容易引起“开裂”，这个比喻很好地说明了“稳固的架构”的含义。广为人知的框架技术可以用于分离通用部分，而元模型驱动方法是另一种分离通用性部分的技术。

3）按不同状态的分离点

系统在不同的状态间转换，不同的状态成为分离点。状态可以分层、大状态内部有小状态，以致无穷循环。

3. 基于特定关键需求的分离点

所谓基于特定关键需求的分离点是指，系统架构设计的子系统划分时，除考虑上述一些划分原则外，某些特定系统在运行时的某些关键需求因素，导致系统逻辑架构设计时，必须进行相应设计，以满足这些因素的需要，从而成为关注点的分离考虑。

系统运行时可见的系统需求包括性能、安全性、可用性、易用性，而运行时不可见的需求可以是：可修改性、可移植、可测试、可集成、可重用等。

例如，系统是否需要支持具有分布式、并发性、实时性、系统负载平衡与效率、交易完整性、安全可靠性、服务质量控制的需求等。

上述各点，将在第 9 章中专门讨论。

6.2.8 将子系统分配到硬件

软件架构师从参与需求分析开始进行架构规划，到完成子系统设计，都是在 5 个架构思想的基础上，进行规划和设计的。因此，此处的“将子系统分配到硬件”，最主要的工作，只是将完成的子系统设计中，涉及硬件的部分具体化并验证其可行性。

主要工作包括：

1. 将子系统的逻辑架构与物理架构统一起来

再一次审查逻辑架构中划分出来的子系统，与物理架构部署图中准备部署的硬件之间的对应关系，包括：硬件的配置、连接、备份、性能要求、安全要求是否满足等，并对两者不一致的地方进行修改和调整。

家用安保系统的物理架构图如图 6-18 所示。

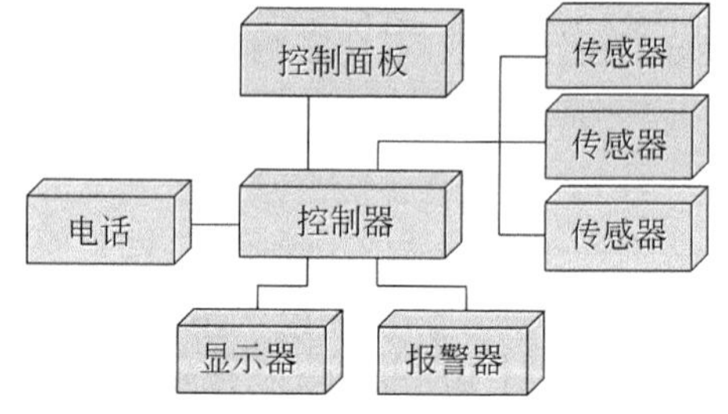

图 6-18 家用安保系统的物理架构图

在 4.2.5 节中举例介绍的家用安保系统中，系统逻辑架构(图 4-16)将与图 6-18 的物理架构相对应。在这个系统中，全部代码模块都部署在物理架构的控制器上，物理架构除控制器以外的其他模块，都是非智能的(一般假定)，这是该类控制系统的一个显著特点。

只有将系统的逻辑架构和物理架构真实地对应起来，才会真正认识系统。

2. 验证物理架构与逻辑架构的一致性

确定逻辑架构与物理架构的对应关系后，下一步需要仔细验证逻辑架构的设计要求，与相应物理架构设备的实际能力是否一致，例如，硬件的配置情况，容量与性能是否与软件需要相一致，网络的连通性、带宽、负载能力等。

在某些系统设计中，硬件资源不是问题，例如，大多数学生的 MIS(管理信息系统)项目(特殊情况除外)，一般不会考虑服务器和网络的资源是否会出现不能满足 MIS 功能实现的情况，因为学生项目所模拟的访问数据量和访问用户数是很小的，小到可以忽略不计。

但是，完成一个企业级应用系统的设计，就绝对不能不考虑这个问题，否则，当系统上线的时候，功能验证和测试都没有问题，但是，只能满足少数几个用户同时在线，数据访问响应时间远远达不到设计要求，甚至“慢”得不能忍受，再考虑优化，则麻烦就大了。所以，这里所说的验证，不是简单的看一看、估计一下。

逻辑设计越清晰、系统划分越仔细、与物理架构的对应关系越明确，这种验证和测试越容易。例如，从硬件角度看，网络连接方式、带宽、共享用户数、负载平衡方案等决定了同时在线请求和服务的响应速度。而从软件看，客户端与服务器的分工、请求与响应机制、交易处理机制、安全机制、完成一次交易需要的往返次数、瓶颈、资源竞争等这些因素，将导致实际应用效果的巨大差异，而不仅是数据库查询、排序优化。

在不同的物理设备之间，划分太多的层次、过小的模块，导致一次交易，在不同物理设备之间和网络上，需要进行多次的交互，是导致系统访问效率低下的原因，因此，讨论逻辑架构与物理架构之间的关系，可以帮助优化系统架构。

3. 设计“增量”变化的硬件系统

有一类应用，当系统设计的时候，硬件架构是不确定的。不但是设计的时候，即使是真正系统投入运行的时候，其物理架构也没有最终确定，甚至到系统“生命终止”的时候，都无法确定，这就是系统硬件随用户访问量变化(通常是“增量”变化)的一类应用系统。“网游”是这类系统的典型代表。

这类系统的逻辑架构与物理架构对应问题，可以归结为：①简单的负载平衡问题；②分级系统；③分区域系统；④更复杂的网络结构等。采用不同的网络方案，对软件系统架构而言，或多或少都有影响，在此不多讨论。

4. 节点上的逻辑架构与物理架构一致性问题

只有一个节点的系统(“单机”系统)是否没有逻辑架构与物理架构设计不一致的问题(只要 CPU、内存、硬盘足够大)?

在简单的 MIS 项目中，如果只考虑实现一些简单的数据库增、删、查功能，可能确实不会发现有什么会引起不一致的问题。

在电信企业(移动或电信)的话费管理(计费系统)中，很多年前，电信运营商是不提供“实时”话费查询的。因为话费信息不但涉及如何计算这一通电话应该算多少钱(账务计算方法问题，属账务系统)，而且，该通电话的时长(打了几分几秒)、去向(从哪打到哪)等信息，都存在交换机上，一般是半个月才从交换机上下载到计费系统一次。如果需要随时查询话费，几乎无法实现(这是早期的逻辑架构与物理架构的不对应问题)。

即使实现交换机通话记录实时下载，而不是半个月一次(从运营商的角度看，如果不是为了满足实时查询，实时下载是没有意义的)，那么，因为交换机的通话记录是不断发生的，每天可能有几百上千万条，将它们全部实时(也不可能是来一条记一条，也是批量处理，即也是有时延的，但对用户而言，时延可以忽略不计)记录下来，系统的开销是非常巨大的。因为用户的实时查询需求并不很多，且意义不大。

即使有这样的运营商，将用户奉为绝对的“上帝”，不惜代价地提供“实时”查询功能，那么，如何划分硬盘(数据库)、内存(缓冲区)之间的关系，如何安排通话记录的“滚进滚出”机制和数据块大小、如何进行快速检索，这无疑成为逻辑与物理架构设计之间，实现良好平衡的一个有趣课题。

实际上，上述课题也与6.3节讨论的内容有关。

6.3 电梯控制系统的概要设计与实现

重新回到4.4.5节讨论的电梯控制系统例子，并从子系统划分开始，再次重新设计这个系统。

6.3.1 需求模型中的子系统划分与疑问

4.4.5节采用面向对象的方法，对电梯控制系统进行了OMT需求分析后，得到了一个子系统划分的规划模型(图6-19)。

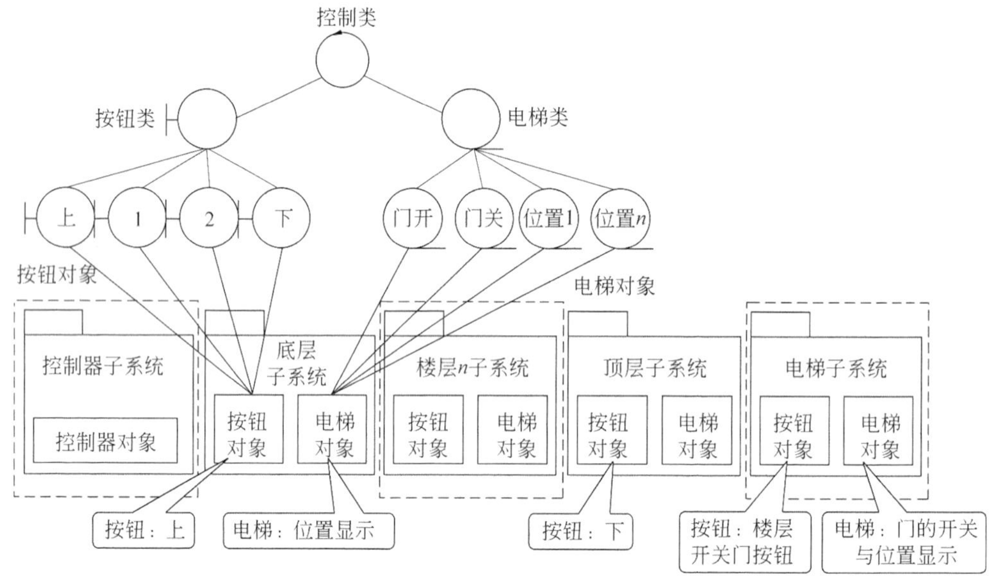

图6-19 需求分析阶段完成的电梯控制系统的逻辑架构与子系统划分

根据需求分析的结果，将电梯控制系统划分为三个子系统，每一个也是满足构成子系统的要素定义：①问题域；②交互(内外)；③数据。

1. 电梯子系统

问题域：升降、门开关。

交互：楼层的位置显示。

数据：无。

2. 按钮子系统

问题域：电梯/楼层按钮。

交互：按下/显示。

数据：无。

3. 控制子系统

问题域：接收/处理请求。

交互：电梯/按钮。

数据：状态、请求队列等。

但是，这样的划分在实际实现的时候，直观上总感觉有些别扭，问题在哪里？

在 4.4.5 节架构师的思考中提出的疑问是：①逻辑架构与物理/运行架构如何对应？②按钮、显示灯、电梯门可以是对象吗？③什么是电梯控制系统中真正的对象？

需求分析和系统架构规划模型是根据对象的特性建立起来的，例如，根据类-责任-协作者(Class Responsibility Collaborator，CRC)模型，寻找和组织类，并把相同或相近的类，组织在一起构成子系统。按照这样的方法，进行需求分析和系统规划并没有错。

但是，如果将这种方法产生的系统规划，直接搬到概要设计阶段，不加修改地作为系统架构设计结果，并编码实现，就会发现有些“错位”。电梯控制系统就是一例。在上述系统中，最直接的别扭就是，谁是电梯控制系统中的真正对象？电梯的门、显示灯、按钮，甚至电梯本身(升降级马达等)如何编程？在计算机看来，它们就只是一个“开关”。

如果不考虑架构设计的实现，或者并不通过编码实现来验证架构设计，架构设计只是画画图而已，可能并不会发现上述疑问。

6.3.2 选择适合电梯控制系统的架构模型

问题出在哪里？

软件架构师在概要设计阶段，与在第 4 章讨论的需求分析和架构规划阶段的视角有很大不同。在系统架构规划阶段，架构师的眼光是从“前(需求模型)”向“后(架构设计)”看，立足于“打算”搭建一个什么样的架构。这时，很多设想是“抽象的”、“理想化的”。而在概要设计阶段，架构师是从“后(架构实现)”往“前(需求模型)”看，立足的是如何运用已有的架构基础(模式、框架和平台)实现架构。这时，任何的设计决策，都必须有切实的技术可行性作为依据。在电梯控制的例子中，就可以很清楚地看出这两张不同的视角所导致的不同结果。

1. 电梯控制系统的物理架构分析

在 4.4.5 节建立电梯控制系统 OMT 需求分析模型并规划电梯控制系统的子系统时，似乎确实考虑了电梯的物理构成，并依此划分出电梯、按钮和控制三个子系统，这是把电梯作了一个物理的“切割”。但是，这样的切割是只看到了电梯的表面特征，当进入到系统概要设计，具体来说，就是进入到对电梯控制系统进行 5 个架构设计的时候，就会发现，这样的切割是不合理的。

先暂不考虑开发架构(从头开始)。

电梯的物理架构是什么样的？图 6-20 是一般电梯的物理与运行架构。

在电梯的物理架构中，关键点是：电梯的所有控制逻辑，都集中在 PLC 控制器（如现在假定采用单片机，取代 PLC）中。如果不考虑远程控制，实际上它是 6.2.4 节所描述的"单机"系统。而按钮、楼层显示、马达驱动等，都是它的外部、无智能的输入或输出设备，是电梯控制器的延伸，如图 6-21 所示。

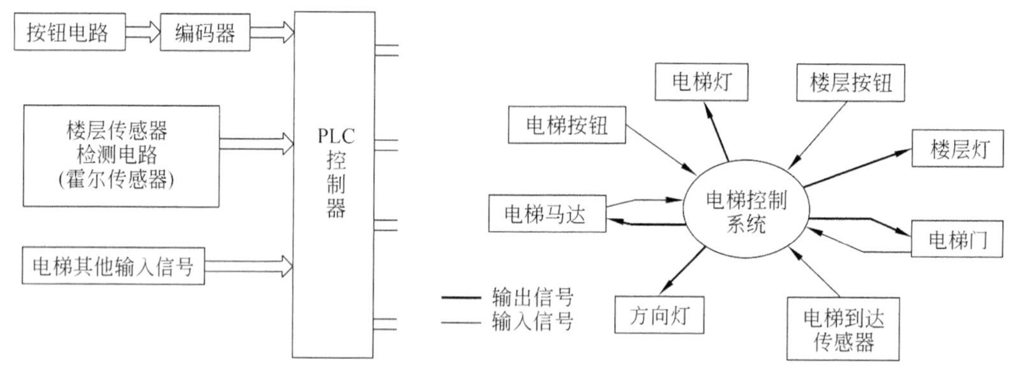

图 6-20　电梯控制系统的物理与运行架构

图 6-21　电梯控制器的延伸

这样的观点，导致在系统物理架构分析的时候，只需要把电梯控制系统看成是控制器一个"点"，按钮等所有外部设备，都是这个"点"的延伸，逻辑上，都可以在这个"点"内，找到它们的"代理"。所谓"代理"，即实际上只要在控制器内，有代表该按钮、信号灯、驱动马达等的"寄存器"，并约定该寄存器存储的信息含义。例如，代表某一楼层是否有上/下请求按钮被按下的寄存器；代表到达楼层层数的寄存器；代表电梯门状态的寄存器等。经电梯控制线，这些外部设备就会自动按照约定，将寄存器所代表的信息，传输至相应的信号灯、马达控制电路，或将按钮是否被按下的信息送到寄存器中。

所以，在电梯控制系统中，将按钮、信息号等作为对象，本质上，是将控制器内的、代表相应按钮、信号灯的寄存器作为对象。

2. 电梯控制系统的逻辑架构分析

在上述分析的基础上，考虑电梯控制的逻辑架构，就必须着眼控制器这个"点"。即必须抛开电梯外部的按钮、信号灯、电梯门等非本质属性对子系统划分的"干扰"，它们只是电梯控制器的一个输入/输出信息源，电梯控制系统是一个属于 6.2.4 节介绍的"单机"系统，子系统的划分应该在这个"点"上考虑。

根据 6.2.4 节提供的参考模型，考虑电梯控制的"层次"结构。按照两个方向分层的设计原则，电梯控制也可以按两个方向进行分层。

（1）是否可以按照展示层、业务层、数据层的方式分层：按照业务分层字面的意思，把按钮、楼层显示等作为展示层，电梯控制作为业务层，电梯的有限数据作为数据层。这样的划分法虽然也可以，但显然看上去十分牵强。

（2）是否可以按照专门、领域、通用的方式分层：电梯控制是一个专用控制器，一般不会考虑设计成一个通用控制器，不但可以控制电梯，还可以去控制其他设备。或在系统的上层，提供通用的控制服务，在系统下层，可以连接不同的被控设备，如 PC 可扩展各种不同的设备。因此,按专门、领域、通用的分层设计,在电梯控制系统中,不是不可以,但显然过于"奢侈"了。

分层结构对电梯控制系统而言,似乎不是划分子系统的好办法,电梯控制系统的分割,应该依据其他更有说服力的因素。

6.3.3 电梯控制子系统划分的关键因素与分离点

没有架构设计需求,就没有架构设计。与软件功能实现不同,软件架构设计有一个显著的特点,就是从某种意义上说,软件设计需求是由架构师自己发现、提出并实现的。实事确实如此。有时,架构师会不顾项目任务时间紧迫,不顾团队人手紧张、甚至不顾用户已经很满足已经实现的功能,而非要无休止地追求"架构优化",似乎有点"自以为是",甚至"自作自受"的味道。

在电梯控制系统中,也是这样。作为架构师,除了电梯控制必须实现的功能,你还发现了什么?

1. 电梯控制系统的关键对象分析

面向对象分析和设计的一个基本指导思想,就是按事物的内在"本质"进行分类,而非仅看外在的行为和功能。仔细分析电梯系统可以发现:在控制器内部,电梯状态、外部请求和运行控制是三个相对独立、相互影响、相互制约的三个关键要素,如图 6-22 所示。

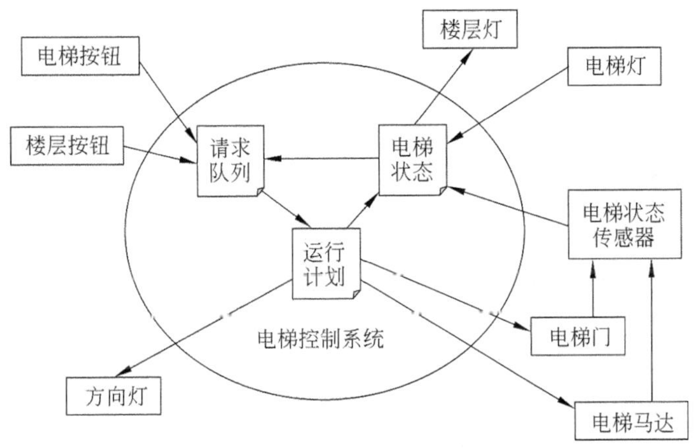

图 6-22 电梯控制系统的真正对象

请求、状态、运行控制这三个要素,分别接收或输出外部(按钮、电梯指示等、电梯门和电梯马达等)信息。三者之间是互动关系。每一个都具有属性(数据)、行为(交互)和功能(特定职责),因此,以请求、状态、运行为对象划分子系统,最为合适。

2. 电梯控制各子系统之间构成状态转换循环

以请求、状态、运行为观察点看电梯运行,电梯首先处在某个"初始(归零)状态",例如,有些电梯规定无请求时,电梯停在一层(或中间某层)。请求达到后,根据若干条件(根据电梯的智能化程度),决定电梯的去向和达到的楼层,并向运行马达发出指令,改变状态,并等待新的请求。电梯就这样在请求、状态、控制三者之间,不断循环,如图 6-23 所示。

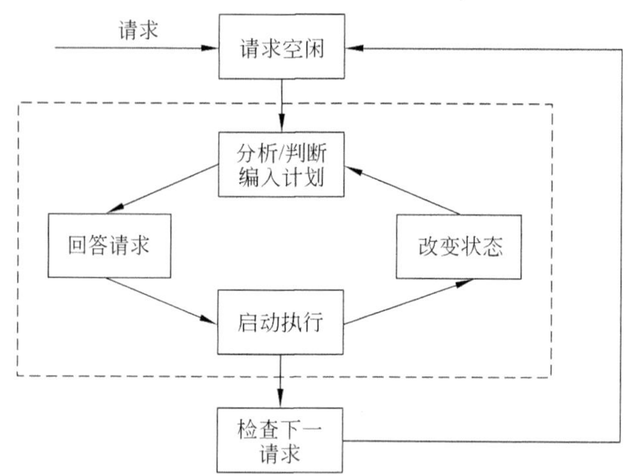

图 6-23 电梯控制子系统之间的交互

实际上,假定如果没有突发事件和外部干预,例如,这是一台"傻瓜"电梯,它同时只能接受一个请求,第二个请求必须在第一个请求完成之后(达到)才能被接受。当然,它也不会处理如单双层、阶段行驶;它只是一台"孤独"的电梯,在电梯间里,即使有其他电梯,也跟它毫无关系,不存在集群调度策略。没有消防控制、应急处理等预设条件。电梯控制系统自己在请求、状态、运行三者之间,形成了三个状态之间的循环转换关系,电梯运行就是永不间断的状态转换。系统的架构就是 6.2.5 节介绍的基于状态转换的系统。

3."智能"电梯控制的关键属性

但是,假定这里控制的不是一台"傻瓜"电梯,而是一个楼群内 108 部、32～108 层以上电梯群。这些电梯群具有以下特性。

1) 分布性

(1) 一台电梯本身的分布性:例如在电梯间,多部电梯使用同一个请求按钮,在电梯轿厢内,则是分别的按钮。

(2) 多台电梯的分布性:多部电梯,分布在楼群的不同位置。

(3) 分布与集中的统一:多台电梯是否采用"集中控制"?哪些是集中的、哪些是分散的?为什么?

2) 实时性

(1) 立即响应请求:多部电梯应允许不同响应等级,从最低到最高。

(2) 状态立即报告、显示:报告对象包括电梯使用者、控制室的管理者、远程安全控制中心等。

(3) 满足等待时间要求:有不同的实时性时间要求。

3) 并发性

(1) 多个电梯、不同楼层、不同去向的并发请求:有人为设置的(如单双号行驶),也有自然形成的(下班时间段下多上少,反之上班时间段上多下少)。

(2) 协同、特殊运行要求的满足:性能、服务质量、运行限制、特殊要求等。

(3) 在运行中、请求处理中,接受请求(优先级)。

(4) 再增加一个因素:电梯安全远程控制。

为电梯控制系统增加了以上条件(严格意义上讲,这些条件并不是无中生有的,如果仅是一台“傻瓜”电梯,实际上,很多真正的电梯控制系统并不需要用计算机来做控制器,只需要采用如图 6-20 所示的 PLC(Programmable Logic Controller,可编程逻辑控制器)控制器就可以了,它的成本和可靠性要比 PC 好得多。PLC 是一种数字运算操作的电子系统,专为在工业环境应用而设计的。它采用一类可编程的存储器,用于其内部存储程序,执行逻辑运算、顺序控制、定时、计数与算术操作等面向用户的指令,并通过数字或模拟式输入/输出控制各种类型的机械或生产过程。

6.3.4 根据实时与并发特性划分子系统

考虑电梯控制的分布、实时和并发特性,以请求、状态、运行控制为主要对象,兼顾系统设计的可扩展性,以满足新的需求,将子系统划分如下。

1. 请求子系统

问题域:接受来自楼层和电梯轿厢内的请求,可以是单独电梯的,也可以是集中式的,甚至是来自控制室人为的临时指令;支持并发、实时的请求。将所有请求按预定规则排序,支持多种排序策略和优先级。接受请求后点亮相应的指示灯,完成请求后熄灭相应的指示灯。

交互:与运行控制交互,提出请求;支持多种请求提交优先等级策略,以提高特殊情况的响应实时性;获得运行状态,熄灭相应的指示灯。

数据:记录请求并按请求到达时间等规则排序,请求已被执行则删去队列中的请求。

扩展:支持楼层安全性扩展,输入选择楼层按钮时,可与客人的房卡号码进行比对验证;支持智能选题提示扩展,在客人选择要去的楼层后,提示可最快达到提供服务的电梯号和预计等待时间等。

2. 状态子系统

问题域:接受来自电梯的运行状态传感器的信息并显示运行方向和到达楼层。

交互:与运行控制交互,接受运行方向和到达楼层指令;接受实际运行状态传感器信息并显示;通知请求队列删除已满足请求。

数据:电梯运行状态。

扩展:暂无。

3. 运行控制子系统

问题域:接受来自请求队列的请求并根据运行状态、调度策略和参考其他因素,决定当前电梯运行方向和到达楼层,向电梯下达运行指令;接受控制室的调度计划、策略和直接扩展指令;允许控制室可视化地编辑、修改和调整当前的调度计划和调度策略。

交互:接收请求和运行状态,根据调度结果,发出运行指令。

数据：记录请求和状态、调度策略、其他信息等。

扩展：有紧急、安全、消防、VIP、运行效率优先、等待优先、省电低耗等多套临时计划和对策；调度策略和计划可预定和临时取消；支持当前运行状态评价并提示更换调度策略(例如，上班时间段改为正常时间段)；可设置电梯运行参数，模拟演示预定的计划并根据效果修改；开放一定的权限，支持远程访问和控制；支持远程报警和预警；支持神经网络、多目标规划等高级排队策略。

在电梯控制系统实际运行架构中，上述三个子系统实际上对应三个(组)并发的进程，各自独立并相互联系。

在这样的划分之下，确定了各子系统之间的任务责任、连接方式和协同关系。而按钮、显示灯、门、马达模块等，都分别归属各自对象，成为其内部数据(逻辑)或外部执行模块(物理)。

在电梯控制职能化和未来可灵活扩展的考虑下，这样的划分把握了系统的关注点和分离点，职责界限明晰，修改和扩展方便。

6.3.5 将逻辑子系统与物理子系统对应起来

根据电梯控制系统逻辑架构设计，将规划好的逻辑架构与实际物理架构对应起来看，发现还是有需要修改、调整的地方。

如 6.3.2 节介绍，电梯控制系统的物理架构是比较简单的，即使增加了很多部电梯，并要求按电梯群的情况进行智能控制，其物理架构也没有变得太复杂，甚至控制器还是只需要一台“单机”就可以了。

与图 6-22 的分析不同的是，实现方案将电梯门、电梯马达等理论上应属于运行控制对象的外部模块，交给电梯状态这样的对象去管理。因为这样做的好处是：运行状态对象成为执行命令、获得状态的统一子系统；控制对象成为完全智能化的分析、计划、指挥子系统。所以，在实现的逻辑与物理架构(图 6-24)上，原电梯状态对象改为电梯运行、电梯运行计划对象改为调度控制对象，这更能体现它们的职责和分工。同时，简化了原有三者的相互联系(主要是电梯马达、电梯门与计划、状态对象之间的多重关系)，使得三个对象

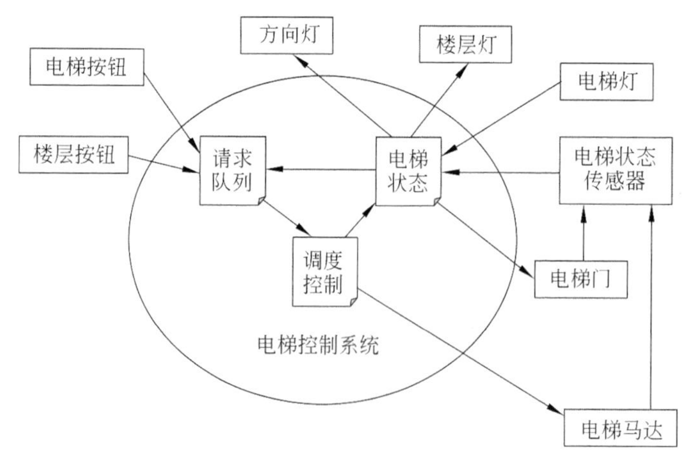

图 6-24 电梯控制系统的逻辑与物理架构

之间的内聚加强,耦合更松了。将来如果需要,将这三个部分分拆开来成为三个独立的控制模块,由于相互的耦合是比较松的,所以也很容易实现。

这样的改变,只有将逻辑与物理架构实际对应起来,才会发现,如果只就逻辑而言,并不会明显地感到需要做这样的调整。这是架构设计需要面向实现的又一个例证。

6.3.6 电梯控制系统的实现与测试验收

如图 6-25 所示,纽约的帝国大厦(Empire State Building)共 102 层,1930 年动工,1931 年落成。“9·11”恐怖袭击事件后,帝国大厦重新成为纽约最高的建筑。帝国大厦拥有许多世界之最,包括:安装了 73 部电梯,电梯速度高达每分钟 427m。

图 6-25 纽约的帝国大厦

帝国大厦的电梯控制可能需要:

(1) 并发性问题,73 部不同等级的电梯同时运作。

① 请求的并发/运行的并发;

② 一体化运作管理;

③ 协调动作;

④ 运行过程中管理。

(2) 分布式的问题,多部电梯(73 部电梯)分布控制。

① 统一控制/分布控制;

② 统一的负担(响应速度/排序/队列);

③ 分布的协调(状态/通信);

④ 智能化(优先级/择优)。

(3) 实时性,实时响应用户的需求。

① 实时是几时?

② 消防电梯:紧急疏散。

③ VIP 电梯：专用通道。

④ 实时应对紧急情况、故障。

⑤ 绕开故障区。

(4) 安全/私密性。

① 电梯也有保密要求？

② 在有些酒店，没有房卡是不能启动电梯的。

③ 房卡进一步的作用。

以下是电梯控制系统部分实现的结果展示(部分学生完成作业)。

1. 用例图

电梯控制系统的用例图如图 6-26 所示。

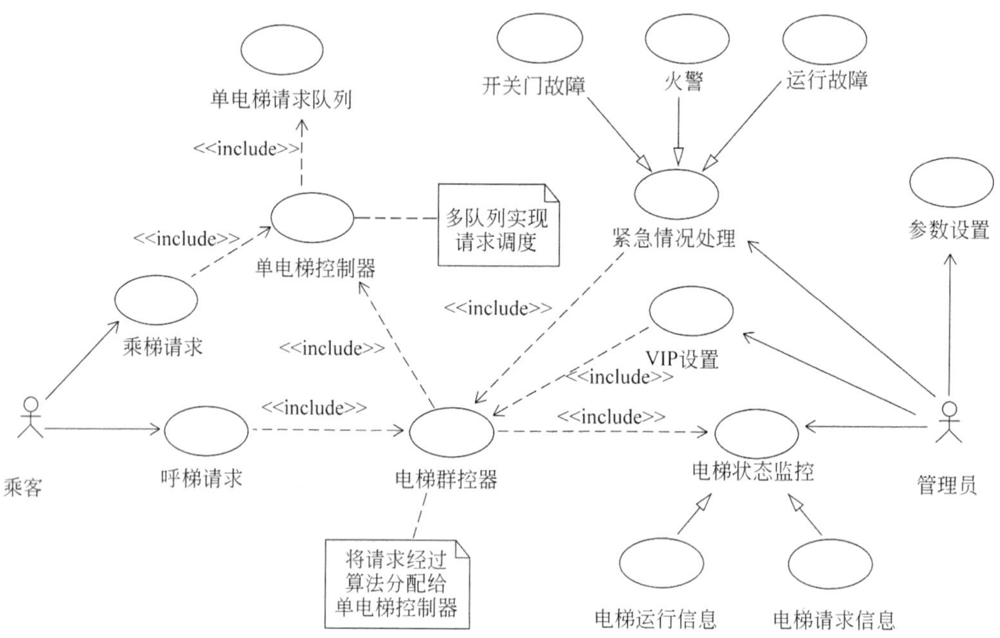

图 6-26　电梯控制系统的用例图

这是一张总体的用例图，基本涵盖了提出的需求，但每个需求还可以细化。

2. 逻辑架构图

电梯控制系统的逻辑架构图如图 6-27 所示。

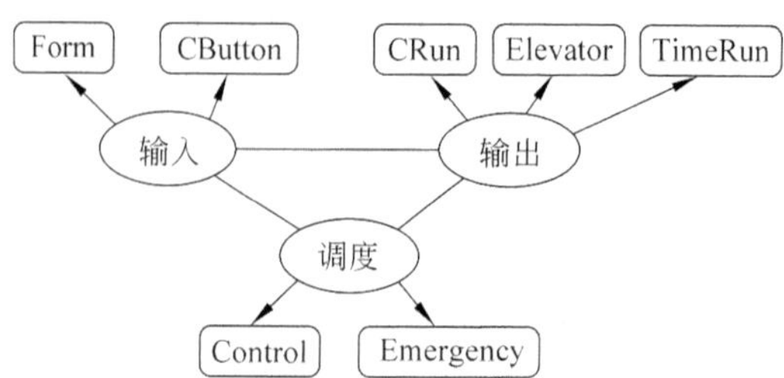

图 6-27　电梯控制系统的逻辑架构图

该逻辑架构图是编码实现了的系统架构，与图 6-26 的设计规划是基本一致的。

3. 类图

图 6-28 是具体实现该逻辑架构的类图。

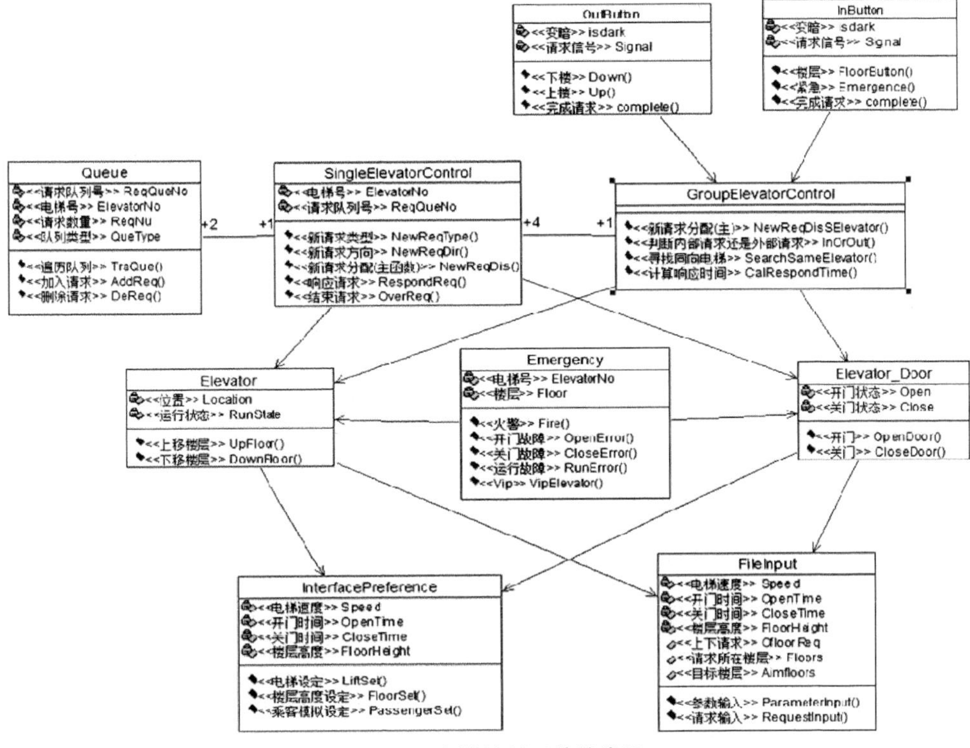

图 6-28　电梯控制系统的类图

4. 逆向生成的逻辑架构图

图 6-29 是采用 VS 2010 逆向生成工具，从代码获得的逻辑架构图。从该图可以验证实际代码是否按逻辑架构设计的要求来实现。

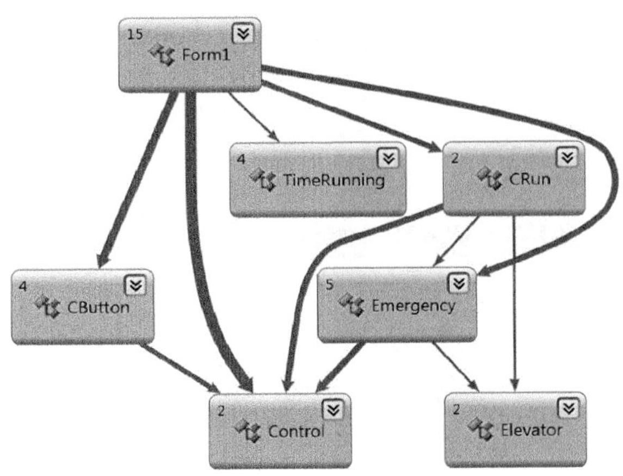

图 6-29　使用 VS 2010 反向获得的类图

从图中可以看到，最后实现代码基本遵循了逻辑架构的设计思想。

5. 电梯控制模拟仿真运行界面效果图

电梯控制模拟仿真运行界面如图 6-30 所示。

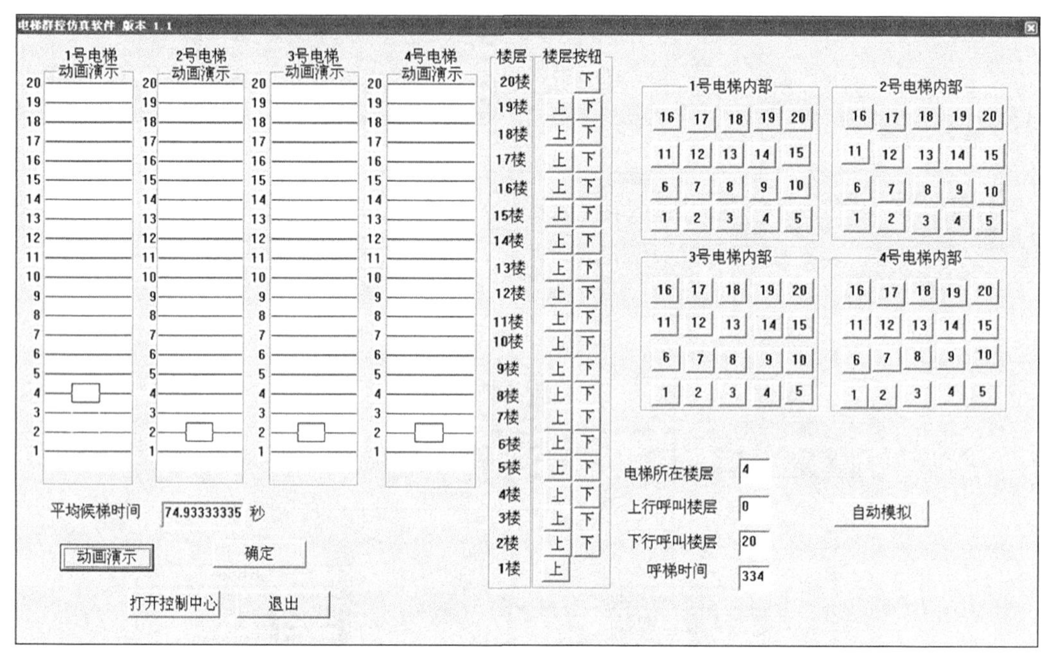

图 6-30 电梯控制模拟仿真运行界面

6. 控制中心界面效果图

控制中心界面效果图如图 6-31 所示。

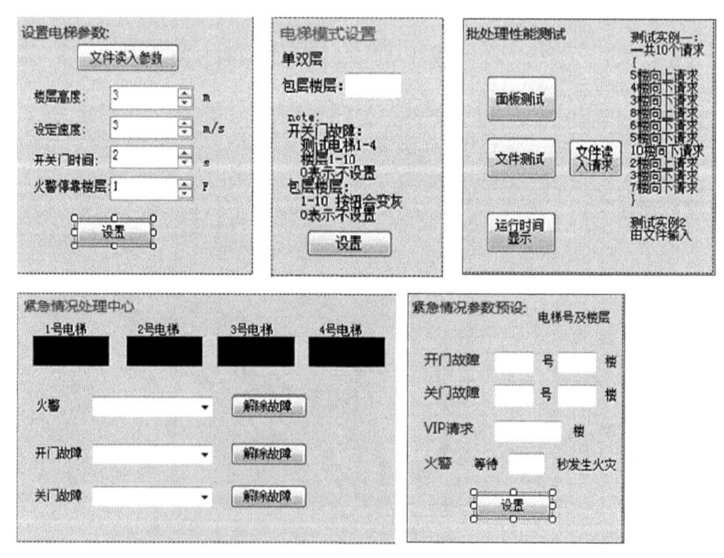

图 6-31 控制中心的模拟仿真界面

7. 智能电梯控制系统实现的功能测试验收

为了实际测试项目需求的实现情况，设计以下条件，测试验收同学们的项目。

1）功能测试验收

（1）接受请求（测试输入：单步、多步）

① 单电梯：单请求、多请求。

② 单电梯、多电梯最大请求下的运行性能（运行参数固定）。

③ 多电梯：有运行限制情况下、多请求。

④ 多电梯：人工临时、预约改变运行配置和计划。

⑤ 多电梯：特殊请求（火警）自动和人工处理。

⑥ 外部远程控制：自定。

（2）调度计划（核心）

① 配置设置：楼层数、电梯数、运行参数、模拟运行/等待时间等调度规则。

② 调度策略：按调度规则、按不同条件优先、按临时情况/预约情况运行等。

（3）运行、反映状态改变（测试输出模拟/功能）

准确反映请求和调度计划的执行。

2）性能测试验收

（1）假定电梯运行参数。

① 总电梯数：7 部

② 总楼层数：32 层

③ 最大电梯承载人数：11 人

④ 每运行一层的时间：100ms

⑤ 开门/关门时间：100ms

⑥ 每上/下一人的时间：100ms

（2）接受请求：读取老师给出的请求书（按时间、优先级、情况排序的多个请求）。

（3）测试 1：多电梯最大请求下的运行性能。

（4）测试 2：在相同电梯配置参数下的时间最优/效率最优运行性能。

（5）测试 3：应急处理能力。

（6）测试 4：应变能力。

3）需求变更测试

电梯系统的远程控制：

（1）有另一台 PC 为远程控制器，实现远程控制。

（2）控制什么？如何控制？自己设定、实现。

6.3.7 电梯控制系统概要设计效果的检验

通过电梯控制系统的概要设计，特别是通过从需求分析开始，到逻辑架构规划、系统概要设计的子系统设计，直到代码实现，可以看到：在子系统设计中，最关键的是识别系统设计的关键架构设计需求。在电梯控制系统案例中，关键需求不是电梯的功能，也不是电梯采用什么样的层次架构，而是电梯控制中的分布、实时、并发特性。这是设计和划分系统的关键，也是以后代码实现、运行、维护、扩展的关键。

这些设计关键，不是嘴上说说，或者在设计方案中胡乱自吹的，是要通过实际检验的。

1. 架构设计效果的检验点

如果不考虑分布、实时和并发特性，采用 PLC 就可以非常简单地实现电梯控制逻辑，实际上也确实是这么做的，如果是仅仅这个要求，有什么必要进行面向对象的分析和设计呢？PLC 没有面向对象的概念，有的只是线性逻辑与外部接口。PLC 只能控制简单的设备，不能实现对大型、复杂逻辑、多系统的协调功能，它只能运用并局限在"工业控制"这个层面上，不能上升到复杂系统控制的层次。前者编码工程师就可以完成，后者需要架构师进行设计。

2. 架构设计效果的检验方法

从最后实现的系统来看，特别是通过包含分布、并发、实时因素的最终测试(其实测试就是有意要验证上述特性)，可以看到系统架构对这些因素的支持程度。

特别是当需求发生变化的时候，项目团队可以用多快的时间、多少修改的工作量，来实现需求变更，或者是根本不可能实现，这就是架构设计效果的体现。

这里仅讨论了电梯控制系统架构设计的检验，有关架构设计的评审、验证，将在第 9 章中详细介绍。

6.4 实践与思考

6.4.1 实践题

1. 下载本章讨论的电梯控制系统代码，并将其运行起来。
2. 分析并验证一下这个电梯控制系统的架构。
3. 分别针对请求、状态、调度三个子系统，研究一下三者之间的状态转换关系。
4. 向这个系统添加一点新的功能。

6.4.2 思考题

1. 尽量详细地画出电梯控制系统的架构图。
2. 描述各子系统的主要责任和功能、子系统相互之间的协同与联系。
3. 在已有的三个子系统之间，当发生竞争的时候，是如何进行"仲裁"的，依据什么进行仲裁。
4. 是否还可以提出另一种与上述划分方法不同的子系统划分方法，说明不同的理由，优劣是什么。

CHAPTER

第 7 章 基于接口、组件和 SOA 的架构设计与实现

本章导读

本章是第 6 章的继续和深入，在划分了子系统之后，系统架构设计将涉及一系列更加具体和复杂的设计课题，包括选择采用哪种设计模式、如何基于组件进行开发、设计什么样的接口来实现连接等。

按照一般软件工程过程的定义，接口设计是架构设计中，子系统划分之后的下一个任务。实际上，通过本章的学习可以看到，接口问题无处不在。设计模式、组件、SOA，无一不依赖接口。即使是高度抽象的 SOA，也还是要依据统一的接口（COM/DCOM 等），才能实现服务的访问和提供。因此，接口的重要，就如“接口”二字本身一样，成为系统架构各环节的“进口”。

设计模式、组件、SOA 等，是面向对象技术出现以后，在架构设计方面出现的最主要的技术成果和进展，也代表了未来的发展趋势。从战略上来看，设计模式、组件、SOA 等技术的实现，都是可以解决的。架构设计的时候，战术选择上，是选这个好，还是选哪个更合适，而不是可行与否的问题。换句话说，对于架构师而言，可行性不是问题。但对于学生而言，这些都是问题。因为从来没有见过、从来没有用过，那就根本谈不上选择。就好像有人在一家大饭店请客，问：今天打算品尝点什么？如果问美食家，他可能会考虑一下，当地的特产啊，这家饭店的特色啊，等等，给出一个选择。对于一个还没有解决温饱的人，吃什么都行，都是美食，只求越快越好。

本章在兼顾架构设计需要和学生实际情况的基础上，从接口设计和体验开始，一边介绍基本概念，一边通过实际案例的分析和动手实践，让学生逐步体会这些略显抽象的架构设计环节。读者可以先看概念介绍，对有关内容有一个初步的了解，然后再跟着案例，自己动手做一做，体会一下案例所带来的相关体验，再回过头去温习一下概念，相信会有比较深的体会和认识。

7.1 接口设计与实现

如第1章有关软件架构的定义所述，软件架构是一系列直接构成系统的抽象组件的组合。各个组件之间的连接(组合方式)，通常称为组件之间的通信，以及通信协议(连接关系)。在实现阶段，这些抽象组件被细化为实际的代码，比如某个具体的类或对象。在面向对象领域中，组件(类)之间的连接，通常采用接口的方式来实现。

《Rational 统一过程(RUP)实践者指南》说，软件架构师的工作是：①确定系统需要哪些最重要的组成部分和它们的接口，以及做出创建、购买或是重用这些组成部分的决定；②描述这些组成部分在运作时如何交互来实现系统中最重要的脚本；③实现并测试系统架构的原型，以验证架构是否可行、是否化解了重大风险，以及验证它是否达到了重要的质量指标：性能、可扩展性和成本等。显然，这样的开发模式，是典型的基于架构和组件的。

可见，在初步确定了系统的组成(子系统、包、组件)之后，如何将它们连接起来，在面向对象的系统设计中，常用的连接方式，就是接口。

7.1.1 接口的基本概念

1. 因限制而生的接口

在C++中，一个类被允许继承多个类。但是在Java、C#等语言中，多继承不被允许。这样，如果想继承多个类时便非常困难。为了实现多重继承，接口就出现了。

在一个接口内，允许包含变量、常量等一个类的属性可以包含的基本内容。但是，接口中的方法不允许有具体的代码。和C++里的抽象类中的纯虚函数相同，接口中的方法类似虚函数，接口也就类似于抽象类。这就意味着，接口不能被实例化，不能把程序入口放到接口里。

这样设计的目的，使接口专门被用来继承。接口存在的意义也是被继承。不能被实例化。为此，考察一下抽象类与接口各自在实现上的差异，就会比较容易理解。

2. 抽象类与虚函数

考虑一个在图形应用程序中，Shape是一个表示所有几何图形(如矩形、三角形、圆形等)的基类：

```
class Shape {                                   //创建抽象类
public:
virtual void draw() const=0;                    //定义虚函数 1
virtual void error(const string& msg);          //定义虚函数 2
int objectID() const;                           //定义函数 3
⋮
};
class Rectangle: public Shape {…};              //创建继承 Shape 的类 Rectangle
class Ellipse: public Shape {…};                //创建继承 Shape 的类 Ellipse
```

Shape 是一个抽象类(abstract class),它的函数定义的 virtual 关键字,表明了这一点。抽象类中,只要有一个抽象方法,此类就被标记为抽象类。实际上抽象类除了被继承之外没有其他任何意义。作为抽象类,客户不能创建 Shape 类的实例,只能创建继承它的 Rectangle 或 Ellipse 类的实例。但是,Shape 对所有继承它的类,施加了非常强大的影响,因为对一个基类来说,它的任何属性和方法,对于它的派生类,也自然拥有。因此,如果一个函数适用于一个类,它也一定适用于它的派生类。

Shape 类中声明了三个函数。第一个 draw:意思是在一个显示设备上画出当前对象,具体画出什么图形,视当前对象而定。"=0"的描述还指明,它是一个纯虚函数,是没有定义具体实现成员的函数,实际上,它是一个接口。第二个 error,如果调用函数需要报告一个错误,就调用它。第三个 objectID,返回当前对象的唯一整型标识符。

纯虚函数的两个最显著的特性是,抽象类中不能有它们的定义,它们必须被任何继承它们的具体类重新声明。把这两个特性加在一起,就是:声明一个纯虚函数的目的,是要派生类必须继承一个函数接口。

这就使得调用 Shape 的 draw 函数具有了完整的意义,因为它要求所有的 Shape 对象(具体图形),必须是合情合理的、能够画出来的图形。但是 Shape 类本身并不为这个函数提供一个合乎情理的默认的实现。例如,画一个椭圆的算法和画一个矩形的算法是非常不同的,Shape 的 draw 函数声明告诉具体派生类的设计者:"你必须提供一个实现画某一图形功能的 draw 函数,但是我对于你如何实现它,不发表意见"。

上述特性实际上是面向对象的抽象类或者说虚函数的作用,这个作用就是,把虚函数当成接口。

3. 接口定义与实现

定义接口的关键字是 interface,例如:

```
public interface MyInterface{
public void add(int x,int y);                //接口中定义的方法 1
public void volume(int x,int y,int z);       //接口中定义的方法 2
}
```

继承接口的关键字是 implements,相当于继承类的 extends。

需要注意的是,当继承一个接口时,接口里的所有函数必须全部被覆盖。例如:

```
class Demo implements MyInterface{
public void add(int x,int y){                //实现接口中定义的方法 1
system.out.println(" "+(x+y));               //真正方法 1 的实现函数
}
public void volume(int x,int y,int z){       //实现接口中定义的方法 2
system.out.println(" "+(x*y*z));             //真正方法 2 的实现函数
}
public static void main(String args[]){      //使用接口
Demo d=new Demo();                         //创建实现类 Demo 的对象(实例化),而不是接口类
d.add(10,20);   d.volume(10,10,10);          //调用方法 1 和方法 2
```

```
    }
}
```

输出结果：

```
30
1000
```

由此可见，接口只包含方法、委托或事件的签名。方法的实现是在实现接口的类中完成的。

仅从抽象类的虚函数和接口的上述实现中，可以看出抽象类与接口的一些区别。

4. 接口与抽象类的区别

抽象类和接口代表的都是抽象类型，即将某些东西提高到抽象层来进行表现。面向对象的编程，如果要提高程序的复用率，增加程序的可维护性、可扩展性，就必须是面向接口、面向抽象的编程。正确地使用接口、抽象类，并将抽象类型作为结构层次上的顶层，将发挥极大的作用。

两种方法都可以实现接口，但是，差异还是很明显的。

(1) 接口是公开(public)的，里面不能有私有的方法或变量，它是用于让别人使用的。实现接口的类，一定要实现接口中定义的所有方法。而抽象类是可以有私有方法或私有变量的，实现抽象类可以有选择地重写需要用到的方法，但是必须实现里面所有的抽象方法。

(2) 抽象类在 Java 语言中表示的是一种继承关系，一个类只能使用一次继承关系。但是，一个类却可以实现多个接口(这是 Java 中实现多重继承的方法之一)。

(3) 抽象类中可以有自己的数据成员，也可以有非 abstract 的成员方法。而在接口中，只能够有静态的、不能被修改的数据成员(也就是必须是 static final 的，不过在 interface 中一般不定义数据成员)，而且所有的成员方法都是抽象的。

(4) 抽象类和接口所反映出的设计理念不同。其实 abstract class 表示的是“is-a”关系，interface 表示的是“like-a”关系。(组合是“has a”关系。)

(5) 接口中定义的变量默认是 public static final 型，且必须给其初值，所以实现类中不能重新定义，也不能改变其值。抽象类中的变量默认是 friendly 型，其值可以在子类中重新定义，也可以重新赋值。

(6) Java 抽象类可以提供某些方法的部分实现，而 Java 接口不可以，这大概就是 Java 抽象类唯一的优点，但这个优点非常有用。如果向一个抽象类里加入一个新的具体方法时，那么它所有的子类都一下子都得到了这个新方法，而 Java 接口做不到这一点，如果向一个 Java 接口里加入一个新方法，所有实现这个接口的类就无法成功通过编译了，因为必须让每一个实现类都再添加实现这个方法的代码才行，这显然是 Java 接口的缺点。

(7) 一个抽象类的实现只能由这个抽象类的子类给出，也就是说，这个实现处在抽象类所定义出的继承的等级结构中，而由于 Java 语言的单继承性，所以抽象类作为类型定义工具的效能大打折扣。在这一点上，Java 接口的优势就出来了，任何一个实现了一个

Java接口所规定的方法的类,都可以具有这个接口的类型,而一个类可以实现任意多个Java接口,从而这个类就有了多种类型。

在一般的应用系统中,放在最顶层的是接口,然后是抽象类的实现接口(如果需要),最后才到具体类实现。在下面的例子中,可以看到很多都是这样设计的,为什么要做这样的安排?

其实接口是抽象类的延伸,也可以将它看作是逻辑抽象程度更高、更纯粹的抽象类,就是说接口比抽象类还抽象。因为,在架构师眼中,接口提供的是灵活的模块间的连接,而抽象类提供的则是灵活的模块实现。模块间的连接是否比模块实现抽象程度要高?因此,从这个角度看,就可以理解为什么接口成为基于架构的软件开发的重要基础和设计模式,而不只是模块之间的连接方法。

7.1.2 抽象类继承与接口继承

1. 继承的多态性实现

面向对象的一个重要特点就是类的继承:一个派生类可以有一个父类,也只能有一个父类。但一个父类可以有多个子类,这就是继承的表现:多态性(与人的生物特性相似)。

当一个父类有多个子类时,在子类里,可以重写父类的方法(例如,在下例的方法中添加print()语句)。这样,每个子类中重写的代码不一样,自然最终表现出的形式就不一样(一个父亲有不同个性的儿子)。这样用父类的变量去引用不同的子类,在调用这个相同的方法的时候,得到的结果和表现形式就不一样了,这就是多态,相同的消息调用,会有不同的结果。

例如,父类代码:

```
public class Father{                                    //父类
    public void hitChild(){//父类有一个打孩子方法}
}
```

子类1代码:

```
public class Son1 extends Father{                       //子类1
    public void hitChild(){                              //重写父类打孩子方法
    System.out.println("为什么打我?我做错什么了!");}    //添加print
}
```

子类2代码:

```
public class Son2 extends Father{                       //子类2
  public void hitChild(){                                //重写父类打孩子方法
  System.out.println("我知道错了,别打了!");}            //添加另一种print
}
```

子类3代码:

```
public class Son3 extends Father{                                //子类 3
  public void hitChild(){                                        //重写父类打孩子方法
  System.out.println("我跑,你打不着!");}                           //第三种 print
}
//测试类
public class Test{
  public static void main(String args[]){
    Father father;
switch(args[])
{
    case"1": {father=new Son1(); father.hitChild();};
    case"2": {father=new Son2();father.hitChild();};
    case"3": {father=new Son3();father.hitChild();};
}
```

都调用了相同的父类的打孩子方法，但根据参数不同，得到孩子的各种不同回答，出现了不同的结果，这就是多态的表现。

上述例子的类图如图 7-1 所示。

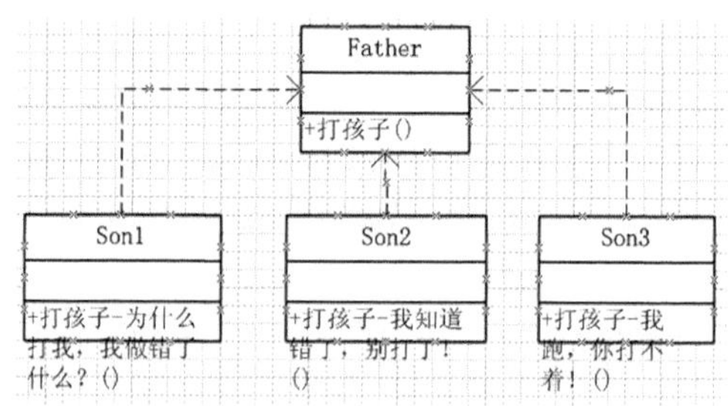

图 7-1 继承多态性例子的类图

2. 多态性的用处

继承的多态性可用于在不修改原代码的前提下，对原有功能进行修改。旧代码仍然可用，但又有了修改后的新功能。

继续使用上面的例子。在上面例子中的子类 Son1、Son2、Son3，称为一代子类。

现在，如果觉得一代 Son1 的功能(打孩子)，也是父类方法打孩子()里边的功能还不够，还需要继续添加，那么可以再写一个新的、称为二代子类的 Son11。二代子类继承自一代子类 Son1，并重写其 hitChild()方法。保持父类、一代子类的代码都不变。这就好像"打补丁"一样，一代代打下去。

二代子类的代码：

```
public class Son11 extends Son1{                                 //二代子类继承自一代子类
    public void hitChild(){                                      //重写父类打孩子方法
    System.out.println("打孩子终究不是好的教育方法");}
}
```

这样，就实现了父类、一代子类代码统统保留，通过修改添加二代子类，实现了新的需求。当然，这些都需要很好地规划，否则，系统中类的“补丁”将越来越多、层次越来越深，结构越来越复杂，是不利于系统维护的。

3. 用接口实现多继承

Java 中没有多继承，而用接口实现了多继承——一个类可以同时实现多个接口（就相当于 C++ 里一个类同时继承了多个类）。

接口有利于代码功能的扩展（从不同的父类中，得到增加新的功能），而继承则有利于代码功能的修改（在实现的时候，把旧功能改成新的功能）。这里旧功能的修改和新功能的增加前提是不修改旧的功能，旧的功能仍然可以使用，旧类的代码也不做修改。

还是继续用上面的子类，改用接口，实现增加新的功能。

类 Son1 已经有了“打孩子”功能，而现在他知道，打孩子是不解决问题的。所以还想尝试新的功能，他又走到了另一个极端——“宠孩子”，而最后，还是认识到应该用“科学养育”的方法培养教育孩子。

如图 7-2 所示，Father1、Father2、Father3 是派生类 Son 的多个不同的父类，分别采用打孩子、宠孩子和科学养育孩子的教育方法。为实现多重继承，添加一个接口 Son。接口实现类继承了 Father1、Father2、Father3 各自的“教育”方法。

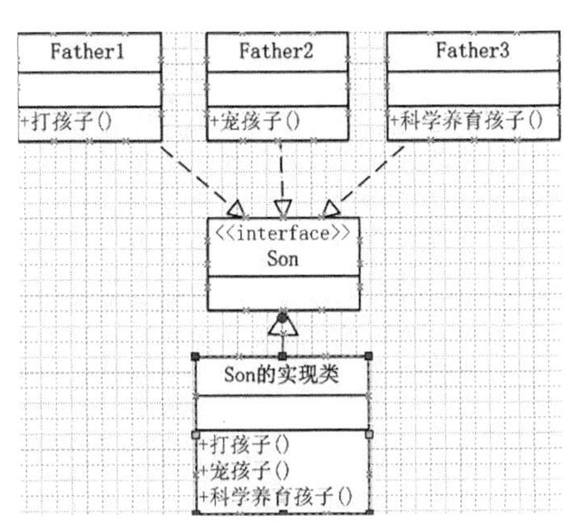

图 7-2 多继承的类图

多继承的类图如图 7-2 所示。

添加接口的代码：

```
public interface Son Father1,Father2,Father3{
                                        //类 Son 同时继承 Father1、Father2、Father3 等
    public void 打孩子 ();                  //继承自 Father1 的方法
    public void 宠孩子 ();                  //继承自 Father2 的方法
    public void 科学养育孩子 ();             //继承自 Father3 的方法
}
```

接口实现类的代码：

```
    public class SonImlp implements Son{    //接口实现类
    public void 打孩子 ();                  //继承自 Father1 的方法
    public void 宠孩子 ();                  //继承自 Father2 的方法
    public void 科学养育孩子 ();             //继承自 Father3 的方法
}
```

子类 1 代码：

```
public class Son1 extends SonImpl{          //子类 1,继承自 SonImpl,部分继承
```

```
    public void 打孩子{                                //重写父类打孩子方法
    System.out.println("为什么打我 我做错什么了！");   //添加
}
```

Son1 继承 SonImpl，是标准的类继承，因此，可以部分继承父类的方法。这样可以写出 Son1～SonX 的若干个子类，分别继承 Father1、Father2、Father3 的各种情况，并添加自己的情况(回答)，由此得到很多种情况组合。在 test 代码中，case 的情况也相应增加。

实现的类图如图 7-3 所示。

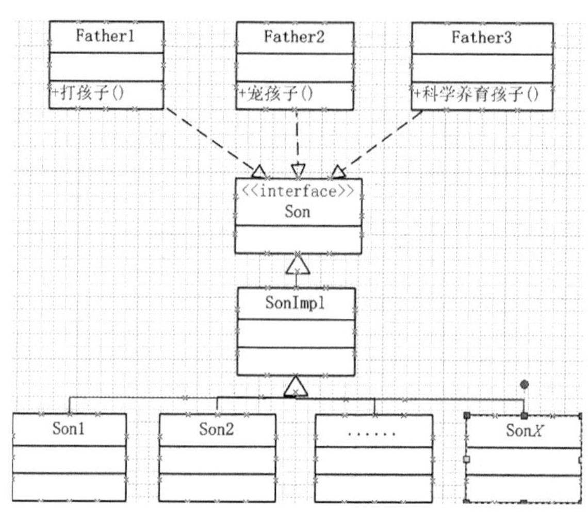

图 7-3　多继承的类图

在这个例子中可以看到，接口帮助 Son 实现了多重继承。如果不是使用接口，而是采用面向过程的方法，也就是直接为每个 Son1～SonX 修改代码，添加新的"教育模式"，那工作量是巨大的。

7.1.3　面向接口编程与面向接口设计

7.1.2 节简单演示了从编程角度，如何实现抽象类和接口。

实际上，自从出现接口的概念之后，接口本身已经从面向对象编程语言克服不能多继承而产生的一种编程技术，发展成为一种系统架构方法中，一种更抽象、更独立的设计模式。

1. 接口成为某些事物的逻辑抽象

在架构师眼中，接口不单单是类的一种扩展的继承方法，而把它提升为一组规则的集合，接口代表了一组大家共同遵守的规则，这样才能通过接口实现连接。例如，RS232 是串口通信的接口，它是物理、电气、通信协议等一系列规则的集合。RS232 接口规定了通过它进行串口通信的接口约定，而不管通过此接口的物理设备具体实现的功能是什么。接口体现的是：如果采用此接口，就必须遵守的约定。例如，如果是 RS232 接口，那么就必须是 15 针、5V 电平、脚 2 是信号接收、脚 3 是信号发送等。否则，就不是 RS232，也不能与其他符合 RS232 接口标准的设备进行通信。

这里也体现了面向对象的思想。面向对象思想的核心之一，就是模拟对真实世界的抽象思维，把真实世界中的事物抽象成类，整个程序靠各个类的实例互相通信、互相协作完成系统功能，这非常符合真实世界的运行状况，也是面向对象思想的精髓。

接口就是某些同类事物(类)的抽象，接口约定了代表这些类的一些可提供给外部访问的特性，而这些类的内部属性和具体实现细节，外部不关心。

与抽象类一样，接口所处的位置不同，其代表的抽象事务的颗粒度也不同。这与自然界中人与动物、动物与植物、有生命与无生命、有机与无机等抽象层次不断上升，有些类似。

2. 接口抽象的意义

在系统架构设计中，完成系统子系统划分，得到不同的子系统定义，明确了各子系统的任务和责任之后，如何建立各子系统的连接，并实现基于各自责任的交互，就需要考虑连接方式。

在子系统连接方式中，例如，层次系统中上下层之间连接的具体实现方式中，底层(服务实现层)不是直接向其上层(应用请求层)提供服务(即不是直接在上层实例化底层的实现类，然后调用其方法)，而是通过定义一组接口，仅向上层暴露其接口功能，上层对于下层仅仅是接口依赖，而不依赖具体实现类的代码。

这样做的好处是显而易见的，首先对系统灵活性大有好处。当下层需要改变时，只要接口及接口功能不变，则上层不用做任何修改。甚至可以在不改动上层代码时将下层整个替换掉，就像在计算机中，将一个 60GB 的数据硬盘换成一个 160GB 的硬盘，计算机本身，不用做任何改动，只要把原硬盘拔下来插上新硬盘就行了，因为计算机其他硬件和软件不依赖具体硬盘的大小，硬盘的使用，包括更换，只依赖一个 IDE 接口，只要硬盘实现了这个接口，就可以灵活替换。(当然，如果是系统盘，则可能有些问题，思考一下为什么?是不是也是“接口”有问题?)

其实，系统架构设计的思想，就是希望软件系统中的那些组件的使用，也能够像硬件一样，达到“即插即用”，所以才选择了接口(interface)这个词。

使用接口的另一个好处就是，不同部件或层次的开发人员可以并行开工，就像制造硬盘的不用等制造 CPU 的，也不用等制造显示器的，只要接口一致，设计合理，完全可以进行并行开发，从而提高了效率。

3. 面向编程和面向设计的接口

由此可见，接口的发展已经从单纯的一种突破多继承限制，也就是面向对象语言中的“接口”编程方法(一种具体的代码实现方式)，发展成为软件架构设计中的一种屏蔽下层细节的设计模式。

面向编程的“接口”和面向设计的“接口”概念，既相互区别又相互联系。首先，在具体代码实现上，两个接口只有一套相同的代码，是一回事。不论目的和出发点是什么，在 Java/C# 等语言中，都是用 interface 关键字来说明的一段代码。

而从使用者的不同角度和目的看，“面向接口设计”的接口，是一种在架构设计层面，为了实现多态性、提高软件灵活性和可维护性的架构部件，使用该部件，实现子系统连接。

而“面向编程的接口”则是其具体的编程实现，是将这种架构设计思想具体实施到代码里的手段。

4. 关于抽象类与接口的区别

前面谈到，接口与抽象类非常相似。接口的作用很像抽象类，接口实现的功能，使用抽象类也能实现，那么，除可多重继承外，抽象类似乎完全能取代接口，接口似乎是多余的了？

实际上，在前面已经对抽象类与接口的区别进行了分析。虽然上述的分析更多的是站在编程的角度。

从架构师的角度看问题，如果考虑的是系统架构中模块之间的连接，应考虑采用接口。在这里，接口成为某一组事务(如层次架构中的上下层)的代表，是该组事务与外部交互的通道和接口，如同一个国家的驻外大使馆。如果是具体代码实现，则可以用抽象类。在抽象类中，更多地反映该类事务的特定属性和行为，并可以通过派生类不断补充、变化和发展。而接口则无此功能。接口中也有具体实现类的属性表现，如同大使馆中也有文化参赞、商务参赞或武官等，但这些参赞和武官只是一个联系的接口，他们自己并不从事任何具体的文化、商务和军事活动。

接口的概念比较抽象，7.1.4 节将通过一个例子，来进一步体会。

7.1.4 面向接口设计的实现案例与分析

通过上述的讨论，对接口有了一个大致的了解。接下来将用一个例子，让大家对接口在架构设计中的作用，特别是所谓面向接口设计的思想，有一个更直观的印象。

1. 问题的提出

功能需求：现在要开发一个针对移动存储设备的模拟读写系统，系统可与 U 盘、MP3、移动硬盘等移动设备进行数据交换。

可扩展性：目前已知要实现的应用系统可以读写 U 盘、MP3 播放器、移动硬盘三种移动存储设备，要求应用系统在能同这三种设备进行数据交换的同时，针对以后可能会出现的、新的移动存储设备，必须具有可扩展性。能与目前未知而以后可能会出现的存储设备进行数据交换。

技术条件：各个存储设备间读、写的实现方法不同，U 盘和移动硬盘只有读和写两个方法，MP3 播放器除了读写之外，还应有一个 PlayMusic 方法。

2. 解决方案

(1) 方案一：分别定义 FlashDisk、MP3Player、MobileHardDisk 三个类，实现各自的 Read 和 Write 方法。然后在 Computer 类中实例化上述三个类，为每个类分别实现读、写方法。例如，为 FlashDisk 写 ReadFromFlashDisk、WriteToFlashDisk 两个方法。总共 6 个方法。这是最“原始”的方案，该方案的类图如图 7-4 所示。

(2) 方案二：定义抽象类 MobileStorage，在里面写虚方法 Read 和 Write，三个存储设备继承此抽象类，并重写 Read 和 Write 方法。Computer 类中包含一个类型为 MobileStorage 的成员变量，并为其编写 get/set 器，这样 Computer 中只需要两个方法：

ReadData 和 WriteData，并通过多态性实现不同移动设备的读写。

该方案的类图见图 7-5。

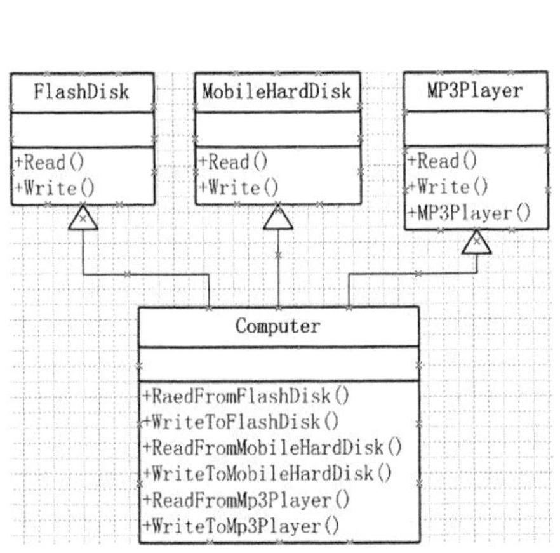

图 7-4 方案一的类图

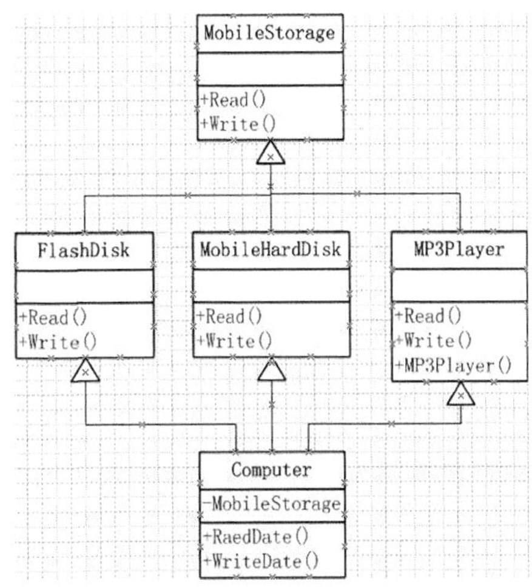

图 7-5 方案二的类图

(3) 方案三：与方案二基本相同，只是不定义抽象类，而是定义接口 IMobileStorage，移动存储器类实现此接口。Computer 中通过依赖接口 IMobileStorage 实现多态性。

方案三的类图如图 7-6 所示。

(4) 方案四：定义接口 IReadable 和 IWritable，两个接口分别只包含 Read 和 Write，然后定义接口 IMobileStorage 接口继承自 IReadable 和 IWritable，剩下的实现与方案三相同。

方案四的类图如图 7-7 所示。

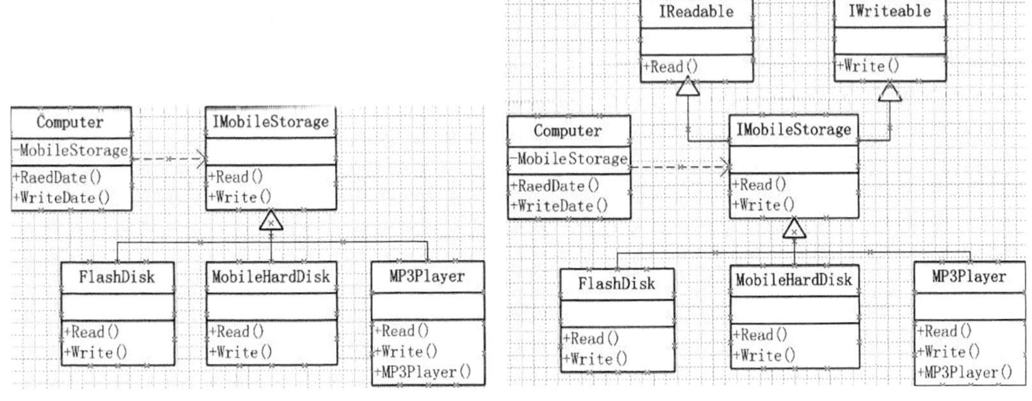

图 7-6 方案三的类图

图 7-7 方案四的类图

3. 各种方案优劣的比较与分析

下面来分析一下以上 4 种方案。

1) 方案一

首先，方案一是最直接的，实现起来最简单，这是不采用任何接口的方案。但是它有一个致命的弱点：可扩展性差。当将来有了新的移动存储设备，需要应用系统支持的时候，必须对 Computer 进行修改。这就如在一个真实的计算机上，为每一种移动存储设备实现一个不同的插口，并分别安装各自的驱动程序一样。一旦有了一种新的移动存储设备后，就需要增加一个新的插口，并再编写一套针对此新设备的驱动程序。

2）方案二和方案三

再来看方案二和方案三，之所以将这两个方案放在一起讨论，是因为它们基本是一个方案（从设计思想上），只不过实现手段不同，一个是使用了抽象类，一个是使用了接口，最终达到的目的是一样的。

先来评价这种方案：首先它解决了代码冗余的问题，因为可以动态替换移动设备，并且都实现了共同的接口，所以不管有多少种移动设备，只要一个 Read 方法和一个 Write 方法，多态性就帮助解决问题了。而对第一个问题，由于可以运行时动态替换，而不必将移动存储类硬编码在 Computer 中，所以有了新的第三方设备，完全可以替换进去运行。这就是所谓的“依赖接口，而不是依赖于具体类”。

验证一下，方案二和方案三的 Computer 类都有一个名为 MobileStorage 的成员变量，至于这个变量具体是什么类型，它并不知道，这取决于在运行时给这个变量的赋值。如此一来，Computer 和移动存储器类的耦合度大大下降。

那么这里该选抽象类还是接口呢？

在前文抽象类（虚函数）与接口的比较中已经谈到：使用抽象类更多的是可以实现相关事务的特性并保持代码重用（通过打补丁，在重用（不修改）父类的代码的基础上，不断得到新功能）。而接口则提供了更大的连接（扩展）的灵活性。

在移动设备应用系统方案选择中，关注的是可扩展的灵活性。所谓的扩展的灵活性表现为：如果又新添加了一个移动设备怎么办？该移动设备应该如何衔接？怎样对系统改动最少甚至不做改动，就可以接入系统（“即插即用”）？而不是这个具体的移动设备该如何读写。所以，在两个方案中，当然选择接口方案，选择的目的是实现新移动设备的“即插即用”。

3）方案四

最后再来看一看方案四，它和方案三很类似，只是将“可读”和“可写”两个方法分开，分别抽象成了一个专用的接口，然后让 IMobileStorage 再继承它们。这样做，显然进一步提高了灵活性，但是，这有没有设计过度的嫌疑呢？

这要看具体情况。如果在应用中可能会出现一些类，这些类只需要读方法或只需要写方法，如只读光盘，那么这样做也是可以的。如果认为以后出现的设备，都是既能读又能写的，不存在只读/只写的设备，那这两个独立的接口就没有必要了。

在这里，姑且假定，以后的移动存储都是能读又能写的，所以可以选方案三。

在上述方案比较后，也可以看出，方案不是越复杂越好，架构师也需要克服“过度设计”的职业病。

4. 方案三的实现

下面将解决方案加以实现。这里选择的语言是 C#，但是在代码中不会用到 C# 特有的性质，所以使用其他语言时，一样可以参考。

在 VS 2010 下新建一个 C# 的控制台应用程序，复制以下代码。

首先编写 IMobileStorage 接口：

```
namespace InterfaceExample
{
    public interface IMobileStorage
    {
        void Read();                                    //从自身读数据
        void Write();                                   //将数据写入自身
    }
}
```

代码比较简单，只有两个方法，接下来是三个移动存储设备的具体实现代码。

U 盘：

```
namespace InterfaceExample
{
    public class FlashDisk : IMobileStorage
    {
        public void Read()
        {
            Console.WriteLine("Reading from FlashDisk...");
            Console.WriteLine("Read finished!");
        }
        public void Write()
        {
            Console.WriteLine("Writing to FlashDisk...");
            Console.WriteLine("Write finished!");
        }
    }
}
```

MP3：

```
namespace InterfaceExample
{
    public class MP3Player : IMobileStorage
    {
        public void Read()
        {
            Console.WriteLine("Reading from MP3Player...");
            Console.WriteLine("Read finished!");
        }
        public void Write()
        {
            Console.WriteLine("Writing to MP3Player...");
```

```
            Console.WriteLine("Write finished!");
        }
        public void PlayMusic()
        {
            Console.WriteLine("Music is playing...");
        }
    }
}
```

移动硬盘：

```
namespace InterfaceExample
{
    public class MobileHardDisk : IMobileStorage
    {
        public void Read()
        {
            Console.WriteLine("Reading from MobileHardDisk...");
            Console.WriteLine("Read finished!");
        }
        public void Write()
        {
            Console.WriteLine("Writing to MobileHardDisk...");
            Console.WriteLine("Write finished!");
        }
    }
}
```

可以看到，它们都实现了 IMobileStorage 接口，并重写了各自不同的 Read 和 Write 方法（模拟实现移动设备的读写）。

下面开始写 Computer。

```
namespace InterfaceExample
{
    public class Computer
    {
        private IMobileStorage _usbDrive;
        public IMobileStorage UsbDrive
        {
            get
            {
                return this._usbDrive;
            }
            set
            {
                this._usbDrive=value;
```

```
            }
        }
        public Computer()
        {
        }
        public Computer(IMobileStorage usbDrive)
        {
            this.UsbDrive=usbDrive;
        }
        public void ReadData()
        {
            this._usbDrive.Read();
        }
        public void WriteData()
        {
            this._usbDrive.Write();
        }
    }
}
```

其中的 UsbDrive 就是可替换的移动存储设备，之所以用这个名字，是为了让大家觉得直观，就像平常使用计算机上的 USB 插口插拔设备一样。

下面开始测试“计算机”和“移动存储设备”是否工作正常。这里用的 C# 控制台程序具体代码如下。

```
namespace InterfaceExample
{
    class Program
    {
        static void Main(string[] args)
        {
            Computer Computer=new Computer();
            IMobileStorage mp3Player=new MP3Player();
            IMobileStorage flashDisk=new FlashDisk();
            IMobileStorage mobileHardDisk=new MobileHardDisk();
            Console.WriteLine("I inserted my MP3 Player into my Computer and copy
some music to it:");
            Computer.UsbDrive=mp3Player;
            Computer.WriteData();
            Console.WriteLine();
            Console.WriteLine("Well,I also want to copy a great movie to my
Computer from a mobile hard disk:");
            Computer.UsbDrive=mobileHardDisk;
            Computer.ReadData();
```

```
                Console.WriteLine();
                Console.WriteLine("OK!I have to read some files from my flash disk and
copy another file to it:");
                Computer.UsbDrive=flashDisk;
                Computer.ReadData();
                Computer.WriteData();
                Console.ReadLine();
            }
        }
    }
```

现在编译、运行程序,如果没有问题,将看到如图 7-8 所示的运行结果。

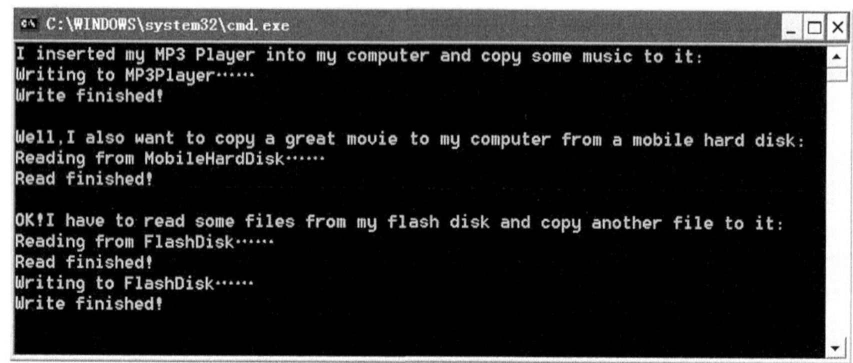

图 7-8 各种移动存储设备测试结果

在 VS 2010 上,生成项目的类关系图,看一下实现代码的类关系,如图 7-9 所示。

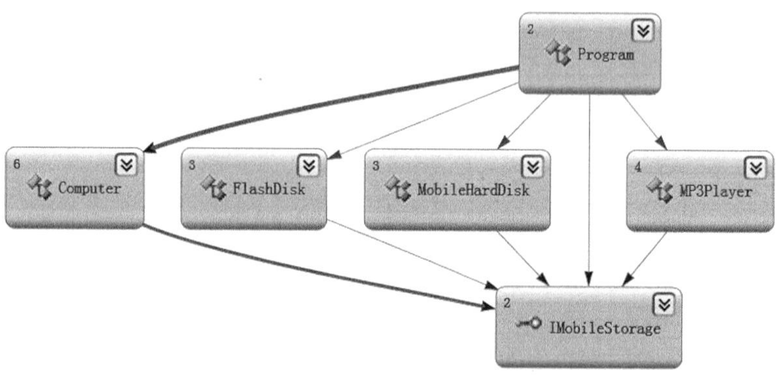

图 7-9 各种移动存储设备测试系统的类关系图

在图 7-9 中,各个类之间的关系表示得非常清楚。其中,Program 是测试程序,也是最上层的应用程序。Program 调用 Computer,实现对三种移动设备的读写。Computer 自己并不实现具体的读写,而是调用接口 IMobileStorage。接口 IMobileStorage 通过三个实现类 FlashDisk、MP3Player、MobileHardDisk,实现对具体移动设备的读写。

如果没有扩展等要求,上述设计显得有点累赘。但它们的意义和作用,在下面就可以看到了。

5. **扩展**

如果有人送来了新的移动存储设备 NewMobileStorage，要测试一下看能不能用，为此，将测试程序修改成如下：

```
namespace InterfaceExample
{
    class Program
    {
        static void Main(string[] args)
        {
            Computer Computer=new Computer();
            IMobileStorage newMobileStorage=new NewMobileStorage();
            Console.WriteLine("Now,I am testing the new mobile storage:");
            Computer.UsbDrive=newMobileStorage;
            Computer.ReadData();
            Computer.WriteData();
            Console.ReadLine();
        }
    }
}
```

编译、运行、看结果：出错了。为什么？NewMobileStorage()没有定义！新的移动设备没有具体的实现类，当然出错了。

好的，在已经有的三个实现类下面，再添加 NewMobileStorage 的实现。

新移动设备：

```
namespace InterfaceExample
{
    public class NewMobileStorage : IMobileStorage
    {
        public void Read()
        {
            Console.WriteLine("Reading from NewMobileStorage...");
            Console.WriteLine("Read finished!");
        }
        public void Write()
        {
            Console.WriteLine("Writing to NewMobileStorage...");
            Console.WriteLine("Write finished!");
        }
    }
}
```

再编译运行,结果如图 7-10 所示。

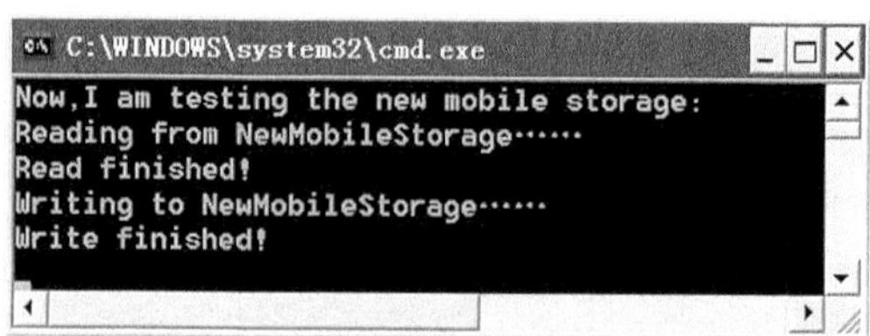

图 7-10 新设备 NewMobileStorage 扩展测试结果

在以上的修改中,只添加了新设备的具体实现,就可以在 Program 中使用新设备了。这里并没有改动 Computer,也没有改动接口,就可以使新的设备正常运行。这是添加新设备,如果是旧设备更换方法,则只要修改相应的实现类,上面更是完全不用知道。

此时的类关系如图 7-11 所示。

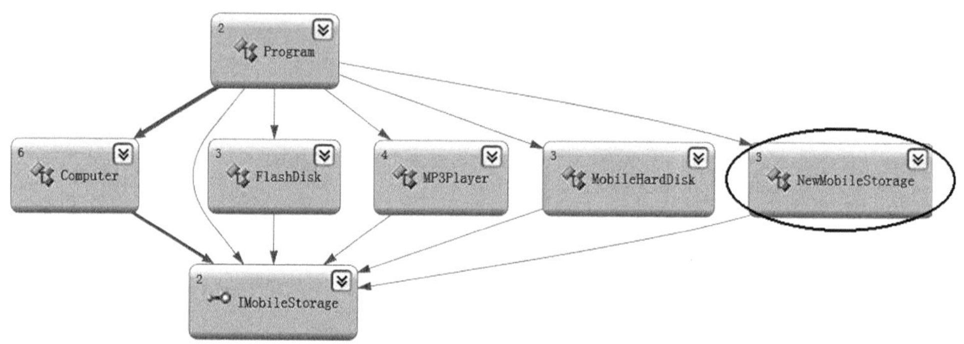

图 7-11 新设备 NewMobileStorage 扩展后的类关系图

在圆圈位置,添加了一个新的实现类 NewMobileStorage。

6. 再扩展

不久,又有一种 SuperStorage 的移动设备要接到 Computer 上,但是,当设备送来时,有点新情况。开发这个新设备的团队没有拿到 IMobileStorage 接口,自然也没有遵照这个约定(类似他们没有拿到 RS232 接口标准,就自己定义了一个 RS232 接口)。这个设备的读、写方法不叫 Read 和 Write,而是叫 rd 和 wt。接口不符,插不上。

如果你的 Computer 上只有 USB 接口,而有人拿来一个 PS/2 或 RS232 的鼠标要插上用,你该怎么办?是不是可以做一个叫做"PS/2-USB"或"RS232-USB"转换器的东西?适配器,可以进行不同接口的转换。程序中也有转换器。

这里要引入一个设计模式,叫适配器(Adapter),它是下面要介绍的 23 种设计模式中的一种。它的作用就如同现实中的适配器一样,把接口不一致的两个插件接合起来。

采用适配器的 Computer 实现示意图如图 7-12 所示。

虽然 SuperStorage 没有实现 IMobileStorage,但通过定义了一个实现 IMobileStorage 的 SuperStorageAdapter,它聚合了一个 SuperStorage,并将 rd 和 wt 适配为 Read 和 Write。

SuperStorageAdapter 的具体代码如下:

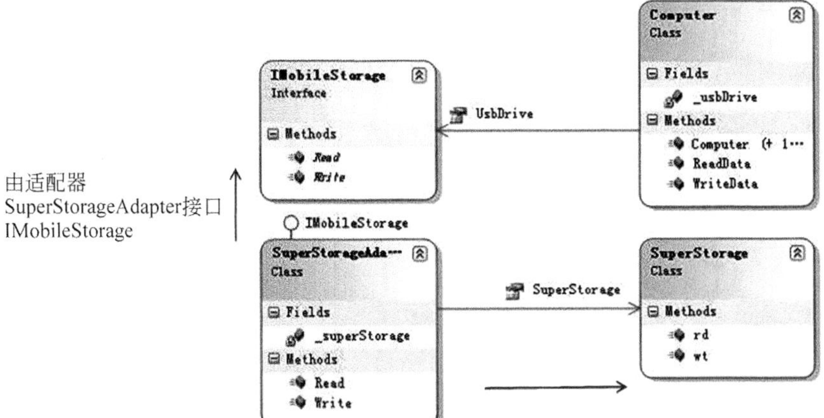

图 7-12　适配器 Adapter 设计模式应用示意图

```
namespace InterfaceExample
{
    public class SuperStorageAdapter : IMobileStorage
    {
        private SuperStorage _superStorage;
        public SuperStorage SuperStorage
        {
            get
            {
                return this._superStorage;
            }
            set
            {
                this._superStorage=value;
            }
        }
        public void Read()
        {
            this._superStorage.rd();
        }
        public void Write()
        {
            this._superStorage.wt();
        }
    }
}
```

由这个适配器 SuperStorageAdapter 去接口 IMobileStorage，而 SuperStorage 则与适配器 SuperStorageAdapter 对接，实现 rd 和 wt。

SuperStorage 的实现类代码如下：

```
namespace InterfaceExample
{
    public class SuperStorage : SuperStorageAdapter
    {
        public void rd()
        {
            Console.WriteLine("Reading from SuperStorage...");
            Console.WriteLine("Read finished!");
        }
        public void wt()
        {
            Console.WriteLine("Writing to SuperStorage...");
            Console.WriteLine("Write finished!");
        }
    }
}
```

现在,再来测试适配过的新设备,测试代码如下:

```
namespace InterfaceExample
{
    class Program
    {
        static void Main(string[] args)
        {
            Computer Computer=new Computer();
            SuperStorageAdapter superStorageAdapter=new SuperStorageAdapter();
            SuperStorage superStorage=new SuperStorage();
            superStorageAdapter.SuperStorage=superStorage;
            Console.WriteLine("Now,I am testing the new super storage with adapter:");
            Computer.UsbDrive=superStorageAdapter;
            Computer.ReadData();
            Computer.WriteData();
            Console.ReadLine();
        }
    }
}
```

运行后会得到如图 7-13 所示的结果。

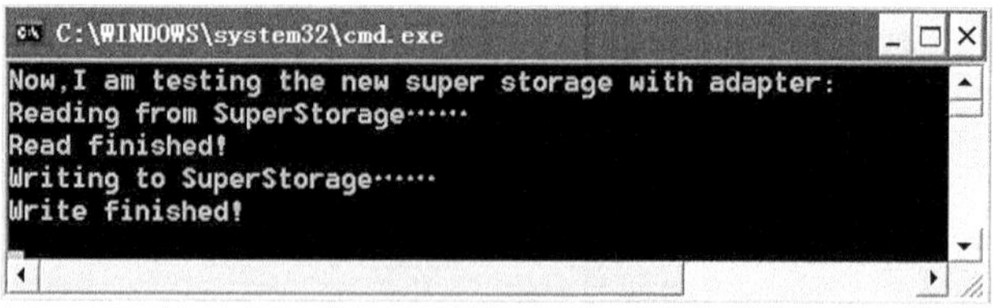

```
C:\WINDOWS\system32\cmd.exe
Now,I am testing the new super storage with adapter:
Reading from SuperStorage……
Read finished!
Writing to SuperStorage……
Write finished!
```

图 7-13 利用适配器 Adapter 模式运行新设备测试结果

此时类关系如图 7-14 所示。

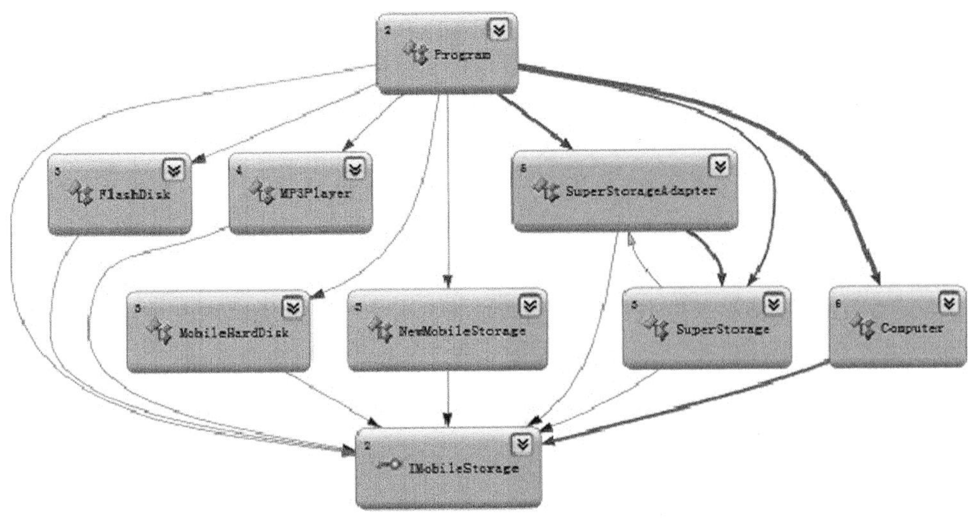

图 7-14 采用适配器 Adapter 的 SuperStorage 测试类关系图

虽然外面送来的设备没有遵循接口定义的 Read()和 Write()约定，但是，在适配器 Adapter 的帮助下，还是在没有修改 Computer 任何代码的情况下实现了新设备的运行，适配器成为系统的一个“转接口”。就像出国旅游要带电源转换器一样，它们不但能将欧标、美标、日标转换为国标插口，而且，还可以捎带将 110V 或其他电压，转换为符合国标的 220V 电压。

7.1.5 理解面向接口的设计

在一个面向对象的系统中，系统的各种功能是由许许多多的不同对象协作完成的。在这种情况下，各个对象内部是如何实现的，对架构师而言并不那么重要。而各个对象之间的连接方式以及连接关系(协作关系)，则成为系统架构设计的关键。小到不同类之间的通信，大到各模块、子系统之间的协同与交互，在进行系统概要设计的子系统划分阶段完成之后，进入到系统模块之间的接口设计阶段，就要开始具体考虑这些问题，这也是系统架构设计的主要工作内容。

1. 关于接口的再理解

在 7.1.4 节的例子中可以看到，接口——一方面是面向对象的编程语言中，为实现类的多重继承，提供的一种编程手段，所以，在很多地方被称为“面向接口的编程”。

但是，从更深层次的理解，接口实际成为定义(规范，约束)与实现(名实分离的原则)相分离的手段。以这个目标进行的设计，也称为“面向接口的设计”。

实际上，这里把接口的作用，提高到了设计思想和设计实现两个不同的层面。

在传统面向过程的软件工程时期，设计和实现系统的时候，并没有有意识地将定义与实现加以分离，特别是在系统整体层面。仅有少数公用函数，为了可以重复调用，把它们定义为子程序。子程序的代码(定义)和调用(使用)不在一个地方。编译系统在分别编译后，再把它们链接在一起。因此，它们的定义和实现有所区分。但这只涉及少数公用子程序。随着面向对象技术的出现，对象的封装、继承等特性，在一定程度上，提供了定义与实现的分离可能。例如，类就是一种定义，而对象才是类的具体实现。理想的系统设计，应是尽可能地将所有的定义与实现分离。接口的出现，反映了架构师对系统抽象理解、抽象设计、定义与实现相分离的设计理念。

根据接口背后所“代表”模块的“颗粒度”大小，在逻辑上，接口可分为两种情况：第一种，接口仅是对某个或某几个个体类的抽象，它对应的是一个“抽象体”，该抽象体由一个或多个类组成，实现一定的功能，它的实体是一个组件；另一种情况是，接口是对系统某一方面的抽象，即形成一个抽象面。所谓抽象面是较大的功能层面。由此发展出所谓的“面向方面”设计和编程的概念。在本章的最后一节，将简要讨论面向方面。

由此可以看到，软件开发从面向过程→面向对象→面向接口→面向方面，抽象度越来越高，这也符合人类认识世界的规律。

2. 在面向对象设计模式中应用接口

理解接口的概念和实现方法，对于马上将要讨论的面向对象设计模块的应用，意义重大。在面向对象设计模式中，大量应用到接口技术。如果没有接口，面向对象的设计模式几乎就无法实现。

例如，观察者(Observer)模式中有两种实体：观察者和被观察者，它们分别实现一个接口，这里姑且叫做 IObserver 与 IObserverSubject。IObserver 只有一个方法，例如叫 Update，当被观察者状态改变时，调用这个方法，用来通知观察者。IObserverSubject 接口有两个方法，都是供观察者调用。一个用来将观察者注册为此被观察者的观察对象，另一个用于将观察者移除。

一般情况下，一个被观察者对应多个观察者。在 MVC 中，视图是观察者，模型是被观察者，当模型状态改变时，调用所有观察者的 Update 方法，通知视图模型有变，视图在 Update 方法里写下响应代码，完成操作。通过这个方法，视图和模型就可以在仅依赖接口的情形下进行交互，而不必强耦合，而且在模型不变的情况下，视图可以随意替换(只要实现了 IObserver)。

又如，策略模式(Strategy)。在 MVC 中另一个使用接口的地方就是控制器，控制器就使用了策略模式。

视图负责与用户交互，但是，它只负责界面显示部分，至于当用户做了某个操作(如单击某个按钮)后系统应该怎么反应，视图并不负责，它只是将这个动作交给控制器，控制器根据内置的策略，将用户操作翻译成模型的逻辑。这就是说，同一个视图、同一种操作，模型可以做出不同的反应，这取决于控制器的内置策略。所以，系统中可以有很多控制器，它们有不同的策略，当视图希望改变策略时，它可以更换控制器。怎么实现呢？这就需要视图不能和具体控制器耦合，而是要仅依赖一个控制器接口(如 IController)，并聚合一个 IController 的实例。当希望更改策略时，可以在系统运行时动态更换 Controller，这就是策略模式的实现。

有关更多面向对象设计模式中接口的应用，将在 7.3 节讨论。

7.2 软件架构设计的模式与风格

软件架构设计方法始终是软件工程研究的一个重要领域，随着软件工程不断成熟，架构研究的层次和侧重点，如第 5 章所介绍，从早期基本的程序模块结构为中心，研究对象是语句、数据结构和模块（模块化与信息隐蔽），以及以进程为中心，向越来越高的抽象层次发展。对架构的认识，经历了执行级、代码级和结构级三个层次。在结构级，架构更强调研究组件与组件之间的相互关系，从模块到子系统、到系统的集成以及与组件相关联的系统总体性能。

现代架构研究的具体内容，是专业和通用组件、中间件、设计模式、风格和框架。业界更是开发出一系列非常成熟的、专业化、图形化和自动（编程、测试、验证）化的开发框架，如微软的 VS 2010、苹果和安卓的开发平台等。这些平台的出现和实用化，不但体现了软件架构设计研究的进步，更是业界多年以来、几代软件人的最佳实践在工具上的沉淀和凝聚。如果没有这些框架的支持，人们还是从最基础的代码开始，一行行地写程序，来实现窗口、下拉菜单等基本功能，那就好像是用一砖一瓦盖大楼一样，已经是不可想象的事情。

在介绍组件、设计模式、SOA 等现代软件架构设计和实现方法之前，先了解几个概念。

7.2.1 设计模式

什么叫设计模式（Design Patterns）？所谓已经形成了某种模式，是指形成了一种趋于固定的结构形式。例如，戏剧的悲剧模式有《哈姆雷特》、言情小说模式有台湾地区琼瑶的言情小说、武打动作片模式有成龙、惊险情节片模式是美国大片模式等。这些都是生活中的模式。

只要一提到某一模式，就会想到它的“标志性”代表，最主要的是这个代表物的典型特征。而软件设计模式，则是一种从软件设计过程中总结出来的、广泛应用和成熟的结构和结构关系。

成功的模式，能针对特定问题，采用成熟和成功的方法，比重新设计要好得多。所以，建筑师 C. Alexander 对模式给出的经典定义是：每个模式都描述了一个在特定的环境中不断出现的问题，然后描述了该问题的解决方案的核心。所以，模式是针对特定问题的成功解决方案。通过这种方式，可以无数次地使用那些已有的解决方案，无须再做重复的探索和开发工作，更不会有失败。与建筑和艺术领域相同，在工程领域，对经多年的磨炼、完善和提高而获得的成功模式，人们也愿意加以反复使用，模式为重用提供了基础。

在软件系统中，有如下几种类型的模式。

1. 结构模型

表达了软件系统的基本结构组织形式或者结构方案，包含一组预定义的子系统，规定了这些子系统的责任，同时还提供了用于组织和管理这些子系统的规则和向导。例如，类-责任-协作者（Class Responsibility Collaborator，CRC）模型就是一种简单的寻找和组织类的方法(确定类、明确责任、清晰协作关系)。

2. 设计模式

为软件系统的子系统、组件或者组件之间的关系提供一个精炼之后的解决方案,描述了在特定环境下,用于解决通用软件设计问题的组件以及这些组件相互通信时的可重现结构。如由 E. Gamma、R. Helm、R. Johnson 和 J. Vlissides(俗称:四人帮)合著的 *Design Patterns elements of Reusable Object Oriented Software* 中总结的 23 种设计模式。

3. 惯用型

是一个与编程语言相关的低级模式,描述了如何实现组件的某些功能,或者利用编程语言的特性来实现组件内部要素之间的通信功能。

上述三种模式代表了在不同层次上的模型,现代软件工程关注的是前两种模式。

7.2.2 风格

风格(Architecture Styles)是带有某种倾向性的模式,同一个问题,可以有不同的解决问题的方案或模式。但根据经验,通常会强烈倾向于采用某一特定的模式,这就是风格,好像人的口味和喜好。软件风格是在模式中,带有明显指向性的、对软件构成具有整体性、普遍性、一般性的结构和结构关系的方法。因此,软件风格是一种特定的基本结构,表达了模块之间的特定的关系和应用约束(设计和集成规则)。

广泛提到的风格包括:管道和过滤器、数据抽象和对象、隐式调用/消息、层次、仓库、解释器、过程控制、分布式系统、客户/服务器、主程序/子程序、状态转换、专用领域等。这些具体的技术,在操作系统课程中也有介绍。但在那些课程中,侧重的是这些模式在特定情况下(如操作系统环境)的具体实现技术方法,而在软件工程中,更多的是作为方法论去研究它们的设计思想,以及在系统设计中的应用方式。

7.2.3 框架

随着应用的发展和完善,某些带有整体性的应用模式被逐步"固定"下来,形成了特定的框架(Framework),包括基本构成单元和关系。框架更多地关注于特定应用领域,其解决方案已经建立了一个比较成熟的应用架构,所以也称为应用框架。因此,框架是一个特定应用领域问题的架构模式,框架定义了这些设计参数(元素、构成关系)后,开发者就可以集中精力解决自身必须解决的业务逻辑问题。

从组成上看,框架是一个待实例化的完整系统,它定义了软件系统的元素和关系、创建了基本的构建模块,定义了涉及功能更改和扩充的插件的位置。通俗地讲,框架就是一个舞台,要演什么样的戏,受舞台布景、道具、灯光等总体氛围的限制,这些都是框架已经提供了的,是框架的基本要素。但在此框架内,能演成什么样,那就看演员自己了。

例如,MFC 框架就是由多个抽象或具体类,及具有关联关系类组成的类簇(集合),MFC 框架规定了应用架构,定义了它的构成、类、对象的分割、各模块的职能、类和对象的协作关系,以及控制流程。如果顺应 MFC 框架模型,例如,采用 MVC 模式的界面和窗体形式,则 MFC 提供了非常方便的开发基础,很多工作由 MFC 完成了。而 Struts 则是经典的、基于 MVC 的 Web 应用开发框架。

在面向对象的系统中，框架就是由多个抽象和具体类或具有特定关系组成的类簇（集合），框架的实例化，就是对现有类的组合、子类化。框架规定了应用架构，定义了它的构成、类、对象的分割、各模块的职能、类和对象的协作关系，以及控制流程。

框架作为一种软件开发和生产的"工作母机"发展至今，已经趋于成熟和稳健，并已商品化。它可以处理系统很多细节问题，比如，事物处理、安全性、数据流控制等问题。框架一般都经过很多人使用，所以结构良好，扩展性强，而且它是不断升级的，可以直接享受别人升级代码带来的好处。唯一的不足是，框架带有明显的应用领域的倾向性，因此，如果应用系统与框架的倾向不一致，那就别提多别扭了。在前面的案例分析中，已经能够略微感受到 MFC 带来的方便，也感受到它的限制。

7.2.4 行业应用框架

另一种框架，是针对特定领域和行业应用的，包含大量的业务背景，并针对特定应用和业务逻辑，开发了大量的组件，甚至特定的系统架构，支持特定的软件应用产品系列开发，构成产品线平台。行业应用框架通常由第三方开发，系统庞大、开发周期长、成本高，效益高、回报高，是发展方向。

7.2.5 模式、风格与框架的区别

从纯软件架构定义的角度看，三者没有什么本质的区别。它们都涉及架构的构成模块、相互关系和集成规则三要素。但从具体设计目的、背景看，还是有一定区别的。

从设计模式看框架，框架是某个应用领域中软件的整体性的设计模式，它解决软件的上层、全局的结构问题，也提供对中层和下层的支持。

从框架看设计模式，设计模式是构建框架的建筑组件，模式解决的是软件系统局部的更细节化的东西，即设计模式更关注模块之间的构成关系。

风格更偏向于抽象的"喜好和习惯"、"约定俗成"这样的概念，它独立于实际设计情形、来自于主观地表现设计技巧，而模式和框架更多地面向解决具体问题。

设计模式支持软件架构和设计的重用，抓住了特定领域中问题的成功解决方案中的静态、动态结构和相互之间的协作关系。它一般与具体的开发语言无关，但实际上不可避免地必须考虑开发环境与工具。例如，经典的 MFC 主要支持 C++，而 Struts 支持 Java。框架支持细节设计和代码的重用，框架本身是一组组件的综合，这些组件相互协作，为一组相关应用提供了一个可重用的框架结构。两者结合起来，模式和框架的设计有助于提高软件系统设计的质量，比如：可重用性、可扩展性、可维护性等。

有了设计模式和框架，为什么还要讨论架构？如果说软件系统的架构是棵树，那么设计模式是树的节点的构成方法，框架是别人设计好的树，而如果不是简单地使用这棵现成的"树"，可能是要自己设计这棵树，或者，要在一棵树的基础上，嫁接、组装需要的新的部分，就需要仔细研究树的结构和构成方法。

软件架构奠基于程序算法、数据结构和对象设计，它是系统实施的抽象描述。架构概

括了整体系统结构，功能模块分解，模块本质和特性，模块的界面，模块之间的通信协议和整体性布局策略及法则。

良好的软件系统，必须有合理健全、内在一致的架构。架构设计与程序设计之间的不同在于，进行架构设计时，主要关心的是各模块的协作、系统的总体性能、伸缩扩展能力等。而在程序设计时，则主要关心的是具体模块、界面或子系统的功能实现。

“分而治之”是人们解决复杂问题所采取的大而化小、复杂变简单的基本思想方法，也是行之有效的方法。社会问题如此，技术问题也是如此。在5.1节已经介绍了这个思想在架构设计中的应用。在面向过程的系统设计中，分解的对象是模块。而现在，在结构级系统设计过程中，模块的抽象层次更高。

7.3 面向对象的设计模式

7.3.1 从软件架构到设计模式

1. 软件架构与设计模式

在5.1节介绍传统的系统设计方法中，曾介绍过的过程间接调用、中断表间接调用等方法。间接调用的好处是，它提供了一种灵活性，达到控制与执行的分离。通常把这样一种通过中间“表”，将两个实体间接连接在一起的方法，称为“表驱动”。可能的需求变化不必在实体上进行改变，而仅体现在“表”上，可以更进一步在表上做文章，即通过表的数据结构的变化，实现系统控制的灵活性和多样性。控制的改变，最后取决于“表”的内容和表的表现形式，而与具体实体的实现无关。所以，系统被“表”所驱动，这是最简单的控制方式。

但是，不论设计出什么样的“表结构”，表驱动的灵活性和适应能力都是有限的，因为，这是由以“链接表作为间接调用”这样的基本模式所决定了的。表驱动是一种简单的设计模式。接口也是间接调用的例子。在第8章介绍基于SSH架构的应用系统时，Spring技术，也依靠的是一套称为反向注入的间接调用方法。随着面向对象技术的出现，“表”的形式发生了很大变化，系统的灵活性，也随之发生了变化，但“表驱动”所代表的设计思想，仍然在无形中发挥着影响，即它们已经形成为一种思维模式导致的设计模式。

硬件工程师通过使用已有的集成电路芯片，并通过新设计的电路来解决新问题。除非万不得已，不会从头开始设计芯片。这就是典型的设计模式的应用。重用的设计模式是已经成熟的，具有特定功能的芯片或芯片组。

硬件可以，软件为什么不可以？软件过去设计了很多的标准过程和函数库，作为“芯片”来使用。而设计模式的抽象程度更高，属于芯片组(Chip Set)级。

与硬件的专用芯片的作用相似，面向对象的设计模式希望作为系统架构的基础，为普通面向对象设计，提供成熟的解决方案。设计模式以一组交互类的形式出现，用户根据需要定制这些交互类以形成专门的设计。这样就可以使人们更加方便地重用成功的设计方案，提高软件的灵活性和可复用性，也提高了设计文档管理的有效性和可维护性。

面向对象的设计模式最早出现在20世纪70～80年代。1987年，W. Cunningham和

K. Beck 引入建筑师 C. Alexander 的模式概念。E. Gamma 在其博士论文中，总结和归纳了现有的设计模式，并将其应用到图形用户界面应用程序中。由 E. Gamma、R. Helm、R. Johnson 和 J. Vlissides 合著的 *Design Patterns elements of Reusable Object-Oriented Software* 推动了面向对象设计模式的发展。

设计模式常用的有23种，分为三种类型。

(1) 构造型模式——提供了类和对象创建过程中的不同模式。包括：抽象工厂、构造器、工厂、原型、单件；

(2) 结构型模式——提纲不同类和对象之间的不同静态结构。包括：适配器、桥接、组合、装饰、外观、享元、代理；

(3) 行为型模式——提纲类和对象的不同职责与行为关系。包括：责任链、命令、解释器、迭代器、中介者、备忘录、观察者、状态、策略、模板方法、访问者。

2. 如何描述一个模式

通过模式的4个基本要素描述一个设计模式。这4个要素分别如下。

1) 模式名(Pattern name)

用一个词来简单表示模式的问题、解决方案和效果。恰当和贴切的模式名，可以让使用者对模式的作用"一目了然"。

2) 问题(Problem)

描述应该在何时使用模式，它针对哪些特定的设计问题、问题的前因和后果，以及使用模式的先决条件。

3) 解决方案(Solution)

解决方案是模式本体，描述模式是如何构成的，它们之间的相互关系和责任。模式是一个问题类的解决方案的抽象模板，因此，它不描述具体的设计或实现，只提供设计问题的抽象思路。

4) 效果(Consequences)

描述模式的应用效果和使用模式应权衡的问题。这是在设计阶段进行设计选择时，不可避免要考虑的问题。包括：好处和代价、时间和空间、复用和灵活性、可扩展和可移植性等的平衡。

一般为了便于理解，把上述4个方面归纳为23种模式的意图、动机、适用性、实现结构和效果。

由于本课程的着眼点是软件架构设计，而不是专门介绍设计模式和实现，因此只从系统架构设计过程中，从架构设计的需要出发，对与模式应用有关的思路进行讨论，并不过多介绍模式的实现细节。因为系统架构师在设计系统的时候，应尽可能少地关注于实现细节，同时，模式的编码实现，本质上是程序设计课程的任务。

7.3.2 创建型设计模式

创建型模式(Creational Patterns)通过抽象实例化的过程，使得系统使用者与具体对象的创建、组合和表示独立开来。有两种创建模式：类创建和对象创建。

类创建模式使用继承改变被实例化的类，对象创建模式将实例化委托给另一个对象。创建型模式把系统使用了哪些具体的类的信息封装了起来，模式隐藏了这些类的实例是如何被创建和放在一起的。整个系统关于这些对象所知道的，仅是由抽象类所定义的接口。因此，模式使得类和对象什么被创建、谁创建、怎么被创建、何时创建等是隐蔽和无关的。这样，使用户可以用结构和功能差别很大的“产品”对象，来配置新的系统。

基本的创建型模式有 5 个：抽象工厂、生成器、工厂方法、原型和单件。

在介绍完这 5 个创建型模式后，本节将用《设计模式》一书中“创建迷宫”的例子，来介绍这 5 个模式的应用，并比较它们之间的差异。

1. 对象创建模式 1——抽象工厂

1）意图

提供一个创建一系列相关或相互依赖对象的接口，而无须指定它们具体的类。

2）动机

考虑一个支持多种窗口风格的文字处理工具，滚动条、窗口、按钮等具有不同的外观。如果这个软件可以支持多平台，则希望在新平台上仍能保持一致的风格(即形式和风格的可移植)，但上层系统并不关心在新的平台上是如何具体实现这些风格的。

图 7-15 为窗口风格的平台无关性示意图。

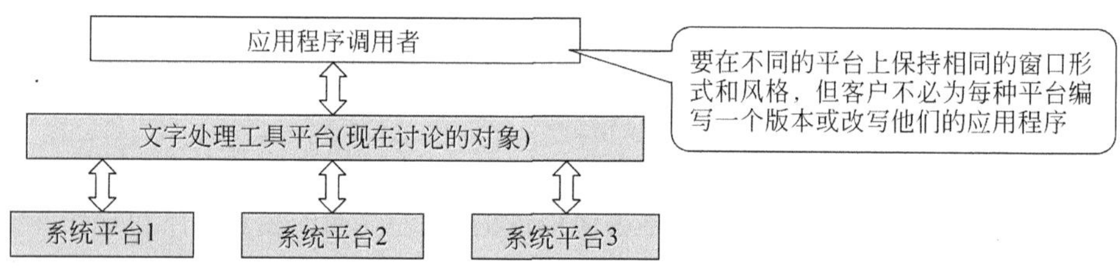

图 7-15　窗口风格的平台无关性

思路：为了解决这个问题，定义一个抽象类，这个类声明了一个用来创建每一种基本窗口组件(滚动条、按钮等)的接口，而具体子类则实现特定的风格(各种风格的滚动条)。客户用这个接口获得自己想要的风格的窗口组件时，并不考虑、也不知道是哪个具体类为它们完成了这个工作，他只需提出自己的要求(参数)。

工厂模式的实现：客户类和工厂类分开。消费者任何时候需要某种产品，只需向工厂请求即可。消费者无须修改就可以接纳新产品。当产品的本质发生修改时，才需要修改接口，否则只在工厂类做相应修改。

图 7-16 是工厂类实现的示意图。抽象的工厂类屏蔽了用户和工厂生产之间的细节。

3）适用性

一个系统要独立于它的产品的创建、组合和表示时(即多种需要)：例如，一栋大楼，设计和建造者关心的是大楼的建筑风格和适用性能，以及是否有满足要求的预制件。而这些预制件是什么时候生产的、由谁生产的，设计者并不关心，只要他相信一定有人能生产。

一个系统要由多个产品系列中的一个来装配时(即多种选择)：有很多可选的预制件，在建造不同的大楼时，根据风格和功能的需要，可以从多种预制件库中选择一种预制

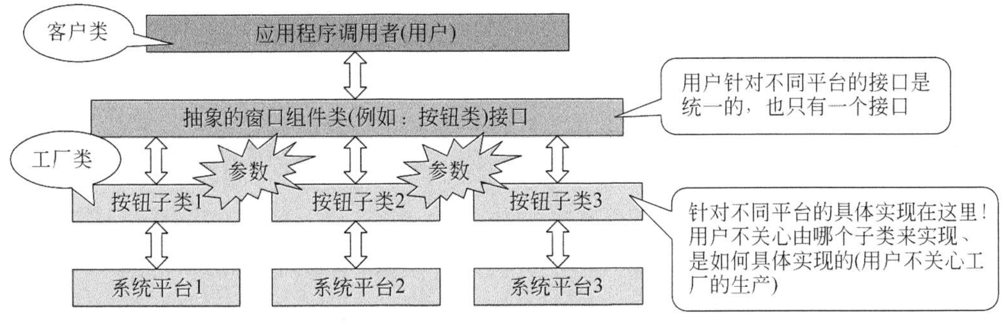

图 7-16　工厂类的实现

件。使用者关心的是预制件是否符合设计要求(接口)，而不是它的制造过程，即是怎么样生产出来的。

软件生产采用产品线的部件系列进行组装，得到具体产品时，采用的是由它们中的某些制品组合而成：根据制品(类库)设计，使用者关心的只是制品的接口，而不是具体的实现。

因此，上述要求表现为多种需要与多种选择——所站的观察点不同(选择与被选择)，但结果都是一样的：只看接口(标准、要求)，不管过程。

图 7-17 是抽象工厂应用的案例——协议栈的产品线模式。在系统框架下，可以组合各种协议，对上层应用者而言，得到的是协议实现的功能，关注的是与协议的接口标准，而并不关心、也不需要知道具体协议栈的实现细节，甚至可以不知道实际是采用什么样的物理介质、什么样的逻辑信道、由哪种协议实现的网络服务。

图 7-17　抽象工厂模式的应用

4) 实现结构

抽象工厂的实现结构如图 7-18 所示。

(1) AbstractFactory：声明创建两个抽象产品对象(A、B)的接口。

(2) ConcreatFactory1/2：实现创建具体产品对象的操作。

(3) AbstractProductA/B：为各产品对象声明一个接口。

(4) ProductA1/A2/B1/B2：定义一个将被相应的具体工厂创建的产品对象，实现 AbstractProduct 接口。

(5) Client：仅使用由 AbstractFactory 和 AbstractProduct 类声明的接口。

在抽象工厂模式中，如果麦当劳要开始卖蛋炒饭了，它需要做两件事：做出蛋炒饭

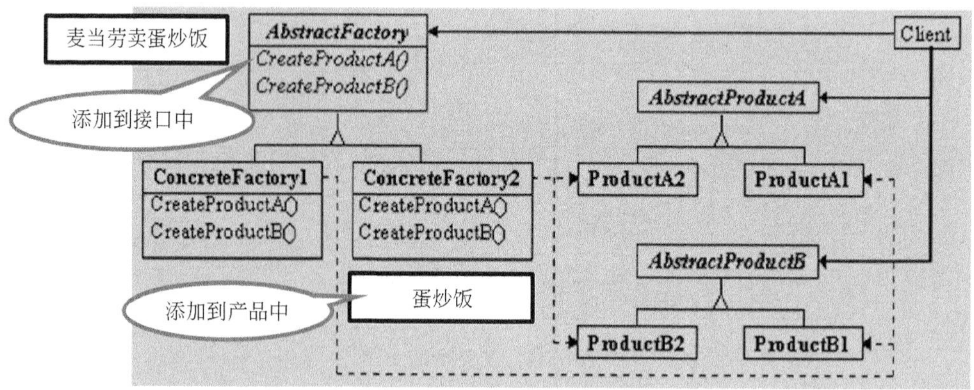

图 7-18 抽象工厂的实现结构

(产品)、把蛋炒饭添加到菜单(接口)中,二者必须是同时实现,并一一匹配。至于蛋炒饭是扬州炒饭的风格,还是麦当劳的风格,只要不在菜单上注明,客户是没有挑选或拒绝的权力的。

5) 效果

优点:

(1) 分离和封装了负责具体创建产品对象责任和过程的类,客户看不见这些过程,也不会出现在客户的代码中,客户只使用抽象接口操作;

(2) 易于交换产品系列;

(3) 易于保持产品的一致性。

缺点:

Abstract Factory 确定了产品的集合,要增加新的产品,就要修改 Abstract Factory 类和它的所有子类,就像添加蛋炒饭的过程一样。

2. 对象创建模式 2——生成器

(1) 意图:将一个复杂对象的构建与它的表示分离,使得同样的构建过程可以创建不同的表示。

(2) 动机:一个文字处理工具应能支持多种文档格式的文件处理,可处理文档的格式在不断增加,但文字处理器系统应保持稳定。在复杂对象的构造过程中,允许同样的构造过程能够加入新的被构造元素,使得"构造过程结构化"。

图 7-19 是生成器应用的例子:一个复杂对象(不同格式的文本)的构建(转换)与它的表示(阅读)分离,使得同样的构建过程可以创建不同的表示(更多格式的文本)。

(3) 适用性:当创建复杂对象的算法应该独立于该对象的组成部分以及它们的装配方式时,当构造过程必须允许被构造的对象有不同表示时。

(4) 实现结构:生成器的实现结构如图 7-20 所示。

① Builder:为创建一个 Product 对象的各个部件指定抽象接口。

② ConcreatBuilder:实现 Builder 的接口以构造和装配该产品的各个部件。

③ Director:构造一个使用 Builder 接口的对象。

④ Product:表示被构造的复杂对象。

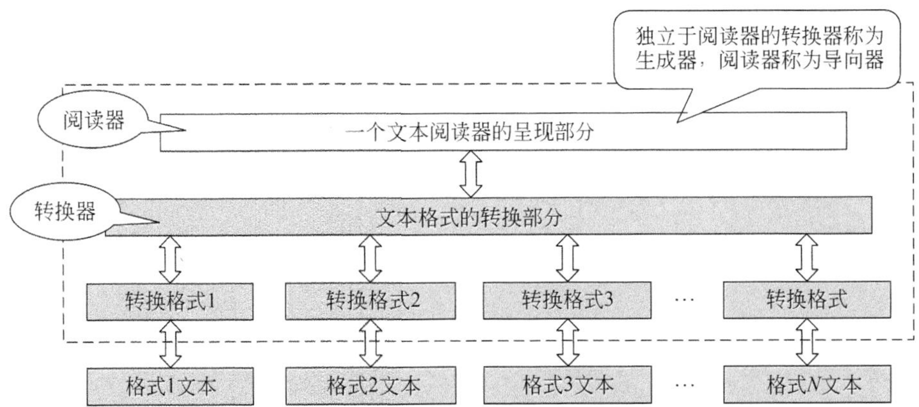

图 7-19　生成器的应用

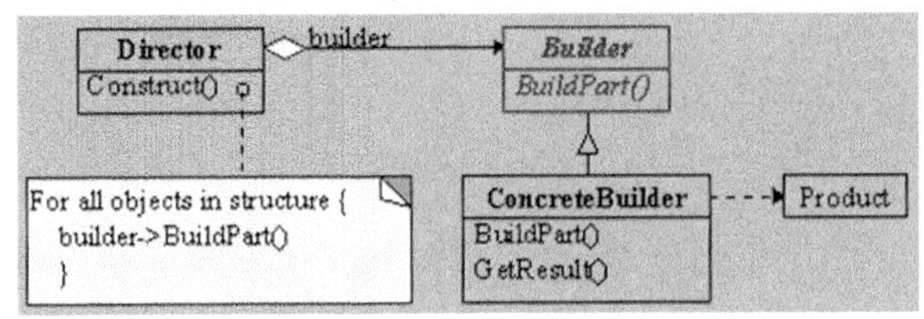

图 7-20　生成器的实现结构

生成器的协作过程如图 7-21 所示。

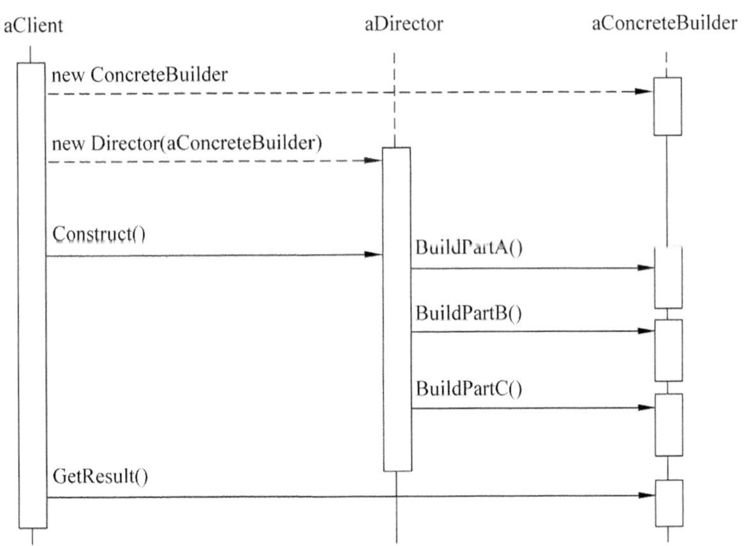

图 7-21　生成器的协作过程

① 客户创建 Director 对象，并用它所想要的 Builder 对象进行配置；

② 一旦产品部件被生成，导向器就会通知生成器；

③ 生成器处理导向器的请求，并将部件添加到产品中；

④ 客户从生成器中检索产品。

这个过程就好像去麦当劳选套餐，菜单上汉堡可以选麦香鱼、牛排、鸡排(选一)，零食只能有薯条(不可选)，饮料可以选可乐、雪碧、红茶(选一)。当选定以后，某类汉堡、零食、饮料被一起端上来。而生成器的过程，就是根据选择，进行简单"配餐"的过程。这与抽象工厂相比，结果更多样(可适度地自由组合)，但必须局限在菜单限定的可选范围内，否则，就是下面介绍的工厂方法了。

(5) 效果：

① 可以改变一个产品的内部表示；

② 将构造代码和表示代码分开；

③ 对构造过程进行更精致的控制。

生成器与抽象工厂的主要区别：

① 功能是相似的，抽象工厂也能创建复杂对象；

② 但生成器模式侧重一步步地构造一个复杂对象，并在最后返回结果，而抽象工厂着重简单、多产品对象，并一次返回结果。

3. 对象创建模式3——工厂方法

(1) 意图：定义一个用于创建对象的接口，让子类决定实例化哪个类。工厂方法使一个类的实例化延迟到其子类。

(2) 动机：在一个图形文档应用中，类 Application 负责对图形文档的管理(创建、存储等)，类 Document 负责具体图形文档的编辑，类 Document 的实例化建立了一个特定文档类型的应用。但是，在实例化 Document 之前，Application 并不知道 Document 最后编辑生成的是什么类型的图形文件。

图 7-22 是一个工厂方法应用——代理的例子。

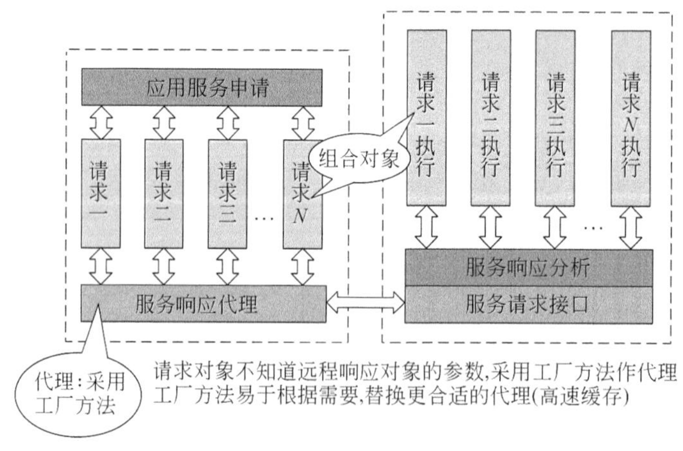

图 7-22　工厂方法应用的例子

(3) 适用性：

当一个类不知道它所必须创建的对象的类的时候，这一般发生在组合对象情况，创建一个对象的类型还依赖未知的其他类的参数选择。

当一个类希望由它的子类来指定它所创建的对象的类的时候，这是希望把实例化延后的情况。

当类将创建对象的职责委托给多个帮助子类中的某一个，并且你希望将那一个帮助子类应该是代理者这样的可以实现信息局部化的时候。

当一个类不知道它所必须创建的对象的类，例如，在组合对象情况下，创建一个对象的类型还依赖未知的其他类的参数选择。

当一个类希望由它的子类来指定它所创建的对象的类，而使得实例化延后的情况。

(4) 实现结构：图 7-23 为工厂方法的实现结构。

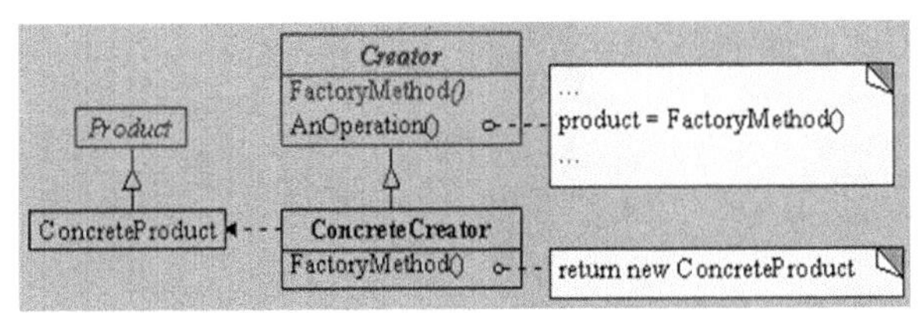

图 7-23 工厂方法的实现结构

① Product：定义工厂方法所创建的对象的接口。

② ConcreatProduct：实现 Product 接口。

③ Creator：声明工厂方法，该方法返回一个 Product 类型的对象。调用该方法将产生一个 Product 对象。

④ ConcreateCreator：重定义工厂方法以返回一个 ConcreateProduct 实例(真正的产品)。

在麦当劳的菜单中，没有“大排面”，但麦当劳承诺，只要点，就可以去买大排和面来下。这个承诺，就是工厂方法创建的对象接口 Product。Creator 就是做大排面的方法，当面做出来以后，返回 Product 对象，告诉用户面已经做好了，用户调用 ConcreateCreator 方法，就真的吃到面了.

(5) 效果：

多态性：客户代码可以做到与特定应用无关，代码仅需要处理 Product 接口，因此，它可以与用户定义的任何 ConcreatProduct 类一起使用。

例如，客户代码与底层硬件接口种类、实现方法无关，只需要定义(采用)一个标准接口协议。同时，实现具体接口的组件也遵从相应的协议。

缺点：为了实现抽象，客户需要一个 Creator(接口协议标准)和相应的子类(接口)作为 factory method 的载体。如果应用模型足够复杂到确实需要 creator 和子类存在，则很好；否则，需要增加一个类层次，增加了系统的复杂度。

4. 对象创建模式 4——原型

(1) 意图：用原型实例指定创建对象的种类，并且通过复制这些原型创建新的对象。

(2) 动机：以一个已有的对象作为原型，通过它来创建新的对象。在增加新的对象的时候，新对象的基础来自原型，但实现细节也可以由用户自己来改变，从而使新对象的创建过程与框架隔离开。

考察图 7-24 的例子。

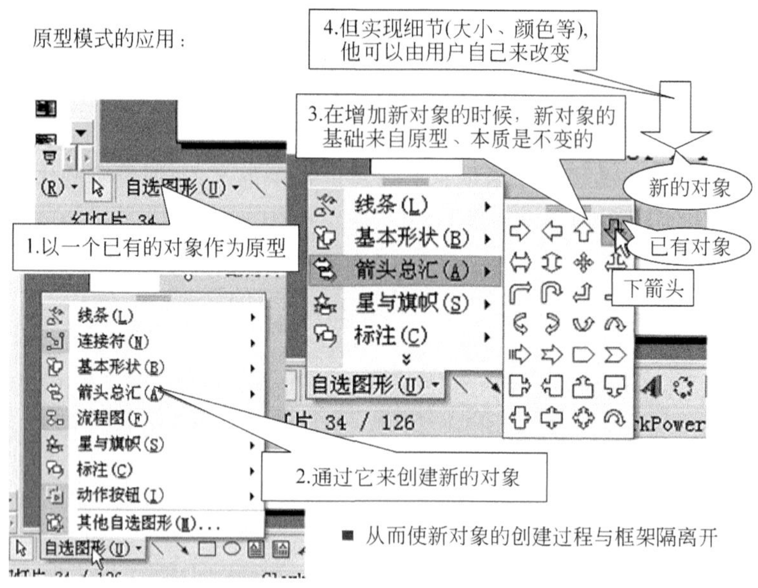

图 7-24 原型模式的应用

① 使用 PPT 做编辑的时候，在模板上选择了一个向下的箭头。模板的箭头就是一个已有的对象原型。

② 选择生成自己的箭头，这时就获得了原型的一个"拷贝"。实际上是创建了一个基于原型的新对象。

③ 新的拷贝保持了原型的基本特征，对象的本质没有发生变化。

④ 但可以在原型特征的基础上，做某些修改，例如，改变边框的粗细、颜色等，但箭头的基本形状是不能改变的。

这就是一个典型的原型的应用。

(3) 适用性：

① 当产品的创建、构成和表示过程要独立于系统时；

② 当要实例化的类是在 runtime 时(动态装载)被指定的情况下；

③ 避免创建一个与 product 层次平行的 factory 层次时。

(4) 实现结构：原型的实现结构如图 7-25 所示。

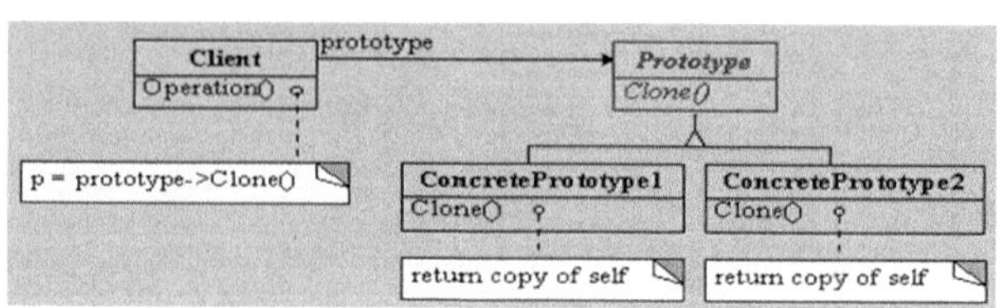

图 7-25 原型模式的实现结构

① Prototype：声明一个克隆自身的接口。

② ConcreatPrototype：实现一个克隆自身的操作。

③ Client：让一个原型克隆自身从而创建一个新的对象。

(5) 效果：

① 可以在运行时刻增加或删除产品；

② 可以不定义新的类而只改变对象的初始值以指定新的对象；

③ 减少子类的构造；

④ 用类动态配置应用，对于 C++ 语言特别有意义：C++ 的 class 不是 first-class objects。

缺点：

① Prototype 模式是依靠克隆操作实现的，但是，如果所考虑的类对象已经存在，则不可能再克隆相同的对象；

② 如果语言不支持克隆导致(循环引用)，则原型方法不可用。

5. 对象创建模式 5——单件

(1) 意图：保证一个类仅有一个实例，并提供一个访问它的全局访问点。

(2) 动机：有很多环境要求只能有一个实例。例如，系统只能定义一个默认打印机，如果有两个就不叫默认了。类负责保存它的唯一实例，保证没有其他实例可以被创建(通过截获创建新实例的请求)，并且它可以提供一个访问该实例的方法，这就是单件模式。

(3) 适用性：当类只能有一个实例并且客户从一个众所周知的访问点访问它时(无须选择)，当这个唯一的实例应该是通过子类化可扩展的，并且客户应该无须更改代码就能使用一个扩展的实例时(只有一条通道走到底)。

(4) 实现结构：单件的实现结构如图 7-26 所示。

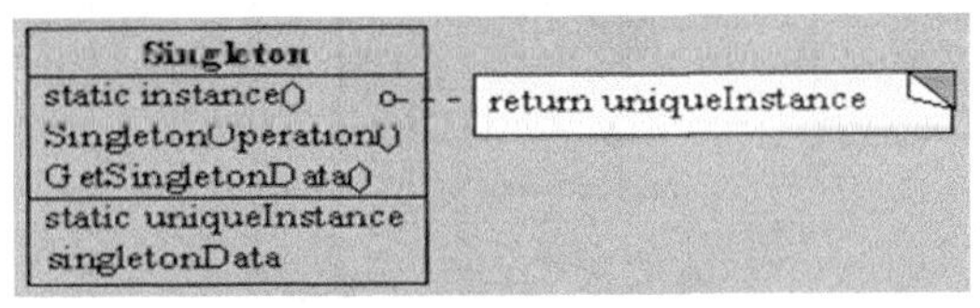

图 7-26 单件模式的实现结构

Singleton：

① 定义一个 Instance 操作，允许客户访问它的唯一实例。Instance 是一个类操作，如 C++ 的静态成员函数；

② 可以负责创建它自己的唯一实例。

(5) 效果：

① 对唯一实例的受控访问。

- 缩小名空间；
- 允许对操作和表示的精化；
- 允许可变数目的实例；

- 比类操作更灵活。

② Singleton 与其他创建型模式并不矛盾，可以用 Singleton 来实现其他模式中的对象，包括 Abstract Factory、Builder、Prototype 等。

③ 多个实例对于构造过程往往并无意义，所以在许多情况下，Singleton 模式比较符合应用背景。

由于篇幅所限，本章面向对象设计模式的其他模式，就不再一一介绍。

7.3.3 创建型设计模式应用实例分析

下面用一个例子，来看创建型设计模式的应用以及它们之间的差异，这个典型的例子来自“设计模式”，作者略加修改。

1. 定义迷宫

网络游戏中，迷宫是一系列的房间，假定一个房间知道它的邻居可能是以下之一：另一个房间、一堵墙、到另一个房间的门。

2. 创建迷宫的类图

迷宫的类图如图 7-27 所示。

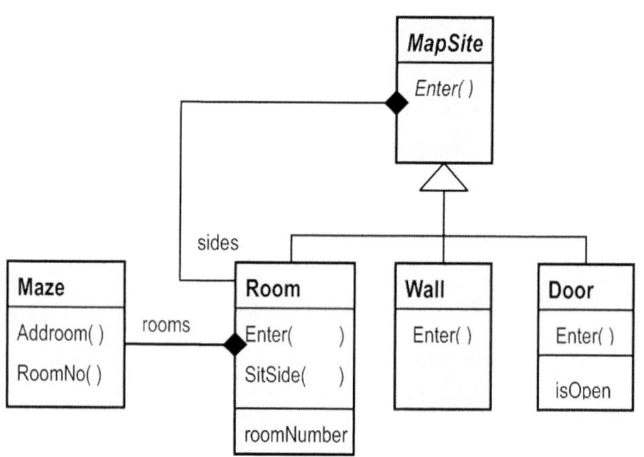

图 7-27 创建迷宫的类图

(1) 类 MapSite 是所有迷宫组件的公共抽象类，作为例子，只定义了一个操作 Enter。

(2) 类 Maze 定义为所有房间的集合。用 RoomNo 操作可以检索到房间。

(3) Enter 的含义取决于想进入哪里？进入房间，位置就发生了改变。如果希望进入一扇门并且门是开着的，就进入了房间。如果是关着的，则不能进入。墙的进入是什么意思？这是为以后的扩展，留的一个“口子”，后面就会看到它的应用。

(4) 特定子类的 Enter 决定在具体位置上的哪个人的 Enter 的结果，是发生位置变化，还是碰壁。所以，在游戏中，Enter 成为玩家对象的一个参数，一种关键机制。

(5) Room 还有指向其他 MapSite 对象的引用，并保存一个房间号，代表迷宫中的房间。类 Maze 定义为所有房间的集合。用 RoomNo 操作可以检索到房间。

3. 创建迷宫——定义类(原始的、不采用设计模式的方法)

按照以上的设想,定义一些生成迷宫的类,先采用最基本的方法:

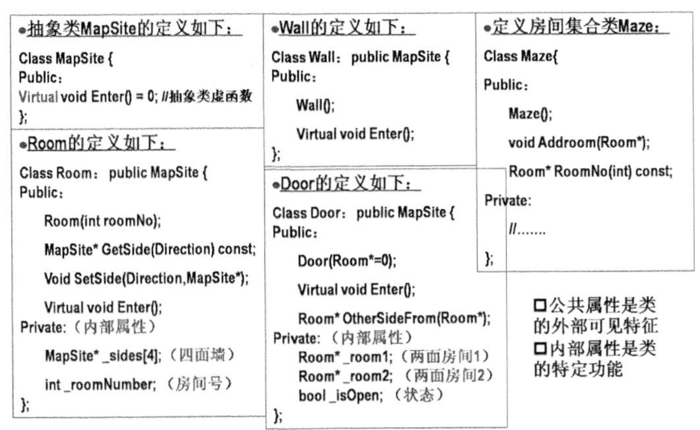

4. 创建迷宫——生成迷宫

用最原始的方法,生成一个迷宫,要求:有两个房间,它们之间有一扇门。代码生成两个房间和一扇门,并把它们加到房间集中。

```
Maze* MazeGame::CreateMaze(){
    Maze* aMaze = new Maze;
    Room* r1 = new Room(1); (创建room类对象,房间编号1)
    Room* r2 = new Room(2); (创建room类对象,房间编号2)
    Door* theDoor= new Door(r1,r2); (Door类对象,在1/2号房间之间)
    aMaze->AddRoom(r1); (将房间1加到Maze中)
    aMaze->AddRoom(r2); (将房间2加到Maze中)
    r1->SetSide(North,new Wall); (房间的外部属性-设置墙的位置)
    r1->SetSide(East,theDoor);   (房间的外部属性-设置门的位置)
    r1->SetSide(South,new Wall);
    r1->SetSide(West,new Wall);   ......
    r2->SetSide(North,new Wall);  为每个房间定义它的
    r2->SetSide(East,new Wall);   墙(有门或没有门),
                                  共8面墙
    r2->SetSide(South,new Wall);
    r2->SetSide(West, theDoor);   如果有一面墙没有定义,
                                  会怎么样?
```

客户需要这样具体生成迷宫的每一个房间,用这样的方法生成的迷宫,最大的缺点是不具有灵活性。如果要想改变房间的布局,只有重新定义或直接修改程序编码,而创建模式可以使设计更灵活。

那么,换一种实现方式,采用设计模式来试试看呢?

5. 思路 1——采用抽象工厂方法

采用抽象工厂模式:客户类和工厂类分开。客户只使用一个相同接口,就可获得不同的实现类,至于是哪个具体的类,如何实现的,他并不知道。其设计思路见图 7-28。

修改设计,以 MazeFactory 为参数的新版本 CreatMaze 修改了老版本对房间布局进行硬编码的缺点。

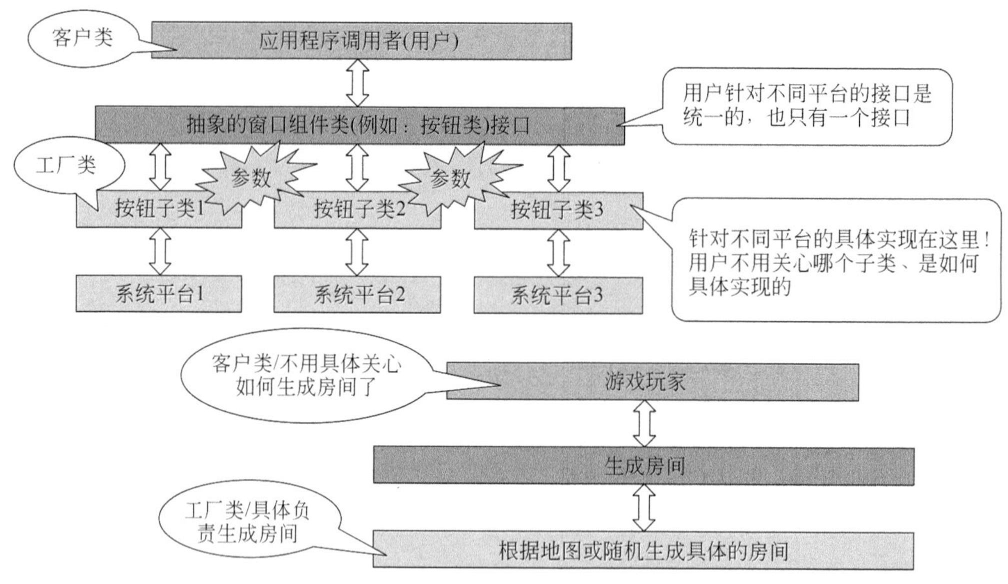

图 7-28 采用抽象工厂模式的迷宫

MazeFactory 是完成这样一个角色任务的类。

(1) 它从一个文件中，读取需要建造的迷宫样式的地图，或者就是一个随机地图生成器，地图成为菜单；

(2) 它获得(地图或随机)迷宫的样式(参数)后，负责建造这个迷宫的具体部件：房间、墙壁、门；

(3) MazeFactory 作为建造迷宫程序 CreatMaze 的参数，这样，用户可以通过指定参数(地图或随机)，来获得他们的新迷宫，而不需要修改程序。

以下程序是思路 1 的实现(客户类)。这是以 MazeFactory 为参数的新的 CreatMaze 程序。

```
Class MazeFactory{
Public:
  MazeFactory(); (地图参数，根据此参数...：)
  virtual Maze* makeMaze() const
        { return new Maze; } (得到房间)
  virtual Wall* makeWall() const
        { return new Wall; } (得到墙)
  virtual Room* makeRoom( int n ) const
        { return new Room( n ); } (得到房间号)
  virtual Door* makeDoor(Room* r1,Room* r2) const
        { return new Door( r1 , r2); } (得到门)
};
```

以下是修改后的生成迷宫程序：

```
Maze* MazeGame::CreateMaze( MazeFactory & factory ) {
    Maze* aMaze = factory.MakeMaze() ;
    Room* r1 = factory.MakeRoom(1) ;      房间生成
    Room* r2 = factory.MakeRoom(2) ;
    Door* aDoor= factory.MakeDoor( r1 , r2 ) ;
    aMaze->AddRoom(r1);
```

```
    aMaze->AddRoom(r2);
    r1->SetSide(North, factory.MakeWall());
    r1->SetSide(East, factory.MakeWall());
    r1->SetSide(South, factory.MakeWall());
    r1->SetSide(West, factory.MakeWall());
    r2->SetSide(North, factory.MakeWall());
    r2->SetSide(East, factory.MakeWall());
    r2->SetSide(South, factory.MakeWall());
    r2->SetSide(West, factory.MakeWall());
    return aMaze;
};
```

内部布局全部由地图决定

实际上，要建造成什么样的迷宫（哪里是墙、哪里是门），完全取决于 MakeFactory，也就是完全取决于地图或随机的了，客户自己不用做任何事情；在老版本上，如果地图改变了，需要直接改程序。

6. 思路 2——采用生成器方法

再深入一点：采用生成器方法，看看有什么效果。生成器方法适合更复杂的创建过程，并把这个过程更细化（通过继续定义这个过程的子类——把补丁一直打下去），来实现创建。

图 7-29 是生成器方法的思路示意图。

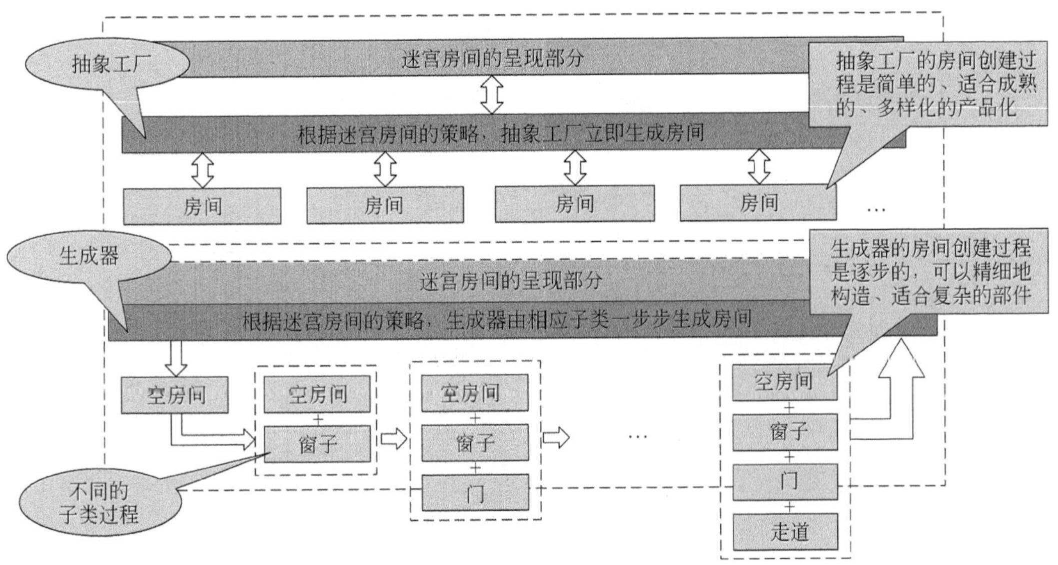

图 7-29　采用生成器模式的迷宫

生成器方法的实现：为 Makefactory 创建一个子类 EnchantedMazeFactory。这是一个创建施了魔法的迷宫的工厂。EnchantedMazeFactory 将重新定义不同的成员函数并返回 Room、Wall 等不同的子类。代码如下：

```
Class EnchantedMazeFactory : public MazeFactory {
Public:
  EnchantedMazeFactory();
  virtual Room* makeRoom( int n ) const
```

```
        { return new EnchantedRoom( n , CastSpell() ) ; } （重新定义房间）
    virtual Door* makeDoor(Room* r1,Room* r2) const
        { return new DoorNeedingSpeell( r1 , r2 ) ; } （重新定义门）
Protected:
    Speel* CastSpell() const ; （改变因子 —— 子地图）
};
```

7. 思路 3——采用工厂方法

前面的两种方法，把房间的生成交给别人去做，这样，客户（这里是房间生成 MakeGame）可以很轻松地得到默认的实现。

如果还有进一步的要求：房间里可能还有炸弹，炸弹爆炸后，墙壁就被炸坏了，房间与房间之间就可以连通了。这在游戏开始的时候——安排房间的时候——是不知道的。

这就是工厂方法：

(1) 当一个类不知道它所必须创建的对象的类，例如，在组合对象情况下，创建一个对象的类型还依赖未知的其他类的参数选择；

(2) 当一个类希望由它的子类来指定它所创建的对象的类，而使得实例化延后的情况。

图 7-30 是工厂方法迷宫的思路。

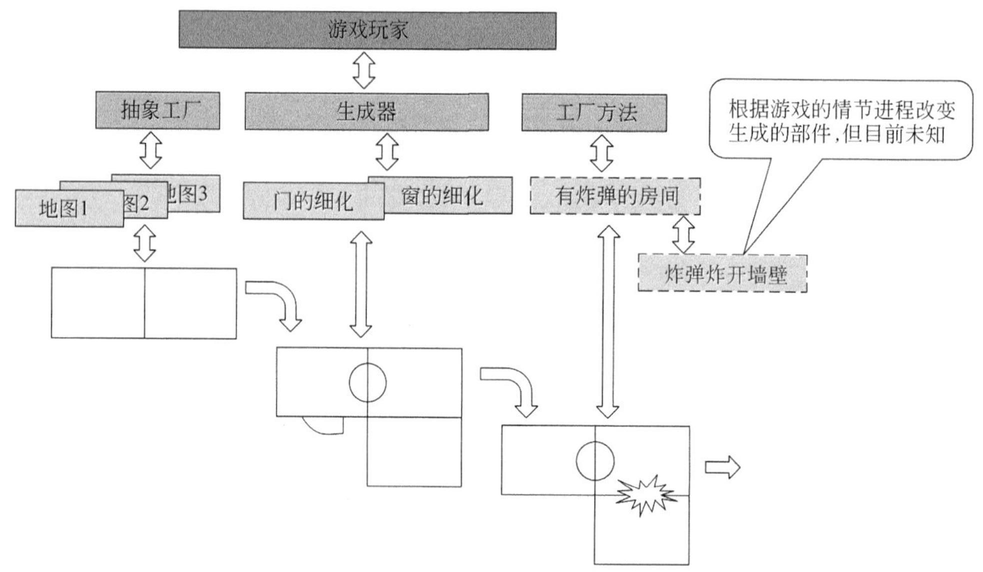

图 7-30 采用工厂方法模式的迷宫

8. 思路 3 的实现

现在可以比较真实一点来实现迷宫游戏了。假设：在每个房间里可以有一颗炸弹，有一个 Room 的子类 RoomWithABomb，来说明房间里是否有炸弹以及炸弹的状态（是否爆炸了）。

如果这个炸弹爆炸，将至少炸毁墙壁。也将有一个 Wall 的子类 BombbadWall，来表明爆炸对墙壁的损坏。

最后，还需要一个类是 BombadMazeFactory，一看名字就知道它是 MazeFactory 的子类。它的作用仅是保证它所生产出来的房间墙壁是炸毁了的(BombbadWall),而房间是 RoomWithABomb 类的。

BombadMazeFactory 重定义两个函数:

```
Wall * BombadMazeFactory::MakeWall () const {(墙是可以炸的)
      return new BombadWall;
}
Room * BombadMazeFactory::MakeRoom (int n) const {(房间里有炸弹)
      return new RoomWithABomb(n);
}
```

注意: 在这里是添加了一些 MakeFactory 的子类。

这样,在房间里放一个炸弹就成为一件简单的事情: 为建造包含炸弹的房间,仅需要在 CreatMaze 中调用 BombadMazeFactory 就可以了。

```
MazeGame game;
BombadMazeFactory factory;
game.CreatMaze(factory);
```

在 CreatMaze 中,现在使用的是 SetSide 操作来设置墙壁。如果使用 BombadMazeFactory 创建房间,那么迷宫就可能有已经炸坏了墙壁的房间。

更复杂一点的情况,如果以前的墙壁是好的,爆炸发生以后,墙壁坏了,重新生成墙壁(动态改变),给 CreatMaze 新的参数就可以了。

9. 用创建型模式生成迷宫的总结

在这个例子中:

(1) 实现 1 的方法: 通过传递一个对象给 CreatMaze 作参数,不同的参数代表生成不同的房间、墙壁和门,这是抽象工厂方法(Abstract Factory)。

(2) 实现 2 的方法: 通过传递一个对象给 CreatMaze,这个对象可以在它所创建的迷宫中,使用更复杂的操作过程(调用不同的子类-子地图),逐步增加房间、墙壁和门,来全面创建一个新迷宫,可以使用继承来改变迷宫的部分或迷宫的建造方式,这是生成器方法(Builder)。

(3) 实现 3 的方法: 没有办法直接用硬编码生成带有炸弹的房间、炸坏了的墙壁和门,而是采用创建 MazeGame 的一个子类,CreatGame 调用这个修改后的虚函数,来改变被实例化的类,这是工厂方法(Factory Method)。

(4) 如果 CreatMaze 由多种原型的房间、墙壁和门对象参数化,它复制并将这些对象增加到迷宫中,那么可以用不同的对象替换这些原型对象以改变迷宫的构成,这是原型方法(Prototype)。这个方法的例子,上面没有用到。它好像不够灵活,什么是原型? 什么是参数?

(5) 单件方法也没有提到,可以补充,例如,只能有一个炸弹,或某处只能被炸一次(反复炸不能改变什么)。

在这个例子中,可以看到:

(1) 客户(MazeGame)自己并不创建房间;

(2) 创建房间的过程(细节)是封装的;

(3) 客户可以完全不管会生成出来什么样的房间(根据地图或随机),也可以通过给定参数,决定某些因素,甚至可以针对延后发生的情况,产生变化的房间。

通过案例,看到几种主要的创建模式的类似与区别之处如下。

(1) 工厂方法:生成创建对象的类的子类,现在没法决定的以后再定(订单交给工厂,由它们去搞定)。

(2) 抽象工厂、生成器、原型:定义一个类(用户类),专门负责明确产品对象的类,这是负责选择产品的人。

① 抽象工厂:有多个类的对象(产品库)。

② 生成器:复杂的协议。

③ 原型:通过复制原型对象来创建。

具体应该使用什么模式,根据具体情况决定。

7.3.4 设计模式的选择与运用思路

1. 选择合适的对象

(1) 帮助寻找合适的类和对象。

面向对象技术的分析和设计最困难的是寻找合适的类和对象。从问题域中,通常通过挑出名词(主角和责任)和动词(行为和协作)寻找合适的类和对象。但是,系统也可能需要现实世界中并不存在的类和对象(系统关键质量需求、抽象接口处理等)。类和对象的分解关系到系统软件架构的构成方式,要考虑的因素有:封装、粒度、依赖关系、灵活性、性能、演化、复用等。因此,使用设计模式可以帮助解决这些问题。

(2) 决定对象的粒度。设计模式可以很好地描述处理对象粒度的方法。

(3) 指定对象接口。设计模式通过确定接口的组成成分及经接口发送的数据类型,来帮助定义接口;设计模式还可以指定接口之间的关系,例如,它们经常要求一些类具有相似的接口或对一些类的接口做出限制。

(4) 描述对象实现。

(5) 运用复用机制。

(6) 关联运行时刻和编译时刻的结构。

(7) 设计对变化的支持。

2. 如何选择设计模式

(1) 考虑设计模式是怎样解决设计问题的?

(2) 浏览模式的意图部分;

(3) 研究模式之间的相互关联;

(4) 研究目的相似的模式;

(5) 检查重新设计的原因;

(6) 考虑设计中哪些是可变的;

(7) 如何使用设计模式；

(8) 大致浏览一遍设计模式；

(9) 研究选择的模式的结构、参与者和协作部分；

(10) 看一下代码示例部分；

(11) 选择模式参与者的名字，使它们在应用上下文中具有意义；

(12) 定义类；

(13) 定义模式中专用于应用的操作名称；

(14) 实现执行模式中责任和协作的操作。

7.4 组件与组件的运用

7.4.1 组件概念与 COM 组件的基本特性

1. 组件的定义

组件是一种基于面向对象概念的部件操作互连和通信、可独立发布的二进制模型。组件的核心，是基于本地过程调用 LPC、远程过程调用 RPC 和标准操作接口的系统互连的工业标准，所以，组件不是一种设计方法，而是一种支持可组装的、可执行代码的架构标准。

在以下的例子中，可以很清楚地看到，基于 COM 组件的开发和使用，最主要的特点就是由于组件接口的标准和规范化，使得开发和使用都变得非常简单。

组件技术的发展受到以下因素的驱动。

(1) 希望把庞大和复杂的、集中式的系统，分解为独立的、相互协作的多个模块的组合系统的模块，具有独立结构和功能，可通过接口相互协作，模块可单独设计、开发、编译、测试和维护。当硬件/软件环境、用户需求变化时，可只对个别模块进行修改，重新组装后就得到新系统。

(2) 希望提高软件复用度，加快软件开发的效率和质量。重点是通过提高部件的互操作性，既使部件的组装更简单，又使已有部件的复用度得以提高。

(3) Internet 的发展，为分布式计算提供了更大的可能。

以上三个主要原因，导致组件技术获得发展，而 COM/DCOM 等组件模型的独立发布特性，实现了“接口与实现分离”，成为在 Internet 上实现多层软件架构的重要支持技术。

随着 Internet 的广泛应用，许多应用程序需在网络环境的异构平台上运行，将应用扩展到局域网、广域网甚至是 Internet 上已经成为用户的普遍要求，这样，分布计算成了新的热点。20 世纪 80 年代中后期，以支持信息共享的应用需求为核心，形成了面向过程的第一代分布计算技术。分布计算环境基于面向对象技术及 C/S 结构的分布式计算技术，提供了网络环境下不同软、硬件平台资源共享和互操作的有效手段。

以 COM/DCOM 为代表的组件技术，更适合于现代基于 Web 应用的软件开发需要与环境：采用组件技术的开发可以使软件更新加快、规模更大、更强调协作等，而基于组件的软件工程，则更支持发展一种软件 IC 的新概念。

2. COM 的组件特性

COM 是 Component Object Model(组件对象模型)的缩写,DCOM 是 Distributed COM(分布式组件对象模型)的缩写。COM 于 1993 年发布,脱胎于微软的 OLE。

COM 主要有以下三个组成部分。

(1) COM 组件:可独立发布的二进制组件,在 Windows 平台上为 DLL 或者 EXE。

(2) COM 对象:通过 COM 接口提供服务。

(3) COM 接口:客户与对象之间的协议,对象实现 COM 接口,客户使用 COM 接口。

组件的表示方法如图 7-31 所示。

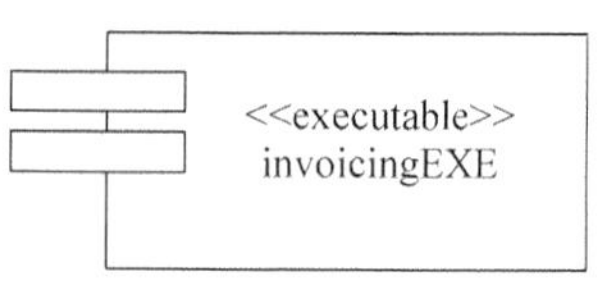

图 7-31 组件表示法

下面以 COM 为代表,简单罗列一下组件的一些特性。

1) COM:组件对象模型特性

(1) 建立在二进制层次上的标准:

① 许多概念与 C++ 的特征相似,如 vtable(虚表,记录了本类中所有虚函数的函数指针);

② 程序与程序之间的通信建立在此基础上。

(2) COM 规范:

① 平台无关;

② 定义了大量的标准接口用于各种用途。

(3) COM 实现:

① 平台相关;

② Windows 实现了规范要求以及许多辅助功能。

(4) 语言无关:规范和实现都是语言无关的。

(5) 进程透明与位置透明。

(6) 可重用性。

(7) 多线程特性。

(8) 可扩展性。

2) COM:结构

组件的对象特征:组件是对象,是类的实例。

(1) 组件是一种对象:

① 组件由内部数据成员和操作方法组成;

② 数据成员维持了组件的运行状态,反映了组件的生存周期;

③ 操作方法是组件提供给外部的操作函数的集合。

(2) 组件是类的实例:

① 组件只能通过其类的实例化后,才能运行。

② 在请求组件服务前,必须首先对组件实例化。

③ 根据设计的不同,分为组件实例和实例代理。组件实例对应动态链接库 DLL,实例代理对应执行程序 EXE(注意:按照 COM 规范实现的 DLL,可以被视为 COM 组件,若不符合 COM 接口规范,则就是普通的 DLL。两者的区别在下面的例子中可以看到)。

3) COM：用户特性

COM 的用户特性：

(1) 组件可以有多个接口，用户只能通过接口访问组件；

(2) 对组件的用户而言，组件的运行是一种客户/服务器结构；

(3) 从用户看，组件是可能不知道在网络什么地方的一个可提供应用逻辑操作的服务器，可多用户访问。

组件作为应用服务器，应支持多线程、同/异步调用等复杂控制。

4) COM：接口

接口定义：

(1) COM 组件规范采用 OSF(Open Software Foundation，开放软件基金)的 DCE 规范，是在描述远程过程调用的接口描述语言(Interface Description Language，IDL)的基础上，进行扩充形成的。IDL 是一种不依赖任何程序语言的接口描述方法。

(2) 全局唯一标识符(Globally Unique IDentifier，GUID)是一个 128 位的整数，唯一地标识 COM 对象或接口 IID(Interface Identifier)。

(3) 每一个接口都有 IID。

(4) COM 接口具有不变性，只允许单继承。

(5) COM 对象可实现多个 COM 接口，这体现了 COM 的多态性，这些接口都由基接口 IUnknown 管理。

(6) 基接口 IUnknown 是所有 COM 对象都必须实现的接口，其他接口继承此基接口，如图 7-32 所示。

5) COM：进程类型

(1) COM 对象的载体

组件的主体服务代码和使用组件的代码可以在同一个进程中，也可以不在；为此，组件实现有两种进程模型。

(2) 进程内组件

DLL：在加载运行时，被自动安装在启动和应用它的进程中，在同一个进程空间中运行。

(3) 进程外组件

① 组件是执行程序 EXE；

② 组件是 DLL，但在远程通过 RPC 实现。

(4) COM：进程内与进程外组件

① 进程内组件，如图 7-33 所示。

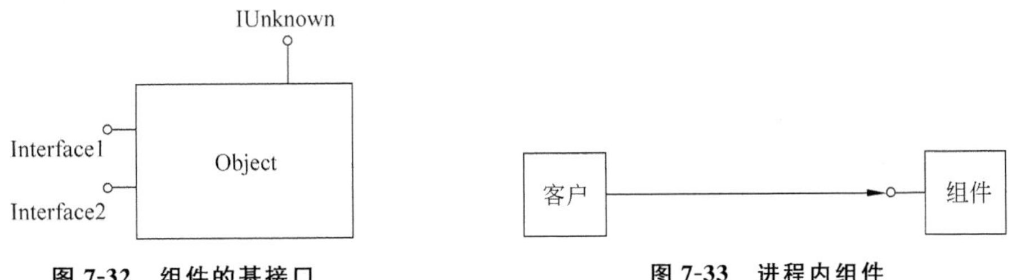

图 7-32　组件的基接口

图 7-33　进程内组件

② 进程外，但同一节点，如图 7-34 所示。

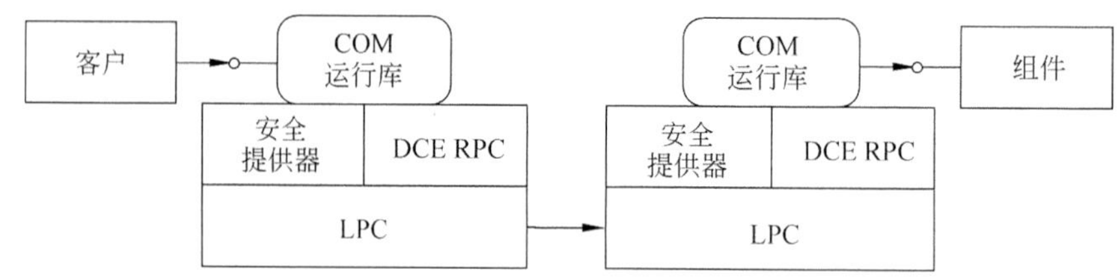

图 7-34 进程外，但同一节点的组件

③ 进程外，不同节点的外部组件，如图 7-35 所示。

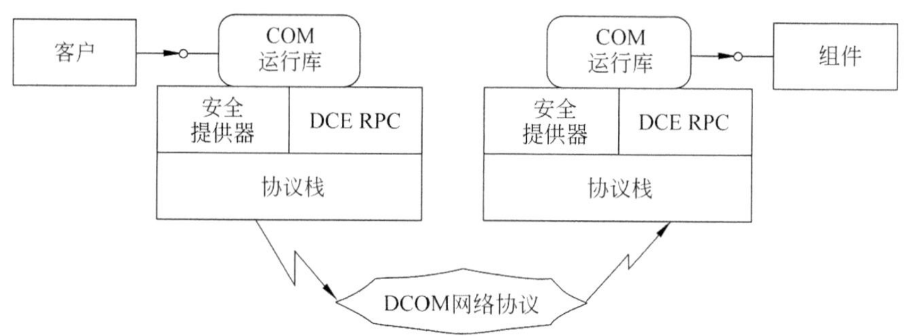

图 7-35 进程外，不同节点的组件

6) COM 组件与客户机的通信机制

COM 组件与客户机的通信机制如图 7-36 所示。

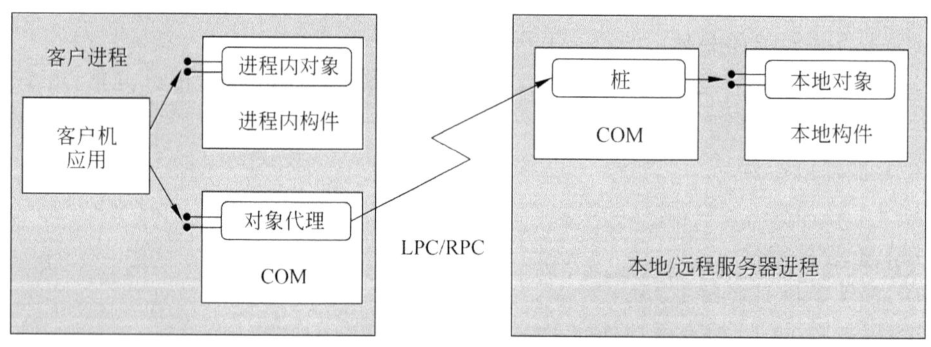

图 7-36 COM 组件与客户机的通信机制

(1) 按 IDL 格式定义接口，并经编译后产生两个 DLL，在用户本地的叫代理(Proxy)，在服务器端(本地/异地)的叫桩(Stub)；

(2) 客户程序与代理为同一进程，桩与 COM 在服务器进程；

(3) LPC/RPC 只在代理和桩之间进行通信；

(4) 代理和桩负责在用户进程与 COM 间进行参数和结果的翻译、传递和返回。

7) COM 实现：COM 库

(1) COM 库是 COM 标准的系统级实现，为 COM 对象的标识和创建、内存管理、组件程序的卸载等，提供了一组标准的接口和辅助函数。

(2) 在 Windows 系统中,COM 库主要包括 OLE32. DLL 和 RPCSS. EXE 文件。它们的产生过程如图 7-37 所示。

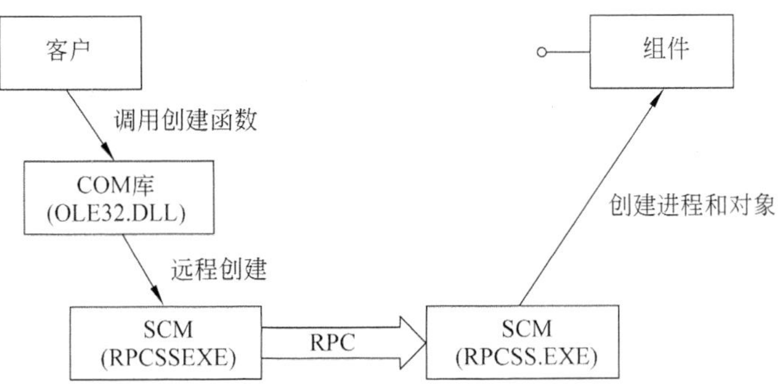

图 7-37 OLE32. DLL 和 RPCSS. EXE 文件的产生过程

8) COM 实现：注册表

(1) 系统注册表

① 全操作系统范围发布组件信息、对象信息、接口信息的仓库；

② 是用户程序、组件程序、COM 库交互上述信息的场所。

(2) 注册工具和配置工具

① Regsvr32. exe

② . reg

③ 自注册 -RegServer

④ DCOMCNFG. EXE

⑤ MTS Explorer、活动目录

9) 远程 COM 对象激活过程：

远程 COM 对象激活过程如图 7-38 所示。

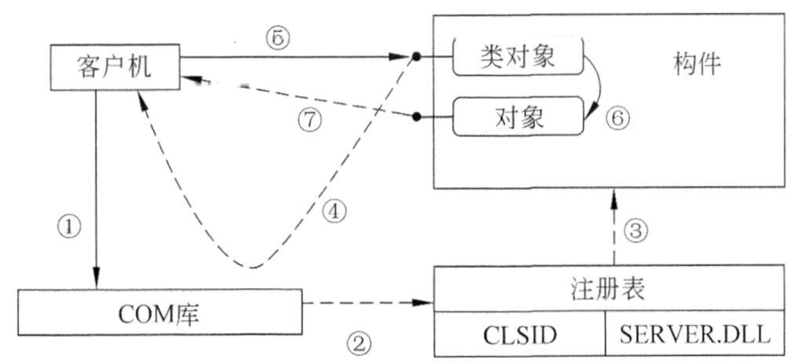

图 7-38 远程 COM 对象激活过程

(1) 客户调用；

(2) COM 库定位所请求的类对象；

(3) 组件被启动；

(4) 类对象创建成功后将指针经 COM 库返回给客户；

(5) 客户通过接口创建 COM 对象实例；

(6) 对象被创建；

(7) 将接口指针返回给客户机。

7.4.2 使用普通 DLL 实现的应用程序案例

为了与 COM 组件的实现与使用做对比,首先看一个使用普通 C++ DLL 的实现与使用的案例,这在一般的 C++ 教材中都可以找到。本案例取自王育坚编著的《VC++ 面向对象编程教程》。

1. 创建 DLL

在 VC++ 6.0 IDE 上,执行 File|New 命令,选择 Project,选择 MFC App Wizard [dll]项目类型,取项目名称为 Mymfcdll,单击 OK 按钮。进入 MFC AppWizard 对话框,在对话框中,选择要创建的 DLL 的类型和链接方式为:常规、共享,单击 Finish 按钮,MFC App Wizard 自动完成 DLL 框架文件 Mymfcdll.cpp 的生成。

在生成的 Mymfcdll.cpp 文件中,添加功能函数。打开 Mymfcdll.cpp 文件,在其中添加如下代码(注意区别框架已经生成的代码和需要修改的代码部分):

```
CMymfcdllApp theApp;
_declspec(dllexport) char * WINAPI GetDateAndTime()
{
    AFX_MANAGE_STATE(AfxGetStaticModuleState())
    char * szDateTime;
    struct tm * newtime;
    time_t long_time;
    time(&long_time);
    newtime=localtime(&long_time);
    szDateTime=asctime(newtime);
    return szDateTime;
}
```

在头文件 Mymfcdll.h 中,添加函数 GetDateAndTime()的声明,并在函数头前,使用导出关键字_declspec(dllexport)。添加头文件的代码如下:

```
#include "resource.h"                              //main symbols
//////////////////////////////////////////////////////////////////////////////
//CMymfcdllApp
//See Mymfcdll.cpp for the implementation of this class
_declspec(dllexport) char * WINAPI GetdateTime();
//##ModelId=511C951300FE
class CMymfcdllApp : public CWinApp
{
public:
//##ModelId=511C95130105
    CMymfcdllApp();
    ⋮
```

编译项目，并生成动态链接库 Mymfcdll. dll 和关联库 Mymfcdll. lib。将 Mymfcdll. dll 复制到 Windows 的 system 目录下，应用程序就能够调用 Mymfcdll. dll 中的 GetDateAndTime()函数了。

2. 采用隐式链接的方式使用 DLL

在 VC++ 6.0 的 IDE 上，选择用 MFC App Wizard[exe]向导，创建一个单文档应用程序 MyDLLDemo1. cpp。创建后，打开该项目的 ResourceView 工具编辑器，添加一个时钟按钮，双击工具栏上该按钮，将其属性 ID 设为：ID_DATEANDTIME。

利用 ClassWizard 类向导为类 CMainFrame 添加按钮 ID_DATEANDTIME 的命令处理函数 OnDateandtime()，并编写如下代码：

```
void CMainFrame::OnDateandtime()
{
    char * szDT;
    szDT=GetDateAndTime();
    AfxMessageBox(szDT,MB_OK,0);
}
```

在 MainFrm. h 文件中，类 CMainFrame 定义前，将函数 GetDateAndTime()声明为外部定义(extern)的函数，修改如下：

```
extern char * WINAPI GetDateAndTime();
class CMainFrame : public CFrameWnd
{
protected: //create from serialization only
CMainFrame();
DECLARE_DYNCREATE(CMainFrame)
...
```

将 Mymfcdll. dll 复制到 Windows 的 system 目录下，将 Mymfcdll. lib 复制到应用程序 MyDLLDemo 所在的目录下(隐式链接需要指定 lib)，执行 Project|Setting 菜单命令，在 Link 页面的 Object/library modules 编辑框中，输入导入库 lib 的存放路径和文件名：debug/Mymfcdll. lib。

编译、链接并执行 MyDLLDemo1，在弹出的菜单上，单击时钟按钮，则会出现一个显示系统当前日期和时间的信息框，程序运行结果如图 7-39 所示。

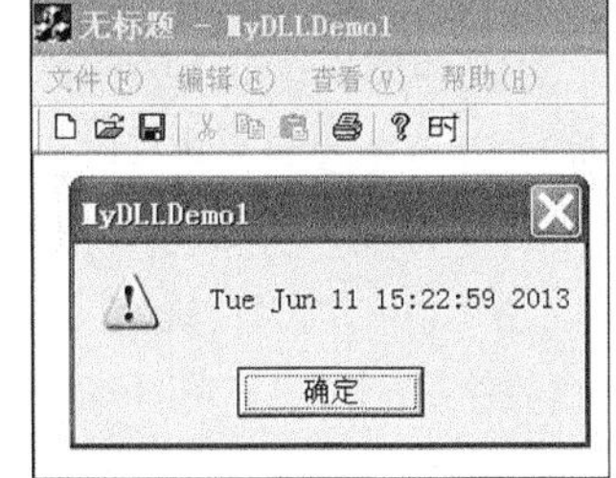

图 7-39 MyDLLDemo1 的运行结果

3. 显式链接的使用方式

DLL 的隐式链接是指应用程序被加载时，由 Windows 自动加载应用程序将要用到的 DLL，而显式链接则需要在应用程序运行到某个使用 DLL 的地方，自己用加载函数，如 loadLibrary，来动态加载。其他没有区别。在此，就不展示显式链接了，原书有例子可以参考。

从上述案例中可以看到，普通 DLL 被创建出来，并作为系统动态库的一个部分，放到

system 目录下之后，使用者通过声明一个外部函数调用的方式，在程序被加载时，由系统自动加载 DLL 函数（隐式），或干脆自己在需要的时候，用加载函数“手动”加载。函数本身、调用者之间，再没有任何其他约定，调用和返回的参数如何、代表何意，大家都是“心知肚明”，外人也不得而知。所以，自己写的 DLL，如果不说明接口及使用方法，第三者使用比较困难。

7.4.3 使用 WMP 的 COM 组件实现媒体播放器

最简单，也可以说是最神奇的基于组件的应用，莫过于编写一个音乐媒体播放器了。下面简单介绍其最基本的实现过程，然后再做分析。本案例使用 VS 2010 的 C#实现，其实与具体语言无关。

1. 创建播放器项目

(1) 在 VS 2010 上，选择“文件”|“新建”|“项目”命令，在项目类型中展开 Visual C#，选中 Windows 项目。在模板中选择“Windows 应用程序”，指定名称和位置（自定义），单击“确定”按钮。

(2) 从工具箱里拖一个 Button 控件，放到新出现的 Form1 窗体中，将其 Text 属性设为“打开”，其他属性都可以不改。

2. 添加 WMP 控件

(1) 在 VS 2010 菜单上，单击“工具”|“工具箱项”命令，在弹出的“选择工具箱项”对话框中，选择“COM 组件”选项卡。在选项卡中选中 WMP，单击“确定”按钮，Media Player 组件添加到了 VS 2010 工具箱中。

(2) 在工具箱中，找到这个新添加的工具（一般会被放在最下面），将其拖到 Form1 窗口中，此时，在窗口中将出现一组播放器操作的按钮。需要哪些，不要哪些，可以在右击这个控件后出现的设置窗口中选择。此步骤即向应用系统导入了 WMP 组件。该组件是原存放在 Windows/system32 目录下的 wmp.dll。

在 Form1 窗口空白的地方，单击右键，看到窗口的属性表，不要关闭，单击 Player 控件，出现 Player 控件的属性表。（直接在 Player 上单击右键，将出现的是 Player 常规/高级属性窗口，这是 Player 的部分用户属性，可以设置 Player 的部分初始值。实际上这是 Player 对象的属性的可视化窗口，当然也可以通过程序进行设置，这在 7.4.4 节讨论）。在控件属性窗口中设计一栏，可以看到：Player 控件对应的对象名为 axWindowsMediaPlayer1。这就是刚才拖动 WMP 控件到 Form1 窗口的时候，VS 2010 为项目创建的 Player 对象（具体名字由 VS 2010 确定，也可能是 WMP****等，用查看控件属性的方法，可以知道最终取的名字是什么）。在 Form1.cs 文件中，也可以看到所对应的代码：

```
private void axWindowsMediaPlayer1_Enter(object sender, EventArgs e)
    {
    }
```

3. 添加文件操作

(1) 从工具箱中找到 openFileDialog 控件，拖到新的窗体中。添加成功后将会在窗体 Form1 之外(下面)的托盘中出现 openFileDialog1,这是在 Form1 上单击“打开”按钮后,将出现的文件选择窗口。

(2) 设置“打开”按钮的 Click 事件代码。

双击“打开”按钮,在代码文件相应函数内,添加如下处理代码:

```
private void botton1_Click(object sender, EventArgs e)
{
    this.openFileDialog1.ShowDialog();
}
```

该代码表示,单击“打开”按钮后,将弹出一个文件选择窗口,选择要播放的音乐文件。

(3) 设置 openFileDialog1 的 FileOk 事件代码。

双击 openFileDialog1 控件,在相应位置添加如下代码:

```
private void openFileDialog1_FileOk(object sender, CancelEventArgs e)
{
this. axWindowsMediaPlayer1.URL= openFileDialog1.FileName;
}
```

该代码表示:选中音乐文件后,将文件名赋给 axWindowsMediaPlayer1 对象的 URL 属性,即作为当前播放器的播放文件。

4. 运行

在“解决方案资源管理器”中右击此项目,在快捷菜单中选择“生成”命令,编译成功后,在 VS 2010 菜单上,选择“调试”|“启动调试”命令,此时可以看到此项目的运行结果,如图 7-40 所示。

图 7-40 播放器运行结果

一个最简单的媒体播放器就完成了,除了可以播放在打开文件时选择的音乐外,还可以有多个音乐播放操作按钮,都可以试一试。

在这个例子中,程序只创建了一个文件选择按钮和选择窗口,与音乐播放有关的一切,都是称为 Windows Media Player(WMP)的 COM 组件帮助完成的。当然,它的功能还有很多,这里只演示了播放一项功能而已。

使用 COM 组件比使用普通的 DLL 要简单得多。只要知道组件的对象是什么(在本例中是 axWindowsMediaPlayer1),该对象的属性和方法是什么?(这个当然要知道,7.4.4 节介绍。)组织好自己的“业务流程”,也就是什么时候放什么曲子,放第几首,是顺序播放还是随机播放,然后直接用这个对象就可以了。用架构师的眼光看,就是:表现层需要自己设计(COM 还可以帮助换皮肤),业务逻辑层(什么时候放哪只曲子)要自己组织,到业务实体层,就可以直接调用 COM 组件了。永久存储层就是播放文件目录(现在播放目录的概念,已经是广义的 URL 了),只要指定一下播放文件或目录(或 URL)就可以了。

7.4.4 理解 WMP 组件的对象模型

为了增强 Windows Media Player(WMP)的功能以及推广它的应用，微软公司提供了对 WMP 进行二次开发的 WMP SDK，利用该 SDK，可以在浏览器及应用程序中嵌入 WMP，并对它进行控制，还可以自定义播放器的外观以及创建供 Web 用户访问 Windows Media 流媒体格式文件的元文件和 Windows Media 下载包等。

为了能够理解并使用 SDK，这里简单对 WMP SDK 作一介绍。

WMP SDK 包括 5 部分，分别为：WMP 对象模型、Windows Media Player Skins(皮肤)、Windows Media 元文件、WMP 插件和 WMP 在线商店。限于篇幅，本节只对 WMP 对象模型部分进行介绍，其余部分请同学们自己找相关资料学习。

1. WMP 组件的对象模型

在 WMP SDK 中提供了 WMP 控件，它是一个基于 COM 组件技术的 ActiveX 控件，通过它可以在网页中嵌入播放器或者在利用 VB、VC++、C# 等语言开发的应用程序中嵌入播放器应用，后面将具体介绍使用这种控件开发媒体播放器的例子。

理解 WMP 对象模型是利用 WMP 控件进行编程的基础，同时它也是 WMP Skins 编程时的对象模型，从版本 9 以后，各个版本对象模型的差别不是很大，最新版本 11 中对象模型的结构如图 7-41 所示。

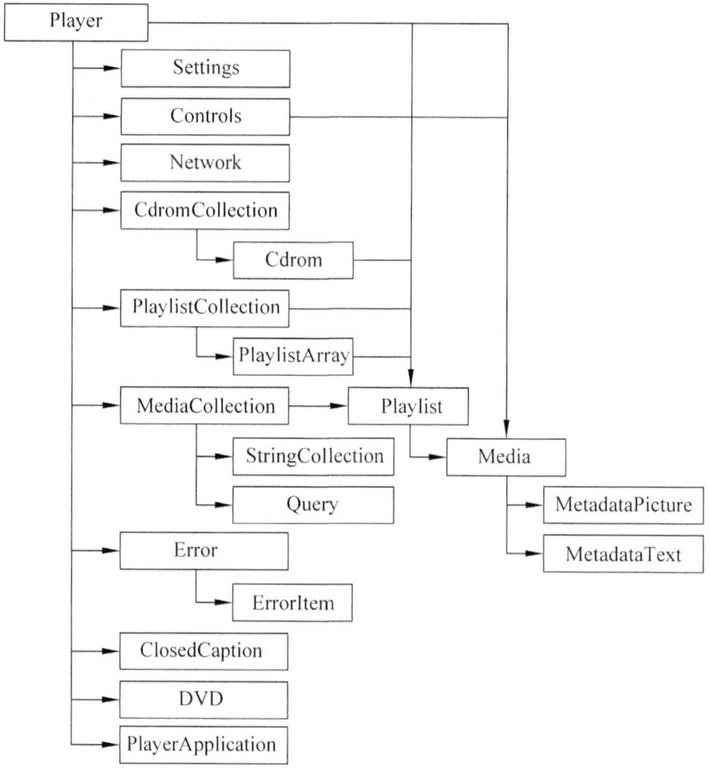

图 7-41 WMP 对象模型

Player 对象是 Windows 媒体播放器控件的核心对象。其他所有的相关对象都通过特定的属性连接到这个对象，只有通过该对象的特性属性才能返回其他对象。例如，Settings 对象要通过 settings 属性才能访问。Player 对象提供方法、属性和事件与 Windows 媒体播放器的核心功能相关联。

该对象模型中几个其他主要对象的功能如表 7-1 所示。

表 7-1　WMP 对象模型中主要对象

对　象　名	功　　能
Settings	用来控制音量、播放次数、静音等
Controls	进行播放控制如播放、停止、暂停等
CdromCollection	用来管理 CD 或 DVD 驱动器中的媒体文件
PlaylistCollection	用来管理播放列表
MediaCollection	用来管理媒体库
Error	进行出错处理
ClosedCaption	用来在媒体中包含字幕信息
DVD	用来对 DVD 提供的各种播放功能进行控制
PlayerApplication	提供在 C++ 中控制嵌入的播放器

版本 11 的对象模型比之前的版本多了一个 Query 对象，用来实现对媒体库的查询，另外，版本 9 中原来有一个 External 对象，用来在播放器中嵌入 Web 页面，该对象从版本 10 后用在 WMP 在线商店。

2. WMP 对象的属性和方法与使用

了解了 WMP 控件的对象模型，下面再稍微再展开一点 WMP 对象的属性和方法，这样，就对 WMK 控件的使用有了基本的了解，而不只是知其然不知其所以然。

这里只介绍最基本的属性和方法。

1) Player 对象的基本属性与使用

从 WMP 对象模型可以看出，Player 是 WMP 最主要的对象，而其属性又是连接其他对象的纽带。其关键属性、属性性质和作用如下。

(1) URL-string：指定媒体位置，可以是本机，也可以是网络地址。

(2) uiMode-String：播放器界面模式，可为 Full、Mini、None、Invisible。

(3) PlayState-integer：当前播放状态，1＝停止，2＝暂停，3＝播放，6＝正在缓冲，9＝正在连接，10＝准备就绪；状态变化时会触发 OnStatusChange 事件。

(4) enableContextMenu-Boolean：显示/不显示播放位置的右键菜单。

(5) fullScreen-boolean：是否全屏显示。

(6) stretchToFit-boolean：非全屏状态时是否伸展到最佳大小。

在 7.4.3 节的简单播放器中，已经见到了使用 URL 属性的例子，使用 PlayState 例子的代码如下：

```
if (axWindowsMediaPlayer1.playState== (WMPLib.WMPPlayState)1)        //循环播放
```

```
{//如果当前播放的是最后一首就循环到第一首再开始播放
    if (listBox1.SelectedIndex==listBox1.Items.Count-1)
    {
        listBox1.SelectedIndex=0;
    }
    else            //如果当前播放的不是最后一首就播放下一首
    {
    listBox1.SelectedIndex++;
    axWindowsMediaPlayer1.URL=filenames[listBox1.SelectedIndex+1];
    }
}
```

2）settings 对象的属性和使用

wmp. settings 是播放器的基本设置，其属性如下。

(1) settings. volume-integer：音量，值为 0～100。

(2) settings. autoStart-Boolean：是否自动播放。

(3) settings. mute-Boolean：是否静音。

(4) settings. playCount-integer：播放次数。

使用的例子有：

```
private void 升高音量 ToolStripMenuItem_Click(object sender, EventArgs e)
{
this. WindowsMediaPlayer1.settings.volume+=5;
}
```

其他对象及其属性的例子就不一一枚举了。

3）controls 对象的属性和方法及其使用

wmp. controls 无疑是播放器最基本的控制对象，其主要属性如下。

(1) controls. currentPosition-double：当前进度，双整数值型。

(2) controls. currentPositionString-string；当前进度，字符串格式，如"00:23"。

主要方法主要有：

(1) controls. play：播放。

(2) controls. pause：暂停。

(3) controls. stop：停止。

(4) controls. fastForward：快进。

(5) controls. fastReverse：快退。

(6) controls. next：下一曲。

(7) controls. previous：上一曲。

使用的例子如下：

当单击“播放”、“暂停”、“停止”等按钮后，可直接使用：

```
this.ax WindowsMediaPlayer1.controls.play();                //执行播放
this.ax WindowsMediaPlayer1.controls.pause();               //暂停
```

```
this.axWindowsMediaPlayer1.controls.stop();                //停止播放
...
```

同学们可以根据 WMP Player 控件的各种对象和属性、方法，实现更复杂的播放器，包括更换不同的外形和皮肤。也可以再进一步，更换 WMP 的解码器，或者，干脆自己写个解码器加进去。最后，把这个简单的播放器，搞得如千千静听或 foobar2000 一样"强大"。但作为架构师来说，到此为止就可以了。

3. 从搭建播放器的案例中感受架构设计

本节的目的，就是希望大家通过一个典型 COM 组件的剖析，了解 COM 组件的原理和使用方法。架构师可能并不需要详细了解 WMP 组件的每一个对象、属性和方法，以及如何在应用系统中使用它们。这个例子很好地说明，采用 COM 组件实现的开发，在采用现成软件模块，包括接口规范后，使得编写应用程序变成了像"搭积木"一样的游戏。那些复杂的媒体控制，已经由组件完成，系统只要在合适的地方，以合适的方式使用它们就可以了。

从架构师的角度，你看到了什么?

1) 组件的作用

在采用 WMP 组件构建应用系统时，WMP 组件实际承担了很多业务实体层的功能，如媒体文件的解码、播放、快进快退、解码、输出流控制等与媒体有关的基本操作。在系统架构上，它们都属于业务实体层。有了这一层，应用程序再也无须关心与媒体文件播放有关的、从打开文件开始，直到播放出完成的更多"下层"细节。

2) 业务逻辑与业务实体层的界面

如果将媒体播放器这样一个小小的应用系统的架构，按照表示、业务逻辑、业务实体、永久存储等层次划分，窗体和按钮等是表现层。在本节中，媒体文件名的组织和选择(根据当前播放的位置和选曲策略，决定下一首歌曲是哪个文件)，是业务逻辑层。在这一层，根据业务逻辑(如何决定谁是下一首)，找出相应的文件名(URL)，传递给业务实体，业务实体的 Player 就可以实现播放了。在这个例子中，可以很清楚地看到业务逻辑与业务实体之间的界面在哪里，决定文件名是业务逻辑，按名播放是业务实体，接口是将"文件名"传递给播放实体。

3) 架构师的考虑

在播放器的例子中，架构师要考虑的是：为了实现更好的播放效果(如音效)、更灵活的用户选择(界面风格)、更大的兼容性(播放格式)等，要建立一个怎样的架构，来支持这些需求。最好的例子是 foobar2000，它不但是最专业的播放器，也是软件架构师架构设计学习的榜样。作为架构师要考虑的是，为了达到上述目标，要采用哪种设计策略和技术，如采用哪种设计模式，从而决定选择哪些组件，与需求相配合，达到什么样的系统设计目标。而如何具体使用组件，包括组件的属性和方法是什么，接口约定是什么，架构师知道就可以了，具体使用是编码工程师的事情。

7.4.5 一般 COM 组件的实现与使用

为了更一般性地理解 COM 组件的作用和意义，包括自主开发组件产品，这里通过一个简单的例子，再详细讨论一下一般 COM 组件的实现与运用方法。

1. 定义 COM 接口

假设要定义一个提供简单的四则运算服务的 COM 接口，以供客户端程序调用，就应当使用下面的代码：

```
class ISimpleMath:IUnknown
{
public:
//定义接口方法
virtual HRESULT Add(long a,long b,long * ret)=0;              //加
virtual HRESULT Sub(long a,long b, long * ret)=0;             //减
virtual HRESULT Mul(long a,long b, long * ret)=0;             //乘
virtual HRESULT Div(long a,long b, long * ret)=0;             //除
//注意在接口定义中,只有方法定义,而无方法实现,也没有成员变量
}
```

使用上面的代码，就定义了一个名为 ISimpleMath 的接口，这正如前文所介绍，每个接口要对应着的是一个实现类(一组方法)。那么，ISimpleMath 接口对应着由 4 个可以完成基本四则运算功能的方法构成的方法组。这个接口仅定义了要做什么(四则运算)，而没有一行代码可以实现这些功能。所以也可以看出，接口的作用是制定客户和服务提供方之间就“需求”达成的“协议”。协议不是代码，是对以后要实现的代码的约定。

在讨论接口的时候已经提到，仅就接口定义本身而言，定义接口与定义一个 C++ 的抽象类(虚函数)没有什么分别。事实上，接口实现动态调用的机制与抽象类实现动态调用的内部机制是完全一致的，它们都是在使用 vtable，也就是虚拟方法表。

但是，就 COM 接口而言，这个接口不是一个普普通通的接口，而是一个必须符合 COM 规范的 COM 接口，而不是可有可无或用户自己随便定义的接口。

任何一个 COM 组件的接口，如本例的 ISimpleMath 接口，都必须继承自一个名为 IUnknown 的内置 COM 接口。IUnknown 接口是一个 COM 对象必须要实现的接口，如果不实现这个重要的标准接口，COM 对象就不能正常地控制自己的生命周期和对外提供服务。所以，继承 IUnknown 接口，是定义自己的组件，并使之符合 COM 标准的必要条件。

有关 COM 接口，还需要对一个关键问题有明确的认识，那就是，对于一个 COM 对象而言，接口一旦确定下来，就不能改变，这被称为接口的不可改变性。为了保证接口的不可改变性，接口必须要保证唯一。为此，COM 接口使用 IID(Interface Identifier，接口标识符)来标识接口。IID 长达 128 位，是由特定工具根据特定算法产生而来，可以充分保障唯一性。

如果需要生成编程所需的 GUID，可以使用 Visual C++ 工具包中的一个名为 UUIDGEN 的命令行工具。当然，如果使用 Visual C++ ATL 向导，那么，经向导创建的所有 GUID 都是唯一的，可以放心地使用。

2. COM 实现

接口只是 COM 对象的“驻外大使”,要能够提供用户使用,使接口具备实际意义,就必须实现它。

COM 接口的实现,有两个基本原则:其一,应当使用一个类来实现接口,这个类被称为 COM Class(简称 CoClass);其二,任何 COM 对象必须实现一个名为 IUnknown 的接口。

首先来看用来实现接口的类定义:

```
class CSimple_Math : public ISimpleMath        //定义实现 ISimpleMath 接口的类
//一定要牢记,这个类不是普通的类,而是 COM Class
{
protected:
   //声明用于内部引用计数的变量
   long m_RefCount;
public:
   CSimple_Math ();
   ~CSimple_Math ();
public:
   //IUnknown 接口包含的方法
   HRESULT QueryInterface(REFIID, void* * );
   ULONG AddRef();
   ULONG Release();
   //IMath 接口包含的方法
   HRESULT Add(long a, long b, long* ret);
   HRESULT Subtract(long a, long b, long* ret);
   HRESULT Multiply(long a, long b, long* ret);
   HRESULT Divide(long a, long b, long* ret);
};
```

其中,IUnknown 接口的基本定义如下:

```
Class IUnknown
{
    virtual HRESULT QueryInterface(REFIID riid,void ** ppv)=0;
    virtual ULONG AddRef()=0;
    virtual ULONG Release()=0;
}
```

其实,标准的 IUnknown 接口中仅由三个简单的方法组成。但是,千万不要小看这几个方法。客户程序可以通过 QueryInterface 方法得到指向另一个接口的指针,继而可以使用这个接口指针访问真正感兴趣的方法;而 AddRef 和 Release 方法则掌握着 COM 对象的“生死大权”,因为这两个方法控制着 COM 对象的引用计数。

下面的代码演示了对 IUnknown 接口的标准实现:

```
HRESULT CSimple_Math::QueryInterface(REFIID riid, void* * ppv)
{
  * ppv=0;
  if (riid==IID_IUnknown)
    * ppv=(ISimpleMath*) this;
  elseif (riid==IID_ISimpleMath)
    * ppv=(ISimpleMath*) this;
  if (* ppv)
  {
    AddRef();
    return(S_OK);
  }
  return (E_NOINTERFACE);
}
```

显而易见，如果不像上面那样实现 QueryInterface 方法，客户程序是不可能访问到组件所提供的服务的。

引用计数的基本含义是，如果 COM 对象被客户程序引用，其内部维护的计数就会增加，而每当客户程序放弃对对象接口的引用时，内部计数就会减少，当引用计数减少到 0 时，就会释放对象本身占用的系统资源。而 AddRef 方法的作用就是增加这个内部的计数，Release 方法的作用恰恰相反。

对于一个 COM 对象而言，在自己的生命周期中，经常要面对若干接口在若干组件实例中被若干客户程序引用的复杂局面。所以，COM 对象必须在内部控制其生命周期，这和普通语言对象(如 C++ 对象)控制自身生命周期的方式有着很大的区别。下面是关键的代码：

```
CSimple_Math :: CSimple_Math ()
{
   //COM 对象初始化时,内部计数为 0
m_RefCount=0;
}
ULONG CSimple_Math ::AddRef()
{
   //增加内部计数
   m_RefCount++;
   return m_RefCount;
}

ULONG CSimple_Math ::Release()
{
   m_RefCount--;
if (m_RefCount==0)
   {
```

```
    //减少内部计数,如果计数为 0,说明对象没有存在的必要
    //此时应当将其删除
    delete this;
    return 0;
   }
   return m_RefCount;
}

HRESULT CSimple_Math::QueryInterface(REFIID riid, void** ppv)
{
  …                                 //此处代码略
   if (*ppv)
   {
    AddRef();                       //如果某个接口被成功引用,则增加对象的内部引用计数
    return(S_OK);
   }
  return (E_NOINTERFACE);
}
```

下面实现自定义的接口,代码如下:

```
HRESULT CSimple_Math::Add(long a, long b, long* ret)
{
    * ret=a+b;
   return S_OK;
}

HRESULT CSimple_Math::Sub(long a, long b, long* ret)

{
    * ret=a-b;
   return S_OK;
}

HRESULT CSimple_Math::Mul(long a, long b, long* ret)
{
    * ret=a * b;
   return S_OK;
}

HRESULT CSimple_Math::Div(long a, long b, long* pret)
{
    * ret=a / b;
   return S_OK;
}
```

到此为止，基本上完成了一个 COM 对象接口的实现。

3. 使用类工厂方法创建 COM 对象

在上文中，ISimpleMath 接口已经创建，并按照标准 COM 的要求实现了它，使得客户程序可以通过 QueryInterface 方法来得到对象中的接口。但是，有一个问题尚未解决，那就是，上文并没有看到一行可以令 COM 对象在内存中实例化的代码，因此，如果此时使用这个接口，就会出现类的对象尚未创建就要调用的错误。

由于 COM 对象的复杂性（与前面所讲的引用计数一样），COM 实例的创建仍然要依赖内部机制来管理，而不能像普通语言对象一样，由客户程序使用简单的 new、delete 来控制。在 COM 中，客户程序必须通过类工厂（Class Factory）来完成创建 COM 对象的任务。

类工厂也被称为 COM Class Object，可能这个叫法对理解类工厂的用途更有帮助。为了透彻了解类工厂的运作机制，看一下类工厂的定义：

```
class IClassFactory : public IUnknown
{
virtual HRESULT CreateInstance(LPUNKNOWN pUnk , REFIID riid, void ** ppv)=0
virtual HRESULT LockServer(BOOL fLock)=0;
}
```

首先可以得出的结论是，类工厂的实质是一个 COM 对象，它定义了一个 IClassFactory 接口，正是这个接口中的 CreateInstance 成员函数，对实例化 COM 组件起到了核心作用。

另外，根据 COM 规范，COM Class 和类工厂是配对出现的。也就是说，只要有一个实现某一个或某几个接口的类被编写出来，若客户程序想对其进行实例化，就必须相应地实现与这个 COM Class 配对的类工厂。更具体地说，就是要实现 IClassFactory 接口。

例如，如果想要使用前面编写的 CSimple_Math 类，就必须实现类工厂。反之，客户程序将无法访问到 ISimpleMath 接口，更不要谈调用其成员函数了。

现在，看一下应当如何为 COM 对象实现类工厂。首先，进行类工厂的声明，代码如下：

```
class CSimpleMath_ClassFactory : public IClassFactory
//声明用于实现 IClassFactory 接口的对象
{
protected:                    //用于引用计数的成员变量
long m_RefCount;
public:
   CSimpleMath_MathClassFactory();
   ~CSimpleMath_MathClassFactory();
//由于 IClassFactory 接口继承自 IUnknown 接口，所以，也继承了 IUnknown 接口的三个方法
HRESULT QueryInterface(REFIID, void**);
ULONG AddRef();
ULONG Release();
```

```
//IClassFactory 接口本身需要实现的方法
HRESULT CreateInstance(LPUNKNOWN, REFIID, void**);
HRESULT LockServer(BOOL bLock);
};
```

然后,具体实现的代码如下:

```
CSimpleMath_ClassFactory:: CSimpleMath_ClassFactory ()
{
m_lRef=0;                    //对象构造时初始化引用计数为 0
}
CSimpleMath_ClassFactory::~CSimpleMath_ClassFactory ()
{
}
HRESULT CSimpleMath_ClassFactory::QueryInterface(REFIID riid, void** ppv)
{
   * ppv=0;
   //如果查询的接口为 IUnknown 或类工厂接口,则返回此实例
   if (riid==IID_IUnknown || riid==IID_ISimpleMathClassFactory)
   * ppv=this;
   if (* ppv)
   {
//如果成功地引用到接口,则增加接口的引用计数
   AddRef();
   return S_OK;
  }
   return(E_NOINTERFACE);
}

ULONG CSimpleMath_ClassFactory::AddRef()
{
   m_RefCount++;
return m_RefCount;
}

ULONG CSimpleMath_ClassFactory::Release()
{
   m_RefCount--;               //减小引用计数
if (m_RefCount==0)
   {
//如果引用计数减少至 0,则释放
   delete this;
   return 0;
  }
```

```
    return m_RefCount;
}

//*******************************//
//用来产生 COM 对象的重要方法
//*******************************//
HRESULT CSimpleMath_ClassFactory::CreateInstance
   (LPUNKNOWN pUnkOuter, REFIID riid, void** ppvObj)
{
   CSimple_Math * p;          //声明指向 COM Class 的指针
   HRESULT hr;
   * ppvObj=0;
   //创建 COM Class 的实例
   p=new CSimple_Math;
   //如果没有成功地创建对象,则返回错误值
   if(!p)
   return(E_OUTOFMEMORY)
   //如果得到了对象,则可以调用 QueryInterface 方法
   hr=p->QueryInterface(riid, ppvObj);
   //如果调用失败则做好善后工作,并将最终的状态返回
   if (FAILED(hr))
   delete p;
    return hr;
}
HRESULT CSimpleMath_ClassFactory::LockServer(BOOL bLock)
{
    if (bLock)
    {
    //注意: g_LockedCount 是 COM 对象中声明的一个全局计数变量
    //为了保障线程安全,需要对全局变量进行保护
    InterlockedIncrement(g_LockedCount);
   }
    else
    {
      //注意: g_LockedCount 是 COM 对象中声明的一个全局计数变量
      //为了保障线程安全,需要对全局变量进行保护
      InterlockedDecrement(g_LockedCount);
   }
   return S_OK;
}
```

这样就完成了类工厂的具体实现。

经过这样一番精心实现之后,客户程序便可以通过实例化类工厂 COM 对象,进而得

到类工厂的 IClassFactory 接口指针，然后，通过对该接口中核心方法 CreateInstance 的调用完成 COM 对象的实例化。

4. COM 的载体

如前介绍，与普通 DLL 一样，COM 也可以有两种类型的载体，一种是动态链接库(DLL)，另一种是标准可执行文件(EXE)。前者由于可以在被本地客户程序加载时，与客户程序共存一个地址空间，而被称为进程内服务器(in-process server)；后者由于在运行时与客户程序处于不同的地址空间中，因此也被称为进程外服务器(out-process server)。

需要说明的是，进程内服务器可以和客户程序不在一个地址空间中—— 基于 DCOM 分布式的应用程序就是最为明显的例子。而对于进程外服务器，则不论组件是否与客户程序处于同一台机器上，总是和客户程序处于不同的地址空间中。

在程序运行效率和健壮性方面，两种类型的服务器也是各有特色。进程内服务器如果和客户程序在同一个地址空间时，比进程外服务器具有占用系统资源少、方法调用时间短等运行效率方面的优势。但进程外服务器在健壮性方面要更胜一筹，因为它与客户程序不在同一个地址空间中，即使发生崩溃，通常也不会给别人造成影响。反之，进程内服务器的崩溃总是会给宿主程序造成恶劣后果。因此，在为 COM 对象选择载体时，应充分考虑这些因素。

另外，在前文中曾经说过，如果客户程序想要使用创建 COM 对象的实例，必须实现类工厂，因为类工厂的职责是创建与之关联的 COM 对象实例。但是，由于类工厂本身也是 COM 对象，同样需要被实例化后才可以被安全使用，那么究竟是谁提供了这个既重要而又必要的功能呢？

是的，正是 COM 载体实现了类工厂的实例化。对于进程内服务器，应当开放出一个名为 DllGetClassObject 的输出函数，接着前面编写的例子程序，这个函数应当有如下的原型和实现。

函数原型：

```
HRESULT DllGetClassObject(REFCLSID rclsid, REFIID riid, void **ppv);
```

函数实现：

```
HRESULT DllGetClassObject(REFCLSID rclsid, REFIID riid, void** ppv)
{
   HRESULT hr;
   CSimpleMath_ClassFactory * pCF=0;
   //确认对 COM 对象的请求，如果请求不在支持之列，则返回错误
   //注意 CLSID_XXX 代表 COM Class 的标识(也用 GUID 来表示)
   //在本例中，CLSID_CoSimpleMath 代表的就是 CSimple_Math 类
   if (rclsid !=CLSID_CoSimpleMath)
   return(E_FAIL);                        //如果是正确的请求，则创建类工厂
   pCF=new CSimpleMath_ClassFactory;
   if (!pCF)
```

```
    return(E_OUTOFMEMORY);

    hr=pCF->QueryInterface(riid, ppv);
    if (FAILED(hr))
    {                                        //如果调用失败,则做好善后工作
    delete pCF;
    pCF=0;
    }
    return hr;
}
```

可以用图 7-42 来表示这个环环相扣的过程。

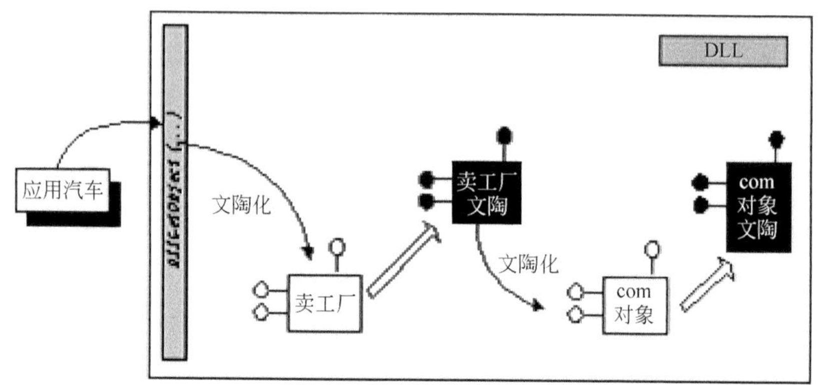

图 7-42　环环相扣的 COM 对象实例创建过程

对于另一种载体,进程外 COM 服务器内部进行 COM 对象实例创建的过程和在进程内服务器的过程绝大部分是一致的,只是不使用 DllGetObject 引出函数,而是在接到客户程序创建 COM 对象的请求时,调用一个名为 CoRegisterClassObject 的函数对类工厂进行注册,以达到实例化类工厂的目的。下面给出框架代码:

```
int WINAPI WinMain(HINSTANCE, HINSTANCE, LPSTR, int)
{
   DWORD dwMySimpleMath;
CoInitialize(0);                         //调用 CoRegisterClassObject 注册类工厂
   CoRegisterClassObject(...);           //启动消息循环
MSG msg;
   while (GetMessage(&msg, 0, 0, 0))
   DispatchMessage(&msg);
   //如果得到 WM_QUIT 消息则调用 CoRevokeClassObject 取消注册
   CoRevokeClassObject(dwMySimpleMath);
   CoUninitialize();
   return 0;
}
```

5. COM 组件与注册表

COM 的重要性质之一是位置透明性。如上文 Mymfcdll. dll 的例子，相对而言，以往在调用普通动态链接库中的输出函数时，必须要将此动态链接库放到应用程序的同级目录下(或系统可以找得到的目录下，如 Windows 目录、环境中已有的搜索路径等)，或将动态库的位置信息硬编码到程序中的做法，其实都说明了普通动态库的位置不透明性。

当客户程序调用 COM 对象时，会更轻松一些，因为调用方不需要考虑 COM 组件所处的位置，不论它在哪个目录下，或是否在当前工作站上，一切都由系统提供的机制来保障对 COM 对象的定位，这就是位置无关性。

其实，COM 位置无关性的实现机制并不深奥，它主要依赖于注册表，这也就是为什么一定要在使用之前对 COM 组件进行注册的原因。COM 库在接到客户程序的请求后，会到注册表中检索 COM 对象的注册条目，并以此来定位 COM 对象。

就刚刚编写的 SimpleMath COM 对象为例，如要使之能够成功地被 COM 库定位，则需要至少在注册表中写入如图 7-43 所示的信息。

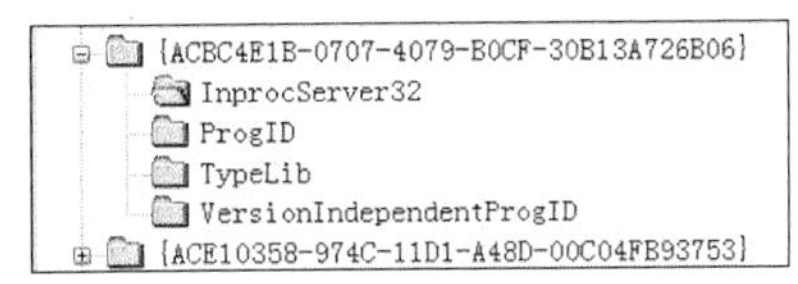

图 7-43 SimpleMath 组件的注册表信息

观察这两个注册信息，可以发现它们之间是有联系的。现在在注册表的 HKEY_ CLASSES_ ROOT\CLSID 目录下，查找{ACBC4E1B-0707-4079-B0CF-30B13A726B06}，这个 GUID 正是 CLSID，代表 COM 类，对于这里的例子而言，就是 CSimple_Math。

注册表中，InprocServer32 项的值如图 7-44 所示。

该值代表容纳此 COM 类的载体应当是一个动态链接库。这个字符串值的数据是“C:\WINDOWS\system\SimpleMath. dll”，指明了组件所处的物理位置，这个信息对 COM 库查找和定位组件起到了决定性的作用。

注册表中，ProgID 项的值如图 7-45 所示。

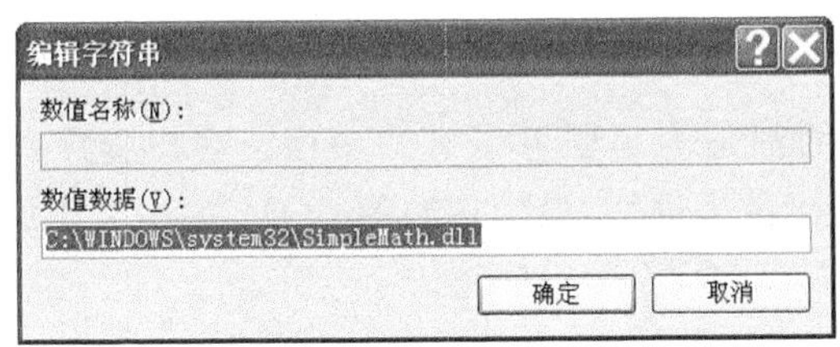

图 7-44 注册表中 InprocServer32 项的值

图 7-45 注册表中 ProgID 项的值

ProgID 项的值的内容是 Simplemath. Simple_Math. 1。ProgID 的出现主要是为了给长长的 CLSID 起一个“人性化”的名称，通常在客户程序中使用 ProgID 代替 CLSID，有关信息将在以下详细论述。另外，也可以使用 ProgID 在注册表中对 COM 对象进行标识。

注册表中，TypeLib 项的值如图 7-46 所示。

查看 Simplemath. idl 文件可知，这是接口的 UUID。

注册表中,VersionIndependentProgID 项的值如图 7-47 所示。

图 7-46　注册表中 TypeLib 项的值

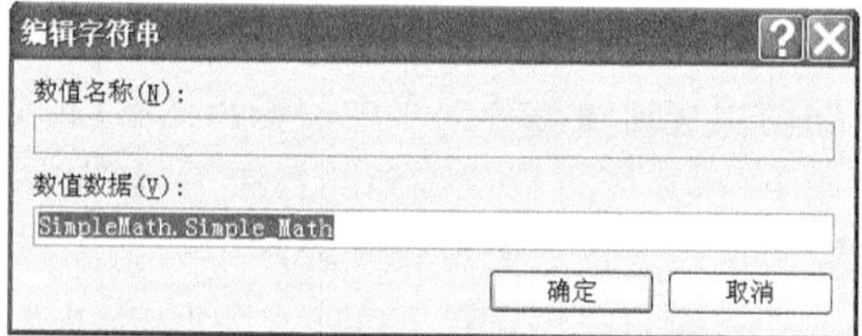

图 7-47　SimpleMath 组件的注册表信息

上述显示的信息就是所编写的 SimpleMath 组件 ProgID 的注册信息,其中一个名为 CLSID 字符串值的数据(本例为 ACBC4E1B-0707-4079-B0CF-30B13A726B06),就是 COM 对象的 CLSID 值,所以,无论根据 ProgID 或 CLSID,都可以定位到指定组件。

当然,COM 组件不能天生就具备将注册信息写入到注册表中的功能,对进程内服务器而言,还必须实现两个名为 DllRegisterServer 和 DllUnregisterServer 的输出函数,来负责注册信息的写入和卸载。

```
HRESULT DllRegisterServer(void)
{                                          //主要实现方法
//调用 Windows API 函数得到模块当前所在的物理位置
//调用 Windows API 操作注册表的函数创建如图 7-46 和图 7-47 所示的注册项目
  …(代码略)
}
HRESULT DllUnregisterServer(void)
{
  //主要实现方法
  //调用 Windows API 操作注册表的函数,在注册表中删除写入的信息
  (代码略)
}
```

6. 在客户程序中调用 COM 对象

无论编写哪种类型的组件程序,最终目的都是为了服务于客户程序。客户程序对 COM 对象的调用通常是通过调用 COM API 函数来进行,最为核心的 COM API 函数是 CoGetClassObject,下面是这个函数的原型。

```
HRESULT CoGetClassObject(REFCLSID rclsid, DWORD dwClsCtx,
            COSERVERINFO * pcsi,
            REFIID riid, void ** ppvClsObj);
```

通过调用这个 COM API 函数,可以得到 COM 组件的类工厂指针。只要得到了类工厂指针,就可以按照前面所讲过的实例化对象的过程(如图 7-42 所示)来访问所感兴趣的组件方法了。

下面是范例代码:

```
int main(int argc, char * argv[])
```

```
{
  //初始化 COM 库(必需步骤,不可缺少)
  CoInitialize(0);
  //从 ProgID 得到 CLSID,以便 COM API 调用
  CLSID clsid;
  //CLSIDFromProgID 函数可以从给定的 ProgID 中得到 CLSID
  //CLSD::CLSIDFromProgID(L"MyCOM.SimpleMath.1", &clsid);
  //得到感兴趣的 COM 类配对的类工厂
  IClassFactory* pCF;
  //*****************************************//
  //注意 CoGetClassObject 函数的使用方法,
  //CoGetClassObject 的调用触发组件 DLL 的
  //DllGetObject 输出函数
  //*****************************************//
  HRESULT hr;
  hr=CoGetClassObject(clsid,
            CLSCTX_INPROC,
            NULL,
            IID_IClassFactory,
            (void**) &pCF);
  if (FAILED(hr))
  {
  cout <<"函数调用失败!" <<endl;
  return -1;
  }
  //使用成功返回的类工厂指针,访问核心 CreateInstance 方法
  //创建 COM 对象实例
  IUnknown* pUnk;
  hr=pCF->CreateInstance(NULL, IID_IUnknown, (void**) &pUnk);
  pCF->Release();
  if (FAILED(hr))
  {
  cout <<"不能成功地创建 COM 对象实例!" <<endl;
  return -1;
  }
  ISimpleMath* pISM=0;
  pUnk->QueryInterface(IID_ISimpleMath, (LPVOID*)&pISM);
  pUnk->Release();
  long lRet;
  //调用真正感兴趣的 COM 服务
  pISM->Add(100, 200, &lRet);
  cout <<lRet <<endl;
  …
  //对其他函数的调用略
```

```
    CoUninitialize();
    return 0;
}
```

从上面的代码中不难看出，有关 COM 对象调用所需的必要步骤。当然，使用其他 COM API 也可以创建 COM 对象实例，如 CoCreateInstance 和 CoCreateInstanceEx。但事实上，上述两个 COM API 函数都在内部调用了 CoGetClassObject，同样要经历前面讲述的每一个步骤，所以从调用机制上来讲并没有本质的不同。

7.4.6 使用 ATL 工具开发 COM 组件

7.4.5 节的介绍在某种意义上是为了体现本节的作用。

由于 COM 技术的特殊规范要求，不管要开发什么样的 COM 组件，都必须实现一些基础功能，比如实现 IUnknown、类工厂、向注册表中注册必要的信息、在组件载体中实现诸如 DllGetObject 这样的引出函数等。并且，这些功能的实现代码，在结构上不会随着组件功能的不同而不同，这样就会造成每写一个组件都要和诸如引用计数、CLSID、注册表等打交道的情况，既浪费时间又容易出错。因此，许多支持微软技术的厂商（包括微软本身）都在研发用于 COM 开发的快速开发工具，以使开发人员能从烦琐的重复劳动中解脱出来，将主要精力集中到解决实际业务问题上。

这也再一次证明：技术发展在工具上的积淀，导致对于大多数使用者而言，技术细节本身反而退居次要位置，除非从事这方面的研究，否则，大可不必太过关注，只需一般概念上"知道"就可以了。

微软公司出品的 ATL(ActiveX Template Library，活动模板库）就是这些工具中的佼佼者。它对 COM 组件的开发提供了非常完整的支持，大大简化了 COM 开发中的重复性工作。同时，由于应用了模板技术，这些简化并没有降低组件的运行效率。

下面将简单介绍使用 ATL 技术来实现 SimpleMath 组件的方法。

1. 用 VC++ 6.0 创建 SimpleMath 组件工程

(1) 启动 Visual C++ 6.0，在集成开发环境中选择 File|New 命令，打开如图 7-48 所示的"新建"对话框，然后，按照图中所示选择工程类型和模板，并在指定工程的名称为 SimpleMath 后，单击 OK 按钮。

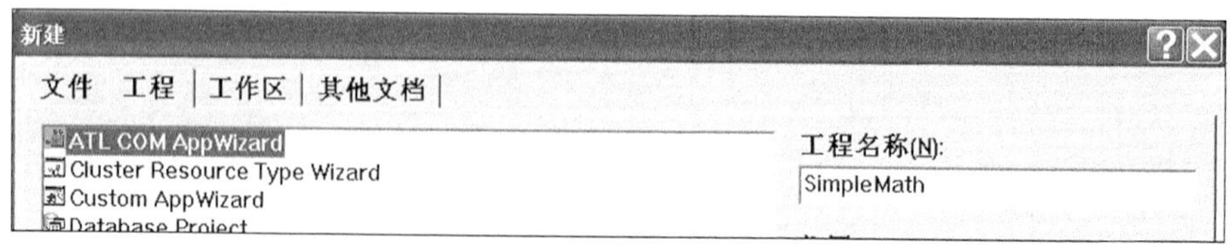

图 7-48 创建 SimpleMath 工程

单击 OK 按钮后，将会出现 ATL COM AppWizard 对话框。这时，选择生成动态链接库 DLL。单击 Finish 按钮，在随后出现的一个总结性的对话框中单击 OK 按钮，完成工作。随后 ATL 工程向导会为用户创建一些框架文件。

(2) 使用如下方法来创建 ISimpleMath 接口。选择“插入”|“新 ATL 对象”命令，将会看到如图 7-49 所示的对话框，选择 Simple Object 后，单击 Next 按钮。

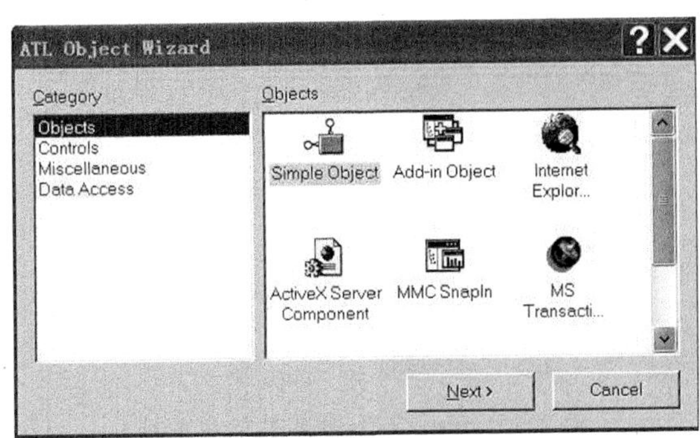

图 7-49　ATL Object Wizard 对话框

(3) 这时，就会出现如图 7-50 所示的 ATL Object Wizard 对话框。该对话框有两个选项卡，分别是 Names 和 Attributes，按照如图 7-50 所示填写和选择对应项目后，单击“确定”按钮即可完成所有操作。

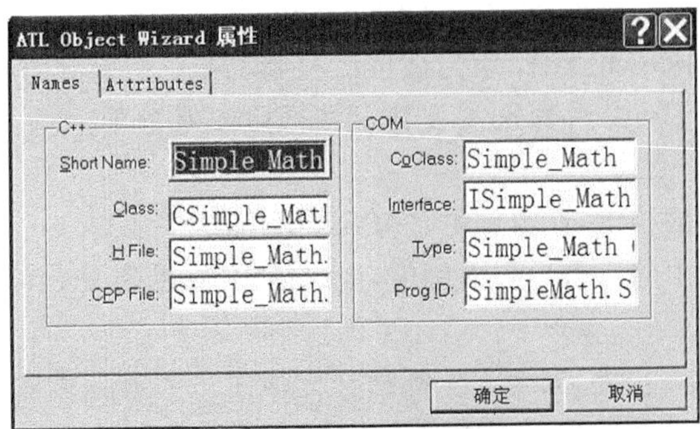

图 7-50　ATL Object Wizard 对话框的 Names 选项卡

只需要输入 Short Name 为 Simple_Math，其他名字都是自动填好的。选择 Attributes 选项卡，选择如图 7-51 所示的选项。

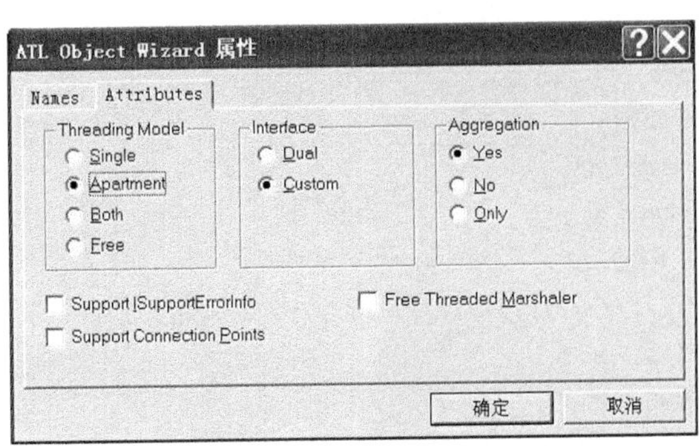

图 7-51　ATL Object Wizard 对话框的 Attributes 选项卡

单击“确定”按钮，得到如图 7-52 所示的结果。

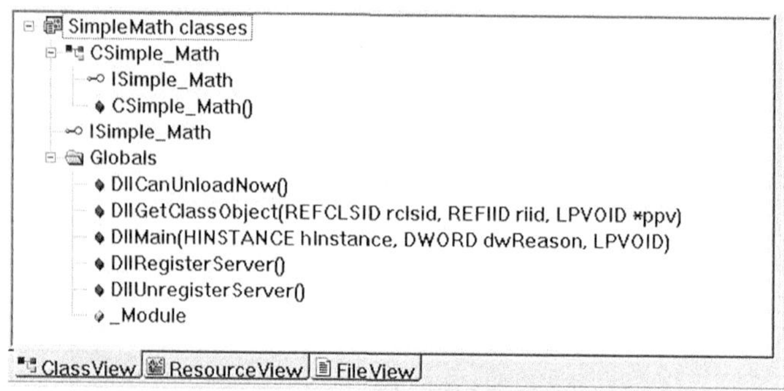

图 7-52　SimpleMath 组件的生成结果

到此为止，虽然没有编写一行代码，但是已经完成了 SimpleMath 组件所需工作的 80%。为什么这样说呢？回忆一下上文创建一个简单的 COM 组件所需要做的工作。

(1) 要为 COM 对象确定载体(DLL 或 EXE)，并且，如果选择的是 DLL，还应当实现几个分别用于实例化类工厂和注册组件信息的引出函数，分别是 DllCanUnloadNow、DllGetClassObject、DllRegisterServer、DllUnregisterServer。

(2) 要实现 IUnknown 接口，因为该接口控制着接口的生命周期。

(3) 要实现类工厂，因为真正需要访问的 COM 对象要靠与之对应的类工厂来实例化。

(4) 要编写真正的接口，在本例中是 ISimpleMath。

(5) 要实现接口中的函数。在本例中，应当给出 Add、Sub、Mul 和 Div 4 个方法的真正实现代码。

而现在除了最后一步外，其他工作都已经完成了。大家是否对这个结论感到不可思议？下面就一一对应地从向导所创建的代码中找到 ATL 解决问题之道。

对于要求 1，向导根据输入的工程名称，产生了一个名为 SimpleMath.cpp 的源程序文件，这个源程序文件的代码如下：

```
//SimpleMath.cpp : Implementation of DLL Exports.
#include "stdafx.h"
#include "resource.h"
#include <initguid.h>
#include "SimpleMath.h"
#include "SimpleMath_i.c"
#include "Simple_Math.h"
//////////////////////////////////////////////////////////////
//注意重要的全局对象 _Module
CComModule _Module;
//此组宏为 ATL 实现组件实例化、更新注册表信息、创建类工厂起着关键作用
BEGIN_OBJECT_MAP(ObjectMap)
   OBJECT_ENTRY(CLSID_CoSimple_Math, CSimple_Math)
```

```
END_OBJECT_MAP()
///////////////////////////////////////////////////////////////
//DLL 入口点
extern "C"
BOOL WINAPI DllMain(HINSTANCE hInstance,
DWORD dwReason, LPVOID /* lpReserved */)
{
    if (dwReason==DLL_PROCESS_ATTACH)
    {
        _Module.Init(ObjectMap, hInstance, &LIBID_SIMPLEMATHLib);
        DisableThreadLibraryCalls(hInstance);
    }
    else if (dwReason==DLL_PROCESS_DETACH)
        _Module.Term();
    return TRUE;                          //ok
}
///////////////////////////////////////////////////////////////
//决定是否可以被 OLE 卸载的引出函数
STDAPI DllCanUnloadNow(void)
{
   return (_Module.GetLockCount()==0) ?S_OK : S_FALSE;
}
///////////////////////////////////////////////////////////////
//用来实例化类工厂的引出函数(非常重要)
STDAPI DllGetClassObject(REFCLSID rclsid, REFIID riid, LPVOID* ppv)
{
   return _Module.GetClassObject(rclsid, riid, ppv);
}
///////////////////////////////////////////////////////////////
//用于注册的两个引出函数
STDAPI DllRegisterServer(void)
{
   //注册对象、类型库和类型库中所有接口
   return _Module.RegisterServer(TRUE);
}
STDAPI DllUnregisterServer(void)
{
   return _Module.UnregisterServer(TRUE);
}
///////////////////////////////////////////////////////////////
```

在代码中,可以很明显地看出,全局对象_Module 完成了对载体 4 大核心函数的支持。

对于要自己使用 ATL 创建 COM 组件的读者来讲，只需要理解到这一步就可以了。更为详细的内部运作机制，已经超出了本书讨论的范畴，请感兴趣的读者参阅其他专著。

对于要求 2 和 3，再来看看向导根据在图 7-50 中输入的信息所创建的 Simple_Math. h 文件，在这个文件中，可以看到用于实现 ISimpleMath 接口的类声明，其代码如下：

```
…
///////////////////////////////////////////////////////////////////////
//CSimple_Math
class ATL_NO_VTABLE CSimple_Math :
public CComObjectRootEx<CComSingleThreadModel>,
public CComCoClass<CSimple_Math, &CLSID_CoSimple_Math>,
public ISimple_Math
{
public:
CSimple_Math()
{
}
DECLARE_REGISTRY_RESOURCEID(IDR_SIMPLE_MATH)
BEGIN_COM_MAP(CSimple_Math)
   COM_INTERFACE_ENTRY(ISimple_Math)
END_COM_MAP()
//ISimple_Math
public:
};
…
```

可以清楚地看到，这个用于实现 ISimpleMath 接口的 CSimple_Math 类的声明与前文中的那个 CSimple_Math 类不一样，多了 CComObjectRootEx＜…＞和 CComCoClass＜…＞。其实，正是这两个模板类分别完成了对 IUnknown 接口和 IClassFactory 接口的支持，真正简化了 COM 开发。

对于要求 4，则很好实现。向导会根据图 7-50 中的输入(Interface 编辑框所填写的内容)来创建这个接口，只不过这是一个空的接口，一个成员方法都没有。

最后，就可以动手完成最需要完成的工作了—— 在接口中添加成员方法并实现，以完成要求 5。

2. 为 SimpleMath 组件添加方法

在 Visual C++ 6.0 集成开发环境的 Class View 窗口中，右击接口 Isimple_Math 节点，在随后弹出的快捷菜单中，选择 Add Method 命令，并按照如图 7-53 所示的对话框填写函数声明。确保和图中显示一致后，单击此对话框的“确定”按钮完成函数的创建。

现在就可以在 Simple_Math. h 和 Simple_Math. cpp 文件中分别看到这样的代码了。

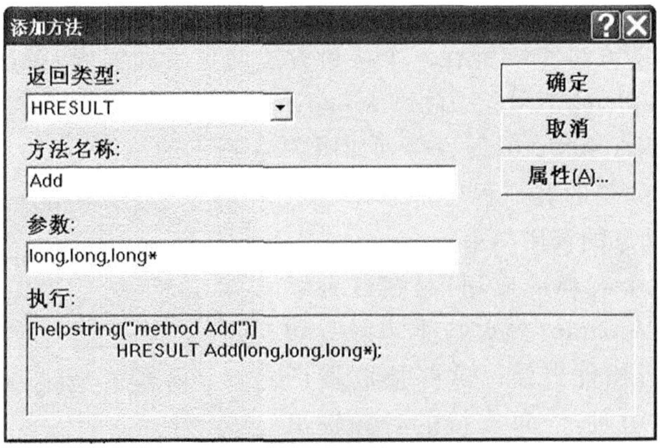

添加方法

返回类型: HRESULT

方法名称: Add

参数: long,long,long*

执行:
[helpstring("method Add")]
HRESULT Add(long,long,long*);

确定 取消 属性(A)...

图 7-53 为接口添加方法

Simple_Math. h 文件：

```
…
class ATL_NO_VTABLE CSimple_Math :
public CComObjectRootEx<CComSingleThreadModel>,
public CComCoClass<CSimple_Math, &CLSID_CoSimple_Math>,
public ISimple_Math
{
public:
…
//ISimple_Math
public:
STDMETHOD(Add)(long ,long ,long * );
};
…
```

SimpleMath. cpp 文件：

```
…
STDMETHODIMP CSimple_Math::Add(long , long , long * )
{
//TODO: Add your implementation code here
return S_OK;
}
```

现在，为 Add 方法添上真正有用的代码。完成后的 SimpleMath. cpp 应当如下：

```
STDMETHODIMP CSimple_Math::Add(long a , long b , long * ret)
{
//TODO: Add your implementation code here
* ret=a+b;                              //新添代码
return S_OK;
```

}

可以使用类似的方法完成所有 4 个接口方法的定义和实现,在这里就不再重复了。编译成功后,将 Simplemath. dll 复制到 windows\system32 目录下,在运行命令行下,使用 Regsvr32 注册 SimpleMath,便可得到如图 7-54 所示的结果。

然后使用前面创建的客户程序来测试这个组件,相信会得到满意的调用结果。

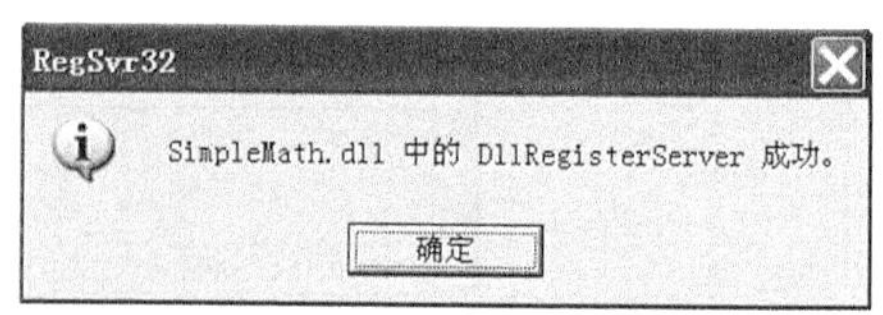

图 7-54 SimpleMath 注册成功

基于组件的一个有趣的应用,是在各种媒体播放器之间,如 Winamp(烈火)、千千静听和 foobar2000 等,进行插件置换。这些播放器产品在播放的音频文件种类、可支持的音频输出流形式、解码能力、混音效果甚至皮肤等方面,各有特色。而且,这些效果都已经做成了插件,来供用户自由选择和安装使用。如果愿意,可以将它们各自不同的插件换到另一个产品上,或把自己喜欢的风格来一个自由组合。前提是:这些插件都是基于 COM 标准的、规范的 COM 组件。实际上,虽然说接口应该是统一的,但是,各自有很多版本、有处理上细微的差异,导致上述想法实现起来还是困难重重,有志者不妨一试。

3. COM 组件的接口定义文件 IDL

在利用向导产生的文件当中,有一个名为 SimpleMath. idl 的文件,它不是用程序设计语言编写的,它使用的是 IDL——接口定义语言。IDL 用来对组件接口、接口中包含的方法、类型库以及其他一些信息进行描述。并且,当构造 ATL 组件工程时,这个文件就会自动地被 MIDL 编译器进行编译,进而产生用于描述自身信息的类型库文件和其他与代理有关的程序文件。

IDL 文件也有编译工具,常见的如 MIDL 等,有兴趣的同学可以找资料自己再深入研究下去。

4. 基于 COM 组件架构开发的小结

组件提供了一种构架系统的"大粒度"的"原料",在已有的框架架构基础上,使用组件,而不是编写自己的代码,来完成一部分具体的功能模块的任务。而组件的接口规范化,则提供了标准的连接方式,使用者不需要再去考虑组件的连接问题,只需要用组件的功能即可。作为架构师而言,甚至只要知道有这个组件,就可以在架构设计中规划并运用它,而不去管如何实现该组件的适应。进一步说,架构师可以考虑将某些要复用的功能组件化,再在系统中使用它们。

现代软件工业发展的一个趋势,就是框架的统一和通用化,在此基础上,开发出大量通用的组件,使得软件开发,也可以像建筑、机械等行业一样,在流水线上,采用"标准件"进行组装式的生产,而不再是每个项目都从一张白纸开始写代码。

7.4.7 基于组件的架构设计

软件工程走到今天,特别是在行业应用领域工程方面,软件人的一个梦想,就是从做定制的特定系统,能发展到生产规范的产品系统。或者说,希望能像工业产品的生产一样，借助特定应用的需求抽象、开发经验和成果的积累、成熟软件部件和制品库的应用、工艺和过程的完善等，最终导致软件开发也能进入到采取部件化集成的设计、生产、组装的生产模式。实现软件可复用是这种理想的基本条件。

1. 基于组件的框架与软件架构

什么是可复用的软件制品？可复用的是不是仅仅是程序代码？不！Caper Jones 定义了可复用的 10 个软件制品(artefact)，包括软件工程的全过程范围内的各方面，它们是：①项目计划；②成本估计；③软件架构；④需求模型和规约；⑤设计；⑥源代码；⑦用户文档和技术文档；⑧用户界面；⑨数据；⑩测试用例。

软件复用涉及软件组件的描述、生产、合格性认证；适用组件的获取、检索；组件的组装、集成；异构问题(异构平台与异构组件)等软件组件技术的许多方面，而这正是现代软件工程的热点——基于组件的软件工程(Component Base Software Engineering，CBSE)。

CBSE 过程如图 7-55 所示。

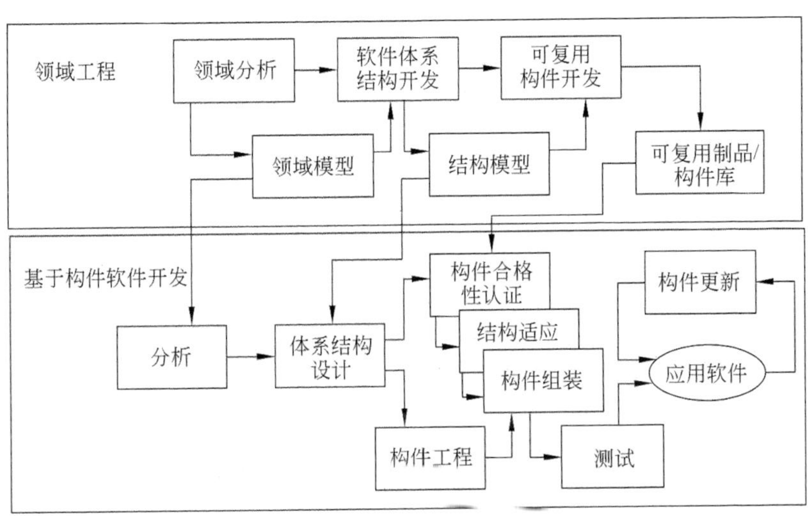

图 7-55 CBSE 过程

1) 领域过程

(1) 定义将被研究的领域；

(2) 分类从领域中抽取的项；

(3) 收集领域中有代表性的应用样本；

(4) 分析样本中的应用；

(5) 开发针对对象的分析模型。

2) 抽取与分类过程

(1) 选择并抽象特定的功能或对象；

(2) 定义分类并标识分类原则特征；

(3) 定义抽象关系；

(4) 导出功能模型、定义领域语言。

3）特征化过程

（1）抽象：提取本质、摈弃细节，建造组件库。

（2）选取：用户选择需要的组件并确认合适性。

（3）特化：修改制品并实例化。

（4）集成：将实例化了的复用件集成到应用系统中。

4）复用粒度(层次)

（1）代码和设计复制；

（2）源代码复用；

（3）设计和软件架构复用；

（4）应用程序生成；

（5）特定领域的软件架构。

5）复用策略

（1）工具包(库)复用

在领域分析的时候，一种考虑问题的方法是：组件库复用。例如，汽车的轮子，一种型号的车胎可以用到很多种车轮上。

（2）软件架构复用

软件架构复用是更重要的一种复用方法，它使得一种车轮可以配在不同型号的汽车上。

（3）分析和设计模型复用

设计和软件架构复用是系统设计级的复用。

架构复用的关键是架构的分离点：架构模型中的独特构成成分。一个架构分离点是一个抽象，类层次规模应小，抽象应在整个领域贯穿并不断重复。架构分离点的使用规则易于理解、接口简单。

架构分离点隐藏了架构内部的复杂性。

6）组件认证

组件认证的内容包括：

（1）应用编程接口。

（2）组件所需的开发与集成。

（3）运行时的需要：资源、响应时间、网络协议等。

（4）服务需求：操作系统或其他组件的支持。

（5）安全特征：访问控制和身份验证。

（6）嵌入式应用的假定：特定用法限制。

（7）异常处理。

7）其他方面

涉及组件应用的其他技术还有：适应性修改——组件包装技术(Component wrapping)、组件组装与组件标准、基于组件的软件架构设计等。

2. 组件系统与应用系统

组件系统提供了一组可复用特性的系统产品，这些特性是由一组相互依赖和连接的组件来体现的。组件系统中组件间的关系可以是继承、协作和组合，组件系统具有通用性、面向应用性。通常组件系统只向应用开发者提供，不向一般最终用户提供。组件系统提供了这样一个可复用的产品，而应用系统可能需要复用其中的一个或几个组件。

应用系统以组件系统为工具，可以有不同的策略。从整体上来看，基本上有以下两种。

(1) 局部应用：接口、计算处理等(中间件功能)。

(2) 框架结构和平台：基于组件框架和平台的开发。

1) 基于组件的应用系统软件架构

基本上主要存在有两类基于组件的应用软件架构：层次软件架构和 C2 软件架构。

层次软件架构按通用性分层，层次高的在上，组件在应用逻辑与平台之间，所以又称为中间件。如图 7-56 所示，体现为中间件。

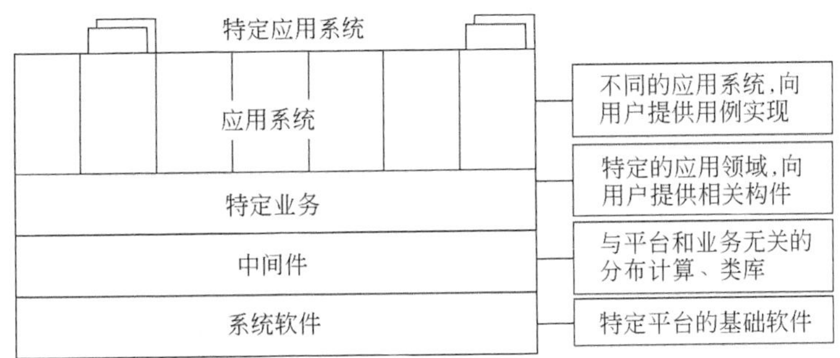

图 7-56　基于组件的应用系统软件架构

图 7-57 是一个具体的采用中间件的应用系统的例子。

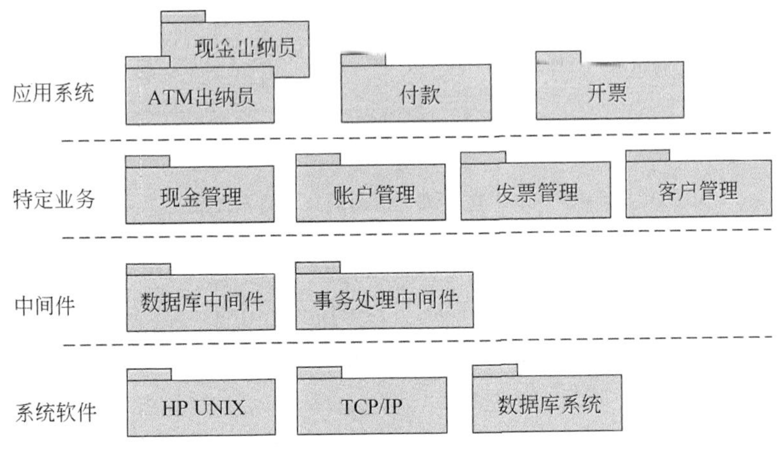

图 7-57　采用中间件的应用系统的例子

目前，在应用系统中采用的组件(中间件)，主要是三大中间件：数据库、事务处理和通信中间件。这也反映了中间件技术在通用性和业务适用性之间的平衡。

C2 软件架构如图 7-58 所示。

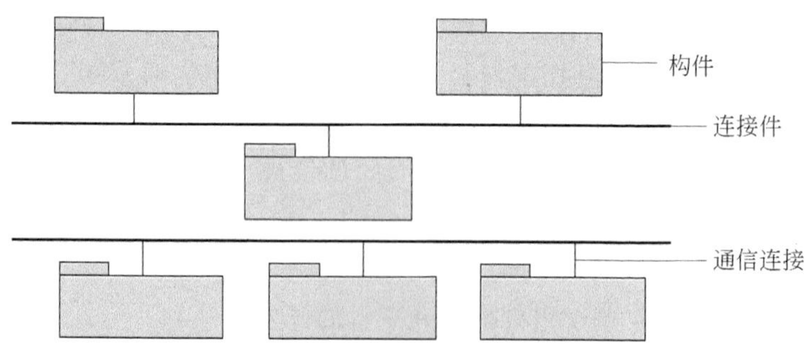

图 7-58　C2 软件架构

在 C2 软件架构中，组件之间不直接连接，而是通过连接件进行通信。连接件扮演了中介的作用，成为所谓的“软总线”。这样的结构使组件的增、删、更换易于实现。

2）应用系统与组件系统的衔接

组件与应用系统的连接部分，是组件系统的“门面”。门面是应用系统访问组件系统的入口，也是组件系统对复用者有用的部分，包括：类型、类、接口、用例等，组件实现等其他部分都隐蔽在组件系统中。

图 7-59 是具有两个门面的账户管理组件系统的例子。

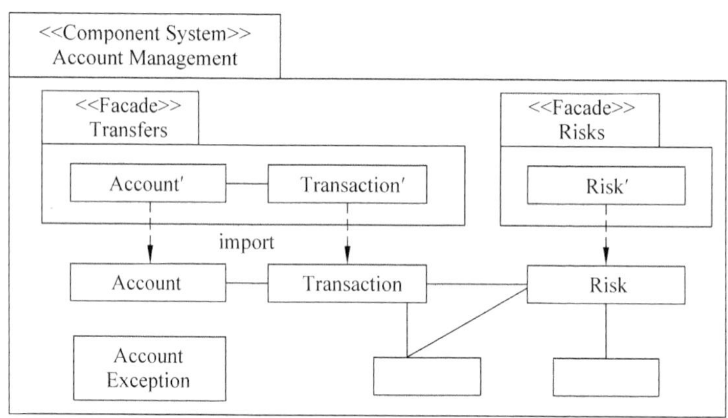

图 7-59　具有两个门面的账户管理系统

(1) 门面中的组件分别从组件系统中移入；

(2) 根据使用情况，组织成两个门面：Transfer 和 Risk；

(3) 门面功能可以在组件系统内部进行再组合，用户不必了解组成和实现(Risk)。

图 7-60 为应用系统通过门面移入组件。

(1) Account 和 Transfer 通过组件系统的门面 Account' 和 Transfer' 移入。

(2) Risk 在门面内部，由 Transaction' 移入，应用系统看不见。

(3) 如果需要，也可以直接从 Risk' 移入，因为组件也具有 Risks 门面。

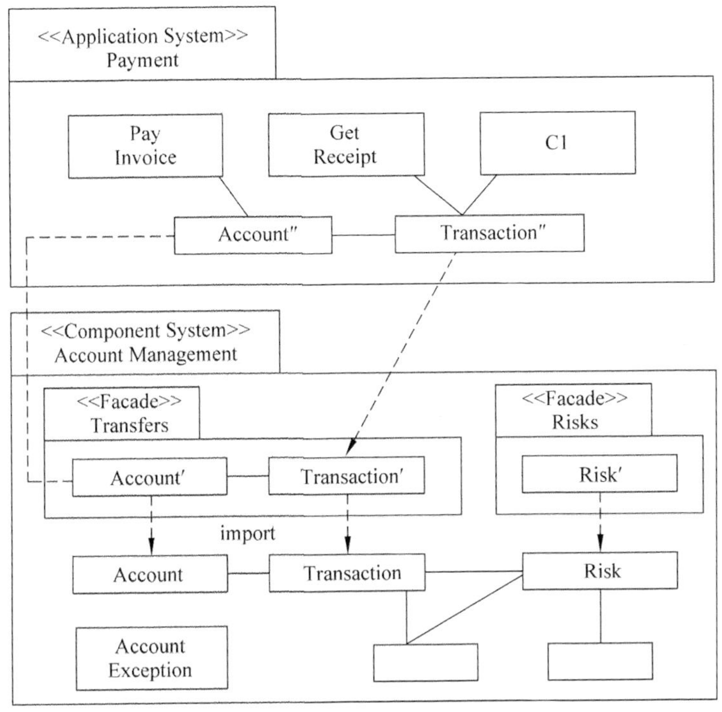

图 7-60 应用系统通过门面移入组件

7.5 基于 SOA 的分布式系统设计体验

7.5.1 SOA 的概念与架构设计

应用软件开发方法经历了从面向过程、函数的编程，到面向对象的编程，到面向接口的编程，再到面向方面编程的发展历史，可以知道，编程方法学的演进是一步一步地扩大了编程考虑的“边界”，实际上是一步步提高了设计和编程的“抽象度”。

在没有接口的时候，一个类要想获得某个方法，只能继续已有某个基类中的方法，如果功能不够，只能自己补充(打补丁)。这样的限制，导致系统的类结构越来越复杂、重复交叉很多。类的单继承，成为用户功能行为的“边界”。

接口出现以后，用户世界里的行为边界是“接口”，在这个边界里，一个类实现一个接口，那就不能动态地实现另一个接口，已有类的行为在编译以前就基本固定，要么是类内部定义的方法，要么是继承和实现接口继承过来的方法。但是实际的编程工作中碰到了“跨边界的情况”，需要多个类、接口、组件合作才能完成的工作，比如：多线程并发访问，程序流集中控制，序列化和程序状态保持，以及需要多个“类、接口、组件边界”共同参于才能完成的工作。为了更好地处理多个边界共同完成同一方面的工作，面向方面的编程出现了。这里的“方面”可以指：为完成同一任务而需要多个类、接口、组件一起协作工作的综合。可以认为方面其实就是一个更大的类，这个类主要由 OOP 中的类、接口组成，当然这些类和接口是如此亲密，以至于它们的行为(方法)可以相互转换。其实这没什么大不了的，接口的出现不是实现了动态的改变类的行为吗？面向方面的编程只是做了一个延伸，把这个改变提升到了接口这个层次上。

1. SOA 的基本概念

什么是SOA？SOA 是指为了解决在 Internet 环境下业务集成的需要，通过连接能完成特定任务的独立功能实体，实现的一种软件系统架构，又称为面向服务的架构(Service Oriented Architecture)。

SOA 是一个组件模型，它将应用程序的不同功能单元(称为服务)，通过这些服务之间定义良好的接口和契约联系起来。接口是采用中立的方式进行定义的，它独立于实现服务的硬件平台、操作系统和编程语言。这使得构建在各种这样的系统中的服务，可以以一种统一和通用的方式进行交互。

传统的 Web(HTML/HTTP)技术有效地解决了人与信息系统的交互和沟通问题，极大地促进了 B2C 模式的发展。Web 服务(XML/SOAP/WSDL)技术则有效地解决了信息系统之间的交互和沟通问题，促进了 B2B/EAI/CB2C 的发展。

SOA 则采用面向服务的商业建模技术和 Web 服务技术，实现系统之间的松耦合，以及与系统之间的整合与协同。Web 服务和 SOA 的本质思路在于，使得信息系统个体在能够沟通的基础上形成协同工作。

对于面向同步和异步应用的、基于请求/响应模式的分布式计算来说，SOA 是一场革命。一个应用程序的业务逻辑或某些单独的功能，被模块化并作为服务呈现给消费者或客户端。这些服务的关键是它们的松耦合特性。例如，服务的接口和实现相独立。应用开发人员或者系统集成者可以通过组合一个或多个服务来构建应用，而无须理解服务的底层实现。举例来说，一个服务可以用.NET 或 J2EE 来实现，而使用该服务的应用程序可以在不同的平台之上，使用的语言也可以不同。

2. SOA 具有的特性

SOA 服务具有平台独立的自我描述 XML 文档。Web 服务描述语言(Web Services Description Language，WSDL)是用于描述服务的标准语言。SOA 服务用消息进行通信，该消息通常使用 XMLSchema 来定义(也叫做 XSD，XML Schema Definition)。消费者和提供者或消费者和服务之间的通信，多见于不知道提供者的环境中。服务间的通信也可以看作企业内部处理的关键商业文档。

在一个企业内部，SOA 服务通过一个扮演目录列表(Directory Listing)角色的登记处(Registry)来进行维护。应用程序在登记处(Registry)寻找并调用某项服务。统一描述，定义和集成(Universal Description，Definition，and Integration，UDDI)是服务登记的标准。

每项 SOA 服务都有一个与之相关的服务品质(Quality of Service，QoS)。QoS 的一些关键元素有安全需求(例如认证和授权)、可靠通信(可靠消息是指，确保消息“仅且仅仅”发送一次，从而过滤重复信息)，以及谁能调用服务的策略。

3. SOA 三大基本特征

1) 独立的功能实体

在 Internet 这样松散的使用环境中，任何访问请求都有可能出错，因此任何企图通过 Internet 进行控制的结构都会面临严重的稳定性问题。SOA 非常强调架构中提供服务的功能实体的完全独立自主的能力。传统的组件技术，如.NET Remoting、EJB、COM 或者 CORBA，都需要有一个宿主(Host 或者 Server)来存放和管理这些功能实体；当这些宿主运行结束时这些组件的寿命也随之结束。这样当宿主本身或者其他功能部分出现问题的时候，在该宿主上运行的其他应用服务就会受到影响。

SOA 中非常强调实体自我管理和恢复能力。常见的用来进行自我恢复的技术，比如事务处理(Transaction)、消息队列(MessageQueue)、冗余部署(Redundant Deployment)和集群系统(Cluster)在 SOA 中都起到至关重要的作用。

2) 大数据量低频率访问

对于.NET Remoting、EJB 或者 XML-RPC 这些传统的分布式计算模型而言，它们的服务提供都是通过函数调用的方式进行的，一个功能的完成往往需要通过客户端和服务器来回很多次函数调用才能完成。在 Intranet 的环境下，这些调用给系统的响应速度和稳定性带来的影响都可以忽略不计，但是在 Internet 环境下这些因素往往是决定整个系统是否能正常工作的一个关键决定因素。因此 SOA 系统推荐采用大数据量的方式一次性进行信息交换。

3) 基于文本的消息传递

由于 Internet 中大量异构系统的存在决定了 SOA 系统必须采用基于文本而非二进制的消息传递方式。在 COM、CORBA 这些传统的组件模型中，从服务器端传往客户端的是一个二进制编码的对象，在客户端通过调用这个对象的方法来完成某些功能；但是在 Internet 环境下，不同语言、不同平台对数据甚至是一些基本数据类型定义不同，给不同的服务之间传递对象带来很大困难。

由于基于文本的消息本身是不包含任何处理逻辑和数据类型的，因此服务间只传递文本，对数据的处理依赖于接收端的方式可以帮忙绕过兼容性这个大泥坑。

此外，对于一个服务来说，Internet 与局域网最大的一个区别就是在 Internet 上的版本管理极其困难，传统软件采用的升级方式在这种松散的分布式环境中几乎无法进行。采用基于文本的消息传递方式，数据处理端可以只选择性地处理自己理解的那部分数据，而忽略其他的数据，从而得到非常理想的兼容性。

4. 面向服务架构(SOA)的原则

SOA 的强大和灵活性将给企业带来巨大的好处。如果某组织将其 IT 架构抽象出来，将其功能以粗粒度的服务形式表示出来，每种服务都清晰地表示其业务价值，那么，这些服务的顾客(可能在公司内部，也可能是公司的某个业务伙伴)就可以得到这些服务，而不必考虑其后台实现的具体技术。更进一步，如果顾客能够发现并绑定可用的服务，那么在这些服务背后的 IT 系统能够提供更大的灵活性。

但是，要得到这种强大和灵活性，需要有一种实现架构的新方法，这是一项艰巨的任务。企业架构设计师必须要变成“面向服务的架构设计师”，不仅要理解 SOA，还要理解 SOA 的实践。在架构实践和最后得到的架构结果之间的区别非常微妙，也非常关键。即：面向架构的设计师在构建 SOA 时必须要做的事情。

SOA 是一种企业架构，因此，它是从企业的需求开始的。但是，SOA 和其他企业架构方法的不同之处在于，SOA 提供的业务敏捷性。业务敏捷性是指企业对变更快速和有效地进行响应，并且利用变更来得到竞争优势的能力。

对架构设计师来说，创建一个业务敏捷的架构意味着创建这样一个 IT 架构，它可以满足当前还未知的业务需求。

要满足这种业务敏捷性，SOA 的实践必须遵循以下原则。

1）业务驱动服务，服务驱动技术

从本质上说，在抽象层次上，服务位于业务和技术中间。面向服务的架构设计师一方面必须理解在业务需求和可以提供的服务之间的动态关系，另一方面，同样要理解服务与提供这些服务的底层技术之间的关系。

2）业务敏捷是基本的业务需求

SOA 考虑的是下一个抽象层次：提供响应变化需求的能力是新的“元需求”，而不是处理一些业务上的固定不变的需求。从硬件系统而上的整个架构都必须满足业务敏捷的需求，因为，在 SOA 中任何的瓶颈都会影响到整个 IT 环境的灵活性。

3）一个成功的 SOA 总在变化之中

SOA 工作的场景，更像是一个活的生物体，而不是像传统架构设计所说的“盖一栋房子”。IT 环境唯一不变的就是变化，因此面向服务架构设计师的工作永远不会结束。对于习惯于盖房子的设计师来说，要转向设计一个活的生物体要求有崭新的思维方式。

5. SOA 设计的思想基础

IT 行业有两个越来越普遍的发展方向，一个是架构方面的，一个是方法学方面的，面向服务的架构设计师可以从中有所收获。第一个就是 MDA（模型驱动架构），由提出 CORBA 的 OMG 模型提出。MDA 认为架构设计师首先要对待创建的系统有一个形式化的 UML（也是由 OMG 提出）的模型。MDA 首先给出一个平台无关的模型来表示系统的功能需求和用例，根据系统搭建的平台，架构设计师可以由这个平台无关的模型得到平台相关的模型，这些平台相关模型足够详细，以至于可以用来直接生成需要的代码。

MDA 的核心就在于在设计阶段系统就已经完全描述，这样，在创建系统的时候，几乎就没有错误解释的可能，模型也就可以直接生成代码。但 MDA 有一些局限性：第一，MDA 假设在创建模型之前，业务需求已经全部描述，而这一点，在当前典型的动态业务环境中几乎是不可能的。第二，MDA 没有一个反馈机制。如果开发人员对模型有需要改动的地方，并没有提供给他们这么一个途径。

SOA 的另一个基础是敏捷方法（AM），其中非常有名的方法是极限编程（XP）。像 XP 这样的 AM 提供了在需求未知或者多变的环境中创建软件系统的过程。XP 要求在开发团队中要有一个用户代表，他帮助书写测试来指导开发人员的日常工作。开发团队中的所有成员都参与到设计之中，并且设计要尽量小并且非形式化。AM 的目标是仅仅创建用户想要的,而不是在一些形式化模型上耗费工作量。AM 的核心思想就在于其敏捷性——处理需求变更的敏捷性。AM 的主要弱点是其规模上的限制,例如,XP 在一个小团队和中型项目中效果不错,但是当项目规模增大时,如果没有一个一致的清晰的计划,项目成员很难把握项目中的方方面面。

从表面看来,MDA 和 AM 似乎是相对立的——MDA 假定需求是固定的,而 AM 恰恰相反。MDA 的中心是形式化的模型,而 AM 恰恰要避开它们。但是,我们还是决定冒险把这些不同方法中的一些元素提取出来,放入到一个一致的架构实践中。

在 SOA 中有三个抽象层次,按照 SOA 的第一条准则:业务驱动服务、服务驱动技术。AM 将业务模型直接和实践连接起来,表现在平台相关的模型之中。MDA 并没有把业务模型和平台无关模型分开来,而是把平台无关模型作为起点。SOA 必须连接这些模型,或者说抽象层次,得到单一的架构方法。下面将从 5 个视图的架构实现方法来实现这个连接。

6. SOA 的 5 视图实现方法

企业架构设计师发现他们的职业非常有竞争力并且值得骄傲,因为他们要从很多方面来通盘考虑 IT 系统。Kruchten(RUP 的开发负责人)将这些方面提取出来,在应用到 SOA 时,通常称为 5 视图实现方法(five view approach)。

在第 3 章中已经介绍,通常 RUP 采用 4 个方框表示对一个架构的不同审视方法,分别代表不同的涉众(stakeholder)。第 5 个视图,USE CASE 视图涵盖了其他视图,在架构中扮演的是一个特殊的角色。部署视图将软件映射到底层平台和相关硬件上,是系统部署人员对架构的视图;开发视图描述了软件代码的组织,是从开发人员角度出发的视图;业务分析人员则利用运行视图进行工作,它描述的是软件系统的运行时特性。最后,逻辑视图表示的是用户的功能需求。在 SOA 中,面向服务的架构必须能够以 USE CASE 视图中的用例将用户连接到服务,将服务连接到底层。

为了表示面向对象的架构是如何工作在这些视图之上,将它们置于 SOA 元模型的上下文之中。SOA 中两个领域存在重叠:由业务模型和服务模型表示的业务领域和由服务模型及平台相关模型表示的技术领域(两个领域共享服务模型)。业务用户通过逻辑视图和过程视图处理粗粒度的业务服务,根据变化的业务需求,按照需要将它们安排在过程之中。另一方面,技术专家的工作是创建并维护服务和底层技术之间的抽象层。表示这些服务的中间模型,起到的是轴心的作用,业务以它为中心进行。

SOA 元模型从 MDA 中继承平台无关模型和平台相关模型,但是添加了 AM 和用户交互以及敏捷的反馈这两部分,后者通过椭圆之间的双向箭头来表现。类似地,元模型通过引入由中心的服务模型提供的中间层抽象解决了 AM 在伸缩性方面的问题。这样,服务模型中的任何需求的变化,都会反映到用户每天的业务处理中。同样,由于底层技术是模型驱动的,技术专家也可以根据这些变化的需求迅速而有效地做出应变。

SOA 实践和过去解决企业架构传统方式的不同之处就在于其对敏捷性的支持。如前所述,SOA 的第三条原则就在于它总在变化之中。这种恒在的变化性环境是 SOA 实践的基石。

涉众(软件开发中涉及的各种角色,如用户、设计人员、开发人员乃至测试人员等)在一个必需的基础上影响到整个架构的变化。在技术专家在每天的日常工作中不断对变化的业务需求做出响应的这种情况下，设计阶段和运行阶段之间的界限变得模糊起来，很难清晰地分离这两个阶段。

7. 为什么选择面向服务架构(SOA)

不同种类的操作系统、应用软件、系统软件和应用基础结构(application infrastructure)相互交织，这便是IT企业的现状。一些现存的应用程序被用来处理当前的业务流程(business processes)，因此从头建立一个新的基础环境是不可能的。

企业应该能对业务的变化做出快速的反应，利用对现有的应用程序和应用基础结构(application infrastructure)的投资来解决新的业务需求，为客户，商业伙伴以及供应商提供新的互动渠道，并呈现一个可以支持有机业务(organic business)的构架。

SOA凭借其松耦合的特性，使得企业可以按照模块化的方式来添加新服务或更新现有服务，以解决新的业务需要，提供选择从而可以通过不同的渠道提供服务，并可以把企业现有的或已有的应用作为服务，从而保护了现有的IT基础建设投资。

如图7-61所示，一个使用SOA的企业，可以使用一组现有的应用来创建一个供应链复合应用(supply chaincomposite application)，这些现有的应用通过标准接口来提供功能。

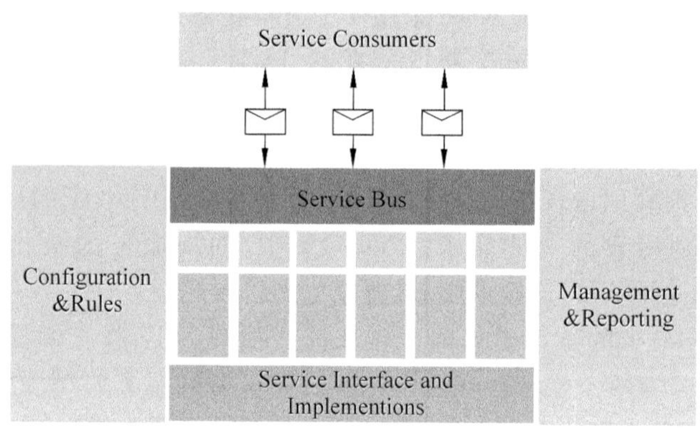

图7-61　使用SOA的服务架构

为了实现SOA，企业需要一个服务架构，图7-61显示了一个例子。

在图7-61中，服务消费者(service consumer)可以通过发送消息来调用服务。这些消息由一个服务总线(service bus)转换后发送给适当的服务实现。这种服务架构可以提供一个业务规则引擎(business rules engine)，该引擎容许业务规则被合并在一个服务里或多个服务里。这种架构也提供了一个服务管理基础(service management infrastructure)，用来管理服务，类似审核、列表(billing)、日志等功能。此外，该架构给企业提供了灵活的业务流程，更好地处理控制请求(regulatory requirement)，例如Sarbanes Oxley(SOX)，并且可以在不影响其他服务的情况下更改某项服务。

总而言之，SOA以借助现有的应用来组合产生新服务的敏捷方式，提供给企业更好的灵活性来构建应用程序和业务流程。采用服务驱动型方法的企业体验着以下业务和

IT 好处。

（1）效率：将业务流程从“烟囱”状的、重复的流程向维护成本较低的高度利用、共享服务应用转变。

（2）响应：迅速适应和传送关键业务服务来满足市场需求，为客户、雇员和合作伙伴提供更高水准的服务。

（3）适应性：更高效地转入转出让整个业务变得复杂性和难度更小，达到节约时间和资金的目的。

（4）复杂性降低：基于标准的兼容性，与点到点的集成相比降低了复杂性。

（5）重用增加：通过重用以前开发和部署的共享服务，实现了更有效的应用程序/项目开发和交付。

（6）遗留集成：用作可重用服务的遗留应用程序降低了维护和集成的成本。

（7）如今的服务驱动型企业都在体验着开发的高效率，服务的高可靠性和服务的高质量，以最大限度获得业务机会所带来的这些好处。

自 2004 年年初业界推出 SOA 后，Bea、IBM、Oracle、微软等业界巨头纷纷发布自己的 SOA 战略，建议用户在进行企业 IT 建设时考虑 SOA。

8. SOA 的基础结构

要运行管理 SOA 应用程序，企业需要 SOA 基础，这是 SOA 平台的一个部分。SOA 基础必须支持所有的相关标准和需要的运行时容器。如图 7-62 所示的是一个典型的 SOA 基础结构。

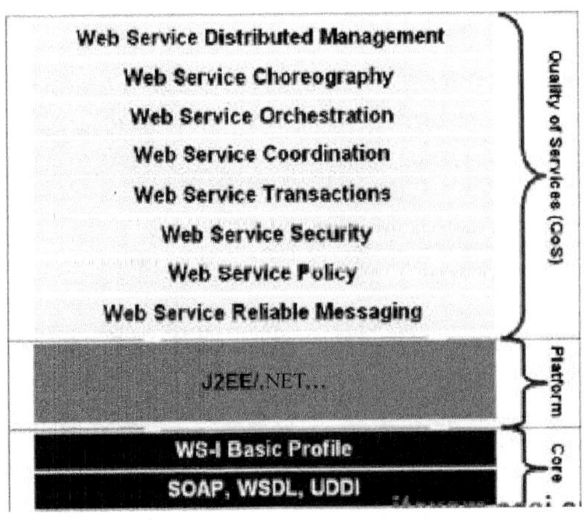

图 7-62　SOA 的基础结构

WSDL、UDDI 和 SOAP 是 SOA 基础的基础部件。WSDL 用来描述服务；UDDI 用来注册和查找服务；而 SOAP，作为传输层，用来在消费者和服务提供者之间传送消息。SOAP 是 Web 服务的默认机制，其他的技术为可以服务实现其他类型的绑定。一个消费者可以在 UDDI 注册表(registry)查找服务，取得服务的 WSDL 描述，然后通过 SOAP 来调用服务。

WS-I Basic Profile，由 Web 服务互用性组织(Web Services Interoperability Organization)

提供，是 SOA 服务测试与互用性所需要的核心构件。服务提供者可以使用 Basic Profile 测试程序来测试服务在不同平台和技术上的互用性。

尽管 J2EE 和.NET 平台是开发 SOA 应用程序常用的平台，但 SOA 不仅限于此。像 J2EE 这类平台，不仅为开发者自然而然地参与到 SOA 中来提供了一个平台，还通过它们内在的特性，将可扩展性、可靠性、可用性以及性能引入了 SOA 世界。新的规范，例如 JAXB(Java API for XML Binding)，用于将 XML 文档定位到 Java 类；JAXR(Java API for XML Registry)用来规范对 UDDI 注册表(registry)的操作；XML-RPC(Java API for XML-based Remote Procedure Call)在 J2EE 1.4 中用来调用远程服务，这使得开发和部署可移植于标准 J2EE 容器的 Web 服务变得容易，与此同时，实现了跨平台(如.NET)的服务互用。

在理解 SOA 和 Web 服务的关系上，经常发生混淆。根据 2003 年 4 月的 Gartner 报道，Yefim V. Natis 就这个问题是这样解释的：Web 服务是技术规范，而 SOA 是设计原则。特别是 Web 服务中的 WSDL，是一个 SOA 配套的接口定义标准：这是 Web 服务和 SOA 的根本联系。

从本质上来说，SOA 是一种架构模式，而 Web 服务是利用一组标准实现的服务。Web 服务是实现 SOA 的方式之一。用 Web 服务来实现 SOA 的好处是可以实现一个中立平台，来获得服务，而且随着越来越多的软件商支持越来越多的 Web 服务规范，会取得更好的通用性。

SOA 的概念并非什么新东西，SOA 不同于现有的分布式技术之处在于大多数软件商接受它并有可以实现 SOA 的平台或应用程序。SOA 伴随着无处不在的标准，为企业的现有资产或投资带来了更好的重用性。

SOA 能够在最新的和现有的应用之上创建应用；SOA 能够使客户或服务消费者免予服务实现的改变所带来的影响；SOA 能够升级单个服务或服务消费者而无须重写整个应用，也无须保留已经不再适用于新需求的现有系统。

7.5.2 VSTS 分布式系统设计器介绍

SOA 的关键，不是自己去开发和创建很多的服务组件，而是关注以新的方式来结合这些外部的服务，也可以将这些服务提供给更多人。SOA 为上述目的提出了相关简单的接口理念，使得可以通过一个丰富且内聚的业务服务来集合不同的系统。

微软 VSTS 2005 分布式系统设计器，就是基于 Web 服务应用、支持 SOA 的一个很好的系统架构设计工具，它为系统架构师提供了 4 个可视化的设计工具，包括：逻辑数据中心设计器、应用程序设计器、系统设计器以及部署设计器和类设计器。严格来说，类设计器不属于系统级的设计器。作为 SOA 实现的具体体验，本节简单介绍在 VSTS 2005 上使用分布式程序设计器的过程。微软的后继产品，如 VS 2010 等，却不见了这些设计器的踪影，是否合并到 Biztalk2006～2012 等产品中去了？但两者的差别还是很大的。

微软 VSTS 2005 的 4 个系统级设计器的作用分别如下。

(1) 逻辑数据中心设计器(LDD)：是一个特定的数据中心的模型，在其中可以找到其安全区域和不同类型的服务器。

(2) 应用程序设计器(AD)：是开发团队正在开发的组件的模型，这些组件提供并使用 Web Services。

(3) 系统设计器(SD)：从一个 AD 模型中组装并配置组件成为可复用的应用程序及完整系统的模型。

(4) 部署设计器(DD)：为把 SD 和 AD 部署到 LDD 模型中创建一个验证好的模型，然后可以用于产生实际部署需求的 XML 报告。

4 个系统级设计器之间的相互关系，可以用图 7-63 的过程流和对象流加以说明。

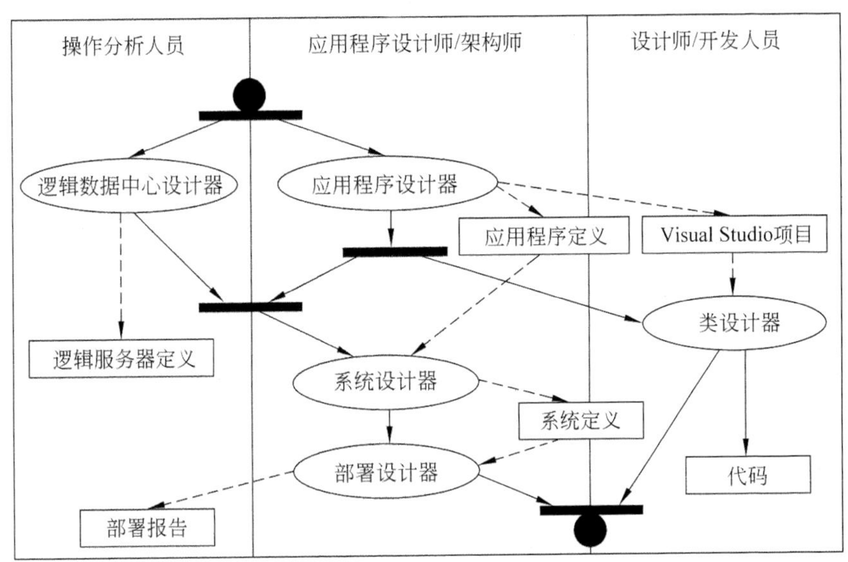

图 7-63　VSTS 可视化系统设计器的相互关系

由于篇幅所限，本节主要介绍 4 个设计器中最重要的应用程序设计器，并以一个称为 StockBroker 的股票交易系统(图 7-64)作为案例(此案例来自 Jean-luc Davia 等所著《VSTS 2005 专家教程》)。

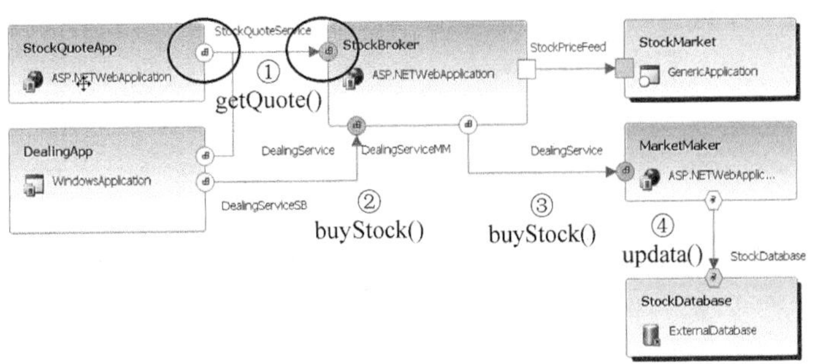

图 7-64　StockBroker 系统的架构

基于 SOA 的分布式系统的结构，依赖位于不同机器上的、彼此通信的组件，特别是那些提供服务的组件。应用程序服务器 AD 使用户可以将这些实现 Web 服务的服务器组件以及它们之间进行交互的应用程序，构成一个可视化的系统模型。根据《软件工程》

中系统架构的定义，分析一个应用系统的架构，主要看三个东西：组件/组件、连接、连接关系。这里也从这三个方面考察 VSTS 程序设计器是如何设计一个应用系统的架构的。

在 StockBroker 股票交易系统中，构成系统架构并相互交互的组件是 6 个应用程序：StockQuoteApp、DealingApp、StockBroker、StockMarket、MarketMaker 和 StockDatabase，组件与组件之间的连接方式，在 VSTS 程序设计器中被称为终节点与接口，而组件与组件之间的连接关系是提供者与消费者。

股票交易系统的 6 个应用程序的功能分别如下。

(1) StockQuoteApp：报告最新股票价格(ASP)。

(2) DealingApp：实现股票买卖交易(ASP)。

(3) StockBroker：证券公司(例如，华泰证券)的交易代理系统。

(4) StockMarket：股票交易所(上海)的系统。

(5) MarketMaker：一种自由撮合形成交易的股票代理公司。

(6) StockDatabase：假设系统使用统一的数据库(实际是分布的)。

构成股票交易系统的 6 个应用程序之间的相互关系是请求-服务/消费-提供的关系，本质上是一种分工-合作的关系。它们之间的操作如图 7-64 中的①～④所示。

① StockQuoteApp/DealingApp 调用 StockBrocker 的 StockQuoteService 的 getQuote 操作，获得最新股票信息；

② DealingApp 调用 StockBrocker 的 DealingService 的 buyStock 操作，委托证券公司购买股票；

③ StockBrocker 将请求委托给 MarketMaker 的 DealingService 的 buyStock 操作，证券公司不能直接买卖股票，它委托证券交易所进行买卖；

④ MarketMaker 对 StockDatabase 的 Deals 表进行更新，对客户和证券公司的数据都需要进行更新。

7.5.3 定义组件的提供者

系统架构的设计可以在不同的逻辑抽象级别上，VSTS 的程序设计器提供了基于 Web 的请求程序与服务程序级别的系统架构设计。系统架构的组件就是应用程序。

在股票交易系统案例中，构成系统组件的组件/应用程序分别是：StockQuoteApp、DealingApp、StockBroker、StockMarket 和 MarketMaker。而图 7-64 中另一个组件：StockDatabase 则是外部数据库节点。

可以模仿案例，创建一张自己的应用系统 AD 视图。这个过程非常简单，以至于不必要一步步介绍操作步骤，只需要简单描述一下创建过程即可。

创建一张自己的 AD 图：首先，在已经创建的解决方案中，选择新建 AD 文件，并命名。然后在 AD 视图中，选择如图 7-65 所示工具箱中应用程序的类型，填加所需要的组件，并给每个组件命名。

在这里，要简单介绍一下应用程序的类型。

实际上，用 VSTS 的程序设计器定义的组件，如图 7-66 中应用程序一栏所列，可以是如下几种类型。

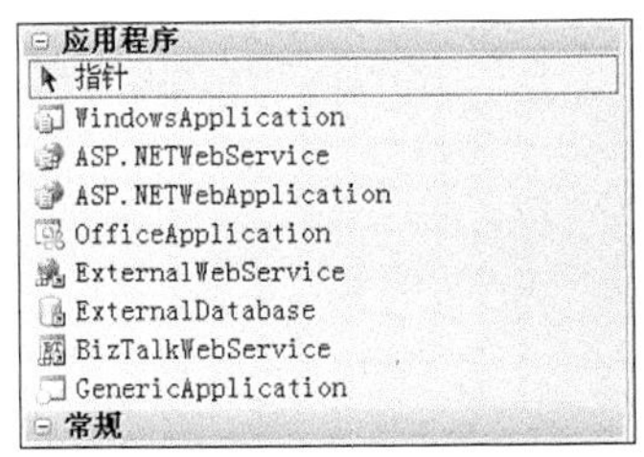

图 7-65　应用程序的类型

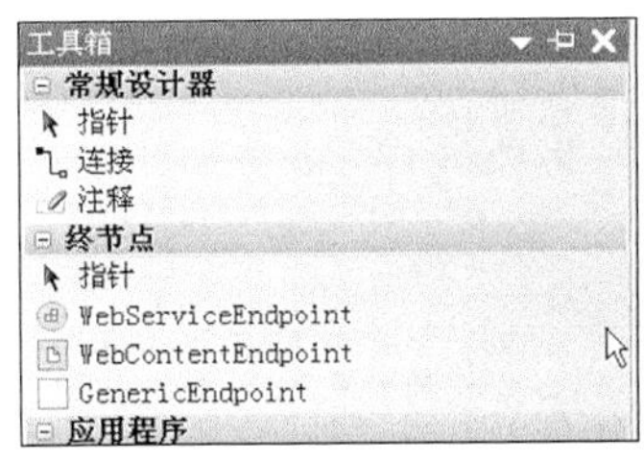

图 7-66　终节点的类型

(1) WindowsApplication：代表 Windows 应用程序，在上面可以附加通用提供者终节点和所有类型的消费者终节点。

(2) ASP. NETWebService/ASP. NETWebApplication：二者唯一的不同之处是，前者在创建的时候，带有默认的 WebContent 终节点，后者是 WebService 终节点。这些终节点都是提供者，即它们为使用者终节点提供信息。有关终节点的属性在下面介绍。

(3) ExternalDatabase：带有默认数据库提供者终节点的现有数据库，客户端可以通过数据库终节点进行连接，可以附加所有类型的提供者终节点，但不能附加消费者终节点。

(4) GenericApplication：外部提供者或消费者。

可以更抽象地把应用程序看成是编程中的控件(按钮/对话框等)，每种控件都有自己的属性。在创建组件的时候，可以设置或修改这些属性，如组件名等。也可以在以后需要的时候再来修改，甚至重新定义其属性。

7.5.4　定义对组件提供者终节点的控制

定义完组件后，AD 图上有了几个“孤立”的方框(应用程序)，现在需要把它们连接起来。在建立应用程序之间的连接之前，VSTS 需要先定义所谓的“终节点”。终节点是应用程序之间的接口，有些终节点是定义组件的时候默认存在的，有些需要进行定义。

VSTS 程序设计器定义了以下三种终节点。

(1) WebServiceEndpoint：Web 服务提供者终节点。

(2) WebContentEndpoint：WebApplication 上 Web 内容的消费者终节点，通常连接一个客户端。

(3) GenericEndpoint：连接通用应用程序的一种机制。

图 7-64 中，左边 StockQuoteApp 组件与右边 StockBroker 组件相连接的终节点(左边圆圈位置)是消费者终节点，而右边圆圈位置的接点就是提供者终节点。这是由创建 StockQuoteApp 和 StockBroker 组件的时候，定义了它们的性质所决定的。再单击右边提供者这个终节点，看一下提供者终节点的属性(图 7-67)，多少可以帮助理解这类终节点的真正含义。

在服务提供者终节点上右击鼠标，出现如图 7-68 所示的各种可选操作，看看可以做什么。

选择“定义操作”命令，出现如图 7-69 所示窗口，可以查看服务的具体内容。

而这里的服务内容，就是图 7-70 所显示的代码。

图 7-67　提供者终节点属性

添加资源
连接(T)...
定义操作(P)
隐藏标签(L)
设置和约束(C)
查看代码(V)
在类关系图中查看 - StockQuoteService(I)
复制(Y)
粘贴(P)
复制图像(P)
删除(D)
添加到工具箱(A)...
属性(R)

图 7-68　定义操作

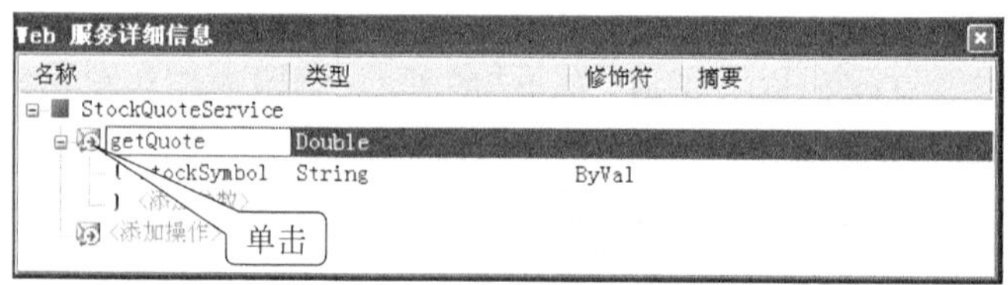

图 7-69　查看服务内容

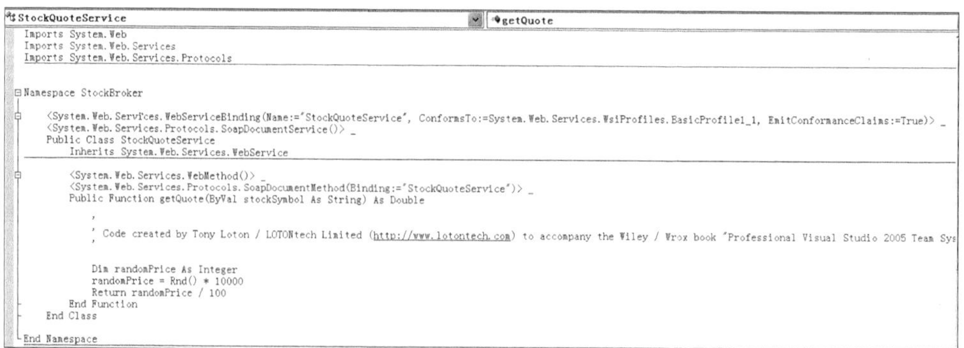

```
Imports System.Web
Imports System.Web.Services
Imports System.Web.Services.Protocols

Namespace StockBroker

    <System.Web.Services.WebServiceBinding(Name:="StockQuoteService", ConformsTo:=System.Web.Services.WsiProfiles.BasicProfile1_1, EmitConformanceClaims:=True)> _
    <System.Web.Services.Protocols.SoapDocumentService()> _
    Public Class StockQuoteService
        Inherits System.Web.Services.WebService

        <System.Web.Services.WebMethod()> _
        <System.Web.Services.Protocols.SoapDocumentMethod(Binding:="StockQuoteService")> _
        Public Function getQuote(ByVal stockSymbol As String) As Double

            '
            ' Code created by Tony Loton / LOTONtech Limited (http://www.lotontech.com) to accompany the Wiley / Wrox book "Professional Visual Studio 2005 Team Sys

            Dim randomPrice As Integer
            randomPrice = Rnd() * 10000
            Return randomPrice / 100
        End Function
    End Class

End Namespace
```

图 7-70　查看代码

这是一段接口代码，实现了对组件之间进行连接的终节点的控制。

如果需要,可以在这里直接可以改写代码。例如,可以填加一个新的接口操作,以检查特定查询要求,或增加一个接口参数,接收一个特定的检索标志,以缩小检索范围,加快检索速度等。不同的接口,可以用不同的编程语言(如 VB、C#),实现不同的接口方法。如果定义两个应用程序,服务内容相同(功能),接口的外貌(签名)也相同,但实现不同(如不同的语言和方法),是不是实现了多样性?

7.5.5 定义组件之间的连接

最后,完成组件之间的连接。

选择要连接在一起的终节点,选择连接操作(图 7-71),为连接命名、授权,还可以测试一下所定义的连接是否有效,最后选择确定,保存设置。单击定义完成的连接线,可以看到如图 7-67 所示的该连接的属性。

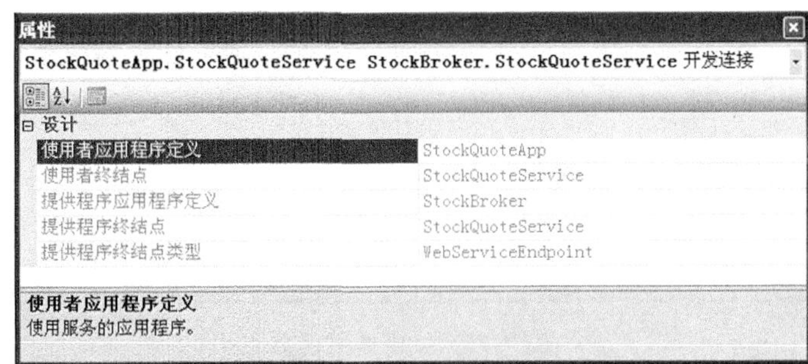

图 7-71　定义组件之间连接

7.5.6 应用程序的实现

1. 用户界面的实现

右击应用程序,在应用程序的属性菜单中,指明实现该应用程序的语言是 VB 还是 C#。

自动生成的程序代码包括两个文件:Default.aspx.cs(图 7-72)和 Default.aspx(图 7-73)。

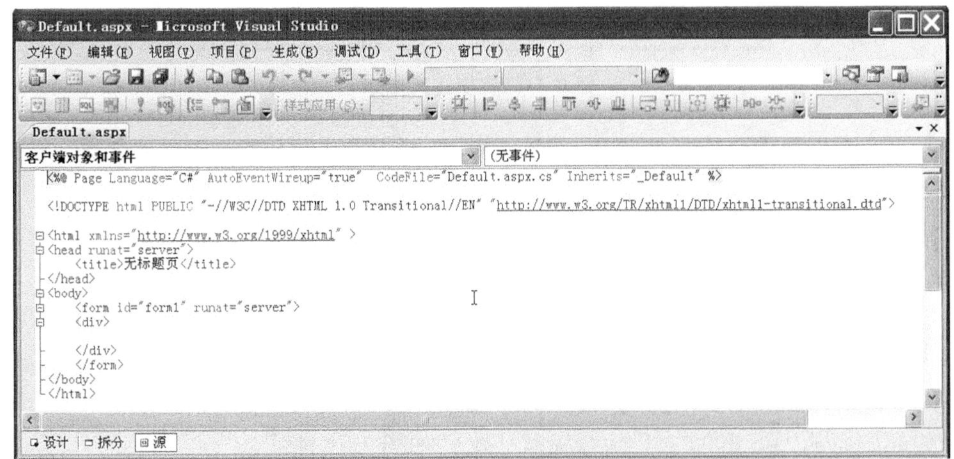

图 7-72　自动实现的应用程序 Default.aspx.cs

```
Default.aspx.cs  Default.aspx
_Default
using System;
using System.Data;
using System.Configuration;
using System.Web;
using System.Web.Security;
using System.Web.UI;
using System.Web.UI.WebControls;
using System.Web.UI.WebControls.WebParts;
using System.Web.UI.HtmlControls;

public partial class _Default : System.Web.UI.Page
{
    protected void Page_Load(object sender, EventArgs e)
    {

    }
}
```

图 7-73　自动实现的应用程序 Default.aspx

在系统编译通过、自动生成完成以后(图 7-74),在调试工具栏中选择“开始执行”,便得到一个输出窗口和一个空的 Web 页(图 7-75)。

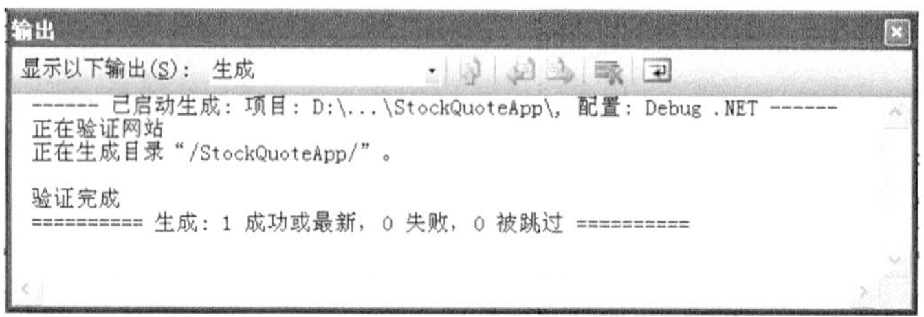

图 7-74　编译通过信息

图 7-75　程序运行结果

只有一个空白的窗口显然是不够的,还需要加一点代码,来实现一些东西。希望为 Web 页增加一个输入股票号码的窗口并接受输入。

选择使用 Web Form 设计器,进行 UI 设计,并自动生成相应代码。

(1) 在 VS 2005/2008 中打开 Default.aspx.cs 文件;

(2) 打开工具箱,把需要添加的“控件”拖曳到 Web 页面上的合适位置(图 7-76);

再次选择编译、执行,得到了新的 Web 页面(图 7-77)。

新页面已经添加了输入提示、输入框和“确认”按钮,这样,可以在提示的帮助下输入 6 位的股票代码。VS 2005 自动生成的代码文件如图 7-78 所示。

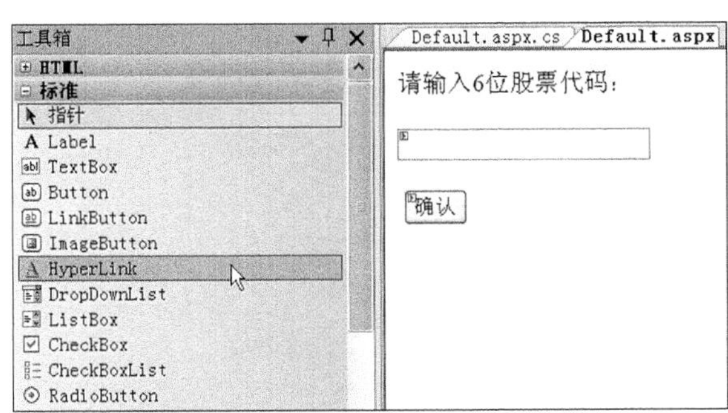

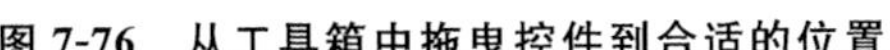
图 7-76　从工具箱中拖曳控件到合适的位置

图 7-77　新的 Web 页面

```
Default.aspx.cs  Default.aspx
客户端对象和事件                         (无事件)
<%@ Page Language="C#" AutoEventWireup="true"  CodeFile="Default.aspx.cs" Inherits="_Default" %>

<!DOCTYPE html PUBLIC "-//W3C//DTD XHTML 1.0 Transitional//EN" "http://www.w3.org/TR/xhtml1/DTD/xhtml1-transitional.dtd">

<html xmlns="http://www.w3.org/1999/xhtml" >
<head runat="server">
    <title>无标题页</title>
</head>
<body>
    <form id="form1" runat="server">
    <div>
        请输入6位股票代码: <br />
         <br />
        <asp:TextBox ID="TextBox1" runat="server"></asp:TextBox><br />
        <br />
         <asp:Button ID="Button1" runat="server" Text="确认" />k/div>
    </form>
</body>
</html>
```

图 7-78　VS2005 自动生成的代码文件

已经为 StockQuoteApp 编写了输入查询股票的代码，显然，仅有查询代码是不能自动得到查询结果的，还需要写实现查询操作的代码。如何实现 StockMark 的查询方法并返回查询结果？在相应程序的合适位置插入查询的调用/方法代码即可。这个例子也说明，应用程序设计器可以帮助做什么以及做到什么程度。

2. 实现 StockBroker 股票交易系统的其他业务操作

由于篇幅所限，这里只介绍部分操作的实现，其中有些还是模拟的。实现的操作包括：客户端 StockQuoteApp/DealingApp 获得股票信息的操作，客户端 DealingApp 向 StockBrocker 提出买/卖股票的请求，StockBrocker 将请求转给 MarketMaker，而 MarketMaker 对请求进行处理并返回买/卖结果。

在 VSTS 应用程序设计器下，实现上述应用的过程如下。

首先按照前面介绍的方法，在 AD 文件中，分别定义 StockQuoteApp、DealingApp、StockBrocker 和 MarketMaker 4 个组件，并将它们连接起来，然后全部生成程序(注意有些是用 C#，有些是用 VB 实现的)。之后，就可以开始为它们添加操作。

(1) 为 StockBrocker 添加支持 DealingApp 的 buyStock 请求的业务操作具体内容。方法是：单击 AD 图中 DealingApp 指向 StockBrocker 的 WebServiceEndpoint，右击，选

择“定义操作”命令，打开“Web 服务详细信息”对话框，定义 StockBrocker 可提供的操作，如图 7-79 所示。

Web 服务详细信息

名称	类型	修饰符	摘要
DealingService			
buyStock	Integer		This operation allows a stock to be bought.
(stockSymbol	String	ByVal	The unique identifier for the stock.
, numberOfShares	Integer	ByVal	The number of shres to be bought.
) <添加参数>			
sellStock	Integer		This operation allows a stock to be sold.
(stockSymbol	String	ByVal	The unique identifier for the stock.
, numberOfShares	Integer	ByVal	The number of shares to be sold.
) <添加参数>			

图 7-79　购买/卖出股票请求操作

这样输入以后，右击 DealingService. asmx 文件，选择“在浏览器中查看”命令，就可以看到 buyStock 和 sellStock 两个选项，单击 buyStock，则链接到如图 7-80 所示的买股票的输入窗口页面。随便输入一些值，单击“调用”按钮，报告服务器错误，这个问题后面再来解决。

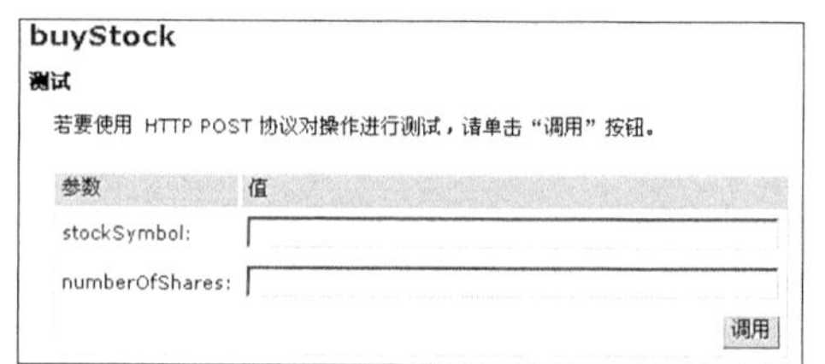

图 8-80　买股票的操作页面

另一个处理是针对查询股票价格(getQuote)，仅仅为了进行测试，这里模拟产生一个 0～100 之间的数字，作为股票价格的返回值。在 StockQuoteService. vb 文件中，添加如下计算股票价格的代码：

```
Dim randomPrice As Integer
randomPrice=Rnd() * 10000
Return randomPrice / 100
```

(2) 用相同的方法，为真正实现买/卖的 MarketMaker 也添加买和卖的操作。方法与(1)几乎完全相同。实际上，应用程序设计器可以把(1)的操作直接“复制”过去。

但是，MarketMaker 是再没有“推卸责任”的地方了(系统并没有真正的数据库)，它必须给出一个返回值。

① 修改 DealingService. cs 文件，将第一个 throw new System. NotImplementedException() 一段(买股票)，修改为(理由在前面已经说明)：

```
System.Random rnd=new System.Random(numberOfShares);
if (rnd.NextDouble() >0.5) return numberOfShares;
else return 0;
```

即用一个随机数，作为股票买进的数量，如果交易没有发生，则返回 0。

② 将第二个 throw new System. NotImplementedException()一段，也做同样修改，只是这里回答的是股票卖出时的情况。

测试一下：选择在浏览器中运行 DealingService. asmx，选择买或者卖(结果是一样的)，填一下股票号码和买、卖的数量，单击“调用”按钮。当数量大于 5 时，就会在另一个窗口显示：

```
<?xml version="1.0" encoding="utf-8" ?>
<int xmlns="http://tempuri.org/">6</int>
```

而小于或等于 5 时，就会显示：

```
<?xml version="1.0" encoding="utf-8" ?>
<int xmlns="http://tempuri.org/">0</int>
```

这就是准备模拟送回去的结果。至此，后端的两个组件都已经实现了，下面就要实现最前面的客户端的程序了。

(3) 实现客户端程序 DealingApp。DealingApp 的实现方法，与服务器端的有所不同。先看客户端程序的代码文件，如图 7-81 所示。

图 7-81 DealingApp 文件

在解决方案的 DealingApp 文件夹下，有一个 DealingForm.vb 文件，它是客户端应用程序的 Windows Form，右击它，选择“查看设计器”命令打开这个文件。现在打开的时候是一个空白的 Form 框。实际上，这里打算用 VB 的 Windows Form 设计器设计用户界面。为这个空白的用户界面添加两个标题(Enter StockSymbol/Enter Number of Shares)，三个文本框：StockSymbolInput(股票代码)、StockQuoteOutput(股票价格，但在这里暂时不会用到它)，以及第三个文本框 QuantityInput(股票的数量)。再添加三个按钮，分别是：Get Latest Price(得到最新股票价格)、Buy(买)和 Sell(卖)。用查看代码的方式再看一下 DealingForm.vb 文件，上述添加，全部由 VS 自动为我们编写好了代码。

但还是需要再为每一个按钮(Get Latest Price、buyStock 和 sellStock)添加一些执行代码。

三个按钮需要添加的代码如下：

Get Latest Price 按钮的代码：

```
Dim QuoteService As New DealingApp.StockQuoteService.StockQuoteService()
StockQuoteOutput.Text=QuoteService.getQuote(StockSymbolInput.Text)
```

Buy 按钮的代码：结果显示在 Number of Shares Bought：

```
Dim DealingService As New DealingApp.DealingService.DealingService
        MsgBox(DealingService.buyStock(StockSymbolInput.Text,
        QuantityInput.Text), "Number of Shares Bought")
```

Sell 按钮的代码：结果显示在 Number of Shares Sold：

```
Dim DealingService As New DealingApp.DealingService.DealingService
        MsgBox(DealingService.sellStock(StockSymbolInput.Text,
        QuantityInput.Text), "Number of Shares Sold")
```

测试一下 DealingApp 的 Windows 应用程序。注意，DealingApp 不是浏览器程序，而是一个可执行的 VB 的.exe 代码文件。编译完成后，VS 告诉我们这个 EXE 文件被放在 C:\...\...\DealingApp\bin\Debug\DealingApp.exe 下。直接运行这个程序(图 7-82)，输入股票代码，单击 Get Latest Price 按钮，就可以得到模拟的股票的价格（这要在下一步(4)完成以后才会显示出来）。输入一个数量，然后选择买/卖，就会在一个打开的窗口中显示模拟的买/卖的数量(买/卖的数量大于 15 时)，或者得到 0(买/卖的数量大于 15 时)。

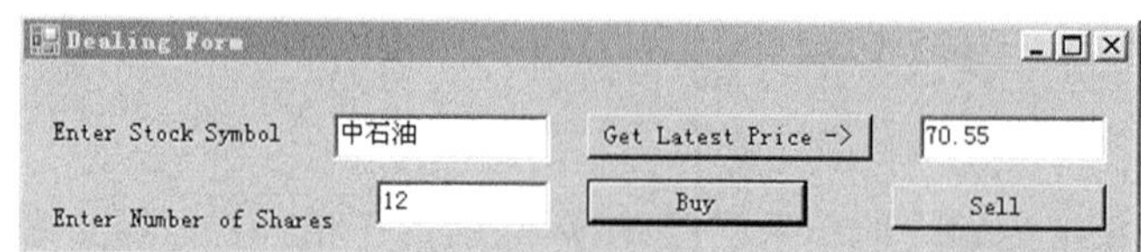

图 7-82　客户端程序 DealingApp. exe 的操作界面

(4) 在测试 DealingApp 的时候，单击 Get Latest Price 按钮后，还得不到任何返回信息。这就是最后一步要完成 StockQuoteApp 的实现工作。有了实现 DealingApp 的基础，实现 StockQuoteApp 是非常容易的。两者之间的差别是：前者是 Windows 应用程序，后者是 Web 程序。

与 DealingApp 一样，在解决方案下，同样有一个 C:\...\ StockQuoteApp\ 文件夹，在此文件夹下，有一个 Default. aspx，这是一个网页文件，目前是一片空白（与文件 Form1. cs 类似，所不同的是，它是 Web 应用程序）。另一个是 Default. aspx. cs，它是该 Form 文件的隐藏代码文件。现在，右击 Default. aspx 文件，选择“查看设计器”命令打开这个文件，用 VS 的 Windows Form 设计器设计网页。为这个空白的网页添加两个标题(Enter StockSymbol/Get Latest Price)，两个文本框：StockSymbolInput（股票代码）、StockQuoteOutput(股票价格)，以及一个按钮 Get Quote(得到最新股票价格)。看一下 Default. aspx. cs 文件，上述添加，全部由 VS 自动编写好了。

```
StockQuoteApp.WebServiceProxies.StockQuoteService QuoteService=new
    StockQuoteApp.WebServiceProxies.StockQuoteService();
    QuoteService.UseDefaultCredentials=true;
    StockPriceOutput.Text=
    QuoteService.getQuote(StockSymbolInput.Text).ToString();
```

还需要为按钮添加一些执行代码。这段代码的含义是：为 StockQuoteApp 组件创建 StockQuoteService 服务代理，按钮 getQuote 的操作使用 StockSymbolInput 的文本框内容作输入，输出显示在 StockPriceOutput 文本框中。

调试通过后，右击 StockQuoteApp 并选择在浏览器中查看，就可以看到如图 7-77 所示的页面。输入一个股票代码，就能得到最新的股票价格。同样，在图 7-83 的客户端程序 DealingApp. exe 操作界面上，也真正能得到股票的价格了。

至此，完成了全部 4 个主要组件的模拟实现。

应用程序设计器除了可以帮助设计应用系统并自动生成部分框架代码之外，还具有以下一些功能。

(1) 测试生成的代码；

(2) 保持模型与代码的同步；

(3) 对现有代码进行逆向工程；

图 7-83 在浏览器中查看 Default. aspx

(4) 设置限制(上层对下层的限制);

(5) 打印和复制。

由于篇幅所限,不再一一介绍。

7.6 实践与思考

7.6.1 实践题

1. 使用 WMP 组件,实现一个功能相对完整的媒体播放器。
2. 参考 foobar2000 的样式,丰富你的播放器的外观和功能。
3. 为你的播放器增加支持外挂功能。

7.6.2 思考题

1. 在采用 WMP 组件实现的播放器项目中,哪些功能属于业务逻辑层? 哪些属于业务实体层?

2. COM 组件与一般的动态链接库 DLL 的区别是什么? 在播放器的例子中体现在什么地方?

3. 如果希望播放器要能够支持外挂,需要做什么?

CHAPTER

第8章

基于MVC设计模式的架构设计与实现

本章导读

第6章学习了软件架构的概要设计部分，其中最核心的问题是如何对软件系统架构进行分解，即如何划分子系统。同时简要罗列了划分子系统时，可资参考的若干种划分思路和方法。

为了更好地学习和体验架构设计，本章花费一定的篇幅，在已有的软件架构设计模式中，选择目前较为流行且应用较多、基于MVC设计模式（Model-View-Controller，模型-视图-控制器）的Struts架构进行探讨，是必要和值得的。本章的目的，不仅是让学生了解MVC架构及其设计方法，更重要的是在架构设计过程中，学习如何理解架构模式的特点，扬架构模式之长，避架构描述之短，这才是架构设计产生软件系统质量的关键所在。

作为一种层次型的软件架构设计方法，MVC模式，以及基于MVC模式的Struts架构，是目前较为流行的一种软件架构设计模式。本章作为软件系统架构设计（概要设计）部分的实践环节，重点介绍MVC模式，以及基于MVC模式的Struts框架的特点。并从一个简单的登录系统开始，帮助学生自己动手搭建一个MVC模式的软件系统，从中体会层次型的、MVC模式、Struts框架的软件架构到底是什么样子的。

为了更进一步真实地理解和体会软件架构设计，本章更是花费一定篇幅，在介绍SSH（Struts，Spring，Hibernate）框架技术的基础上，解剖并分析了一个完整的、可运行的、也是具有典型代表意义的、基于SSH框架的应用系统——医药管理系统。这是一个从网上下载的、作为教科书案例的一个完整系统。本章通过添加权限管理为新需求，进行二次开发方案设计和实现方法的分析，以帮助学生体会软件架构师在设计软件系统时的所思所想、所作所为。

本章是第7章的重要补充和重要实践环节。

虽然以前各章也都有一些分析案例，但是，像本章这样不惜大量篇幅，从简入繁、连篇累牍，甚至有些地方，简直有点越俎代庖，做起代码分析的工作来，其用意，正是希望通过这样的分析和介绍，能让没有大型软件系统开发经历，没有架构设计体验的学生，能够比较真实地感受架构以及架构设计。因为作者不止一次地在学生的论文中看到或在公司的工程师口中听到,所谓基于 MVC 的"三层结构",就是客户端+服务器+数据库。

在架构设计方法上,Struts 或 SSH 架构的生命期有多长,以后又会被其他什么新的架构技术所取代,MVC 模式是否是最好的架构模式,什么时候又会出现了新的架构模式,一切皆有可能。但是,理解了什么是架构,什么是层次架构之后,新的架构技术的出现,只不过是在已有的架构框架中,添加或更换新的模块。新技术只不过是在已有的知识框架里,再添加新的知识模块而言。人类的认识论,不就是这样的吗? 关键不是新技术,关键是建立可容纳新技术模块的框架,架构如此,人也是如此。

8.1 面向对象的 MVC 设计模式

从划分子系统的角度看,早期的 Web 开发模式基本上分为视图-业务逻辑两层,而 MVC 模式则分为三层(图 8-1)。是不是 MVC 就是增加了一层控制层呢? 显然,答案并不是那么简单。

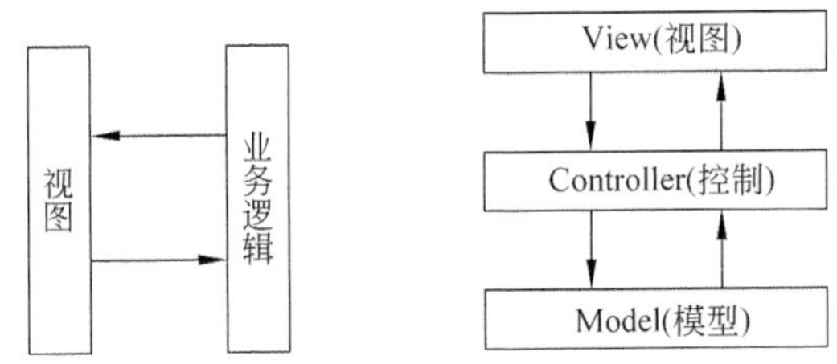

图 8-1 Web 应用的层次架构变化

8.1.1 图形化与交互式应用的可变需求

按照字面的理解,MVC 结构本来是为了将应用系统的输入(input)、处理(processing)、输出(output)部分,按照模型层、视图层、控制层(Model-View-Controller)的方式进行分离。这样,一个应用系统被分成三层。这种基于表示与数据处理责任抽象分离的任务划分方式,特别适合图形化的、存在大量用户交互的系统模型设计中。

用户界面是用户与系统交互操作的窗口,是用户对系统的直接感受和接触点。在应用系统中,与应用逻辑相比较,用户界面的变化是系统需求中最容易发生改变的地方。系统设计的一个重要任务,就是在尽可能少地改变系统整体结构的前提下,如何更好地支持和适应用户不断变化的需求,如何实现数据与数据表示的分离,如图 8-2 所示。

1. 界面设计的可变需求

数据与数据表示的分离可以有以下几种情况。

(1) 问题一:界面需求与功能无关。

分析用户的需求变更可以看到,对系统功能的需求是相对稳定的,而变化的只是展示部分。例如:

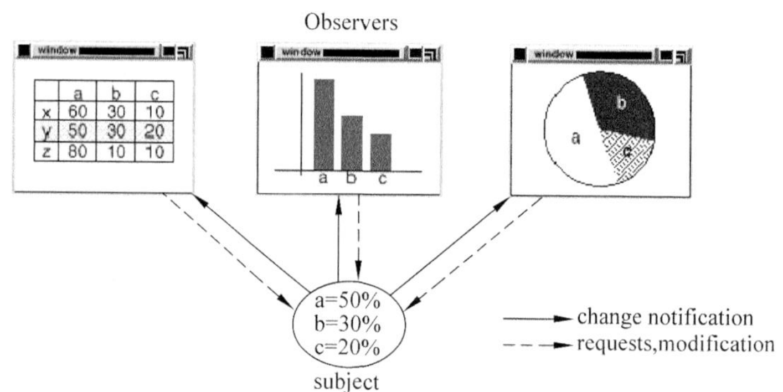

图 8-2　数据与数据的表示分离

① 同一个软件版本的不同类型用户(如不同的客户端),需要不同的用户界面。

② 同一个系统的不同应用,如因权限不同、可打开的模块不同、可看见的数据不同,也可能需要构成不同的用户界面。无访问权限的部分用灰色表示一则不够友好,二则向外部泄露了不必要的系统内部信息(无权限的访问者获知还有自己不能看到的秘密)。

③ 不同时期、不同用户的不同表现喜好、不同的关注点,需要不同的个性化的界面。

因此,如果把用户界面与实现功能紧密结合,则随着用户界面的不同或更改,系统的功能和结构要适应这样的需求而变更,修改的工作量将无比巨大。

(2) 问题二:与系统功能有关的界面变化。

① 同一种信息可以在不同的地方有不同的表示,如在不同的比例尺度下的数据表示;

② 应用程序的显示和动作必须立即反映出数据的变化,如股票行情的实时变化;

③ 用户的接口易于改变,甚至在运行时刻也可以改变;

④ 支持不同的窗口系统,或者用户界面的基础软件。

这类需求改变,涉及对系统界面部分的要求,如:

① 具有灵活的人-机界面的交互方式;

② 可以灵活地选择不同的信息表示方式;

③ 可以灵活地选择用户的操作方式。

当然,这里的灵活性必须保证是在一定限度内,不可能是无限的。

2. 模型视图控制器 MVC

模型视图控制器 MVC(Model-View-Controller)就是一种交互界面的结构组织模式。模型视图控制器是在 20 世纪 80 年代,随着 SmallTalk-80 编程语言而流行起来的设计模式。作为开发 Web 应用的架构模式,它是一个十分有效的设计模式,广泛用于图形用户界面的设计中。MVC 强调把用户输入、数据模型和图像显示以模块的方式分开设计。

MVC 模式将一个交互式应用程序分成三个组成部分,也可以看成三个子系统,如图 8-3 所示。

(1) 视图(View):向用户显示信息,对相同的信息可以有不同的显示。

视图代表用户交互界面,对于 Web 应用来说(不限于 Web 应用),可以概括为

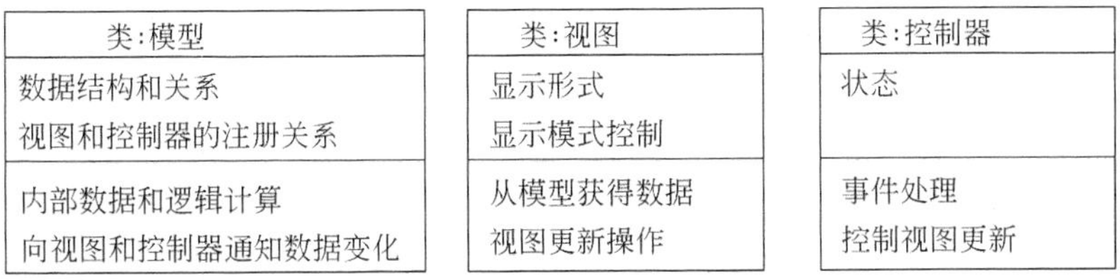

类:模型	类:视图	类:控制器
数据结构和关系 视图和控制器的注册关系	显示形式 显示模式控制	状态
内部数据和逻辑计算 向视图和控制器通知数据变化	从模型获得数据 视图更新操作	事件处理 控制视图更新

图 8-3 MVC 的三个组成部分

HTML 界面,但有可能为 XHTML、XML 和 Applet。随着应用的复杂性和规模性,界面的处理也变得具有挑战性。一个应用可能有很多不同的视图,MVC 设计模式对于视图的处理,仅限于视图上数据的采集和处理,以及用户的请求,而不包括在视图上的业务流程的处理。业务流程的处理交予模型(Model)处理。比如一个订单的视图只接受来自模型的数据并显示给用户,以及将用户界面的输入数据和请求传递给控制和模型。

(2) 模型(Model):软件所处理的核心逻辑,包含核心功能和数据。

模型就是业务流程/状态的处理以及业务规则的制定。业务流程的处理过程对其他层来说是暗箱操作,模型接受视图请求的数据,并返回最终的处理结果。业务模型的设计可以说是 MVC 最主要的核心。流行的 EJB 模型就是一个典型的应用例子,它从应用技术实现的角度对模型做了进一步的划分,以便充分利用现有的组件,但它不能作为应用设计模型的框架。它仅仅告诉你按这种模型设计就可以利用某些技术组件,从而减少了技术上的困难。而 8.4 节开始介绍的 SSH 框架,则是一个真正的应用框架,它为模型层的设计提供了一个架构设计和实现的有力支撑。

(3) 控制(Controller):处理用户的输入(如鼠标、键盘等),转化成用户对模型或视图的服务请求,并把信息的变化传递给视图。用户仅通过控制器与系统交互。

控制可以理解为从用户接收请求,将模型与视图匹配在一起,共同完成用户的请求。划分控制层的作用也很明显,它清楚地告诉你,它就是一个分发器,选择什么样的模型,选择什么样的视图,可以完成什么样的用户请求。控制层并不做任何的数据处理。例如,用户单击一个链接,控制层接受请求后,并不处理业务信息,它只把用户的信息传递给模型,告诉模型做什么,选择符合要求的视图返回给用户。因此,一个模型可能对应多个视图,一个视图可能对应多个模型。Struts 的作用就是一个典型的控制器,在 SSH 架构中,这一点看得更明显。

(4) MVC 的观察者(Observer)机制:MVC 的关键是实现了所谓的观察者机制。

一组视图和控制器组成了一个用户界面,一个模型可以有多个视图界面,如果用户通过某个视图的控制器,改变了模型的数据,控制器会将这个变化通知所有视图,导致显示的更新。这是典型的面向对象设计模式(四人帮的 23 种设计模式)的观察者(Observer)或称为发布-订阅(publish-subscribe)/变更-传播模式。MVC 是观察者模式的一种应用,这种机制保证了模型和用户界面之间的一致性。

8.1.2 MVC 组件的作用和运行机制

MVC 的运行机制如图 8-4 所示。

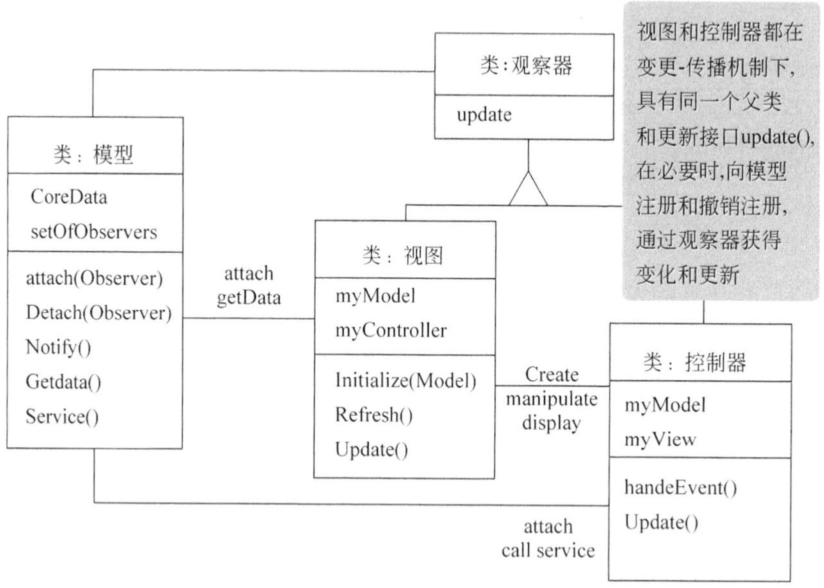

图 8-4 MVC 的运行机制

以下详细介绍 MVC 各组件的作用和它们的运行机制。

1. 模型

模型组件是系统所处理的核心逻辑,包含核心功能和数据。

(1) 模型组件包含应用程序的功能内核,封装了相应的数据,封装了完成问题处理的过程,控制器代表用户调用这些过程。

(2) 模型也提供访问它封装的数据的函数,视图为了获得显示数据,通过函数对这些数据进行访问操作。

(3) 变更-传播机制将维护一张注册表,各组件通过注册表建立彼此的联系和依赖关系。在这个表中,登记所有的视图,以及部分控制器,当模型的状态发生改变时,将触发变更-传播机制并通知每个在表中登记的视图和控制器。

(4) 变更-传播机制是模型与视图控制器之间的唯一连接。

2. 视图

视图组件用来向用户呈现信息:

(1) 不同的视图用不同的方法呈现信息;

(2) 每个视图组件都有一个更新操作。这个操作被模型变更通知激活(视图被动地更新)。

(3) 这个操作被激活(因为此时模型已经改变)后,视图得到新的模型数据,视图和模型重新一致。

(4) 在初始化阶段,通过建立注册关系,视图向模型登记请求变更通知(视图主动地更新)。

(5) 每个视图创建一个相应的控制器,视图告知控制器它可以处理显示的操作,因此，控制器具有可以主动激发更新界面的能力。

3. 控制器

控制器组件接受事件，并翻译成输入：

(1) 控制器如何获得事件有赖于用户界面平台，例如，是命令行，还是鼠标单击等；

(2) 事件被翻译成为对模型或者视图的请求(操作激发)；

(3) 如果控制器的行为依赖于模型的状态(例如，由模型的状态，决定控制器允许或不允许进行某类操作)，那么控制器也需要向变更-传播机制注册，模型为控制器建立一个操作；

(4) 当模型状态变化时，变更-传播机制像处理视图一样，为控制器提供一个更新操作，使控制器改变操作行为(例如，关闭或打开某种操作)。

4. MVC 组件之间的行为关系

图 8-5 为 MVC 中 M、V 与 C 三者之间的动态行为关系。

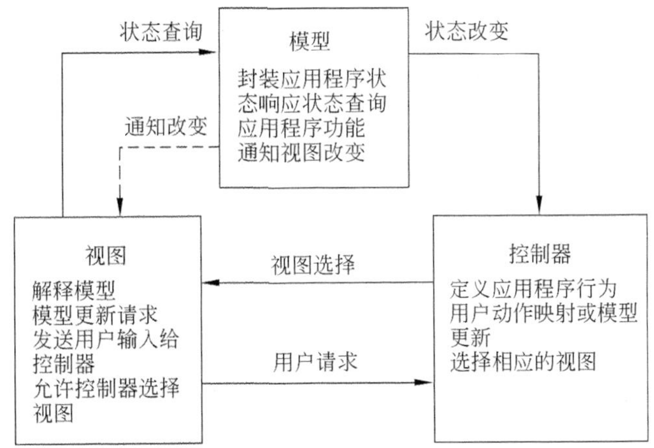

图 8-5　MVC 的动态行为关系

具体活动过程如图 8-6 所示。

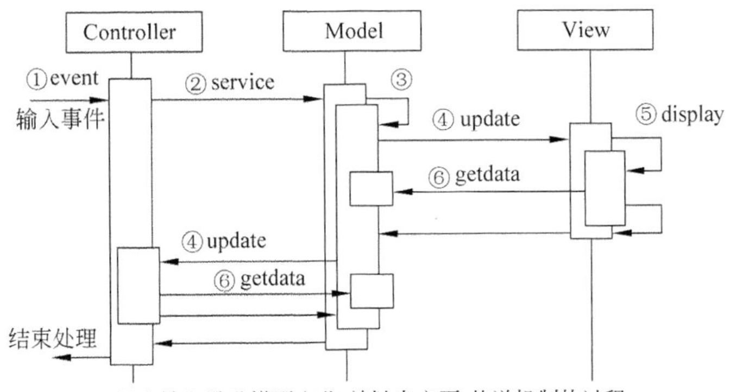

图 8-6　MVC 触发变更-传递机制活动的过程

具体活动过程的步骤如下。

(1) 用户输入导致模型变化,并触发变更-传递机制的过程;

(2) 控制器接受到事件,解释事件并且启动模型的服务过程;

(3) 模型执行相应的过程,并导致内部状态的变化;

(4) 模型调用其更新过程,向所有登记请求了变更-传播机制的视图和控制器发出通知;

(5) 每个视图从模型中读取新数据并且重新显示;

(6) 每个控制器从模型中读取新数据,修改自己的行为,比如禁用某个功能;

(7) 最初的控制器恢复控制并从事件处理过程返回。

8.1.3 MVC 架构的设计和实现步骤

设计某一应用系统,考虑采用 MVC 模式进行架构设计,一般设计和实现的步骤如下。

1. 分析和设计模型

(1) 分析应用问题,分离并划分出系统的内核功能、控制和输出三个部分;

(2) 设计模型组件,使其封装内核数据和计算功能,提供访问数据、控制内部行为,以及其他必要的操作,这是系统的核心逻辑部分,与具体应用领域有关。

(3) 一般功能包括:

① 确定要显示的数据;

② 设计对数据访问的操作;

③ 确定模型的哪一部分是自动显示,哪一部分应该通过控制器操作向用户显示;

④ 设计模型自己的内部计算和控制功能。

上述部分的工作类似于子系统划分,不过此处已经确定将采用 MVC 架构模式,因此,子系统的划分目标是按照 MVC 三个责任模块来划分的。当采用 Struts 框架时,这种划分工作就非常简单了,这在 8.1.4 节就会看到。

2. 实现观察者(Observer)机制

(1) 确定采用出版者-订阅者设计模式;

(2) 模型组件作为出版者,视图和控制器作为订阅者;

(3) 提供过程,使得视图和控制器可以自由订阅和退订通知;

(4) 模型的过程如果改变了状态,那么需要通知每个订阅者。

在 Struts 框架下,这个过程是框架帮助自动实现的。

3. 设计并实现视图

(1) 设计视图的外观,并实现画图过程来将视图显示在屏幕上(需要使用用户界面平台的功能)。

(2) 实现更新过程来反映模型的变化:

① 可以简单地调用画图功能,但是不适应模型频繁变化的情况;

② 向更新过程提供一些参数来确定是否重画,以及重画范围;

③ 可以通过累积变化的方式减少重画的频率。

(3) 还需要实现视图的初始化过程：支持变更-传递机制；初始化控制器。

4. 设计并实现控制器

(1) 对于每个视图，指定回应用户动作的系统行为。

(2) 控制器用一个专用的过程来接受并且解释这些用户动作(事件)。

(3) 可以考虑使用命令(command)设计模式来隔离模型和控制器之间的联系。

(4) 设计并实现视图-控制器关系：

① 视图在其初始化期间创建和它关联的控制器；

② 可以考虑使用工厂方法(factory method)设计模式来建立视图和控制器的类层次结构。

5. 实现 MVC 的总体初始化部分

(1) 首先初始化模型；

(2) 创建和初始化视图；

(3) 初始化之后进入一个循环，或者包含循环的过程；

(4) 创建动态视图：

① 如果应用程序允许动态打开和关闭视图，那么可以提供用来管理这些视图的组件；

② 该组件可以在最后一个视图被关闭的时候终止程序。

MVC 的初始化过程如图 8-7 所示。

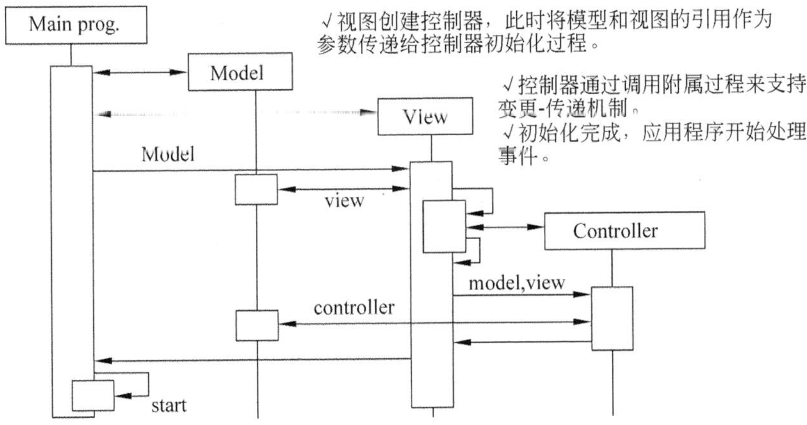

图 8-7 MVC 的初始化过程

8.1.4 MVC 的更进一步发展

MVC 还可以进一步地发展和演化。

1. 可灵活组合的视图与控制器

视图和控制器之间可以分离而不是绑定,以支持一个视图与不同控制器的灵活组合。这种灵活性可以用来实现操作的不同模式,如图 8-8 所示。

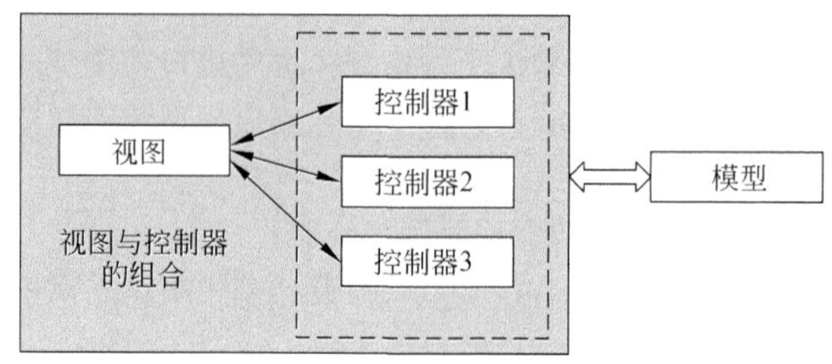

图 8-8 一个视图与不同控制器的组合

2. 层次化视图和控制器

在组合的基础上,一个用户界面可以依靠预先定义好的视图的对象来构建,可以考虑组合(composite)设计模式来实现这样的处理,而这种组合是可以分层次的。

3. 层次化与责任链的组合

再进一步,依据一定的逻辑,选择不同的组合层。当有多个视图-控制器组合的时候,可以考虑采用如图 8-9 所示的责任链(Chain of Responsibility)设计模式来选择处理组合。

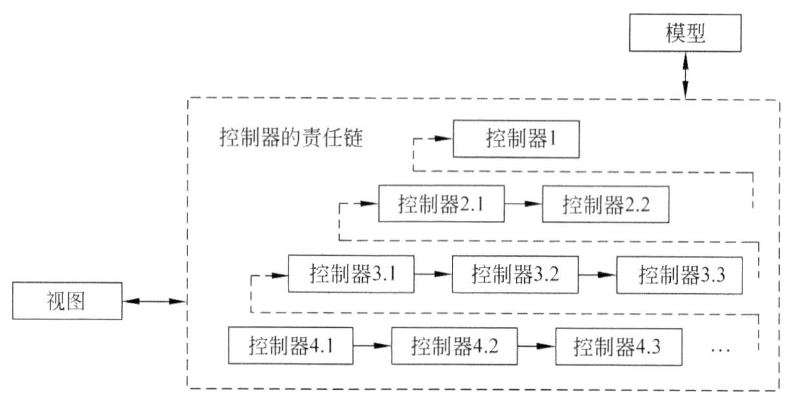

图 8-9 层次化与责任链的组合应用

4. 进一步去除系统依赖性

最后,可以考虑建立一个视图类和控制器类的集合,希望这些类的实现是平台无关的。也可以考虑使用桥接(Bridge)模式,在这些类和基础平台软件之间建立一个隔离层。

当然,这样的设计必然带来系统过于复杂、牵连很多的问题。

8.1.5 对 MVC 模式的评价

1. MVC 模式的优点

在基于 GUI 平台的应用中，窗口显示和事件处理是紧密交织在一起的，所以把视图和控制器联合成为一个组件。文档组件对应于模型，实现了变更-传播机制。视图组件结合了 MVC 中控制器和视图的职责，实现了用户界面的同一模型的多个视图。

由于将模型和用户界面分离，多视图可以在单一的模型中实现。变更-传播机制确保了所有加入的观察者可以在正确的时间被告知应用程序的数据变化，实现了同步化视图。

MVC 模式的优点是：

(1) 可以为一个模型在运行时同时建立和使用多个视图。变更-传播机制可以确保所有相关的视图及时得到模型数据的变化，从而使所有关联的视图和控制器做到行为同步。

(2) 可插入的视图和控制器：视图与控制器的可接插性，允许更换视图和控制器对象，并且可以根据需求动态地打开或关闭，甚至在运行期间进行对象替换。

(3) 模型的可移植性：因为模型是独立于视图的，所以，可以把一个模型独立地移植到新的平台上，需要做的只是在新平台上对视图和控制器进行修改。

(4) 潜在的框架结构：可以基于此模式，建立应用程序框架，不仅在涉及界面的设计中。

2. MVC 优点在设计中的运用

在早期采用 ASP、PHP 开发出来的 Web 应用，都是混合模式的数据编程。例如，直接向数据库发送请求并用 HTML 显示，虽然其开发速度往往比较快，但由于显示数据页面与业务处理逻辑是混在一起，或不明显不分离，因而很难抽象出业务模型，更谈不上业务模型的可重用性。很多开发只能说完成了用户的功能需求，只能算是一个用户项目，而不能成为基线化、产品化、可复用的共享资源，因而，也很难满足用户的变化性需求。MVC 模型要求对应用分层，虽然会花费一些额外的工作，但产品的业务模型结构清晰，产品的重用可通过模型得到更好的体现。

为了体现 MVC 的上述优点，首先最重要的是设计者应该有多个视图对应一个模型的能力。在目前用户需求的快速变化的情况下，可能有多种方式访问应用的要求。例如，订单模型可能有本系统的订单，也有网上订单，或者其他系统的订单，但对于订单的处理都是一样，也就是说订单的业务模式和处理方法是一致的。架构师应该按 MVC 设计模式，设计一个订单模型以及多个视图即可解决上述需求。这样减少了代码的复制，也减少了代码的维护量，一旦模型发生改变，也易于维护。其次，由于模型返回的数据不带任何显示格式，因而这些模型也可直接应用于接口的使用。

再次，由于一个应用被分离为三层，因此有时改变其中的一层就能满足应用的改变。一个应用的业务流程或者业务规则的改变只需改动 MVC 的模型层。因此，架构师在划分系统业务逻辑的时候，是否能够使得上述改变更易于在一个模块中实现，是架构设计好坏的检验标志。

这个道理在控制层也有效，由于控制层把不同的模型和不同的视图组合在一起，来完成不同的请求，因此，控制层能否提供最大的灵活性，以实现用户需求的变化，是控制层结构设计好坏的检验标志。

3. MVC 的缺点

MVC 模式的缺点是：

(1) 增加了复杂性。有时，一些简单的应用，并不需要很复杂的三层架构，系统从复杂架构中获得灵活性的需求并不大，但这样的架构却增加了系统的复杂性。

(2) 潜在的过多的更新因素。MVC 的更新机制导致有时一个用户动作就导致很多更新。有些更新并不是所有的视图都关心。频繁和大量的系统更新，降低了系统的运行效率。

(3) 视图和控制器之间的紧密联系：视图与控制器在逻辑上是相互分离的，但在操作上，确实是紧密联系的组件，视图没有控制器的存在，其应用是很有限的，反之亦然，这样就妨碍了它们的独立重用。

(4) 视图和控制器与模型的紧密耦合。视图和控制器直接调用模型。模型接口的改变会使得视图和控制器的代码过时。

(5) 视图中数据访问的低效率。依据模型操作接口的不同，视图可能需要多次调用模型，才能获得足够的显示数据。对未变化数据的不必要的频繁访问，也将损害操作性能。

(6) 视图和控制器中的软件包含平台相关的东西。现代的用户接口工具中提供了预制的控制流管理、内部事件的处理等，但对 MVC 支持困难。

以上部分简要地介绍了 MVC 模式的概念和实现机制，其中应重点关注两点：MVC 的三个组成部分以及 MVC 的变更机制。以下各节将具体介绍 MVC 模式的应用及相关问题讨论。

8.2 基于 MVC 的 Struts 应用框架

Struts 是 Apache 软件基金下 Jakarta 项目的一部分。除 Struts 之外，该基金下还有其他一些大家熟知的开源产品，包括 Tomcat、Ant 和 Velocity。

Struts 实质上就是在 JSP Model 2 基础上实现的一个 MVC 框架。在 Struts 框架中，模型由实现业务逻辑的 JavaBean 或 EJB 组件构成，控制器由 ActionServlet 和 Action 来实现，视图由一组 JSP 文件构成。

为什么叫 Struts？这个框架之所以叫“Struts”，是为了提醒我们记住那些支撑房屋、桥梁的基础。这也是一个解释 Struts 在开发 Web 应用程序中所扮演的角色的精彩描述。当建立一个物理建筑时，建筑工程师使用支柱为建筑的每一层提供支持。

同样，软件工程师使用 Struts 为业务应用的每一层提供支持。Struts 是一个基于 J2EE 平台的 MVC 框架，主要是采用 Servlet 和 JSP 技术来实现的。Struts 能充分满足应用开发的需求，简单易用，敏捷迅速。Struts 把 Servlet、JSP、自定义标签和信息资源整合到一个统一的框架中,开发人员利用其进行开发时,无须再自己编码实现全套 MVC 模式代码,极大地节省了时间,因而被称为是一个"轻量级"的应用框架。

8.2.1 整合进 Struts 的相关技术

Struts 应用框架整合了各种基础技术。这些技术并不是专门针对 Struts,而是所有 Java Web 应用都可以使用的。Struts 的作用是使开发者在使用 Struts 之类的框架之后,隐藏了诸如 HTTP、CGI,以及 JSP 之类技术后面的烦琐的细节,为开发者带来便利。

这里简单罗列一下相关技术,详细内容请同学们参考学习有关资料。

1. 超文本传输协议(HTTP)

HTTP 是一种基于 TCP/IP 的应用层协议,由于其简洁、快速的方式,适用于分布式和合作式超媒体信息系统。自 1990 年起,HTTP 就已经被应用于 WWW 全球信息服务系统。

HTTP 是一种请求/响应式的协议。一个客户机与服务器建立连接后,发送一个请求给服务器,请求的格式是:统一资源标识符(URI)、协议版本号,后面是类似 MIME 的信息,包括请求修饰符、客户机信息和可能的内容。服务器接到请求后,给予相应的响应信息,其格式是:一个状态行、包括信息的协议版本号、一个成功或错误的代码,后面也是类似 MIME 的信息,包括服务器信息、实体信息和可能的内容。

2. 公共网关接口(CGI)

第一个普遍用来产生动态内容的标准是通用网关接口(CGI)。CGI 使用标准的操作系统特征,比如环境变量和标准输入输出,在 Web 服务器间以及和主机系统间,创建桥接和网关。其他程序可以看到 Web 服务器传递过来的请求,并创建一个定制的响应。

当 Web 服务器接收到一个对 CGI 程序的请求时,它便运行这个程序并向其提供它请求里面所包含的信息。CGI 程序运行,并将输出返回给 Web 服务器,Web 服务器则将输出响应给浏览器。CGI 定义了一套关于什么信息将作为环境变量传递,以及它希望怎样使用标准输入和输出的惯例。与 HTTP 一样,CGI 是灵活和易于实现的,并且已经有大量现成的 CGI 程序。

3. Java Servlet

Servlet 看起来好像是一个微小的 Web 服务器。它接受请求并产生响应。Servlet 本身是要编译成字节码的 Java 类,就像其他 Java 对象一样。Servlet 访问 HTTP 特定服务的 API,但它仍然是一个运行于程序之中的 Java 对象,并可以利用所有的 Java 资产。

为了使 Web 服务器能访问 Servlet,Servlet 被安插在一个容器之中。Servlet 容器连接到 Web 服务器。每个 Servlet 都可以宣称它可以处理何种样式的 URL。当符合所注册样式的请求到达时,Web 服务器将请求传递给容器,容器则调用相应的 Servlet。

一旦 Servlet 对象被创建,使用它处理额外的请求仅会带来很小的开销。Servlet 开发人员可以使用 init()方法保持对昂贵资源的引用,比如到数据库或者 EJB Home 接口的连接,以便它们可以在不同的请求之间进行共享。获得这些资源要耗费数秒时间,这比大多数用户愿意等的时间要长些。

4. Java Server Pages

虽然 Servlets 对 CGI 程序来说前进了一大步，但为了产生响应，在 Servlets 中使用大量的 println 语句来生成 HTML 将是一件复杂、费时的事情。不利于简化和复用代码，也不易对页面效果进行美化，不利于项目团队职责的划分(比如 HTML 程序员和 Java 程序员)以便提高工作效率。

为解决这个问题，Sun 提出了一个将脚本和模板技术结合到一个构件中的服务器页面技术(Java Server Pages)。开发者可以按创建 HTML 页面类似的方式创建 JSP 页面，使用相同的 HTML 语法。为将动态内容引入页面，开发人员可以将 Java 脚本元素置入页面之中。脚本元素是一些标记，封装了可以被 JSP 识别的逻辑。可以在 JSP 页面中很容易地识别出脚本元素，它们被封装在一对＜％和％＞标记中。

为了识别 JSP 页面，文件需要以扩展名.jsp 保存。当一个客户请求 JSP 页面时，容器将页面翻译成 Java Servlet 源代码文件，并将它编译成 Java 类文件。在运行时，Web 容器会检测 JSP 文件和相应的类的最后更新时间。如果 JSP 文件自上次编译以来被修改了，容器将重新翻译和编译 JSP 文件。

5. JSP 标签

脚本元素仅是两种产生动态内容的方式之一。Scriptlet 是快捷、简单、强大的手段，但要求开发者在 HTML 中混合 Java 代码。经验告诉我们，混合业务逻辑到 JSP 页面中将导致难以维护的应用和最小的可重用性。一个可选的方案是使用 JSP 标签(tags)。

JSP 标签可以和 HTML 标记混合使用，就如同它们是原生 HTML 标记一样。一个 JSP 标签可以代表许多 Java 语句，但是所有的开发者都需要了解如何在页面中插入标记。

有大量的现成的 JSP 标签库(Tags Libraries)可用，它们完成很多有用的功能。其中就有新的 JSP 标准标签库(JSTL)。这是一个新的标准，提供丰富的可重用的 JSP 标签库。在支持 JSP 标签库的网页编辑工具中，可以像编辑普通的页面文件一样，对使用 JSP 标签的页面进行添加样式之类的页面美化工作。这使得 Web 应用项目的团队可以按照 HTML 程序员和 Java 程序员进行更合理的分工。

6. JavaBean

JavaBean 是一种 Java 语言写成的可重用构件。JavaBean 通过提供符合一致性设计规范的公共访问方法将内部字段暴露为 JavaBean 属性(两者并非一一对应)，其他 Java 类可以通过自省机制发现和操作这些 JavaBean 属性。

JavaBean 设计规范提供两种类型的方式来访问 Bean 的内部状态：访问器(accessor)用来读 JavaBean 的状态，修改器(mutator)用来改变 JavaBean 的状态。

7. 其他技术

方法在不断进步，Struts 同样也能够容纳如下这些新技术的应用。例如，与数据库接口的技术，包括 ODBC/JDBC、Spring、Hibernate 等，有关 SSH 架构，将在本章后几节进行讨论。

8.2.2 两种 Struts 架构模型

1. Model-1 架构

Web 应用向软件开发人员提出了一些特有的挑战，最明显的就是客户机和服务器的无状态连接。这种无状态行为使得模型很难将更改通知视图。在 Web 应用中，为了发现对应用程序状态的修改，浏览器必须经常查询服务器。

另一个重大变化是实现视图所用的技术(HTML)与实现模型或控制器的技术不同。当然，可以使用 Java(或者 PERL、C/C++ 或别的语言)代码生成 HTML。这种方法有几个缺点：Java 程序员应该开发服务，而不是 HTML。更改布局时需要更改代码。服务的用户应该能够创建网页来满足它们的特定需要。网页设计人员不能直接参与网页开发。嵌在代码中的 HTML 很难看，等等。

为了解决以上问题，早期的 JSP 规范提出了两种用 JSP 技术建立应用程序的方式，即 JSP Model-1 和 JSP Model-2，它们的本质区别在于处理批量请求的位置不同。

图 8-10 为 JSP Model-1 架构。

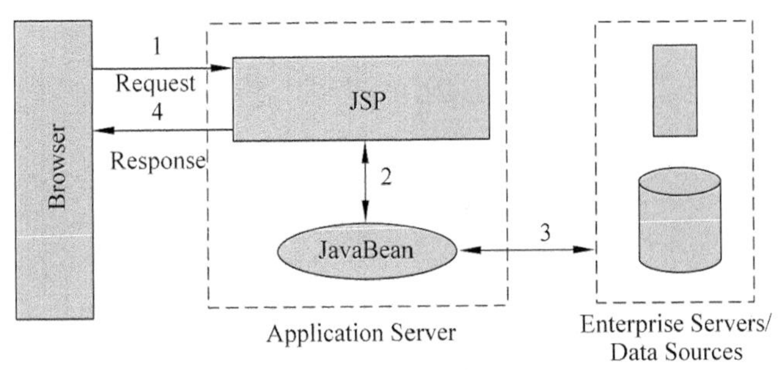

图 8-10 JSP Model-1 架构

在 Model-1 架构中，JSP 页面独自响应请求并将处理结果返回给客户。这里仍然存在表达与内容的分离，因为所有的数据存取都是由 Bean 来完成的。尽管 Model-1 架构十分适合简单应用的需要，它却不能满足复杂的大型应用程序的实现。不加选择地随意运用 Model-1，会导致 JSP 页内被嵌入大量的脚本片段或 Java 代码，特别是当需要处理的请求量很大时，情况更为严重。尽管这对于 Java 程序员来说可能不是什么大问题，但如果 JSP 页面是由网页设计人员开发并维护的，这就确实是个问题了。从根本上讲，将导致角色定义不清和职责分配不明，给项目管理带来不必要的麻烦。

2. Model-2 架构

图 8-11 为 JSP Model-2 架构。

Model-2 架构是把 JSP 与 Servlets 联合使用(图 8-11 中画圈的部分)，来实现动态内容服务的方法。它吸取了两种技术各自的突出优点，用 JSP 生成表达层的内容，让 Servlets 完成深层次的处理任务。在这里，Servlets 充当控制者的角色，负责管理对请求的处理，创建 JSP 页需要使用的 Bean 和对象，同时根据用户的动作决定把哪个 JSP 页传给请求者。特别要注意，在 JSP 页内没有处理逻辑；它仅负责检索原先由 Servlets 创建的

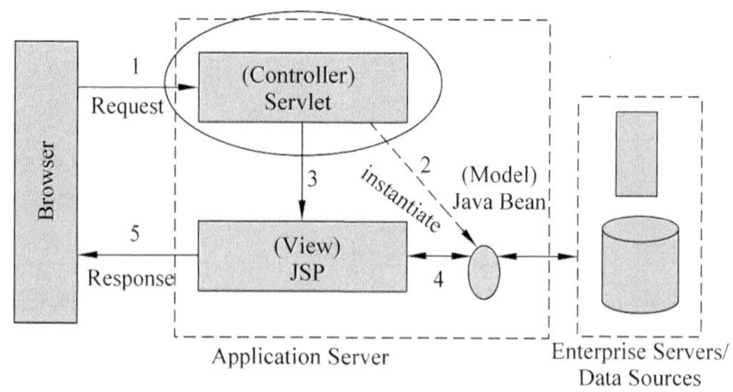

图 8-11 JSP Model-2 架构

对象或 Beans,从 Servlet 中提取动态内容插入静态模板。这是一种有代表性的方法,它清晰地分离了表达和内容,明确了角色的定义以及开发者与网页设计者的分工。事实上,项目越复杂,使用 Model-2 架构的好处就越大。

8.2.3 Struts 的构成与 MVC 角色

Struts 实现了一个基于 MVC 的框架,如图 8-12 所示。

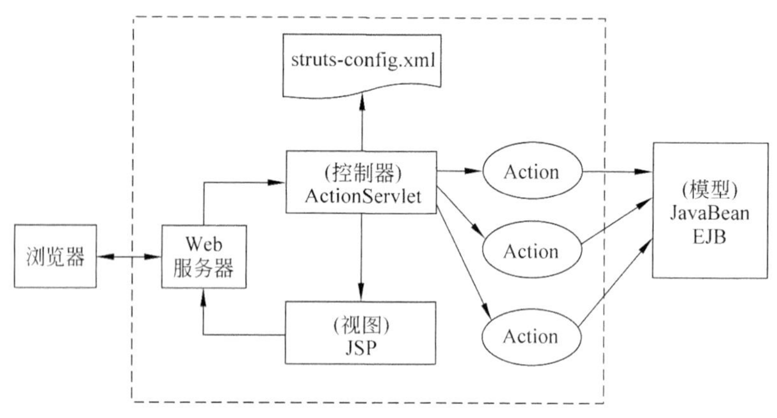

图 8-12 Struts 实现的 MVC 框架

1. 视图角色

视图就是一组 JSP 文件。在这些 JSP 文件中没有业务逻辑,也没有模型信息,只有标签,这些标签可以是标准的 JSP 标签或客户化标签,如 Struts 标签库中的标签。

此外,通常也把 Struts 框架中的 ActionForm Bean 也划分到视图模块中。ActionForm Bean 也是一种 Java Bean,除了具有一些 Java Bean 的常规方法,还包含一些特殊的方法,用于验证 HTML 表单数据以及将其属性重新设置为默认值。

Struts 利用 ActionForm Bean 来进行视图和控制器之间表单数据的传递,如图 8-13 所示。

Struts 框架把用户输入的表单数据保存在 ActionForm Bean 中,把它传递给控制器,

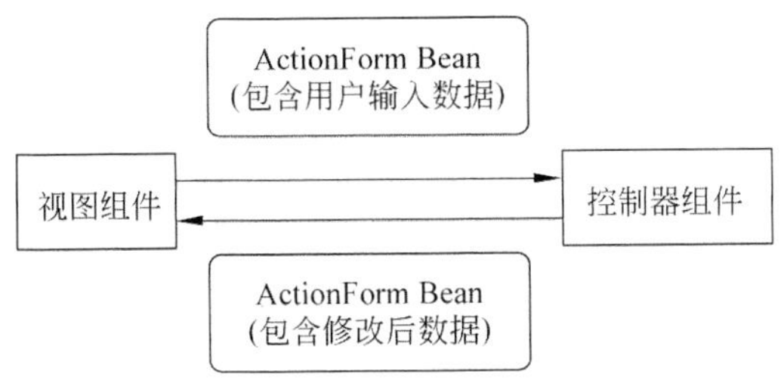

图 8-13　视图与控制器之间的表单传递

控制器可以对 ActionForm Bean 中的数据进行修改，JSP 文件使用 Struts 标签读取修改后的 ActionForm Bean 的信息，重新设置 HTML 表单。

View 组件可能是将 MVC 映射到 Struts 架构的最简单、最直接的一种映射。在 Struts 架构中，View 的职责是由 JSP 页面以及 Struts 的 ActionForm 相互交互实现的。Struts 提供了 Java 类 org. apache. struts. action. ActionForm，开发者在实际使用时，根据需要创建不同的 Form Bean。Struts 还提供了很多 JSP 标签，使用非常简单，在隐蔽信息方面功能也非常强大，页面设计者只需要知道 Bean 和给定 Bean 的字段名之外，不需要知道有关 Form Bean 的更多信息。同学们可以在 View 组件运用中，深入地体验一下 JSP 与 ActionForm Bean 是如何携手工作的，例如，JSP 是如何将用户的输入提交到 Bean，然后，提交内容如何被检验，并把检验结果返回给 JSP。当然，有大量的书籍介绍有关 View 的更多细节，以及更复杂的应用。

2. 模型角色

模型表示应用程序的状态和业务逻辑。对于大型应用，业务逻辑通常由 Java Bean 或 EJB 组件来实现。

在 Struts 的 MVC 模型中，Model 被定义为与之关系最不紧密的部分，它是系统的"底层"(在阅读了 8.4 节开始的 SSH 框架内容之后可以发现，这个"底层"还可以继续挖得更深)。它可以是 JNDI 实现的与 LDAP 服务器通信；或是 EJB 存根(stub)，负责与 EJB 服务器通信；或是 SOAP 客户端，与远程的 Web 服务器进行通信。在 Struts 框架中，这个工作主要是 Action 来执行，并由 ActionForm Bean 和值对象实现的。在这个部分，可以尝试将系统的业务逻辑与 JDBC 或者是数据源，甚至是远程应用服务隔离开来。

3. 控制器角色

控制器由 ActionServlet 类和 Action 类来实现。ActionServlet 是 Struts 框架中的核心组件。ActionServlet 类继承了 javax. servlet. http. HttpServlet 类。它在 MVC 模型中扮演控制器的角色。ActionServlet 类主要负责接收 HTTP 请求信息，根据配置文件 struts-config. xml 的配置信息，把请求转发给适当的 Action 对象。

Action 类负责调用模型的方法，更新模型的状态，并帮助控制应用程序的流程。对于小型简单的应用，Action 类本身也可以完成一些实际的业务逻辑。

依靠 View 组件，可以很容易地实现从用户那里取出和回送显示数据。但对这些取得的数据，需要进行一些计算和处理，并根据处理的结果决定下一步要做什么。将 View

与业务逻辑联系起来的责任就由控制器组件承担。在 Struts 框架中，控制器被分成两个部分：Action 类以及 Struts 本身。Action 接收用户的输入，协调到远程系统或数据存储的访问，实现业务逻辑，并决定下一步哪一个 View 组件应该被显示给用户（转发请求）。Struts 通过 Struts-config. xml 文件进行配置，并负责下一个页面的派发（转发指向定义）。控制器组件主要是 ActionServlet。对于业务逻辑的操作，则主要靠 Action、ActionForm、ActionMapping 这几个组件协调完成。其中，控制器扮演的是控制逻辑的实现角色，而 ActionMapping、ActionForward 则指定了不同业务逻辑或流程的运行方向。在控制器组件运用中，可以看到如何使用控制器来处理控制流程，并为业务逻辑设置相应的错误条件。

4. Struts 的组件包

目前，Struts API 提供了大约 15 个包、近两百个类，而且数量还在不断增多。上面提到的类，都包括在这些组件包中。

(1) org. apache. struts. action：控制整个 Struts 框架运行的核心类、组件包。包括控制器类 ActionServlet，以及 Action、ActionForm、ActionMapping 等。Struts 1. 1 比 1. 0 多了 DynaActionFrom 类，可以实现动态扩展生成 Form Bean。

(2) org. apache. struts. actins：这个包的主要作用是提供客户的 HTTP 请求和业务逻辑处理之间的特定适配器转换功能。

(3) org. apache. struts. config：提供对 struts-config. xml 元素的映射。

(4) org. apache. struts. util：有关 Web 应用的常用服务支持。

(5) org. apache. struts. taglib：这些是用于构建用户界面的标签类集合。

(6) org. apache. struts. validator：用于动态配置 Form 的验证。

由于篇幅所限，有关 Struts 框架和组件的运用，同学们可继续参看相关书籍，比较深入地体验 Struts 架构下 MVC 各组件的作用。

8.3 搭建一个简单的 Struts 应用程序

为了亲身体验架构的作用，从这一节开始，首先通过搭建一个最简单的 Struts 架构，来了解 Struts 的 MVC 三个部分的关系，以及它们是如何相互关联、运作的。然后，再看更复杂的系统架构。

8.3.1 准备 Struts 架构开发环境

为了方便课程实践活动需要，这里简单罗列安装和设置 Struts 的基本内容和过程，有关更多的细节，在任何一本 Struts 的教科书中，都可以轻松地找到。

1. 安装 JDK1.7、Tomcat 7.0 并设置相应的系统环境变量

第一步：下载 JDK 和 Tomcat。

这里介绍的 JDK 版本为 1.7.10，Tomcat 版本为 7.0，建议 JDK1.4 以上，Tomcat 4.0 以上。软件版本对于本实验而言，其实并不重要。

第二步：安装 JDK 和 Tomcat。

执行 JDK 和 Tomcat 的安装程序，然后设置按照路径进行安装即可。

第三步：配置 JDK。

安装 JDK 以后，需要配置一下环境变量。在“我的电脑”|“属性”|“高级”|“环境变量”|“系统变量”中添加以下环境变量(假定 JDK 安装在 C:\Program Files\Java 下)：

```
JAVA_HOME=C:\Program Files\Java\jdk1.7.0_10
classpath=.;%JAVA_HOME%\lib\dt.jar;%JAVA_HOME%\lib\tools.jar;
path=%JAVA_HOME%\bin
```

注意：.;一定不能少，因为它代表当前路径。

第四步：配置 Tomcat。

安装 Tomcat 后，在“我的电脑”|“属性”|“高级”|“环境变量”|“系统变量”中添加以下环境变量(假定 Tomcat 安装在 C:\Program Files\Apache Software Foundation\Tomcat 7.0 下)：

```
CATALINA_HOME=C:\Program Files\Apache Software Foundation\Tomcat 7.0
CATALINA_BASE=C:\Program Files\Apache Software Foundation\Tomcat 7.0
TOMCAT_HOME=C:\Program Files\Apache Software Foundation\Tomcat 7.0
```

然后修改环境变量中的 classpath，把 Tomcat 安装目录下的 common\lib 下的 servlet.jar 加到 classpath 中去，修改后的 classpath 如下：

```
classpath=.;%JAVA_HOME%\lib\dt.jar;%JAVA_HOME%\lib\tools.jar;%CATALINA_HOME%\
common\lib\servlet-api.jar;
```

注意：最新版本的 Tomcat 中可能没有 common 这个文件夹了。所以 servlet-api.jar 的路径应该为%CATALINA_HOME%\lib\servlet-api.jar；请根据自己的情况自己修改。

接着可以启动 Tomcat，在 IE 中访问 http://localhost:8080，如果看到 Tomcat 的欢迎页面说明安装成功了。

第五步：建立自己的 JSP APP 目录。

(1) 到 Tomcat 的安装目录的 webapps 目录下，可以看到 ROOT、examples、tomcat-docs 之类 Tomcat 自带的目录；

(2) 在 webapps 目录下新建一个目录，命名为 myapp；

(3) 在 myapp 下新建一个目录 WEB-INF，注意，目录名称是区分大小写的；

(4) 在 WEB-INF 下新建一个文件 web.xml，内容如下：

```
1. <?xml version="1.0" encoding="ISO-8859-1"?>
2. <!DOCTYPE web-app PUBLIC "-//Sun Microsystems, Inc.//DTD Web Application 2.3//EN"
   "http://java.sun.com/dtd/web-app_2_3.dtd">
3. <web-app>
4.   <display-name>My Web Application</display-name>
5.   <description>
```

```
6.     A application for test.
7.   </description>
8. </web-app>
```

(5) 在 myapp 下新建一个测试的 JSP 页面，文件名为 index. jsp，文件内容如下：

```
1. <html>
2. <body>
3.   <center>
4.     Now time is: <%=new java.util.Date()%>
5.   </center>
6. </body>
7. </html>
```

(6) 重启 Tomcat。

(7) 打开浏览器，输入"http://localhost:8080/myapp/index. jsp"，如果看到当前时间说明成功了。

2. 安装 MySQL

打开下载的 MySQL 安装文件 mysql-5. 0. 27-win32. zip，双击解压缩，运行 setup. exe，MySQL 安装向导启动，单击 Next 按钮继续。在安装类型 Typical(默认)、Complete(完全)、Custom(用户自定义)三个选项中，选择 Typical(默认)。确认一下先前的设置，如果有误，单击 Back 按钮返回重做。单击 Install 按钮开始安装，直到出现 MySQL 配置向导。

选择 Configure the MySQL Server now 复选框，单击 Finish 按钮结束软件的安装并启动 MySQL 配置向导。在 MySQL 配置向导启动界面，单击 Next 按钮继续。

选择配置方式：Detailed Configuration(手动精确配置)、Standard Configuration(标准配置)。这里选择 Standard Configuration。接下来选择是否将 MySQL 安装为 Windows 服务，还可以指定 Service Name(服务标识名称)，是否将 MySQL 的 bin 目录加入到 Windows PATH(加入后，就可以直接使用 bin 下的文件，而不用指出目录名，比如连接，"mysql. exe -uusername -ppassword;"就可以了，不用指出 mysql. exe 的完整地址，很方便)，这里可以选择全部，Service Name 不变。单击 Next 按钮继续。

下一步询问是否要修改默认 root 用户(超级管理)的密码(默认为空)，New root password 如果要修改，就在此填入新密码(如果是重装，并且之前已经设置了密码，在这里更改密码可能会出错，请留空，并取消选择 Modify Security Settings 复选框，安装配置完成后另行修改密码)，在 Confirm(再输一遍)内再填一次，防止输错。Enable root access from remote machines(是否允许 root 用户在其他的机器上登录，如果要安全，就不要选中，如果要方便，就选中它)。最后 Create An Anonymous Account(新建一个匿名用户，匿名用户可以连接数据库，不能操作数据，包括查询)复选框一般不选择，设置完毕后，单击 Next 按钮继续。

确认设置无误，如果有误，单击 Back 按钮返回检查。单击 Execute 按钮使设置生效。

设置完毕，单击 Finish 按钮结束 MySQL 的安装与配置。这里有一个比较常见的错误，就是不能 Start Service，一般出现在以前有安装 MySQL 的服务器上，解决的办法是先保证以前安装的 MySQL 服务器彻底卸载掉了；如果不行，检查是否按上面一步所说，之前的密码是否有修改，照上面的操作；如果依然不行，将 MySQL 安装目录下的 data 文件夹备份，然后删除，在安装完成后，将安装生成的 data 文件夹删除，备份的 data 文件夹移回来，再重启 MySQL 服务就可以了，这种情况下，可能需要将数据库检查一下，然后修复一次，防止数据出错。

3. 安装 MyEclipse

(1) 安装完 MyEclipse 后，在 Eclpise 的菜单栏中可看到 MyEclipse 一项，下面的工具栏中可看到 MyEclipse 的 Tomcat 图标。

(2) 进行 MyEclipse 的配置，从菜单栏中进入 Windows|Preferences。

(3) 先要进行 JDK 的配置，在左侧栏中选择 Java|Installed JREs，单击 Add 按钮进行添加。

(4) 在弹出的 Add JRE 画面中，选择 JRE 的目录，就是选择所在的 JDK 的目录，在 JRE 名称一栏中，填上想取的名称，然后单击 OK 按钮。

(5) 返回到设置框中，将刚刚配置的 JRE 选中。

(6) 开始配置 MyEclipse，左侧 MyEclipse 节点下 Application Server 中有 Tomcat，选择自己安装的版本，在 Tomcat 选项下的 configure 中，将 Tomcat Server 设为可用，并设置 Tomcat 的安装目录。

(7) 在 Tomcat 的 JDK 中选择刚刚配置的 JDK。

(8) 配置完成。

8.3.2 最简单的登录系统的功能需求

在本节例子中，要求构建一个简单的“登录”系统，其基本功能需求是：显示一个登录页面，请用户输入用户名和密码。提交后，系统会做用户名和密码的检查，正确或错误都会给出相应的提示。当然，这个案例必须使用 MVC 模式，基于 Struts 架构。

8.3.3 搭建一个基于 Struts 的登录系统

借助 MyEclipse 开发平台构建 Struts 系统，可以省去开发者很大的工作量。但即使这样，对于初学者而言，也有不少工作要做。但编写代码的工作量是非常少的。

登录系统的逻辑架构如图 8-14 所示，为什么是这样的架构？将在 8.3.4 节分析。

根据这个架构设想，在 MyEclipse 上要做的工作是：

(1) 在 MyEclipse 上创建 Login 工程；

(2) 创建显示输入成功和失败的页面 UserLoginSuccess. html、UserLoginFailure. html；

(3) 创建 Tomcat 的入口程序 userLogin. jsp；

(4) 创建 Action 程序 UserLoginForm. class 和 UserLoginAction. java；

(5) 定义 Struts-config. xml 文件；

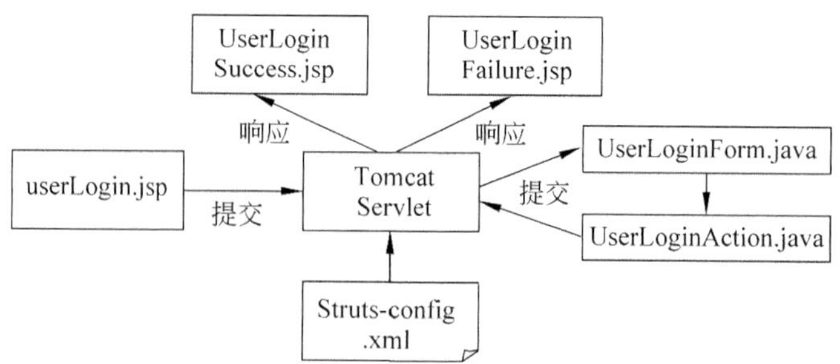

图 8-14　登录系统的逻辑架构

(6) 编译并运行这个系统,完成一个最小的应用系统的架构开发。

以下简单介绍各步骤的操作。

1. 创建 Web 工程

在 MyEclipse 窗口中,执行 File | New | Other | MyEclipse | Java Enterprise Projects | Web Project,填写工程名称(Login),选择 Java EE 5.0 单选按钮,其他默认,如图 8-15 所示。

单击"完成"按钮,此时,在项目资源管理器下就可以看到这个 Web 工程了,如图 8-16 所示。

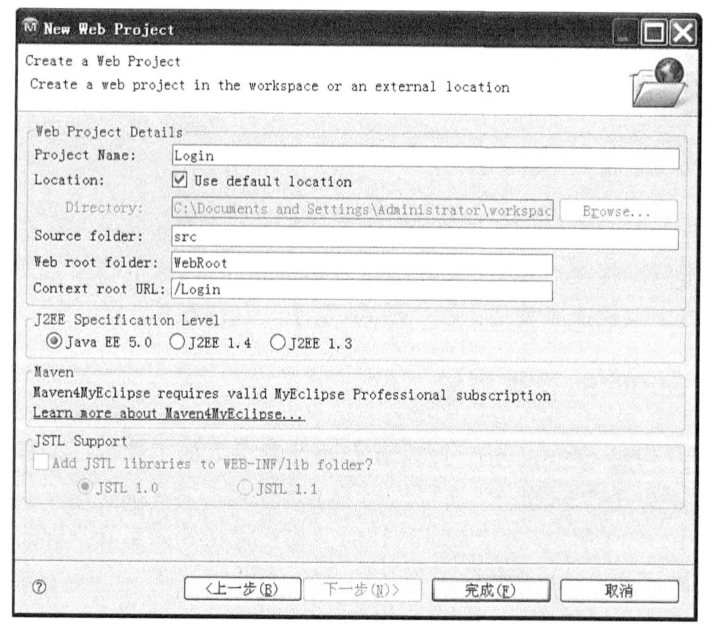

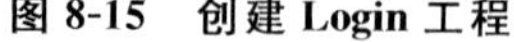
图 8-15　创建 Login 工程

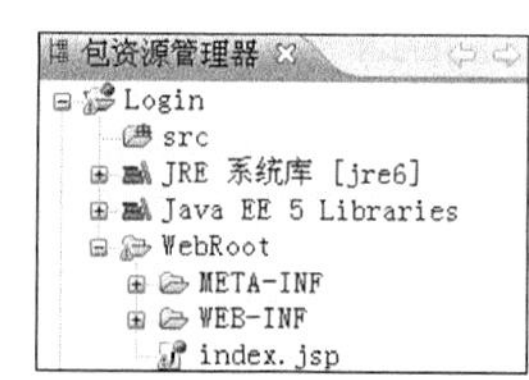

图 8-16　在资源管理器下的 Login 工程

在该工程上单击右键,或在菜单栏上选择 MyEclipse|"添加 Struts 控件"命令,其中 Struts specification 选择 Struts 1.2。

有关 Struts 的版本这里简单说明一下:Struts 的第一个版本是在 2001 年 5 月发布

的。后来有 1.0、1.1、1.2，统称 Struts1. x 版本，后来有了 2.17、2.18、2.21，目前最新版本是 2012 年 8 月 13 日更新的 Struts-2.3.4.1（注意：不要与 8.2.2 节所述 MVC 模式 1 和模式 2 的概念相混淆，这里单纯是软件版本）。

根据有关资料介绍，Struts 2 是另一个类似框架 WebWork 的升级，而不是 Struts 1. x 的升级。虽然 Struts 2 提供了与 Struts 1. x 的兼容，但已经不是 Struts 1. x 的升级，两种还是有很大的差异。

而 WebWork 项目是在 2002 年 3 月发布的，它对 Struts 式框架进行了革命性改进，引进了不少新的思想、概念和功能，但和原 Struts 代码并不兼容。WebWork 是一个成熟的框架，经过了多次重大的改进与发布。2005 年 12 月，WebWork 与 Struts Ti 宣布合并。与此同时，Struts Ti 改名为 Struts Action Framework 2.0，成为 Struts 真正的继承者。对于已有 Struts 1. x 开发经验的开发者而言，Struts 1. x 的开发经验对于 Struts 2 并没有太大的帮助；相反，对于已经有 WebWork 开发经验的开发者而言，WebWork 的开发经验对 Struts 2 的开发将有很好的借鉴意义。有关这两个版本的差异的比较，可见网名为 sterning 的《Struts2 与 Struts1. x 的深度比较》一文（http://www.blogjava.net/sterning/archive/2007/07/17/130892.html）。本书案例全部采用 Struts 1. x 版本。如果希望使用 Struts 2，则应下载相应支持包，并按 Struts 2 的要求进行配置。

采用 Struts 1.2 设置参数，如图 8-17 所示。

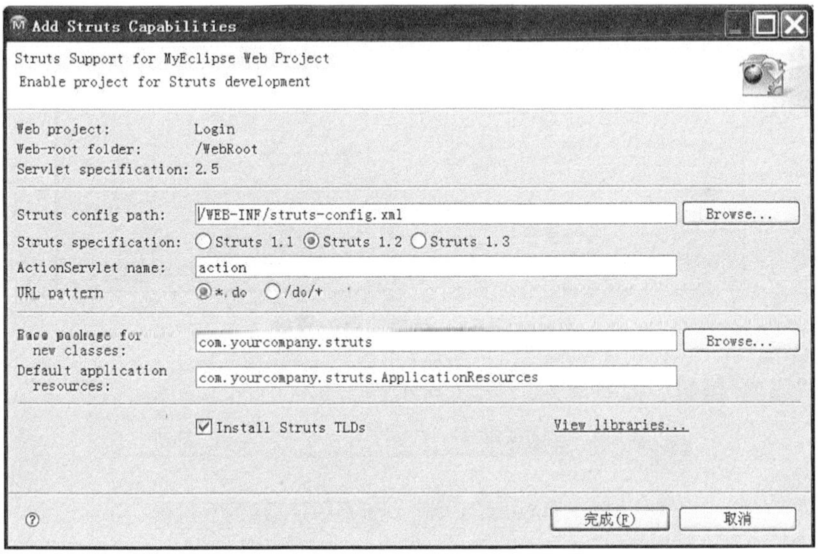

图 8-17　添加 Struts 支持

配置完成后，在资源管理器下看到的项目结构如图 8-18 所示。

2. 创建显示登录成功和失败的 JSP 文件

打开 Login 工程的 struts-config.xml 文件，选择工具栏上的 JSP 工具后，在空白 struts-config.xml 页面的合适位置单击（不是拖动），如图 8-19 所示。

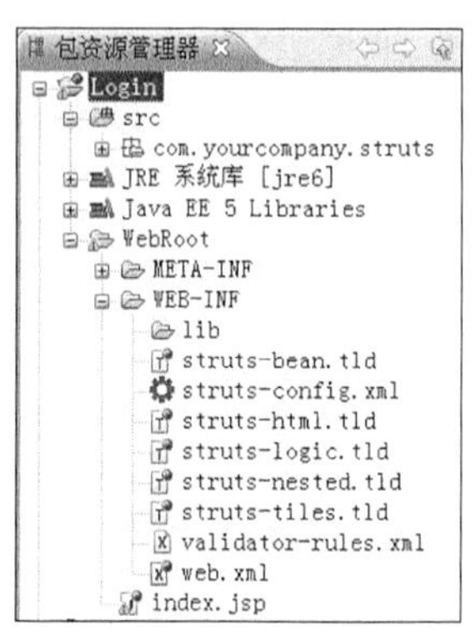

图 8-18　添加 Struts 支持的 Login 工程

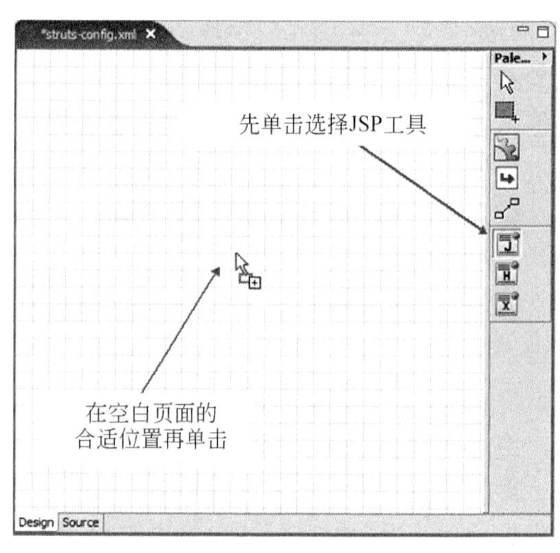

图 8-19　创建 JSP 文件

分别填写要创建的 JSP 文件名称：UserLoginSuccess.jsp 和 UserLoginFail.jsp，选择默认的 JSP 模板，如图 8-20 所示。

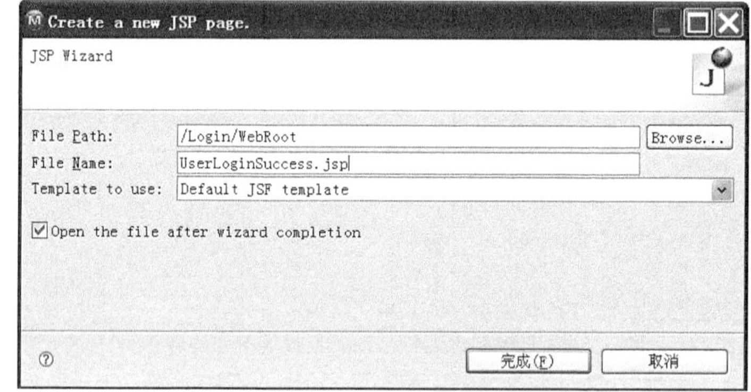

图 8-20　选择使用的模板

单击“完成”按钮后的界面如图 8-21 所示。

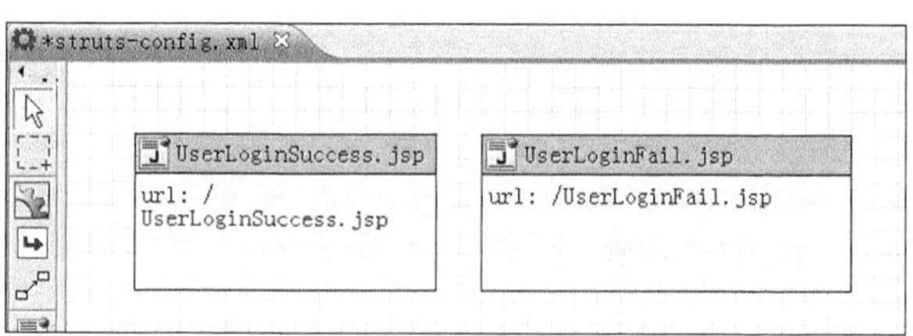

图 8-21　创建完成的显示页面文件

打开 UserLoginSuccess.jsp 文件，将原代码处：

```
<body>
```

```
    This a struts page. <br>
</body>
```

改写为如下代码：

```
<body>
    you successfully logged in! <br>
</body>
```

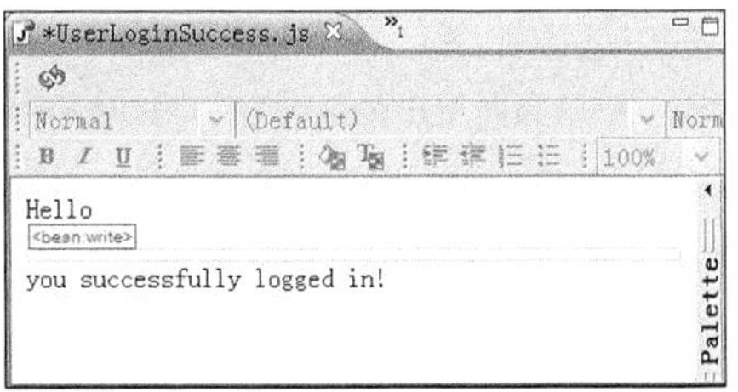

图 8-22　修改后的 UserLoginSuccess. jsp

在 Palette 上可以看到修改后的结果如图 8-22 所示。

同样修改 UserLoginFailure. jsp，显示登录失败的信息。

3. 创建 Tomcat 的入口程序 userLogin. jsp

在 struts-config. xml 空白处，单击鼠标右键，选择 New 命令，再选择创建表格、动作和 JSP。在打开的创建窗口的 Use case 中，填写入口程序名称"UserLogin"，再选择 Form Properties 选项卡，添加两个字段及文本框：username 和 password。注意：password 字段的类型不是 text，而是 password。添加后如图 8-23 所示。

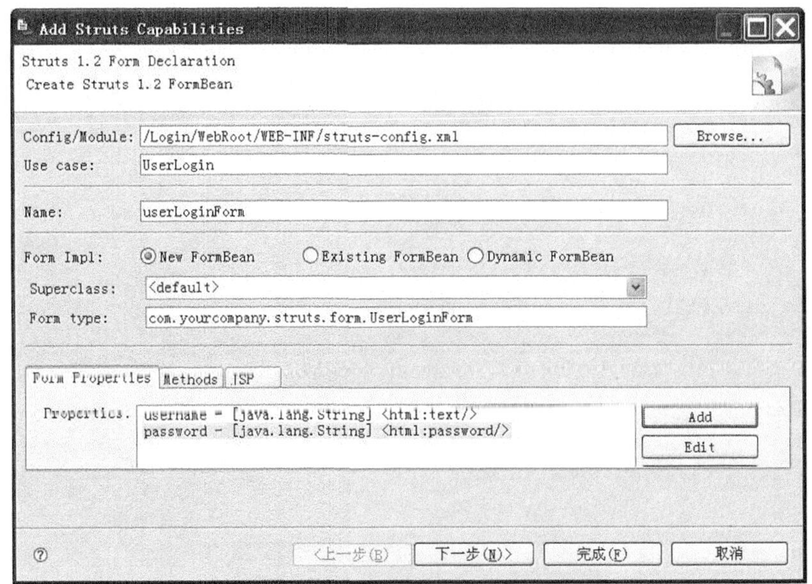

图 8-23　添加两个字段及文本框

在图 8-23 的窗口中打开 Methods 选项卡，取消所有勾选。打开 JSP 选项卡，选择创建 JSP 表格，单击"完成"按钮。

4. 创建 Action 程序 UserLoginAction. class

在 struts-config. xml 上，双击打开 userLogin(UserLoginAction. java)，在：

```
public ActionForward execute(ActionMapping mapping, ActionForm form,
```

```
HttpServletRequest request, HttpServletResponse response) {
UserLoginForm userLoginForm= (UserLoginForm) form;//TODO Auto-generated
method stub
```

之后，添加如下代码：

```
//简单判断用户名是否为 zhjh,密码是否为 123
if(userLoginForm.getUsername().equals("zhjh")&&userLoginForm.getPassword().
equals("123")){
            //如果皆相同,则认为通过,设置 username 属性,在 userLoginSuccess.jsp 中使用
request.setAttribute("username", userLoginForm.getUsername());
                        //跳转到成功页面 return mapping.findForward("success");
}
{request.setAttribute("username", userLoginForm.getUsername());  //跳转到错误页面
return mapping.findForward("fail");
}
```

修改的代码实现对用户名和密码的检验。

5. 定义 struts-config. xml 文件

在 struts-config. xml 上，右击 userLogin，选择“属性”命令，下一步，选择 Forwards 选项卡，按如图 8-24 所示添加两个动作。

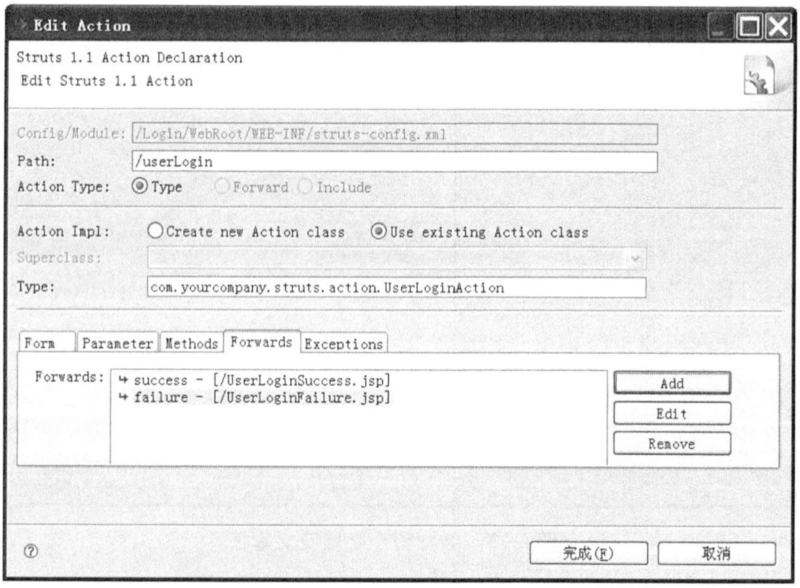

图 8-24　添加两个动作

单击“完成”按钮后，自动产生如图 8-25 所示的逻辑架构。

6. 配置并启动服务器

单击 MyEclipse 菜单栏的“服务器”图标右侧的下拉箭头，选择添加服务器，如图 8-26 所示然后启动运行服务器。显示运行成功。注意：选择的服务器和启动的服务器必须

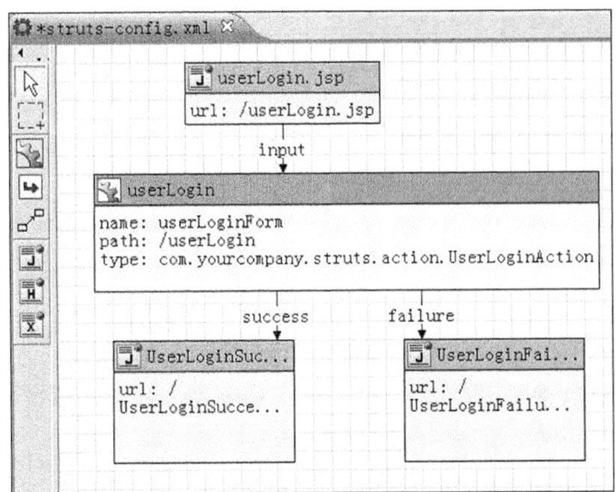

图 8-25　Login 工程的逻辑架构

一致。

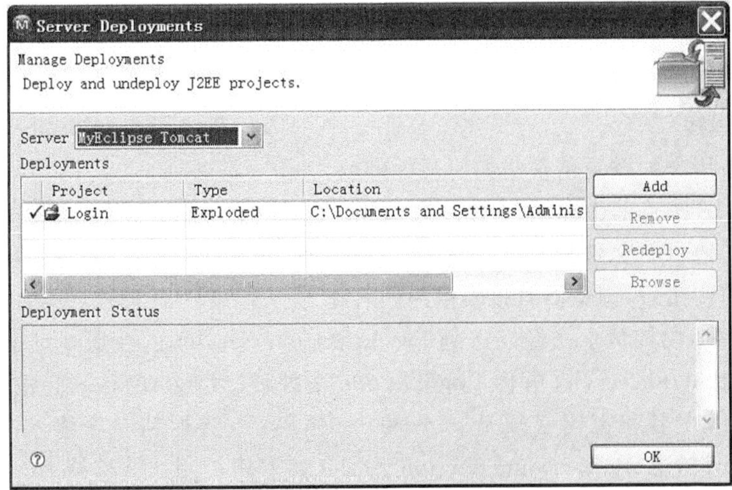

图 8-26　配置服务器

7. 运行

在 IE 地址栏中输入地址“http://localhost:8080/Login/userLogin.jsp”，则得到如图 8-27 所示的运行结果。

如果出现错误，可以先检查本地硬盘 C:\Program Files\Apache Software Foundation\Tomcat 7.0\webapps 下，是否有 Login 目录，再看 Login 目录下是否有 userLogin.jsp 文件，或者文件名与在 IE 中输入的地址是否不符等。

输入正确的用户名及密码(上次假定为 zhjh 和 123)，若成功则转到如图 8-28 所示的成功提示页面，否则会出现失败的页面。至此，一个简单的登录系统就完成了。

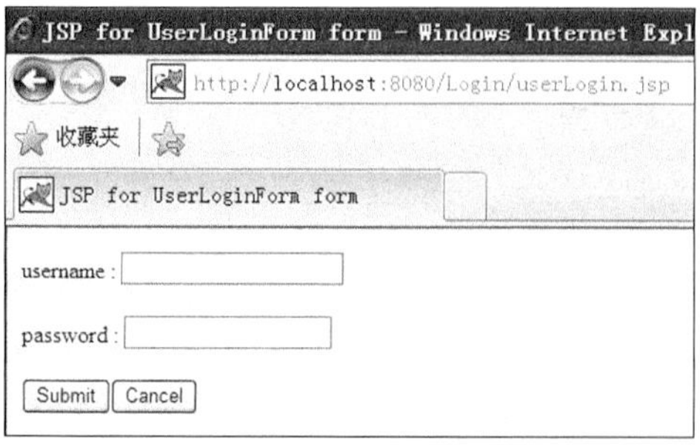

图 8-27 登录页面

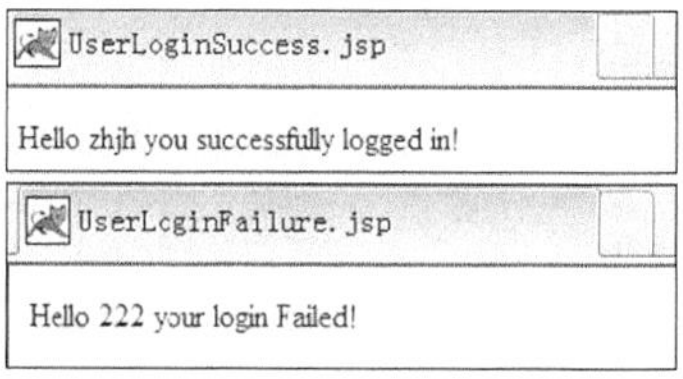

图 8-28 显示登录成功(上)或失败(下)的页面

8.3.4 登录系统 Struts 架构的执行过程

在这个最小的架构中,MVC 组件是如何协同工作的呢?与大多数介绍编程的书不同(也正是因为这类书很多),在以下的讨论中,作者希望不要过多地罗列程序的代码。因为,一则这些代码太长,占用了大量的篇幅;其次,就编程而言,这些代码实在是"最基本"的。而架构师更关心的是 Struts 是如何搭建起来发挥 MVC 作用的,这是主题。

1. 登录过程

先看一下用户的登录请求是如何被处理的。

首先,在 IE 浏览器中输入"http://localhost:8080/Login/userLogin.jsp"后,Tomcat 容器像处理其他 JSP 文件一样,处理你的 JSP 文件,这个 JSP 接收输入的用户名和密码。当单击"提交"按钮后,浏览器将该表格的内容作为一个 HTTP 请求,发给 Web 服务器。

Web 容器明白该请求已经发送到 Struts Action Servlet 的注册地址了。因此,该请求会被转发给 ActionServlet 并由 LoginAction 来处理。LoginAction 会检验输入的合法性(如本例的用户名和密码必须是 zhjh 和 123),然后,会返回一个表示成功或失败的 ActionForward 给 ActionServlet。ActionServlet 接着将控制权转移给 ActionForward 指定的页面,显示成功或失败的提示结果。

2. Struts 配置文件的指向作用

在这个非常简单的例子中,可以看到系统组件之间的分工和相互配合。其中的一个关键是使用了一个 Struts-config.xml 的 XML 格式的配置文件。各个组件之间的连接,正是通过这个配置文件的"指向"作用建立起来的。不论有多少输入/显示页面,也不论会对输入数据采用什么样的复杂处理,Struts 的基本架构的核心,就是上述例子这么简单。

8.3.5 实现 MVC 模式的 Struts 架构内部机制分析

在这个简单的 Struts 架构中,如何体现 MVC 的作用?

作为架构师,可能暂时对表单处理、业务逻辑处理等没有兴趣,而所关心的是在 Struts 中,MVC 各组件发挥了什么作用,它们之间是怎样协调配合的。

Struts 的核心是一个 MVC 风格(通常情况下,Struts 视图 View 采用 JSP 技术,此时是一个标准的 Model-2 架构)的控制器,如图 8-29 所示。

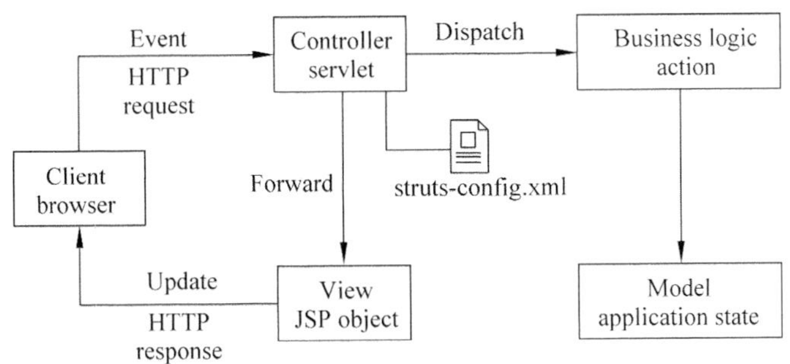

图 8-29 Struts 实现的 MVC 模式

对照一下登录系统的架构(图 8-14),就会发现,登录系统中,谁是 View、谁是 Model,而谁扮演了 Controller 的角色。

显然 userLogin. jsp、UserLoginSuccess. jsp、UserLoginFailure. jsp 是 View;UserLoginFrom. java 和 UserLoginAction. java 是 Model,而 Struts 控制器 ActionServlet 扮演了 Controller 的角色,搭起了 Model 和 View 之间的桥梁。

Struts 框架包括开发人员想用来开发可伸缩的、先进的应用系统的其他构件。Struts 是一个"隐藏支柱"的集合,帮助开发人员将分散的材料(如数据库和页面)结合成一个整体的应用系统。

1. Struts 组件

使用 Struts 开发 Web 应用时,需要为页面的超链接定义 ActionForward 对象,为 HTML 表单定义相应的 ActionForm 子类,并将定制的服务器端动作定义为相应的 Action 子类。

1) 超链接

对 Web 应用的开发人员来说,超链接是指向应用中某些资源的路径。这些资源可能是 Web 页面或者是定制动作。超链接中也可以包含特殊的参数。在 Struts 中,开发人员可以将超链接定义为一个 ActionForward 对象。

这些对象都有一个逻辑名称和一个 path 属性。这使得开发人员可以设置 path,然后通过逻辑名称来引用相应的 ActionForward 对象,从而获得对应的 path。ActionForward 通常在一个 XML 文件中定义,这个配置文件在 Struts 启动时载入。Struts 使用 XML 定义来创建 Struts 配置,包括一个 ActionForward 的列表。例如,下面的 XML 文件就是实现这种超链接的例子。

Login 案例中,实现超链接的 Struts-config. xml 文件片断是:

```
<forward name="success" path="/UserLoginSuccess.jsp" />
<forward name="failure" path="/UserLoginFail.jsp" />
```

Struts 可以根据这个元素的配置信息创建一个 ActionForward 对象,其 name 属性设置为"success",path 属性设置为"/UserLoginSuccess. jsp"。JSP 页面和其他构件就可以引用这里定义的 success。Struts 框架将查找 success 对应的 ActionForward 对象并获取其 path 属性以完成这个超链接。这样开发人员可以改变链接的目标而不用改变所有引用该链接的相关构件。在很多 Web 应用中，像这样的细节被硬编码到 JSP 或 Java 代码中，使维护变得困难并且容易发生错误。在 Struts 应用中，这些细节可以通过应用配置来改变，而不用触及具体的页面和 Java 类。

2）HTML 表单

Web 协议，即 HTTP 和 HTML，提供了一个从表单中提交数据的机制，但却把数据的接收作为一个难题留给了开发人员。为此，Struts 框架提供了 ActionForm 类。ActionForm 处理来自 HTML 表单的输入：校验输入，重新显示表单以供用户进行修订，或相应的提示和错误信息（如果需要）。ActionForm 其实是具有一些用来管理校验和修订循环的标准方法的 Java Bean。Struts 自动匹配 Java Bean 属性和 HTML 表单控件的属性。开发者只需定义 ActionForm 类，余下的就交给 Struts。

例如，下面的 LoginForm 类将自动用 HTML 表单中同名的属性来组装 username 和 password 域，并会校验用户名是否为空，如果为空则给出错误提示，并要求用户重新输入。

LoginForm 源代码：

```
package com.bruce.form;
import javax.servlet.http.HttpServletRequest;
import org.apache.struts.action.*;
public class LoginForm extends ActionForm
{
    private String username;
    private String password;
    public LoginForm()
    {
    }
    public String getPassword()
    {
        return password;
    }
    public void setPassword(String password)
    {
        this.password=password;
    }
    public String getUsername()
    {
        return username;
    }
    public void setUsername(String username)
    {
        this.username=username;
    }
```

```
    //重置数据
    public void reset(ActionMapping mapping, HttpServletRequest request)
    {
        username="";
        password="";
    }
    //校验输入,判断用户名 username 是否为空
    public ActionErrors validate(ActionMapping mapping, HttpServletRequest request)
    {
        ActionErrors errors=new ActionErrors();
        if(username==null || username.trim().equals(""))
       {
errors.add("org.apache.struts.action.ERROR",
new ActionMessage("error.userName.required"));
        }
        return errors;
    }
}
```

其他属性也会根据表单中的每个输入域被自动加入。这使得其他构件可以从标准的 Java Bean 取得它们想要的属性。所以,完全不需要对 HTTP 请求进行详细解析。

这个特性本例没有使用,同学们可以考虑自己加进去。

ActionForm 是按通常的 Java Bean 类创建的。Struts 配置通过一系列描述符引用 ActionForm 类:＜form-bean＞元素。＜form-bean＞元素是框架用来识别和实例化 ActionForm 对象的描述符:Struts 配置中要列出它使用的 ActionForm Bean 的清单,并给每个 Bean 一个在应用中被引用时的逻辑名(name 属性)。如下面 XML 配置文件的例子。

Struts-config. xml 文件片断:

```
<form-bean
name="loginForm"
type="struts.LoginForm"/>
```

3) 定制动作

HTML 表单使用 action 参数来告诉浏览器将数据送到何处。Struts 框架提供相应的 Action 类来接收数据。框架会自动创建、组装、校验和最后处理 Action 对象所对应的 ActionForm。这样,Action 就可以直接从 ActionForm Bean 取得它需要的数据,比如下例。

UserLoginAction 的部分源代码:

```
//简单判断用户名是否为 zhjh,密码是否为 123
if(userLoginForm.getUserName().equals("zhjh")&&userLoginForm.getPassword().
equals("123")){
  //如果相同则认为通过,设置 userName 属性,在 userLoginSuccess.jsp 中使用
```

```
request.setAttribute("username", userLoginForm.getUsername());
                                                                    //跳转到成功页面
return mapping.findForward("success");
       }
{request.setAttribute("username", userLoginForm.getUsername());
                                                                    //跳转到错误页面
return mapping.findForward("fail");
       }
```

Action 根据返回到控制器的 ActionForward 对象做出控制流的决定。这允许 Action 选择一个逻辑名称，比如 success 或者 failure，而不是具体的系统路径。为保证可扩展性，控制器也传递当前的请求和响应对象。实际上，Action 可以做所有 Java Servlet 可以做的事情。

4）ActionMapping

在一个 Web 应用中，每个资源都必须通过 URI 来进行引用。资源包括 HTML 页面，JSP 页面和定制动作。为了给定制动作一个 URI 或者说路径，Struts 框架提供了一个 ActionMapping 对象。像 ActionForward 和 ActionForm 一样，ActionMapping 通常也在 XML 配置文件中定义。

Struts-config. xml 文件片断：

```
<action-mappings>
<action path="/login"
    //将通过 Spring 委派到实际的 Action
    type="org.springframework.web.struts.DelegatingActionProxy"
    name="loginForm"
    scope="request"
    input="/login/login.jsp">
    <forward name="success"    path="/UserLoginsuccess..jsp"/>
    <forward name="failure"    path="/UserLogin.fail.jsp"/>
</action>
</action-mappings>
```

它还允许将同一个 Action 对象定义为不同的 ActionMapping。例如，其中一个映射要求校验而另一个映射不要求校验。

这个特性将在后面运用。

5）ActionServlet

ActionServlet 继承于 javax. servlet. http. HttpServlet，在 Struts 中作为前端控制器使用，是进入 Struts 框架的入口，所有利用 Struts 处理的请求都要通过 URL 映射到 ActionServlet 上。

下面是使用 Struts 框架的 Web 应用程序在 web. xml 中的一段配置信息，所有以 . do 结尾的页面请求都将首先被映射到 org. apache. struts. action. ActionServlet 上。ActionServlet 的具体实现和其对 HTTP 请求的具体处理过程将在下面的“Struts 控制流”中进行详细描述。

web. xml 文件片断：

```
<servlet id="Servlet_12345778900">
<servlet-name>action</servlet-name>
<servlet-class>org.apache.struts.action.ActionServlet</servlet-class>
<!--指定 Struts 的配置文件所在的路径-->
<init-param id="InitParam_12345778900">
<param-name>config</param-name>
<param-value>/WEB-INF/struts-config.xml</param-value>
</init-param>
<load-on-startup>1</load-on-startup>
</servlet>
<!--定义 ActionServlet 的映射模式-->
<servlet-mapping id="ServletMapping_12345778900">
<servlet-name>action</servlet-name>
<url-pattern>*.do</url-pattern>
</servlet-mapping>
```

2. Struts 控制流

在 Struts API 中，org. apache. struts. action. RequestProcessor 类真正包含 Struts 控制器在处理 Servlet 请求时所遵循的控制逻辑。控制器核心构件 ActionServlet 就是通过调用 RequestProcessor 对象的 process()方法来委托其处理客户端请求的，从而设定了 Struts 的控制过程。

该方法实现和相关子过程的主要功能描述如下。

```
public void process(HttpServletRequest request,
HttpServletResponse response)
throws IOException, ServletException {
//处理多部分请求。如果请求是个多部分(multipart)请求 (比如,一个表单加上一个 MIME 附
  件),用一个特殊的句柄包装这个请求,避免处理错误
request=processMultipart(request);
//处理路径。首先检查这个请求路径是否是一个应用模块。如是,相应模块的配置被选中
String path=processPath(request, response);
if (path==null) {
return;
}
//处理场所。默认下,检查是否有一个标准的 locale 对象在用户会话的上下文当中;如果没有,
  将放入一个。这个对象将为每个用户提供本地化表现
processLocale(request, response);
//处理内容和缓存。默认的 MIME 类型和可选的请求头将加在响应之上
processContent(request, response);
processNoCache(request, response);
//放置一个一般意义的预处理钩子(hook),processPreprocess 方法默认返回 true,主要供子类
```

```
  加载,允许子类在此中断正常的处理过程
if (!processPreprocess(request, response)) {
return;
}
//处理消息缓存。清除相关的消息缓存
this.processCachedMessages(request, response);
//处理映射(Mapping)。检查ActionMapping,是否有注册的路径符合正处理的请求。如果没找
//到,ActionServlet转发到默认(或"unknown")Action(如果设定有默认或未知Action),
//否则,产生一个"bad request"错。如果找到相关映射,将被放入请求之中,供后面引用
ActionMapping mapping=processMapping(request, response, path);
if (mapping==null) {
return;
}
//处理角色。ActionServlet检查是否用户被授权可以访问Action
if (!processRoles(request, response, mapping)) {
return;
}
//处理ActionForm。检查是否在mapping中指定了一个ActionForm。如果是,则检查是否已
//经有一个存在于特定的范围之内(默认是会话)。如果不存在,ActionServlet创建一个
ActionForm form=processActionForm(request, response, mapping);
//处理组装。ActionForm的reset方法被调用,然后通过反射机制被自动组装。匹配
//ActionForm属性的参数将被使用。其他参数和属性被忽略
processPopulate(request, response, form, mapping);
//处理验证。ActionForm的validate方法被调用。如果方法返回false,控制传递给
//ActionMapping的input属性标明的路径,Action未被处理
if (!processValidate(request, response, form, mapping)) {
return;
}
//处理转发和包含。如果ActionMapping标明forward或include属性,控制被传递给其他资
//源。否则将请求委托给一个Action对象
if (!processForward(request, response, mapping)) {
return;
}
if (!processInclude(request, response, mapping)) {
return;
}
//处理Action,如果mapping标明一个Action类型,ActionServlet检查是否已经有一个被
//实例化了。如果没发现,Action对象将被实例化。每个类只能有一个Action对象
//(Singleton模式),它通过多线程处理所有对它的请求
Action action=processActionCreate(request, response, mapping);
if (action==null) {
return;
}
//调用Action Bean的execute()方法处理请求
```

```
ActionForward forward=
processActionPerform(request, response, action, form, mapping);
//处理由 Action Bean 的 execute()方法返回的 ActionForward 对象
processForwardConfig(request, response, forward);
}
```

当客户端请求匹配 Action URI 样式的路径时，容器将请求传递给 ActionServlet。ActionServlet 将把请求委托给帮助类 RequestProcessor，并通过上述 process()方法中的步骤处理请求并给出响应。其处理过程如图 8-30 所示。

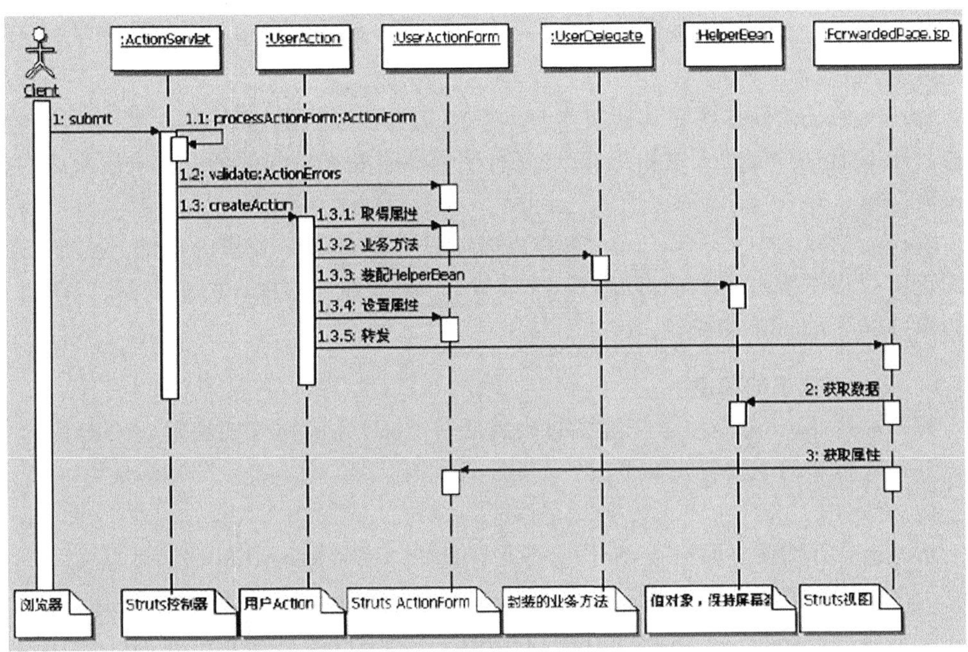

图 8-30　Struts 的请求和响应流程

稍微更深入一点的工作，是在这个架构基础上，在页面和处理两个方向继续深化。页面方面，可以构造更复杂的页面。例如，实现动态页面等。而在处理方面，ActionForm 可以做出很多变换，增强其处理能力。也可以非常灵活地加以实现，如使用反射技术、实现业务逻辑和业务处理的分离，等等。所有这些工作，都只是在这个架构的基础上，不断发展而已。有关这方面的内容，就是 8.4 节要讨论的内容。

8.4　SSH 架构技术的特点与集成

8.3 节搭建了一个最小的、基于 Struts 的应用系统，虽说功能简单，但也“麻雀虽小五脏俱全”。从这一节开始，讨论将 Struts 架构进行进一步的扩展。这里的扩展，主要介绍目前较为流行的 SSH(Struts＋Spring＋Hibernate)架构。

8.4.1 Spring 框架技术与特点

1. Spring 框架技术概述

Spring 也是一个开源框架，它由 Rod Johnson 为了解决企业应用开发的复杂性而创建。2002 年，Rod Johnson 出版了 *Expert One-on-One J2EE Design and Development* 一书，书中提及的 Interface21 开发包就是 Spring 的前身。经过进一步的开发，2003 年 2 月，Springframework 开源项目成立，目前 Spring 最新版本为 3.1.1。

Spring 是一个解决了许多 J2EE 开发中常见问题并能够替代 EJB 技术的强大的轻量级框架。这里所说的轻量级指的是 Spring 框架本身，而不是指 Spring 只能用于轻量级的应用开发。

Spring 的轻盈性体现在其框架本身的基础结构以及对其他应用工具的支持和装配能力。与 EJB 这种庞然大物相比，Spring 可使程序研发人员降低各个技术层次之间匹配的风险。

Spring 使用基本的 Java Bean 来完成以前只可能由 EJB 完成的事情。然而，Spring 的用途不仅限于服务器端的开发。从简单性、可测试性和松耦合的角度而言，任何 Java 应用都可以从 Spring 中受益。

2. Spring 框架的特点

简单来说，Spring 是一个轻量级的控制反转（IoC）和面向方面编程（AOP）的容器框架。Spring 框架的主要特征如下。

1）轻量

从大小与开销两方面而言，Spring 都是轻量的。完整的 Spring 框架可以在一个大小只有 1MB 多的 JAR 文件里发布。并且 Spring 所需的处理开销也是微不足道的。此外，Spring 是非侵入式的：典型地，Spring 应用中的对象不依赖于 Spring 的特定类。

2）控制反转

Spring 通过一种称作控制反转（Inversion of Control，IoC）的技术促进了松耦合。当应用了 IoC，一个对象依赖的其他对象会通过被动的方式传递进来，而不是这个对象自己创建或者查找依赖对象。可以认为 IoC 与 JNDI 相反——不是对象从容器中查找依赖，而是容器在对象初始化时不等对象请求，就主动将依赖传递给它——依赖注入（Dependence Injection，DI）。

与 MVC 的核心是变更-传播机制一样，Spring 框架的核心，就是控制翻转 IoC/依赖注入 DI 机制。

IoC 是指由容器中控制组件之间的关系（这里，容器是指为组件提供特定服务和技术支持的一个标准化的运行时的环境）而非传统实现中由程序代码直接操控，这种将控制权由程序代码到外部容器的转移，称为“翻转”。

DI 是对 IoC 实现方式的更具体描述，即由容器在运行期间动态地将依赖关系（如构造参数、构造对象或接口）注入到组件之中。Spring 采用设值注入（使用 Setter 方法实现依赖）和构造子注入（在构造方法中实现依赖）的机制，通过配置文件管理组建的协作对象,创建可以构造组件的 IoC 容器。这样,不需要编写工厂模式、单例模式或者其他构造的方法,就可以通过容器直接获取所需的业务组件。

3) 面向方面编程 AOP

AOP(Aspect Oriented Programming)是 OOP 的延续,意思是面向方面编程。主要的功能是提供系统级的组件服务,如日志记录、性能统计、安全控制、事务处理、异常处理等。

Spring 提供了面向方面编程的丰富支持,允许通过分离应用的业务逻辑与系统级服务(例如审计(auditing)和事务(transaction)管理)进行内聚性的开发。应用对象只实现它们应该做的——完成业务逻辑——仅此而已。它们并不负责(甚至是意识到)其他的系统级关注点,例如日志或事务支持。7.4 节基于 WMP 的媒体播放器应用中已经得到初步体验,WMP 组件充当了播放器的业务实体,而应用程序只需要组织好播放的业务逻辑——播放文件顺序,并提供给播放实体,就可以了。

实现 AOP 的主要意图是:将日志记录、性能统计、安全控制、事务处理、异常处理等代码从业务逻辑代码中划分出来,通过对这些行为的分离,希望可以将它们独立到与业务逻辑无关的方法中,进而改变这些行为的时候,不影响业务逻辑的代码。

AOP 实际上是通过预编译方式和运行期动态代理,实现在不修改源代码的情况下给程序动态统一添加功能的一种技术。AOP 实际是 GoF 设计模式的延续,设计模式孜孜不倦追求的是调用者和被调用者之间的解耦,AOP 可以说也是这种目标的一种实现。

4) 容器

Spring 包含并管理应用对象的配置和生命周期,在这个意义上它是一种容器,用户可以配置自己的每个 Bean 如何被创建——基于一个可配置原型(prototype),Bean 可以创建一个单独的实例或者每次需要时都生成一个新的实例——以及它们是如何相互关联的。然而,Spring 不应该被混同于传统的重量级的 EJB 容器,它们经常是庞大与笨重的,难以使用。

5) 组合

Spring 可以将简单的组件配置组合成为复杂的应用。在 Spring 中,应用对象被声明式地组合,典型地是在一个 XML 文件里。Spring 也提供了很多基础功能(事务管理、持久化框架集成等),将应用逻辑的开发留给了开发者。

所有 Spring 框架的这些特征使开发者能够编写更干净、更可管理,并且更易于测试的代码。它们也为 Spring 中的各种模块提供了基础支持。

3. Spring 的 7 个组成模块

Spring 框架由 7 个定义明确的模块组成,且每个模块或组件都可以单独存在,或者与其他一个或多个模块联合实现。Spring 框架的结构如图 8-31 所示。

以下简单介绍各模块的作用。

1) Spring Core 模块

Spring Core 模块是一个用来管理业务组件的 IoC 容器,是 Spring 应用的核心;Spring Core 实现了 Spring 框架的基本功能 IoC。Spring 其他所有的功能模块都必须依靠它作为支撑。正如上文所说,IoC 作为 Spring 框架的基础,因此 Spring Core 模块是其

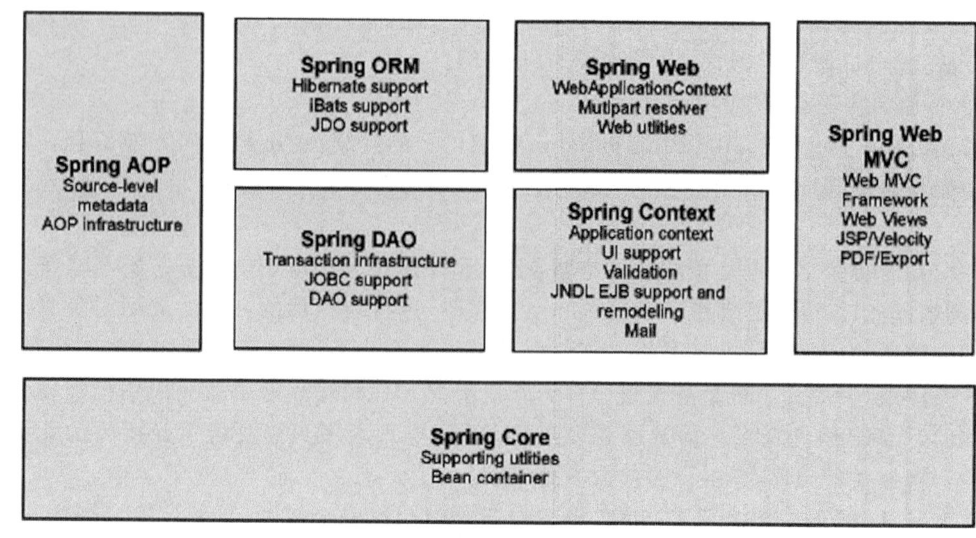

图 8-31 Spring 框架的结构

他所有模块的基石。

2）AOP 模块

通过 Spring AOP 模块，Spring 实现了对 AOP 的支持。此模块为 Spring 实现对应用程序中事务管理的支持提供了一个基础。有了该模块，即使不使用 EJB 组件，Spring 也可以提供声明式事务管理。

3）Spring DAO

Spring DAO 模块提供了 JDBC 抽象层，使 JDBC 编程更加简化。它简化了数据库的异常信息，提供了声明式事务管理和编程式事务管理两种事务管理方式。

4）Spring Context 模块

Spring Context 模块扩展了 BeanFactory 的功能，提供了 JNDI 访问、EJB 支持、远程调用(RMI)、Java Mail、任务调度等企业级功能的支持。

5）Spring ORM 模块

Spring ORM 模块提供了“对象-关系模式映射”(Object Relation Mapping，ORM)的支持，因此，它使得常见的工具如 Hibernate、iBATIS、JDO 等可以很好地集成到 Spring 应用中。

6）Spring Web 模块

Spring Web 模块为 Web 应用提供了上下文支持，并且简化了 Web 应用中常见参数绑定到对象的操作。

7）Spring MVC 模块

Spring MVC 模块是 Spring 提供的 MVC 框架。在 Spring 2.5 版本中，它包括对 Spring Web MVC 和 Spring Portlet MVC 的支持。此外，它还提供了对集成其他 MVC 框架(如 Struts、JSF 等)的支持，提供了对 PDF 文档的支持等。

Spring DAO 和 Spring ORM 不仅提供数据访问的抽象模块，还集成了对 Hibernate、

JDO 和 iBatis 等流行的对象关系映射框架的支持模块,并且提供了缓冲连接池、事务处理等重要的服务功能,保证了系统的性能和数据的完整性;Spring Web 模块提供了 Web 应用的一些抽象封装,可以将 Struts、Webwork 等 Web 框架与 Spring 整合成为适用于自己的解决方案。

Spring 框架可以成为企业级应用程序一站式的解决方案,同时它也是模块化的框架,允许开发人员自由地挑选适合自己应用的模块进行开发。Spring 框架式是一个松耦合的框架,框架的部分耦合度被设计为最小,在各个层次上具体选用哪个框架取决于开发者的需要。

4. Spring 框架的优点与缺点

1) 优点

(1) Spring 能有效地组织中间层对象,不管是否选择使用了 EJB。如果仅使用了 Struts 或其他为 J2EE 的 API 特制的 framework,Spring 致力于解决剩下的问题。

(2) Spring 能消除在许多工程中常见的对 Singleton 的过多使用,它降低了系统的可测试性和面向对象的程度。

(3) 通过一种在不同应用程序和项目间一致的方法来处理配置文件,Spring 能消除各种各样自定义格式的属性文件的需要。曾经对某个类要寻找的是哪个魔法般的属性项或系统属性感到不解,为此不得不去读 Javadoc 甚至源编码? 有了 Spring,仅需要看看类的 Java Bean 属性。Inversion of Control 的使用,帮助完成了这种简化。

(4) 通过把对接口编程而不是对类编程的代价几乎减少到没有,Spring 能够促进养成好的编程习惯。

(5) Spring 被设计为让使用它创建的应用尽可能少地依赖于它的 APIs。在 Spring 应用中的大多数业务对象没有依赖于 Spring。

(6) 使用 Spring 构建的应用程序易于单元测试。

(7) Spring 能使 EJB 的使用成为一个实现选择,而不是应用架构的必然选择。可以选择用 POJOs 或 local EJBs 来实现业务接口,却不会影响调用代码。

(8) Spring 帮助你解决许多问题而无需使用 EJB。Spring 能提供一种 EJB 的替换物,它们适用于许多 web 应用。例如,Spring 能使用 AOP 提供声明性事务管理而不通过 EJB 容器,如果你仅仅需要与单个数据库打交道,甚至不需要一个 JTA 实现。

(9) Spring 为数据存取提供了一个一致的框架,不论是使用的是 JDBC 还是 O/R mapping 产品(如 Hibernate)。Spring 确实使你能通过最简单可行的解决办法来解决你的问题。而这是有很大价值的。

2) 缺点

使用人数不多,JSP 中要写很多代码,控制器过于灵活,缺少一个公用控制器等。

8.4.2 Hibernate 框架技术与特点

1. Hibernate 框架技术概述

如第 7 章所介绍,随着软件系统的规模越来越大,应用系统架构逐渐由单层发展为多层架构的趋势越来越明显。其中,三层架构是目前典型的一种应用软件架构模式,如图 8-32 左边所示。

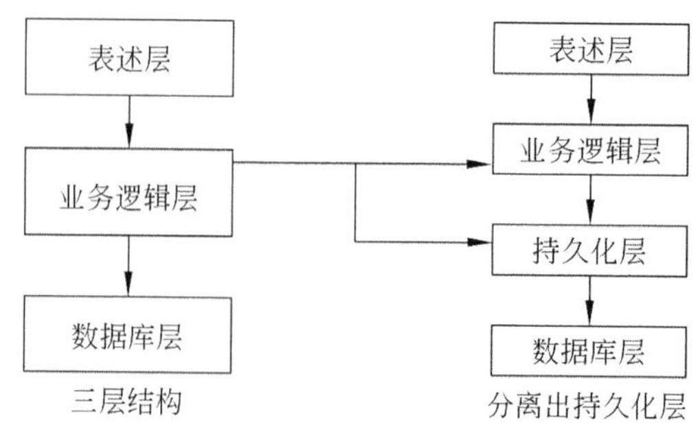

图 8-32 三层架构的演变

在三层架构中,表述层提供了与用户交互的界面,如 GUI(图形用户界面)、Web 页面等;业务逻辑层负责各种业务逻辑,直接访问数据库,提供对业务数据的保存、更新、删除和查询操作;而数据库层则负责存放管理应用的持久化的业务数据。

三层架构的特点是:每个层由一组相关的类或组件构成,共同完成特定的功能,层与层之间存在自上而下的依赖关系,即上层组件访问下层组件的 API,而下层组件不应该依赖上层组件。即所有下层只向上层提供调用的接口 API,而具体实现细节对上层透明(不可见)。

为了降低系统的复杂性,开发人员在三层架构的基础上,在业务逻辑层中,把业务逻辑和数据访问细节分开,把数据访问作为单独的持久化层独立出来,开始出现了所谓"持久化"层的概念,如图 8-32 右边所示。

2. 持久化层的概念

在计算机系统中的数据拥有以下两种状态。

(1) 瞬时状态:指保存在内存的程序数据,程序退出后,数据就消失了,称为瞬时状态。

(2) 持久状态:指保存在磁盘上的程序数据,程序退出后依然存在,称为程序数据的持久状态。

所谓"持久化"(Persistence),就是将程序数据在瞬时状态和持久状态之间转换的机制。狭义的理解就是把数据(如内存中的对象)保存到可永久保存的存储设备中(如磁盘),在该存储设备中的存储形式,可以是关系型数据库中,当然也可以存储在磁盘文件中、XML 数据文件中等。广义的理解,"持久化"还可以包括和数据库相关的各种操作,如:

① 保存:把对象永久保存到数据库中。

② 更新:更新数据库中对象(记录)的状态。

③ 删除:从数据库中删除一个对象。

④ 加载:根据特定的键值或 OID(为了在系统中能够找到所需对象,需要为每一个对象分配一个唯一的标识号。在关系数据库中称之为主键,而在对象术语中,则叫作对象

标识(Object identifier,OID),把一个对象从数据库加载到内存中。

⑤ 查询:根据特定的查询条件,把符合查询条件的一个或多个对象从数据库加载到内存中。

所谓"持久化"层(Persistence Layer),即专注于实现数据持久化应用领域的某个特定系统的一个逻辑架构层,该层负责实现将数据使用者和数据实体之间的关联。在图 8-32 的右图中,业务逻辑层又分离出持久化层,并封装了数据访问细节,为业务逻辑层提供了面向对象的 API。

从系统架构设计角度看,增加一层持久化层的好处有很多,包括:持久化层提高了代码可重用性,能够完成所有的数据库访问操作。如果需要,能够支持多种数据库平台。单独的一层具有相对独立性,当持久化层的实现发生变化,不会影响上层的实现。

增加持久化层提高了开发的效率,使软件的架构更加清晰,在代码编写和系统维护方面变得更容易。特别是在大型的应用里,会更有利。

同时,持久化层作为单独的一层,人们可以为这一层独立地开发一个软件包,如数据库访问中间件,让其实现将各种应用数据的持久化,并为上层提供服务。从而使得开发人员不必再来做数据持久化的底层实现工作,而是可以直接调用持久化层提供的 API。

3. 持久化实现技术

在关系数据模型里,如果两个实体之间是一对多的关系,可以使用外键,比如客户与订单是一对多关系,可以在订单表里设置客户的主键,即 ID 号作为外键。对于多对多的关系,比如商品和类别之间,除了建立商品表和类别表之外,还需要新建一个商品类别表,此商品类别表包含商品与类别的对应关系,商品 ID 既是主键又是外键(参考了商品表的主键即 ID),类别既是主键又是外键(参考了类别表的主键即 ID)。

在面向对象的域模型中,一对一、一对多、多对多的关系称为关联(类之间的引用关系)。对于客户与订单的一对多关联,可以在 Order 类里加入:

```
private Customer customer;
public Customer getCustomer(){return this.customer;}
public void setCustomer(Customer customer){this.customer=customer;}
```

也可以在 Customer 类里加入:

```
private Set Orders=new HashSet();
```

在面向对象的域模型中,还有依赖关系(类之间的访问关系),比如:类 A 访问类 B 的属性或方法,通常是类 A 实例化类 B。聚集关系(部分与整体间的关系),比如人与双手的关系,建立 hashset,聚集关系与关联关系在类定义上有相同形式,但是区别在于部分类的对象不能单独存在,当整体消失,部分也就随之消失。在面向对象的域模型中,也有一般化关系(类之间的继承关系)等。

并不是所有的域对象都需要持久化,通常只有实体域对象才需要,过程域对象则不需要。有些实体域也不需要。所谓持久化就是把域对象(包括与数据库相关的更新、删除、查询等操作)永久保存到数据库中。持久化的实现最终需要通过数据访问代码(如 save、 update、find 等语句)实现。

Java 对象访问数据库最直接的方式是通过 JDBC API 直接访问。常用类有：

(1) DiverManager 负责创建数据库连接；

(2) Connection 代表数据库连接；

(3) Statement(PreparedStateme)负责执行 SQL 语句等。

在处理业务逻辑和数据访问之间的关系,即如何实现数据持久化方面,有以下几种实现模式。

(1) 业务逻辑和数据访问耦合模式；

(2) 主动域对象模式；

(3) ORM 模式；

(4) JDO 模式；

(5) CMP 模式。

以下简单介绍这几种模式。

1) 业务逻辑和数据访问耦合模式

在过程域对象模式中,业务逻辑和数据访问代码是混杂在一起的,这是数据访问的早期阶段。这种架构使得业务逻辑混乱,难于维护,无通用性和重用。其架构如图 8-33 所示。

2) 主动域对象模式

由实体域对象负责自身的数据访问细节,这种实体对象也被称为主动域对象,如图 8-34 所示。EJB 中的 BMP 就采用了这种对象模式。

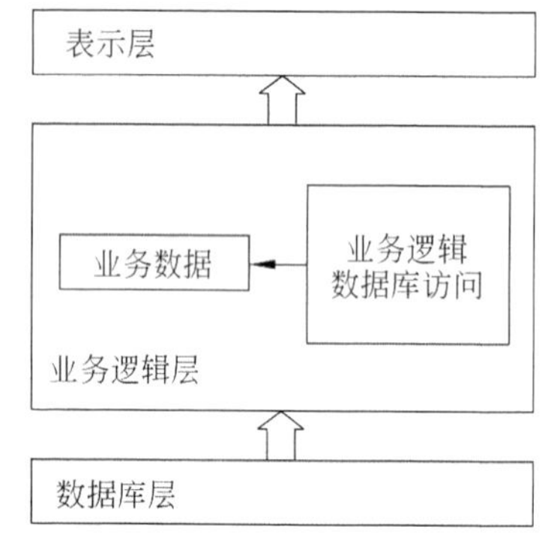

图 8-33 业务逻辑和数据访问耦合模式

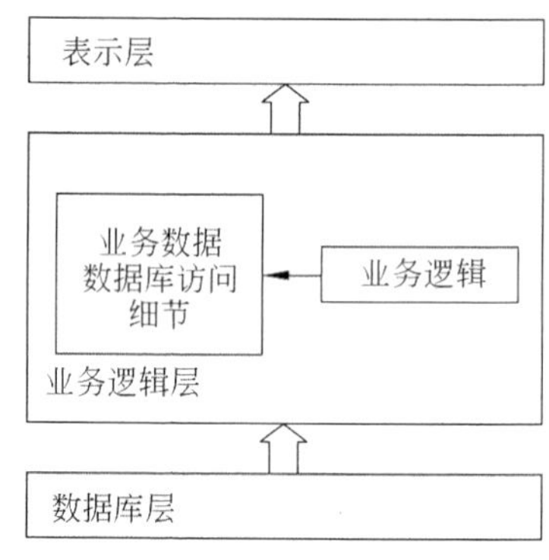

图 8-34 主动域对象模式

主动域模式封装关系数据模型和数据访问细节(使用的是方法,比如 create()方法里写创建数据库表语句)。在 EJB 组件中分为会话 EJB(实现业务逻辑)和实体 EJB(表示业务实体),实体 EJB 又可分为两种：BMP(EJB 本身管理持久化)和 CMP(容器管理持久化)。BMP 用到的就是主动域模式。其优点是：实体域对象中封装自身的数据访问细节,过程域对象完全负责业务逻辑,使程序结构很清晰;在数据关系模型改变时,只需修改主动域对象的代码。其缺点是：实体域对象仍含 SQL 语句;每个实体域对象只负责自身数据访问的实现,会导致不同的实体域对象重复实现一些共同的数据访问操作,造成重复代码。

3）对象关系映射模式(ORM)

ORM(Object -Relational Mapping)即对象关系映射，是指以 O/R 原理设计的持久化框架(Framework)，包括 O/R 机制、SQL 自生成、事务处理和 Cache 管理等。

ORM 的实现思想，是将关系数据库表中的数据记录，映射成为对象，以对象的形式展现，这样开发人员就可以把对数据库的操作转化为对这些对象的操作。因此它的目的是为了方便开发人员以面向对象的思想来实现对数据库的操作。

ORM 采用元数据来描述对象-关系映射细节，元数据通常采用 XML 格式，并且存放在专门的对象-关系映射文件中。只要配置了持久化类与表的映射关系，ORM 中间件在运行时就能参照映射文件的信息，把域对象持久化到数据库中。这种映射关系如图 8-35 所示。

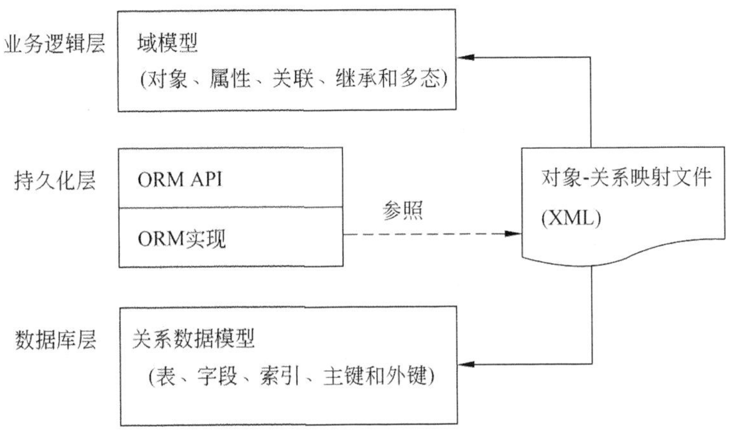

图 8-35　ORM 映射关系

ORM 模式的架构如图 8-36 所示。

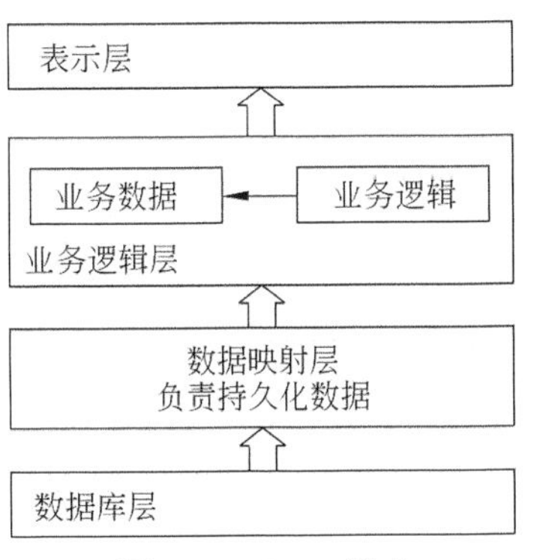

图 8-36　ORM 模式

流行的 ORM 架构有以下几个。

(1) Hibernate：是非常优秀、成熟的 ORM 框架。提供强大的对象和关系数据库映射以及查询功能。Hibernate 是面向对象的程序设计语言和关系型数据库之间的桥梁，允许开发者采用面向对象的方式来操作关系数据库。Hibernate 的目标是释放开发者通常的与数据库持久化相关的编程任务的 95%，消除那些针对特定数据库厂商的 SQL 代码。

(2) Ibatis：相比 Hibernate 灵活高，运行速度快，开发速度慢，不支持纯粹的面向对象操作，需熟悉 SQL 语句，并且熟练使用 SQL 语句优化功能。

(3) TopLink。

(4) OJB 等。

4) JDO(Java Data Object)模式

由 Sun 公司制定,支持把对象持久化到任意一种存储系统,如关系数据库、面向对象数据库、基于 XML 数据库、其他专有存储系统等。

5) CMP 模式

与 ORM 相似,都是提供对象-关系映射服务,区别在于:CMP 负责持久化实体 EJB 组件,只运行于 EJB 容器,ORM 负责为 POJO 持久化,运行于任何 Java 环境。

4. Hibernate 框架介绍

目前在持久化层领域,已经出现了许多优秀的 ORM 软件,有的是商业性的,有的是开发源代码的。Hibernate 就是一种越来越受欢迎的开发源代码的 ORM 软件。ORM 软件具有中间件的特性。中间件是在应用程序和系统之间的连接管道。Hibernate 可以看成是连接 Java 应用程序和关系数据库的管道。

Hibernate 作为中间件,可以为任何一个需要访问关系数据库的 Java 应用服务。中间件的另一个特点是具有透明性,作为 Hibernate 的使用者,无须关心它是如何实现的,只需要知道如何访问它的接口就行了。Hibernate 不和特定的业务领域相关,能够把任意一个 Java 应用与数据库系统连接,可以理解为是一种中间件,如图 8-37 所示。

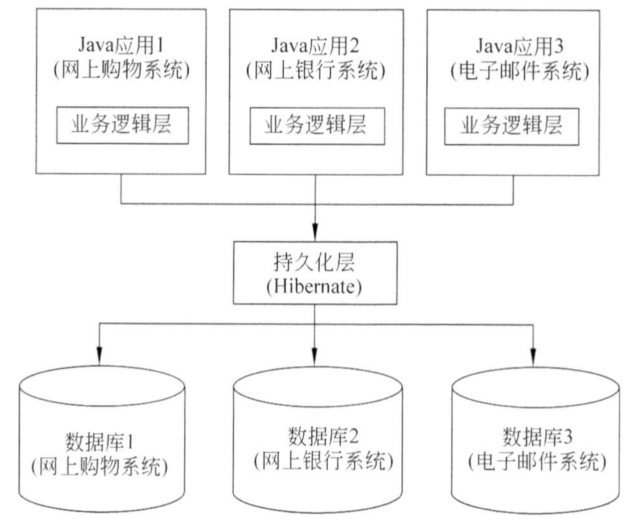

图 8-37 Hibernate 不和特定业务领域相关

Hibernate 是一个功能强大的、高效率的 O/R 持久化查询工具。它对 JDBC 进行轻量级的对象封装,使 Java 程序员可以随心所欲地使用对象编程思想来操纵数据库。它提供一个易用的框架来实现把一个面向对象的域模型映射到一传统的关系数据库。它不仅负责从 Java 类到数据库表格(以及来自 Java 数据类型的 SQL 数据类型)的映射,而且还提供数据查询和检索能力,并能大大减少花在 SQL 和 JDBC 手工数据处理上的开发时间。

另外,Hibernate 拥有一种功能非常强大的查询语言(Hibernate Query Language, HQL),这种语言与 SQL 非常相似,便于开发人员掌握。更重要的是,HQL 完全是面向对象的，查询的是持久对象，而不是数据库的记录。可以用它来支持多态、继承、关联等关系。

JBoss 核心成员之一、EJB3.0 专家委员会成员、*Hibernate In Action* 作者 Gavin King 被公认为 Hibernate 之父，他从 2001 年开始开发 Hibernate，2003 年 Hibernate 发展为 Java 世界主流持久层框架。Hibernate 是基于 Java 的对象/关系数据库映射(ORM)工具，成为对象模型(Java Bean 实体类)与关系模型(关系数据库表)之间交互的桥梁。

Hibernate 是一种 Java 语言下的对象关系映射解决方案。它是一种自由、开源的软件。用来把对象模型表示的对象映射到基于 SQL 的关系模型结构中去，为面向对象的领域模型到传统的关系型数据库的映射，提供了一个使用方便的框架。其中，Hibernate 的轻量级 ORM 模型，逐步确立了在 Java ORM 架构中的领导地位，甚至取代复杂而又烦琐的 EJB 模型而成为事实上的 Java ORM 工业标准。而且其中的许多设计均被 J2EE 标准组织吸纳而成为最新 EJB 3.0 规范的标准。

Hibernate 不仅管理 Java 类到数据库表的映射(包括从 Java 数据类型到 SQL 数据类型的映射)，还提供数据查询和获取数据的方法，可以大幅度减少开发时人工使用 SQL 和 JDBC 处理数据的时间。它的设计目标是将软件开发人员从大量相同的数据持久层相关编程工作中解放出来。无论是从设计草案还是从一个遗留数据库开始，开发人员都可以采用 Hibernate。

以下是 Hibernate 与 JDBC 的代码对比。

```
public void save(Session sess, Message m) {
    sess.save(m);
}
```

Hibernate代码

```
public void save(Connection conn,Message m){
    PreparedStatement ps = null;
    String sql = "insert into message values (?,?)";

    try {
        ps = conn.prepareStatement(sql);
        ps.setString(1, m.getTitle());
        ps.setString(2, m.getContent());
        ps.execute();
    } catch (SQLException e) {
        e.printStackTrace();
    }finally{
        if(ps != null)
            try {
                ps.close();
            } catch (SQLException e) {
                e.printStackTrace();
            }
    }
}
```

JDBC代码

从两者的实现代码可以明显看出，Hibernate 为编码工程师带来极大的便利性。

Hibernate 对 JDBC 进行了非常轻量级的对象封装，使得 Java 程序员可以随心所欲地使用对象编程思维来操纵数据库。Hibernate 可以应用在任何使用 JDBC 的场合，它既可以在 Java 的客户端程序使用，也可以在 Servlet/JSP 的 Web 应用中使用。最具革命意义的是，Hibernate 可以在应用 EJB(Enterprise Java Beans 是 Java 应用于企业计算的框架)的 J2EE 架构中取代 CMP，完成数据持久化的重任。

5. Hibernate 的工作原理

Hibernate 的应用架构如图 8-38 所示。

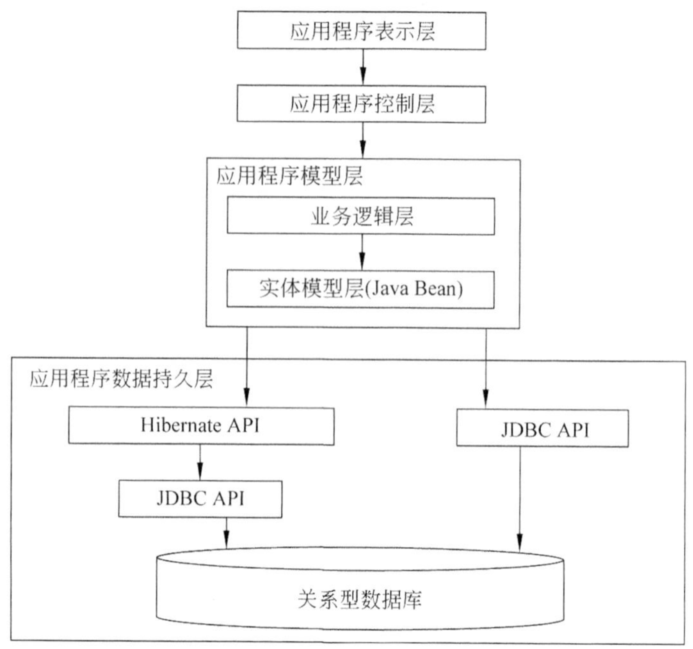

图 8-38　基于 Hibernate 的应用架构

O/R Mapping 技术是为了解决关系型数据库和面向对象的程序设计之间不匹配的矛盾而产生的。Hibernate 是目前最为流行的 O/R Mapping 框架，它在关系型数据库和 Java 对象之间做了一个自动映射，使得程序员可以以非常简单的方式实现对数据库的操作。

Hibernate 框架作为一个 ORM 的具体实现，是 Java 应用和关系数据库之间的桥梁，主要用来实现 Java 对象持久化操作，在 Java 应用中使用 Hibernate 主要有以下几个步骤。

(1) 创建持久化类；

(2) 创建对象-关系映射文件；

(3) 创建 Hibernate 配置文件；

(4) 使用 Hibernate API 编写访问数据库的业务逻辑代码。

Hibernate 工作原理如图 8-39 所示。

从流程图中可以看出，Hibernate 的执行过程如下。

(1) 配置好 Hibernate 的配置文件和与类对应的配置文件后，启动服务器；

(2) 服务器通过实例化 Configeration 对象，读取 hibernate. cfg. xml 文件的配置内容，并根据相关的需求建好表或者和表建立好映射关系；

(3) 通过实例化的 Configeration 对象创建一个 sessionFactory 实例；

(4) 通过 sessionFactory 实例可以创建 session 对象；

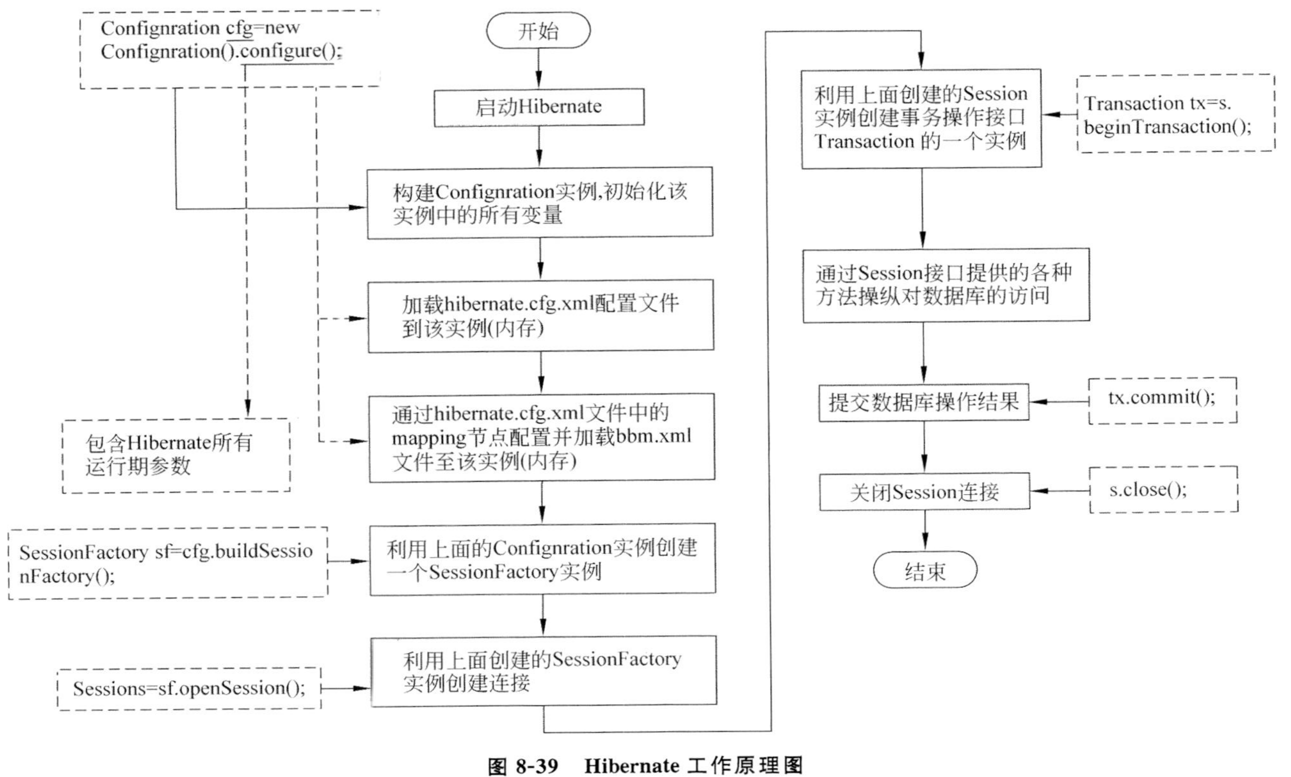

图 8-39 Hibernate 工作原理图

(5) 得到 session 之后，便可以开始一个事务，然后就可以通过 Session 接口提供的各种方法操纵对数据库的访问。除了比较复杂的全文搜索外，简单的操作都可以通过 Hibernate 封装好的 session 内置方法来实现；

(6) 操作完成后，提交数据库操作结果，关闭 Session 连接。

6. Hibernate 应用与传统 JDBC 应用的比较

可以将 Hibernate 应用与传统 JDBC 应用做以下简单对比。

(1) 关系型数据库与 JDBC 是一对一的关系，Hibernate 与关系型数据库是一对多的关系，只需要简单配置就可以实现，所以 Hibernate 是跨数据库平台的；

(2) 在代码中，Hibernate 可以不使用本地化 SQL 语句完成对数据的 SUDQ，与数据库是松耦合，JDBC 不能；

(3) Hibernate 很好地兼容了 JDBC，可以在代码中直接嵌入 JDBC API，但不提倡这样做；

(4) Hibernate 拥有数据连接池实现机制(sessionFactory)。

由此可见，Hibernate 相比传统 JDBC，具有很强的优势。

7. Hibernate 框架的优缺点

1) 优点

Hibernate 使用 Java 反射机制 而不是字节码增强程序来实现透明性；Hibernate 的性能非常好，因为它是个轻量级框架。映射的灵活性很出色；它支持各种关系数据库，从一对一到多对多的各种复杂关系。

Hibernate 框架使用了 J2EE 架构中的如下技术：JDBC、JTA、JNDI。其中 JDBC 是一个支持关系数据库操作的基础层；它与 JNDI 和 JTA 一起结合，使得 Hibernate 可以方便地集成到 J2EE 应用服务器中去。

Hibernate 是 JDBC 的轻量级的对象封装，它是一个独立的对象持久层框架。Hibernate 可以用在任何 JDBC 可以使用的场合，例如 Java 应用程序的数据库访问代码，DAO 接口的实现类，甚至可以是 BMP 里面的访问数据库的代码。

Hibernate 是一个和 JDBC 密切关联的框架，所以 Hibernate 的兼容性和 JDBC 驱动，和数据库都有一定的关系，但是和使用它的 Java 程序、和 App Server 没有任何关系，也不存在兼容性问题。

2) 缺点

Hibernate 限制用户所使用的对象模型，例如，一个持久性类不能映射到多个表。

8.4.3 SSH 框架的集成

在很多金融、电信、大型门户网站等项目中，系统越来越庞大、业务逻辑越来越复杂、需求变化越来越快，因而，这些领域的应用系统越来越多地倾向采用 SSH 的多层架构模式。

前几节分析了基于 J2EE 的 Struts、Spring 和 Hibernate 三种框架技术各自的特点，下面通过集成以上三种框架技术来对传统的 J2EE Web 开发模型加以改进，以形成一种新的、轻量型的 J2EE 架构。

集成 SSH 的系统架构实现，以及各层的关系如图 8-40 所示。

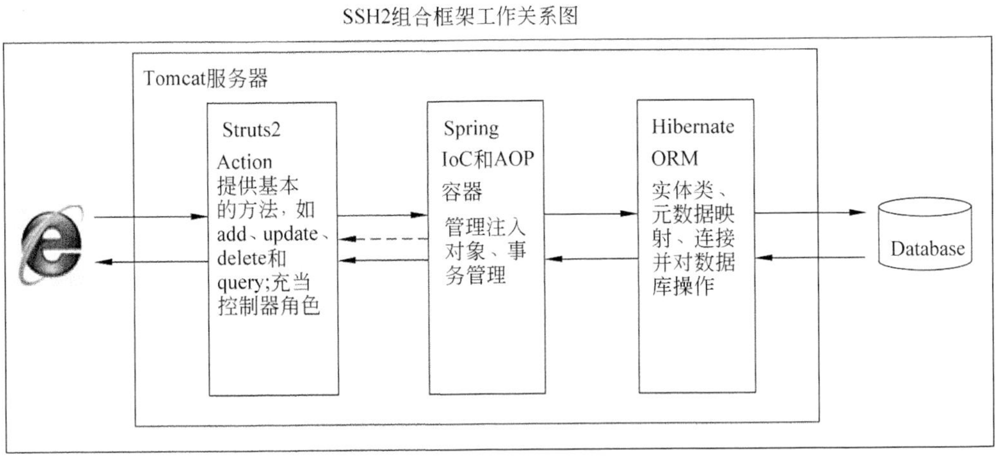

SSH2组合框架工作关系图

Tomcat服务器

Struts2
Action
提供基本的方法，如add、update、delete和query;充当控制器角色

Spring
IoC和AOP
容器
管理注入对象、事务管理

Hibernate
ORM
实体类、元数据映射、连接并对数据库操作

Database

图 8-40　SSH 框架之间的关系

系统从职责上分为 4 层：表示层、业务逻辑层、数据持久层和域模块层。其中，使用 Struts 作为系统的整体基础架构，负责 MVC 的分离，在 Struts 框架的模型部分，利用 Hibernate 框架对持久层提供支持，业务层用 Spring 支持。具体做法是：用面向对象的分析方法根据需求提出一些模型，将这些模型实现为基本的 Java 对象，然后编写基本的 DAO 接口，并给出 Hibernate 的 DAO 实现，采用 Hibernate 架构实现的 DAO 类来实现 Java 类与数据库之间的转换和访问，最后由 Spring 完成业务逻辑。各层的职责如图 8-41 所示。

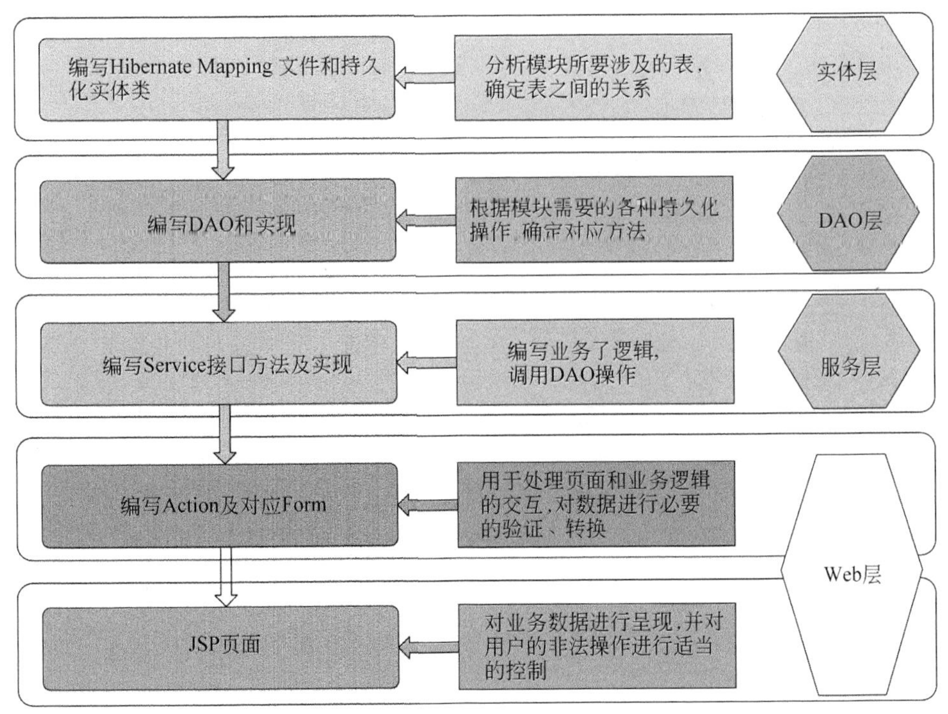

图 8-41　SSH 的分层架构

系统的基本业务流程如下。

在表示层中，首先通过 JSP 页面实现交互界面，负责传送请求(Request)和接收响应(Response)，然后 Struts 根据配置文件(struts-config. xml)将 ActionServlet 接收到的 Request 委派给相应的 Action 处理。

在业务层中，管理服务组件的 Spring IoC 容器负责向 Action 提供业务模型(Model)组件和该组件的协作对象数据处理(DAO)组件完成业务逻辑，并提供事务处理、缓冲池等容器组件以提升系统性能和保证数据的完整性。

而在持久层中，则依赖于 Hibernate 的对象化映射和数据库交互，处理 DAO 组件请求的数据，并返回处理结果。

采用上述开发模型，不仅实现了视图、控制器与模型的彻底分离，而且还实现了业务逻辑层与持久层的分离。这样无论前端如何变化，模型层只需很少的改动，并且数据库的变化也不会对前端有所影响，大大提高了系统的可复用性。而且由于不同层之间耦合度小，有利于团队成员并行工作，大大提高了开发效率。

8.4.4 搭建基于 MyEclipse 的 SSH 框架

1. 环境配置

安装 JDK、Tomcat、MySQL 等步骤在 8.3.1 节已经介绍，请按上述步骤进行安装并完成配置。

2. 创建工程

在 MyEclipse 窗口中，执行 File | New | Other | MyEclipse | Java Enterprise Projects | Web Project，输入一个工程名 SSHLogin，选择 Java EE 5.0 单选按钮，其他输入均为默认值，确定之后，单击“完成”按钮，MyEclipse 会生成名为 SSHLogin 的项目，如图 8-42 所示。

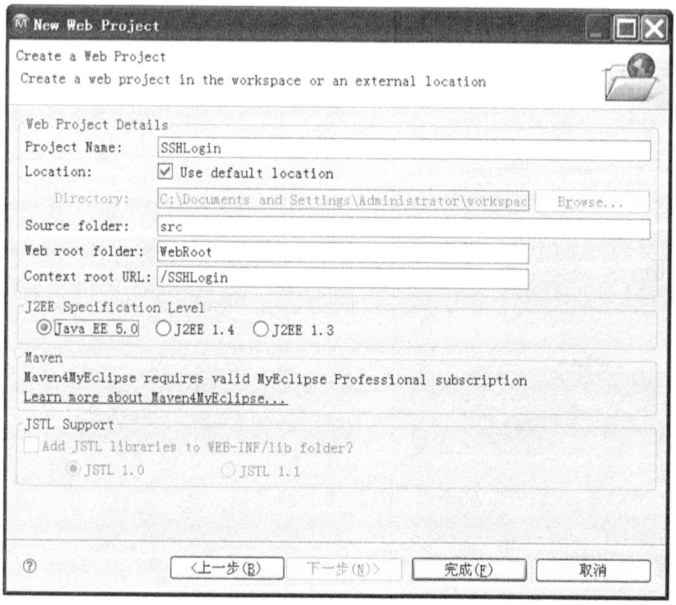

图 8-42　创建 SSHLogin 工程

Java EE 5.0 是 J2EE 1.4 的下一个版本。它标志 J2EE 标准的结束和 Java EE 标准的开始。Java EE 5 的主题是简化开发，而做到这点采用的最重要的技术就是 Annotation（标注）。通过对 Java 代码中原先被 JavaDoc 所使用的@以标准的方式重新约定和解析，尤其是以标准的方式来约定时，达到了很好的简化效果并衍生出一些新的概念和技术，比如 POJO 和资源注入。

3. 配置数据库

在 MyEclipse 菜单栏上，选择“窗口”|“首选项”| MyEclipse Enterprise Workbench | Servers | Tomcat 7.x，如图 8-43 所示，确认 Tomcat 服务器和安装目录配置正确。

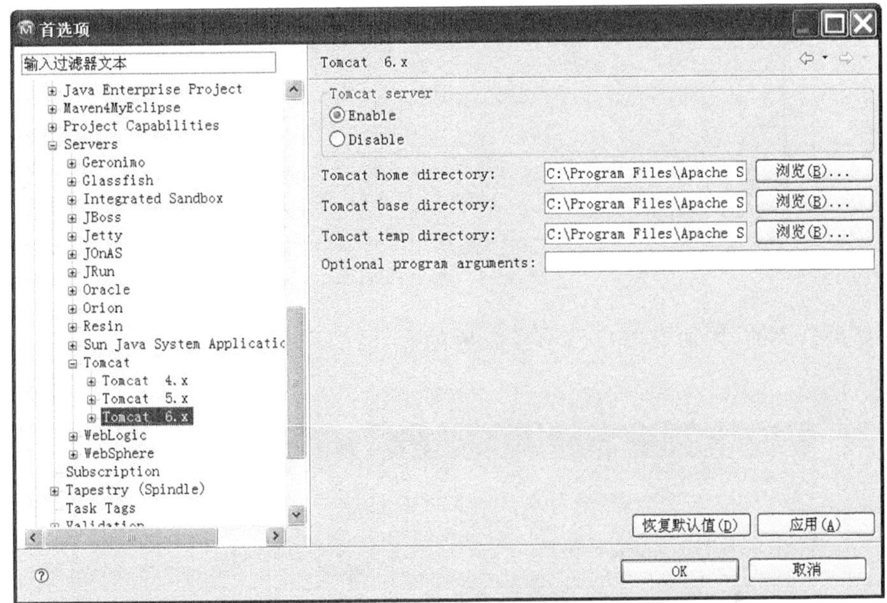

图 8-43　配置 Tomcat

在 MyEclipse 菜单栏上，选择“窗口”|“打开透视图”|“其他”| MyEclipse Database | DB Browser 命令。在打开的 DB Browser 窗口中，单击右键，并选择 New 命令，按图 8-44 填写相关项(口令为 123)。

其中，Driver template 从下拉菜单中选择 MySQL Connector/J，Driver name 自己取一个数据库名字，Connection URL 填写 localhost:3307 和本工程的名字，User name 和 Password 是在数据库安装时确定的用户名和口令，用户名最好用 root。Driver JARs 需要从网上下载数据库驱动文件 mysql-connector-java-5.0.8-bin.jar，并放在本地硬盘的某个目录下，单击 Add JARs 按钮添加数据库驱动文件，选择刚才下载的数据库驱动文件。为方便配置，可以选择 Save password 保存密码。配置完毕后，单击 Test Driver 按钮，测试一下与数据库的连接是否成功，如果报告成功，则单击“完成”按钮。

4. 添加 Spring 支持

在 SSHLogin 工程上面右击，在弹出的菜单中选择 MyEclipse | Add Spring Capabilities 命令，添加 Spring 框架支持。由于 Spring 采取最小化库发布的方式，使得 Spring 的库文

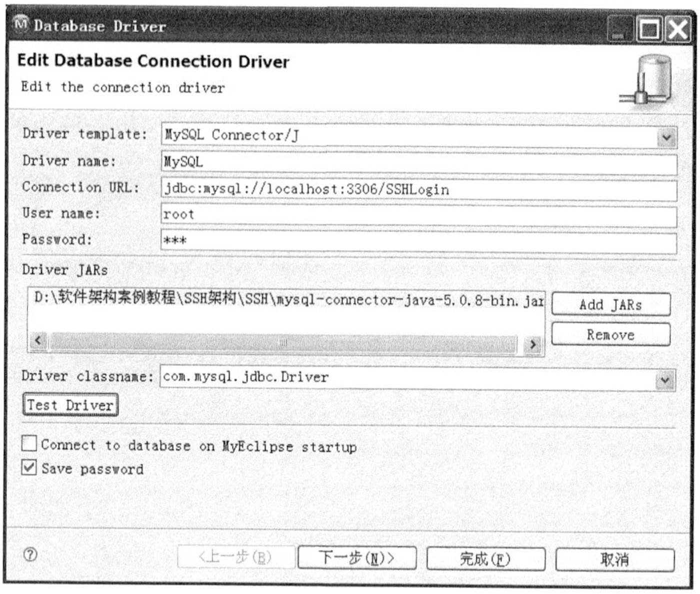

图 8-44　配置数据库

件彼此都是分离的，因而需要自己选择需要的库，需要引用的库如图 8-45 所示，单击“完成”按钮。

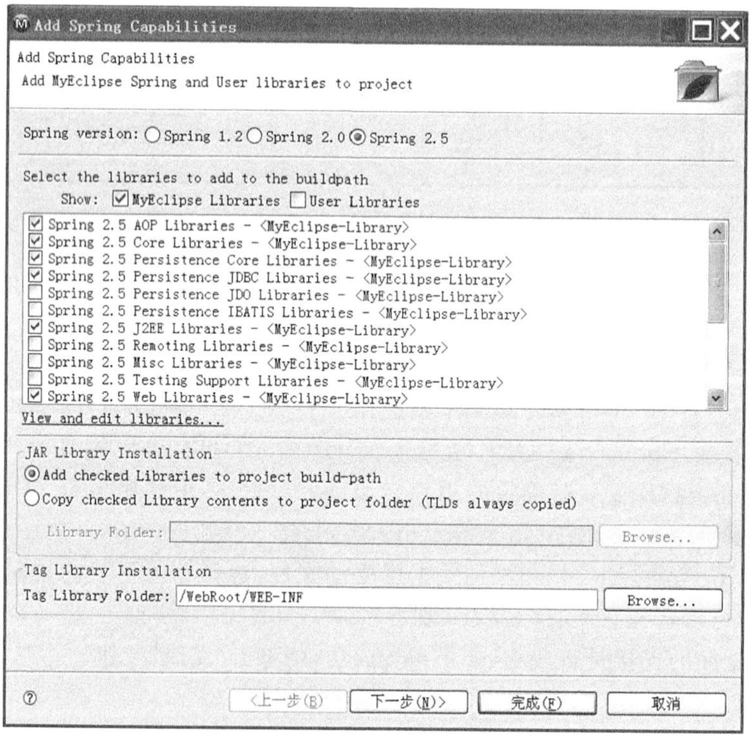

图 8-45　添加 Spring 支持

修改 MyEclipse 项目资源器目录的 WebRoot|WEB-INF 目录下的 web. xml，增加以下内容：

```
<!-- Spring配置 -->
  <context-param>
  <param-name>contextConfigLocation</param-name>
  <param-value>/WEB-INF/classes/applicationContext.xml</param-value>
 </context-param>
  <servlet>
  <servlet-name>SpringContextServlet</servlet-name>
  <servlet-class>org.springframework.web.context.ContextLoaderServlet</servlet-class>
  <load-on-startup>1</load-on-startup>
 </servlet>
```

可以在 Web. xml 编辑 Source 的视窗下，直接添加上述代码，也可以使用 Design 窗口，填写参数。后一种方法比较方便，也可以减少错误。

添加第一个参数的方法如下。

参数和参数值：

```
<context-param>
<param-name>contextConfigLocation</param-name>
<param-value>/WEB-INF/applicationContext.xml</param-value>
</context-param>
```

在 Web. xml 的 Design 窗口中，选择 Context param 项，在如图 8-46 所示的窗口中，填写上述 Param-Name 和 Param-Value。这里要注意的是，Param-Value 的值是 applicationContext. xml 文件实际存放的路径，要与实际位置相符。单击“完成”按钮后，得到如图 8-46 所示的结果。

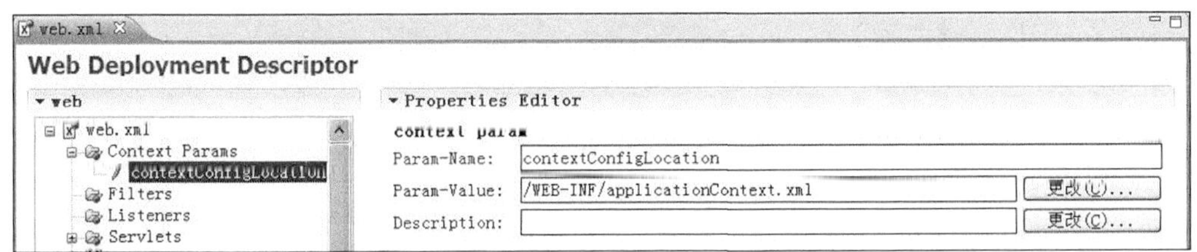

图 8-46 添加完成第一个参数

同样，第二个参数是：

```
<servlet>
<servlet-name>SpringContextServlet</servlet-name>
<servlet-class>org.springframework.web.context.ContextLoaderServlet
</servlet-class>
<load-on-startup>1</load-on-startup>
</servlet>
```

同样完成添加。

在添加第二个参数的时候，注意需要分两步(需添加 Servlet-Name/Class 和 Load-on-Stratup 值 1 这两个参数),如图 8-47 所示。

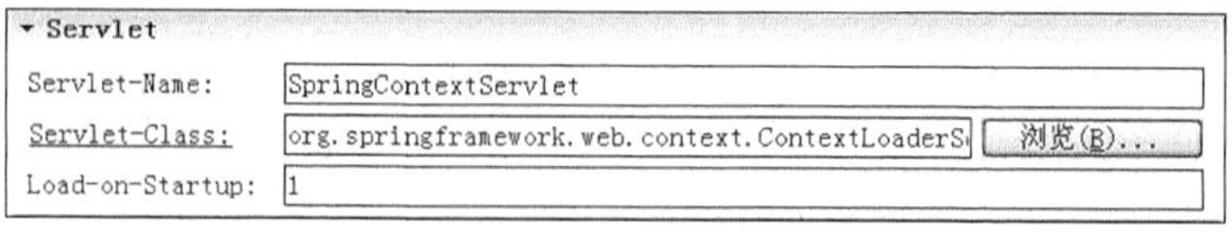

图 8-47　添加完成第二个参数

退出编辑并保存。

5. 添加 Hibernate 支持

在 SSHLogin 工程上右击,在弹出的菜单中选择 MyEclipse| Add Hibernate Capabilities 命令,添加 Hibernate 支持。

在弹出的窗口中,选择 Hibernate 3.2,其他设置如图 8-48 所示,然后单击"下一步"按钮。

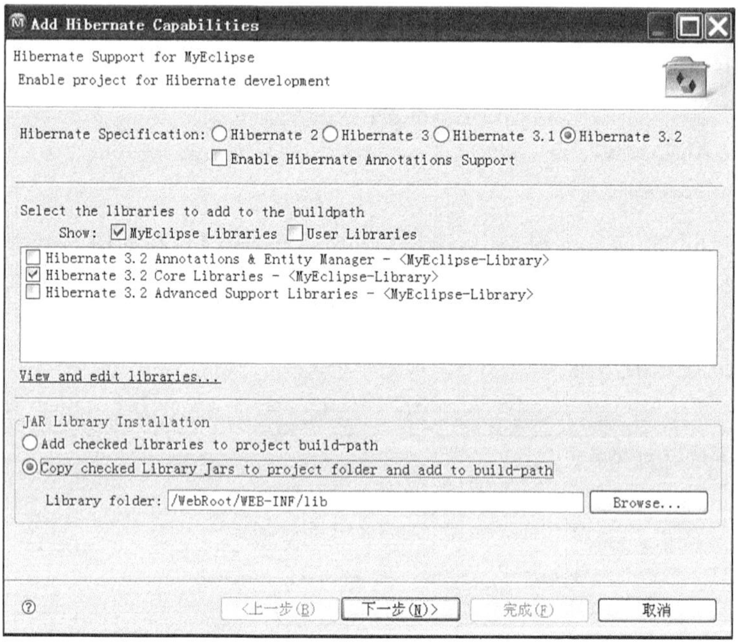

图 8-48　添加 Hibernate 支持

在对话框中选择 Spring configuration file,表示希望将 Hibernate 托管给 Spring 进行管理,这是将 Hibernate 与 Spring 进行整合的基础。然后单击"下一步"按钮。

在出现的对话框中选择 Existing Spring configuration file。因为已经添加了 Spring 的配置文件,所以这里选择的是已存在的配置文件。MyEclipse 会自动找到存在的那个文件。

在 SessionFactory ID 中输入 Hibernate 的 SessionFactory 在 Spring 配置文件中的 Bean ID 的名字,这里输入"SessionFactory",然后单击"下一步"按钮。

在出现的对话框中的 Bean ID 里面输入数据源在 Spring 中的 Bean ID 的名字,这里输入"dataSource"。然后在 DB Driver 里面选择刚刚配置好的 MySQL,MyEclipse 会将其余的信息自动填写到表格里面。然后单击“下一步”按钮。

在出现的对话框中取消选择 Create SessionFactory class。单击“完成”按钮。

此时 MyEclipse 会自动打开 Spring 的配置文件 applicationContext. xml,文件内容如图 8-49 所示。

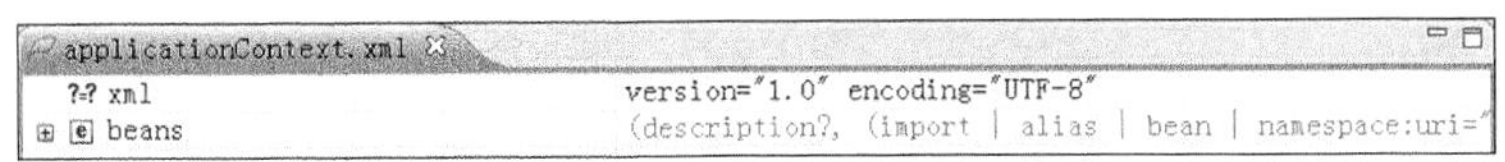

图 8-49 Spring 的配置文件

这是可视化编辑器 Design 所展示的 XML 格式,展开每一个 Bean,可以输入或修改。也可以单击 Source,展开 XML 文件的全部代码文件,直接修改。有关 applicationContext. xml 文件的内容和含义,在以后的分析中介绍。

增加连接池管理包 commons-pool-1. 4. jar。首先请先下载该软件包,然后通过文件导入的方式,指定导入到 MyEclipse\SSHLogin\WebRoot\WEB-INF\lib 目录下。项目构建后,会集成到引用库中。在引用库中,展开导入的包,包名下应该有相关的内容,如图 8-50 所示,否则运行时会报错。

6. 添加 Struts 支持

在 SSHLogin 工程上右击,在弹出的菜单中选择 MyEclipse|Add Struts Capabilities 命令,在打开的窗口中,选择 Struts1. 2,并修改 Base package for new classes 项的内容为 struts,其他不变,单击“完成”按钮。

在 MyEclipse 菜单栏上,选择“项目”|“全部构建”命令。

如果没有找到 org. apache. commons. dbcp. BasicDataSource 的错误,则可能是连接池管理包 commons-pool-1. 4. jar 没有正确导入,也可能是导入时与某些要删掉的包发生冲突。

在项目上右击选择“构建路径”|“添加库”命令,在打开的窗口中,选择 MyEclipse Libraries,单击“下一步”按钮,在新的窗口中,选中 Spring 2. 5 persistence JDBC libraries (与配置 Spring 时的选项一致),单击“完成”按钮。重新构建项目,则上述错误就得到了修正。

最后得到的项目结果如图 8-51 所示。

commons-pool-1.4.jar
org.apache.commons.pool
org.apache.commons.pool.impl
META-INF
commons-dbcp.jar
org.apache.commons.dbcp
org.apache.commons.dbcp.cpdsadapter
org.apache.commons.dbcp.datasources
org.apache.commons.jocl
META-INF
testpool.jocl

图 8-50 导入的包

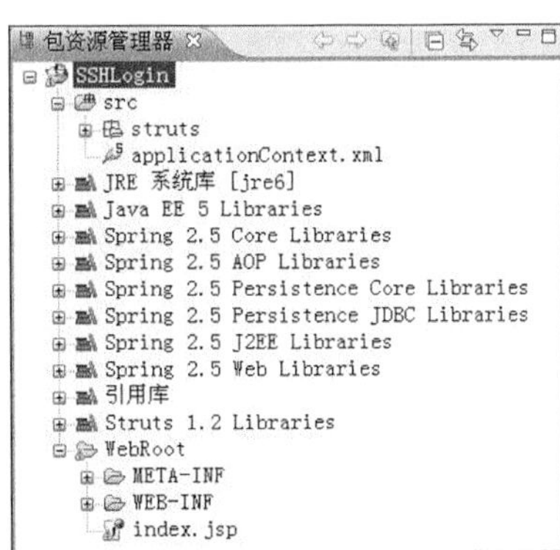

图 8-51 完成 SSH 架构整合

至此，完成工程 SSHLogin 的 SSH 架构整合过程。在 C:\Documents and Settings\Administrator\workspace 目录下，将 SSHLogin 目录复制备份一下，以免以后发生错误，可进行恢复。

8.5 开发一个基于 SSH 架构的登录系统

比照 8.3 节的登录系统，这里也介绍开发一个基于 SSH 架构的登录系统，其功能与 8.3 节的登录系统完全一样，但架构就复杂得多。

8.5.1 SSH 架构的各层模块及其任务

登录系统的架构与各层模块调用关系如图 8-52 所示。

各层包含的内容如下。

(1) Hibernate：POJO 类、DAO 接口、DAO 实现。

(2) Spring：Service 接口、Service 类、applicationContext.xml。

(3) Struts：Action、ActionForm、struts-config.xml。

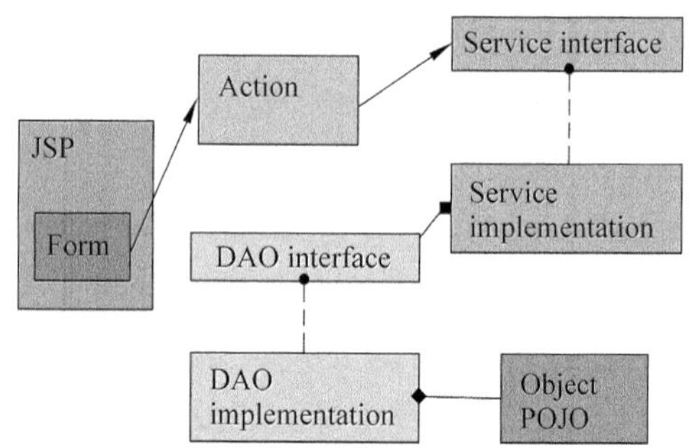

图 8-52 登录系统的 SSH 架构

同时，从现在开始，为了便于更好地保持良好的开发架构，使之与逻辑架构保持一致，可以整理一下 SSHLogin 项目的文件目录(包结构)，开发架构的组织与逻辑架构保持一致。

为此，建立的开发架构是：

(1) Hibernate 包：Hibernate 是直接与数据库打交道的类，在此包下，包括 POJO 类、DAO 类和 DAO 实现。

(2) Spring 包：为了对业务逻辑进行封装，将业务全部写在 Spring 类里面，和 Hibernate 一样，先建立 Spring 包，里面添加业务接口，具体的实现放在 service.impl 里面。

(3) Struts 包：在此包下，包括 action 和 form，用来管理 Struts 的 Action 和 Form。

以下介绍各模块的实现。

8.5.2 Hibernate 层的实现

Hibernate 部分实现 POJO 类、DAO 接口并实现 DAO 接口。

1. 向数据库添加一个用户名记录文件和一个用户数据

在计算机 Windows“开始”|“所有程序”| MySQL | MySQL Server 5.0 | MySQL Command Line Client 窗口下，输入安装 MySQL 时设置的口令(在 8.3 节设置的口令是 123)，进入 MySQL 命令行状态。复制以下代码，粘贴到 MySQL 命令行下并运行，建立

一个数据库文件。

```
Create database SSHLogin;
use SSHLogin;
CREATE TABLE user(
id INTEGER NOT NULL auto_increment,
username VARCHAR(50),
password VARCHAR(50),
PRIMARY KEY (id)
) DEFAULT CHARSET=gbk;
charset gbk;
insert into user values(null,'zhjh','321');
```

使用简单的数据库管理工具，看看数据库表生成的结果。使用 SQLyog 打开数据库进行连接后，可见生成的数据记录如图 8-53 所示。

2. 连接数据库

在 MyEclipse 菜单上，选择 DB Browser，在打开的窗口中，选择 MySQL，右击选择 Edit 命令，检查一下其中的 user name 是否为 root(否则出错，这是数据库在安装的时候，系统仅保存了唯一默认的用户名 root)，口令还是原口令。右击选择 Open Connetion…命令，连接数据库成功。出现如图 8-54 所示的窗口。展开数据库表，可以看到添加进去的 user 文件记录。

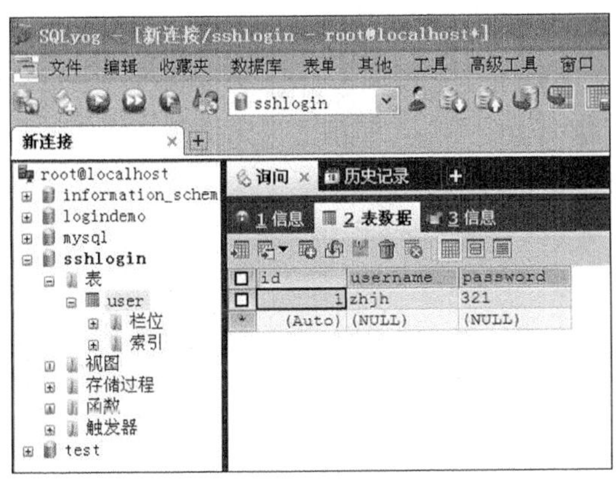

图 8-53　数据表记录生成成功

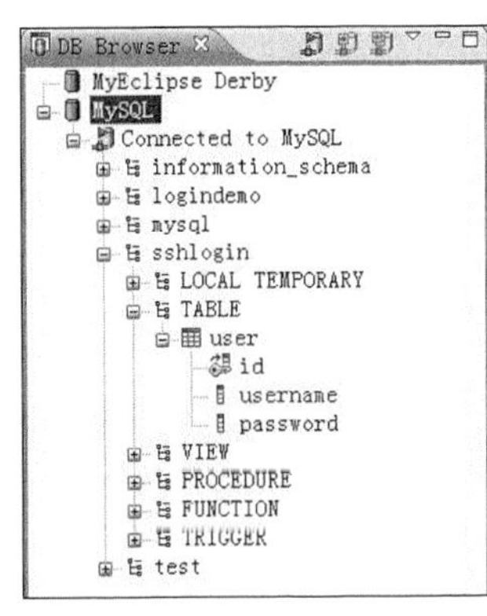

图 8-54　连接数据库成功

3. Hibernate 逆向工程

在 user 表上单击右键，选择 Hibernate Reverse Engineering 命令，在如图 8-55 所示的窗口中选择如下内容，其中包名取为 hibernate。

其中各参数的含义如下。

(1) Java src folder：选中映射文件 POJO 和 DAO 生成后所在的项目源码文件夹。

(2) Java package：映射文件 POJO 和 DAO 生成后所在的包。

(3) Hibernate mapping file：从选中的表格生成映射文件。

(4) Update hibernate configuration：将生成后的映射文件添加到 Hibernate 配置文件中。

Hibernate Reverse Engineering

Hibernate Mapping and Application Generation

Generate Hibernate mapping and Java classes from database explorer tables

Java src folder: /SSHLogin/src Browse...

Java package: hibernate Browse...

☑ Create POJO<>DB Table mapping information

◉ Create a Hibernate mapping file (*.hbm.xml) for each database table

○ Add Hibernate mapping annotations to POJO (Hibernate 3.2 only)

☑ Update Hibernate configuration with mapping resource location

☑ Java Data Object (POJO <> DB Table)

☐ Create abstract class

Base persistent class: Browse...

☑ Java Data Access Object (DAO) (Hibernate 3 only)

☑ Generate precise findBy methods

DAO type: ○ Basic DAO ◉ Spring DAO ○ JNDI DAO

Spring config file: src/applicationContext.xml

SessionFactory Id: sessionFactory - (src/applicationContext.xml)

☐ Use custom templates

Template directory: Browse...

<上一步(B) 下一步(N)> 完成(F) 取消

图 8-55 Hibernate Reverse Engineering 窗口

(5) Java Data Object：为映射文件和表格生成对应的数据对象(POJO)。

(6) Create abstract class：为每个数据对象生成一个抽象的父类，这个抽象类将在以后的重新生成过程中被覆盖掉，但对应的子类将不会被覆盖。

(7) Base persistence class：如果需要，输入输出的 POJO 所要继承的父类的完整名字。

(8) Java Data Access Object：生成便于访问映射后的类和表格的数据访问对象，用户可以在 BASIC、Spring 和 JNDI DAO 中选择一种。

(9) Generate precise findBy methods：为映射类中的每个属性生成一个 findBy 方法，例如，findByFirstName("name")。

(10) Use custom templates：覆盖 MyEclipse 的内部 velocity 模板为自己的版本。参考使用模板来更好地调节生成的代码，获取更多信息。

(11) Template directory：包含自定义模板的目录树的根节点。

单击“下一步”按钮，在新窗口的 Id generator 下拉菜单中选择 increment，该参数的含义是：这里定义了持久类实例的唯一主键生成器。其他参数均保留默认，再进入下一步。

系统在完成一系列工作后，在项目资源管理器下，可以看到 SSHLogin 项目的目录结构如图 8-56 所示。

图 8-56 Hibernate 逆向工程的结果

其中：

(1) User. Java 是 MyEclipse 生成的使用面向对象的

Java 语言对数据库表格进行的抽象；

(2) UserDAO. java 封装了一些 MyEclipse 自动生成的对数据库的操作；

(3) User. hbm. xml 是将数据库表格中的字段和 POJO 类的属性进行映射的定义。

这三个文件就是 DAO 层的主要内容。

4. 编写 DAO 接口

选中 UserDao. java，单击右键，选择“重构”|“抽取接口”命令，出现如图 8-57 所示的窗口。

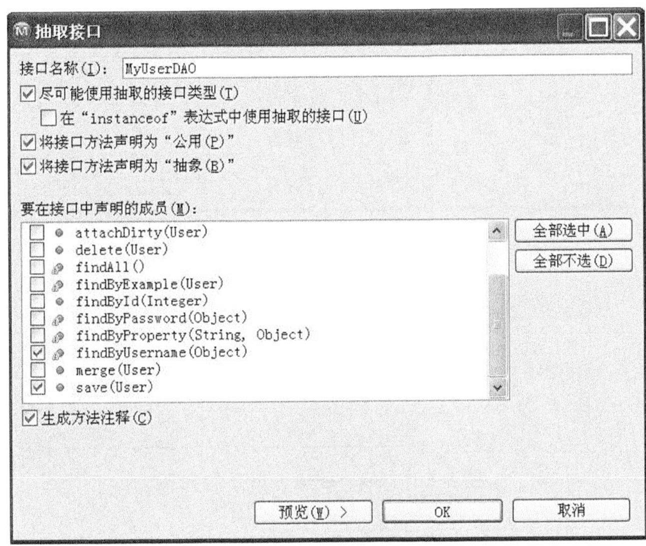

图 8-57　定义接口

其中，接口名称可根据自己的喜好填写，生成的方法(对数据库操作的接口)一般应包含 CRUD(增删改查等)操作，单击 OK 按钮。MyEclipse 将在项目的 hibernate 包下，再生成一个 MyUserDAO. java 文件。

8.5.3　Spring 层的实现

1. 创建 Service 接口

这是提供业务处理的对外接口。在项目目录下，单击右键，选择“新建”|“接口”命令，在弹出的“新建 Java 接口”窗口中，输入包名和接口名，包名就取 spring，如图 8-58 所示。

单击“完成”按钮。

MyEclipse 自动创建并打开 UserService. java 文件，输入如图 8-59 所示的代码并保存。

如果有错，可能是导入的包有错，按快捷键 Shift＋Ctrl＋O，选择导入 hibernate. User 包。

2. 实现 service 接口

实现该接口，提供相应的业务处理。

在项目目录下，单击右键，选择“新建”|“类”命令，在弹出的“新建 Java 类”窗口中，输

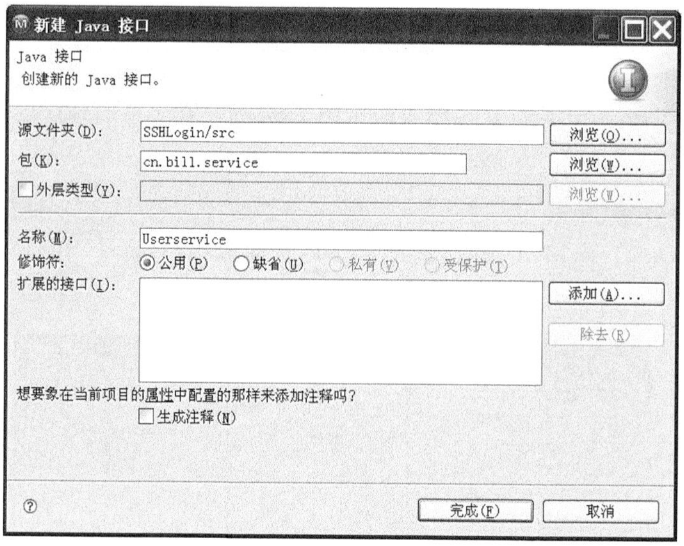

图 8-58 创建接口

```
package spring;
import hibernate.User;
public interface userservice {
    public User getUserByUsername(String username);
    public void addUser(User user);
}
```

图 8-59 UserService.java 的代码

入包名和接口名，并添加要实现的接口。其中包名为 spring，取类名为 Userserviceimpl，属于刚刚创建的那个接口 spring.userservice。其他参数如图 8-60 所示。

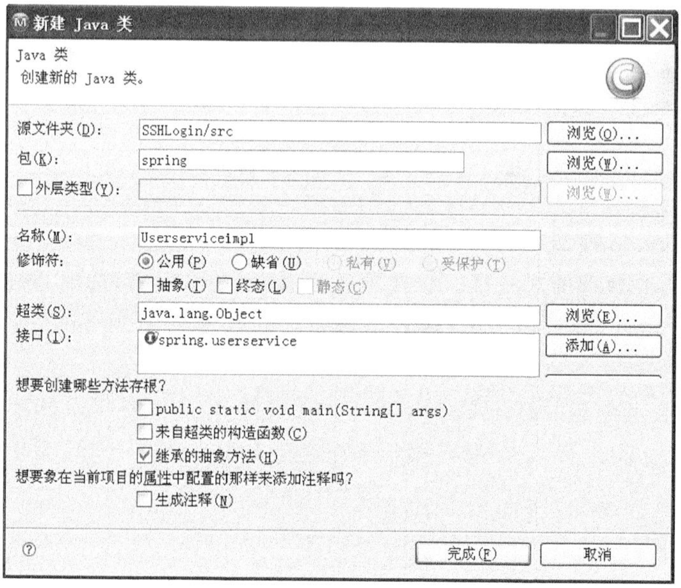

图 8-60 创建类

单击“完成”按钮。

在打开的 Userserviceimpl. java 文件中，按图 8-61 修改代码。

```
Userserviceimpl.java
package spring;

import hibernate.MyUserDAO;
import hibernate.User;
import java.util.List;

public class userserviceImpl implements userservice {
    private MyUserDAO MyUserDAO;
    public MyUserDAO getMyUserDAO() {return MyUserDAO;}
    public void setMyUserDAO(MyUserDAO MyUserDAO) {this.MyUserDAO = MyUserDAO;}

    public void addUser(User user) {}// TODO Auto-generated method stub

    public User getUserByUsername(String username) {// TODO Auto-generated method stub
        User user = null;
        List list = MyUserDAO.findByUsername(username);
            if(list.size()>0) user = (User)list.get(0);
            return user;
    }
}
```

图 8-61　Userserviceimpl. java 代码

修改 applicationContext. xml，在文件最后添加如下代码。

```
        <!-- Spring层 Service配置 -->
    <bean id="Userservice" class="spring.userserviceImpl">
    <property name="myUserDAO">
    <ref bean="UserDAO" />
    </property>
    </bean>
</beans>
```

8.5.4 Struts 层的实现

Struts 的部分在 8.3 节已经做过练习，基于 SSH 架构的 Struts 部分，将大部分复用单纯基于 Struts 的登录部分，过程也完全相同，只有部分 Action 代码不同。不同之处将在后面分析。

1. 导入 8.3.3 节的两个 JSP 文件

将 8.3.3 节使用过的 UserLoginFailure. jsp、UserLoginSuccess. jsp 两个文件导入项目中，导入方法是：右击 SSHLogin 项目的 Web-root 包，选择“导入”|“文件系统”|“下一步”命令，在窗口的目录选择中，找到保存该文件的目录，例如，C:\Program Files\Apache Software Foundation\Tomcat 7.0\webapps\Login。在右边窗口中选择上述两个文件，导入到本项目的 Web-root 包下，作为本项目的输入登录成功或失败的 JSP 显示文件。单击“完成”按钮。注意导入的位置不要错，否则以后无法运行。

2. 创建 UserLoginForm、UserLoginAction 和 UserLogin. jsp 文件

在 Struts-config. xml 文件的 Design 模式的空白处，单击右键，选择 New 命令，再选择创建表格、动作和 JSP，进入创建窗口，填写 Use case 为 UserLogin。在 Form properties 中添加 username 和 password 两项，打开 Methods 选项卡，去掉所有选中，打开 JSP 选项卡，选择生成 jsp，如图 8-62 所示。

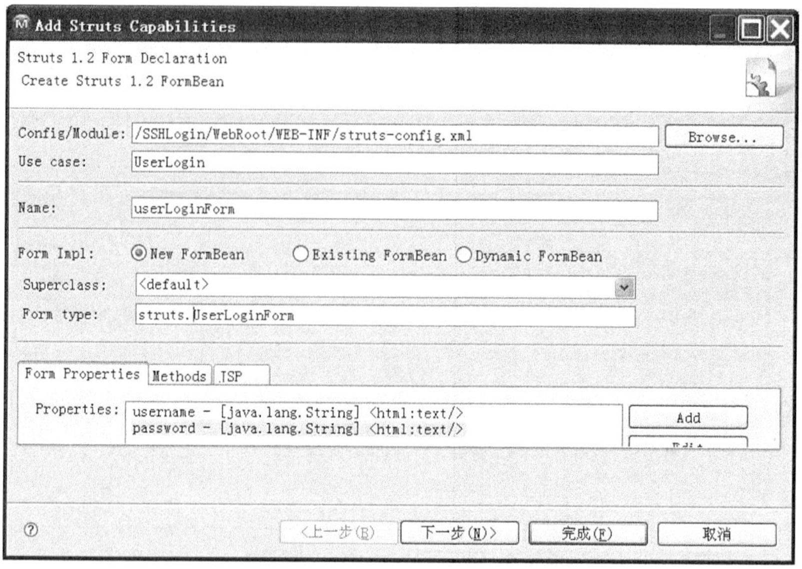

图 8-62　创建 UserLogin form

在"下一步"窗口中，在 Input source 栏，选中刚刚生成的 UserLogin. jsp，打开 Methods 选项卡，去掉所有选中。打开 Forwards，添加成功或失败的导向，为 success 选择刚刚导入的 UserLoginSuccess. jsp 文件，fail 指向 UserLoginFailure. jsp 文件。单击"完成"按钮，结果如图 8-63 所示。

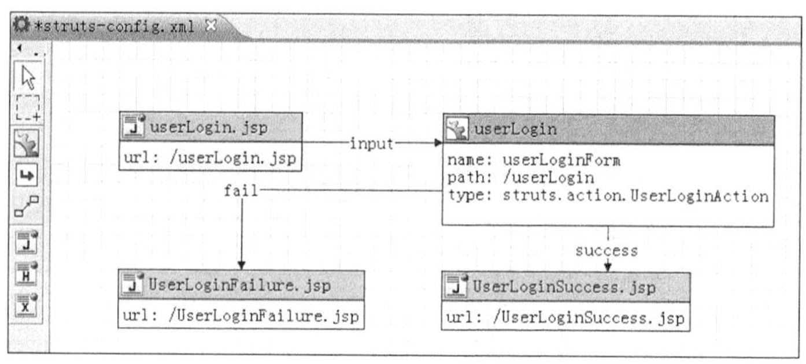

图 8-63　创建完成 UserLogin form 和 UserLogin. jsp

这里"顺便"也生成了 UserLogin. jsp。如果像处理 UserLoginSuccess. jsp 文件和 UserLoginFailure. jsp 文件一样，直接从 Login 项目中复制过来也可以，得到的 UserLogin. jsp 结果完全一样(其中 password 域统一取为 text 或 password)。这时就不要选中生成 jsp 了。

3. 修改 UserLoginAction. java 代码

要修改的代码如下。

导入的部分：

```
package struts;

import hibernate.User;
import javax.servlet.http.HttpServletRequest;
import javax.servlet.http.HttpServletResponse;
import org.apache.struts.action.ActionForm;
import org.apache.struts.action.ActionForward;
import org.apache.struts.action.ActionMapping;
import org.springframework.web.struts.ActionSupport;
import spring.userservice;
```

代码部分：

```
public class UserLoginAction extends ActionSupport {
        public ActionForward execute(ActionMapping mapping,
ActionForm form,
        HttpServletRequest request, HttpServletResponse response) {
        UserLoginForm userloginForm = (UserLoginForm) form;
        ActionForward forward = mapping.getInputForward();
        String username = userloginForm.getUsername();
        String password = userloginForm.getPassword();

        userservice service =
(userservice)getWebApplicationContext().getBean("Userservice");

        User userFromDB = service.getUserByUsername(username);
        if(userFromDB!=null){
           if(password.equals(userFromDB.getPassword()))
        forward = mapping.findForward("success");
           else
        forward = mapping.findForward("fail");
          }
        return forward;
        }
        }
```

如果有错误，可能是有些包没有导入，按下快捷键 Shift＋Ctrl＋O，或直接用 import 语句，加入需要导入的包。

8.5.5 运行 SSHLogin 系统

1. 配置并启动服务器

单击 MyEclipse 菜单栏的"服务器"图标右侧的下拉箭头，选择添加服务器，如图 8-64 所示。然后启动运行 Tomcat 服务器。显示运行成功。注意：选择的服务器和启动的服务器必须一致。

2. 运行

在 IE 中输入地址"http://localhost:8080/SSHLogin/userLogin.jsp"，则得到如图 8-65 所示的运行结果。这个界面与 8.3.3 节的用户界面是一模一样的。

在 8.3.3 节建立数据库 user 表记录时，输入的用户名及密码为 zhjh 和 123。照此输入，若成功则转到成功的提示页面，否则会出现失败的页面。现在的情况如何？

抛出很多错误？请按照上述流程再仔细检查一遍，特别是有些参数的输入，请在理解含义的基础上再做调整，否则，还是请严格"照抄不误"为好。

再简单测试一下所实现的登录功能。用 SQLyog 再添加两条记录，如图 8-66 所示。

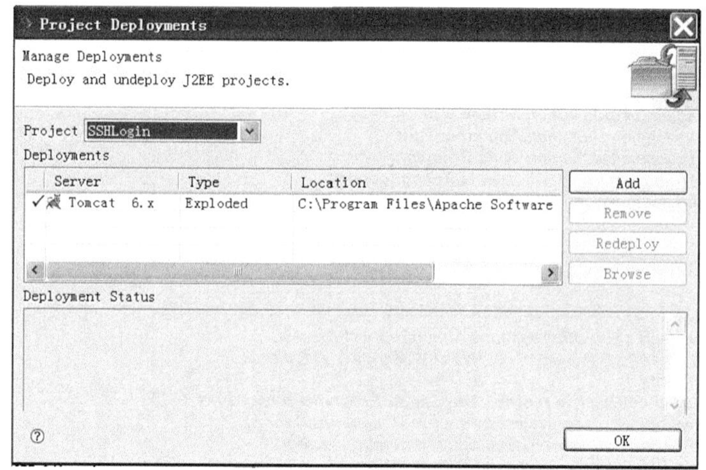

图 8-64 配置服务器

http://localhost:8080/SSHLogin/userLogin.jsp
收藏夹
JSP for UserLoginForm form
username:
password:
Submit Cancel

图 8-65 登录页面

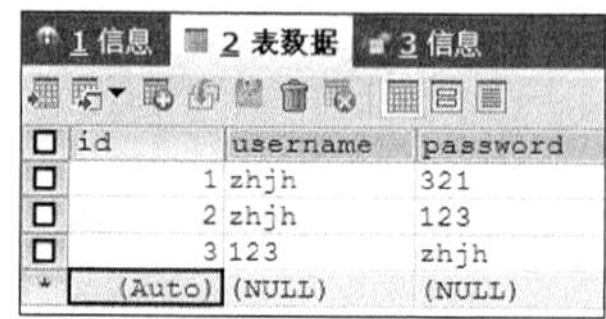

id	username	password
1	zhjh	321
2	zhjh	123
3	123	zhjh
(Auto)	(NULL)	(NULL)

图 8-66 添加用户名和密码

在登录页面测试：zhjh/321 是对的，zhjh/123 是错的，123/zhjh 是对的，其他都是错的。因为设定 username 为主键，当出现两个 zhjh 时，数据库只认前一个，所以，zhjh/123 的查询结果是错的，相反，123/zhjh 倒是对的。

至此，基于 SSH 架构的登录系统就完成了。

8.5.6 SSHLogin 系统各层的实现与分析

与基于 MFC 的登录系统和基于 Struts 架构的登录系统相比，基于 SSH 架构的登录系统在功能上与上述两个系统完全一样，但复杂度要高很多(当然，这么复杂的架构，仅仅为了实现登录，是没有必要的)。

从架构师的角度看，与前两个架构的系统相比，SSH 架构多了些什么？有什么意义和价值？

1. 表示层的实现与分析

SSH 架构的表示层(View)，是通过 JSP 页面来实现的。在表示层中，首先通过 JSP 页面，实现与用户界面的交互。在这一层面，基于 SSH 架构的登录系统与单纯基于 Struts 的系统没有什么变化，甚至可以直接将 8.3.3 节创建的 UserLogin.jsp、

UserLoginSuccess. jsp 和 UserLoginFailure. jsp 三个 JSP 文件复制过来。

2. Struts 层的实现与分析

在登录系统时，首先在 IE 浏览器中输入“http://localhost:8080/SSHLogin/userLogin.jsp”，引导出 UserLogin. jsp 页面，它负责接收用户的输入（username 和 password），并将请求传送给容器 Tomcat。Tomcat 容器像处理其他 JSP 文件一样，处理这个 JSP 文件。当单击“提交”按钮后，浏览器将该表格的内容作为一个 HTTP 请求，发送给 Web 容器所在的 Web 服务器。在服务器上，Web 容器 Tomcat 明白该请求的 Struts Action Servlet 的注册地址。因此，该请求会被转发给 ActionServlet。ActionServlet 然后根据配置文件（struts-config. xml），将接收到的请求（ *. do）委派给相应的 ActionForm。ActionForm 的 Bean 与 JSP 页面携手，将 JSP 用户的输入（username 和 password）提交到 Bean，然后转交 Action 处理。在 8. 3. 3 节的例子中，UserLoginAction 会自己亲自检验用户输入的合法性（如用户名和密码是否是 zhjh 和 123），然后根据处理结果跳转到 Forword 对象指定的 UserLoginSuccess. jsp 和 UserLoginFailure. jsp 响应页面。

用户请求页面 JSP、容器 Servlet、ActionForm、Action、Struts-config. xml 的一系列“配套”组合，都是由 JBuilder 的 Struts 扩展向导自动生成的，当在 8. 3. 3 节的第 3 步或 8. 5. 4 节的第 2 步：创建 ActionForm 的时候，Struts 就自动生成了相应的、配套的上述文件，包括通过 Struts-config. xml 定义了所有文件之间的连接关系。

SSH 架构的登录系统在 Struts 层的实现，从形式到内容，与在 8. 3. 3 节中实现的内容，几乎完全一样。仔细核对一下：三个 JSP 文件、一个 ActionForm. java 文件是一模一样的；容器 Servlet 和 Struts-config. xml 的导向作用是一模一样的。唯一不同的是 Action. java。

在 8. 3. 3 节第 4 步和 8. 5. 4 节的第 3 步，都需要修改一段 Action 程序：UserLoginAction. class。两个 Action 程序的核心业务逻辑处理方式是不一样的。

以下是纯 Struts 架构的 UserLoginAction 处理代码。

```
public ActionForward execute(ActionMapping mapping, ActionForm form,
HttpServletRequest request, HttpServletResponse response) {
UserLoginForm userLoginForm = (UserLoginForm) form;// TODO Auto-generated
method stub

//简单判断用户名是否为zhjh，密码是否为123
if(userLoginForm.getUsername().equals("zhjh")&&userLoginForm.getPassword().equal
s("123") ){ //如果皆相同，则认为通过，设置userName属性，在
//userLoginSuccess.jsp中使用
  request.setAttribute("username", userLoginForm.getUsername()); //跳转到成功
//页面
  return mapping.findForward("success");
}
{ request.setAttribute("username", userLoginForm.getUsername()); // 跳转到错误
//页面
 return mapping.findForward("fail");
 }
}
}
```

以下则是 SSH 架构的 UserLoginAction 处理代码。

```
public class UserLoginAction extends ActionSupport {
public ActionForward execute(ActionMapping mapping, ActionForm form,
HttpServletRequest request, HttpServletResponse response) {
UserLoginForm userloginForm = (UserLoginForm) form;

ActionForward forward = mapping.getInputForward();
String username = userloginForm.getUsername();
String password = userloginForm.getPassword();

userservice service = (userservice)getWebApplicationContext().getBean("Userservice");

User userFromDB = service.getUserByUsername(username);
if(userFromDB!=null){
    if(password.equals(userFromDB.getPassword()))
            forward = mapping.findForward("success");
  else
            forward = mapping.findForward("fail");
 }
return forward;
}
}
```

比较这两段代码可以发现，首先，Action 使用标准的 execute 方法，实现从表单中提取 ActionForm 参数 user。语句 UserLoginForm userloginForm =（UserLoginForm）form 之前，两者的处理动作都是一样的，这也是 Struts 自动生成的代码。但从该语句之后，是对 user 的操作，就不一样了。

原来在 Action 类中编写的那段检查用户名和密码的代码到哪里去了？

在单纯用 Struts 完成的登录系统中，用户名和密码的检查，由 Action 自己"亲自"完成，在 SSH 例子中，Action 通过接口 userservice 访问数据库、来获得指定用户名和密码，然后，再将从数据库获得的用户名与密码，与用户输入的用户名和密码进行比对检查。而不是在代码文件中，直接给出"特定的"用户名和密码，进行"硬检查"。

看上去这是一点小小的变化，实际上，在纯 Struts 架构中，Action 是整个 Struts 机制业务逻辑处理的核心，所有业务逻辑都在 Action 中实现。但在 SSH 架构下，通过引入接口，实际上 Action 的作用被大大地淡化了，很多工作被"转出去"了。如本例，仍然在 Action 中检查用户输入与数据库值的做法，也仅仅是为了案例简单一点的做法。

接口是 Struts 向 SSH 转变的"起点"，在架构设计上看，通过业务代码统一实现 Service 接口，使得只需要相对固定的几个 Struts Action 类调用 Service 层的方法，便可以完成工作。包括 JSON 格式输出、XML 输出及 WebService 输出均调用 Service 层方法来完成功能。这样便实现了业务代码的分离，以及与前端框架的极大解耦。

实际上，从架构角度看，在 Action 组件中，新增的 service 接口，引出了 SSH 架构的 Spring 和 Hibernate 两个新的层，产生了极大的扩展。与原架构相比，Action 中接口的引入，是单纯 Struts 架构的"旧模式"向 SSH 架构新模式转变的增长点。也好比是 SSH"新枝"在 Action 点上，对 Struts"旧树"进行了"嫁接"。自此，SSH 的 Spring 和 Hibernate 就在 Struts 的"桩"上自由生长了。搞清楚了这一点，就从架构的角度搞清楚了 Struts 与 SSH 的关系，而不会陷到 Spring 和 Hibernate 的角色中。

3. Hibernate 层（DAO 层）的实现与分析

在对 SSH 架构业务逻辑进行描述和分析，介绍完表示层和 Struts 的作用后，接着应该开始介绍 Spring 层，然后再介绍 Hibernate 层。但是，回顾一下本节开始的 SSH 登录系统代码实现过程，感觉正好相反。实际上，先搞明白 Hibernate 层，再看 Spring 层，似乎更方便一些，所以这里还是先从 Hibernate 开始。

在 8.5.2 节中，分 4 步实现了 Hibernate 层，具体的工作如下。

（1）向数据库中添加表并添加数据记录：表名 user，用户名 zhjh，密码 321。

（2）连接数据库，为下一步逆向工程做准备。

（3）完成 Hibernate 的逆向工程，实现 user 表从关系数据库到对象的映射：产生了 User. Java（MyEclipse 生成的使用面向对象的 Java 语言对数据库表格进行的抽象）、UserDAO. java（封装了一些 MyEclipse 自动生成的对数据库的操作）、User. hbm. xml（将数据库表格中的字段和 POJO 类的属性进行映射的定义）。

（4）编写 DAO 接口：再生成一个 MyUserDAO. java 文件，实现对数据库操作接口的方法，包含 CRUD(增删改查等)操作等。

从架构师的角度看，Hibernate 层(DAO 层)的作用比较简单，它是为 Service 层服务的数据库接口。Service 层将调用 Hibernate 层的数据库访问接口 MyUserDAO。依赖于 Hibernate 的对象化映射，Hibernate 层处理来自 Service 层的 DAO 请求，并返回处理结果，实现对数据库的操作。

在本案例中，MyUserDAO 最主要实现的方法是：

```
public abstract List findByUsername(Object username);
```

该方法将在业务逻辑层的 Service 接口实现中被调用，实际上，在 Spring 框架中，数据访问类可以从辅助类 HibernateDaoSupport 继承，这极大地方便了 Hibernate 框架在 Spring 中的使用。

4. 业务逻辑层(Service)的实现与分析

业务逻辑层由 Spring 框架支持，它提供了处理业务逻辑的服务组件。

在使用 Service 层之前，开发者需要对业务对象建模，抽象出业务模型并封装在 Model 组件中。这正是上一步 Hibernate 层所做的工作，也是需要先介绍 Hibernate 层的理由。由于数据持久层实现了 Java 持久化类并且封装了数据访问对象(DAO)，因此可以在 Service 层中方便地调用 DAO 组件来存取数据。

本案例在 Service 层都做了什么？实际上只做了一件事，就是创建 Service 接口并实现它。

（1）创建接口 UserService，其中最主要的是：

```
public User getUserByUsername(String  username);
```

（2）实现接口 UserServiceImplementation：

```
public User getUserByUsername(String  username) {//
TODO Auto-generated  method stub
User user = null;
List list = MyUserDAO.findByUsername(username);
if(list.size()>0)  user = (User)list.get(0);
return user;
}
```

在接口实现中，最主要的是实现了接口定义的 getUserByUsername，实现方法是调用在 Hibernate 层定义的接口 MyUserDAO. findByUsername，而本接口 getUserByUsername 又是为 Struts Action 所调用的。

8.5.7 SSHLogin 系统逻辑架构的总结

在分析和总结 SSHLogin 架构之前，先把架构整理一下。设计并保持良好的架构，是一个良好的习惯。全部代码生成完成之后，不论设置时是否准确，将架构再整理一下，很有必要。

1. 开发架构

完成的 SSHLogin 项目的开发架构如图 8-67 所示。

图 8-67 SSHLogin 项目开发架构

因为代码程序很少，这里只划分了三个包，没有再细分。如果需要，还可以再进行细分。如果生成的代码文件不在预定的包下，可以将该文件移到相应包下，MyEclipse 会自动修改因某一文件移动，导致涉及其他文件的整理。

2. 逻辑(类)架构

在 MyEclipse 的 SSHLogin 项目 src 包上，单击右键，选择“打开(Java)类型层次结构”命令，就得到如图 8-68 所示的 SSHLogin 项目类图。左边是类结构，右边是选中类的方法(为显示简洁，屏蔽掉了静态字段和方法)。

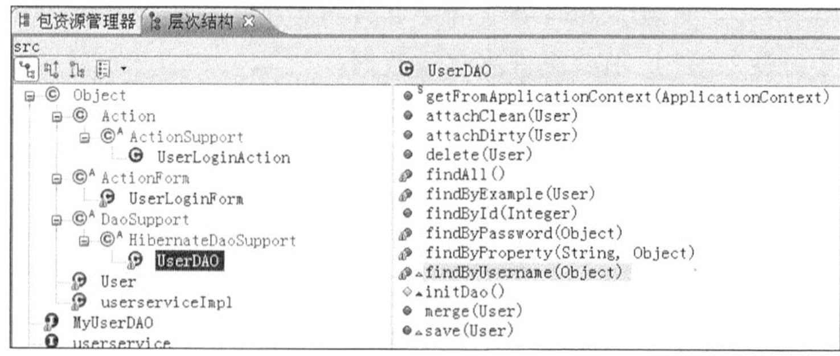

图 8-68 SSHLogin 系统的 Java 类结构图

很遗憾，MyEclipse 只能画出这样的类层次结构图，其他外挂的插件，如 turfun Kant 的逆向工程工具，也只能画出一个包下面两个类之间的继承或关联关系。

在图 8-68 中可以看到，Object 是所有类的父类，在其下，Struts 框架本身提供了

Action 和 ActionForm 类，Hibernate 框架提供了 DaoSupport 类，SSHLogin 系统继承并创建了 UserLoginForm、UserLoginAction、UserDao、User 和 userserviceImpl 5 个类，并有 MyUserDAO 和 userservice 两个接口。

3. SSHLogin 系统逻辑架构各层的调用关系

在图 8-68 中，选中某一方法，如 findByUsername(Object)，单击右键，选择“打开调用层次结构”命令，得到如图 8-69 所示的结果。

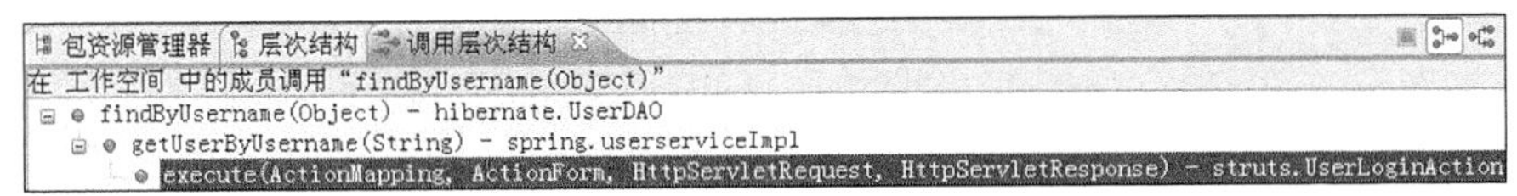

图 8-69　SSH 架构登录系统的各层及其调用关系

在图中可以看到：Struts 层的 UserLoginAction → Spring 层的 userservice → Hibernate 层的 userDAO 之间是从上到下(图中是倒着的，因为是自下向上继承关系)的调用关系。

在上述调用关系图中，并没有看到接口的身影，接口发挥了重要的作用，但作为逻辑功能，只好“隐身”幕后了。

考虑接口的参与，实际上，自顶向下：StrutsUserLoginAction 调用 Spring 接口 userservice，userservice 接口的实现类 userserviceImpl 调用 Hibernate 接口 MyUserDAO，MyUserDAO 接口的实现类 UserDAO 通过 findByUsername 方法，实现了对数据库对象 username 的访问。

4. SSHLogin 系统的逻辑架构图

图 8-70 是“手工绘制”的基于 SSH 架构登录系统的逻辑架构图，图 8-14 是单纯基于 Struts 的登录系统的逻辑架构，显然，图 8-14 是图 8-70 局部图。

5. 基于 SSH 架构的 SSHLogin 系统总结与探讨

从架构师的角度看 SSHLogin 系统架构，什么是组件(模块)，什么是组件之间的连接，什么是它们之间的连接关系，已经比较清楚了。

图 8-70 中，每一个“框”就是一个组件、模块，或称为“架构单元”。尽管构成这些组件的元素各异，有的是 JSP，有的是容器，有的是 Java 类，甚至还包括数据库本身。但每一个组件明确地构成了一个独立的系统架构单元。在这个单元中，具有自己完整的功能、自己的内部数据、有与外部的接口、有输入和输出。这不正是 5.1.2 节介绍的，模块构成的 4 个属性(条件)吗？从这个案例中，同学们第一次真实地看到了一个实实在在的、可运行的，而不仅仅是逻辑描述的系统架构构成，就好像通过 X 光机，看见了一个活人的、真实的骨骼和器官。

如果说以 Servlet 为中心看 Struts 架构，可以把它看成是星状结构，以 Servlet 为枢纽，连接了很多 JSP 和 Action，并把它们通过 Struts-config. xml 定义，关联起来。而 SSH 架构，则是从某个(可以是多个，由于 SSHLogin 系统太小了，只有 UserLoginAction 一个)Action 向下(假定数据库层为最底层)，扩展出多层架构。即扩展出了 Spring 和

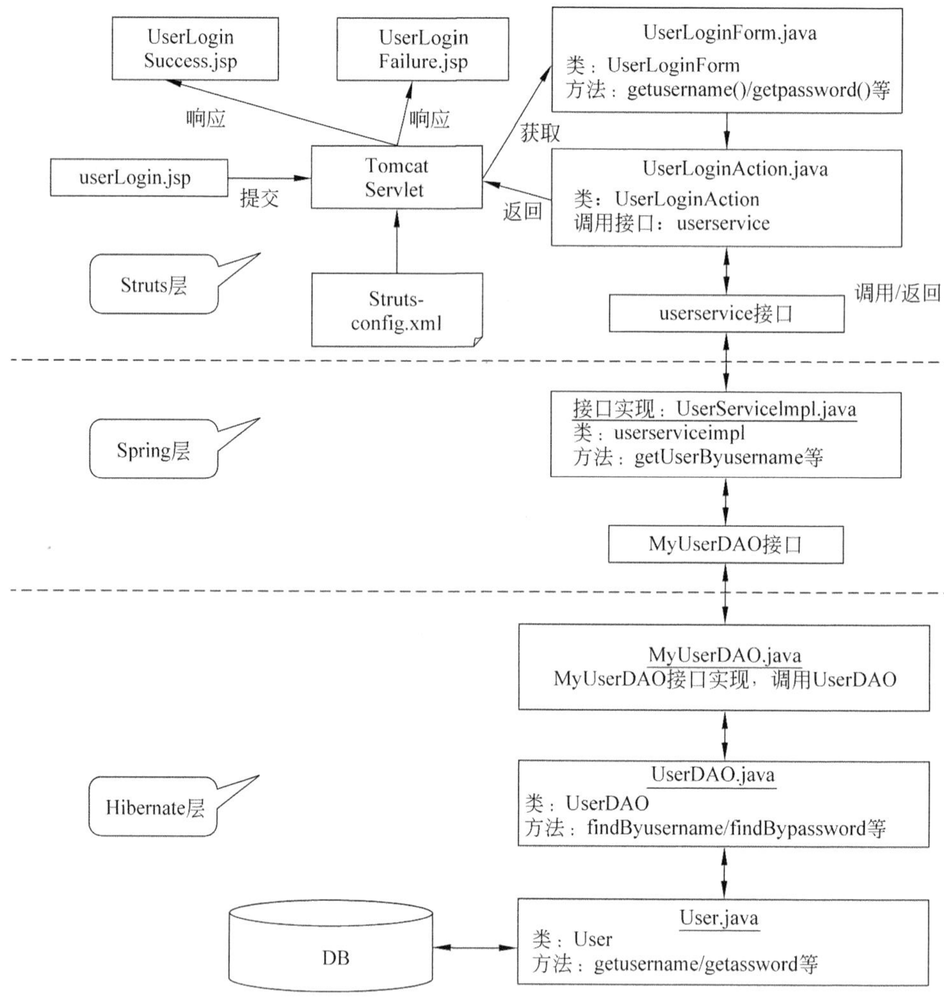

图 8-70　SSH 架构登录系统的逻辑架构(类关系)图

Hibernate 层。这就是我们看到的 SSHLogin 架构。

更细一点,可以看到每个单元之间是怎么联系的,它们之间的关联关系(协议)是什么? JSP 是如何与 Web 服务器、Tomcat、Servlet 联系,Servlet 又是如何与 UserForm,以及 UserForm 如何与 UserAction 联手,获取 JSP 的表单和对象的。UserAction 如何开始通过调用 Spring 接口(本质上是通过 Spring 接口类),Spring 接口类如何调用 UserDAO、UserDAO 调用 User 类,最终实现数据库的服务(而不需要在 Action 中编写 SQL 代码)的。

这些连接方式和连接关系的设计和实现,属于架构设计的详细设计部分,将在第 9 章中有所介绍。架构师在系统架构概要设计阶段,应该知道它们是什么,但可以暂时不用管它。即在架构设计的时候,不用考虑这些既定模块靠什么连接、如何连接,接口定义是什么,谁调用了哪些方法等。在架构设计的详细设计阶段再去考虑,甚至不需考虑。因为 SSH 架构是一种标准框架,编码工程师必须也只能按既定的方式实现接口和连接。

所以,从这个意义上讲,OOD 没有很严格的概要设计和详细设计之分(详细设计被简化)。

架构师要知道的,是 SSH 架构中有哪些层、哪些组件,各发挥什么作用,这样的安排是否必要和合适。

例如,仅作为登录系统,完全看不出需要采用这么复杂的 SSH 架构,这样的复杂架构给系统的实现,带来什么好处? 如果不是为了学习和练习,显然是没有必要的。

至少,在 SSH 架构的登录系统中,与 Struts 层和 Hibernate 层相比,似乎 Spring 层并没有什么太大的作用。或者说,Spring 的作用,在 SSHLogin 中并没有得到体现。

另一方面,在设计系统架构的子系统时,有关业务逻辑划分是否合理,是架构师要认真考虑的地方。在本案例的 UserLoginAction 中,为什么要用:

```
userFormDB=
service.getUserByUsername(username);
```

以及

```
userFromDB.getPassword()
```

两次访问数据库。在这个小系统中,多访问一次数据库所带来的开销当然可以不计。但在大型企业级应用中,将一次访问变为两次,则会使系统负载增加至少一倍,并带来更大的系统风险(考虑事务处理的完整性)。所以,只用一次可不可以呢?

又如,为什么要在 UserLoginAction 中对用户名和密码进行检查,在其他地方可不可以? 可以安排在什么地方,使得业务逻辑的安排和组合更合理,模块的内聚更强,外部耦合更松,理解更容易,测试和维护更简单?

本节只简单解剖了 SSHLogin 这只最小的"麻雀",显然,还回答不了上述问题。就好像刚刚出生的婴儿,虽然已经具备了成人绝大部分的脑细胞,但这些脑细胞的作用,还需要在以后的成长中进行二次开发。

在初步了解了 SSH 架构组成的基础上,8.6 节将通过解剖一个真实和功能完整,但却是基于 Struts+Hibernate 架构的应用系统,并在原有系统基础上进行二次开发,扩展为 SHH 架构,来考察 SSH 架构各层在实际应用中的真实作用,特别是 Spring 层的作用,以及架构师在采用这样的架构模式进行系统设计的时候,如何发挥这种架构的作用和优点,规避它的缺点。

8.6 医药管理系统分析与 SSH 架构二次开发

8.6.1 医药管理系统的业务背景与需求

本节讨论的项目案例,来自明日科技《Java 项目开发案例全程实录》(清华大学出版社 2011)的第 8 章"医药管理系统"。本节讨论不含任何针对原作者工作的评价之意,仅作案例学习之目的。以下的二次开发方案与实现,也是由一组同学完成的,因此,方案是否合理,实现是否完美,完全可以讨论,绝对不是"标准答案"。实际上,任何方案本身也不存在唯一正确的标准答案。

原系统是基于 Struts+Hibernate+MySQL 架构的，在本节中，将在分析该架构的基础上，针对“添加系统权限管理”功能这一新需求，考虑将原 SH 架构扩展为 SSH 架构，并重点分析新增加的 Spring 层在系统架构中的作用。

1. 医药管理系统的业务背景

某医药超市为某小区居民提供药品服务，多年来本着经济、实惠、高质量的服务宗旨，赢得了小区居民的信赖。由于经营有方，该超市的药品供应量很大。面对每天庞大的信息量，药店经常出现统计错误、药品供应不足的情况。为了改变这一局面，药店决定使用一套合理、经济、实用的药店管理系统，对药品超市进行计算机管理。

项目团队受药店委托，负责开发一套药店的医药管理系统，其目的是帮助药店实现日常药品进、销、存的系统化、综合化、计算机化管理。

2. 医药管理系统的开发环境与运行平台

项目开发环境与运行平台如下。

(1) 操作系统：Windows XP Professional。

(2) 数据库：MySQL 5.0 及以上。

(3) 开发环境：MyEclipse 7.5、JDK 7.0、Tomcat 7.0。

(4) 分辨率：最佳效果 1024×778。

(5) 系统架构框架：Struts 1.x+Hibernate+MySQL。

3. 医药管理系统的功能与性能需求描述

1) 功能需求描述

系统提供以下功能点。

(1) 提供对药品信息的分类管理，包括：对药品库药品及药品信息的增、删、改、查。

(2) 提供对药品信息的各种查询功能，包括：条件查询、模糊查询。

(3) 提供对药品信息的各种统计功能，包括：日、周、旬、月和年度统计和按药品的分类统计。

(4) 提供对药品进货需求和实际库存情况的管理，包括：需求管理、进货管理和库存情况盘点的管理。

(5) 提供对药品销售情况的管理，包括：销售处理、明细查询、统计、排序。

(6) 提供对药店管理系统本身的管理，包括：密码管理、系统信息管理等。

功能需求结构如图 8-71 所示。

2) 性能需求描述

系统应具有以下性能特性。

(1) 应考虑药品销售的交易完整性和并发性；

(2) 具有较完善的可管理性，能有效提高药店的工作和管理效率；

(3) 具有良好的系统响应性能和处理效率，具有很好的系统稳定性；

(4) 具有友好的用户界面，易于药店一般人员操作；

(5) 具有较高的可维护性；

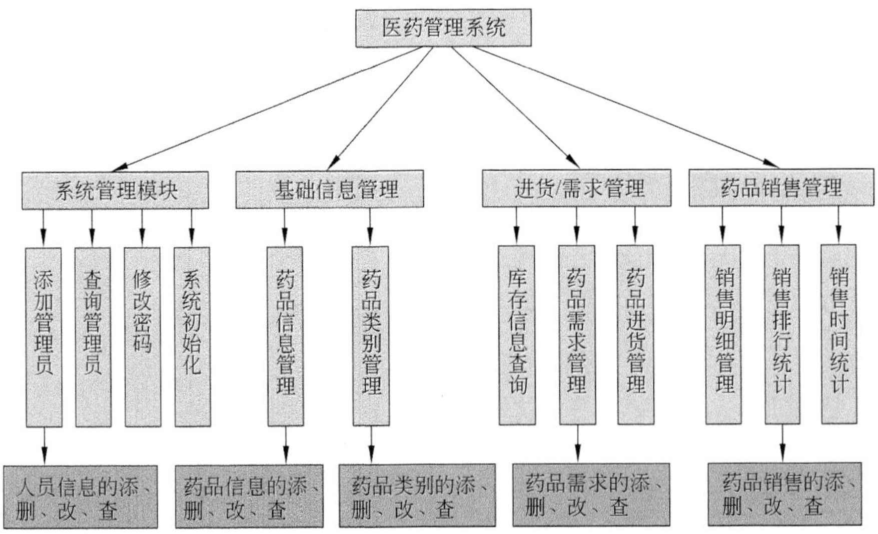

图 8-71 医药管理系统功能结构图

(6) 采用成熟技术开发,系统具有较高的可扩展性,以获得较长的生命周期;

(7) 系统具有适当的安全可靠性,包括:系统安全防范和数据安全性。

3) 其他需求描述

此部分为作者所加,目的是为学生在此基础上进行二次开发,提供新需求。

(1) 由于本药店暂未纳入医保卡使用单位,故未考虑验证医保卡功能,系统应考虑此接口,使得在本店获得医保授权后,很容易实现医保卡的验证;

(2) 可支持电子支付;

(3) 由于开发周期的限制,目前系统没有考虑与药品采购网的联网采购功能,但系统设计应考虑未来添加此功能(包括在线支付)时,可易于扩展实现。

(4) 系统应考虑支持上级医药管理和工商、税务等部门的现场或联网检查要求;

(5) 在必要的时候,扩展系统的用户信息库,实现 CRM 管理;

(6) 可考虑增加供应商管理;

(7) 由于考虑成本因素,系统数据库目前采用开源的 MySQL,但应可以支持未来改用微软的 SQL 2008 或更高版本的数据库系统;

(8) 目前系统未考虑数据备份和恢复功能,以后可添加。

4. 医药管理系统的需求树定义(基于 Caliber2008)

需求分析完成后(需求过程略),项目团队采用 Caliber2008 工具,描述的需求树如图 8-72 和图 8-73 所示。

为了便于理解和分析,图 8-72 和图 8-73 中,已经标出了相应需求点实现的类文件,甚至类的实现方法。这只是为了便于系统开发完成后,进行测试和需求追踪管理的需要。在需求阶段产生的需求文档中,这些内容显然是不存在的。作为系统开发完成后的需求文档,补充与实现有关的信息,对于系统后期的维护,也是十分有必要的一个好习惯。

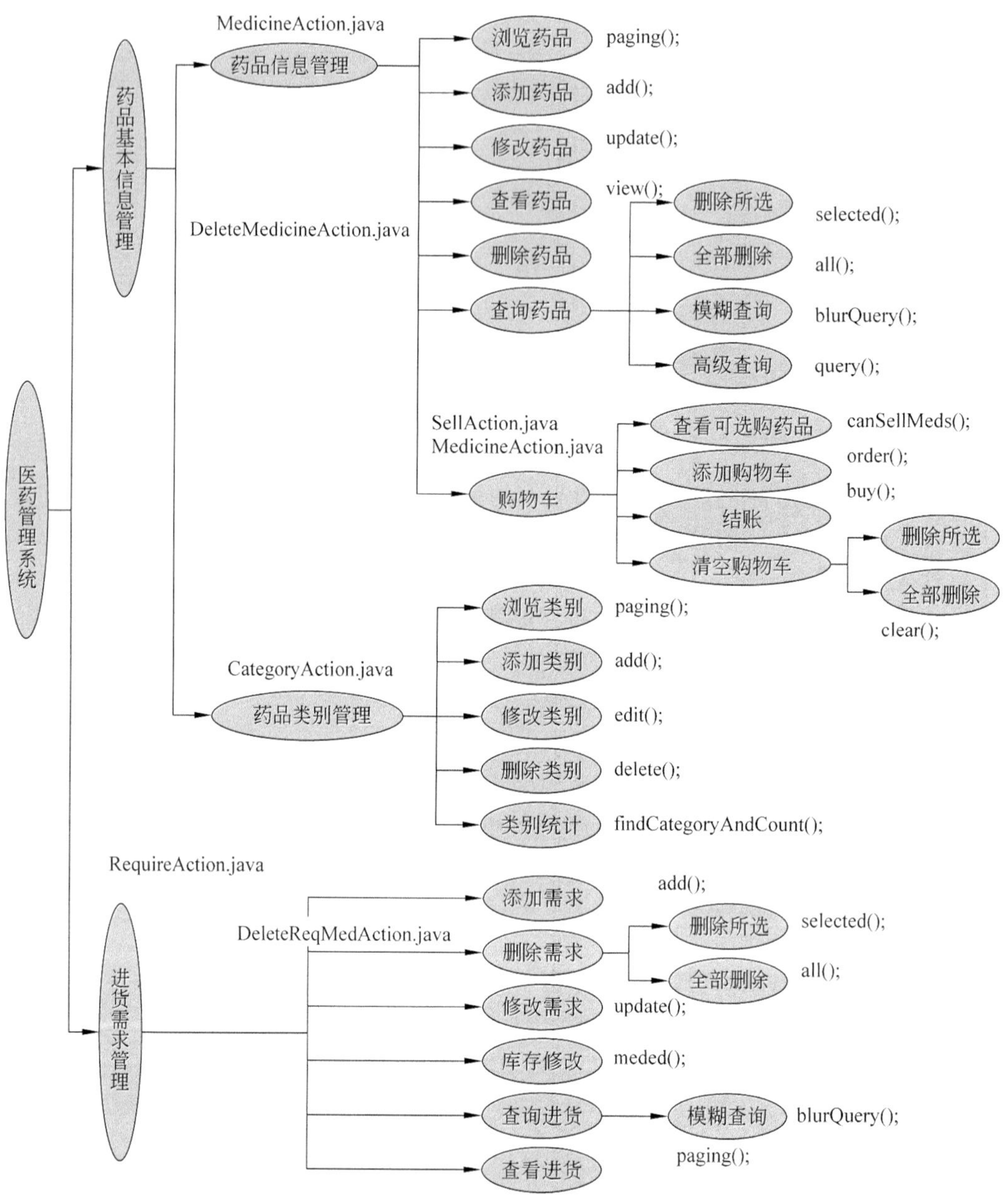

图 8-72　医药管理系统功能结构图 1

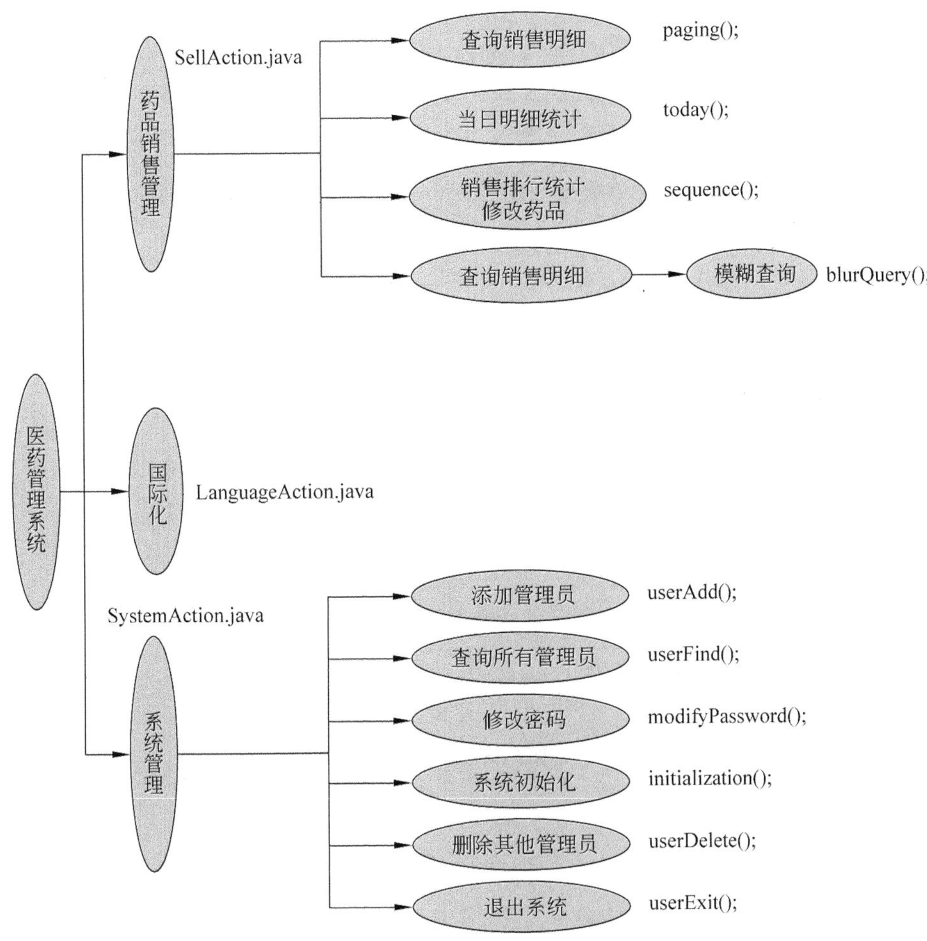

图 8-73　医药管理系统功能结构图 2

8.6.2　医药管理系统的架构分析

1. 医药管理系统的物理架构分析

医药管理系统是一个典型的、基于 Web 的应用系统，其物理架构是：客户端(IE)+服务器端(Web 服务器 Tomcat)。

如果服务器端安装配置正确，在用户 IE 中输入“http://localhost:8080/MedicineManager”，就可以到达系统的登录页面，输入用户名和密码，可进入系统。

2. 医药管理系统的开发架构分析

将医药管理系统导入 MyEclipse 后，可以看到医药管理系统的开发架构如图 8-74 所示。

从 SSHLogin 系统的开发和分析中知道，对于此类应用系统的逻辑架构，不妨可以按照已知的 SH 架构层次，首先将系统分成 S 和 H 两个部分来进行分析。如果需要，再从 SH 两个部分往下继续细分。

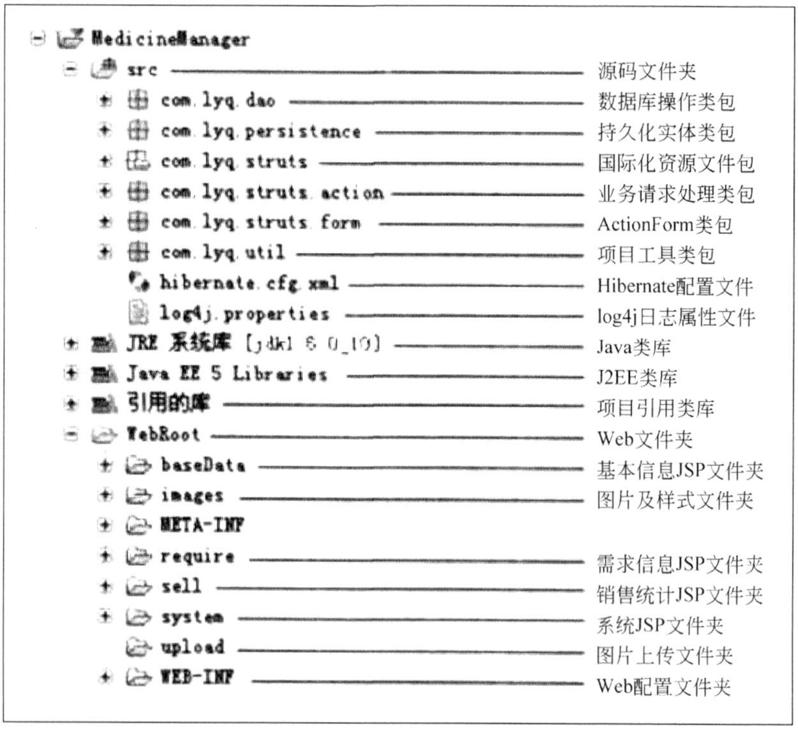

```
MedicineManager
  src ———————————————— 源码文件夹
    com.lyq.dao ———————— 数据库操作类包
    com.lyq.persistence —— 持久化实体类包
    com.lyq.struts ————— 国际化资源文件包
    com.lyq.struts.action —— 业务请求处理类包
    com.lyq.struts.form ——— ActionForm类包
    com.lyq.util ———————— 项目工具类包
    hibernate.cfg.xml ———— Hibernate配置文件
    log4j.properties ———— log4j日志属性文件
  JRE 系统库 [jdk1.6.0_10] —— Java类库
  Java EE 5 Libraries ——— J2EE类库
  引用的库 ——————————— 项目引用类库
  WebRoot ———————————— Web文件夹
    baseData ———————— 基本信息JSP文件夹
    images ————————— 图片及样式文件夹
    META-INF
    require ————————— 需求信息JSP文件夹
    sell ——————————— 销售统计JSP文件夹
    system —————————— 系统JSP文件夹
    upload —————————— 图片上传文件夹
    WEB-INF ————————— Web配置文件夹
```

图 8-74　医药管理系统的开发架构

1）Struts 层

所有的 JSP 文件，根据不同业务功能模块，分别放在 WebRoot 包下面，此类文件共有 31 个，如图 8-75 所示。

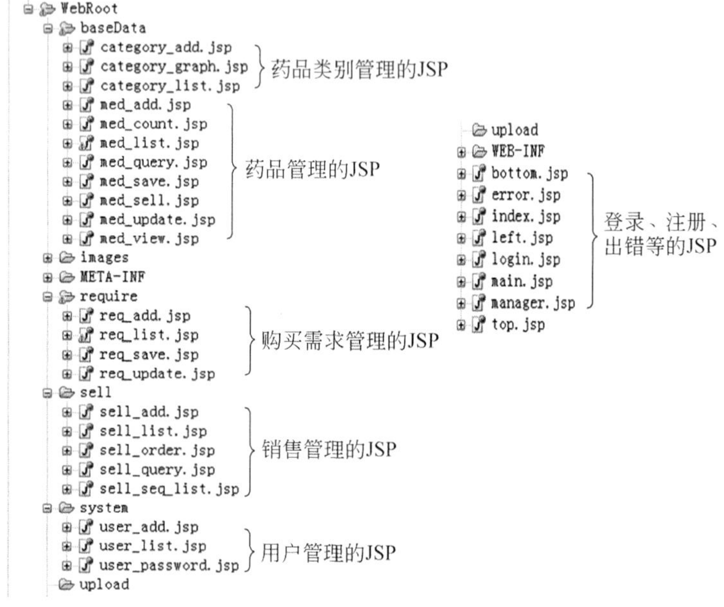

图 8-75　医药管理系统的 31 个 JSP 文件

所有与这些 JSP 对应的 Form 和 Action 的 Java 文件，放在 src 包的 struts form 和 struts action 包下，如图 8-76 所示。

至此，已经清楚了医药管理系统的 Struts 部分的开发架构，JSP 文件共有 31 个，而 Form 文件有 4 个，Action 文件有 11 个。JSP 与 Form/Action 的对应关系，甚至包括 Form 与 Action 的对应关系，即医药管理系统 Struts 部分的逻辑架构，是如何构成如图 8-14 所示那样的结构的，后面将通过分析 Struts-config. xml，进行考察。

除此之外，Struts 架构提供了一些基本的操作，展开 BaseAction. java 文件结构，可以看到如图 8-77 所示的内容。

这是系统业务操作支持类，其方法包括：

(1) 每页记录数；

(2) 本地语言信息；

(3) 国际化消息资源；

```
src
  com.lyq.dao
  com.lyq.persistence
  com.lyq.struts
  com.lyq.struts.action
    BaseAction.java
    CategoryAction.java
    DeleteAction.java
    DeleteMedicineAction.java
    DeleteReqMedAction.java
    LanguageAction.java
    LoginAction.java
    MedicineAction.java
    RequireAction.java
    SellAction.java
    SystemAction.java
  com.lyq.struts.form
    CategoryForm.java
    MedicineForm.java
    SellDetailForm.java
    UserForm.java
  com.lyq.util
  hibernate.cfg.xml
  log4j.properties
JRE 系统库 [MyEclipse 6.5]
```

图 8-76　与 JSP 对应的 Form/Action 文件

```
      uniqueResult(String, Object[])
    UserDao.java
      UserDao
  com.lyq.persistence
  com.lyq.struts
  com.lyq.struts.action
    BaseAction.java
      BaseAction
        locale
        message
        recPerPage
        execute(ActionMapping, ActionForm, HttpServletRequest, HttpServletResponse)
        getPage(String, int, String, String, Object[])
    CategoryAction.java
```

图 8-77　Struts 的基本系统业务支持类和方法

(4) 验证用户身份等。

2) Hibernate 层

医药管理系统的 Hibernate 层相比 Struts 层要复杂，这也是这类系统与数据库有关的主要业务处理逻辑所在。

图 8-78　UserDAO 和 DAO 文件

根据 SSHLogin 系统开发的经验，Hibernate 层也可以分为 UserDAO 层和 DAO 层。UserDAO 层更多地包含用户的业务逻辑，而 DAO 层则更多地涉及持久层（数据库）的基本操作。这两层的安排如图 8-78 所示。

展开 UserDAO 层，就可以看到如图 8-79 所示的具体内容。

DAO 层如图 8-80 所示。

至此，已经基本了解了医药管理系统开发架构的主要内容。这个系统的开发者所最终实现的系统的开发架构，还是安排得很清楚，也是比较合理的，使得后来的人能够比较快地了解系统开发架构的组织和安排。

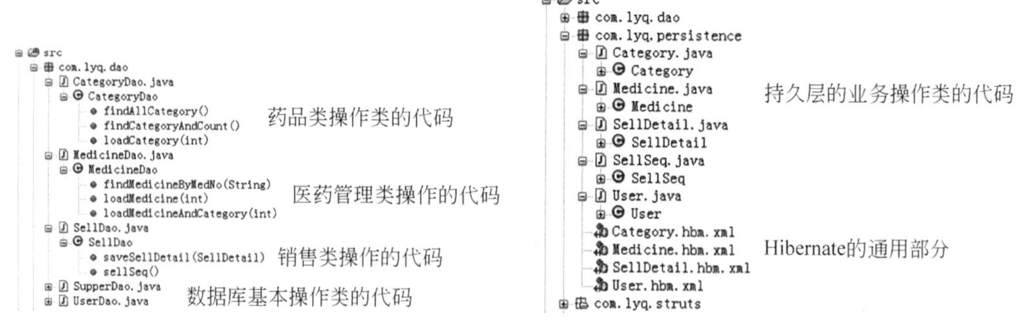

图 8-79　UserDAO 层的内容　　　　**图 8-80　DAO 层的内容**

3. 医药管理系统的逻辑架构分析

医药管理系统是采用 Struts+Hibernate 架构实现的，Struts 框架实现医药管理系统的业务逻辑层、表示层，Hibernate 框架实现持久层，对数据库层进行简单的封装，完成面向对象的编程语言到关系数据库的映射。因此，分析系统逻辑架构，也可以从这两大部分以及两部分的接口看。

1）Struts 部分

Struts-config.xml 是理解 Struts 框架的最好工具。可惜，如开发架构分析所列，医药管理系统的 Struts 架构涉及 31 个 JSP 文件和 4 个 Form、11 个 Action 文件，其间的关联关系比较复杂。需要花一点时间仔细梳理。

图 8-81 是医药管理系统 Struts-congfig.xml 的全图，在本书中，即使把它放大到全页，也看不见其中的内容。这里把它分成 5 个部分进行讨论。

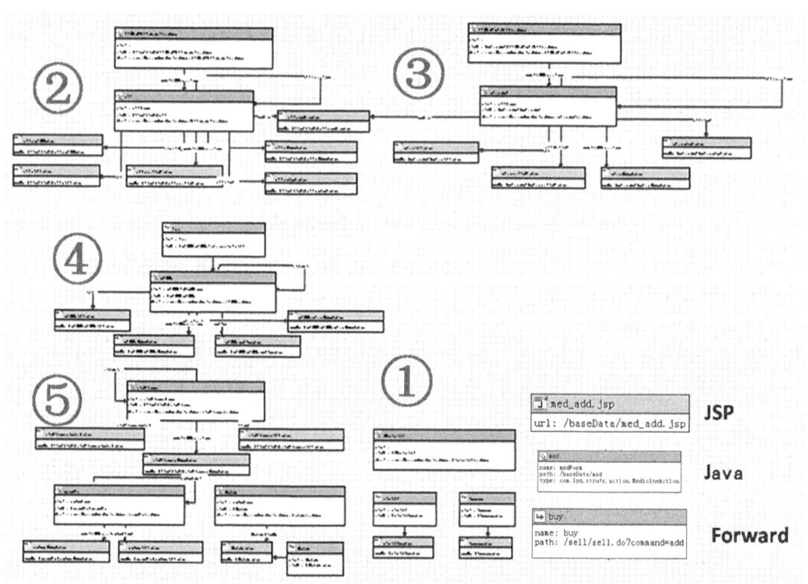

图 8-81　医药管理系统 Struts-config.xml 的内容

(1) 登录操作模块

登录管理是我们已经熟悉的系统模块，医药管理系统登录模块的逻辑架构，与 SSHLogin 系统基本相同。图 8-82 是 Struts-config.xml中有关登录模块的信息。

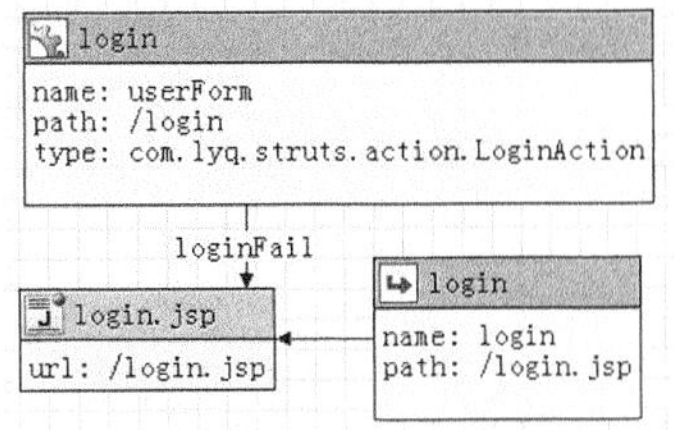

图 8-82　登录操作的逻辑架构

响应 Login 的 UserloginForm 和 UserloginAction 如下。

```
// 查询到用户则登录成功，否则登录失败返回到登录页面
if (user != null) {
    request.getSession().setAttribute("user", user);
    return mapping.findForward("manage");
} else {
    request.setAttribute("error", "error");
    return mapping.findForward("loginFail");
}
```

loginAction.java 使用继承自 Struts loginAction 类的 execute()方法，实现用户身份认证。

① 如果认证成功：转到 manage.jsp。

② 如果认证失败：转到 loginFail.jsp。

Java 代码文件是：

```
src
  com.yourcompany.struts
  com.yourcompany.struts.action
    UserloginAction.java
      UserloginAction
        execute(ActionMapping, ActionF
  com.yourcompany.struts.form
    UserloginForm.java
      UserloginForm
        password
        username
        getPassword()
        getUsername()
        setPassword(String)
        setUsername(String)
JRE 系统库 [jdk]
```

(2) 医药管理模块

医药管理模块是系统的主要模块之一，图 8-83 是该模块的逻辑架构图。

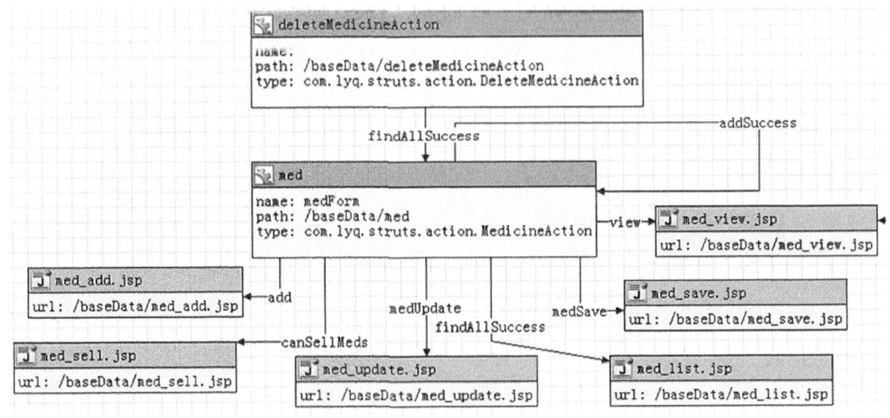

图 8-83　医药管理模块

在 IE 浏览器中输入“http://localhost:8080/MedicineManager”，启动医药管理系统

(图 8-84(a)),输入用户名和密码,在系统菜单(图 8-84(b))中选择“医药管理”,进入“医药管理”菜单界面(图 8-84(c))。

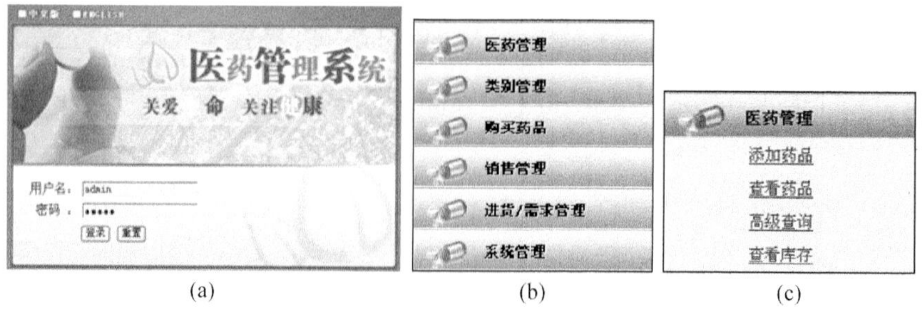

(a) (b) (c)

图 8-84 医药管理模块操作菜单

从图 8-84 的医药管理模块逻辑架构中看,医药管理响应 Action(med),对应 6 个请求 JSP,分别实现:添加、销售、修改、列表、库存、查看功能。但在“医药管理”菜单上,看到的不是这 7 个功能。

在如图 8-84(c)所示的菜单中,选择“查看药品”,得到如图 8-85 所示的操作界面。

模糊查询: [ ] 查询

删除	药品ID	药品编码	药品名称	单价	库存数量	需求数量	出厂地址	操作
☐	1	abc001	感冒胶囊A	2.5 元	3	0	制药一厂	进货 修改 购买
☐	2	abc002	感冒胶囊B	10.05 元	10	0	制药一厂	进货 修改 购买
☐	3	abc003	xx肠炎灵	5.8 元	100	0	制药二厂	进货 修改 购买

删除所选 删除全部　　总记录数5 共 2 页 首页 上一页 1 下一页 尾页 GO

图 8-85 医药管理模块操作界面

在图 8-85 的界面上,可以看到在显示药品的同时,有“删除所选”/“删除全部”和“进货”、“修改”、“购买”(针对每种药品)5 个按钮。

(1) 删除操作按钮直接对应逻辑架构图 8-83 中的 deleteMedicine Action;

(2) “修改”按钮对应 update.jsp;

(3) “购买”按钮对应 sell.jsp;

(4) “进货”与另一个 Action: require 关联(图 8-83 上看不到);

(5) “医药管理”菜单下的“添加药品”对应的是图 8-83 上的 med_add.jsp;

(6) “医药管理”菜单下的“高级查询”对应的是图 8-83 上的 med_list.jsp;

(7) “医药管理”菜单下的“查看库存”对应的是图 8-83 上的 med_save.jsp。

也就是说,在系统“医药管理”菜单(图 8-84)上,若选择“查看药品”,则进入图 8-85 的界面。否则,选择其他三个选择项,都有其他分别对应的 JSP 页面。在图 8-85 的界面上,“修改”、“购买”分别是逻辑图 8-83 上的 update.jsp 和 sell.jsp。“进货”和“删除所选”/“删除全部”则另有所指,不在图 8-83 上。

将系统菜单的每个选项,操作界面的每个按钮,都与开发架构图上的 JSP 文件(共 31

个)比对一下,再与它们配合的 Action 文件对照,这样才大致搞清楚了系统的逻辑架构,即 JSP 与 Action 的对应关系。所谓:请求是什么? 响应在哪里?

这一小节的逻辑架构分析,有关 Struts 部分的分析,已经不能再继续下去了,因为再分析下去,也就是把这 31 个 JSP 页面,以及这些页面上所有的按钮,与之相对应的 Action 之间的关系,都一一罗列出来而已。

2) Hibernate 部分

根据开发 SSH 架构登录系统的经验,Struts 与 Hibernate 的接口是相应的 Struts 的 Action 与 Hibernate 的 UserDAO。在 SSH 架构中,是 Struts 的 Action 与 Spring 的 userservice 接口,但这里是没有 Spring 的。

在分析开发架构的时候知道,医药管理系统有 11 个 Action Java 文件,UserDAO 文件有 5 个。所以,与分析 JSP 与 Action 关系一样,哪个 Action 与哪个 UserDAO 有关,Action 调用了哪个 UserDAO 的方法,是分析 Struts 层与 Hibernate 层接口关系的关键。好在 UserDAO 都有名字,但实际找起来,一点也不比 JSP 找 Action 省事。如果 MyEclipse 能像 VS 2010 那样,能画出类关系图,那该多好啊。

这时就会发现:有一个好的架构,该是多么的省心啊!

这里也仅能举医药管理模块为例,来进行梳理。

如图 8-83 所示,双击图中的 med 框,打开医药管理模块的 Action 文件是 MedicineAction. Java。该 Action 负责处理“添加药品”、“查看药品信息”、“编辑药品信息”功能,即图 8-84(c)中的“添加药品”、“高级查询”和“查看库存”三项功能。

在 MedicineAction. Java 中可以看到,所有与查询有关的指向数据库的操作,都通过调用 MedicineDAO 实现。添加药品也还需要通过 CategoryDAO。代码如下:

```
//查询药品
        if (df != null && df.getMedNo() != null) {
            MedicineDao dao=new MedicineDao();
            med=dao.findMedicineByMedNo(df.getMedNo());
            }
```

MedicineDAO 层再通过调用 DAO 层的 Medicine,实现对数据库的操作。

```
public class MedicineDao extends SupperDao {
    /**
     * 查询药品信息
     *
     * @param id
     * @return Medicine
     */
    public Medicine loadMedicine(int id) {
        Medicine med=null;
        try {
            session=HibernateFilter.getSession();       //获取 Session 对象
            session.beginTransaction();                 //开启事物
```

```
        //加载药品信息
        med= (Medicine) session.load(Medicine.class, new Integer(id));
        session.getTransaction().commit();          //提交事物
    } catch (Exception e) {
        e.printStackTrace();                        //打印异常信息
        session.getTransaction().rollback();        //回退事物
    }
    return med;
    }
```

再看一下图 8-83 架构上,有点奇怪的 deleteMedicineAction. Java。为什么要独立出一个 Action 文件?

deleteMedicineAction. Java 接收 Form 传来的删除信息表单,检查是部分删除还是全部删除。不论是部分还是全部,deleteMedicineAction 跨过了 UserDAO 层,直接调用 DAO 的删除方法,甚至在 Action 中出现了 HibernateDAO 层的 HQL 语句。代码如下:

```
//删除全部
dao.deleteByHQL("delete Medicine d where d.id in("+StringUtil.arr2Str(ids)+")");
//删除所选
dao.deleteByHQL("delete Medicine d where d.id in("+StringUtil.arr2Str(ids)+")");
```

从架构设计角度来讲,UserDAO 和 DAO 是不同的层次,不可以穿越,这是不按照架构设计原则进行编码的"违规行为"。

除此之外,看不出删除需要一个独立的 Action 的其他理由。

与分析 Struts 架构一样,分析 Hibernate 架构部分,也需要耐心地慢慢梳理,可能需要打开一个个代码文件,最后画出一张类调用关系图来。

4. 医药管理系统逻辑架构分析小结

根据上述逻辑架构分析,医药管理系统基于 Struts+Hibernate 框架,实现了基于数据库的医药管理功能。从类结构看,其实现的类和方法,一部分继承自 Struts 类。在 MyEclipse 的类层次结构图上,灰色的部分就是框架提供的类,如图 8-86 所示。

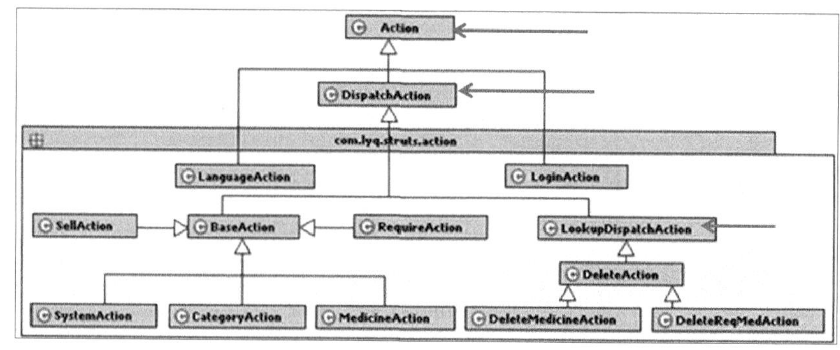

图 8-86 Struts 部分的类结构

项目主要用了三个 Struts 类：Action、DispatchAction、LookupDispatchAction。修改了 Struts 的配置文件 struts-config. xml；Struts 初始化加载文件 web. xml；Hibernate 的配置文件 hibernate. cfg. xml；资源配置文件 MessageResources. properties；Hibernate 过滤器（解决 Hibernate 延迟加载）HibernateFilter. java；字符编码过滤器 CharacterEncodingFilter. java；自定义制图工具类，生成制图对象（药品类别统计图）ChartUtil. java；图片上传到服务器指定的文件夹下 MedicineAction. java；国际化的实现 native2ascii. exe、LanguageAction. java 等。

Struts 框架很好地避免了代码的耦合度，使 JSP 页面与 Action 功能模块相对独立。Hibernate 架构则封装了数据库操作，使得业务逻辑与具体数据库对象操作细节分离。但通过分析感到，医药管理系统在架构的这两个部分，都存在第 7 章所讨论的：子系统与功能模块划分的逻辑结构不清晰。例如，医药管理功能模块和需求管理功能模块的用户界面上，都出现了"进货"这一属于系统"后台管理"的功能按钮；删除操作另用一个独立的 Action 来实现，使得理解上，导致架构有些冗余，也不利于后期的维护。

基于可以理解的原因，这里不再一一罗列架构设计上的这些问题。

8.6.3 二次开发的需求与分析

1. 二次开发的需求

在原系统中，一个账号可以进行所有的系统操作，没有系统管理员、销售人员、库存管理人员等角色的区别和权限限制。现需要将其改为：根据用户的角色，依据各自的职责，进行指定的系统操作，即引入权限管理的概念。

2. 授权功能

1) 授权模块

本模块实现对权限角色的授权控制，比如角色的增删改查、角色的赋权等。

具体功能包括：

(1) 新增角色；

(2) 修改角色；

(3) 删除角色；

(4) 授权；

(5) 获得角色权限。

2) 用户组织模块

本模块只实现对用户部门的操作，即对系统所在组织（部门）和个人进行管理。组织（部门）和个人是角色存在的前提和基础。具体功能包括：

(1) 新增用户；

(2) 修改用户；

(3) 删除用户；

(4) 新增部门；

(5) 修改部门;

(6) 删除部门。

3) 用户角色关联模块

在角色和组织/个人之间建立关联。即增加角色-用户绑定和角色-用户映射。具体功能是:

(1) 绑定用户和角色;

(2) 用户角色映射。

3. 验权功能

在每个实际业务操作的时候,进行验权,涉及原系统每个操作。

4. 新需求与原系统的关系

在原系统中,新功能需求的授权功能,与原系统在业务处理逻辑、数据库结构上,没有直接的关联,是相对独立的,可以独立开发、逻辑架构上可以独立存在。

新功能的验权功能,涉及原系统的几乎每一个操作,是二次开发架构设计最主要考虑的问题。

8.6.4 二次开发的逻辑架构设计

有关系统新需求的授权部分相对独立,在实现上可直接叠加到原系统上,因此,在此不再讨论,这里讨论的二次开发方案,仅涉及验权功能部分。

1. 二次开发的逻辑架构设计

从系统需求扩展需要出发,在最小改动的情况下实现验权功能,最佳的实现方式莫过于采用 AOP(Aspect Oriented Programming,面向方面编程)技术。由于原系统使用基于 Struts 1.2 的标准,对于 Struts 1.x,并不是很好地支持 AOP 的嵌入,其提供的 AOP 插件存在部分权限,此方案并不合适。

考虑将 Struts 的 action 类交由 Spring 托管,将用户权限管理的接口注入其中来实现。具体的实现思路是:为了达到以尽量少的系统修改为前提,仅在用户请求和系统处理之间增加一层验权操作,在这层对系统要进行的操作,首先进行相关权限的检索和判定(验权),如果验证失败,则直接返回错误信息,交由 Struts 转发,而不进行相应的操作,从而达到权限管理的作用。

没有验权的业务时序逻辑如图 8-87 所示。

添加验权之后的系统业务逻辑如图 8-88 所示。

在添加 Spring 层之前,系统逻辑架构如图 8-89 所示。

将 Struts 控制器交由 Spring 托管,在进行 Struts 的转发之前,嵌入对权限的验证。逻辑架构如图 8-90 所示。

这样,围绕验权功能的实现,二次开发将分为权限管理(角色权限设定)、用户管理(部门和用户设定)、授权与验权管理(角色与具体部门或用户绑定以及验权)4 个部分来实

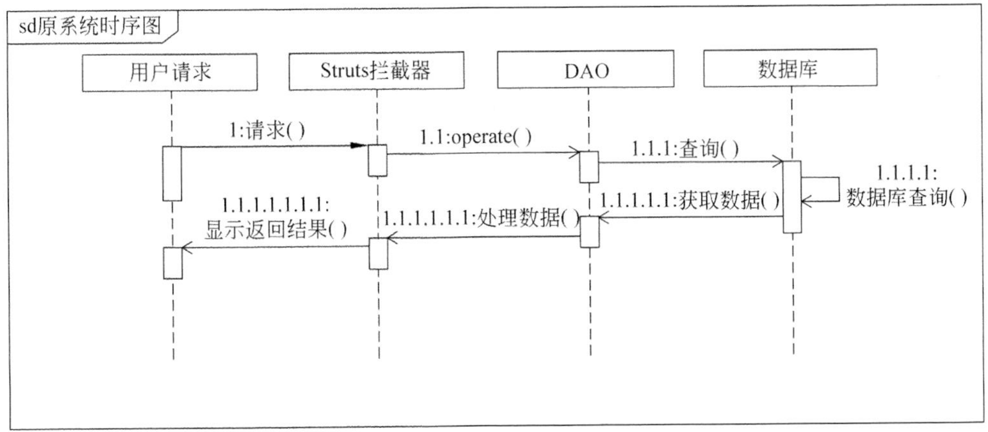

图 8-87　没有验权的原系统时序逻辑图

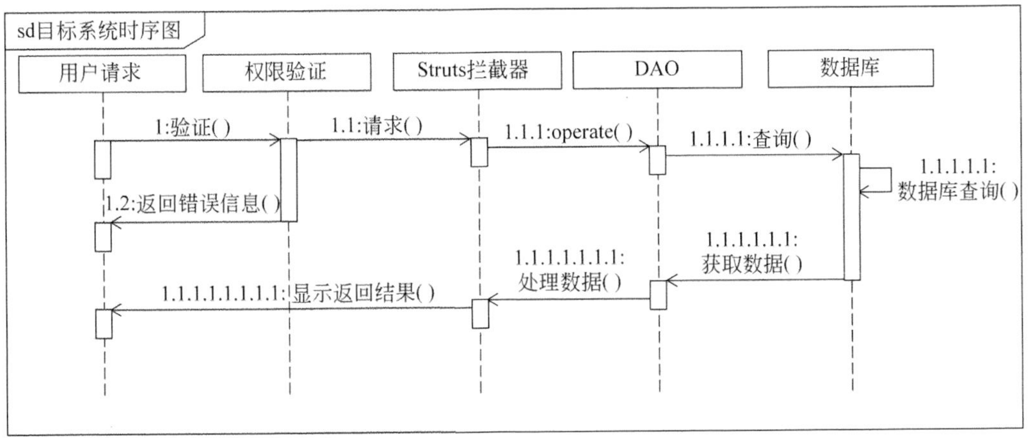

图 8-88　添加验权后系统的时序逻辑图

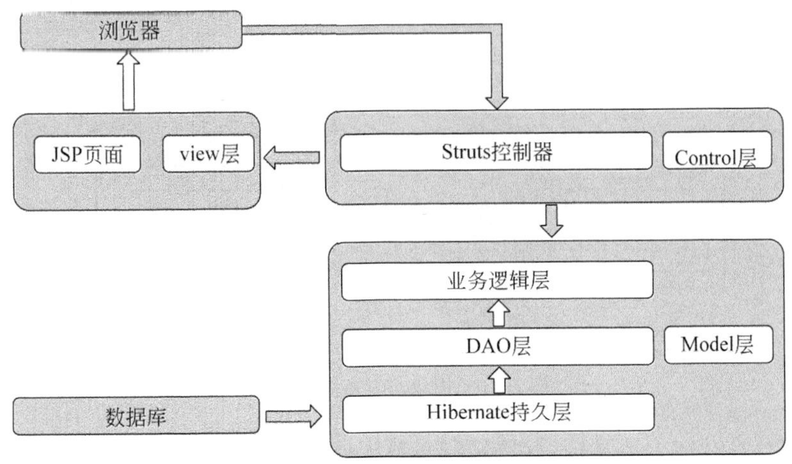

图 8-89　原系统逻辑架构图

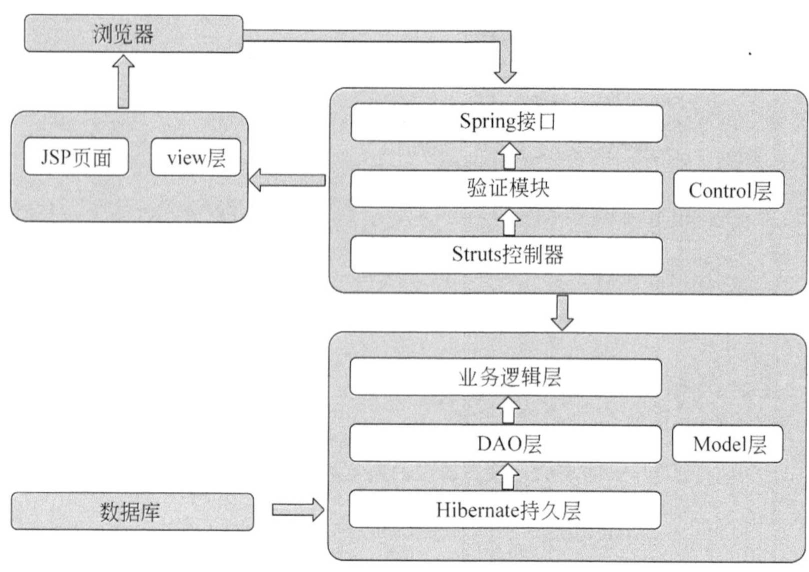

图 8-90　加入 Spring 后系统的逻辑架构图

现，前两个功能模块的结果是在数据库中，产生一个部门或/以及个人、角色权限这两张表，授权是将这两张表中的具体部门或个人，与角色（权限）之间建立关联关系（授权）。验权就是权限管理中设置了部门和个人信息，在授权管理中，将部门或个人与角色和权限挂钩后，在每个业务操作前，进行验权。三者的关系如图 8-91 所示。

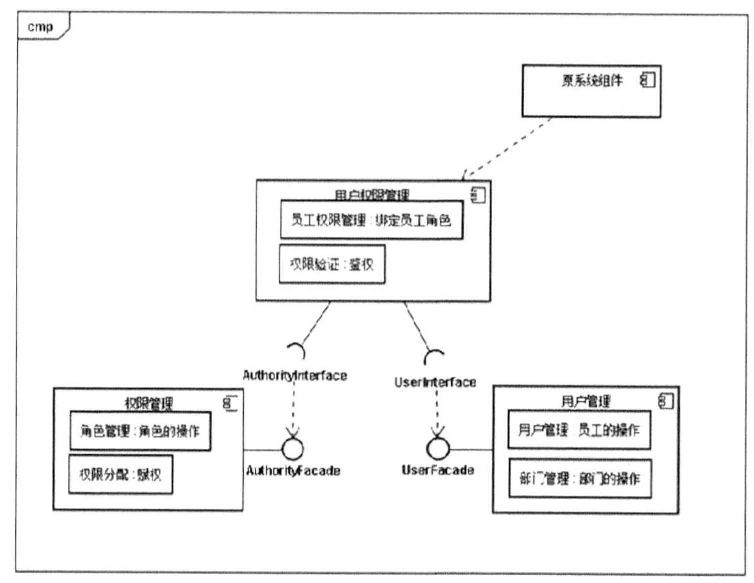

图 8-91　授权与验权的组件图

三个部分在功能上通过接口进行通信，数据库表上没有相互的依赖性（底层的两个组件通过一张 userRole 表进行关联），放在一起发布可以，作为独立的组件发布也可以，同时对外最大化地隐藏了细节，保证了权限系统的安全性。

2. 验权操作

具体实现的时候，验权属于用户权限管理模块，用户权限资源查询放在权限管理模块。在进行验权时，用户权限管理模块获得用户 id，并将用户信息传给权限管理模块。权限管理模块根据用户信息，判断出用户的角色，同时获得该用户所具有的权限资源（授权结果），有权限返回 true，没有返回 false。

其具体流程如图 8-92 所示。

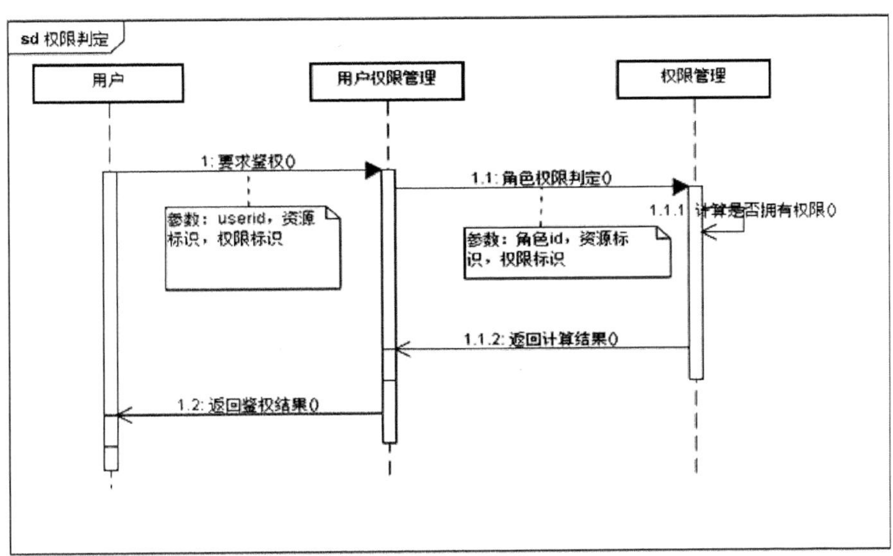

图 8-92　验权的逻辑架构图

3. 权限管理的灵活性与可拓展性

如果医药管理系统需要增加新的管理角色和权限，只需要增加新的资源表中的权限资源，要增加新部门或员工，则同样在部门或员工表中进行添加。然后给该部门或员工进行授权即可。

8.6.5　二次开发的实现

1. 添加数据库表和创建新的 Hibernate 映射

显然，数据库表应添加相关用户权限的表。原系统的数据库表如图 8-93 所示。

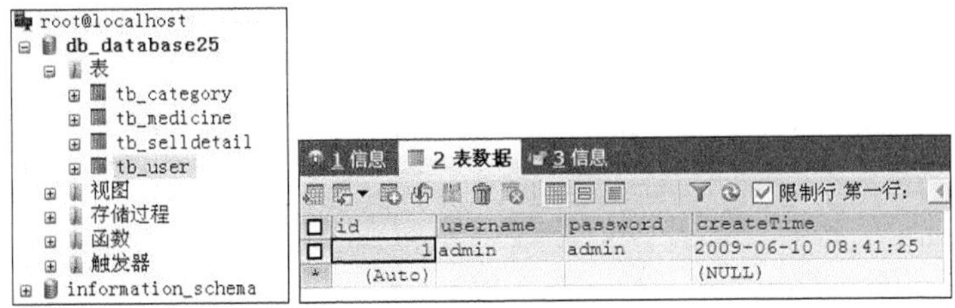

图 8-93　原系统的数据库表及 tb-user 表的内容

根据二次开发设计，需添加若干与权限有关的数据库表，具体添加的表如图 8-94 所示。

对比两个数据库表可以发现，新添加了 auth_* 的表 7 张，及 sysconfig、tb_department 和 tb_userdepart 等共 10 张表。二次开发只是添加了新表，对原表的结构没有做改变。

模仿 8.5.2 节的方法，使用 Hibernate 逆向工程，产生二次开发系统的对象关系数据库映射。

2. 在 MyEclipse 中添加 Spring 环境

在 SSHLogin 案例中，已经介绍了 SSH 架构环境的设置方法。这里略有不同的是，原系统已经具有了 Struts＋Hibernate 的环境，现在要把 Spring 框架加进去。其实这没有什么困难的，按照 8.4.4 节，在 MyEclipse 中添加自动 Spring 支持的操作方法，再来一次即可。

完成以后，可以看到 MyEclipse 包资源管理器\WEB-INF 下，新添加了支持 Spring 的 Tag 标签库文件 spring.tld，以及在 src 包下，添加了 Spring 的 Bean 配置文件 applicationContext.xml，如图 8-95 所示。

图 8-94 添加数据库表

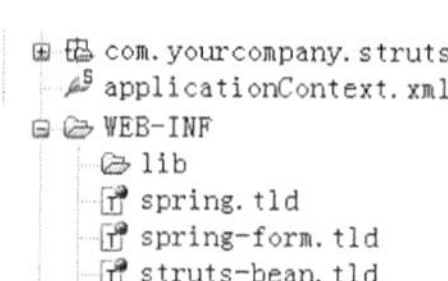

图 8-95 在 SH 架构中添加 Spring 支持

其中，applicationContext.xml 是进行 Spring 开发的核心配置文件。在 MyEclipse 自动创建结束后，它已经为该文件添加了默认配置。

修改 MyEclipse 项目资源器目录的 WebRoot|WEB-INF 目录下的 web.xml，增加以下内容，指明 applicationContext.xml 的路径等。

```
<!-- Spring配置 -->
  <context-param>
  <param-name>contextConfigLocation</param-name>
  <param-value>/WEB-INF/classes/applicationContext.xml</param-value>
</context-param>
  <servlet>
  <servlet-name>SpringContextServlet</servlet-name>
  <servlet-class>org.springframework.web.context.ContextLoaderServlet</servlet-class>
  <load-on-startup>1</load-on-startup>
</servlet>
```

可以在 Web.xml 编辑 Source 的视窗下，直接添加上述代码，也可以使用 Design 窗口填写参数。后一种方法比较方便，也可以减少错误。添加方法已经介绍过，不再赘述。

退出编辑并保存。

3. 创建并实现 Spring 接口

与接口有关的技术,应该归为详细设计的范围,将在第 9 章中介绍。这里仅作为 Spring 的实现环节,做简单介绍。

按照 8.5.3 节介绍的方法,创建通用的 UserService 接口,并实现该接口,取 Java 类名为 UserServiceImpl。创建并实现后,产生 UserService. java 和 UserServiceImpl. java 两个 Java 文件。结果如图 8-96 所示。

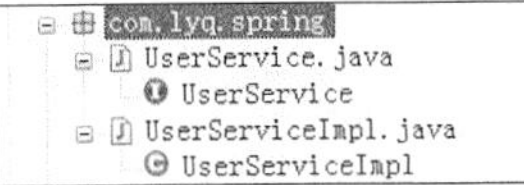

图 8-96 在项目中添加接口和实现

展开这两个文件可以看到,这是两个“空”文件,需要添加具体的接口类和实现类的内容。有关具体类实现内容的层次,这里就不展开了,架构师可能也并不十分关心具体类是如何编写、如何实现的。

最后,在 applicationContext. xml 中,为接口指明(Type1 方式的注入)实现类:

```
<bean id="userService" class="com.coe.service.impl.UserServiceImpl"></bean>
```

也可以采用其他注入方式,如比较提倡的 Type3 方式。

在这里,通过 Spring 的所谓“反转”机制,借助 applicationContext. xml 的关联作用,实现了使用者(对象创建)与实现者的分离。

系统二次开发后的类架构如图 8-97 所示。

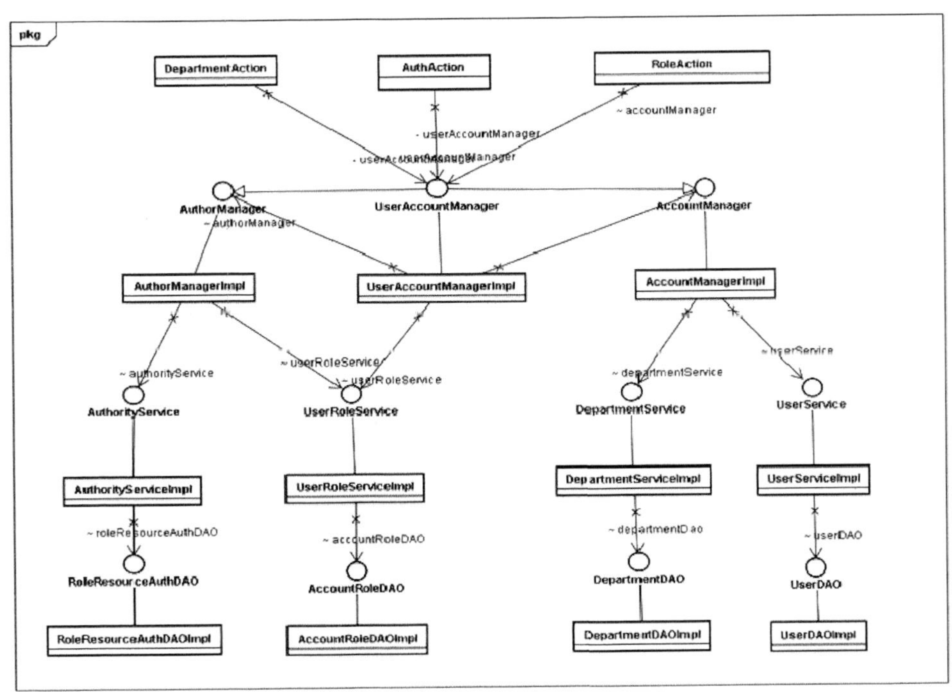

图 8-97 二次开发后系统的类架构图

4. 用户权限检查(验权)操作层次分析

在需要检查用户权限的地方,添加相应的验权操作。验权操作根据用户信息,获取用户资源，检查是否具有与该业务操作相应的权限资源，并返回有权和无权的结果。

如下是原系统没有验权的查询药品的操作代码：

```
//查看药品详细信息
public ActionForward view(ActionMapping mapping, ActionForm form,
            HttpServletRequest request, HttpServletResponse response)
            throws Exception {
            String id = request.getParameter("id");
            Medicine med = null;
//根据id查询药品信息
            if (id != null && !"".equals(id)) {
            MedicineDao dao = new MedicineDao();
            med = dao.loadMedicineAndCategory(Integer.parseInt(id));
            }
            request.setAttribute("med", med);
            return mapping.findForward("view");
            }
```

如下是添加了验权的代码：

```
//查看药品详细信息
public ActionForward view(ActionMapping mapping, ActionForm form,
            HttpServletRequest request, HttpServletResponse response)
            throws Exception {

            User user = (User) request.getSession().getAttribute("user");
            Integer userid = user.getId();
            if(!CheckTime(userid)){ return mapping.findForward("no_right"); }
            if(!userAccountManager.validateAuthor(userid, MMConstant.RESOURCE_TYPE_MEDICINE,
            MMConstant.AUTHORITY_TYPE_SEARCH)) return mapping.findForward("no_right");

            String id = request.getParameter("id");
            Medicine med = null;
//根据id查询药品信息
            if (id != null && !"".equals(id)) {
            MedicineDao dao = new MedicineDao();
            med = dao.loadMedicineAndCategory(Integer.parseInt(id));
            }
            request.setAttribute("med", med);
            return mapping.findForward("view");
            }
```

可以很清楚地看到，中间添加了一段验权操作代码。其他部分都是完全相同的。

再看其他操作 Action，甚至前面提到的 deleteMedicineAction，也同样被添加了相同的一段验权代码。

```
//验权操作
            User user = (User) request.getSession().getAttribute("user");//取得user对象的值
            Integer userid = user.getId();//取得user  ID
            if(!CheckTime(userid)){ return mapping.findForward("no_right"); }  //非8:00-18:00无权操作
            if(!userAccountManager.validateAuthor(userid, MMConstant.RESOURCE_TYPE_MEDICINE,
            MMConstant.AUTHORITY_TYPE_SEARCH)) return mapping.findForward("no_right");//验权
```

这样就可以知道，所谓验权，是根据用户 id、资源类型、操作性质来进行的。查询结果直接返回资源值。非“0”为成功（有授权），反之为失败（无权）。Struts 的 Action 再据此导向成功或失败的 JSP 显示页面。

其中最关键的是有关“验权”的语句。需要跟踪一下：

(1) 在 Action 中被添加的 userAccountManager 是一个接口，它的实现类 userAccountManagerImpl 具有 validateAuthor 方法。方法的代码是：

```
public boolean validateAuthor(Integer userid, String resource,String operation)
```

```
{
    //TODO Auto-generated method stub
    List<Integer>userids=new ArrayList<Integer>();          //创建遍历对象
    userids.add(userid);
    Map<Integer,Integer>map=userRoleService.getUserRoles(userids);
                                                            //遍历用户资源
    Integer roleid=map.get(userid);                         //获得资源值
    return authorManager.validateAuthor(roleid, resource, operation);
}
```

(2) 其中 userRoleService 又是一个接口,其实现类 userRoleServiceImpl 的 getUserRoles 方法代码是:

```
public Map<Integer,Integer>getUserRoles(List<Integer>ids) {
    //TODO Auto-generated method stub
    return accountRoleDAO.getRoleids(ids);
    }
```

(3) 继续往下追究 accountRoleDAO 接口实现类 accountRoleDAOImpl 的 getRoleids 方法,其中关键的一句是:

```
userids=getJdbcTemplate().queryForList(sql.toString());
```

验权操作的调用过程是:

(1) 相应操作(如删除某药品)按钮的 JSP,由 Struts(经 Form,略)指向对应的 Action,对应的 Action 调用 userAccountManager 接口;

(2) userAccountManager 接口调用该接口的实现类 userAccountManagerImpl 的 validataAuthor 方法;

(3) 在 validataAuthor 方法中,调用 userRoleService 接口;

(4) userRoleService 接口调用该接口的实现类 userRoleServiceImpl 的 getUserRoles 方法;

(5) 在 getUserRoles 方法中,调用 accountRoleDAO 接口;

(6) accountRoleDAO 接口的实现类 accountRoleDAOImpl 实现方法 getRoleids;

(7) getRoleids 方法最终使用 SQL 语句完成指定用户资源的查询。

至此,完成一个验权操作。

从架构角度看,上述一串"眼花缭乱"的调用,实际上是从用户界面开始,穿越了如下层次(将接口和实现看成是一体)。

(1) Struts 层: JSP、Form、Action。

(2) Spring 层: userAccountManager、userRoleService。

(3) Hibernate 层;accountRoleDAO。

Spring 层为什么要分为 userAccountManager 和 userRoleService 两层? 相反,accountRoleDAO 为什么只有一层,而不是继续往下调用 user 层?

分析系统的这些代码,与逻辑架构设计与分析,有什么关系? 这是下面要展开的内容。

从上往下看，越挖越复杂，但搞清了路径（调用关系），再从下往上汇总，逻辑架构就清楚了。

图 8-98 把上述分析结果列出来（也是不包含接口）。

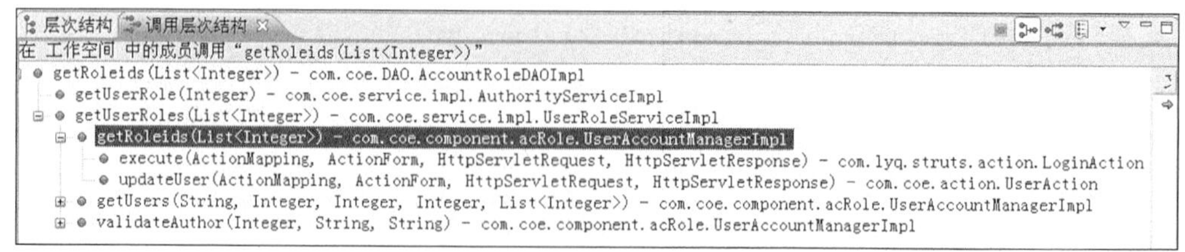

图 8-98　系统的部分调用层次图

Struts 层的 LoginAction→Spring 层的 UserAccountManagerImpl→还是 Spring 层的 UserRoleServiceImpl→DAO 层的 AccountRoleDAOImpl。

在整体逻辑架构（图 8-99）中可以看到，上述分析是其中圈出的一部分。

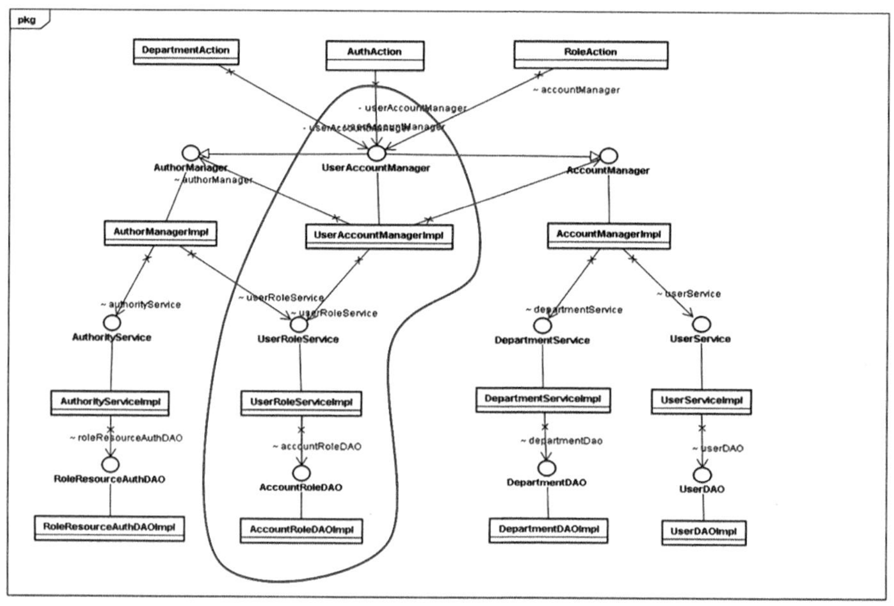

图 8-99　验权操作部分在系统架构中的位置

从系统整体层次架构中可以看到，新添加的 Spring 层，将验权操作封装起来，为每个 Action 按钮提供了一个简单的验权接口。每个 Action 在需要进行业务操作之前，根据用户 Id、操作类型，检查是否有合法权限。至于验权是如何实现的，用户（Action）就不要关心了。

在实现上，Spring 分为两层。UserAccountManager 接口封装了所有的、与用户权限管理有关的模块，包括授权。角色、部门管理、验权都可以通过这个接口访问相应的方法。UserRoleService 接口封装具体的验权操作，可以提供如授权模块使用（授权前检查是否已授权）。关于这样的架构是否合理，可以讨论。

8.6.6 医药管理系统二次开发的总结

在分析了原系统和二次开发系统(部分)之后,作为架构师,是否有马上就想动手整理系统架构的冲动?(这可能也是架构师的"职业病",总想把架构做得十全十美,甚至不顾用户并没有什么要求、项目时间已经不多、团队内编码和测试工程师的不耐烦,干这样"吃力不讨好"的事情。)

集成 SSH 框架的系统从职责上可以分为三层:表示层、业务逻辑层、数据持久层,架构师首先自己应该概念清晰,明确各层的任务和责任,搭建并维护好一个结构清晰、可复用性好、维护方便的系统架构。

医药管理系统架构的子系统划分是十分明确的,因为系统采用的是 SSH 架构。SSH 把系统架构十分准确地定位为 Struts、Spring 和 Hibernate 三层。但是,在这三层之中,如何再继续细分模块、如何做到结构合理,则是可以讨论的。

1. Struts 层

SSH 架构的 Struts 层是 MVC 模式的核心,是系统的整体架构基础,并充当 MVC 里的 Controller 层角色,是用户界面与业务处理逻辑之间的桥梁,是一个"交叉路口"。但是,在设计的系统中,是否把 MVC 的这些特色和价值真正发挥了出来?

好的 Controller 不但能够起到"转承"的作用,而且从逻辑架构角度看,其转接的起点与目的(JSP 与 Action)是"明确"、"清晰"、"简单明了"。系统的架构在开发者和维护者眼中,是那么简单、自然,即使是一个很大的系统。如系统逻辑如同看一棵"树",或按照书的"目录"找资料,依照"树"的分枝或书的目录指引,可以很简单地知道去向哪里,身处何处。

根据这样的简单想法,医药管理系统的"树"是否该把过于凌乱的"枝节"修剪一下,归归"类"?

1) JSP 方面

在设计 JSP 页面时,在用户界面上,合理地安排操作按钮可以方便用户使用。但是,不同按钮涉及不同的操作性质。例如,在销售药品的时候,如果库存中没有该药品,在查询页面上安排进货可能在视觉上很自然,但是,销售和进货在操作上是否应属于不同的部门、不同的职责、不同的业务处理流程?即使加上权限管理,也不适合放在一起。因为如果销售人员不能进行进货操作(无权),将进货按钮安排在销售页面,因为没有授权,进货按钮等同"废物"一个。而真正的进货操作,还需要在另一个界面有权操作的界面上出现。诸如此类的操作合理性,在原系统中还有不少,不再一一列举。31 个 JSP 是否应该好好再整理一下。

除了用户界面上,操作合理性之外,在 MVC 的 View 层,需要做最大努力的,就是显示的灵活性,当用户需要发生改变的时候,用户界面的表现形式(如操作显示)与业务逻辑(如按钮操作)牵连越少、适应需求变化的能力越强,包括采用动态页面显示技术等。医药管理系统在此方面,可供改进的空间还是很大的。

2) Action 方面

在 Action 设计的时候,如果把 Action 分得太细,那么产生的类就会太多,而如果一个 Action 类对应的操作太多,又会增加维护的困难,所以 Action 的划分是比较难控制的。

在医药管理系统中,Action 有 5 个,且按业务处理种类划分,并不是很多,但为什么要有一个单独的 deleteMedicine Action?

2. 接口

接口虽然不属于 SSH 架构层中的某一逻辑层,但是,在软件架构中,接口发挥了重要的作用,其重要性甚至不低于 SSH 框架。

严格地说,接口是一种 OOP(面向对象编程)的编程技术。在 C++ 中,一个类被允许继承多个类。但是在 Java 语言中,多重继承不被允许。这样,如果想继承多个类时便非常困难,所以就出现了接口技术。在 Java 程序中,如果要实现多个类的功能,可以通过实现多个接口来实现。通过面向接口的编程技术,可提高程序的复用率,增加程序的可维护性、可扩展性。

一个接口内允许包含变量、常量等一个类所包含的基本内容。但是,接口中的函数不允许设定代码,也就意味着不能把程序入口放到接口里。由此可以理解,接口是专门被继承的。接口存在的意义也是被继承。和 C++ 中抽象类的虚函数有相同之处——不能被实例化。

在架构设计中,接口的运用成为越来越普遍的行为,因为接口确实给模块的组织和使用带来方便。如同立交桥一样,接口在类的继承上,提供了“跨接”的方便。在架构设计的概要设计中,主要是使用接口,而接口的设计和实现,应属于详细设计范围,将在第 9 章中讨论。

在 SSHLogin 系统中,如图 8-70 所示,系统使用了 userservice 和 MyUserDAO 两个接口。但在图 8-71 中可以看到,接口仅仅是上层调用与下层实现之间的一个连接,几乎完全没有发挥接口应有的作用。因为这里没有发生多重继承问题。就好像是设置了一个多口的电源接插板,但是,只有一个电源插头插在上面,这个电源接插板显得有点“多余”。

但在医药管理系统中,情况就不一样了。图 8-99 中小圆圈的地方,就是接口。整个系统设计了 11 个接口(当然也有没有完全发挥作用的地方)。在图 8-98 中,展开所有调用分支,对照图 8-99,图 8-98 的并行的分支就是多重继承(调用)。与图 8-99 的交汇点是一致的。例如,其中 userAccountManager 接口就有 LoginAction 和 UserAction 两个调用。

架构设计关注的,不是接口如何设计和实现(立交桥如何建),而是为什么要设计和使用一个接口。没有交叉也没有红绿灯的交通,难道不比建一座漂亮的立交桥更有利于交通吗?

从系统架构设计角度看,合理的系统划分,导致模块自身强内聚、外部松耦合,就没有必要去继承(调用)别的模块。这就与有好的城市规划,就不需要更多立交桥是一样的道理。

看一下原系统的子系统划分和类结构,再看看二次开发以后的类结构,就可以发现,架构师又需要出场了。医药管理系统的这棵“老树”,可以修剪的地方还真不少呢,同学们不妨自己试试?

整理的时候,可以先看看框架所提供的基类有哪些?这是采用框架所带来的便利,也是限制。应尽量继承已有框架的基类,尽量少创建新类,减少系统类的个数,便于系统开发和维护。其次,从架构角度看,应尽量合并类似的类,减少多继承,最好不要出现交叉继承。这样,就尽量减少了接口出现的机会。

另外,调用与继承还不是完全一回事。继承是获得使用授权,授权是按类授权的。调用是使用,调用的是获得授权的类的方法。所以,子类完全可能只实际调用父类的很少几个方法,甚至为了特定的目的,一个也不使用。从架构师角度看,看类图,看继承关系,更看调用关系。因为调用关系是系统真实的交互(虽然还仅仅是静态的),而继承关系是逻辑的交互关系。母鸡的性质决定了蛋的性质(母鸡不能生出鸭蛋),但蛋是我们实际吃到嘴的东西。调整调用关系,是最终实现系统类结构优化的关键。

接口为类的多继承,提供了便利。但滥用也会给系统开发和运行效率带来负担。这一问题将在第 9 章的接口实现中,继续进行讨论。

3. Spring 层

与接口不同,接口提供了一个父类与多个子类之间一点对多点的调用关系,而 Spring 则提供两个类之间自由的连接关系。所以,Spring 也可以运用于接口,提高接口实现的灵活性。

在 SSH 框架的 Spring 层,管理服务组件的 Spring IoC 容器负责向 Struts 层的 Action 提供业务模型(Model)组件,该组件的协作对象数据处理(DAO)组件完成业务逻辑,并提供事务处理、缓冲池等容器组件,以提升系统性能和保证数据的完整性。而在持久层中,则依赖于 Hibernate 的对象化映射和数据库交互,处理 DAO 组件请求的数据,并返回处理结果。

理论上,采用上述开发模型,不仅实现了视图、控制器与模型的彻底分离,而且还实现了业务逻辑层与持久层的分离。这样无论前端如何变化,模型层只需很少的改动,并且数据库的变化也不会对前端有所影响,大大提高了系统的可复用性。而且由于不同层之间耦合度小,有利于团队成员并行工作,大大提高了开发效率。

Spring 能有效地组织 J2EE 应用各层的对象。不管是 Struts 层的 Action 对象,还是 Spring 层的 Service 对象,还是 Hibernate 层的 DAO 对象,都可在 Spring 的管理下有机地协调、运行。如果说接口提供的是多方向、多通道的立交跨接,而 Spring 则提供了可根据需要"开启/改变连接"的通道,而非固定不变的立交。

Spring 将各层的对象以松耦合的方式组织在一起,Action 对象无须关心 Service 对象的具体实现,Service 对象无须关心持久层对象的具体实现,各层对象的调用完全面向接口。当系统需要重构时,代码的改写量将大大减少。这是 Spring 层的最大特色。

Spring 是依赖控制反转(Inversion of Control,IoC)技术,来实现上述松耦合的。IoC 是一种编程思想,主要是协调各组件间相互的依赖关系。IoC 就是由容器来控制业务对象之间的依赖关系,而非传统方式中由代码来直接操控,控制反转的本质,是控制权由应用代码转到了外部容器,控制权的转移即是所谓的反转,控制权的转移带来的好处就是降低了业务对象之间的依赖程度,即实现了解耦。

在 C 语言中,公用的函数被抽取出来,在其他代码中被调用,达到公用的目的。在面向对象的程序设计语言中，这样的公用函数也称为方法，方法被封装在类中。其他代码要调用这样的方法，需要首先继承该类，并创建一个该类的对象，就可以取得对该类所属方法的访问权，然后就可以调用该方法了。所以，类的继承关系是获得许可(许可的传递)，调用是在获得许可的前提下，类的方法的使用。这在刚才讨论接口的时候已经说过。但这里关注的是对象的创建方式，而不是接口中讨论的多重继承问题。

对象的创建一共有三种方式：自己创建，工厂模式创建，外部注入。对应三个动词：new，get，set。三种实现方式如图 8-100 所示。

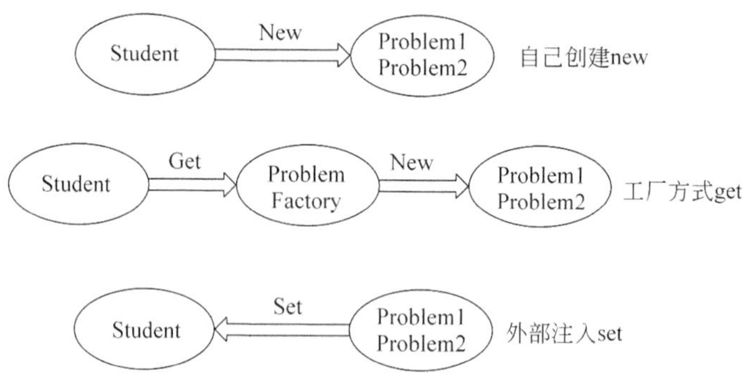

图 8-100 对象创建的三种方式

第一种创建方式的 new，就是一般最常用的面向对象的类的创建方式，第二种创建方式的工厂方式是 23 个面向对象设计模式中最经典的一个，该模式实现了对象的统一创建，调用者无须关心对象创建的过程，只管从工厂中取得即可。具体讨论，将在第 9 章中进行。

IoC 模式把对象放在了 XML 文件，即 Spring 的 Bean 配置文件 applicationContext.xml 中定义。所以当需要换一个实现类时，将会变得很简单。一般这样的对象实现，都是基于某种接口的。所以，更换实现类时，只要修改 XML 中更换接口实现类的名字就可以了。所以，立交桥(接口)还是立交桥，只是这里根据需要，“动态”地在 XML 中进行装配而已。

在 5.1.1 节，介绍传统系统设计思路时，提到所谓“间接调用”方法。通过一张调用表，将调用者与被调用者隔离开，实现了松耦合。在 5.1.1 节中采用的是调用表，而在 IoC 中使用的是 XML 文件，本质上是完全一样的。在这里也可以看到，传统的东西还是发挥着作用。

如 8.5.3 节所做的，在生成一个新的对象后(如生成接口实现类 userserviceImpl)，需要将新的对象添加到 applicationContext.xml 中。即修改 applicationContext.xml，添加结果如图 8-73 所示。

在上述修改中，本质上是在 applicationContext.xml 这张“间接调用表”中，指明了接口 userservice 接口的实现者是 userserviceImpl。只需要修改 XML 文件而不需要修改调用者的代码(上层调用者甚至不知道实现者已经更换了)，实现了间接调用的目的。

当然，XML 并不是一张间接调用的“关联表”，而是借助了所谓 Spring 的核心机制——依赖注入。依赖注入让 Bean 与 Bean 之间以配置文件组织在一起，而不是以硬编码的方式耦合在一起。

依赖注入(Dependency Injection)和控制反转(Inversion of Control)是同一个概念。具体含义是：当某个角色(可能是一个 Java 实例,如 Struts Action 调用者)需要另一个角色(另一个 Java 实例,Spring 被调用者)的协助时,在传统的程序设计过程中,通常由调用者来创建被调用者的实例(使用 new 继承)。但在 Spring 里,创建被调用者的工作不再由调用者来完成,因此称为控制反转。创建被调用者实例的工作通常由 Spring 容器来完成,然后注入调用者,因此也称为依赖注入。依赖注入最主要的一个特点是：组件之间的依赖关系,由容器在运行期决定,由容器在运行时,动态地将某种依赖关系注入到组件之中。其思想如模型对象设计模式的工厂方法——按订单生产。而其最大的作用,就是可以灵活地替换对象。

Spring 有三种依赖注入实现类型：接口注入(Interface Injection)、设置注入(Setter Injection)、构造子注入(Constructor Injection)。

概括一下 Spring 的作用就是：在 Action 和 Service 之间,建立了控制反转和动态注入的松耦合机制。

从架构设计的组件与组件连接方式看,可以有三种实现模式。

(1) 第一种：用普通的无设计模式的方法来写 Java 程序,即：继承类,调用其方法。

(2) 第二种：频繁地开始使用接口,这时,接口一般都会伴随着使用工厂模式。

(3) 第三种：使用 IoC 模式。工厂模式还不够好：①因为类的生成代码写死在程序里,如果要换一个子类,就要修改工厂方法。②一个接口常常意味着一个生成工厂,会多出很多工厂类。

可以把 IoC 模式看作是工厂模式的升华,可以把 IoC 看作是一个大工厂,只不过这个大工厂里要生成的对象都是在 XML 文件中给出定义的,然后利用 Java 的"反射"编程,根据 XML 中给出的类名生成相应的对象。从实现来看,IoC 是把以前在工厂方法里写死的对象生成代码,改变为由 XML 文件来定义,也就是把工厂和对象生成这两者独立分隔开来,目的就是提高灵活性和可维护性。

Java 具有的比较突出的动态机制就是反射(reflection),它是 Java 语言的一个重要特性。反射机制可以使我们：

(1) 在运行时,判断任意一个对象所属的类；

(2) 在运行时,获取类的对象；

(3) 在运行时,获得类所具有的成员变量和方法等。

4. Hibernate 层

SSH 框架的 Hibernate 层相对架构设计而言,是最没有多少可说的部分。它就是一个选择了的不得不用的工具。Hibernate 是基于 Java 的对象/关系数据库映射(ORM)工具,它是对象模型(Java Bean 实体类)与关系模型(关系数据库表)之间交互的桥梁。所以,与 Struts(交叉路口)、接口(立交桥)、Spring(活动立交)相比,Hibernate 就是一座"桥",选择了这条路,就只有过这座桥。

这座桥的作用是：Hibernate 对 JDBC 进行了非常轻量级的对象封装,使得 Java 程序员可以随心所欲地使用对象编程思维来操纵数据库。Hibernate 并不是唯一为 SSH 架构准备的，它可以应用在任何使用 JDBC 的场合，它既可以在 Java 的客户端程序使用，也可以在 Servlet/JSP 的 Web 应用中使用。它支持各种关系数据库，从一对一到多对多的各种复杂关系。唯一的缺点是：Hibernate 限制所使用的对象模型。例如，一个持久性类不能映射到多个表。

所以，架构师的选择是：用还是不用 Hibernate，不用 Hibernate，就用 JDBC API。在 8.4.2 节介绍 Hibernate 技术的时候，有一个 Hibernate 代码与 JDBC 代码的比较，同意这个意见的人，估计大多数还是选择用 Hibernate 比较好一点。

5. 合理安排各层次的任务责任和角色

SSH 架构的 Struts、Spring、Hibernate 各层，被框架本身赋予了特定的任务责任，因此，顺应所选框架的责任分工，至少理论上，应该可以得到框架所带来的最大效率。对于学生学习项目而言，主要是学习 SSH 架构，因此，充分利用架构特点，理解架构分层的含义和作用，是最主要的目的。

如果需要进一步探讨 SSH 架构各层的任务分配和角色分工，例如，所谓“贫血”模式与“富血”模式等，可以查找相关资料，继续深入学习，本章不再深入讨论。

8.7 实践与思考

8.7.1 实践题

1. 下载本章分析的医药管理系统的代码，并把它运行起来。

2. 根据本章的提示，自己重新将该系统的架构分析一遍，并给出自己的评价和改进建议。特别关注一下书上没有提到的部分，以更多地了解一个软件系统架构的细节。

3. 尝试自己为该系统推荐一个模块，可以是独立的模块，也可以是涉及其他业务逻辑和模块的新模块。例如，将原 MySQL 数据库，更换为 SQL Server 2008 或其他数据库等；也可以选择 8.6.1 节其他需求中提到的新需求。

4. 当考虑新需求的扩展时，尝试提出几种架构设计方案，并比较其优劣。

5. 学习更多有关 MVC 的知识，并运用到自己的架构设计中。

8.7.2 思考题

1. 在医药管理系统中，MVC 的控制器层的作用体现在什么地方？有何改进的空间？

2. 在医药管理系统中，Spring 层的作用体现在什么地方？如何能更好地发挥 Spring 层的作用？

3. 当数据库改为 SQL Server 2008 时，Hibernate 层的好处体现在哪里？

CHAPTER

第9章

基于关键需求的架构设计、验证与评审

本章导读

在第2章介绍软件架构作用的时候就已经提到：架构的第二个作用，就是满足系统的关键质量需求。（架构的4个作用是：实现功能需求，满足关键质量需求，迭代基础，支撑开发过程管理。）本章将集中讨论这些被称为影响系统关键质量属性的需求，以及这些需求的描述、设计对策、实现、验证和评审。

基于关键质量属性的架构设计是目前业界在软件架构设计中非常关注的一个重要方向。这与学院派主要关注软件体系结构的形式化描述和接口抽象不同，它更多地指向满足实际架构设计的核心目标和本质需求，因而，发展出所谓ADD（Attribute Driven Design）的架构设计方法等。对于学习软件架构设计的同学们来说，它可以用来解决为什么设计软件架构、如何设计出好的软件架构、如何检验架构设计的结果等根本性问题。如果为谁而设计的问题不解决，"为架构而架构"的"无病呻吟"就在所难免。

本章在介绍所谓关键质量属性需求的概念之后，简单讨论了几个常见的关键需求及对架构的影响和对策，其实，这些概念和需求案例，在本教程的第2章开始就已经出现，在这里只是把它们再回顾一下而已。理由很简单，如果不讲关键需求，可能都不知道为什么要设计这样或那样的软件架构。当然，本教程也没有将所有关键需求都罗列出来。实际上，范范地讲这些需求是没有什么意义的，每种需求在特定的系统中，都有特定的背景和需求场景，也就需要特定的对策和方法。只需要知道并了解其中一两种（如"灵活性"和"可扩展性"等），推及其余，也就可以了。

实际上，基于ADD方法的关键，首先是了解和理解关键需求的背景和场景，找对方法和对策，然后从模块分解、架构布局、协同设计三个架构设计的基本要素入手，设计出满足关键需求的架构，并加以实现。

本章的另一个方面，就是验证有关的架构设计是否能够满足关键需求。这是基于关键需求架构设计（其实也是任何架构设计）应该有的内容。只是当具有明确架构设计目标的时候，这样的验证才更为有效。这一点在9.6.3节点评一个图书管理系统架构设计评审时，看得尤为明显。而作为示例，9.7节介绍了电梯控制系统的架构设计和评审过程，不敢说可成为架构设计评审的成功范例，至少与 9.6.3 节的案例相比，要来得真实、具体、实际一点。

9.4 节和 9.5 节还介绍了基于微软 VS 2010 的架构验证和测试方法，这里仅仅给同学们一些最简单、最基本的验证和测试体验。其实，应该看到，就像人类的演化和进步一样，软件工程思想和技术的每一点进步，最终无一不是"凝聚"到工具上。如果没有工具作为平台和积淀的载体，那些所谓"研究成果"的论文，都将很快成为浮云。

9.1 理解架构设计中的关键需求

到目前为止，本教程讨论了从需求分析到架构设计的一般过程，以及基于某些特定设计目标而进行的架构设计活动。包括：划分子系统、设计接口、选择合适的设计模式和组件、开发基于 MVC/SSH 架构的系统等。以上这些设计考虑，除了为满足并实现用户的功能需求之外，还为了什么？其实从第一个案例开始，我们就知道：是为了满足诸如"实时性"这样的关键需求。

在前 8 章的案例中，已经不断提到，为了设计、实现、维护系统，除了要满足功能需求之外，同时还需要满足系统的性能、可维护性、灵活性、可扩展性等需求。这些需求是与用户功能不同的另一类需求。

这些需求被统称为与应用系统有关的质量属性需求，有些甚至至关重要。因此也简称关键需求。但对架构师而言，这些需求并不是用户的功能需求，但更为关键和重要，因为它们才是架构师设计系统的真正内在动力和驱动。

满足关键质量属性需求是架构师进行架构设计的源头，也是近年来企业应用和架构设计实践所关注的重点。1.1.7 节所推荐的参考书中，特别推荐的《软件架构实践（第 2 版）》（*Software Architecture in Practice*（美）林・巴斯（Len Bass）、保罗・克莱门茨（Paul Clement）、瑞克・凯兹曼（Rick Kazman）著，车立红译，清华大学出版社，2004）一书，其核心内容，就是讨论有关基于关键需求架构设计。与那些空泛、抽象的架构理论相比，架构师更有兴趣了解在那些特定需求面前，别人是如何应对的。

相对于抽象化的体系结构形式化表示、接口规范与标准等纯理论性的研究，除非有志于这方面的深造（考研或读博），否则，同学们应该更多地学习，并在实际应用中学习并了解影响架构的最主要的关键属性需求；学习并了解导致架构设计和开发朝向能更好地满足这些关键需求的目标前进的技术和方法，这才是提高企业应用和架构能力的发展方向。而前者的真正成果，更多地被采纳、集成和体现在成熟框架、国际通用标准、开发工具和平台中，如微软 VS 2010 的 ATL 组件开发工具、架构设计器等。对于这样的"舞台"，国内的研究者因外部和自身的原因，基本被排除在外，因而，他们研究成果的水平、价值和命运，除了"自娱自乐"之外，也就可想而知了。

9.1.1 质量属性需求的一般概念

简单回顾一下到目前为止所讨论的各种案例，早在 2.1 节文件传输系统、2.2 节汽车控制系统案例中，就出现了所谓架构设计关键质量需求的概念。在那两个案例中的关键质量需求分别是文件传输的“实时性”和汽车控制系统的“灵活性”。在 4.4 节 ATM 扩展项目案例中，关键质量需求是“可用性”，而在 6.3 节的电梯控制系统案例中，关键需求是“分布、实时、并发性”。

在业界，将系统架构设计中涉及的，诸如灵活性、可靠性、可维护性等属性，归为某种质量属性，也就是说，它们是一种与质量有关的属性需求。

1. 质量属性

早在 1978 年 MaCall 和 Cavana 就已经提出软件产品的可操作性、易维护性和可移植性是软件开发应该关注的质量属性。

McCall 特别选择了 21 种软件质量要素度量，并对它们的加权评分的顺序做了规定。以下是按重要性从高到低顺序排列的 21 个要素。

(1) 可审查性(auditability)：检查软件需求、规格说明、标准、过程、指令、代码与合同是否一致的难易程度。

(2) 准确性(accuracy)：计算和控制的精度，是对无误差程序的一种定量估计。最好表示成相对误差的函数。值越大表示精度越高。

(3) 通信通用性(communication commonality)：使用标准接口、协议、规范的程序。

(4) 完全性(completeness)：所需功能完全实现的程度。

(5) 简明性(conciseness)：程序源代码的紧凑与简洁性。

(6) 一致性(consistency)：设计文档与系统实现的一致性。

(7) 数据通用性(data commonality)：在程序中使用标准的数据结构和类型。

(8) 容错性(error-tolerance)：系统在各种异常条件下提供继续操作的能力。

(9) 执行效率(execution efficiency)：程序运行效率。

(10) 可扩充性(expandability)：能够对结构设计、数据设计和过程设计进行扩充的程度。

(11) 通用性(generality)：程序部件潜在的应用范围的广泛性，即部件可重用性。

(12) 硬件独立性(hardware independence)：软件同支持它运行的硬件系统不相关的程度。

(13) 检测性(instrumentation)：系统能监视自身的运行，一旦发生错误时，能明确地标识出所产生的错误的程度。

(14) 模块化(modularity)：程序部件的功能独立性。

(15) 可操作性(operability)：操作一个软件的难易程度。

(16) 安全性(security)：控制或保护程序和数据不受破坏的机制，对防止程序和数据受到意外的或蓄意的存取、使用、修改、毁坏或泄密等的程度。

(17) 自文档化(self-documentation)：源代码提供有意义文档的程度。

(18) 简单性(simplicity)：理解程序的难易程度。

(19) 软件系统独立性(software system independence)：程序与非标准的程序设计语言特征、操作系统特征以及其他环境限制无关的程度。

(20) 可追踪性(reacebility)：从一个设计表示或实际程序组件，追踪到需求的能力。

(21) 易培训性(training)：软件支持新用户使用该系统的能力。

McCall 等人提出的软件质量度量模型、软件质量要素和评价准则为软件质量管理奠定了基础。近年来，国内外许多软件项目组织和老师在软件质量要素和评价准则的选取度量方面做了大量的工作，部分结果已用于开发过程的质量控制和软件产品的质量度量。

1985 年，国际标准化组织(ISO)建议，软件质量度量模型由三层组成。

高层称软件质量需求评价准则(SQRC)，中层称软件质量设计评价准则(SQDC)，低层称软件质量度量评价准则(SQMC)。分别对应 McCall 等人的要素、评价准则和度量。ISO 认为应对高层和中层建立国际标准，以便在国际范围内推广应用软件质量管理，而低层则可由使用单位自行制定。ISO 高层由 8 个要素组成、中层由 23 个评价准则组成。

高层的 8 个要素为表 9-1 中的行，中层的 23 个准则为表 9-1 中的列。它们之间的关系如表 9-1 所示。

表 9-1　ISO 的质量要素与评价准则

关系 要素 准则	正确性	可容性	有效性	安全性	可用性	可维护性	灵活性	可互操作性
可追踪性	√							
完全性	√							
一致性	√	√				√		
准确性		√						
容错性		√						
简单性		√				√		
模块性						√	√	
通用性							√	
可扩充性								
检测性						√		
自描述性						√	√	
执行效率			√					
存储效率			√					
存取控制				√				
存取审查				√				
可操作性					√			
易培训性					√			
通信性					√			
软件系统独立性							√	
硬件独立性							√	
通信通用性								√
数据通用性								√
简明性						√		

虽然 1985 年还是传统软件工程刚刚开始进入以 CMM 为代表的软件过程时代(所谓软件工程第二代),但是,软件开发人员已经开始注意到软件系统中,那些非功能性的质量属性问题。而其中,需求和系统设计质量之比,已占到 8∶23,可见设计质量之重要。而在 23 个设计质量中,绝大部分是架构设计的质量。所以,也有软件质量是“设计”出来的之说。

2. 质量属性与架构

世界著名软件项目大师 Karl E. Wiegers 说,质量属性很难定义,但它经常可以区分产品是只完成了其应该完成的任务,还是使客户感到满意。

确实,早期的软件系统结构设计,一般都是从功能实现(功能划分、职责配合)的需要、系统软硬件部署的需要、运行的需要,甚至某些开发方式(人员分工、开发还是采购)的需要,来考虑如何切分应用系统模块,定义系统架构。由此,将这种基于“刚性”架构特性的系统设计,称为基于功能的架构设计。操作系统(OS)的架构、ISO 网络 7 层的架构、手机处理组件的流水线架构等,首先是从其自身的这些“刚性”的功能性因素出发,形成各自特定的系统架构。

但是,还应看到,诸如系统的性能、安全性、可用性、易用性、可修改性、可移植性、可测试性、可集成性、可重用性等,这些“柔性”的质量属性可能更能够让客户满意,并且它们与系统架构有着更紧密的联系。

所谓功能性需求,是系统必须实现的、对系统所期望的工作能力。实现功能性需求,可以有也可以没有内部组件和组件间的职责划分(在一个组件内实现),可以有也可以没有组件与组件之间的配合与协作。可以不考虑系统的可扩展、可维护、可修改等特性。系统的功能实现,可能与架构如何设计毫无关系,既没有架构设计也可以开发出满足功能需求的系统。其实,学生在学校所完成的软件开发(按照严格意义上讲,可能都还不能称为系统,也不能称为项目),基本是没有自己特定的架构设计,甚至架构设计考虑都没有。

质量属性与架构的关系是:质量属性既与架构有关,也和具体实现有关。但架构是获取许多关键质量属性的基础,在架构设计过程中,就应考虑到这些质量属性,并在设计构思阶段,在架构层次上进行评审。

任何一种质量属性,都不可能在不考虑其他属性的情况下单独获取。一个质量属性的获取对其他质量属性可能产生正面或负面的影响。因为它们之间往往是相互关联的。例如,灵活性和可扩展往往表现为正相关性。但显然,不论这些可扩展的、灵活的设计涉及开发期的工作量,还是在运行(包括编译)中载入,都导致系统的效率(包括开发工作效率)降低、维护困难,这是它们不得不付出的代价或称为“开销”。因此,灵活性与可扩展性与系统复杂程度和可维护度负相关。

3. 质量属性需求的分类

需求的分类如图 9-1 所示。

质量属性是非功能性需求,从某种意义上说,质量属性是软件系统在其生命周期过程中所表现出的各种独特特征。

从分类方法上看,质量属性可以分为三类:系统属性、商业属性和架构属性。

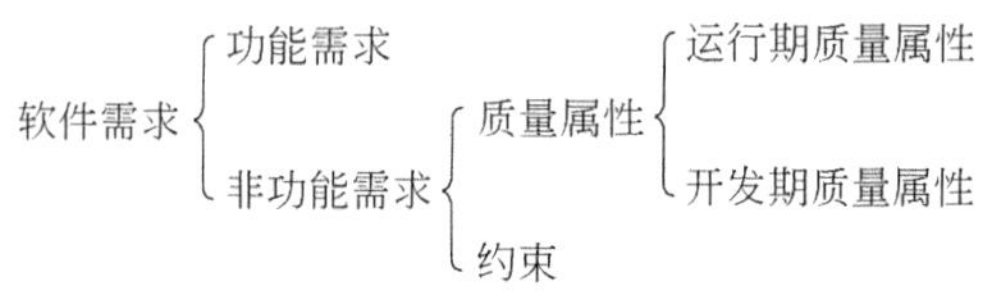

图 9-1　需求的分类

(1) 系统属性按运行时是否可见又分为以下两种。

① 运行时可观察到的：性能、安全性、可用性、易用性。

② 运行时不可观察的：可修改性、可移植、可测试、可集成、可重用。

(2) 商业属性包括以下几个。

① 投放市场时间：投放市场时间的缩短可以通过采用商用产品或以前项目中所构建的组件，如系统注册模块。将一个以前构建好的组件方便地插入到系统中的能力依赖于系统模块的良好分解；

② 成本：不同的架构会导致不同的开发成本；

③ 预计的系统生命周期的长短：一个可更改和可移植的系统会具有更长的生命周期，但显然会延长开发和投放市场的时间。

(3) 架构本身的质量属性包括以下几个。

① 概念完整性：架构应该以类似的方式做类似的事情，迈向概念完整性的最重要一步是有一个系统架构师；

② 正确性和完备性：架构能够满足系统的各种需求及运行时的资源要求；

③ 可构建性：保证能够由指定的开发小组完成。

4. 学习基于关键质量属性架构设计的难点

学生在编程课程中所写的大多数应用程序，可能基本没有涉及过任何含有关键质量属性的需求，因为那些程序代码一般是非常简单、人为设定好的一个小任务。因而，不会出现或专门为这样的需求进行特定的架构设计。

架构设计课程中常常会遇到这样的问题：MVC 模式到底有什么用？优势在哪里？为什么要三层结构，甚至更多层结构？设计模式、接口、组件、中间件、面向方面这些“时髦”的东西，到底用在什么地方？除了增加麻烦、降低效率，为什么看不到它的好处？所以，架构设计难免陷入“为赋新诗强说愁”的境地。

即使提出所谓的关键需求，从需求到解决方案，也如隔靴搔痒，似是而非。

例如，下面是一个从网上找的学生的方案。

1) 需求

某学生《综合性校园电子商务平台》项目的“可用性”关键质量需求是：可用性关注于如何让用户简单容易地实现他想要完成的动作。这样可以使用户快速地学习该系统的功能，高效地使用系统从而将错误最小化并且让用户对该系统有信心和满意。

2) 实现方案

网页界面对用户来说很熟悉；在不熟悉的上下文中，界面是可用的；帮助的信息非常明显。

3）效果度量

清楚使用该系统功能所花费的时间、用户的满意度、错误操作的数量。

这样的需求描述和实现方案，对用户（使用者）和开发者而言，都有很大的二义性，因而是难于实现和检验的。

正如讨论软件项目质量时经常提到的用户界面“友好性”的例子。

现在一般用户已不再使用“用户界面友好”这样笼统的判定标准来验收软件，因为“友好”一词实际上是无法检验和度量的。是否友好，似乎要看当天的天气和检验者当天的心情而定。现在，相关问题细化、等价于具体检查以下方面。

(1) 系统显示的所有名词、用语（界面、菜单、提示、输入等场合），必须符合用户已有的词汇规范（例如，电信软件应符合电总的相关规范，该规范是有明确文本可查的）。因此，出现并使用非规范用语是错误的，这是最基本的“友好性”要求。度量点：出现不符合情况的个数。进而可以评价是否友好。

(2) 所有下拉菜单、按钮、可选择的输入项，直到业务流程的处理，都提供尽可能专业的、明确的、友善的操作提示和帮助，使得不熟悉的使用者，并不需要长时间的培训和记忆，只要经过一两次操作培训后，就能立即、明确、无二义地知道该名词、操作按钮、流程的含义、效果或后果，并熟练地使用系统，这是第二层次的“友好性”。度量点：用户发生错误的次数和普遍性，进而可以评价有百分之多少的人在此都理解错了，那就是系统的问题。（如同同学们都不能回答出正确的答案，那就是老师的问题。）

(3) 在使用者输入、操作发生错误的时候，给出最接近错误定位和错误本质的提示和改正建议，或可以由系统自动修改操作（需用户确认后执行），如果不能确定错误的定位和性质，就给出更高层次、范围更大一点的提示，目的是给不熟悉的使用者一个思考的指向。这是高层次的“友好性”。到达高层次帮助的比例是越高，说明系统帮助的有效性越低。

可以看出，“友好性”不是如上述学生项目中那样，凭开发者或使用者的主观感觉（快速、高效、信心、满意、熟悉、可用、明显）评价的，是需要提取特定的要素、依靠特定的检验方法（可定性甚至是定量）度量的。这不仅是技术，而更多的是需要经验。因为如果按上述学生方案那样写，用户可以永远不让测试通过。当然，作为开发商来说，要能够让用户测试的时候“没有什么话可说”，除将“友好性”变为上述可度量的属性，更需要靠做大量的工作来实现。

实事求是地说，某些用户的水平，与学生的水平是旗鼓相当的（高水平的用户，也是可遇不可求的）。当开发商按照用户的需求，开发出一个应用软件系统，按期完成并移交使用后，系统能够正确实现用户需要的功能，这是否就可以说，已经满足了用户的质量要求？用户自己的质量需求是什么？在这方面，可能作为用户，他自己也不是十分清楚。

从 9.1.2 节开始，将讨论这些关键需求从何而来，以及将如何应对。特别地，针对学生和初学者，在本章的最后，将讨论特别针对学生项目的关键需求设计要求和评审要点。

关键需求的需求获取与分析，比常规需求的获取与分析要更困难，因为不但要了解用户的业务过程，也需要了解架构设计的限制与约束，并在两者之间找到平衡点。这也是架构验证和评审的主要判断点和难点，这在此说明，从某种意义上说，架构师靠的不单是技术，更是经验，也体现在这里。

9.1.2 几个常见的质量属性需求

以下展示的需求，不论是来自外部(用户)，还是来自内部，需要搞明白的都是需求的利益干系人所真正关心的是什么？有针对性的应对策略是什么？否则，讨论需求与对策便是“鸡同鸭讲”。

1. 可用性

可用性是指系统正常运行时间的比例，是通过两次故障之间的时间长度或在系统崩溃情况下能够恢复正常运行的速度来衡量的。具体可用性 α 的度量公式是：

$$\alpha = \frac{\text{平均正常工作时间}}{\text{平均正常工作时间} + \text{平均修复时间}}$$

例如：

(1) 虽然发生了故障，但系统自动恢复，没有影响使用，修复时间=0。$\alpha=100\%$。

(2) 非实时的应用系统，每天只需要工作 2h，在什么时间都可以用，不要求在特定的时间运行。即使某个时段有故障，一天 6h 之内就能修复。$\alpha=100\%$。

(3) 平均正常工作时间：24×7，如果需要修复时间，α=？

可用性的架构策略可见以下 ATM 扩展项目的案例。

2. 可修改性

对系统的更改一般是由于拥有该系统的组织的商业目的发生了变化，这些变化包括：

(1) 功能的扩展或改变；

(2) 删除/重组已有的功能；

(3) 适应新的操作环境。

可修改性从不同的角度看，有时可能是可维护性、可扩展性、系统可用(可适应)性等属性的代名词。上述属性可看成是系统所展现的外部属性，也可以看成是用户属性，是来自开发组织外部的需求。

可修改性也可能是系统开发的内部属性，即开发者所关注的属性，是开发组织的内部需求。例如：

(1) 可修改性是进行快速修改并使修改代价尽可能低的一种系统能力，这种能力直接受到架构的限制；

(2) 可修改性的本质是所做修改的局部性的函数。

架构决定了各个组件及其职责，因此也定义了各个组件需要修改时所处的状态，最简单的架构策略是——设计良好的架构，使得这些修改：

(1) 最好：仅涉及一个组件的修改。

(2) 其次：需要涉及多个组件的修改。

(3) 最糟：涉及整个架构的修改。

3. 性能

性能是指系统的响应能力——即对外部刺激(事件)做出反应时所需要的时间或在某段时间内所处理的事件个数。

有关性能的架构设计策略可以写另外一本书。

性能通常是系统中各组件间进行通信或交互的数据量的函数。如函数之间的调用、参数的传递等。因此,性能与架构密切相关。例如,可以通过观察服务请求的到达和分发速率、处理时间、队列大小和延迟时间长短等指标了解系统性能,将其模型化并进行分析。也可以根据预计的工作负载,通过构建系统的随机队列模型来模拟该系统的性能。

4. 安全性

安全性是衡量系统在向合法用户正常提供服务的情况下,阻止非授权使用和抗拒、拒绝服务攻击的能力。

系统受到抗拒和拒绝服务攻击的威胁可以分为两类:拒绝服务或 IP 源地址欺骗。对攻击的防卫、检测或响应可以采取如下的架构策略。

(1) 可以在外部用户和提供服务的系统之间设置认证服务器;

(2) 可以配置网络监视器来检测和记录网络事件;

(3) 可以把要保护的系统置于通信防火墙之后;

(4) 可以在某个可信内核的基础上构建系统,由该内核提供安全服务。

5. 可测试性

可测试性是指通过测试使软件显现出缺陷的容易程度,即假设软件中至少有一个缺陷,在下次测试运行时,缺陷暴露的可能性。

系统的可测试性涉及架构问题的如下几个方面。

(1) 架构级别上文档编制的水平;

(2) 对问题的隔离;

(3) 信息隐藏原理应用的程度。

6. 易用性

易用性可分为如下几个方面。

(1) 可学习性;

(2) 效率;

(3) 可记忆性;

(4) 错误避免;

(5) 错误处理;

(6) 满意度。

软件达人林锐博士专门写了一本书,介绍 Web 应用的界面设计方法(《Web 软件用户界面设计指南》,电子工业出版社,2007),包括如何使得 Web 应用更易用等,可供参考。

7. 可移植性

可移植性是系统能够在不同计算环境下运行的能力。这里所说的环境可能是硬件、软件或两者的组合。如果对任何特定计算环境的所有假设都仅包含在一个或几个组件中,那么就说该系统是可移植的。

如果仅因为程序由 Java 编写,就简单地说,它可以在 UNIX 和 Windows 系统之间相互可移植。理论上是这样,实际并不行。在架构设计中,往往把与平台相关的问题进行封装，并采用一个可移植层，它是一组软件服务的集合，使上层应用软件与其环境具有抽象接口，并且在移植时接口不变，来实现可移植性。可移植性是信息隐藏原则运用的结果。

8. 可重用性

可重用性是指要合理地设计系统，使系统的结构或其某些组件能够在以后的应用开发中重复使用。架构的各个组件就是重用的单位，一个组件的可重用程度依赖于它与其他组件的耦合程度，因此，架构设计就是力求每个组件都尽可能是外部独立的（至少是松耦合）。

可重用性与架构密切相关，它还可以看作是可修改性或可集成性的特例。这相当于一个硬币的两面：建立的系统可修改导致了系统可重用。

9. 可集成性

可集成性是使独立开发的系统组件能够协同运行的能力，集成性依赖于：

（1）组件的外部复杂性；

（2）组件之间的交互机制和协议；

（3）组件功能划分的清晰程度；

（4）组件接口的定义是否完整、合理。

可集成性表明了一个系统内各组件之间相互协作的能力，而互操作性衡量的则是一个系统与另一个系统的协作能力。

9.1.3 质量属性需求的场景描述

1. 规范质量属性需求的需要

在 4.4 节 ATM 扩展案例中讨论了老太太取钱失败的情形，因此提出，解决问题的关键是 ATM 系统（ATM-前置机-银行）必须实现“实时”和“有效”的故障处理，并简要描述了“实时”与“有效”应达到的效果。

这是关键需求的用户需求描述，但作为系统架构师而言，用这样的需求描述去定义和设计系统架构，显然不明确、不准确，可能存在“歧义”。因此，不具有架构设计的“可操作性”。例如，对“故障”的定义，是因为 ATM 机本身的故障，还是网络故障，或者甚至是前置机、银行计算机系统的故障？不同的故障，原因不同，故障处理和恢复的方法不同，达到的“实时”和“有效”性的效果也不同，不能一概而论。架构设计一定是在充分分析关键需求的基础上，做出的设计方案与设计决策，因此，准确分析、表述、记录关键质量属性需求，则成为架构设计的前提。而质量需求与功能需求相比，具有更难于清晰梳理、难于准确表达的特点，使得这一环节显得尤为重要。

综上所述，从一个架构师的角度看，有关质量属性的讨论中存在以下三个问题。

（1）需求描述充满二义性，且不可操作；

（2）由于这些需求的相关性，不同描述可能关注的是同一问题，例如，ATM 扩展项目中的可用性、有效性、易用性、实时性和安全性，都来自系统的同一个故障；

（3）术语不一致，例如，ATM 扩展项目中，描述性能中的“事件”，安全中的“攻击”，可靠性中的“故障”和可用性中的“用户输入”，可能指向的也是同一件事。

能否用一套规范的形式来描述质量属性，使得架构的设计者、开发者和使用者在理解和实现该需求时，能够得到一致的信息？

2. 基于质量属性场景的描述

为了清晰、准确地表述关键质量需求属性，可以借助于一套规范的“质量属性场景”表达形式来描述质量属性。如图 9-2 所示，所谓“场景”，就是对某个实体与系统的一次交互的简要描述，质量属性场景是一个有关质量属性的特定需求。

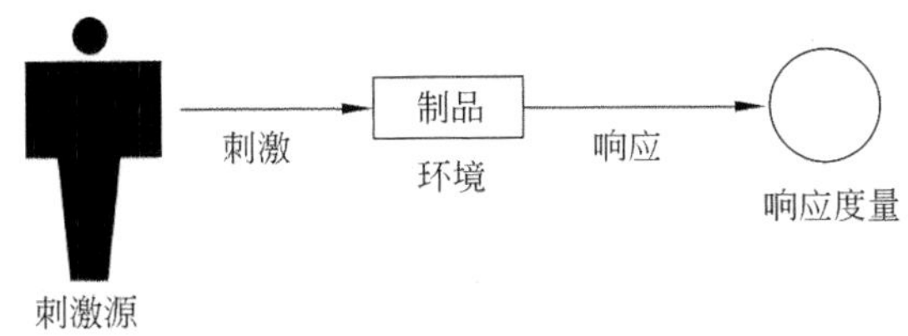

图 9-2 质量属性的场景描述

实际上，这种“质量属性场景”简要描述了某个实体与系统的一次交互，在交互过程中，反映了一个有关质量属性的特定需求。

质量属性场景由以下 6 个要素组成。

(1) 刺激源：可能是用户、外部计算机系统、外部环境，如挖土机等。

(2) 刺激：可以看作是一个导致刺激的事件，如通信光缆被挖断等。

(3) 环境：相当于系统当前运行的状态，如 ATM 系统(ATM-前置机-银行主机系统)。

(4) 制品：系统中对事件做出反应的部分，可以是整个系统或系统的某一部分，如 ATM 机、前置机或银行主机。

(5) 响应：事件到达后系统的相关行为，如本案例后面部分讨论的自动纠错和恢复机制。

(6) 响应度量：对反应结果提供某种形式的衡量，如有自动纠错和恢复机制后，类似故障的恢复效果和时间。

生成这样的质量属性场景的目的，是用来帮助架构师描述有意义的质量属性需求，并使质量属性需求的描述规范化。场景描述提出：因为什么？发生了什么？影响了什么？如何处置？结果是什么的问题。

如何生成质量属性场景？

(1) 先使用与质量属性有关的表格创建一般场景；

(2) 根据一般场景，有选择地创建与特定系统有关的场景。

3. ATM 扩展项目中的关键需求与场景描述

假定将 4.4 节描述的关键需求定义为 ATM 系统的“可用性”。

所谓“可用性(α)”，如前所述，是指系统正常运行时间与故障修复时间的比例，是通过两次故障之间的时间长度或在系统崩溃情况下能够恢复正常运行的速度来衡量的。

ATM 系统要求是 24×7 的系统，这是就整体而言的。如果银行主机宕机，就不是 24×7 的系统了，那就是大问题了。

这里有一个问题，故障是指全市 ATM 系统(ATM 机＋前置机＋银行)全部或部分瘫痪，导致全部 ATM 机不能故障，才算作故障(这样情况的概率应该很低了)？还是如老太太的例子，也算作故障？目前可能银行只算前者，不算后者。但对于老太太来说，她今天的可用性 α 就是等于 0。

ATM 机系统的可用性的质量属性场景描述如下。

(1) 刺激源：导致网络中断的外部环境。

在本案例假定：故障原因仅仅是因为 ATM 与前置机，或前置机与银行的计算机之间的线路发生了故障，导致暂时或永久(修复之前)不能正常通信。造成网络中断的原因主要是外部道路施工等环境因素，不存在内部操作、系统故障等内部因素。

(2) 刺激：造成的结果。

错误操作、系统崩溃、网络中断、响应时间延误等。

(3) 环境：对系统的影响。

本案例只讨论 ATM 业务，实际上，发生上述故障将影响除 ATM 交易以外的很多联机业务，但这些暂时不在考虑的范围之内。

(4) 制品：涉及的具体部件。

本案例只考虑与 ATM 交易有关的业务过程和业务处理相关进程、存储信息、处理过程。

(5) 响应：纠错与恢复。

只针对 ATM 交易的记录、通知、恢复、继续(降级)、不可用。

(6) 响应度量：修复时间、恢复的难度、降级程度。

只针对 ATM 交易的故障恢复处理进行度量。

在上述场景描述中，做了很多界定和限制，这是十分必要的。看来，规范的需求描述，确实可以帮助项目团队明确目标，缩小范围，提高效率(自我保护)。

9.2 基于关键需求的架构设计对策

9.1 节讨论了关键质量属性的场景表示方式，并简单描述了 ATM 扩展项目的“可用性”需求。本节将介绍几个常见关键需求的一般对策方法，并继续用 ATM 扩展的“可用性”需求为例，介绍其需求的现状与对策，进而获得可满足需求的设计方案和架构实现方法。

9.2.1 应对关键需求的对策思路

1. 需求与对策

是什么使系统具有可移植性、可扩展性、可集成性？当外部或内部用户向架构师提出灵活性、可用性的需求的时候，是拍脑袋决策？还是有依据、有方法、有策略地做出合理、明确的设计决定，并使架构决策是可持续的？在架构设计决策时，如图 9-3 所示的思维图也许可以给你一点启示。

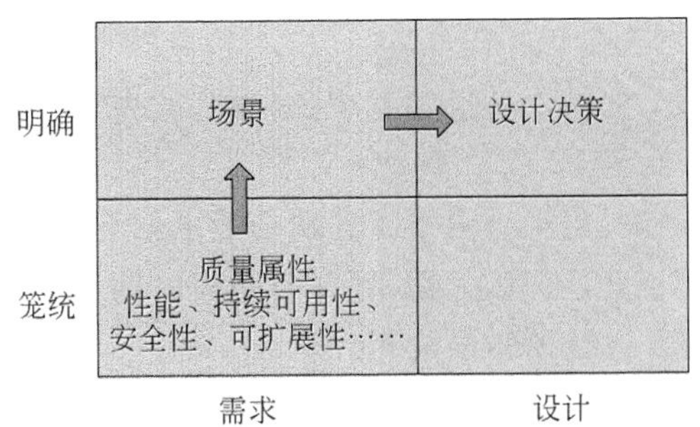

图 9-3 架构设计对策与思路

应对关键需求的战术，是对质量属性的控制产生影响的设计决策。在架构中所采用战术的集合称为“架构策略”。例如，针对质量属性的“可用性”需求，可以采取的策略如下。

(1) 设计决策：冗余。

(2) 决策代价：复杂的同步。

从某种意义上说，每一种战术都是一种设计选择，是思想。而系统设计就是实现这些设计选择，是实现。

2. 战术的特点

显然，作为一种战术，应具有以下特点。

(1) 根据一种战术可以分解为其他战术的组合，如冗余战术可进一步求精为数据冗余或计算冗余。并可以按照求精的程度，组织成递进的层次形式。

(2) 模式可以把战术打包，如冗余战术通常还会使用同步战术。打包是一种战术的抽象化，如设计模式。

以下采用“刺激-战术-响应”的形式，具体介绍几个常见的需求和战术。这里无意罗列各种战术，仅作为相关思考的例子而已。

9.2.2 可用性战术

1. 需求

当系统不能提供与规范一致的服务时，即发生了故障或错误。为此，可用性战术要达到的目的是屏蔽故障或修复错误，如图 9-4 所示。

图 9-4 可用性战术需求

2. 基本战术

对付故障的手段可以是屏蔽，如掉电后，暂时无法立即修复，则采用备用电源，屏蔽掉有故障的供电电路。对付错误的手段是修复，如数据库异常或损害时，采用备份数据进行恢复或修复。屏蔽是代替战术，修复是改正战术，这是两种不同的战术思路。

3. 架构实现

不论是屏蔽还是修复，架构上要达到可用的目标，首先需要实现的是发现错误。

1）错误检测

错误检测用于发现错误，用于检测错误的两个战术如下。

(1) 外部检测：采用回声/心跳技术，用一个进程周期性地检测另一个进程，以检查并发现错误，这是依靠外部进行的错误检测。

(2) 自我检测：依靠进程本身的自我错误发现机制(如采用高可靠性系统、高可信软件)，发现自己的错误，这对系统而言是更高的要求。

2）屏蔽

采用双机热备份是实现故障屏蔽战术的具体方法，在双机备份系统中，心跳网络是其关键部件。心跳网络是用来检测双机中“对方”进程是否正确运行的一种机制，如图 9-5 所示。

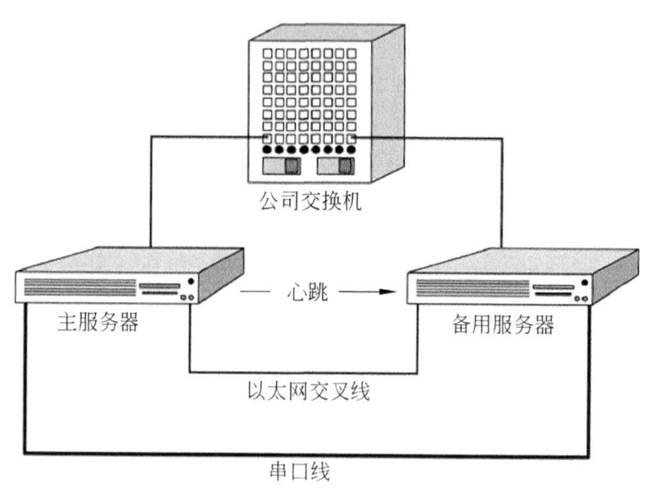

图 9-5 双机备份系统的心跳机制

图 9-6 是由这样的心跳网络构成的图书管理系统的高可靠双机双阵列实时异地容灾系统。

在上述应用系统中，不但由主机、存储设备、网络等硬件设备提供了双机备份的条件，而且，软件系统设计也需要做出相应变化。首先，心跳系统是为双机备份的故障发现和系统“切换”所特别开发的。其次，对于实时业务系统，保持正在处理的业务交易的完整性的机制也是必不可少的。再者，有关数据同步、回退等一套数据转换机制，也应有所考虑。有关这方面的内容，可参考相关资料，在此不再讨论。只希望强调的一点就是，双机备份不仅仅是硬件的事。

3）错误恢复

用于错误恢复的战术有：

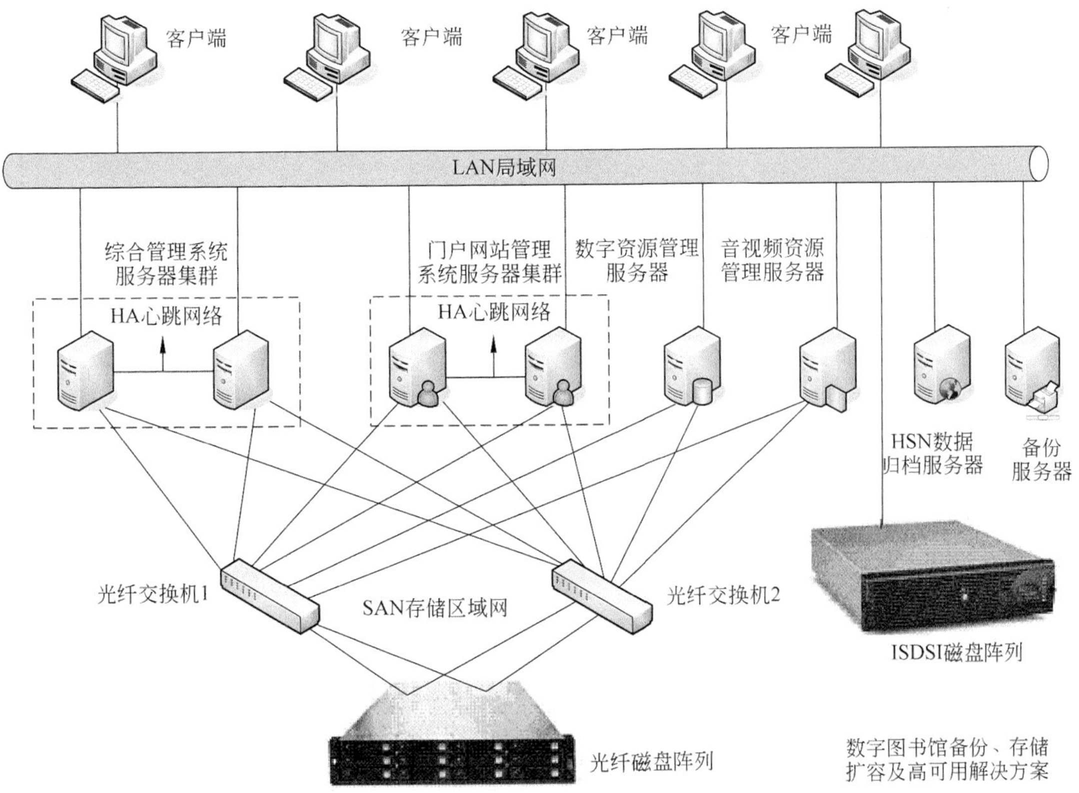

图 9-6 超大规模图书馆管理系统拓扑结构示意图

(1) 表决；

(2) 主动冗余/被动冗余；

(3) 备件/备份；

(4) shutdown 操作/重启/状态再同步；

(5) 检查点/回退。

在以下 ATM 扩展项目中，将会讨论完全或部分错误恢复操作的条件是什么。

4) 错误预防

用于错误预防的战术有：

(1) 规范输入，例如，用下拉菜单选择输入，代替自由输入；

(2) 严格的事务处理逻辑，例如，保证交易完整性的限制；

(3) 进程监视器，例如，断点重传、服务器管理的超时重启。

5) 高可信软件

软件的可信性质的概念包括以下几个。

(1) 可靠性(Reliability)：在规定的环境下规定的时间内软件有效运行的能力。

(2) 安全性(Safety)：软件运行不引起危险、灾难的能力。

(3) 保密性(Security)：软件系统对数据和信息提供保密性、完整性、可用性、真实性保障的能力。

(4) 生存性(Survivability)：软件在受到攻击或失效出现时连续提供服务并在规定时间内恢复所有服务的能力。

而高可信软件系统要求：能充分地验证该软件系统，可以通过一些关键方式，提供所需的服务(可信性)。

9.2.3 可修改性战术

1. 需求

可修改性需求如图 9-7 所示。

图 9-7 可修改性战术需求

2. 基本战术

1) 局部化修改

局部化修改的目标是在设计期间为模块分配责任，以把预期的变更限制在一定的范围内，以降低修改成本，其战术有：

(1) 维持语义的一致性；

(2) 预留应对可能发生变更的措施；

(3) 泛化模块；

(4) 限制可能的选择。

2) 防止连锁反应

防止修改所产生的连锁反应，就是此修改没有直接影响到的模块，不需要被改变。这是为了防止由于模块间存在依赖关系，导致修改的"连锁反应"。这种依赖关系有：

(1) 语法；

(2) 语义；

(3) 顺序；

(4) 模块 A 的一个接口的身份；

(5) 模块 A 运行时的位置；

(6) 模块 A 提供的服务/数据的质量；

(7) 模块 A 的存在；

(8) 模块 A 的资源行为。

防止连锁反应的战术有：

(1) 信息隐藏；

(2) 维持现有的接口：

① 添加接口；

② 添加适配器；

(3) 提供一个占位程序 A；

(4) 限制通信路径；
(5) 仲裁者的使用：
① 数据语法；
② 服务语法；
③ A 的接口身份。
3) 推迟绑定时间
推迟绑定可以允许另一组开发人员进行修改，也可以延迟部署时间，其战术有：
(1) 运行时注册——支持即插即用；
(2) 配置文件——启动时设置参数；
(3) 多态——允许方法调用的后期绑定；
(4) 组件更换——允许载入时间绑定；
(5) 遵守通用的接口协议——允许独立进程的运行时绑定。

9.2.4 性能战术

1. 需求

性能需求如图 9-8 所示。

图 9-8 性能战术需求

一般而言，影响响应时间的两个基本因素是：
(1) 资源消耗；
(2) 闭锁时间：
① 资源的可用性；
② 资源争用；
③ 对其他计算的依赖性。

2. 基本战术

1) 资源需求
减少等待时间的一个战术是减少处理一个事件流所需要的资源，如：
(1) 提高计算效率；
(2) 减少计算开销。
减少等待时间的另一个战术是减少所处理事件的数量，如：
(1) 管理事件率；
(2) 控制采样频率。
或者，控制资源的使用，如：
(1) 限制执行时间；
(2) 限制队列的大小。

2）资源管理

用于资源管理的战术有：

(1) 引入并发；

(2) 维持数据或计算的多个副本；

(3) 增加可用资源。

3）资源仲裁

对资源进行仲裁管理，常见的调度策略有：

(1) 先进/先出；

(2) 固定优先级：

① 语义重要性；

② 时限时间单调；

③ 速率单调。

(3) 动态优先级调度：

① 轮转；

② 时限时间最早优先。

(4) 静态调度。

9.2.5 易用性战术

1. 需求

易用性需求如图 9-9 所示。

图 9-9 易用性战术需求

2. 基本战术

1）运行时战术

易用性需求的基本要点是：系统正在做什么，用户能做什么，系统帮助用户做什么。

人机交互的过程可以有“用户主动”、“系统主动”和“混合主动”多种形式，不论来自何方，都需要根据用户或系统一定的行为模式来实现。

(1) 维持任务的一个模型，例如，英文句子常以大写字母开头，可以纠正该位置的小写字母。某个词组多次输入后 Word 能保存该词组。

(2) 维持用户的一个模型：例如，维持用户模型，使系统以用户满意的速度滚动显示。

(3) 维持系统的一个模型：复制或粘贴的时间预计。

2）设计时战术

在测试过程中，用户接口可能频繁修改，这就要求修改时保持语义的一致，该战术进一步求精为——将用户接口与应用的其余部分分离开来，从而局部化变更。

支持该战术的软件架构有：

（1）模型-视图-控制器；

（2）表示-抽象-控制。

9.3 基于关键需求的架构设计

9.3.1 关键需求产生的背景和理由

1. 关键需求背后的“故事”

有时为了迎合用户，当某些时髦的新技术被厂家吹的火热的时候，为了争取中标的机会，采用当时并不十分成熟的技术是一种常见的现象。例如，中间件流行的时候，就采购中间件；CORBA 技术“热”的时候就宣称采用了 CORBA。其实它们在系统中真正起的作用并不大，或完全可以用更简单的技术代替。不恰当的使用，反而给系统造成不必要的麻烦。企业这样做的目的很明显——满足用户的“虚荣”心理，并提高项目的报价。

与学习软件架构时常犯的毛病不同，如果不是用户提出明确的要求，项目团队一般不会“无病呻吟”地为架构而架构。因为这样做至少需要增加代码和测试的工作量。项目团队不会为了几个好听而不适用的名词而加班。公司也不会花费“冤枉钱”，去买没有实际价值的“中间件”。只有“真正”的需求，才能够实际驱动架构设计。

那么，就每一个具体的软件系统而言，哪些是导致系统架构发生改变的真正需求？它们是从何而来？并最终影响系统架构的呢？首先，真正的需求来自用户。这里的用户，既包括软件系统交付的对象——甲方，也包括要求开发软件产品的公司产品部门和销售部门。

而引导或改变架构设计驱动的动因，是用户的那些“关键质量属性”需求，更是每个这样的需求背后的“故事”。这个背景，导致开发团队、架构师必须将某些关键需求，作为架构设计必须考虑的要素，作为一项“需求”提出，并在架构设计直至整个开发过程中，加以实现和满足。

换一句话说，了解、理解关键需求，最主要的是要理解需求背后的“故事”。在每一个具体项目中，9.1 节所介绍的那些关键需求是怎么来的？

下面以“灵活性”和“可扩展性”为例，介绍它们是怎么被提出，并影响架构设计的。

2. 用户需求的不确定性导致系统架构必须具备“灵活性”和“可扩展性”

“灵活性”和“可扩展性”是软件系统的一项“美德”，但它绝对不是“天生丽质”的。它们是后天“养成”，并且需要花费不菲的代价。获得架构“灵活性”和“可扩展性”之美的驱动，首先来自用户的现实需要，其次才是架构师对这种“美”的“自我追求”。

如传统软件项目的“瀑布模型”一样，当用户把所有需求都确定后，再进行架构设计，架构设计完，再进行编码和测试的时代，已经一去不复返了。大型项目更是如此。作者曾经为电信做过一个项目，项目组干了 5 年，用户（包括项目组）才知道自己真正“面对”的需求是什么。可想而知，那 5 年的代码还有什么用处。需求来自用户的实际生产活动，而用户的环境和需求,也是无时不刻在变化。所以,任何"确定的需求"只能是某一需求的"切面",是暂时的。例如,银行早期为用户的信用卡提供打印并邮寄纸质账单服务,但目前,根据用户的选择,可以通过发生电子账单的方式进行。未来是否有更方便、简洁的范围模式,目前还不知道。但银行系统必须保持用户数据与账单提供形式的无关性,看起来这在系统实现上并不存在什么问题。但是,如果进一步需要根据这些用户信息开展更有价值的用户数据分析和挖掘运用,以了解用户的消费行为模式,则可能会考虑更为有效的数据结构和组织。但用户目前还只要求在提供纸质账单的需求层面,其他的部分目前并没有考虑。

项目团队必须在这样"部分需求"的基础上,进行架构设计和编码。这个用户会长久存在,这个系统的大部分代码必须保持并运行相当长一个时期。但需求会一直变化下去,所以,修改是永无止境的。这就是架构设计"灵活性"和"可扩展性"的关键质量属性需求的来源,从而也是引导架构设计走向的原动力。

用户不会某一天一切都发生了变化,系统同样不会所有代码都"报废"。

哪些是未来可能发生变化的地方?这些变化预期什么时候发生?

这绝不仅是一个具体业务问题,在软件项目团队看来,这更是一个软件销售和产品开发管理的战略问题。

3. 软件系统的方案销售与架构设计

行业软件的销售具有鲜明的自身特点,这就是销售过程是信息流与知识流的结合(没有技术和产品知识,就抓不住市场信息)、开发商与用户的结合(没有用户的参与,就不能开发出真正用户需要的产品)、软件的销售过程与产品知识创新过程的结合(销售过程也是开发过程)、技术开发和产品服务的结合(开发过程也是服务过程),是这个行业的特点。因此,行业软件的销售和实施是技术服务的过程;软件的营销,靠的是解决方案营销,或称为管理型营销。

方案销售的对象是客户的管理层,目标是帮助客户解决业务问题。例如,著名软件公司 SAP 最新引进管理层营销的理念,从颇具服务经验的高级项目经理中选拔软件营销人员加强营销团队,使其在全球第一大应用软件开发公司的头把交椅上销售额一路飙升。

应用软件解决方案是将客户业务层面的管理需求通过与软件系统的集成而实现,因此软件销售人员面临的挑战是,他们必须具有与不具备软件知识的客户(领导)打交道,并依靠其所具有的、能帮助客户解决业务问题的完整解决方案的能力,为客户设计恰当的解决方案,进行方案销售。软件销售人员必须建立"以解决方案为核心"的思维方式,掌握解决方案销售框架及确定和赢得解决方案商机的技能。

对于软件及服务的软件企业,软件营销活动从广义上讲是全程营销,营销活动可以按阶段划分为软件产品及服务的定位和开发、市场营销宣传、软件商机管理、软件方案设计和销售、软件方案实施等不同阶段。

现代软件企业的营销人员,强调的是业务信息知识的综合对称性。没有产品知识,则无法从专业产品开发、功能组合等层次上,保证与客户的无障碍沟通。没有软件工程和项目管理知识和组织内外部资源的能力,就可能造成承诺无力、不当和承诺无效,失去用户的信任。所以,软件企业的营销应建立一流的产品咨询、开发管理、增值服务全流程能力的营销团队。

最终，是架构师搭起市场与开发之间的桥梁，具体过程体现为软件产品开发与管理。

4. **产品管理与架构设计**

产品管理的概念最初是由美国宝洁公司于 1927 年率先采用的，宝洁公司发现：当一家公司的产品或品牌比较简单、单一时，公司的销售可以集中在这些有限的品牌上；但当公司的经营是多元化的，并拥有众多产品和品牌时，把每一品牌的推广，具体落实到产品经理身上，使他只负责某一品牌，做到分工明确，就具有激励作用。即使同一公司不同品牌也相互竞争，作为独立的事业来经营，将大大刺激产品经理的创造力，也能促进各品牌的活力，使这些品牌大放异彩，企业最终将获得整体企业品牌和市场效益的双丰收。

在企业，产品管理的作用是：确保计划和管理一个或一组相关产品系列(通常称为产品线)，以满足经营目标和客户需求。产品管理是对每一个产品从生到死的"照料"。

如图 9-10 所示，软件产品的生命周期是一个变化的曲线。产品经理要①在产品的生命周期中给予每个产品应有的技术支持。②对当前的和未来的竞争因素或其他重要影响有足够的了解，对产品的有效推广和展示有详细的对策。③对产品改进、产品线扩展和新产品的开发和计划有足够的管理。④有足够的能力或技术来研究、监视和跟踪，开发或获取新的改进和提升，延长产品的有效生命周期，保证产品线的未来竞争力。

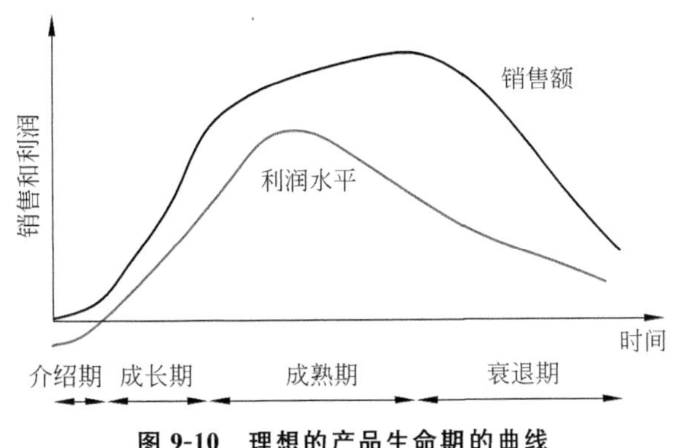

图 9-10 理想的产品生命期的曲线

产品管理在企业中的导向作用体现在：产品管理具体体现企业的战略计划，产品管理覆盖市场、销售、开发、生产等企业全流程，产品管理作为市场导向的具体化，产品管理直接影响(导向)新产品流程。

图 9-11 为产品管理各阶段的主要工作和作用，从中可以看到，产品管理覆盖产品整个生命周期全过程，而产品开发只是产品生命周期中重要的一段。

图 9-11 说明产品管理流程与企业其他管理流程的协同关系。

在这里，新产品开发的不同，主要体现在由于主观或客观动机的不同，而产生的不同的驱动模式，不同的驱动模式，导致不同的开发前期行为。

需求驱动是开发者根据自身对市场的分析，产生的更新/开发新产品的需求希望，而产生的新产品驱动。在需求驱动模式下，新产品开发的前期，主要要做的工作是完善设想、概念形成和产品需求分析、市场研究、竞争对手分析等市场分析，以及模拟用户验证，然后，进入产品开发阶段。在产品开发的后期，还需要进行市场试销，检验市场和用户的

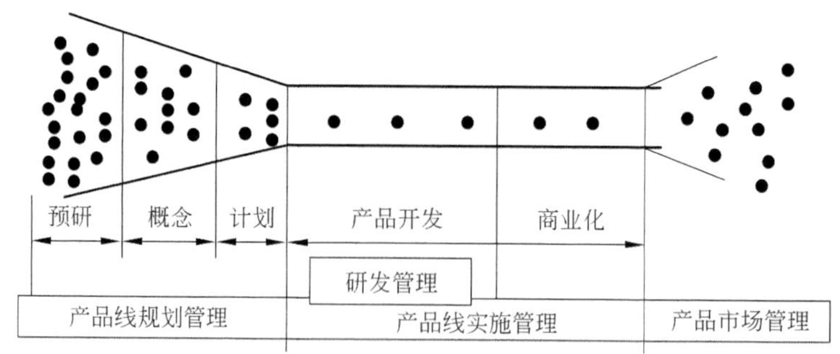

图 9-11 产品管理的各阶段

反映,如果能符合自己预先的设想,才能够投入大批量生产。

竞争驱动与需求驱动的不同在于,竞争对手已经占据了该产品一定的市场份额,用户对该产品的需要已经比较明朗,而不是仅仅是由我们自身感觉到可能存在的"潜在"的市场。因此,其过程相对简单。仅需要进行必要的分析决策后,就可以进入开发阶段。也没有必要进行很长的市场试销过程,因为竞争对手已经打开了市场。

技术驱动模式与需求驱动的不同是,需求驱动的构思来自市场,技术驱动的构思来自企业获得的新技术。因此,从技术到产品、再到市场认可,是技术驱动要走过的路程。技术驱动的过程,简单描述为:产品构思、需求评审、方案筛选(功能分析、功效分析、使用分析、属性扩展分析)、可行性研究、产品初步设计和模拟实验、系统分析、试制和鉴定、试销、正式投产和上市。

实际上,从以上三种模式分析中可以看出,技术驱动的过程最复杂,风险也最大。而竞争模式本质上就是跟踪/超越战术,它的目标明确、投入最少、风险最小。所以,有句俗话用到这里,同样也是适用的。这句俗话说"荒地无人耕,耕出来大家争",就是讲最先投入的人,可能未必是"赢家"。

图 9-12 是在技术的不同成熟期导致的不同结果的分析。

系统并不是越灵活、越可扩展越好,因为首先"灵活性"和"可扩展性"的实现,毕竟是要花费代价的,同时,"灵活性"和"可扩展性"到什么程度为合适,不是不足,也不会"超前消费",这对用户和开发团队而言,是一面"双刃剑"。因此,平衡和折中往往是必需的。

架构师显然要比编码工程师站的更高一点、看得更远一点。他虽然不是销售经理,也不是产品经理,但他应该理解并具体完成和实现销售经理的承诺、产品经理的期望。这就是关键需求的背景和来源。

这一点说起来简单,但要真正理解,其实并不容易。且不说这是学校、教科书所不会教的内容,即使在软件企业,当一名新的架构师从编码走向架构设计岗位的时候,要从编码的角色,转变为架构设计的角色,转变为应该为全局、为未来、为过程控制和管理考虑问题,而不是为功能、为测试通过考虑问题,他的路还很长。

似乎可以为编码工程师规划一条逻辑思维抽象成熟度的"成长道路":具体代码→功能→组件和接口→架构→项目→迭代→产品。显然,架构师应该把"灵活性和可扩展性"放在以架构为中心的位置,朝向产品方向考虑需求,朝向代码方向考虑实现。

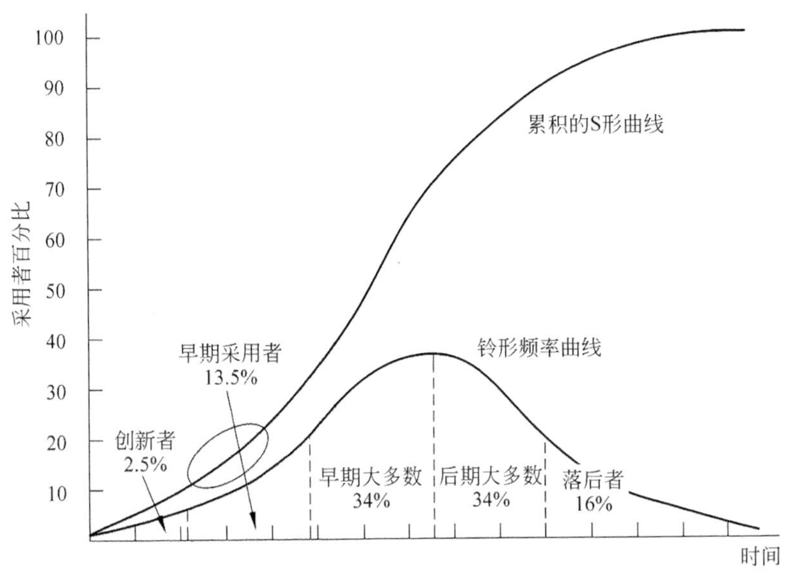

图 9-12 产品的技术成熟期与效用

9.3.2 与架构设计有关的约束与限制

与架构设计有关的另一个制约因素是设计约束。

1. 架构设计约束的"刚性"要求

原则上,架构设计约束也可以是功能需求或质量属性需求之中的某一类需求,如灵活性、可扩展性等,而不是如 9.1.1 节中罗列的各种属性之外,新增加的一种属性需求。设计约束的另一个特点是:设计约束是明确的、必须要实现或遵守的需求。这一"强制性"特点,决定了设计约束在架构设计中的特殊地位。"强制性"体现在"非此即彼"的"刚性"要求,而不是满足度、实现程度等"弹性"的指标。

以下简单罗列一些与架构设计有关的约束,有些是显而易见的,有些则不然。

2. 影响物理架构的设计约束

在一个应用系统中,与物理架构有关的设计约束是最显见的。往往用户也会在需求中明确提出。例如,是 C/S 架构还是 B/S 架构,服务器的个数、每个服务器的 CPU 的个数和处理能力数(mips)、存储容量、数据备份方案、客户端数和同时在线的用户数、进程数、服务请求数等。这些指标决定了系统的架构,更决定了系统的规模和造价,没有用户不知道的。不过,学生项目并不考虑这些,因为他们的系统通常只在既作服务器,又作客户端的一台 PC 上完成,所以难于体验这个问题。

在一个"网游"系统中,物理的架构和规模是随着"负载"的不断扩大而扩大的。因此,采用什么样的服务器级联、模块划分、责任分配、进程通信,以及负载平衡方法,都受制于不同的物理架构。这类所谓"动态"架构,是架构研究的一个新的应用方向。

3. 影响开发架构的设计约束

采用什么样的开发平台，是最显见的影响因素。虽然有一些所谓“跨平台”的开发工具，但在实际应用中，很少有一个完整的应用系统是真正意义上“跨平台”的。所以，平台无疑是需要开发架构的主要约束因素。

是 Windows 平台还是 UNIX 平台，是 IOS 还是 Android，两大阵营可谓“泾渭分明”，立场不可混淆。再细分下去，从开发语言、中间件，再到数据库，用的是哪家的，无一不需要“搞清楚”。

另一个新课题是所谓的“异构”系统，即把不同平台下的软件系统整合在一起。由于平台不同，平台之间的“接口”是比组件接口更复杂的连接关系。这是软件架构研究的另一个话题。

4. 影响逻辑架构的设计约束

例如，可重用和可迭代是影响逻辑架构的两个主要设计约束。

可重用是提高软件开发效率和质量的一个好方法，也是软件人的不懈追求。如果对项目团队的开发有重用的要求，不论是重用别人已经开发好的组件，还是自己开发可重用的组件，以后提供给别人使用，什么是重用的约束?

最主要的重用约束，当然是组件功能的合理抽象和接口标准的规范化。功能抽象合理，能够有可能提供给别人用或别人愿意用，而接口规范，则别人更容易使用。

可迭代与可重用不同，它对架构设计的影响虽然也体现在功能逻辑划分上，但它体现的是前一个开发周期完成一部分功能，后一个开发周期(迭代阶段)完成另一部分功能。前一个周期完成的功能是可交付、可使用(部分)的，后一个周期继续完成该功能，但并不废弃前一周期的工作，否则就不是迭代。所以，迭代对架构的影响，更多的在功能逻辑设计和接口的灵活性、可扩展性。

5. 其他设计约束

其他一些约束可能是非技术性的，例如，时间约束、人员与资源约束、软件过程管理约束等，这些约束虽然不是技术性的，但它可能比技术要求，还要严重地影响项目团队的行为。在高度压力之下，人的心理和行为都可能发生连自己都无法预料的变化。放松不只是一句口号，不只是心理暗示，架构师更多地要靠前瞻的预计、周密的计划、合理的组织，然后，在技术上有充分的准备，包括灵活性、可扩展性、稳定性、可靠性等，来应对这样的压力。

6. 在学生项目中体验架构设计的“刚性”约束

由于学生项目的条件限制，上述设计约束在架构设计实践中，难于表现和体验。例如，在一个由学生团队从需求到测试，都是自己或几个人分头完成(以功能为单位)的情况下，很难加入重用或迭代的需求，也无法客观检验。

作者在教学过程中，探索选择一些适合学生完成的二次开发项目，作为课程实践课题。二次开发项目既可以了解别人的长短，又可以加进自己的设想，实际的代码开发工作量(重复劳动部分)也大大减轻。但无疑与从一张白纸开始相比较，难度提高了。难就难在“起点”提高了，不是那种不切实际的、“自说自话”的、随便弄些“虚拟”功能就“凑”成一个系统的，而是具有一定实际业务背景和实用价值的项目了。

如本教程的 ATM 控制项目、电梯控制项目、医药管理系统项目等，可继续留用的部分就是重用，新加的部分就是迭代。虽然这样理解重用和迭代不是十分严谨，但除了规范性之外，难道说这不是重用和迭代吗？

9.3.3 影响架构设计的关键机制

很显然，架构设计必须响应关键需求并受设计约束限制，否则，"后果会很严重"。

但是，关键需求与功能需求不同，不能通过添加一个或多个功能模块，就可以实现和满足的。例如，一般不可能仅通过添加一个或几个功能模块，也不能通过几次迭代模块的开发(迭代只是将要实现的模块分几次完成而已)，就能实现所谓的"灵活性"和"可扩展性"。

关键质量属性的实现，靠的是特定架构机制的设计和实现，而这些实现机制是什么呢？本教程不是这方面的专门研究，所以，也不打算将所有关键需求及其实现机制一一罗列出来，还是以"灵活性"和"可扩展性"为例来进行讨论。

从架构的定义就可以看出：架构是由模块、连接和连接关系三个要素构成的。因此，影响架构的关键因素或关键机制，也离不开这三个要素。

1. 模块划分方法是影响架构的第一关键要素

软件系统概要设计阶段的任务是：模块的划分，将系统的主要任务和责任逐个地分解到更小的任务单位。无疑，划分方法将直接影响到系统总体任务是如何由各个子任务承担并实现的。站在架构师的角度看，这显然是影响系统架构的第一关键要素。

与考虑任务和责任划分不同，架构师应针对需求的"不确定性"而导致的"灵活性"、"可扩展性"需求，考察这些关键需求的具体背景是什么，"灵活性"和"可扩展性"涉及哪些模块，然后，还需要将这些模块挑出来一一加以考察。

需求的"不确定性"要求架构设计具有"灵活性"和"可扩展性"。但是"不确定"是有一定范围和限度的，不是什么都不能确定。哪些能确定，哪些不能确定，这不单是考验架构师对架构本身的认知和把握，同时也是考验其对用户业务、需求、未来发展方向的把握能力。如前所述，不确定性的背景，实际是市场(用户)和产品开发的常态。

在本课程中，并不指望并要求学生能够很完整、很准确地理解并把握软件系统需求的不确定性，并设计出具有"灵活性"和"可扩展性"的系统架构，因为这是不现实的。但是，可以通过编写一些同学们熟悉的应用，例如媒体播放器，也可以选择那些虽然不是十分熟悉其全部完整的业务过程，但扩展本身的领域对是否熟悉原有的业务过程要求并不是很高的项目，如 ATM 的可用性扩展、医药管理系统中的授权管理扩展等，以体验和了解一个已有应用系统架构中，"灵活性"和"可扩展性"是如何实现的，在架构设计中，应该如何进一步设计考虑和把握这个属性。

考察的目标是，以"灵活性"和"可扩展"为例，对某些模块而言，当本开发周期只完成其中的部分功能时，应该如何划分、设计和实现这些模块？应该如何把本期实现的和未来扩展的部分，在逻辑边界上区分开来？未来如何衔接，而修改和影响最小？所有这些问题，都指向一个关键词——"分离点"。

实际上，软件项目字典里并没有严格的所谓"分离点"的定义，引用较多的是 Ivar Jacobson 博士(著名的 UML、RUP 过程创始人)在《AOSD 中文版——基于用例的面向方面软件开发》中的一句话："好的架构必须使每个关注点相互分离，也就是说系统中的一部分发生了改变，不会影响其他部分。即使需要改变，也能够清晰地识别出哪些部分需要改变。如果需要扩展架构，影响将会最小化。已经可以工作的每个部分都将继续工作"。

"分离点"的作用在这里显示得非常明显，将那些已经确定和作为迭代基础的部分和需求不确定，即需要迭代的部分分离开来，使得后者的变化不会影响前者。

2. 连接方式是影响架构的第二关键要素

架构设计不是模块一"切"了事，划分的同时，就已经考虑了模块之间的连接和连接关系。即在任务职责上它们是如何既分工、又合作，在软件实现上，它们通过什么方式发生联系并实现协同的。

在模块划分完成之后，如何将它们连接起来，并形成合适的系统架构布局，以满足如"灵活性"和"可扩展性"的第二个关键要素？

以不同的网络结构形态为例：C/S 架构和 B/S 架构都是客户/服务器模式，最大的不同是 C/S 架构的客户端采用的是 Windows 下的客户端代码程序，而 B/S 架构则使用 IE 浏览器作客户端。单应用服务器的简单运用与多服务器群(如包括接入服务器、门户验证服务器、不同应用分类服务器等、备份、负载平衡)的应用，在灵活性与可扩展性方面，有很大的不同。但它们之间的连接方式是基本系统的，即主要通过网络(物理)和 HTTP 等协议(信息交换)方式，建立连接。

而在同一主机内部，消息机制、进程通信、过程调用等，是它们主要的连接方式。

3. 连接关系是影响架构的第三关键要素

第 7 章讨论了接口、设计模式、组件等架构设计的更深入的方法，它们从一般方法出发，提供了架构中模块之间、应对各种需求的连接方式和连接关系，重点是后者。其中，面向对象的设计模式是提供模块之间灵活性的最主要的思路和战术方法。

基于以上三个要素，就比较容易理解以下所谓 ADD 的架构设计方法。

9.3.4 基于关键属性驱动的架构设计

1. 关键需求属性驱动的架构设计

所谓关键属性驱动的设计(Attribute Driven Design，ADD)，是把一组关键质量属性需求作为输入，架构师利用对关键质量属性需求与架构设计和实现之间关系的了解，对架构进行设计的方法。

ADD 作为一种定义软件架构的方法，将自模块分解开始的架构设计过程，建立在软件必须满足的关键质量属性之上，并且是一个递归的分解过程。在每个设计阶段，都选择某个或某一组战术和架构模式，来满足一组质量属性需求。然后，对功能进行分配，以实例化由该模式所提供的模块类型。

在生命周期中，ADD 位于需求分析之后。ADD 的结果是架构的模块分解视图和其他视图的最初的几个层次,不是视图的所有细节都是通过 ADD 得到。这很容易理解,关键质量属性需求是高度抽象的,例如上例中的“灵活性”和“可扩展性”。响应该需求的第一步,首先也将是“战略性”的,而非“战术性”的。

系统被描述为功能和功能之间交互的一组容器。ADD 的结果是粗粒度的,由 ADD 得到的架构和已经为实现做好准备的架构之间的区别是,需要做出更详细的设计决策。

2. 基于 ADD 架构设计的步骤

(1) 作为架构师,首先需要在需求分析阶段,关注关键需求。这在第 4 章已经讨论过。

(2) 开始考虑并建立软件系统的概念性架构,这是第 6 章讨论的内容,包括搞清楚影响系统关键质量属性的那些关键机制(模块划分、连接、连接关系)是什么。

(3) 软件架构的细化设计,包括:

① 从具体的质量属性需求和功能需求集合中选择架构驱动因素,如灵活性、可扩展性等;

② 选择满足架构驱动因素的架构模式,如在需要有多种灵活显示界面的应用需求时,采用 MVC 架构;

③ 实例化模块并根据用例分配功能,使用多个视图表示;

④ 定义子模块的接口;

⑤ 验证用例和质量场景并对其进行求精,使它们成为子模块的限制;

⑥ 对需要进一步分解的每个模块重复上述步骤。

9.4 架构设计的验证

9.4.1 架构设计验证的基本概念

1. 架构验证的概念

好的策略必须是一再求证、测试、发现瑕疵漏洞,另想途径或方法来弥补策略不足,有时甚至不得不全盘放弃,重新策划。

架构原型对功能性需求的满足与否的验证参考作用非常有限,也就是说,架构原型一般不是用来验证功能需求是否满足的。那么“架构验证”的目的是什么?答案是:验证架构对质量属性需求的支持程度,包括运行期质量属性和开发期质量属性。

2. 验证架构的两种方法

1) 原型法

对于项目型开发,一般常采用“原型法”。即对一组架构设计决策在非功能需求方面的满足程度进行验证。该原型往往是演进型,而非抛弃型。

2) 框架法

对于产品型开发,采用“框架法”有更多优点。该方法将架构设计方案用框架的形式实现,并在此基础上进行评审验证。在框架实现后,在框架基础上实现部分应用的功能,即实现一个小的垂直原型,从而进行实际非功能测试和开发期质量属性评价。

项目型以系统交付为目标，而产品型则以产品的生命周期为目标，二者的区别可以简单地理解为短期目标与长期打算。

3. 架构验证的目标

架构验证具体要验证什么？

(1) 目的 1——验证架构设计的可行性。

架构对质量属性需求的支持程度，可在实现功能需求之前，通过对原型的实际测试，验证运行期质量属性。以让架构原型开发人员尽早评审、验证系统在开发期质量属性方面的表现，如性能、可伸缩性、可理解性、可重用性等。

架构设计是否合理，将直接影响到软件系统最终是否能够成功。软件架构包括构建软件系统的最重要的设计决策。而采用这些设计决策，能否使最终开发出来的软件系统满足预期的开发期质量属性要求和运行期质量属性，不是在系统开发完成后再进行检验，而需要在开始的时候，就得到至少部分得到验证。

通过将软件架构设计方案尽快实现为一个小的原型系统，并通过对该原型系统的运行、测试和评审，来评审软件架构是否合理，是否不但可以满足用户的功能需求，也可以满足架构设计的需求，是验证架构可行性的一种方法。

实现架构原型时，系统不一定要完全开发完成，代码也不一定要达到产品级质量。但提供验证的系统架构，应该是能够涉及关键质量属性、"触发"主要的设计策略和执行机制的。例如，涉及有较高技术风险、不确定性的，或者是最能影响用户满意度的一些功能。一句话，架构原型实现的有限功能要么是用户"最关心的"，要么是架构师"最担心的"。否则，就没有什么验证的意义。这一点与架构设计密切相关，那些"为架构而架构"的设计，在测试验证的时候，必然也表现出"隔靴搔痒"式的验证。

软件架构到底为谁而设计必须明确，实实在在的验证和实际测试结果，将告诉用户运行期的表现，也可以告诉开发人员开发期的表现。

(2) 目的 2——验证架构设计的遵守程度。

设计思想非常先进，设计理念非常明确，战略和战术都非常恰当。架构设计有时被"上升"为架构设计"纪律"，如同"球场纪律"一样被要求遵守。由于架构师不是编码工程师，所以，设计要求归设计要求，编码归编码。也可能开始的时候，还是遵守的，到了后期，因为种种原因，例如，为了赶工期、为了快速解决问题(BUG)，为了……理由千千万，结果只有一个：架构"纪律"是看不见、摸不着的，那就管不了那么多了。

根本的原因是，架构执行结果真的是看不见、摸不着，无法检查、执行纪律的吗？现在的答案是：不！

是否能够满足需求，用户关心、架构师担心，这也牵涉编码项目师的利益：搞不好编码是白干的。所以，验证符合大家的共同利益。但架构纪律是否真正被遵守则不是这样，至少在开发期和运行期，某些架构设计策略，可能看不见什么效益，带来的反而是负面的复杂性、工作量、测试等。它们的效益是在维护期、迭代期才体验出来的。维护期的利益，暂时与用户无关，与现在的编码工程师更是无关。所以，他们在没有检查和约束的情况下，如何会去自觉地遵守这个纪律？也难怪有讲授这门课的老师，在微软培训班上提出"架构师不是项目经理，架构纪律如何贯彻?"的问题。这首先是一个软件项目管理的问题

(项目团队具有共同的目标和不同的角色分工),其次才是测试的技术手段问题。

所以,前一个目标可以称为"验证",因为验证者和被验证者的目标是一致的。而后一个目标,应称为"测试"可能更为合适。与编码与测试一样,因为实际测试者和被测试者的目标是对立的,测试者的奖金或许来自被测试者的罚款。

前者的验证,更多的是在原型系统上,进行功能、性能、关键属性设计有关的运行测试。对测试的结果,进行评价和审查。这部分的内容,将在软件架构评审中进行。而后者则发展出一些"额外"的技术和手段,以帮助架构师查看、监督"架构纪律"的贯彻执行。本节重点围绕后者进行讨论。

9.4.2 软件架构验证的实践

在前几章中已经介绍,层次架构是当前软件应用系统中常见的架构模式。几乎到了一谈到软件架构,就说是三层结构的地步。

分层是普遍的社会现象,楼房分层,人群分层,公司组织结构分层。虽然分层的形式各有不同,但都是为了达到解决某一问题而采取的一种形式。实际上,分层架构其实是以层次化方式,将某一问题分解为更小的问题而产生的一种解决方案。这是针对某个特定问题域的解域结构,即这是实现问题解的"战略"部署。

为了实现问题的解域,架构师设计了很好的层次结构,并为每层定义了明确的任务和职责,包括:接口、调用方法、服务内容等。但编码完成之后,实际情况是否还是这样呢?这样的战略部署是否得到很好的贯彻执行?

从架构定义可以知道,所谓架构,就是模块划分、连接和连接关系三个要素。而架构验证,也可以从这三个方面进行。

(1) 模块划分:检查验证不同功能模块是否合理划分并实际归属在相应的逻辑层,并在物理上部署在某个开发包中。

(2) 模块连接:检查验证功能模块之间的连接(这里主要指调用),是否遵守层设计的约定,没有发生"穿越"、"绕道"等"违法行为";9.4.3 节介绍的 VS 2010 层验证,就提供了这方面的一种手段。

(3) 连接关系:检查验证模块之间是否符合规定的连接接口规范,这就是所谓的"接口验证"。从某种意义上说,接口验证虽然已经属于软件测试的范围,但对架构师而言,设计更规范、合理的接口,是使系统更具灵活性、更便于扩展的需要。

1. 程序模块开发架构归属的层验证

所谓层结构,首先是将不同的功能模块,按照一定的任务和职责,划分到不同的逻辑层中,即所谓归属于不同的开发架构。MVC 是最典型的层结构模式,在 MVC 层中,不同的层被赋予了明确的任务和责任,并相互不可替代。更一般地,按照功能逻辑,一个应用系统通常可以划分为表现层、业务逻辑层、业务实体层、数据库访问层和永久存储层 5 个层次。根据业务的需要,可以人为地划分更细或合并某些层次。

层验证首先考察的,就是实际实现的程序模块,是否符合上述的分层定义。即模块所在是否与模块的功能定义相符合。用户界面的 ASP 或 JSP 文件,应属于表现层,它们不应该出现在业务逻辑层和实体层，更不能出现在永久存储层。反之亦然。

程序模块的层归属验证相对比较简单。例如，通过将不同层的代码模块进行打包，不同的层在不同的开发包中，就可以比较简单地划分、验证模块分层的实际执行情况。例如，SSH 框架和 VS 2010 MVC2 都能够自动地实现分层打包。

反过来，程序模块的分层验证对架构师而言，也是一个检验。某些模块到底应该放在哪一层合适？

2. 突破一般的分层概念

确实有些模块不能简单地归为某一层，例如，用户注册和登录验证，是任何一个应用系统都不可或缺的功能。但如果简单照搬系统层次架构设计原则，让用户注册和登录，穿过用户界面、业务逻辑、业务实体、数据库接口，最后到数据库层，则显得过于“矫情”。破一破“规则”，将用户注册和登录操作，直接跨过业务逻辑和业务实体层，并把它们理解为一种相对固定的业务逻辑和业务实体，而不必加入到应用系统的业务逻辑和业务实体层，而把它们归属于一种“通用”模块，也未尝不可。分离出业务逻辑和业务实体层(其他层亦然)的目的，就是如果出现需求变更或扩展，需要修改的部分只涉及相应层。用户注册与登录操作，一般与其他业务操作无关，所以，另辟蹊径反而更容易将这个特定的业务独立出来，也更易于开发和维护。

实际上，VS 2010 MVC2 和 Struts 框架都提供了现成的用户注册、登录、验证处理类方法，可供使用者直接继承。因此，应用程序可以把用户登录作为单独的一类处理来考虑，不放在某一层中。这个例子说明，层次架构的设计，也并不是死板一块的。

同学们可以将这个问题作为一个考察系统架构的关注点，看看你拿到的应用系统中，用户注册与登录这个特定业务模块与系统架构之间的关系是什么样的，以此考察该系统的架构设计和实现。例如，从开发架构看，用户登录模块属于哪个层？跨越了业务逻辑和实体层如何？没有跨越又如何？为什么？如果没有跨越，将接下来接受下一个检验。

9.4.3 使用 VS 2010 进行层验证

层验证对架构师而言，是一个非常有用的功能。例如，在项目的架构设计阶段，架构师借助层图定义了系统架构的表现层、业务逻辑层、业务实体层和永久存储层，或者项目、程序、类、方法这样的层次结构和相互之间的依赖约束关系。在开发阶段，层次验证可以帮助架构师尽快地发现编码工程师的实现与设计的偏离，最终协助项目团队开发出与设计一致的项目。

当设计好一个应用系统架构后，“架构纪律”的一个基本要求是：所有模块间的信息交互，都必须通过定义好的接口进行，不能让应用程序模块直接调用该接口所属的类/方法。所以，可以通过层图 LD(Layer Diagram)来展示这个架构上的想法。

以下将使用一段非常简单的代码，在现有代码的层关系分析的基础上，进行层验证(Layer Validation)。这里主要强调的是代码所代表层的概念，而不是代码的细节。

1. 创建案例代码

(1) 打开 Visual Studio 2010，单击 File|New|Project，选择 ModelingProject，创建一

个命名为 LayerValidation 的项目和解决方案。在该解决方案下,再创建一个名为“Client”的 C# 控制台程序,单击 OK 按钮,完成创建。

(2) 在解决方案浏览器中,使用鼠标右键单击解决方案节点,选择 New Project...命令,在弹出的对话框中选择 Class Library 并将项目命名为“Implementation”,创建一个解决方案下的新项目。

(3) 重复步骤(2),创建名为“Interfaces”和“Creators”的 Class Library 项目。创建的 5 个项目如图 9-13 所示。

(4) 展开 Interfaces 项目节点,用鼠标右键单击 Class1. cs 文件名,选择 Rename 命令,将该文件重命名为“IDataRetriever. cs”,并在弹出的对话框中选择 Yes。更名后的 IDataRetriever. cs 文件如图 9-14 所示。

图 9-13 创建的 5 个项目

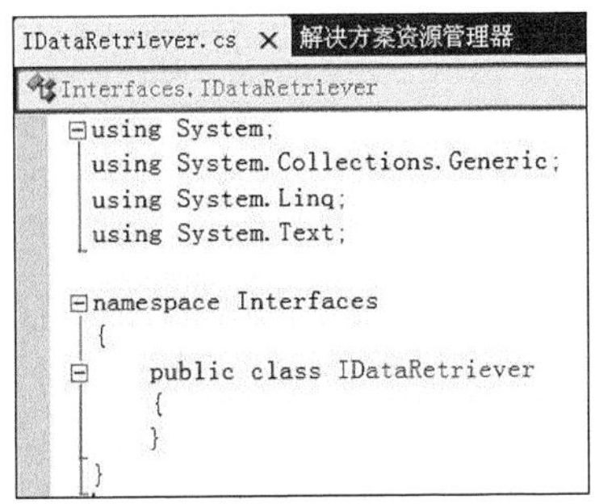

图 9-14 IDataRetriever. cs 文件

(5) 把 class 的关键字改为 interface,将 IDataRetriever 变成一个接口。为 IDataRetriever 添加一个 get 属性,该属性返回一个 IData 类型的对象。代码如下:

```
public interface IDataRetriever
{
    IData Data { get; }
}
```

在 IData 下面会提示有红色波浪线,表示 IData 不存在。Visual Studio 2010 的新功能可以自动解决这个问题:用鼠标右键单击出错的 IData,选择“生成”命令,然后选择“新建类型”,将看到一个“生成新类型”对话框。将其中的“访问”修改为 public,将“种类”修改为 interface,其他的保留默认设置,单击“确定”按钮。VS 会自动向 Interfaces 项目添加一个 IData. cs 文件,并在文件中创建一个名为 IData 的接口。

(6) 在 Implementation 项目中实现 IDataRetriever 接口。展开 Implementation 项目节点,右键单击“引用”节点,选择“添加引用”命令,在弹出的对话框中,选择“项目”页,然后选择 Interfaces 项目,单击“确定”按钮。

(7) 将 Class1. cs 重命名为 DataRetriever. cs。打开 DataRetriever. cs 文件,修改 DataRetriever 类使其实现 IDataRetriever 接口。此时,IDataRetriever 下面又出现了红色波浪线。将鼠标移动到 IDataRetriever 上,会注意到在这个单词开始的位置下方有一个方形的小图标。

单击它并选择 using Interfaces;,它会自动添加所需的 using 语句。

“using Interfaces”添加好后,再次选中这个图标,选择 Implement interface IDataRetriever

命令，VS 2010 会自动加入一些代码。文件修改后的结果如图 9-15 所示。

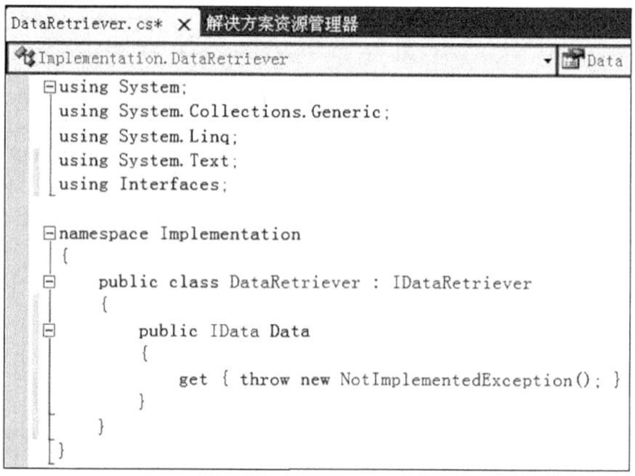

```
DataRetriever.cs* ×  解决方案资源管理器
Implementation.DataRetriever            Data
using System;
using System.Collections.Generic;
using System.Linq;
using System.Text;
using Interfaces;

namespace Implementation
{
    public class DataRetriever : IDataRetriever
    {
        public IData Data
        {
            get { throw new NotImplementedException(); }
        }
    }
}
```

图 9-15　DataRetriever.cs 文件

添加的接口实现代码表示创建一个对象，并调用对象的一个属性，然后抛出一个 NotImplementedException 异常。

(8) 接下来向 Client 项目中添加到 Implementation 和 Interfaces 项目的引用。打开 Client 项目中的 Program.cs 文件，参考代码如下：

```
1. using System;
2. using System.Collections.Generic;
3. using System.Linq;
4. using System.Text;
5. using Implementation;
6. using Interfaces;
7. namespace Client
8. {
9. class Program
10.   {
11. static void Main(string[] args)
12.     {
13. DataRetriever dr=new DataRetriever();
14. IData data=dr.Data;
15.     }
16.   }
17. }
```

要添加的代码是 5、6、13、14 行。如果报告“using 找不到命名空间”错误，可参照以上第(6)步的添加引用方法，将命名空间加进去。重新编译整个解决方案，编译成功。

在这段代码中，Client 项目直接访问了一个接口(IDataRetriever)的实例(DataRetriever)。在没有需求功能扩展前没有太大问题，因为所有的数据都是从 DataRetriever 中获取(可以想象 DataRetriever 是从 SQL 数据库中获取的数据)。如果将来需要从另一种数据源中获取数据，在不改动应用程序其他部分的情况下实现需求，可以使用层图和层验证来保证开发代码不会违反这一设计。

可以不对接口的具体实现做任何设置，而仅依赖于接口本身。这是一个相当普遍的设计模式，但是在现实应用中很容易被违反。只要有一行错误的代码就会破坏这个模式，从而在建立模块间出现了不必要的依赖关系(通常使用 IoC 来解决这个问题)。

下一步，通过创建一个层图，来可视化地描述架构中想要维护的约束关系。

2. 创建层图

(1) 单击主菜单的“架构”菜单项，选中“新关系图”命令，在弹出的对话框中选择“层图”，并将图命名为“FirstLayerDiagram. layerdiagram”。在图名下面，选择是否添加到已有项目栏，选择添加到已有的 LayerValidation 项目中。单击“确定”按钮，此时，将生成一张空白的层图。

(2) 从工具箱的“层关系图”工具中拖曳出三个 Layer 工具到空白层图上，分别由上至下指定层的名称为 Client Logic、Interface、Implementation，代表应用程序、工作接口和实现方法。在工具箱中，找到单向的“依赖关系”箭头，如图 9-16 所示，画出各自的依赖关系。

依赖关系表示的是 Client Logic 层依赖于 Interfaces 层，Implementation 层依赖于 Interfaces 层。但是 Client Logic 层和 Implementation 层之间没有依赖关系。

请注意箭头的方向必须如图中所示的那样正确表示，这是单向依赖的约束关系，具有明确的指向性，也是后面代码检查的依据。

项目需要将代码映射到层图上，这样系统就能验证代码是否符合图中描述的约束关系。

3. 将代码映射到层上

(1) 在 Solution Explorer 中，选中 Client 项目，并将它拖曳到层图的 Client Logic 层上。

(2) 将 Interfaces 项目拖到 Interfaces 层上。

(3) 最后，将 Implementation 项目拖到 Implementation 层上。

结果如图 9-17 所示。

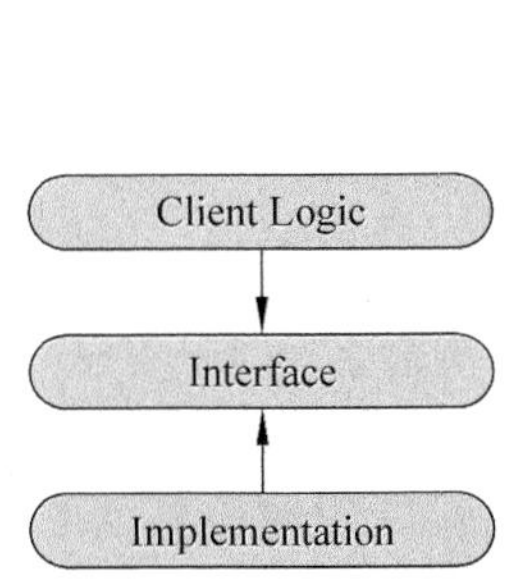

图 9-16 定义各层的依赖关系

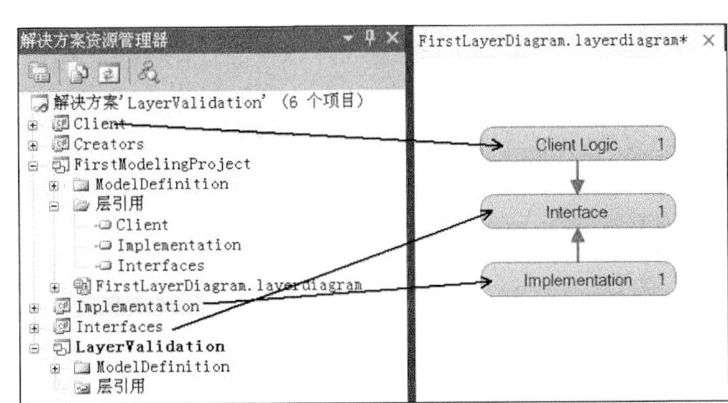

图 9-17 关联代码后的层图

此时层图每层左上角的数字“1”表示该层已经和一个项目相关联。选中 Client Logic 层，单击右键，选择“查看链接”命令，则可以看到和当前层关联的项目，如图 9-18 所示。

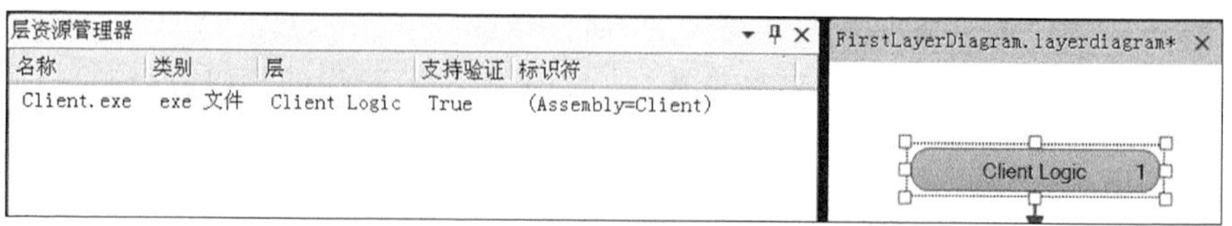

图 9-18 Client Logic 与 Client.exe 关联

与 Client Logic 层关联的是 Client.exe，另两层则是 Interfaces.dll 和 Implementation.dll。下面可以用这张图来对代码进行验证。

4. 代码验证

右键单击层图的任何位置，选择“验证架构”命令。此时，“错误列表”窗口中有三条错误信息，如图 9-19 所示。

错误列表

3 个错误 | 0 个警告 | 0 个消息

	说明	文件	行	列	项目
1	AV0001: 无效的依赖项 : Client.Program.Main(方法) --> Implementation.DataRetriever.DataRetriever(方法) 层: Client Logic, Implementation | 依赖项: 调用	FirstLayerDiag	0	0	FirstModelingProject
2	AV0001: 无效的依赖项 : Client.Program.Main(方法) --> Implementation.DataRetriever.Data(属性) 层: Client Logic, Implementation | 依赖项: 调用	FirstLayerDiag	0	0	FirstModelingProject
3	AV0001: 无效的依赖项 : Client(程序集) --> Implementation(程序集) 层: Client Logic, Implementation | 依赖项: 引用	FirstLayerDiag	0	0	FirstModelingProject

图 9-19 三条验证错误信息

这是可以预见的，因为 Client 项目中的 Program.cs 直接使用了 Implementation 项目中定义的类型。而在刚才创建的图中，这种依赖关系是错误和不被允许的，现在开始解决这个问题。

5. 修正代码

回到 Program.cs，这里需要确保只使用 Interfaces 项目中定义的类。换句话说，Program.cs 不能直接使用 Implementation 项目中定义的类。因此，需要在不产生直接依赖关系的情况下创建实现 IDataRetriever 接口的对象。

引入工厂(Factory)模式，可以解决这个问题。利用 Factory 建立以接口为主的方法。当以后要传回的信息接收器是针对不同的信息来源进行处理的，只要调整 Factory 方法传回对应的接收器即可，原本的应用程序不用改动，因为它都是通过接口决定作业的，只要实现了同样接口的类都可以套用，从而增加了程序的弹性和维护能力。

具体实现步骤如下。

(1) 在 Solution Explorer 中，展开 Creators 项目，将 Class1.cs 重命名为 TypeCreator.cs。

(2) 向 Creators 项目添加对 Implementation 和 Interfaces 项目的引用(Creators 项目现在依赖于 Implementation 和 Interfaces 项目)。方法：选择解决方案资源管理器 Creators 项目，单击右键，选择“添加引用”命令，在弹出的对话框中，选中 Implementation 和 Interfaces 项目，单击“确定”按钮。

(3) 打开 TypeCreators.cs，向其中添加一个静态方法，该方法返回一个 IDataRetriever 的对象。代码如下：

```
1. using System;
2. using System.Collections.Generic;
3. using System.Linq;
4. using System.Text;
5. using Implementation;
6. using Interfaces;
7. namespace Creators
8. {
9. public class TypeCreator
10.   {
11. public static IDataRetriever CreateDataRetriever()
12.     {
13. return new DataRetriever();
14.     }
15.   }
16. }
```

添加的部分是 5、6、11～14 行。

(4) 在 Client 项目中，移除对 Implementation 项目的引用，添加对 Creators 项目的引用。修改 Program.cs，使用刚才新加的方法来创建对象。代码如下：

```
1. using System;
2. using System.Collections.Generic;
3. using System.Linq;
4. using System.Text;
5. using Interfaces;
6. using Creators;
7. namespace Client
8. {
9. class Program
10.   {
11. static void Main(string[] args)
12.     {
13. IDataRetriever dr =TypeCreator.CreateDataRetriever();
14. IData data =dr.Data;
15.     }
16.   }
17. }
```

删除 using Implementation 语句，添加第 6 行，修改原第 13 行为现在的代码。错误问题解决。

(5) 重新编译解决方案。

6. 重新验证

现在重新打开 FirstLayerDiagram，右击执行“验证架构”命令，会看到如图 9-20 所示的结果，所有的错误都消失了。

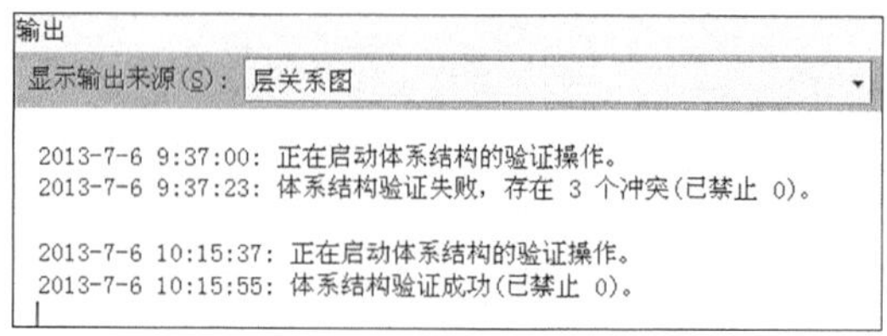

图 9-20 验证正确

7. 将架构验证设置为自动编译过程

如果有人抱怨不停地切换到层图上去做层验证过于烦琐，幸运的是，项目团队可以将层验证功能集成到编译过程中去，编译源代码的同时，帮项目团队发现层验证的错误。设置过程非常简单，右击建模项目 LayerValidation，将其“验证架构”属性设为“True”即可。

除此之外，项目团队还可以将层验证功能集成到 Team Build 中去，具体方法将参见相关资料。

8. 小结

用前面介绍的调用关系跟踪方法，检查上述案例的调用历程，可以得到如图 9-21 所示的结果。

图 9-21 调用关系跟踪

从 Main 开始，依次是：Main()→CreateDateRetriever()→(通过 DataRertiever 接口及其实现方法完成相应处理，然后返回)→DateRetriever()。

以及 Main()→Data(Interfaces. DataRetriever)→Data(Implementation. DataRetriever)。

上述定义关系把接口和接口实现(DataRetriever)过程单独抽出来。而不是显示为：Main() → CreateDateRetriever ( ) → Data (Interfaces. DataRetriever 接口) → Data

(Implementation. DataRetriever)接口实现 →DateRetriever()(返回对象)。

上述跟踪,反映的是类和方法的调用关系,而接口只有定义,没有实现,因此,在调用链中被单独安排出来,这样的显示方式可能更易于理解真正的业务逻辑。

上述案例使用的是 C#,如果使用 C++,实现过程几乎完全一样。VS 2010 层验证的实现,与编程语言无关。

在定义层图的时候,你是否注意到:什么是层?其实是没有什么严格限制的。层也可以看成是不同的模块、组件、包、节点、区域、状态……可以是第 6 章子系统划分中的任何“子系统”或逻辑模块,而依赖关系则是模块之间的调用关系。这样看来,层验证并不局限于“层”与“层”之间。那么,所谓“层验证”可验证的范围,就几乎是“无所不能”了,是否确实如此?

通过使用 Visual Studio 2010 层关系设计架构,项目团队就可以在开始阶段通过层关系图来进行逻辑设计,并严格执行确定的设计方案,保证开发过程与设计方案不发生偏离。也可以通过自动过程控制,如通过签入/签出(参见软件过程的代码管理相关资料)进行强制执行,使团队的编码工程师严格遵守架构纪律,从而避免“漂移”的发生。

9.4.4 验证 MyPlyer 程序的架构

下面用一个真实一点的例子,来看看架构验证的作用。这里,使用 7.4.3 节的简单媒体播放器作为例子。显然,这个媒体播放器并不能简单地看成是“层次”架构。但是,9.4.3 节小结时已经说到,所谓“层”也是一个抽象的概念,就看怎么理解。

1. 创建空白层图

模仿 9.4.3 节步骤 2 的方法,在 VS 2010 中打开媒体播放器解决方案资源管理器后,在 VS 2010 菜单上,选择“架构”|“新建关系图”,选择“层关系图”,并命名为“MyPlayerLayerDiagram. layerdiagram”,并创建一个系统的建模项目,取一个项目名。此时,则生成了一个新的空白层图。

2. 创建层和关联

MyPlayer 程序如此之简单,能有哪些“层”呢?在 VS 2010 菜单的“架构”栏下,选择“生成依赖项关系图”,并选择按“程序/命名空间”列出模块关系,得到如图 9-22 所示的结果。

显然,可以用 Program 和 Form1 作为两个“层”来验证一下。(这里只是试验一下工具的作用,在这个实际程序中,并没有什么实际意义。)

仿照 9.4.3 节的例子,在层图上,用工具画出两个“层”,一个叫 Program,另一个叫 Form1。显然,“层”Program 和 Program. cs 关联,Form1 和 Form1. cs 关联。

3. 创建依赖并验证

根据程序关系,应该是 Program 依赖 Form1,即依赖关系箭头是 Program 指向 Form1,而不是相反。为了检验一下是否如此,这里有意反过来,由 Form1 指向 Program。选择验证架构,得到错误报告。

修改依赖关系,将依赖关系箭头由 Program 指向 Form1,如图 9-23 所示。

结果:验证通过。

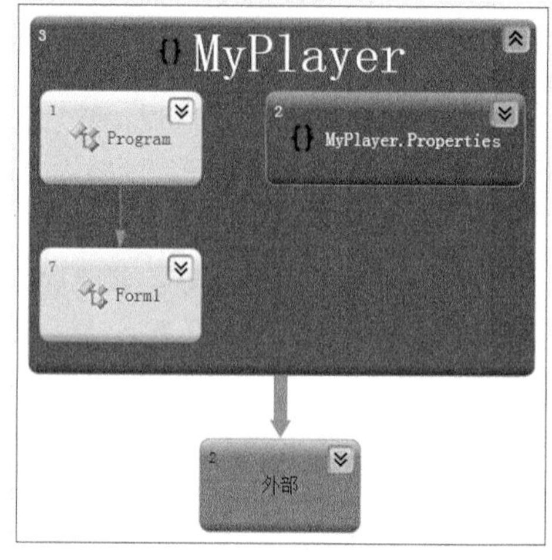

图 9-22　MyPlyer 程序关系图

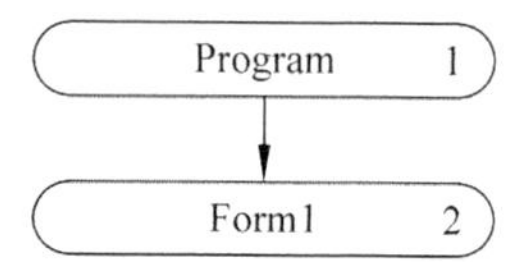

图 9-23　MyPlyer“层”关系图

4. 小结

这个例子只是说明，上述两个案例中所涉及的架构验证(其实架构验证的方法还有很多，至少理论上有很多，VS 2010 中集成了这一种基于“依赖关系”的验证方法)，其实道理并不复杂。

本质上，VS 2010 架构设计器帮助验证的只是“模块”之前是否存在依赖关系(调用)，以及依赖方向(箭头方向指示：谁调用了谁)。如果人工检查，看程序的类关系图，也可以得到谁“调用了”谁的信息。例如，按照 9.4.3 节的方法，从 Main 开始，查看调用关系，也可以看到从 Main 到 Form1 的调用。不过，“层”验证展现的是被抽象包装了的“层”，而类图则直接指明了具体的类和方法调用。

所以，这里的验证，只是把这些信息“图形化”了，并且是“局部”的图形化，因为有多少“层”、“层”关联谁，是由自己定义的，依赖方向是自己定义的。当然，这反映了架构设计“意图”，而验证则是在意图范围内，扫描代码，得出范围内所有的类及其关系，并以图形化的方式呈现出来。如果实际代码与“圣意”不符，则报错，仅此而已。

9.5　架构的集成测试

从架构定义看架构验证，包括：模块划分、连接和连接关系(协议)三个方面。9.4 节讨论的“层验证”，可以看成是对连接(调用)的验证。而架构的集成测试，可以看成是对连接关系(协议)的验证。

9.5.1　集成测试的概念

1. 软件架构与集成测试

什么是软件系统的“集成”？在传统软件工程中，集成就是把已经完成的模块“放在一起”，而集成测试测的是模块的接口。数据在接口中是否如预期的那样——是否有丢失？是否如设计的那样相互配合？是否有副作用？以及单个模块的全局作用是否正确等。

面向对象的设计对测试有一些影响，特别是 OO 架构中大量采用类的继承机制，例如，对基类的操作一直被传递到最终执行的派生类时，情况会怎样？多态情况下，在行为上有什么差异？这样的测试远比模块接口要复杂得多。

不论是否采用 OO 设计，集成测试是软件生命周期过程中一个规范的过程，组件单元通过开发、测试完成后，将被组装成系统（在 OO 中，组装甚至是在运行时刻进行的）。在这些组件被组装过程中，在尚未被系统接纳并成为系统的组成部分之前，需要精心测试那些已不再是“孤立”、但还没有与系统“融为一体”的组件，特别是组件“集成”行为发生时（“组件们”刚开始结合的磨合期）的有关内容。例如，行为、协同、集成后的整体性能等。这些测试需与之前的单元测试，以及随后的系统测试协调起来。这就是集成测试。

并不是所有的软件系统都需要集成测试，如果软件开发采用的是个人“单打独斗”式的“作坊式”开发方式，如果系统的所有模块仅需要一种简单的“功能迭加”方式的组合，模块之间并无“交互/协作”关系，则集成测试几乎无事可做。显然，在大型项目、复杂系统以及良好系统架构的系统中，集成测试是必不可少的。

大型项目中，集成测试一般应由独立的测试小组来进行，而不是在项目开发团队中进行。在开始进行集成测试之前，集成测试小组应考虑如下因素。

(1) 采用哪种系统集成方法来进行集成测试；

(2) 集成测试过程中连接各个组件的顺序以及相应的测试顺序；

(3) 单元代码编写与单元测试的进度是否与集成测试的顺序一致；

(4) 测试过程中是否需要专门的硬件设备/软件等。

解决了上述问题之后，就可以列出各个组件的编写/单元测试、集成/集成测试的计划表，标明每个组件单元测试完成的日期、首次集成与测试的日期、集成测试全部完成的日期，以及需要的测试用例和所期望的测试结果。

在集成测试计划中，还特别需要考虑测试所需软件，包括基础性的，如驱动组件、桩组件、测试用例、生成脚本的版本等，以及集成测试工具的准备情况。

2. 在“类”级别上的集成测试

在集成测试阶段，首先关注的是“类”级别上的集成与集成测试。比类级别更小的单元是被类封装的方法。对它们的测试是单元测试的主要内容。因此，从这个角度看，类级别的集成测试，可以称为“类间测试”。类间设计的思路是按照架构设计给出的子系统（包）、类/对象这样的结构，验证系统集成的有效性，而不再深入到程序内部、对程序代码进行检查。

类间测试的方法有很多种，如随机测试、划分测试（将类按不同的划分类型，如基于输入/处理/输出功能、基于状态转换、基于类操作的查询/计算/存储等属性，进行分割，测试不同类之间的集成行为），以及基于应用场景的测试。集成测试的设计比单元测试要复杂得多的原因在于，集成是类间的协作行为、是类的“群体行为”，甚至是“社会行为”，而不仅是模块的“个人行为”。静态的类划分(任务/职责/协作)、动态的消息、状态、行为等,都可能导致不同的、超出预期的结果情况。而这些情况,都需要测试用例设计者预先“假设”后,进行测试验证其发生或没有发生。

Kirani 和 Tsai 建议的类测试步骤如下。

(1) 对每个客户类,使用类操作列表来生成一系列随机测试数据序列,并将此测试数据作为消息发送给与客户类请求对应的服务器类;

(2) 对客户类生成的每个消息,确定在服务器对象中的协作者类和对应的操作;

(3) 测试服务器对象中的对应操作(已经被来自客户对象的消息调用),确定它做出正确处理后送回消息;

(4) 对每个返回消息,确定下一个被调用的操作,并将结果记录到测试报告中。

以下将用 VSTS 的 Web 测试工具来体验上述集成测试过程,虽然工具本身并不是专门为此而设计的,测试的也仅仅是基于 Web 的架构,但道理是一样的。

9.5.2 模拟集成测试体验

1. 使用 VSTS 的 Web 测试作为集成测试工具

从严格意义上来说,VSTS 并没有提供上述意义下的专门的集成测试工具,有资料介绍可以与 VSTS 集成的集成测试框架 FIT(Framework for Integrated Test,是由 WiKi 的发明者 Wand Cunningham 开发的一套开源工具),其实并不是这里所说的集成测试工具,而是测试的“集成”工具,或者更准确一点说,只是自动测试运行的批处理工具。它可以用在大数据量的测试活动中,解决的是减轻测试运行的工作量问题,并不解决针对模块“结合”磨合期的测试问题。

这一节继续使用 6.5 节使用的 VSTS,以及 StockBroker 系统案例,作为测试工具,来体验在客户端与服务器之间进行集成时的集成测试过程。VSTS 的 Web 测试可以用来验证 Web 应用程序是否正确运行,它的验证方法是对客户和服务器之间交互时来回传递的 HTTP 请求/响应信息进行截取,分析每个请求/反馈是否与预期的行为一致。这个测试可以反复进行,因而,可以据此进行所谓“负载测试”。Web 测试不限定仅仅是 ASP. NET 的应用程序,它可以测试任何的 Web 应用程序,甚至是非微软平台。甚至在客户与服务器端之间,可以自动处理重定向、依赖请求、隐蔽字段等。

因为 VSTS 的 Web 测试是用来测试 Web 应用程序的,将它用作一般的集成测试,难免有些“强人所难”,特别是非 Web 应用的集成,显然是有局限和不充分的。

2. 用 VSTS 的应用程序设计器创建一个 Web 应用组件

在本节中,将模拟一个具有一个用户端和一个服务器端的 Web 应用,客户段和服务器端是两个不同的组件,现在将它们集成在一起的时候,需要进行集成测试。当然,它们是一个 Web 应用,所以可以使用 VSTS 的 Web 测试对它们进行测试。

在开始测试之前,需要先创建客户端和服务器端的应用程序,在这方面,6.5 节已经介绍的 VSTS 应用程序设计器,可以为编程节省大量时间。这也是 VSTS 比 VS 更高一层的地方。以下是创建步骤。

(1) 在 VS 中,连接到团队项目,在"启动"|"创建项目"对话框中,选择"分布式系统解决方案",把它命名为"我的分布式系统"并添加到源代码管理中。这时,VS 会自动生成一个名为"我的分布式系统. ad"的文件并在 VS 编辑窗口中打开。关闭它,并从解决方案资源管理窗口的相应文件夹中,删除这个空的 AD 文件,右击选择"签入"命令,完成第一步:创建一个名为"我的分布式系统"的解决方案的工作。

(2) 选择已有的解决方案文件夹,右击鼠标,在菜单中,选择"添加"|"新建分布式系统关系图"命令,在添加对话框中,选择"应用程序关系图",取一个名字"我的应用程序",单击"添加"按钮,然后关闭对话框。至此,完成第二步:创建一个新的、名为"我的应用程序"的 AD 视图。

(3) 单击 AD 视图中说明中的"工具箱"超链接,或通过"视图"|"工具箱"打开工具箱,在"应用程序"选项下,分别拖动一个 ASP. WebApplication、一个 ASP. NETWebService 组件和一个 ExternalDatabase 组件到 AD 视图上,在原名上双击一下,分别给它们重新命名为"我的 Web 应用"、"我的 Web 服务器"和"我的数据库"。这一步完成了在视图上添加了一个空的服务器组件、一个空的应用程序组件和一个空的数据库组件。

(4) 在"我的服务器"的 WebService 终节点上右击,选择"连接"命令,根据出现的对话框提示,选择使用者,即与名为"我的 Web 应用"组件进行连接;同样,单击"我的数据库",选择数据库的使用者为"我的 Web 服务器"(对于有关数据库连接的选择,暂时不用理睬),这样,就将客户端、服务器、数据库连接到了一起。创建的结果如图 9-24 所示。

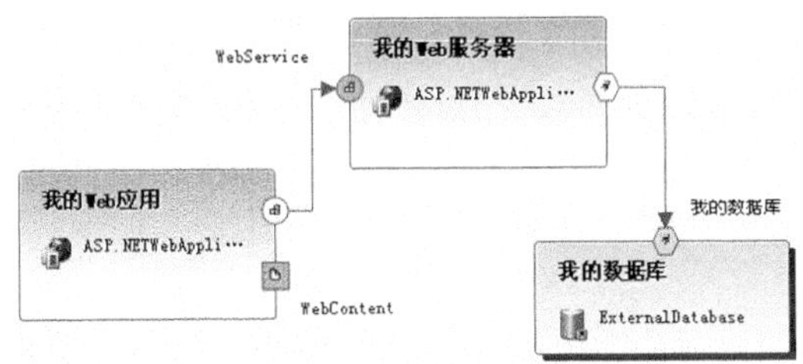

图 9-24　创建空的客户/服务器组件

(5) 在上述创建过程中,把客户端应用程序、服务器和数据库端的处理程序,都看成是一个业务操作组件,但到目前为止,都还没有任何实际的"操作"。现在,就来添加一些操作。这里的操作,只是为了实际体验集成测试(在本例中,使用的是基于 Web 应用的组件集成测试),因此,实际操作的例子是非常简单的。

3. 为业务组件添加操作

步骤如下:

(1) 右击"我的服务器"WebService 终节点,选择"定义操作"命令,在 Web 服务详细信息窗口,选择"添加操作",并输入操作名"找出客户档案",类型"String",说明"在数据库中搜索此客户的档案并返回结果"。展开这个操作节点,为该操作添加一个参数,输入参数名为"UserID",设置其属性为"Integer",说明"客户 ID 是唯一的"。这一步定义了客户端与服务器端的连接操作。

(2) 选择"我的 Web 服务器"与"我的数据库"的连接终节点,右击,选择"定义连接字符串”命令，出现如图 9-25 所示的“连接属性”对话框(这是在创建数据库连接时，没有理睬的内容)。

选择数据源为 Microsoft SQL Server(SqlClient)、服务器名 ZHJH6453，采用 Windows 身份验证，选择数据库名为 master，单击“测试连接”按钮。这时，一个“测试连接成功”的显示会出现在对话框上，表示模拟的服务器与数据库的连接成功了。单击“确定”按钮并再次签入。这一步的工作是测试服务器与数据库的连接。在创建这个例子的数据库时，假定使用的是外部数据库，因此，在 AD 视图上，数据库的方框是阴影的(已实现)，而其他两个方框则还没有实现。

(3) 在“我的 Web 服务器”与“我的数据库”的属性中，将“语言”属性均改为 C#(默认属性为 VB)，然后，在 AD 图的空白地方，单击右键，选择“实现所有应用程序”命令，弹出一个表示实现概要的对话框，单击“确定”按钮，关闭中途的警告信息，最后，重新生成解决方案，并签入。此时，在 AD 图上，所有的框都有阴影了，表示它们都已经被实现了。

至此，完成了一个拥有客户端、服务器端和数据库端的“完整”的 Web 应用的创建，但只是一个“空壳”而已。

4. 配置和创建 Web 测试

Web 测试的客户端和服务器可以都建在本地(服务器为虚拟路径)。VS 包含 ASP.NET Development Server 的功能，即它已经是一个最轻量级的 Web 服务器。因此，在本地服务器上，也不需要安装 IIS。当 VS 退出时，会自动卸载。应用程序启动的时候，ASP.NET Development Server 默认地选择一个随机的端口，该端口号提示出现在屏幕右下角，这给测试带来一些麻烦。因为有时可能需要手动调整每次测试所需要分配的端口号。

解决的方法之一是：在解决方案下，对指定的项目(如“我的 Web 服务器”)的属性栏中，将“使用动态端口”改为 False。将端口号设置为一个合适的端口，如 5000(图 9-26)。

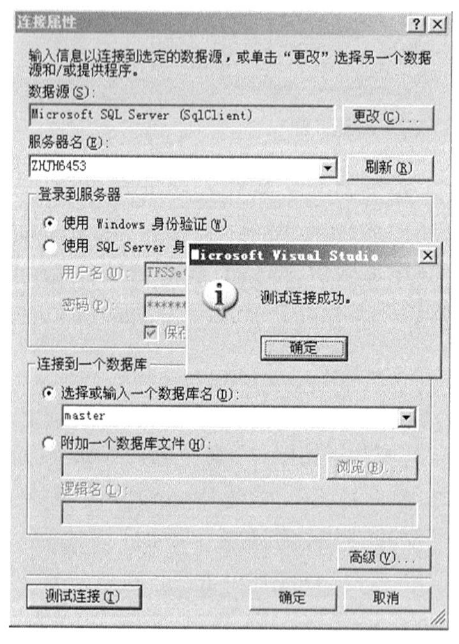

图 9-25 测试与服务器连接

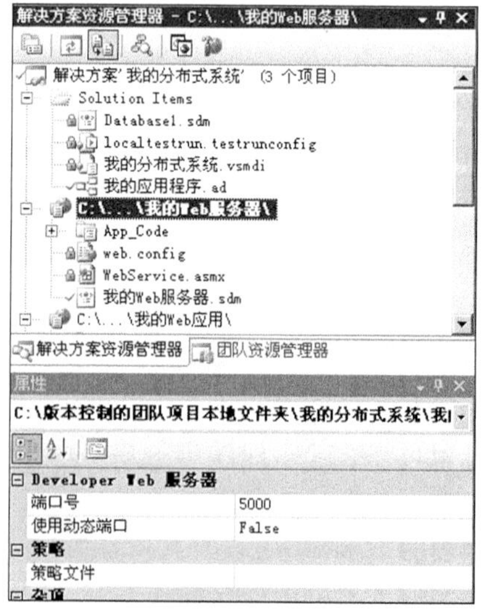

图 9-26 选择采用固定端口

修改完以后可以看到，VSTS自动更改了所使用的端口，并显示在屏幕的右下角。另一个方法是在以后介绍的上下文参数值中，进行定义。

接下来，要创建一个Web测试。创建的方法有三种：使用Web测试记录器自动创建；使用Web Test编辑器手动创建；以及使用代码来指定每个操作。先使用最简单的方法——使用Web测试记录器自动创建。

先在解决方案下，创建一个测试项目（“添加”|“新建项目”|C#|“测试”|“测试项目”），然后，再在创建好的该项目上，右击选择“添加”|“Web测试”来创建一个Web测试（命名为“我的Web测试”）。这时，会产生一个“我的Web测试.webtest”的测试记录文件，并自动打开了测试记录器和一个空白的Web网页。现在就可以测试Web应用了。

5. 开始模拟的Web测试

测试步骤如下。

(1) 选择打开“我的Web测试.webtest”，实际上是打开了Web测试记录器，在记录器上的“我的Web测试”上右击，选择“添加记录”命令，开始进行Web测试记录。此时出现了一个左边是测试记录，右边是空白网页的窗口。在空白网页上，输入被测应用程序的URL：http://localhost:5000/我的Web服务器/Webservice.asmx。出现如图9-27所示的结果。记住，此时的端口，已经被修改过了，是5000。用当时的1195端口试一下？系统报404号错误。

图9-27　测试错误报告-端口错

(2) 继续单击网页上“找出此客户的档案”链接，在新出现的网页上输入UserID的值999(随便输一个)，单击“调用”按钮，出现如图9-28所示的结果。左边记录中显示：窗体发布参数为UserID=999。超链接抛出了右边的一个异常报告窗口：输入字符串的格式不正确。

(3) 关闭这个浏览器，在VS中，打开WebService.cs程序文件，将找出此客户的档案(int UserID)方法中的throw语句，用return语句替换掉(图9-29)，重新生成解决方案。

再重复一遍测试，再次单击“调用”按钮时，出现了如图9-30所示的显示窗口。这是模拟SQL查询返回的结果。

到目前为止，测试了一个服务器模拟SQL查询请求，并返回模拟的查询返回值。

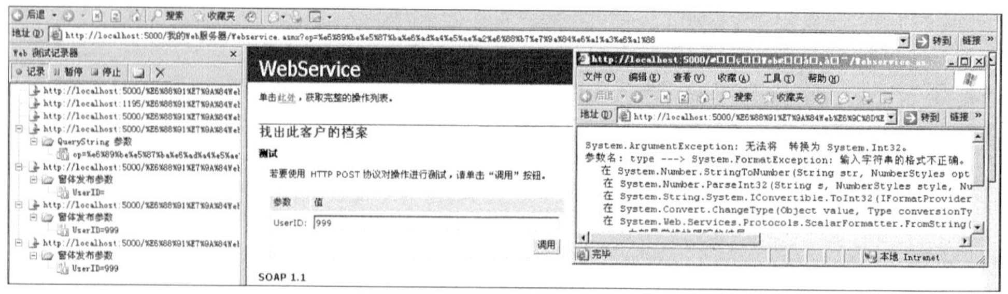

图 9-28　测试错误报告-输入格式错

```
public string 找出此客户的档案(int UserID) {
 /// throw new System.NotImplementedException();
  return "4" ;   }
```

图 9-29　修改代码

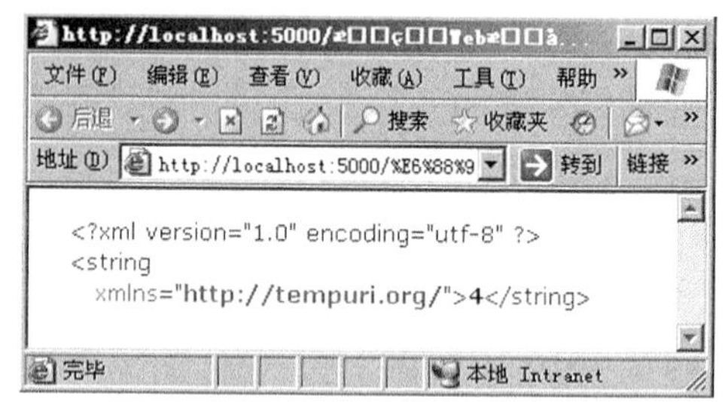

图 9-30　修改后的提示

9.5.3　测试 StockBroker 系统组件之间的操作

本节从软件系统集成的角度，对 StockBroker 系统进行的测试，就是把 StockBroker 系统的 4 个应用程序，都看成是组件，更深入地测试它们之间的交互和操作情况。在这一节，要查看组件执行的结果记录、检查请求属性的执行情况、对事务进行跟踪、对特定数据进行跟踪、验证服务器的响应行为等。

1. 查看组件执行的结果记录

这是最简单的测试。在 StockBroker 系统中，除 DealingApp 是 Windows 应用程序外，MarketMaker、StockBrocker、StockQuoteApp 都是 Web 程序，因此，都可以在 Web 测试记录文件中，记录下它们的操作。

按照 9.5.2 节介绍的方法，先在 StockBroker 解决方案下，创建一个名为"TestProject"的 Web 测试项目，并产生一个"TestProject. webtest"的测试记录文件。为三个 Web 应用程序修改端口为 5000、5001、5002。

先看 StockBrocker 支持 DealingApp 的 buyStock 请求的业务操作页面，它的 URL 是：http://localhost:5000/Marketmaker/DealingService. asmx。在左边是测试记录，右边是空白网页的浏览器上，输入上述地址，单击买或者卖的按钮，继续输入股票名称和买或卖的数量，单击"调用"按钮，会弹出一个返回值窗口，模拟买或卖的结果。这些操作是 9.5.2 节已经实现的。选择有所不同的是，在它的左边，记录下了所有这些操作的过程(图 9-31)。

这个记录有什么用？它记录了所有 Web 应用程序的交互信息，特别是组件之间的参

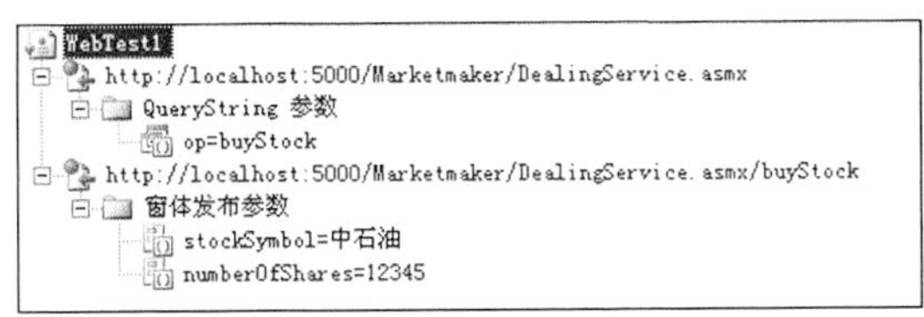

图 9-31 buyStock 的业务操作记录

数传递信息。展开记录，查看对 buyStock 的具体操作情况，可以看到 buyStock 操作传递的参数。因为例子非常简单，所以，这些记录看上去没有什么太大的意义。如果一个实际应用系统非常庞大，业务过程非常复杂(实际情况也确实如此)，而又需要逐个地检查它们之间的操作关系，找出到底是谁发布了错误信息，导致产生错误的结果，查看这个记录还是很有帮助的。

2. 检查请求属性的执行情况

上述记录可能还不能帮助定位错误所在。那么，进一步的方法是通过对请求属性的检查，了解更详细的交互过程。

右击记录器中的一个请求，选择打开“属性”窗口，通过修改属性，来测试更详细的内容，包括：缓存控制、目标 URL、请求是否自动遵循重定向等。

3. 对事务进行跟踪

在 Web 测试中，所谓“事务”是指一组逻辑上连续的步骤，对“事务”可以作为一个单元来进行跟踪，如调用次数、请求时间、总共使用的时间等。

右击记录器中的一个请求，选择“插入事务”命令来创建一个事务(图 9-32)，给它命名，并选择开始或结束请求。从这里可以看出，所谓“事务”就是把一组请求，“捆”成一个称为“事务”的单元来执行，并加以记录，而不是“逐个”请求地进行测试。事务跟踪主要用于负载测试中，作为测试运行单位使用。

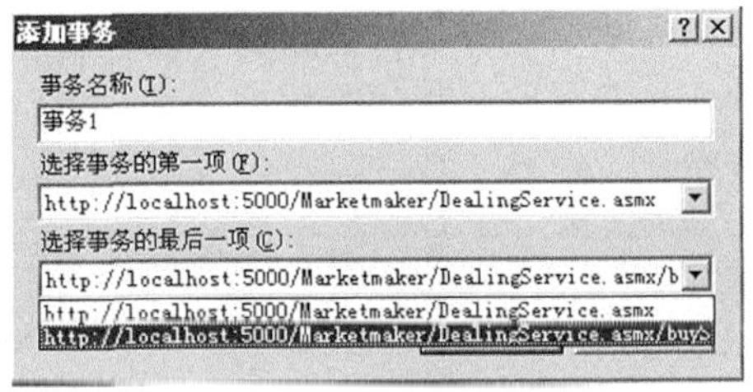

图 9-32 添加事务

4. 对特定数据进行跟踪

这是在跟踪时通过所谓“提取规则”实现的。提取规则用于从 Web 响应中获得指定的数据，并将其存储在被称为上下文参数的特定变量中，使得可以在后续的测试中访问这个变量，以验证是否符合预定的要求，并可以提供给随后的 Web 请求。

右击记录器中的一个请求，选择“添加提取规则”命令，在图 9-33 的对话框中，选择定义内置的提取规则，如属性值、窗体字段、HTTP 标头、正则表达式、文本和隐藏的字段等。

5. 验证服务器的响应行为

如果仅对服务器的返回结果进行检查还觉得不够，例如，还需要了解服务器响应的内容和行为是否正确，验证规则提供了另一种验证方式。

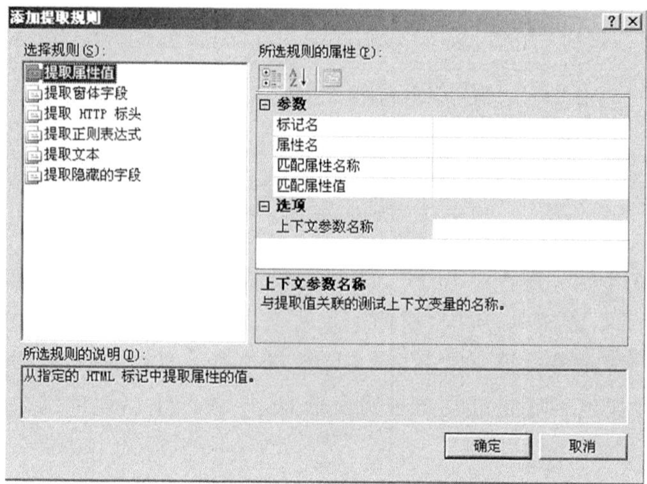

图 9-33 添加提取规则

右击记录器中的一个请求，选择“添加验证规则”，在图 9-34 的对话框中，在第二个规则选项“查找文本”的“所选规则的属性”详细列表中，选择参数为“查找文本”，并输入要查找的文本文字“buy Stock”。是否识别大小写与是否采用正则表达式都选 False，而如果找到则通过测试则选 True。

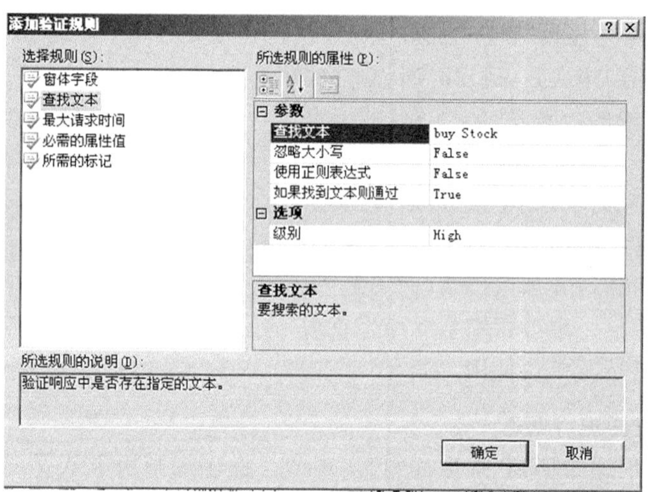

图 9-34 添加验证规则

单击“确定”按钮，测试记录中出现如图 9-35 所示的一行添加：验证规则-查找文本。

右击 WebTest1，选择 Web 测试，再次运行刚才的程序，出现错误。检查后发现，请求中传递的文字应该是“buyStock”，两个字之间没有空格，修改一下验证规则。再次运行，全部正确。验证规则对请求与响应之间的所有信息，都进行了“抽样”检验，所以，这个方法可以用于两个组件之间存在反复信息交互的过程检验。

更多的 Web 测试，可参考相关资料。

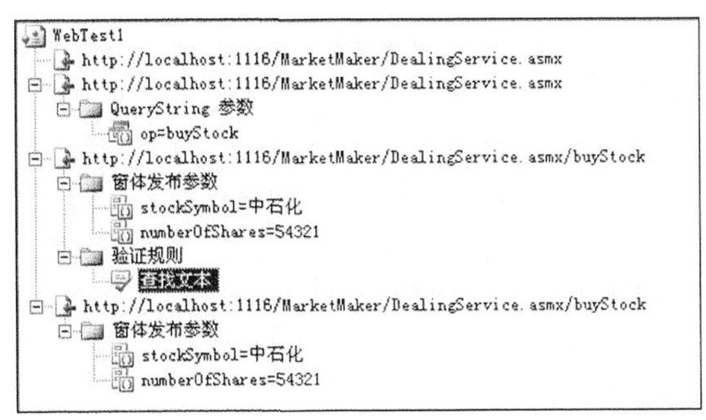

图 9-35　添加验证规则后

9.6　架构设计与评审

在 9.4.1 节中谈到，架构验证的两个目的是：验证架构设计的可行性和验证架构设计纪律的遵守程度。前两节的架构验证，解决的是第二个目标。本节讨论的话题，则是前者。那么，什么是架构设计的可行性验证？回答是：验证在特定架构关键需求、设计策略和设计方案确定后，如果按此方案实现，是否可以满足架构需求。

与前两节所讨论的架构验证方法不同，可行性验证往往是在系统还没有实现之前进行的。因为架构设计具有全局性、整体性和前瞻性，当系统已经完全开发完成，再发现架构设计的错误，将会付出很大的代价，是不能接受的。

9.6.1　针对关键质量属性需求的架构设计评审

1. 架构评审的基本方法

针对关键质量属性需求的架构评审，评审架构是否真正能够提供满足用户功能需求和关键质量属性需求，特别是后者。软件架构非常重要，它是风险承担者之间的交流平台，是早期设计决策的体现，是可传递、可重用的模型；而且软件质量不可能在软件开发的最后阶段追加上去，必须在设计之初就考虑到。在讨论评审目的的时候曾经提到，架构能否满足关键质量属性要求，是用户关心、架构师担心的最主要内容。

架构评审的方法可以分为两大类，应用不同的方法需要付出不同的代价，也能够得到不同的信息。

(1) 定性分析方法——提问：场景→评审清单→问卷调查。

① 场景：描述风险承担者和系统之间的具体交互。

② 评审清单：对同一领域的若干系统进行评审后提出的一组详细的问题。

③ 问卷：适用于所有架构的若干问题的清单。

(2) 定量分析的方法——量化：利用系统原型或模拟系统来解答与性能相关的问题。

① 指标：对架构可观察到的参数的量化度量与解释。

② 模拟、原型与实验。

2. ATAM

目前比较流行的是 ATAM(Architecture Tradeoff Analysis Method)，是由 SEI 提出的一种软件架构评审方法。

ATAM 的主要目的是：针对软件质量属性需求，提炼出架构设计决策的精确描述，然后通过评审这些架构设计决策，判定其是否满足这些质量需求。

ATAM 并非把每个可以量化的质量属性都进行详尽的分析，而是针对主要的风险承担者(包括经理、开发人员、测试人员、用户、客户等)所关注的主要风险，进行分析和评审。因此，ATAM 是一种挖掘潜在风险，降低或者缓和现有风险的软件架构评审方法。ATAM 特别注重的是：①风险；②敏感点；③权衡点。由此，项目团队可以看出，ATAM 的特点是不仅可以揭示出架构满足特定质量目标的情况，而且可以使项目团队更清楚地认识到质量目标之间的联系。所以，它是一种架构权衡分析方法。

ATAM 软件架构评审的输入与输出如下。

输入：用场景集合捕获的质量要求。

输出，包括：一个简洁的架构表述；表述清楚的业务目标；架构决策到质量需求的映射；所确定的敏感点和权衡点的集合。

3. ATAM 的步骤

ATAM 的分析评审阶段由以下 9 步组成。

(1) ATAM 描述(方法、人员、步骤)；

(2) 商业动机表述；

(3) 软件架构表述；

(4) 确定架构方式；

(5) 生成效用树；

(6) 分析架构方式；

(7) 确定场景及其优先级；

(8) 进一步分析架构方式；

(9) 得出结论。

有关 ATAM 的详细内容，可参看相关的书籍和资料，这里就不再细述了。下面通过一个“简单”和一个较为“复杂”的评审案例，体验一下实际项目架构评审的过程。

9.6.2 针对 5 个基本架构的架构评审

1. 5 个基本架构要素与架构评审

这里所谓的架构设计的 5 个“基本要素”，主要是指架构设计的“物理、逻辑、开发、运行、数据”5 个方面考虑因素。即指架构设计在这 5 个方面限制条件下，是否满足其特定的需求。显然，这 5 个要素是架构设计的最基本考虑因素。如果在这 5 个要素方面的架构需求和实现方法都没有搞清楚，例如，上来就是三层结构，则很多基本的需求和限制，往往都被忽略了，那就根本谈不上架构设计，至少也是盲目的架构设计。这一点对学生项目尤其重要。

2. 针对基本要素的架构评审

针对 5 个基本素的架构设计评审，架构师应包括分别报告并接受审查以下一些内容。

(1) 目标系统在这 5 个方面的具体需求和限制是什么?

(2) 针对需求和限制的设计决策是什么?

(3) 实现设计决策的方法是什么?

通过一定的形式，例如，原型法、模拟运行环境、形式化方法等，对采用上述设计方法可能达到的实现效果，进行展示和预期，并接受老师的评审。

3. 效果展示与评审方法

在实现方法的效果评审中，应考虑采用按 5 个方面进行分解的方法。如根据需求的 OMT 方法，把用例图转化为静态的类图、动态的行为(状态图、时序图、协作图、活动图)，以及反映系统架构的组件图和部署图时，应分别报告：系统设计和实现，是如何分别满足 5 个方面的特定需求和限制的。

4. 评审的关注点

评审老师应特别关注：作为系统架构设计的第一步和关键一步，系统一步步被分解为子系统、包、接口、实现类、对象和方法等，其分解的依据是什么? 各逻辑单元的抽取与定义是如何体现对系统架构元素(模块、组件、包、子系统)进行划分和分离的? 分离点在哪里? 理由是什么? 这些分离后的架构元素本身，是否满足：

(1) 抽象是否与系统目标相一致；

(2) 是否与作为类的责任相一致；

(3) 是否满足高内聚、松耦合的原则要求；

(4) 是否可以委托给其他类；

等等。

实际上可以看得出来，基于基本要素的架构评审，本质上是针对第 6 章所讨论的系统概要设计和实现的评审。为什么说，把系统架构简单地看成是三层结构是错误的，理由就在这里。因为架构师忽略了系统概要设计阶段，必须做的那些分析和对应设计考虑，即使系统真的就是三层结构，如第 8 章所讨论的 SSH 架构，也不是直接划分为 MVC 三层那么简单。

架构设计的一般要素，是对任何一个软件系统进行架构设计时，都需要考虑的一般设计原则。同时，这些元素更是下面讨论的那些关键质量属性设计的基础。

9.6.3 对一个架构评审案例的点评

以下的架构评审案例来自网络，抄录在此并加以点评，只为教学所需，如对原作者或有不敬之处，请谅解。按照前面介绍的评审步骤(步骤一省略)，在此一一简述如下，斜体字为方案原文：

1. 目标系统的商业动机表述

1) 系统功能表述

根据需求分析，系统功能被确定为：本系统是为中小型图书馆设计的基于网络的图书管理系统，应包括图书管理系统的所有基本功能。

功能设置如下：系统设置、图书编目、借书卡管理、查询、图书借还管理、统计、图书续借和预约、数据备份。

作者点评：

可能由于篇幅所限，也可能原案例也是教学案例，因此，需求分析的结果才只有几个字，好在这个系统是大家都熟悉的、且业务操作核心（业务实体）就是数据库的读写查，即使有理解的偏差，也偏不到哪里去。但是，从后面的分析可以看到，即使是这样简单的系统，仍然有需求目标不确定的情况，且导致问题很多。

2）商业表述

系统开发目标是：

（1）介于技术力量与开发时间考虑，要求该系统能够继续改进完善；

（2）由于具体客户尚未开发，要求系统能满足多个不同客户的要求；

（3）本系统是为小型图书馆设计的基于网络的图书管理系统，系统容易使用；

（4）系统希望能快速响应。

根据表述的结果，质量属性被确定为如下划分。

（1）高优先级质量属性：可修改性、易用性、可配置性、性能；

（2）重要但优先级低的属性：可用性、安全性、数据完整性、可测试性。

作者点评：

从上述描述可以看出，被评审系统的开发目标，可能是只需要开发部分功能（原型），且没有真正的用户，目标数据库也很小。这显然是一个"学生项目"。在这个目标下，提出来的质量属性目标，不是"为赋新诗强说愁"也没人相信。例如，仅以高优先和重要但优先级低的选排，看不出有什么依据。难道可用、安全、数据完整和可测试这些应用系统交付前期应达到的最基本目标，比可修改（交付后）、易用（运行期）、可配置（交付时）、性能（运行期）指标，优先级要低吗？

3）质量属性的具体表述

（1）性能

① 动态数值要求：在正常工作条件下，一定时间周期内要处理的数据需求峰值为200个。即平均处理的数据为200。并行处理200个用户申请。

② 精度要求：在数据库中提取数据时，要求数据记录定位准确；向数据库中添加数据时，要求输入准确。

③ 时间特性要求：响应时间较快，灵活性强。响应时间在人能忍受的等待范围内，设为5秒。

作者点评：

上例所列性能指标虽都可通过实际模拟测试获得验证，但上述需求表述，均存在目标要求模糊不清、指标要求缺乏依据等情况。例如：

动态数值要求的"并行处理数据需求峰值"，是指同时"在线用户数"，还是有效用户进程数（进程生命周期），还是"完整交易过程数"？

精度要求的数据记录"定位准确"、"输入准确"要求，不知道是针对编码工程师，还是使用系统的用户。难道真的出现这样的问题,也是架构设计的问题?

时间要求的“响应时间较快、灵活性强、人能忍受”等,作为技术指标,如同要求衣着“美观、大方、得体”一样,是见仁见智,无法实际测试的。唯有“5 秒”这个指标,也反映了原作者可能没有什么实际系统开发经验。用户能够接受不论什么操作,只要 5 秒之内就可以验收吗?甚至,延时时间是以秒为单位的吗?具体不同操作,延时要求不同,一般以 ms(毫秒)为单位,有些要细化到 ns(纳秒)或多少个指令机器时间周期。

可能用户并不能提出具体的目标描述,但作为提交系统架构设计评审的评审目标,不是用户写的,不可以这么模糊,否则,如何测试验证和评审?

(2) 可用性

能迅速检测到图书管理系统存在的错误及疏忽,系统遇到各种问题,能较快返回出错的原因,以及提供系统管理员检测办法及恢复办法,该系统平均修复时间经系统测试为 60 分钟,使得故障率降到最低。

(3) 可修改性

图书管理系统提供了更多扩展功能的空间,系统为模块化设计,能很好地与扩展功能相结合,使得以后的升级工作更为轻松,从而使得图书管理系统能获得更强的生命力。

(4) 可配置性

系统能够满足不同用户群的要求,对不同语言,底层数据库等能很好地支持,同时界面能根据不同客户要求来设计。

(5) 安全性

考虑到不同用户的权限不同,第一次进入该系统时应该向管理员申请注册一个用户名和密码,并完整填写相关信息,同时存入数据库表中。这样管理员就可赋予不同用户不同的权限。每位用户根据自己的身份不同,进入不同的用户界面。管理员有权力行使所有的管理功能,普通用户只能进行一般的查询。

(6) 完整性需求

根据图书管理系统的要求,为保持数据的完整性,采用了数据库的事务机制,防止出现操作故障。

(7) 可测试性

系统经过软件设计人员、图书馆以及普通用户多种测试,证明系统无重大 Bug。

(8) 易用性

系统操作简单,界面人性化,能为普通用户迅速掌握使用方法,快速地使用本系统所提供简单明了的查询功能,从而使得系统能被广大用户接受,扩大使用人群面积。

作者点评:

其他属性的问题也是明显的,例如:

(1) 使故障降到最低——哪里是最低?

(2) 使以后的升级工作更轻松——那就等以后升级的时候再测是否轻松吧。

(3) 证明系统无重大 Bug——什么时候能证明了,什么时候通过测试?

(4) 使得系统被广大用户接受——广大是多大?

(5) 扩大使用人群面积——你也帮我们来兼做市场吧，卖不出去，我也不付软件开发的钱。

作者已经不想再对该案例的需求描述再做什么点评了，继续把它们罗列在这里的目的，不是为了凑字数，而是希望同学们写需求的时候，“拜托”千万不要这样写。如果在公司里这样写了交给老板，他一定会哭的。一个字不写，也比这样写要好。

2. 软件架构表述

原作者只给出两张架构图，也没有什么说明。图 9-36 应该是一张包图。

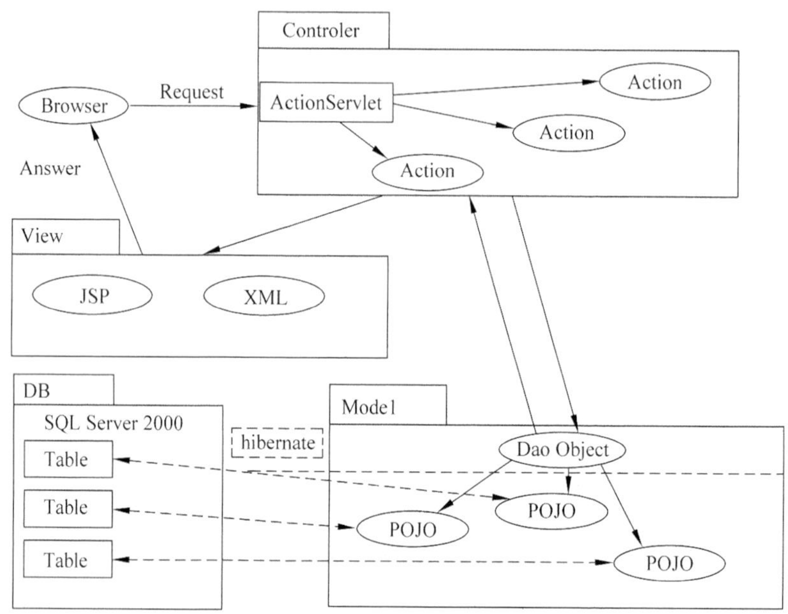

图 9-36　添加验证规则后

作者点评：

(原案例在此没有说明文字)看样子目标系统使用的是 SSH 架构，但从这张图上，看不出针对本系统上述质量属性需求的任何设计对策，甚至“人为”的设计痕迹。这张图可以用在任何 SSH 架构的系统设计中。换句话说，这是张“废纸”。

图 9-37 似乎是一张类图。

作者点评：

(原案例在此没有说明文字)类图属于架构描述工具之一，但很多人把类图当成是架构图的全部，这就错了。仅通过这一张类图，如何让评审者理解从质量属性需求，到架构对策和设计，到哪怕是模拟的目标实现和测试，来验证架构设计可行性？

性能、可用性、可修改性、可配置性、安全性体现在哪里？

3. 确定架构方式

表 9-2 是方案所列的、针对需求的战术和架构方案。

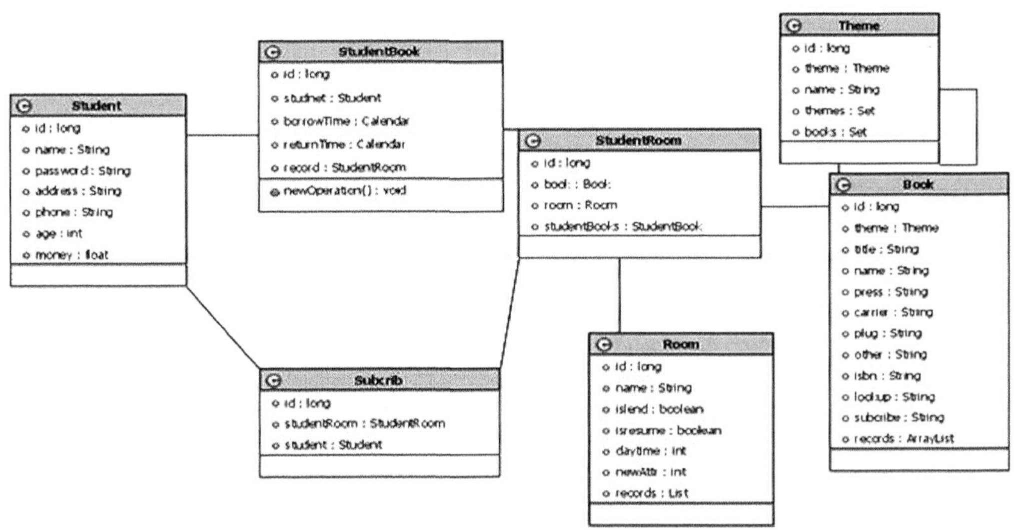

图 9-37　图书管理系统类图

表 9-2　针对需求的战术和架构方案

质量属性	采 用 战 术
易用性	采用 B/S 结构,客户端不用安装任何软件,只需浏览器便可访问本系统
	通过在原系统上添加功能达到易用
	采用 cookie 技术,用户无须在每次登录时都输入用户名和密码,免除用户频繁输入密码的烦恼
性能	JSP 页面中加 SQL 语句,减少了类的调用
易实现性	在原有系统基础上,只需在页面中继续嵌入功能,开发难度低
可靠性	系统对数据库进行备份。系统数据库崩溃后,系统能够进行数据库恢复,以使用户的数据不丢失。 本系统用 Java 语言编写,可在 Windows、UNIX 操作系统下运行
	把用户的请求划分为三个优先级,优先响应较重要的请求,以保证重要数据不丢失
性能	限制最大访问数为 200,当访问数大于 200 时对请求不予以响应(超级管理员和图书管理员请求除外)
	把用户的请求划分为三个优先级,超级管理员优先级最高,图书管理员次之,其他用户优先级最低,当服务器繁忙时,服务器优先响应优先级高的用户请求
	读者用户若超过 5 分钟不活动就强制其退出系统以响应其他用户请求
	将 Web Server 与数据库分别放在两台服务器上,以提高其总体性能
可修改性	采用 MVC 三层结构,程序逻辑结构清晰,便于扩充修改。同时将与系统有关的信息放在配置文件中,便于系统更新
易用性	采用 B/S 结构,客户端不用安装任何软件,只需浏览器便可访问本系统
	采用 cookie 技术,用户无须在每次登录时都输入用户名和密码,免除用户频繁输入密码的烦恼

续表

质量属性	采用战术
可配置性	将数据库访问信息保存在 XML 配置文件中要更换数据库时,只需修改配置文件,不需修改任何代码,更不需重新编译
	将系统的所有提示语言都保存在 ApplicationResource. properties 中,这样只要替换这个文件,就可方便实现国际化(中、英文版面互换)
可移植性	本系统用 Java 语言编写,可在 Windows、UNIX 操作系统下运行
安全性	只有通过授权的用户才能登录本系统,不同的用户在系统中有不同的权限
	用户的 ID 和密码采用 RSA 方法加密后再进行传输,保证这些信息在网络传输过程中的安全
	由于 B/S 模式存在安全隐患,超级管理员模块单独采用 C/S 模式,只有安装客户端软件后超级管理员才能登录
	将所有的 JSP 页面都放入 WEB-INF 文件夹中,这样最终用户就不能随意地通过在地址栏中输入地址来随意地访问页面;而想要访问页面,必须经过 action 的处理和转发

作者点评:

原方案把需求涉及的所有属性需求的架构设计对策都罗列出来了。如果说这些对策可能有些"幼稚",是实在太客气了。例如:

(1) 易用性:与功能多少有直接关系吗? 如果只有很简单的、单一的功能(如第 6 章的最简单的媒体播放器),难道一定就是难于使用? 这是混淆了功能与易用性的关系,没有搞清楚什么是易用性。简单的对策如 9.2.5 节。

(2) 性能:在 JSP 页面加 SQL 语句,作者看到这个方法时,简直怀疑是否是在看与软件架构有关的文字。在 JSP 程序代码中直接用 SQL 语句? 在 SSH 架构中? 那不是从第一层,直接打穿到数据库层? 中间的所有 SSH 都穿越了? 这样的性能是什么性能? 系统的每个功能都这样来提高? 匪夷所思!都已经使用 SSH 了,怎么还用纯 SQL 语句呢?

(3) 可修改性:这里的系统信息不知道是指哪些,而配置文件是否是指 Struts 的配置文件? 这个配置文件只定义 Struts 的 JSP 与 ActionForm/Action 之间的对应关系,并不涉及其他什么系统信息,所以,所谓的系统更新,应该与这个配置文件关系不大。(此后还有不少涉及 SSH 架构的内容,都给人一种"似是而非"的感觉。)

(4) 可配置性:在 SSH 架构中,虽然 Hibernate 提供了面向对象与数据库的无关性,但到具体更换数据库的时候,也绝不是简单修改 Hibernate 配置文件那么简单。即使更换后的数据库库表与原数据库表的定义完全一致(这几乎不可能),那么,至少也还需要重新做逆向工程、修改 DAO 类等。

(5) 可移植性:Java 语言代码在 Windows 和 UNIX 系统之间移植是个"神话",只听说过,没有见过。即使开发者不惜一切代价,具有超凡能力,用户也不信。

(6) 安全性:JSP 文件放在哪个目录下与安全性几乎毫无关系,通过控制用户是否有该目录的访问权限来进行的安全控制,简直是"小儿科",不值一评。

4. 生成质量属性效用树

效用树的作用是使质量属性需求的架构对策和实现效果描述具体化,从而能使设计师和客户代表准确地判断出，预期效果是否满足了他们的质量需求。

树的结构是：

(1) 质量属性是效用树的根节点，表示系统的主要质量需求属性；

(2) 中间节点是质量属性的细化和求精；

(3) 叶节点是与质量属性对应的效果场景。

以下是原方案的“效用树”(表 9-3)。

表 9-3　效用树

质量属性	属性求精	场　景
易用性	熟练度培训	在图书馆工作一个月以上而且具备基本上网的计算机知识的图书馆员在三天的培训后就可使用本系统
	正常操作	具备基本计算机知识的借书用户在 20 分钟就可以了解和使用本系统的主要功能
	正常操作	采用 cookie 技术，用户无须在每次登录时都输入用户名和密码，免除用户频繁输入密码的烦恼
可靠性	突发事件	系统数据库崩溃后，系统应能够进行数据库恢复，以使用户的数据不丢失
	正常操作	在访问量不超过系统负载的情况下，服务器的死机次数要小于两次/周
	服务器繁忙	把用户的请求划分为三个优先级，优先响应较重要的请求，以保证重要数据不丢失
可修改性	更改系统	采用 MVC 结构设计，逻辑结构清晰，便于修改
性能	服务器繁忙	限制最大访问数为 200，当访问数大于 200 时对请求不予以响应(超级管理员和图书管理员请求除外)
	服务器繁忙	把用户的请求划分为三个优先级，超级管理员优先级最高，图书管理员次之，其他用户优先级最低，当服务器繁忙时，服务器优先响应优先级高的用户请求，保证高优先级用户获得较好的性能
	正常运行	读者用户若超过 5 分钟不活动就强制其退出系统以响应其他用户请求
	正常运行	将 Web Server 与数据库分别放在两台 PC 上，以提高其总体性能
可移植性	操作系统可移植性	本系统用 Java 语言编写，可在 Windows、UNIX 操作系统下运行
可配置性	更改系统	将数据库访问信息保存在 heibemet. cfg. xml 文件中，要更换数据库时，只需修改配置文件，不需修改任何代码，更不需重新编译
	更改系统	将系统的所有提示语言都保存在 Application Resource Properties 中，这样只要替换这个文件，就可方便实现国际化(中、英文版面互换)
安全性	更改系统	只有通过授权的用户才能登录本系统，不同的用户在系统中有不同的权限
	更改系统	用户的 ID 和密码采用 RSA 方法加密后再进行传输，保证这些信息在网络传输过程中的安全
	更改系统	由于 B/S 模式存在安全隐患，超级管理员模块单独采用 C/S 模式，只有安装客户端后超级管理员才能登录
	更改系统	将所有的 JSP 页面都放入文件夹中，这样最终用户就不能随意地通过在地址栏中输入地址来随意访问页面；而想要访问页面，必须经过 action 的处理和转发

作者点评：

我们主要是从效果看是否满足需求(可满足)，以及效果是否有可能达到(可行性)。

(1) 首先，由于需求目标本身就模糊不清(见质量属性表述点评)，所以，方案中要给出明确的效果描述，同样也十分困难。例如，“学习三天后就能使用本系统”、“20 分钟就能了解功能”、“死机次数要小于两次/每周”这种几乎“广告用语”般的承诺，就是效果。

(2) 如果说不出什么效果，那只好拿方法当效果了。好像只要做了，就是效果，且不论这些方法是否可行。

5. 分析架构方式

这是架构师和评审老师共同的工作，分析架构设计，找出不合理的、不恰当的、难于平衡把握的地方，共同决策。

质量属性不是处于隔离状态，只有在一定的上下文环境中才能做出有意义的评判。某一场景是一类场景的代表，系统将以完全相同的方式对这些场景做出反应。

以下是方案的架构分析评审表(表 9-4)。

表 9-4 关键质量属性需求评审表

场景号：A1	场景：抵抗恶意攻击			
属性	安全性			
环境	系统运行时			
刺激	黑客试图盗取密码，攻击系统			
响应	成功抵抗攻击概率大于 99.9%			
构架决策	敏感点	权衡点	有风险决策	无风险决策
由于 B/S 模式存在安全隐患，超级管理员模块单独采用 C/S 模式，只有安装客户端软件后超级管理员才能登录		*1		
将所有的 JSP 页面都放入 WEB-INF 文件夹中，这样最终用户就不能随意地通过在地址栏中输入地址来随意地访问页面				*2

其中：

*1 权衡点分析：

超级管理员拥有系统的最高权限，因此保护超级管理员用户的安全显得格外重要。由于 B/S 模式存在安全隐患，超级管理员模块单独采用 C/S 模式，只有安装客户端软件后超级管理员才能登录，这样即使黑客盗取了用户名和密码，他也不能在浏览器端访问系统。这样虽降低了系统的可用性，但经权衡，还是利大于弊。

*2 风险分析：

将所有的 JSP 页面都放入 WEB-INF 文件夹中，这样最终用户就不能随意地通过在地址栏中输入地址来随意地访问页面而想要访问页面，必须经过 action 的处理和转发，这样保证了系统文件不能随意访问和修改。无风险。

作者点评：

略。

6. 架构评审结论

原方案的结论部分如下。

(1) 原有的问题：

由于以前的系统采用了功能驱动单层模型的模式，所有的业务层和控制层也是采用的 JSP 页面开发的，这样一来，复杂的控制逻辑和业务逻辑和显示搅在了一起，程序不便于阅读，而且不具有很好的可扩展性，没有 XML 配置文件，项目的可配置性也大打折扣，视图、控制、业务层搅在一起，不助于扩展系统，安全性较差，JSP 页面里直接的 SQL 语句的操作，使得操作数据库变得异常复杂，加大了开发的难度，框架中大量的 XML 配置文件在这里没有得到应有的应用，而每次都要编译程序。

(2) 改进：

继续采用功能驱动单层模型架构开发应该说唯一的好处是功能实现“简单”，可以大大加快系统的开发进度。它把表现层和业务逻辑层糅合在一起，不利于以后的维护工作以及开发角色的分配，因此要实现质量属性其实非常困难。

使用 ADD 分层驱动模型重新开发在性能、可用性、安全性、可配置性、可修改性、可移植性方面满足质量需求。

作者点评：

整个方案的核心，就是采用了 SSH 架构，如果仅是这一点，完全没有必要进行架构评审。

奇怪的是，原方案作者自己也知道在原有的系统中，在 JSP 中加入 SQL 是不好的，为什么还把它作为新方案的战术之一呢？

9.7 电梯控制系统的架构设计实现与评审

电梯控制系统架构设计的案例与分析，分布在 4.3.6 节、6.3 节和本节。

4.3.6 节部分介绍了电梯控制系统的基本需求及如何考察一个已有的电梯控制系统的架构，提出架构设计上存在的一些疑问和问题。在这里，电梯控制系统是已经开发完成并可运行的一个系统，分析的目的是从架构师的眼光看系统架构。

6.3 节在第 4 章发现问题的基础上，提出电梯控制的“分布、并发、实时”需求，并由此重新进行架构设计，包括重新划分逻辑子系统。由此实现了一个模拟的、符合“分布、并发、实时”需求的电梯控制系统。

本章将在上述两章的基础上，评审电梯控制系统架构设计方案。

如 9.6 节所述，在实际评审一个软件架构设计案例的时候，既需要遵照架构评审 ATAM 的一般原则和要求，也要考虑学生项目的特点，把评审的关注点放在电梯控制系统关键需求，及在学生项目环境和条件下的可行、可检验范围内，否则就没有意义。

9.7.1 理解学生项目的架构设计评审要求

课程实践中的学生项目与软件企业项目相比，在需求背景、业务知识能力、系统规模、技术把握、过程规范等几乎所有方面，都存在不足。但又需要尽量真实地学习和体验架构设计过程，有什么需要特别关注的地方？

在开展 ATAM 评审的时候，项目团队要注意：ATAM 评审不是需求评审（包括关键需求），不是代码评审，也不包括对实际的系统进行测试，它是一种针对设计决策的、定性的分析评价方法。

实践课程的架构设计评审的目的，是考察学生的项目团队，对软件系统架构及关键需求的关注与理解。包括：对系统架构的描述，关键质量属性的场景、影响、对策、效果预期的评价等。

作者主持设计实施的全国软件学院第三届软件创新大赛的架构评审标准，可以作为学生项目架构评审的一个参考案例。表 9-5 是评审标准。

表 9-5　架构评审标准

对架构设计有充分的认识和理解，针对特定关键属性需求，有周到的架构设计安排	90 分□
架构逻辑结构清晰、合理，描述了部分关键的属性需求和应对方法	80 分□
组件、连接、连接关系清晰，子系统划分合理、组件之间有一定的协同机制，但架构设计不够细致，对关键需求关注不够	70 分□
将软件架构等同功能组件结构或层次结构，仅对组件/层次之间的调用进行了介绍，不知道有什么关键属性需求	60 分□
基本无软件架构的概念，也不知道关键属性，仅用功能组件图/类图代替系统架构图	45 分□
对软件架构知识基本不了解、无架构考虑	30 分□

在上述架构设计评审标准中，项目团队为什么要特别强调"对架构设计有充分的认识和理解，针对特定关键属性需求，有周到的架构设计安排"，并把这个条件作为课程实践项目架构设计评审的"最高分"？

在第 1 章就已经提到，有不少同学在描述和设计架构的时候，为架构而架构，设计了一些并不起任何架构作用，甚至反而增加系统复杂性的架构。

特别强调"针对特定关键属性需求设计架构"，是希望同学们能够抓住架构设计的本质，并从关键需求的获取开始，把需求分析、架构设计、方案验证、实现、测试联系在一起。架构设计可以不完善、可以不完整，组件划分、连接方式、连接关系都可以逐步迭代地确立起来，但关键需求、架构设计目标、主要组件之间的逻辑结构关系要明确、清晰。这也是设立上述评审标准的基本考虑和出发点。

评价实践阶段架构设计的成绩，按照以下层次判断。

（1）对架构概念基本是无知的，因而根本谈不上什么架构设计；

（2）将系统架构简单地理解为功能组件图/类图；

（3）有一点基本的层次结构概念，如层次结构的上层提出请求，下层提供服务；MVC

的三层功能划分等，把系统功能牵强地分配给这样的层次结构，而并不知道为什么要用这样的结构；

(4) 能够理解软件系统架构的基本构成元素，并以功能实现为目标，开始从分工、职责、协同的角度和需要去设计组件、连接和连接关系，并由此构成系统架构；

(5) 在上述考虑的基础上，不仅考虑功能实现，还开始有关键需求的考虑；

(6) 不仅从功能，还能很好地从关键需求出发，周到地设计系统架构。

看看项目团队自己能达到一个什么层次？

实际上，上述评审标准要求还不是很高的，其核心，是要求同学们能够理解软件架构的基本概念(架构定义)和作用，首先完成以功能需求实现为目标的架构设计，然后，有能力的同学，再向以满足关键需求为目标的架构设计前进。

9.7.2 原有电梯控制系统的架构分析

原有系统既是需求的来源，也是开发的基础，至少，是架构设计的参考和对照样本。因此可以把 4.3.6 节作为项目团队《电梯控制系统架构设计报告》的第一部分，即对原有电梯控制系统的架构分析，这里就不再重复。

总结原有系统架构设计存在的问题，结论是：原系统基本没有考虑真正电梯运行存在的那些关键质量属性需求，因而，架构设计脱离实际。

9.7.3 基于“并发性”的关键需求与效果预期

1. 电梯控制系统的关键需求

6.3.1 节～6.3.3 节在分析原有系统存在的问题的基础上，重新梳理电梯运行状态，并提出“分布、实时、并发”特性，作为电梯控制系统设计的关键质量属性需求。这三节可以作为项目团队新的电梯控制系统架构设计报告的关键需求部分。

2. 电梯控制系统的关键需求的侧重点

在新的系统中，项目团队选择了根据“实时和并发”特性，重新划分子系统的架构设计对策和目标。

有关关键需求的实现目标，有以下侧重。

(1) 并发性：要真实地反映电梯运行和控制的并发特性，并作为评审重点。

(2) 实时性：应考虑实时性指标，但属于模拟性质。

(3) 分布性：由于考虑学生项目的环境和条件，不希望把系统搞得过于复杂，可不考虑分布性要求，即所有运行和控制部件，都在同一台 PC 上。

为了实现上述关键需求，项目团队首先进行了系统的概要设计，考虑系统“分布、实时、并发”因素对系统重新进行了划分。这部分的工作就是 6.3.4 节的内容。最后，得到了系统的逻辑架构(6.3.5 节)。

3. 电梯控制系统架构设计的效果预期

6.3.6 节简单介绍了系统的实现和测试结果，作为第 6 章有关子系统划分的一个案例，这样是可以的。但是，作为针对关键需求的架构设计效果报告，评审老师当然不能满意——这也太简单了，完全看不出系统架构是如何满足“并发性”需求（假定目前暂时只评审此需求），也不知道将如何测试并发性。

项目团队需要重新更详细地报告设计对策和设计方案，并与老师一起商量合适的测试方法。

为此，老师提出了测试所谓“并发性”的建议（测试用例）。

（1）设定（可调整）被控电梯系统的基本环境和运行参数，如电梯部数、楼层数、运行参数、人员进出的时间参数、停靠参数、超重超载等。在模拟测试中，参数可修改调整，但不考虑临时增、删、改。

（2）设定（可调整）正常、故障、意外情况（非人为）、紧急情况（人为）情况，在模拟测试中，参数可临时增、删、改。

（3）在上述电梯运行环境下，预期（批处理文件形式）或随机地为每部（或某部）电梯同时（或单独）设定运行要求、请求、意外等情况，考察电梯能否正确响应，是否发生冲突。

（4）人为设定或临时更改正常、异常、调度策略改变、意外等情况的处理优先级，考察电梯控制的响应是否正确，是否发生冲突。

（5）在上述要求满足的情况下，用相同的环境（各项目团队的系统必须满足上述各条的参数要求，但界面形式、调度和控制方式不做统一要求）和模拟状况下，考察不同项目团队控制系统的时间最优或效率最优。

并发性的体现如下。

在上述测试中，外部输入的测试情况，如请求——来自模拟按钮；状态——来自模拟电梯本身；调度策略——来自模拟调度控制室等，均可针对某一部电梯，也可针对某几部或全部电梯。输入情况可单独设置为请求，也可以是状态变化，也可以是规则变化，甚至可以是几种情况的组合。这就是并发输入。

N 部电梯运行在各自的状态下，同时接受外部（测试者）的临时指令（临时请求或状况），在各自的处理原则和调度策略下，做出对各种并发输入的响应。

所有这些输入的请求、状况、规则，有可能是矛盾、对立、互斥和竞争电梯资源的，这时，就看在控制系统的总体协调下，如何做出响应。看请求、状态、调度“三驾马车”如何协同工作。

这就是并发性，实际电梯运行情况也是这样的，所以，测试可用作对真实情况的一种模拟，具有一定的实用价值。

预期结果如下。

对提出的请求和发生的状况，都能进行预定的（符合预定策略原则）处理，并给出处理结果的演示效果和报告。具体请求和状况以及预期结果不再罗列。

失败：不接受输入，发生死机（死锁）、不理睬请求和状况、无法显示响应结果、处理结果不符合预定的原则等。

9.7.4 针对“并发性”需求的架构设计与实现

1. 架构设计深化

由于在此明确了“并发性”的目标测试要求，项目团队在 6.3.5 节划分的子系统的基础上，进一步进行了更细致的设计。

所谓更进一步的架构设计，主要是在已确定的子系统划分(模块划分)的基础上，通过数据结构设计(模块通过数据结构，例如，队列、进行连接交互)和交互逻辑(连接关系，例如，对请求队列的处理方式涉及请求与调度模块之间的协同关系)设计，实现对电梯的协同控制。

包括：

(1) 将所有的请求和外部输入进行数值化表示，并集中保存。有关外部输入的请求和状况，测试者也应给出统一的参数、格式标准和规则表，以避免理解上的二义性(此点评审老师同意)；

(2) 同样，将内部运行环境和条件数值化，但该数据在各子系统之间，是采用集中还是分布模式，有不同的方案。如果考虑远程监控等扩展，则采用集中式存储更好；

(3) 将调度策略也转化为可数值化表示，可采用线性规划等最优化方法，甚至引入人工智能计算，并在考虑电梯条件、运行状态、外部事件要求等因素下、进行调度策略比较、优选的方法；

(4) 上述数据和规则可提供用户界面或批处理文件录入的形式，进行增、删、改，实时得到响应。

(5) 记录所有状况、输入和运行数据，可再现运行过程，并进行比对和效率评价。对不同硬件平台条件下，项目团队之间谁的时间最优，有异议。评审老师同意性能测试在同一台机器上进行。

2. 有关调度策略

调度策略是电梯控制系统可以深化的部分，甚至有以此为课题的博士论文，可见还是有很大发挥空间的。

对于以架构设计为中心的学生项目，在这个问题上并不要求，但可以“出彩”。

调度策略可以从最“愚蠢”的先进先出，到同向优先、距离最短优先、上班高峰上行优先、下班高峰下行优先等一些行为分析和优先策略。

再复杂一点包括：条件(请求)评分、线性规划、神经网络等。在此不再详述。但这些策略，在并发性测试中，未必能显示出什么优势来。

3. 具体实现

1) 单线程还是多线程

对于“请求、电梯、调度”三者，是分别是三个独立的线程，还是如状态机一样，在某些规则下，进行状态转换？显然，从复杂度而言，前者实现上要简单一些，相互的制约和牵制要少，属于松耦合。

2) 耦合形式

项目团队考虑最多的就是采用队列的方式，实现请求、状态、调度三者之间的协同。开始，为每部电梯设定一个请求队列。以后，根据情况的复杂化，逐渐增加到两个(优先级)甚至多个(异常、特殊等)。

3) 交互

“请求、状态、调度”三者通过队列进行交互，策略可以是从先进先出、优先级控制到多种数据链形式。队列内部也可以插队、转移、头尾转向等，以应对多种情况。此时，在队列和队列协议设计中，不但要考虑并发性（三者协同），也要考虑资源（队列成为三者竞争的资源）管理，防止死锁、满足实时（紧急情况）要求。这里 9.2.4 节有关性能战术的一些原则，这里可以用上。

4）仲裁

“请求、状态、调度”三者之间一定会发生冲突，它们之间的仲裁机制是什么？这个问题可以继续深入研究，更多细节在此不再详述。

9.7.5 电梯控制系统架构设计的评审意见

基于上述报告，老师给出如下的评审意见。

1. 需求

由于将与架构设计有关的关键质量属性，从“分布、并发、实时性”等特性，简化并限定在“并发性”一个点上，不但有效地减少了项目的开发量，缩小了关注范围，而且根据学生项目的特点，相比其他两个特性，更具有可测试和可验证性。

2. 预期

就“并发性”本身而言，通过提供明确的测试指向，细化、明确了“并发性”属性的含义，使得开发者具有了明确的开发和交付检验结果的目标。预期结果是明确和易于理解、基本不会产生二义性的。

3. 对策

针对上述需求（确切地说，是针对上述验证测试要求），在 6.3 节子系统划分方法确定后，学生团队的对策相对是比较一致的。这就是，尽管电梯控制的界面可能“五花八门”，但在由“请求、状态、调度”为核心的三大模块格局之下，设计合适的数据结构，包括调度规则的表达和存储结构，并依据调度规则，考虑请求和状态，实现电梯运行和请求、事件、调度协同运转的“交互逻辑”基本思路，是非常一致的。这可能是在老师的指导和影响下（也可能受老师设计思想的限制）产生的结果。

电梯控制系统本质上是由请求、状态、调度（规则）三个“源头”驱动的状态机，因此，这个认识是控制系统设计的根本，所有项目团队能够共同认识并把握这一点，也是正常的。当然也不排除其他的思路，但学生在已有时间、能力等非常有限的压力下，甘冒风险、自行探索的积极性就不会很高，这是要注意的。但对于学生来说，首先是学习和体验，然后才是创新，所以，也不应过于强求。

4. 设计实现

项目团队之间的差异主要在演示界面，以及内部的数据结构设置、状态设置、调度策略算法等具体实现细节上。从架构设计的角度，抓住请求、状态、调度三者的关系，并在三者之间，设计合理的数据结构和运行机制，是架构设计的关键。界面形式、数据结构形式，对“并发性”都不是关键。

从实现细节来看，最主要的是在逻辑上，能够把各种请求、状态、规则都合理地考虑周到，平滑运行，不出现“遗漏”、“死锁”、“违规”等情况，在技术上，这可以借助“逻辑状态机”等形式化方法，进行编排，保证电梯控制这个“状态机”运行正常。

5. 测试

通过读取“输入”，做出预期的“响应”。

“输入”可能是针对所有电梯(例如，假定现在时间是下午 5:00)，也可能是针对某一/几部电梯(某位置发生火警，影响到周围)，也可能是某条规则发生改变(某电梯改为双号或 VIP 电梯)。总之，测试也是围绕请求、状态、调度三个方面，诸如此类，不一一列举。

6. 敏感点与平衡点

在这个项目中，敏感点和平衡点主要体现在满足“并发性”需求的同时，如果要求更高一点，是否能够兼顾其他质量属性要求。学生项目往往有这样的情况，由于时间、能力等条件有限，老师要测什么，就只做什么，其他什么也不管。这对于成长为一个成熟的软件架构师是十分不利的。

例如：

1) 架构纪律

在 4.3.4 节中，分析了原有系统架构设计的问题，并在 6.7 节中，设计了以请求、状态、调度为核心的系统架构。这个划分不但是系统的功能模块划分，更是逻辑上系统的任务责任划分。在开始系统架构设计的时候，项目团队按照这个划分，实现各模块的功能，但到系统基本开发完成之后，再进行检查，是否还是严格按照这个逻辑划分实现的？“架构纪律”是否被严格遵守？使用 9.4 节“层”验证的方法检查一下，实现的情况如何？是否有“穿越”？使用 9.5 节的方法，看看模块之间的交互，是否都符合预定的规则？

2) 实时性与分布式

虽然最后的测试不考虑实时性和分布式要求，但是，有能力的同学可以多做一点，把这两个需求也实现。在满足一个需求的时候，相对比较简单，但要同时满足几个需求，且相互是有矛盾和冲突的，情况就比较复杂。例如，当加入实时要求和分布式管理需求的时候，调度策略应该与单一调度有所不同，应该怎么处理？首先，这样的情况是否会影响到现有架构格局，如何变化？如何平衡几个需求之间的矛盾？

3) 灵活性与可扩展性

再加一些新需求，例如，目前电梯管理中开始出现的远程集中监控。如何接入这个新的需求功能，与哪些模块有关，与现有机制是否有冲突。如果仅仅是“监”，还比较简单，但如果还有“控”，与现有自己的“控”如何协同？

4) 复杂度和可维护性

上述所有功能逐步添加，系统的复杂度和可维护性是否变得很糟？复杂性和可维护性如何定义？如何测试？如何评价？如何保持一个低复杂度和高可维护性的系统？例如，从模块划分开始，保持模块的高内聚、松耦合，是降低系统复杂度和提高可维护性的基本方法之一。

7. 结论

本项目架构设计的作用体现在架构抓住“请求、状态、调度”三个核心要素，并在三者之间，形成互动的控制与协同机制。由此，满足“并发性”需求，也可以继续改进，满足“实时、分布”或其他关键质量属性需求。

选择一个适合学生的架构验证项目有相当的难度，一是项目业务背景不能太复杂，二是开发的工作量不能太大，三是还需要可切实测试和验证架构的作用。

本项目一方面考验学生的架构设计能力，其实也是训练学生逻辑思维缜密、严谨、细致的好机会。这是从事软件开发职业必须具备的基本素质要求。

9.8 实践与思考

9.8.1 实践题

1. 安装并运行老师提供的电梯控制系统代码。
2. 分析电梯控制系统架构，看看它实现“并发性”的机制是什么。
3. 完善这个系统，提高它的“实时性”，并做测试。

9.8.2 思考题

1. 为电梯控制系统的“实时性”编写一个测试用例。
2. 给出学生项目条件下，测试“实时性”的可行指标和限制因素。
3. 用这个测试用例测试电梯控制系统，并评价不同项目组的测试结果，比较优劣。
4. 哪些因素是直接影响电梯控制系统实时性的？如何改进？改进电梯控制系统的“实时性”会导致系统其他哪些因素的变化？
5. 参考架构评审方法，针对“实时性”需求，评价改进后的架构方案。

参 考 文 献

[1] 张友生等. 软件体系结构(第 2 版)[M]. 北京：清华大学出版社，2006 年 11 月.

[2] [美]Len Bass，Paul Clement，Rick Kazman. 软件构架实践(第 2 版)[M]. 车立红译. 北京：清华大学出版社，2004 年 3 月.

[3] 覃征等. 软件体系结构(第 2 版)[M]. 北京：清华大学出版社，2008 年 3 月.

[4] 张宏. 系统分析与设计[M]. 北京：清华大学出版社，2008 年 9 月.

[5] 万建成，卢雷. 软件体系结构的原理、组成和应用[M]. 北京：科学出版社，2002 年 8 月.

[6] Xin Chen. 应用框架的设计与实现——. NET 平台[M]. 温昱，靳向阳等译. 北京：电子工业出版社，2005 年 7 月.

[7] Diomidis Spinellis，Georgios Gousios. 架构之美[M]. 王海鹏等译. 北京：机械工业出版社，2010 年 2 月.

[8] [美] Mohanned E. Fayad，Ralph E. Johnson. 特定领域应用框架：行业的框架体验[M]. 姜晓红等译. 北京：电子工业出版社，2004 年 8 月.

[9] [美] Rockford Lhotka. C# 企业应用开发艺术——CSLA. NET 框架开发实战[M]. 侯伯薇译. 北京：人民邮电出版社，2010 年 4 月.

[10] [美] Clemens Szyperski，Dominik Gruntz，Stephan Murer. 构件化软件——超越面向对象编程(第二版)[M]. 王千祥等译. 北京：电子工业出版社，2004 年 9 月.

[11] Ivar Jacobson，Pan-Wei Ng. AOSD 中文版——基于用例的面向方面软件开发[M]. 徐锋译. 北京：电子工业出版社，2005 年 10 月.

[12] [美] James Turner，Kevin Bedell. Struts KICK START(中文版)[M]. 孙勇译. 北京：电子工业出版社，2004 年 9 月.

[13] [美] George Shepherd，Scot Winge. 深入解析 MFC[M]. 赵剑云等译. 北京：中国电力出版社，2003 年 10 月.

[14] 张家浩. 现代软件工程[M]. 北京：机械工业出版社，2008 年 10 月.

[15] 张家浩. 软件工程项目实训教程——基于微软 VSTS[M]. 北京：清华大学出版社，2010 年 6 月.